中国国家标准汇编

443

GB 24593～24631

（2009年制定）

中国标准出版社 编

中国标准出版社

北京

图书在版编目（CIP）数据

中国国家标准汇编：2009 年制定．443：GB 24593～24631/中国标准出版社编．—北京：中国标准出版社，2010

ISBN 978-7-5066-6062-4

Ⅰ．①中… Ⅱ．①中… Ⅲ．①国家标准-汇编-中国-2009 Ⅳ．①T-652.1

中国版本图书馆 CIP 数据核字（2010）第 171040 号

中国标准出版社出版发行
北京复兴门外三里河北街 16 号
邮政编码：100045
网址 www.spc.net.cn
电话：68523946 68517548
中国标准出版社秦皇岛印刷厂印刷
各地新华书店经销

*

开本 880×1230 1/16 印张 38.5 字数 1 143 千字
2010 年 10 月第一版 2010 年 10 月第一次印刷

*

定价 220.00 元

ISBN 978-7-5066-6062-4

出 版 说 明

1.《中国国家标准汇编》是一部大型综合性国家标准全集。自1983年起，按国家标准顺序号以精装本、平装本两种装帧形式陆续分册汇编出版。它在一定程度上反映了我国建国以来标准化事业发展的基本情况和主要成就，是各级标准化管理机构，工矿企事业单位，农林牧副渔系统，科研、设计、教学等部门必不可少的工具书。

2.《中国国家标准汇编》收入我国每年正式发布的全部国家标准，分为"制定"卷和"修订"卷两种编辑版本。

"制定"卷收入上一年度我国发布的、新制定的国家标准，顺延前年度标准编号分成若干分册，封面和书脊上注明"20××年制定"字样及分册号，分册号一直连续。各分册中的标准是按照标准编号顺序连续排列的，如有标准顺序号缺号的，除特殊情况注明外，暂为空号。

"修订"卷收入上一年度我国发布的、修订的国家标准，视篇幅分设若干分册，但与"制定"卷分册号无关联，仅在封面和书脊上注明"20××年修订-1,-2,-3,……"字样。"修订"卷各分册中的标准，仍按标准编号顺序排列(但不连续)；如有遗漏的，均在当年最后一分册中补齐。需提请读者注意的是，个别非顺延前年度标准编号的新制定的国家标准没有收入在"制定"卷中，而是收入在"修订"卷中。

读者配套购买《中国国家标准汇编》"制定"卷和"修订"卷则可收齐上一年度我国制定和修订的全部国家标准。

3. 由于读者需求的变化，自1996年起，《中国国家标准汇编》仅出版精装本。

4. 2009年我国制修订国家标准共3 158项。本分册为"2009年制定"卷第443分册，收入国家标准GB 24593～24631的最新版本。

中国标准出版社

2010年8月

目　　录

ICS 77.140.75
H 48

中华人民共和国国家标准

GB/T 24593—2009

锅炉和热交换器用奥氏体不锈钢焊接钢管

Welded austenitic stainless steel tubes for boiler and heat-exchanger

2009-10-30 发布　　2010-05-01 实施

中华人民共和国国家质量监督检验检疫总局
中国国家标准化管理委员会　发布

前　言

本标准参照 ASTM A249/A249M-08《锅炉、过热器、换热器和冷凝器用焊接奥氏体钢管子》制定。

本标准由中国钢铁工业协会提出。

本标准由全国钢标准化技术委员会归口。

本标准起草单位:浙江久立特材科技股份有限公司、冶金工业信息标准研究院、江苏武进不锈钢管厂集团有限公司。

本标准主要起草人:曹志樑、邵羽、吉海、黄颖、蔡兴强、刘明洲、宋建新。

锅炉和热交换器用
奥氏体不锈钢焊接钢管

1 范围

本标准规定了锅炉和热交换器用奥氏体不锈钢焊接钢管的尺寸、外形、重量及允许偏差、技术要求、试验方法、检验规则、包装、标志及质量证明书。

本标准适用于热交换器和中低压锅炉用奥氏体不锈钢焊接钢管。

2 规范性引用文件

下列文件中的条款通过本标准的引用而成为本标准的条款。凡是注日期的引用文件，其随后所有的修改单(不包括勘误的内容)或修订版均不适用于本标准，然而，鼓励根据本标准达成协议的各方研究是否可使用这些文件的最新版本。凡是不注日期的引用文件，其最新版本适用于本标准。

GB/T 222 钢的成品化学成分允许偏差

GB/T 223.11 钢铁及合金 铬含量的测定 可视滴定或电位滴定法

GB/T 223.16 钢铁及合金化学分析方法 变色酸光度法测定钛量

GB/T 223.17 钢铁及合金化学分析方法 二安替比林甲烷光度法测定钛量

GB/T 223.25 钢铁及合金化学分析方法 丁二酮肟重量法测定镍量

GB/T 223.26 钢铁及合金 钼含量的测定 硫氰酸盐分光光度法

GB/T 223.28 钢铁及合金化学分析方法 α-安息香肟重量法测定钼量

GB/T 223.36 钢铁及合金化学分析方法 蒸馏分离-中和滴定法测定氮量

GB/T 223.37 钢铁及合金化学分析方法 蒸馏分离-靛酚蓝光度法测定氮量

GB/T 223.40 钢铁及合金 铌含量的测定 氯磺酚S分光光度法

GB/T 223.58 钢铁及合金化学分析方法 亚砷酸钠-亚硝酸钠滴定法测定锰量

GB/T 223.59 钢铁及合金 磷含量的测定 铋磷钼蓝分光光度法和锑磷钼蓝分光光度法

GB/T 223.60 钢铁及合金化学分析方法 高氯酸脱水重量法测定硅含量

GB/T 223.62 钢铁及合金化学分析方法 乙酸丁酯萃取光度法测定磷量

GB/T 223.63 钢铁及合金化学分析方法 高碘酸钠(钾)光度法测定锰量

GB/T 223.68 钢铁及合金化学分析方法 管式炉内燃烧后碘酸钾滴定法测定硫含量

GB/T 223.69 钢铁及合金 碳含量的测定 管式炉内燃烧后气体容量法

GB/T 228 金属材料 室温拉伸试验方法(GB/T 228—2002,eqv ISO 6892:1998)

GB/T 230.1 金属洛氏硬度试验 第1部分:试验方法(A、B、C、D、E、F、G、H、K、N、T标尺)(GB/T 230.1—2004,ISO 6508-1:1999,MOD)

GB/T 241 金属管 液压试验方法

GB/T 242 金属管 扩口试验方法(GB/T 242—2007,ISO 8493:1998,IDT)

GB/T 245 金属管 卷边试验方法(GB/T 245—2008,ISO 8494:1998,IDT)

GB/T 246 金属管 压扁试验方法(GB/T 246—2007,ISO 8492:1998,IDT)

GB/T 2102 钢管的验收、包装、标志和质量证明书

GB/T 2975　钢及钢产品　力学性能试验取样位置及试样制备(GB/T 2975—1998,eqv ISO 377:1997)

GB/T 4334　金属和合金的腐蚀　不锈钢晶间腐蚀试验方法(GB/T 4334—2008,ISO 3651-1:1998、ISO 3651-2:1998,MOD)

GB/T 6394　金属平均晶粒度测定方法

GB/T 7735　钢管涡流探伤检验方法(GB/T 7735—2004,ISO 9304:1989,MOD)

GB/T 11170　不锈钢的光电发射光谱分析方法

GB/T 20066　钢和铁　化学成分测定用试样的取样和制样方法(GB/T 20066—2006,ISO 14284:1996,IDT)

GB/T 20123　钢铁　总碳硫含量的测定　高频感应炉燃烧后红外吸收法(常规方法)(GB/T 20123—2006,ISO 15350:2000,IDT)

GB/T 20124　钢铁　氮含量的测定　惰性气体熔融热导法(常规方法)(GB/T 20124—2006,ISO 15351:1999,IDT)

GB/T 20878—2007　不锈钢和耐热钢　牌号及化学成分

GB/T 21835　焊接钢管尺寸及单位长度重量

3　订货内容

按本标准订购钢管的合同或订单应包括下列内容:

a)　标准编号;

b)　产品名称;

c)　钢的牌号;

d)　尺寸规格(外径×壁厚,单位为毫米);

e)　订购的数量(重量或根数、米数);

f)　选择性要求;

g)　其他特殊要求。

4　尺寸、外形、重量及允许偏差

4.1　外径和壁厚

4.1.1　钢管的外径(D)不大于 305 mm,壁厚(S)不大于 8 mm,其外径和壁厚应符合 GB/T 21835 的规定。

4.1.2　钢管的外径、壁厚允许偏差应符合表 1 的规定。

4.1.3　根据需方要求,经供需双方协商,并在合同中注明,可供应其他外径和壁厚及允许偏差的钢管。

4.2　长度

4.2.1　钢管的通常长度为 2 000 mm～18 000 mm。经供需双方协商,并在合同中注明,可供应其他长度的钢管。

4.2.2　根据需方要求,经供需双方协商,并在合同中注明,钢管可按定尺长度或倍尺长度交货。定尺钢管的全长允许偏差为 $^{+5}_{0}$ mm。倍尺钢管的每个倍尺长度应留切口余量 5 mm～10 mm。

4.3　弯曲度

钢管的弯曲度应不大于 1.5 mm/m。

表 1 外径和壁厚的允许偏差

单位为毫米

钢管外径(D)	外径允许偏差[a]		壁厚允许偏差
	正偏差	负偏差	
≤25	+0.10	−0.10	±10%S
>25～40	+0.15	−0.15	
>40～50	+0.20	−0.20	
>50～65	+0.25	−0.25	
>65～75	+0.30	−0.30	
>75～100	+0.38	−0.38	
>100～200	+0.38	−0.64	
>200～225	+0.38	−1.14	
>225～305	+0.75%D	−0.75%D	

[a] 对于壁厚与外径之比不大于 3%的薄壁钢管，钢管实测的平均外径应符合本表所列的外径允许偏差。

4.4 不圆度

钢管的不圆度应不超过外径的公差；但对于壁厚与外径之比不大于 3%的薄壁钢管，其不圆度应不超过外径的 2%。

4.5 端头外形

钢管两端端面应与钢管轴线垂直，并应清除切口毛刺。

4.6 重量

钢管按理论重量交货。经供需双方协商，并在合同中注明，钢管也可按实际重量交货。钢管每米的理论重量按式(1)计算：

$$W = \pi\rho(D-S) \times S/1\ 000 \quad \cdots\cdots (1)$$

式中：

W——钢管的理论重量，单位为千克每米(kg/m)；

π——3.141 6；

ρ——钢的密度，单位为千克每立方分米(kg/dm³)，见表 2；

D——钢管的外径，单位为毫米(mm)；

S——钢管的壁厚，单位为毫米(mm)。

表 2 钢的密度

序号	GB/T 20878 中序号	统一数字代号	牌 号	密度 ρ/(kg/dm³)
1	13	S30210	12Cr18Ni9	7.93
2	17	S30408	06Cr19Ni10	7.93
3	18	S30403	022Cr19Ni10	7.90
4	19	S30409	07Cr19Ni10	7.90

表 2（续）

序号	GB/T 20878 中序号	统一数字代号	牌　号	密度 ρ/(kg/dm³)
5	23	S30458	06Cr19Ni10N	7.93
6	25	S30453	022Cr19Ni10N	7.93
7	26	S30510	10Cr18Ni12	7.93
8	32	S30908	06Cr23Ni13	7.98
9	35	S31008	06Cr25Ni20	7.98
10	38	S31608	06Cr17Ni12Mo2	8.00
11	39	S31603	022Cr17Ni12Mo2	8.00
12	41	S31668	06Cr17Ni12Mo2Ti	7.90
13	43	S31658	06Cr17Ni12Mo2N	8.00
14	44	S31653	022Cr17Ni12Mo2N	8.04
15	49	S31708	06Cr19Ni13Mo3	8.00
16	50	S31703	022Cr19Ni13Mo3	7.98
17	55	S32168	06Cr18Ni11Ti	8.03
18	62	S34778	06Cr18Ni11Nb	8.03
19	63	S34779	07Cr18Ni11Nb	8.03

5 技术要求

5.1 钢的牌号和化学成分

5.1.1 钢的牌号和化学成分(熔炼分析)应符合表 3 的规定。

5.1.2 成品钢管的化学成分允许偏差应符合 GB/T 222 的规定。

5.2 制造方法

5.2.1 钢的冶炼方法

优先采用粗炼钢水加炉外精炼。

5.2.2 钢管的制造方法

5.2.2.1 钢管应采用不添加填充金属的自动焊接方法制造，钢管在焊接之后及最终热处理之前应对焊缝或整管进行冷变形加工。

5.2.2.2 经供需双方协商，并在合同中注明，可以规定冷变形加工的方法以及最小变形量。

5.3 交货状态

钢管应经热处理并酸洗交货，但经保护气氛热处理的钢管，可不经酸洗交货。钢管的推荐热处理规范见表 4。经供需双方协商，并在合同中注明，钢管可采用表 4 规定以外的其他热处理规范。实际热处理规范应在质量证明书中注明。

表 3　钢的牌号和化学成分

序号	GB/T 20878 中序号	统一数字代号	牌号	化学成分[a]（质量分数）/%									
				C	Si	Mn	P	S	Ni	Cr	Mo	N	其他
1	13	S30210	12Cr18Ni9	0.15	1.00	2.00	0.035	0.030	8.00～10.00	17.00～19.00	—	0.10	—
2	17	S30408	06Cr19Ni10	0.08	1.00	2.00	0.035	0.030	8.00～11.00	18.00～20.00	—	—	—
3	18	S30403	022Cr19Ni10	0.030	1.00	2.00	0.035	0.030	8.00～12.00	18.00～20.00	—	—	—
4	19	S30409	07Cr19Ni10	0.04～0.10	1.00	2.00	0.035	0.030	8.00～11.00	18.00～20.00	—	—	—
5	23	S30458	06Cr19Ni10N	0.08	1.00	2.00	0.035	0.030	8.00～11.00	18.00～20.00	—	0.10～0.16	—
6	25	S30453	022Cr19Ni10N	0.030	1.00	2.00	0.035	0.030	8.00～11.00	18.00～20.00	—	0.10～0.16	—
7	26	S30510	10Cr18Ni12	0.12	1.00	2.00	0.035	0.030	10.50～13.00	17.00～19.00	—	—	—
8	32	S30908	06Cr23Ni13	0.08	1.00	2.00	0.035	0.030	12.00～15.00	22.00～24.00	—	—	—
9	35	S31008	06Cr25Ni20	0.08	1.50	2.00	0.035	0.030	19.00～22.00	24.00～26.00	—	—	—
10	38	S31608	06Cr17Ni12Mo2	0.08	1.00	2.00	0.035	0.030	10.00～14.00	16.00～18.00	2.00～3.00	—	—
11	39	S31603	022Cr17Ni12Mo2	0.030	1.00	2.00	0.035	0.030	10.00～14.00	16.00～18.00	2.00～3.00	—	—
12	41	S31668	06Cr17Ni12Mo2Ti	0.08	1.00	2.00	0.035	0.030	10.00～14.00	16.00～18.00	2.00～3.00	—	Ti≥5×C
13	43	S31658	06Cr17Ni12Mo2N	0.08	1.00	2.00	0.035	0.030	10.00～13.00	16.00～18.00	2.00～3.00	0.10～0.16	—
14	44	S31653	022Cr17Ni12Mo2N	0.030	1.00	2.00	0.035	0.030	10.00～13.00	16.00～18.00	2.00～3.00	0.10～0.16	—
15	49	S31708	06Cr19Ni13Mo3	0.08	1.00	2.00	0.035	0.030	11.00～15.00	18.00～20.00	3.00～4.00	—	—
16	50	S31703	022Cr19Ni13Mo3	0.030	1.00	2.00	0.035	0.030	11.00～15.00	18.00～20.00	3.00～4.00	—	—
17	55	S32168	06Cr18Ni11Ti	0.08	1.00	2.00	0.035	0.030	9.00～12.00	17.00～19.00	—	—	Ti：5×C～0.70
18	62	S34778	06Cr18Ni11Nb	0.08	1.00	2.00	0.035	0.030	9.00～12.00	17.00～19.00	—	—	Nb：10×C～1.10
19	63	S34779	07Cr18Ni11Nb	0.04～0.10	1.00	2.00	0.035	0.030	9.00～12.00	17.00～19.00	—	—	Nb：8×C～1.10

[a] 表中所列成分除标明范围的，其余均为最大值。

5.4 力学性能

5.4.1 拉伸试验

经热处理后钢管的拉伸性能应符合表4的规定。

5.4.2 硬度试验

壁厚不小于1.7 mm的钢管应按GB/T 230.1进行母材洛氏硬度试验,平均硬度值应符合表4的规定。经供需双方协商,并在合同中注明,也可对壁厚小于1.7 mm的钢管或焊缝进行硬度试验。

表4 钢管的推荐热处理规范及力学性能

序号	GB/T 20878 中序号	统一数字代号	牌号	推荐热处理规范		拉伸性能			硬度
						抗拉强度 R_m/(N/mm²)	规定塑性延伸强度 $R_{P0.2}$/(N/mm²)	断后伸长率 A/%	HRB
						不小于			不大于
1	13	S30210	12Cr18Ni9	≥1 040 ℃	急冷	515	205	35	90
2	17	S30408	06Cr19Ni10	≥1 040 ℃	急冷	515	205	35	90
3	18	S30403	022Cr19Ni10	≥1 040 ℃	急冷	485	170	35	90
4	19	S30409	07Cr19Ni10	≥1 040 ℃	急冷	515	205	35	90
5	23	S30458	06Cr19Ni10N	≥1 040 ℃	急冷	550	240	35	90
6	25	S30453	022Cr19Ni10N	≥1 040 ℃	急冷	515	205	35	90
7	26	S30510	10Cr18Ni12	≥1 040 ℃	急冷	515	205	35	90
8	32	S30908	06Cr23Ni13	≥1 040 ℃	急冷	515	205	35	90
9	35	S31008	06Cr25Ni20	≥1 040 ℃	急冷	515	205	35	90
10	38	S31608	06Cr17Ni12Mo2	≥1 040 ℃	急冷	515	205	35	90
11	39	S31603	022Cr17Ni12Mo2	≥1 040 ℃	急冷	485	170	35	90
12	41	S31668	06Cr17Ni12Mo2Ti	≥1 040 ℃	急冷	515	205	35	90
13	43	S31658	06Cr17Ni12Mo2N	≥1 040 ℃	急冷	550	240	35	90
14	44	S31653	022Cr17Ni12Mo2N	≥1 040 ℃	急冷	515	205	35	90
15	49	S31708	06Cr19Ni13Mo3	≥1 040 ℃	急冷	515	205	35	90
16	50	S31703	022Cr19Ni13Mo3	≥1 040 ℃	急冷	515	205	35	90
17	55	S32168	06Cr18Ni11Ti	≥1 040 ℃	急冷	515	205	35	90
18	62	S34778	06Cr18Ni11Nb	≥1 040 ℃	急冷	515	205	35	90
19	63	S34779	07Cr18Ni11Nb	≥1 100 ℃	急冷	515	205	35	90

5.5 工艺性能

5.5.1 压扁试验

钢管应进行压扁试验。压扁试验时,焊缝应位于与施力方向成90°的位置,试样应压至两平板间距为H,H按式(2)计算。压扁试验后,试样上不允许出现裂缝或裂口。

$$H=\frac{S(1+\alpha)}{\alpha+S/D} \qquad \cdots\cdots(2)$$

式中：

H——压扁后平行压板间距离，单位为毫米(mm)；

α——单位长度变形系数，本标准所有钢管均取 0.09；

S——钢管的壁厚，单位为毫米(mm)；

D——钢管的外径，单位为毫米(mm)。

5.5.2 卷边试验

壁厚小于等于 2 mm 钢管应进行卷边试验，卷边宽度不小于外径的 15%，卷边试验后，试样上不允许出现裂缝或裂口。

5.5.3 扩口试验

壁厚大于 2 mm 钢管应进行扩口试验，扩口试验的顶心锥度为 60°，外径的扩大值应不小于 14%。扩口后试样不允许出现裂缝或裂口。

5.5.4 反向弯曲试验

钢管应进行反向弯曲试验。从钢管上截取一段 100 mm 长的试样，从焊缝两侧成 90°位置沿纵向剖开。

试样展平后，用一个直径为 4 倍试样厚度的弯芯进行弯曲。弯曲时弯芯应紧靠并平行于外焊缝，使焊缝处于最大弯曲点。弯曲角度为 180°。

弯曲后试样上不允许出现裂纹或焊接缺陷。

5.5.5 展平试验

当钢管的 $S/D \geqslant 10\%$、或 $S \geqslant 3.4$ mm、或外径 $D < 9.5$ mm 时，钢管应进行展平试验来代替 5.5.4 规定的反向弯曲试验。

从钢管上截取一段 100 mm 长的试样，从焊缝两侧成 90°位置沿纵向剖开。展开试样并压平，使焊缝处于试样中间。

展平后试样上不允许出现裂纹或焊接缺陷。

5.6 液压试验

钢管应逐根进行液压试验，试验压力按式(3)计算，最大试验压力为 10 MPa。根据供需双方协商，并在合同中注明，供方可选用更高的试验压力进行液压试验。在试验压力下，稳压时间应不少于 10 s，钢管不允许出现渗漏现象。

$$P = 2SR/D \qquad \cdots\cdots(3)$$

式中：

P——试验压力，单位为兆帕(MPa)；

S——钢管的壁厚，单位为毫米(mm)；

R——允许应力，为表 4 规定 $R_{p0.2}$ 的 50%，单位为牛顿每平方毫米(N/mm^2)($1\ N/mm^2 = 1$ MPa)；

D——钢管的外径，单位为毫米(mm)。

供方可用涡流探伤代替液压试验。用涡流探伤时对比样管人工缺陷应符合 GB/T 7735 中验收等级 A 的规定。

5.7 晶间腐蚀试验

钢管应进行晶间腐蚀试验。外径小于 16 mm 的钢管，取试样长度为 25 mm 的整管段，按 GB/T 4334 的规定完成腐蚀浸泡后，采用 5.5.1 的规定将试样压扁后进行评定；外径不小于 16 mm 的钢管的晶间腐蚀试验方法应符合 GB/T 4334 的规定。

经供需双方协商，并在合同中注明，可采用其他晶间腐蚀试验方法。

5.8 晶粒度

07Cr19Ni10、07Cr18Ni11Nb 钢管的平均晶粒度应为 4～7 级。

5.9 表面质量

钢管的内外表面应光滑,不允许有裂纹、咬边、折叠、扭曲、过酸洗、氧化皮。上述缺陷应完全清除,清除处的实际壁厚应不小于壁厚所允许的最小值,且清除处应圆滑过渡。深度不超过壁厚负偏差的轻微划伤、压坑、麻点允许存在。错边、凸起、凹陷应不大于壁厚允许偏差。

5.10 特殊要求

需方有下述特殊要求时,应经供需双方协商,并在合同中注明:

a) 增加无损探伤检测(涡流探伤或焊缝射线检测);

b) 增加水下气密性试验;

c) 增加06Cr17Ni12Mo2Ti、06Cr18Ni11Ti、06Cr18Ni11Nb、07Cr18Ni11Nb牌号钢管的稳定化热处理;

d) 其他要求。

6 试验方法

6.1 钢管的尺寸和外形应采用符合精度要求的量具逐根测量。

6.2 钢管的内外表面质量应在充分照明条件下逐根目视检查。

6.3 钢管其他检验项目的取样方法和试验方法应符合表5的规定。

表5 钢管检验项目、取样数量和试验方法

序号	检验项目	取样数量	取样方法	试验方法
1	化学成分	每炉取1个试样	GB/T 20066	GB/T 223 GB/T 11170 GB/T 20123 GB/T 20124
2	拉伸试验	每批在两根钢管上各取1个试样	GB/T 2975	GB/T 228
3	硬度试验	每批在两根钢管上各取1个试样	GB/T 2975	GB/T 230.1
4	压扁试验	每批在两根钢管上各取1个试样	GB/T 246	GB/T 246
5	卷边试验	每批在两根钢管上各取1个试样	GB/T 245	GB/T 245
6	扩口试验	每批在两根钢管上各取1个试样	GB/T 242	GB/T 242
7	反向弯曲试验	每450 m钢管取1个试样	5.5.4	5.5.4
8	展平试验	每批在两根钢管上各取1个试样	5.5.5	5.5.5
9	液压试验	逐根	—	GB/T 241
10	涡流探伤	逐根	—	GB/T 7735
11	晶间腐蚀试验	每批在两根钢管上各取1个试样	GB/T 4334和5.7	GB/T 4334和5.7
12	晶粒度试验	每批在两根钢管上各取1个试样	GB/T 6394	GB/T 6394
13	射线检测	逐根	—	协议
14	水下气密试验	逐根	—	协议

7 检验规则

7.1 检查和验收

钢管的检查和验收由供方技术质量监督部门进行。

7.2 组批规则

钢管按批检查和验收,每批应由同一牌号、同一炉号、同一规格、同一焊接工艺和同一热处理规范

(炉次)的钢管组成;每批钢管的数量应不超过如下规定:

a) $D \leqslant 40$ mm,400 根;

b) $D > 40$ mm～100 mm,200 根;

c) $D > 100$ mm,100 根。

7.3 取样数量

每批钢管各项试验的取样数量应符合表 5 的规定。

7.4 复验与判定规则

钢管的复验与判定规则应符合 GB/T 2102 的规定。

8 包装、标志和质量证明书

钢管的包装、标志和质量证明书应符合 GB/T 2102 的规定。

ICS 77.140.20
H 40

中华人民共和国国家标准

GB/T 24594—2009

优质合金模具钢

Quality alloy mould steels

2009-10-30 发布 2010-05-01 实施

中华人民共和国国家质量监督检验检疫总局
中国国家标准化管理委员会 发布

前 言

本标准参照 ASTM A681-94(2004)《合金工具钢》和北美模具压铸协会 NADCA 207-90《压力铸造模具用高级 H13 钢的验收标准》制定。

本标准的附录 A 和附录 B 为资料性附录。

本标准由中国钢铁工业协会提出。

本标准由全国钢标准化技术委员会归口。

本标准主要起草单位:宝山钢铁股份有限公司、冶金工业信息标准研究院、东北特殊钢股份有限公司、攀钢集团四川长城特殊钢有限责任公司。

本标准主要起草人:邹莲娣、栾燕、王庆亮、谷强、戴强、宋宁秋、康戈。

优质合金模具钢

1 范围

本标准规定了优质合金模具钢的分类、尺寸、外形及其允许偏差、技术要求、试验方法、检验规则、包装、标志及质量证明书等。

本标准适用于热轧或锻制的优质合金模具钢(圆钢、方钢、扁钢),其化学成分同样适用于锭、坯及其制品。

2 规范性引用文件

下列文件中的条款通过本标准的引用而成为本标准的条款。凡是注日期的引用文件,其随后所有的修改单(不包括勘误的内容)或修订版均不适用于本标准,然而,鼓励根据本标准达成协议的各方研究是否可使用这些文件的最新版本。凡是不注日期的引用文件,其最新版本适用于本标准。

GB/T 222 钢的成品化学成分允许偏差

GB/T 223.5 钢铁 酸溶硅和全硅含量的测定 还原型硅钼酸盐分光光度法

GB/T 223.8 钢铁及合金化学分析方法 氟化钠分离-EDTA滴定法测定铝含量

GB/T 223.11 钢铁及合金 铬含量的测定 可视滴定或电位滴定法

GB/T 223.13 钢铁及合金化学分析方法 硫酸亚铁铵滴定法测定钒含量

GB/T 223.14 钢铁及合金化学分析方法 钽试剂萃取光度法测定钒含量

GB/T 223.18 钢铁及合金化学分析方法 硫代硫酸钠分离-碘量法测定铜量

GB/T 223.19 钢铁及合金化学分析方法 新亚铜灵-三氯甲烷萃取光度法测定铜量

GB/T 223.22 钢铁及合金化学分析方法 亚硝基R盐分光光度法测定钴量

GB/T 223.23 钢铁及合金 镍含量的测定 丁二酮肟分光光度法

GB/T 223.26 钢铁及合金 钼含量的测定 硫氰酸盐分光光度法

GB/T 223.28 钢铁及合金化学分析方法 α-安息香肟重量法测定钼量

GB/T 223.43 钢铁及合金 钨含量的测定 重量法和分光光度法

GB/T 223.53 钢铁及合金化学分析方法 火焰原子吸收分光光度法测定铜量

GB/T 223.54 钢铁及合金化学分析方法 火焰原子吸收分光光度法测定镍量

GB/T 223.58 钢铁及合金化学分析方法 亚砷酸钠-亚硝酸钠滴定法测定锰量

GB/T 223.59 钢铁及合金 磷含量的测定 铋磷钼蓝分光光度法和锑磷钼蓝分光光度法

GB/T 223.60 钢铁及合金化学分析方法 高氯酸脱水重量法测定硅含量

GB/T 223.61 钢铁及合金化学分析方法 磷钼酸铵容量法测定磷量

GB/T 223.62 钢铁及合金化学分析方法 乙酸丁酯萃取光度法测定磷量

GB/T 223.63 钢铁及合金化学分析方法 高碘酸钠(钾)光度法测定锰量

GB/T 223.64 钢铁及合金 锰含量的测定 火焰原子吸收光谱法

GB/T 223.67 钢铁及合金 硫含量的测定 次甲基蓝分光光度法

GB/T 223.68 钢铁及合金化学分析方法 管式炉内燃烧后碘酸钾滴定法测定硫含量

GB/T 223.69 钢铁及合金 碳含量的测定 管式炉内燃烧后气体容量法

GB/T 223.71 钢铁及合金化学分析方法 管式炉内燃烧后重量法测定碳含量

GB/T 223.72　钢铁及合金　硫含量的测定　重量法

GB/T 223.76　钢铁及合金化学分析方法　火焰原子吸收光谱法测定钒量

GB/T 224　钢的脱碳层深度测定法

GB/T 226　钢的低倍组织及缺陷酸蚀检验法

GB/T 229　金属材料　夏比摆锤冲击试验方法

GB/T 230.1　金属材料　洛氏硬度试验　第1部分:试验方法

GB/T 231.1　金属材料　布氏硬度试验　第1部分:试验方法

GB/T 702—2008　热轧钢棒尺寸、外形、重量及允许偏差

GB/T 908—2008　锻制钢棒尺寸、外形、重量及允许偏差

GB/T 1299—2000　合金工具钢

GB/T 2101　型钢验收、包装、标志及质量证明书的一般规定

GB/T 4162　锻轧钢棒超声检测方法

GB/T 6394　金属平均晶粒度的测定方法

GB/T 10561—2005　钢中非金属夹杂物含量的测定　标准评级图显微检验法

GB/T 13298　金属显微组织检验方法

GB/T 14979—1994　钢的共晶碳化物不均匀度评定法

GB/T 17505　钢及钢产品交货一般技术要求

GB/T 20066　钢和铁　化学成分测定用试样的取样和和制样方法

GB/T 20123　钢铁　总碳硫含量的测定　高频感应炉燃烧后红外吸收法(常规方法)

ASTM A604　自耗电极重熔的钢棒和钢坯酸浸低倍试验方法

3　分类

3.1　按用途分类

a)　冷作模具钢;

b)　热作模具钢;

c)　塑料模具钢。

3.2　按冶炼方法分类

a)　真空脱气处理;

b)　电渣重熔。

3.3　按使用加工方法分类

a)　压力加工用钢

　　1)　热压力加工　UHP;

　　2)　冷压力加工　UDP;

b)　切削加工用钢　UC。

4　订货内容

按本标准订购的钢材的合同或订单应包括但不限于下列内容:

a)　标准编号;

b)　产品名称;

c)　牌号;

d)　冶炼方法;

e) 交货状态；

f) 尺寸及允许偏差组别；

g) 使用加工方法；

h) 用途(冷作模具、热作模具或塑料模具)；

i) 4Cr5MoSiV1A 钢显微组织和带状组织检验方法及合格级别；

j) 其他特殊要求。

5 尺寸、外形及允许偏差

5.1 热轧钢棒的尺寸、外形及允许偏差

5.1.1 热轧圆钢和方钢

5.1.1.1 热轧圆钢和方钢的尺寸、外形及其允许偏差应符合 GB/T 702—2008 的规定，具体组别应在合同中注明，未规定时按 GB/T 702—2008 的第 2 组规定执行。经双方协议并在合同中注明，钢材的尺寸允许偏差可另行规定。

5.1.1.2 热轧圆钢和方钢的通常长度应为 2 000 mm～6 000 mm，允许搭交不超过总重 10%、长度不小于 1 000 mm 的短尺料。定尺或倍尺交货时，长度应在合同中注明，长度允许偏差为 $^{+60}_{0}$ mm。

5.1.2 热轧扁钢

5.1.2.1 尺寸及允许偏差

5.1.2.1.1 公称宽度 10 mm～300 mm 热轧扁钢的尺寸及其允许偏差应符合 GB/T 702—2008 的表 4 规定。

5.1.2.1.2 公称宽度大于 300 mm～610 mm 热轧扁钢的尺寸及其允许偏差应符合表 1 的规定，尺寸允许偏差组别应在合同中注明。

表 1

单位为毫米

<table>
<tr><td rowspan="4">公称厚度</td><td colspan="8">尺寸允许偏差</td></tr>
<tr><td colspan="4">1 组</td><td colspan="2">2 组</td><td colspan="2">3 组</td></tr>
<tr><td colspan="2">公称宽度>300～455</td><td colspan="2">公称宽度>455～610</td><td colspan="2">公称宽度>300～610</td><td colspan="2">公称宽度 510～610</td></tr>
<tr><td>厚度允许偏差</td><td>宽度允许偏差</td><td>厚度允许偏差</td><td>宽度允许偏差</td><td>厚度允许偏差</td><td>宽度允许偏差</td><td>厚度允许偏差</td><td>宽度允许偏差</td></tr>
<tr><td>6～12</td><td>$^{+1.2}_{0}$</td><td>$^{+5}_{0}$</td><td>$^{+1.5}_{0}$</td><td>$^{+7}_{0}$</td><td>$^{+1.5}_{0}$</td><td rowspan="6">$^{+15}_{0}$</td><td rowspan="4">—</td><td rowspan="4">—</td></tr>
<tr><td>>12～20</td><td>$^{+1.2}_{0}$</td><td>$^{+6}_{-2}$</td><td>$^{+1.5}_{0}$</td><td>$^{+7}_{-3}$</td><td>$^{+1.6}_{0}$</td></tr>
<tr><td>>20～70</td><td rowspan="2">$^{+1.4}_{0}$</td><td rowspan="2">$^{+6}_{-2}$</td><td rowspan="2">$^{+1.7}_{0}$</td><td rowspan="2">$^{+7}_{-3}$</td><td>$^{+1.8}_{0}$</td></tr>
<tr><td>>70～90</td><td rowspan="3">$^{+3.0}_{0}$</td></tr>
<tr><td>>90～100</td><td rowspan="2">$^{+2.0}_{0}$</td><td rowspan="2">$^{+7}_{-3}$</td><td rowspan="2">$^{+2.0}_{0}$</td><td rowspan="2">$^{+10}_{-3}$</td><td rowspan="2">$^{+6}_{0}$</td><td rowspan="2">$^{+15}_{0}$</td></tr>
<tr><td>>100～130</td></tr>
</table>

5.1.2.1.3 经双方协议并在合同中注明，钢材的尺寸及其允许偏差可另行规定。

5.1.2.2 交货长度

5.1.2.2.1 热轧扁钢的通常交货长度应符合表 2 的规定。经双方协议并在合同中注明，钢材的交货长度可另行规定。

表 2

单位为毫米

公称宽度	通常长度	短尺长度	短尺搭交率
10～300	2 000～6 000	≥1 000	短尺长度的交货量应不超过该批钢材总重量的 10%
>300～610	1 000～5 000	≥500	

5.1.2.2.2 定尺或倍尺交货时，长度应在合同中注明，长度允许偏差为$^{+60}_{0}$ mm。

5.1.2.3 **外形**

5.1.2.3.1 热轧扁钢的弯曲度应符合表 3 的规定。

表 3

单位为毫米

公称宽度	尺寸允许偏差组别	弯曲度(平面、侧面)，不大于	
		每米弯曲度	总弯曲度
10～300	—	4	钢材长度的 0.40%
>300～610	1 组	3	钢材长度的 0.30%
	2 组、3 组	4	钢材长度的 0.40%

5.1.2.3.2 热轧扁钢的截面形状不正见 GB/T 702—2008 图 4。其最大允许尺寸(或侧边鼓形)C 值应符合下列规定：

a) 公称宽度 10 mm～300 mm 热轧扁钢的 C 值应符合 GB/T 702—2008 表 12 的规定；

b) 公称宽度大于 300 mm～610 mm 热轧扁钢的 C 值应符合表 4 的规定；

c) 如果 C 值超差，可通过机加工清理，供方如能保证 C 值合格可不检测。

表 4

单位为毫米

1 组尺寸允许偏差的 C 值			2 组尺寸允许偏差的 C 值		3 组尺寸允许偏差的 C 值	
公称厚度	公称宽度 >300～455	公称宽度 >455～610	公称厚度	公称宽度 >300～610	公称厚度	公称宽度 >510～610
6～40	2.5	3.0	6～13	8	100～200	10
>40～70	2.0	2.5	>13～50	3		
>70～90	1.5	2.0	>50～130	8		
>90～130	2.0	2.5				

5.1.2.3.3 热轧扁钢的圆角半径 R 应符合表 5 的规定。

表 5

单位为毫米

公称宽度	尺寸允许偏差组别	圆角半径 R
10～300	—	允许稍带钝角
>300～610	1 组	≤4
	2 组、3 组	≤10

5.1.2.3.4 热轧扁钢的端头应剪切正直。两端的毛刺应清除，但允许有不大于 5 mm 的毛刺存在。用压力机剪切的热轧扁钢，其两端允许有局部变形。热轧扁钢的切斜度应符合表 6 规定。

表 6

单位为毫米

<table>
<tr><th>公称宽度</th><th colspan="2">切斜度，不大于</th></tr>
<tr><td rowspan="2">10～300</td><td>宽度≤100</td><td>6</td></tr>
<tr><td>宽度＞100</td><td>8</td></tr>
<tr><td rowspan="2">＞300～610</td><td>厚度</td><td>厚度的 8%</td></tr>
<tr><td>宽度</td><td>宽度的 4%</td></tr>
</table>

5.1.2.3.5 热轧扁钢不允许有明显的扭转。在同一截面上两对角线长度差应不大于扁钢的公称宽度公差。

5.2 锻制钢棒的尺寸、外形及允许偏差

5.2.1 锻制圆钢和方钢

5.2.1.1 公称直径或边长 90 mm～400 mm 的锻制圆钢和方钢的尺寸允许偏差按 GB/T 908—2008 的第 2 组规定，公称直径或边长大于 400 mm～600 mm 的锻制圆钢和方钢的尺寸允许偏差按表 7 的规定。

表 7

单位为毫米

公称直径或边长	尺寸允许偏差
＞400～500	$^{+12.0}_{-3.0}$
＞500～600	$^{+13.0}_{-3.0}$

5.2.1.2 锻制圆钢和方钢的交货长度应不小于 1 000 mm，允许搭交不超过总重 10%、长度不小于 500 mm 的短尺料。定尺或倍尺交货时，长度应在合同中注明，长度允许偏差为 $^{+80}_{0}$ mm。

5.2.1.3 锻制圆钢的弯曲度应每米不大于 5 mm，总弯曲度应不大于总长度的 0.5%；圆钢的不圆度应不大于公称直径公差的 0.7 倍。

5.2.1.4 锻制方钢的弯曲度应每米不大于 5 mm，总弯曲度应不大于总长度的 0.5%；方钢在同一截面的对角线长度之差应不大于公称边长公差的 0.7 倍；边长不大于 300 mm 的方钢，棱角处圆角半径 R 应不大于 5 mm，边长大于 300 mm 的方钢，棱角处圆角半径应不大于 10 mm，但其相对圆角之间的距离（对角线）应不小于公称边长的 1.3 倍；方钢不允许有显著的扭转。

5.2.1.5 锻制圆钢和方钢的两端应锯切平直。

5.2.2 锻制扁钢

5.2.2.1 锻制扁钢的尺寸及其允许偏差应符合表 8 的规定。需方如有要求应在合同中注明。

表 8

单位为毫米

<table>
<tr><th>公称尺寸</th><th>厚度允许偏差</th><th>宽度允许偏差</th></tr>
<tr><td>＞100～200</td><td>$^{+8}_{0}$</td><td>$^{+10}_{0}$</td></tr>
<tr><td>＞200～400</td><td>$^{+10}_{0}$</td><td>$^{+15}_{0}$</td></tr>
<tr><td>＞400～600</td><td>$^{+15}_{0}$</td><td>$^{+20}_{0}$</td></tr>
<tr><td>＞600～800</td><td>—</td><td>$^{+25}_{0}$</td></tr>
<tr><td colspan="3">锻制扁钢的尺寸范围为 100～440×100～800，截面≤200 000 mm²，宽：厚≤6：1。</td></tr>
</table>

5.2.2.2 锻制扁钢的交货长度应不小于1 000 mm,允许搭交不超过总重10%、长度不小于500 mm的短尺料。定尺或倍尺交货时,长度应在合同中注明,长度允许偏差为$^{+80}_{0}$ mm。

5.2.2.3 锻制扁钢的平面弯曲度应每米不大于5 mm,总平面弯曲度应不大于总长度的0.5%;扁钢的侧面弯曲度(镰刀弯)应每米不大于5 mm,总侧面弯曲度(镰刀弯)应不大于总长度的0.5%。

5.2.2.4 公称厚度或宽度不大于300 mm的扁钢,棱角处圆角半径R应不大于5 mm,公称厚度或宽度大于300 mm的扁钢,棱角处圆角半径R应不大于10 mm,但扁钢在同一截面上两对角线长度差应不大于其公称宽度公差,扁钢不允许有显著的扭转。

5.2.2.5 锻制扁钢两端应锯切平直。

5.3 机加工交货的钢材尺寸、外形及允许偏差

5.3.1 机加工钢材的尺寸允许偏差为$^{+2.0}_{0}$ mm。

5.3.2 机加工钢材的弯曲度应每米不大于2.5 mm;方钢和扁钢的圆角半径R应不大于2 mm,其他要求按相应标准执行。

6 技术要求

6.1 牌号及化学成分

6.1.1 钢的牌号及化学成分(熔炼分析)应符合表9的规定。

表 9

钢组	序号	统一数字代号	新牌号	旧牌号	化学成分(质量分数)/%									
					C	Si	Mn	Cr	Mo	Ni	Cu	W	V	Al
热作模具钢	1-1	T20280	3Cr2W8V	—	0.30～0.40	≤0.40	≤0.40	2.20～2.70	—	≤0.25	≤0.25	7.50～9.00	0.20～0.50	—
	1-2	T20502	4Cr5MoSiV1	—	0.32～0.45	0.80～1.20	0.20～0.50	4.75～5.50	1.10～1.75	≤0.25	≤0.25	—	0.80～1.20	—
	1-3	T20503	4Cr5MoSiV1A	—	0.37～0.42	0.80～1.20	0.20～0.50	5.00～5.50	1.20～1.75	≤0.25	≤0.25	—	0.80～1.20	—
	1-4	T20103	5Cr06NiMo	5CrNiMo	0.50～0.60	≤0.40	0.50～0.80	0.50～0.80	0.15～0.30	1.40～1.80	≤0.25	—	—	—
	1-5	T20102	5Cr08MnMo	5CrMnMo	0.50～0.60	0.25～0.60	1.20～1.60	0.60～0.90	0.15～0.30	≤0.25	≤0.25	—	—	—
冷作模具钢	2-1	T20110	9Cr06WMn	9CrWMn	0.85～0.95	≤0.40	0.90～1.20	0.50～0.80	—	≤0.25	≤0.25	0.50～0.80	—	—
	2-2	T20111	CrWMn	—	0.90～1.05	≤0.40	0.80～1.10	0.90～1.20	—	≤0.25	≤0.25	1.20～1.60	—	—
	2-3	T21202	Cr12Mo1V1	—	1.40～1.60	≤0.60	≤0.60	11.00～13.00	0.70～1.20	≤0.25	≤0.25	—	0.50～1.10	—
	2-4	T20201	Cr12MoV	—	1.45～1.70	≤0.40	≤0.40	11.00～12.50	0.40～0.60	≤0.25	≤0.25	—	0.15～0.30	—
	2-5	T21200	Cr12	—	2.00～2.30	≤0.40	≤0.40	11.50～13.00	—	≤0.25	≤0.25	—	—	
塑料模具钢	3-1	T22032	1Ni3Mn2CuAl	—	0.10～0.15	≤0.35	1.40～2.00	—	0.25～0.50	2.90～3.40	0.80～1.20		—	0.70～1.10
	3-2	S42020	20Cr13	2Cr13	0.16～0.25	≤1.00	≤1.00	12.00～14.00	—	≤0.60	—	—	—	—
	3-3	S45930	30Cr17Mo	3Cr17Mo	0.28～0.35	≤0.80	≤1.00	16.00～18.00	0.75～1.25	≤0.60	—	—	—	—
	3-4	S42040	40Cr13	4Cr13	0.35～0.45	≤0.60	≤0.80	12.00～14.00	—	≤0.60	—	—	—	—
	3-5	T22020	3Cr2MnMo	3Cr2Mo	0.28～0.40	0.20～0.80	0.60～1.00	1.40～2.00	0.30～0.55	≤0.25	≤0.25	—	—	—
	3-6	T22024	3Cr2MnNiMo	—	0.32～0.40	0.20～0.40	1.10～1.50	1.70～2.00	0.25～0.40	0.85～1.15	≤0.25	—	—	—

6.1.2 钢中磷、硫含量应符合表10的规定。

表 10 %

<table>
<tr><th>组别</th><th>冶炼方法</th><th>P</th><th colspan="2">S</th></tr>
<tr><td rowspan="2">1</td><td rowspan="2">真空脱气</td><td rowspan="2">≤0.025</td><td>热作模具钢</td><td>≤0.020</td></tr>
<tr><td>冷作模具钢、塑料模具钢</td><td>≤0.025</td></tr>
<tr><td>2</td><td>电渣重熔[a]</td><td>≤0.025</td><td colspan="2">≤0.010</td></tr>
<tr><td colspan="5">[a] 4Cr5MoSiV1A 钢的 P≤0.015,S≤0.005。</td></tr>
</table>

6.1.3 成品钢材或坯的化学成分允许偏差应符合 GB/T 222 的相应规定。

6.2 冶炼方法

钢应采用真空脱气处理或电渣重熔。若采用电渣重熔时应在合同中注明。4Cr5MoSiV1A 钢应采用电渣重熔。

6.3 交货状态

钢材以退火或预硬化状态交货,交货状态应在合同中注明。

6.4 交货硬度

6.4.1 交货状态钢材的硬度值和试样的淬火硬度值应符合表11的规定。供方若能保证试样淬火硬度值符合表11的规定时可不作检验。

表 11

<table>
<tr><th rowspan="2">钢组</th><th rowspan="2">序号</th><th rowspan="2">统一数字代号</th><th rowspan="2">新牌号</th><th rowspan="2">旧牌号</th><th colspan="2">交货状态的钢材硬度</th><th colspan="3">试样淬火硬度</th></tr>
<tr><th>退火硬度 HBW</th><th>预硬化硬度 HRC</th><th>淬火温度</th><th>冷却剂</th><th>洛氏硬度 HRC</th></tr>
<tr><td rowspan="5">热作模具钢</td><td>1-1</td><td>T20280</td><td>3Cr2W8V</td><td>—</td><td>≤255</td><td>—</td><td>—</td><td>—</td><td>—</td></tr>
<tr><td>1-2</td><td>T20502</td><td>4Cr5MoSiV1</td><td>—</td><td>≤235</td><td>—</td><td>—</td><td>—</td><td>—</td></tr>
<tr><td>1-3</td><td>T20503</td><td>4Cr5MoSiV1A</td><td>—</td><td>≤235</td><td>—</td><td>—</td><td>—</td><td>—</td></tr>
<tr><td>1-4</td><td>T20103</td><td>5Cr06NiMo</td><td>5CrNiMo</td><td>197~241</td><td>—</td><td>—</td><td>—</td><td>—</td></tr>
<tr><td>1-5</td><td>T20102</td><td>5Cr08MnMo</td><td>5CrMnMo</td><td>197~241</td><td>—</td><td>—</td><td>—</td><td>—</td></tr>
<tr><td rowspan="5">冷作模具钢</td><td>2-1</td><td>T20110</td><td>9Cr06WMn</td><td>9CrWMn</td><td>197~241</td><td>—</td><td>800 ℃~830 ℃</td><td>油</td><td>≥62</td></tr>
<tr><td>2-2</td><td>T20111</td><td>CrWMn</td><td>—</td><td>207~255</td><td>—</td><td>800 ℃~830 ℃</td><td>油</td><td>≥62</td></tr>
<tr><td>2-3</td><td>T21202</td><td>Cr12Mo1V1</td><td>—</td><td>≤255</td><td>—</td><td colspan="2">820 ℃±15 ℃预热,1 000 ℃(盐浴)或1 010 ℃(炉控气氛)±6 ℃加热,保温 10 min~20 min 空冷,200 ℃±6 ℃回火</td><td>≥59</td></tr>
<tr><td>2-4</td><td>T20201</td><td>Cr12MoV</td><td>—</td><td>207~255</td><td>—</td><td>950 ℃~1 000 ℃</td><td>油</td><td>≥58</td></tr>
<tr><td>2-5</td><td>T21200</td><td>Cr12</td><td>—</td><td>217~269</td><td>—</td><td>950 ℃~1 000 ℃</td><td>油</td><td>≥60</td></tr>
<tr><td rowspan="6">塑料模具钢</td><td>3-1</td><td>T22032</td><td>1Ni3Mn2CuAl</td><td>—</td><td>≤235</td><td>36~43</td><td>—</td><td>—</td><td>—</td></tr>
<tr><td>3-2</td><td>S42020</td><td>20Cr13</td><td>2Cr13</td><td>≤235</td><td>30~36</td><td>—</td><td>—</td><td>—</td></tr>
<tr><td>3-3</td><td>S45930</td><td>30Cr17Mo</td><td>3Cr17Mo</td><td>≤235</td><td>30~36</td><td>—</td><td>—</td><td>—</td></tr>
<tr><td>3-4</td><td>S42040</td><td>40Cr13</td><td>4Cr13</td><td>≤235</td><td>30~36</td><td>—</td><td>—</td><td>—</td></tr>
<tr><td>3-5</td><td>T22020</td><td>3Cr2MnMo</td><td>3Cr2Mo</td><td>≤235</td><td>28~36</td><td>—</td><td>—</td><td>—</td></tr>
<tr><td>3-6</td><td>T22024</td><td>3Cr2MnNiMo</td><td>3Cr2MnNiMo</td><td>≤235</td><td>30~36</td><td>—</td><td>—</td><td>—</td></tr>
</table>

6.4.2 经供需双方协商并在合同中注明，交货状态钢材的硬度值可另行规定。

6.5 **横向冲击试验**

6.5.1 钢材公称尺寸(直径、边长、厚度)不小于 65 mm 的 4Cr5MoSiV1A 钢应检验横向冲击性能，采用 7 mm×10 mm 的无缺口试样。钢材横截面为矩形或正方形时，试样沿短边从截面中心部位切取，见图 1；钢材横截面为圆形时，试样沿横向从截面的中心部位切取，见图 2。试样应适当留有加工余量。

6.5.2 试样在保护性介质中(若采用非保护性介质，试样应适当留有加工余量)经 1 025 ℃±10 ℃，保温 30 min，油淬，至少回火 2 次，保证硬度为 44 HRC～46 HRC，热处理后试样的最终尺寸及其加工要求见图 3，试样尺寸允许偏差为(7±0.100)mm×(10±0.100)mm×(55±1.00)mm。

6.5.3 在进行冲击试验时，摆锤应撞击 55 mm×10 mm 的中心部位，试验结果应符合表 12 的规定。

表 12

单位为焦耳

3 个试样冲击吸收能量的平均值，不小于	最小单个冲击吸收能量，不小于
169.5	95

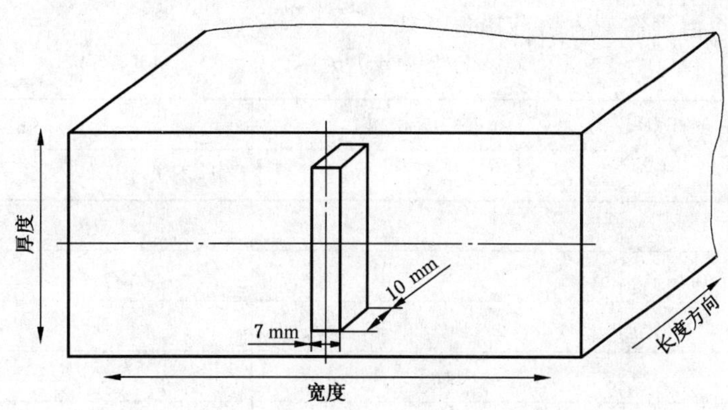

图 1

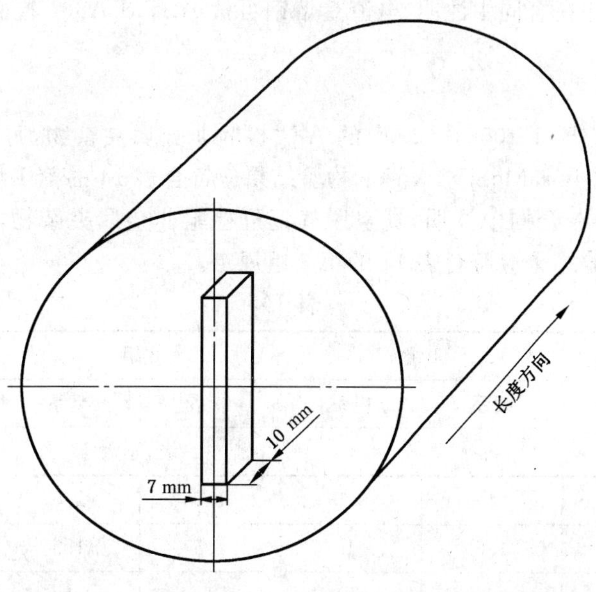

图 2

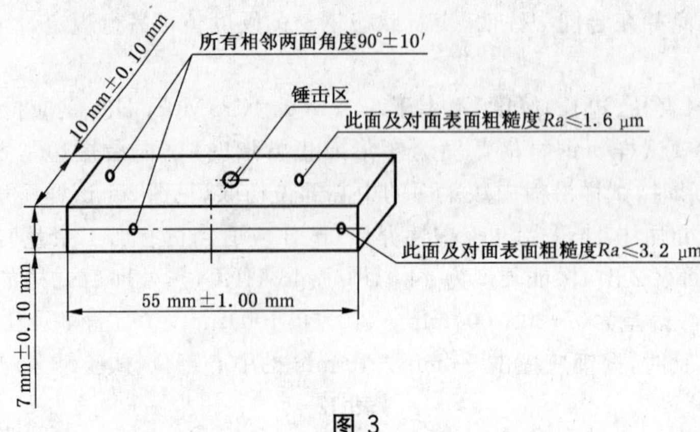

图 3

6.6 低倍组织

6.6.1 钢材应检验低倍组织，在酸浸低倍组织的横截面上不应有目视可见的缩孔、夹杂、分层、裂纹、气泡和白点。中心疏松和锭型偏析应按 GB/T 1299—2000 的第三级别图评定，检验结果应符合表 13 的规定。扁钢的低倍组织由供需双方协商确定。

表 13

公称直径或边长或厚度/mm	中心疏松	锭型偏析
	级，不大于	
≤50	3	3.5
>50～75	3.5	4
>75～100	4	4.5
>100～125	4.5	5
>125～155	5	5.5
>155	供需双方协议	

6.6.2 经供需双方协议并在合同中注明，电渣重熔钢可按 ASTM A604 检验，合格级别由供需双方协商确定。

6.7 非金属夹杂物

6.7.1 电渣重熔钢应按 GB/T 10561—2005 的 A 法检验非金属夹杂物，每个试样的检验结果应符合表 14 的第 2 组规定，其中 4Cr5MoSiV1A 钢的检验结果应符合表 14 的第 1 组规定。

6.7.2 根据需方要求，并在合同中注明，真空脱气钢可检验非金属夹杂物，按 GB/T 10561—2005 的 A 法检验，每个试样的检验结果应符合表 14 的第 3 组规定。

表 14

非金属夹杂物[a]	1 组		2 组		3 组	
	细系	粗系	细系	粗系	细系	粗系
	级，不大于					
A	1	0.5	1.5	1.5	2.5	2
B	1.5	1	1.5	1.5	2.5	2
C	0.5	0.5	1	1	1.5	1.5
D	1.5	1	2	1.5	2.5	2

[a] 需方要求可检验 DS 类非金属夹杂物，合格级别由供需双方协商确定。

6.8 脱碳层

6.8.1 公称尺寸(直径或边长)不大于150 mm钢材的一边总脱碳层(铁素体+部分脱碳)的深度应不大于0.25 mm+1%D(D为钢材的直径或边长)。

6.8.2 根据需方要求,经供需双方协议并在合同中注明,扁钢和公称尺寸(直径或边长)大于150 mm的钢材可检验脱碳层,脱碳层指标由供需双方协商确定。

6.8.3 机加工钢材表面不允许有脱碳层。

6.9 共晶碳化物不均匀度

6.9.1 退火状态交货的Cr12Mo1V1、Cr12MoV、Cr12钢应检验共晶碳化物不均匀度,按GB/T 14979—1994标准第四级别图评定,其合格级别应符合表15规定。

表15

公称尺寸(直径或边长)/mm	共晶碳化物不均匀度合格级别/级,不大于
≤50	3
>50~70	4
>70~120	5
>120~150	6
>150	供需双方协议

6.9.2 扁钢的共晶碳化物不均匀度的合格级别由供需双方协商确定。

6.10 高倍组织

6.10.1 晶粒度

4Cr5MoSiV1A钢应检验晶粒度,合格级别应等于或细于7级。试样在保护性介质中(若采用非保护性介质,试样应适当留有加工余量)经1 010 ℃±10 ℃,保温30 min,分级淬火至730 ℃±10 ℃,保温30 min,然后空冷至室温。

6.10.2 显微组织和带状组织

4Cr5MoSiV1A钢应检验显微组织和带状组织,其检验方法及合格级别由供需双方协商规定。

6.11 超声波探伤

6.11.1 经供需双方协商并在合同中注明,公称尺寸大于155 mm的真空脱气钢应按表16的规定进行超声波探伤。

表16

单位为毫米

公称尺寸(直径、边长、厚度)	单个的不连续	多个的不连续		长条形的不连续	
	平底孔直径	平底孔直径	间距	平底孔直径	长度
>155~300	4.0	4.0	25	4.0	25
>300~500	5.0	5.0	25	5.0	25
>500~600	6.0	6.0	25	6.0	25

6.11.2 公称尺寸大于155 mm的电渣重熔钢应按表17的规定进行超声波探伤。

表17

单位为毫米

公称尺寸(直径、边长、厚度)	单个的不连续	多个的不连续		长条形的不连续	
	平底孔直径	平底孔直径	间距	平底孔直径	长度
>155~300	3.2	2.5	25	2.5	25
>300~500	4.0	3.0	25	3.0	25
>500~600	5.6	4.0	25	4.0	25

6.12 表面质量

6.12.1 供压力加工用的钢材，表面不应有目视可见的裂缝、折叠、结疤和夹杂。如有上述缺陷必须清除，清除深度从钢材实际尺寸算起应符合表18的规定，清除宽度不小于深度的5倍。深度在公差之半范围内的其他轻微表面缺陷可不清除。

6.12.2 供切削加工用的钢材，表面允许有从钢材公称尺寸算起深度符合表19规定的局部缺陷存在。

表18

单位为毫米

公称尺寸(直径、边长、厚度、宽度)	允许缺陷清除深度，不大于
<80	公差之半
80～140	公差
>140	钢材截面尺寸的5%

表19

单位为毫米

公称尺寸(直径、边长、厚度、宽度)	局部缺陷允许深度，不大于
<80	公差之半
≥80	公差

6.12.3 机加工交货的钢材表面应洁净、光滑，不应有裂纹、折叠、结疤和氧化铁皮，若有上述缺陷存在，允许局部修磨，但最大修磨处应保证钢材的最小尺寸。

6.12.4 根据需方要求，经供需双方协商，也可对表面质量另行规定，但应在合同中注明。

6.13 特殊要求

根据需方要求，可增加下列特殊检验项目，其检验项目的试验方法、取样数量及合格级别均由供需双方协商并在合同中注明。

a) 特殊化学成分；

b) 拉伸性能；

c) 冲击性能；

d) 其他要求。

7 试验方法

每批钢材的检验项目、试验方法应符合表20规定。

8 检验规则

8.1 检查与验收

检查和验收由供方技术质量监督部门进行。

8.2 组批规则

8.2.1 真空脱气钢每批钢材应由同一炉号、同一加工方法、同一交货状态、同一规格和同一热处理炉次的钢材组成，钢应成批验收。

8.2.2 电渣重熔钢每批钢材应由同一电渣炉号、同一加工方法、同一交货状态、同一规格和同一热处理炉次的钢材组成，钢应成批验收。在工艺稳定且能保证本标准各项要求的条件下，允许以自耗电极的熔炼母炉号组批，电渣重熔钢的化学成分应按每个电渣炉号取1个，其他项目按真空脱气钢取样。

8.3 取样数量和取样部位

取样数量和取样部位应符合表20规定。如果取不到表20规定的试样数量，可逐支取样检验。

8.4 复验和判定规则

8.4.1 钢材复验与判定规则按GB/T 17505的规定。

8.4.2 供方若能保证钢材合格时，对同一炉号的钢材或钢坯的低倍组织、非金属夹杂物、拉伸性能、横向冲击试验、淬火硬度的检验结果允许以坯代材，以大代小。

9 包装、标志和质量证明书

钢材的包装、标志和质量证明书应符合 GB/T 2101 的规定。

表 20

<table>
<tr><th rowspan="2">序号</th><th rowspan="2">检验项目</th><th colspan="2">取样数量</th><th rowspan="2">取样部位</th><th rowspan="2">试验方法</th></tr>
<tr><th>电炉钢</th><th>电渣钢</th></tr>
<tr><td>1</td><td>化学成分</td><td>每炉 1 个</td><td>每炉 1 个</td><td>GB/T 20066</td><td>GB/T 223(见第 2 章)，
GB/T 20123</td></tr>
<tr><td>2</td><td>布氏硬度</td><td>2</td><td>2</td><td>不同根钢材上</td><td>GB/T 231.1</td></tr>
<tr><td>3</td><td>洛氏硬度</td><td>2</td><td>1</td><td>真空脱气钢:不同根钢材
电渣重熔钢:任一根钢材</td><td>GB/T 230.1</td></tr>
<tr><td rowspan="2">4</td><td rowspan="2">低倍组织</td><td rowspan="2">2</td><td rowspan="2">1</td><td>真空脱气钢:相当于钢锭头的
不同根钢坯或钢材上</td><td>GB/T 226、
GB/T 1299—2000</td></tr>
<tr><td>电渣重熔钢:相当于钢锭头的
钢坯或钢材上</td><td>GB/T 226、ASTM A604</td></tr>
<tr><td>5</td><td>非金属夹杂物[a]</td><td>2</td><td>1</td><td rowspan="3">真空脱气钢:不同根钢材
电渣重熔钢:任一根钢材</td><td>GB/T 10561—2005</td></tr>
<tr><td>6</td><td>共晶碳化物不均匀度</td><td>2</td><td>1</td><td>GB/T 13298、
GB/T 14979—1994</td></tr>
<tr><td>7</td><td>脱碳层</td><td>2</td><td>1</td><td>GB/T 224</td></tr>
<tr><td>8</td><td>晶粒度</td><td>—</td><td>1</td><td>任一根钢材上</td><td>GB/T 6394、6.10.1</td></tr>
<tr><td>9</td><td>带状组织</td><td>—</td><td rowspan="2">协商</td><td rowspan="2">协商</td><td rowspan="2">协商</td></tr>
<tr><td>10</td><td>显微组织</td><td>—</td></tr>
<tr><td>11</td><td>横向冲击试验</td><td>—</td><td>3</td><td>任一根钢材上，6.5.1</td><td>GB/T 229、6.5.2、6.5.3</td></tr>
<tr><td>12</td><td>超声波探伤</td><td>逐支</td><td>逐支</td><td>—</td><td>GB/T 4162</td></tr>
<tr><td>13</td><td>表面质量</td><td>逐支</td><td>逐支</td><td>—</td><td>目视</td></tr>
<tr><td>14</td><td>尺寸</td><td>逐支</td><td>逐支</td><td>—</td><td>卡尺、千分尺</td></tr>
<tr><td colspan="6">[a] 对大规格钢材，非金属夹杂物应在直径或边长为 100 mm～120 mm 熔检坯上进行检验，经供需双方协商并在合同中注明，也可另行规定。</td></tr>
</table>

附 录 A
（资料性附录）
各牌号的主要特点及用途

表 A.1 各牌号的主要特点及用途

钢组	序号	新牌号	旧牌号	主要特点及用途
热作模具钢	1-1	3Cr2W8V	—	该钢种在高温下具有较高的强度和硬度，可用来制作高温下高应力但不受冲击负荷的凸凹模、压铸用模具等
	1-2	4Cr5MoSiV1	—	该钢种是一种空冷硬化的热作模具钢，也是所有热作模具钢中使用最广泛的钢号之一，该钢广泛用于制造热挤压模具与芯棒、模锻锤的锻模、锻造压力机模具等
	1-3	4Cr5MoSiV1A	—	该钢种相当于北美压铸协会标准 NADCA207-90《压力铸造模具钢用高级 H13 钢的验收标准》中的 H13，适用于制造大批量生产和特殊要求的压铸模具钢
	1-4	5Cr06NiMo	5CrNiMo	该钢种具有良好的韧性、强度和高耐磨性，并具有十分良好的淬透性
	1-5	5Cr08MnMo	5CrMnMo	该钢种具有与 5CrNiMo 相似的性能，淬透性较 5CrNiMo 略差，在高温下工作，耐热疲劳性逊于 5CrNiMo，适用于制造要求具有较高强度和高耐磨性的各种类型的锻模
冷作模具钢	2-1	9Cr06WMn	9CrWMn	该钢种具有一定的淬透性和耐磨性，淬火变形较小，碳化物分布均匀且颗粒细小，通常用于制造截面不大而变形复杂的冷冲模
	2-2	CrWMn		该钢种具有高淬透性，可用来制造在工作时切削刃口不剧烈变热的工具和淬火时要求不变形的量具和刃具
	2-3	Cr12Mo1V1	—	该钢种相当于 ASTM A681-94 的 D2 钢，是国际上较广泛采用的高碳高铬冷作模具钢，属于莱氏体钢，具有高的淬透性、淬硬性和高的耐磨性，高温抗氧化性能好，淬火和抛光后抗锈蚀能力好，热处理变形小
	2-4	Cr12MoV	—	该钢种具有高淬透性，可用来制造截面较大，形状复杂，经受较大冲击负荷的各种模具
	2-5	Cr12	—	该钢种相当于 ASTM A681 的 D3 钢，该钢具有良好的耐磨性，多用于制造受冲击负荷较小的要求较高耐磨的冷冲模及冲头、冷剪切刀、钻套、量规、拉丝模等
塑料模具钢	3-1	1Ni3Mn2CuAl	—	该钢种是一种镍铜铝系时效硬化型塑料模具钢，其淬透性好，热处理变形小，镜面加工性能好，适用于制造高镜面的塑料模具、高外观质量的家用电器塑料模具
	3-2	20Cr13	2Cr13	该钢种属于马氏体类型不锈钢，该钢机械加工性能较好，经热处理后具有优良的耐腐蚀性能，较好的强韧性，适宜制造承受高负荷并在腐蚀介质作用下的塑料模具钢和透明塑料制品模具等
	3-3	30Cr17Mo	3Cr17Mo	该钢种属于马氏体类型不锈钢，用于 P.V.C 等腐蚀性能较强的塑料成型模具
	3-4	40Cr13	4Cr13	该钢种属于马氏体类型不锈钢，该钢机械性能较好，经热处理（淬火及回火）后，具有优良的耐腐蚀性能、抛光性能、较高的强度和耐磨性，适宜制造承受高负荷并在腐蚀介质作用下的塑料模具钢和透明塑料制品模具等
	3-5	3Cr2MnMo	3Cr2Mo	该钢种相当于 ASTM A681 的 P20 钢，是国际上较广泛应用的塑料模具钢，其综合性能好，淬透性高，可以使较大的截面钢材获得均匀的硬度，并且具有很好的抛光性能，模具表面光洁度高
	3-6	3Cr2MnNiMo	3Cr2MnNiMo	该钢种相当于瑞典 ASSAB 公司的 718 钢，是国际上广泛应用的塑料模具钢，综合力学性能好，淬透性高，可以使大截面钢材在调质处理后具有较均匀的硬度分布，有很好的抛光性能

附　录　B
（资料性附录）
各国模具钢牌号对照表

表 B.1　各国模具钢牌号对照表

序号	本标准	ASTM A681	JIS G4404	BS EN ISO 4957
1-1	3Cr2W8V	H22	SKD5	X30WCrV9-3
1-2	4Cr5MoSiV1	H13	SKD61	X40CrMoV5-1
1-4	5Cr06NiMo	L6	SKT4	55NiCrMoV7
2-1	9Cr06WMn	01	SKS3	95MnCr5
2-2	CrWMn	—	SKS31	—
2-3	Cr12Mo1V1	D2	SKD11	X153CrMoV12
2-5	Cr12	D3	SKD1	X210Cr12
3-5	3Cr2Mo	P20	—	35CrMo7
3-6	3Cr2MnNiMo	—	—	40CrMnNiMo8-6-4

ICS 77.140.20
H 40

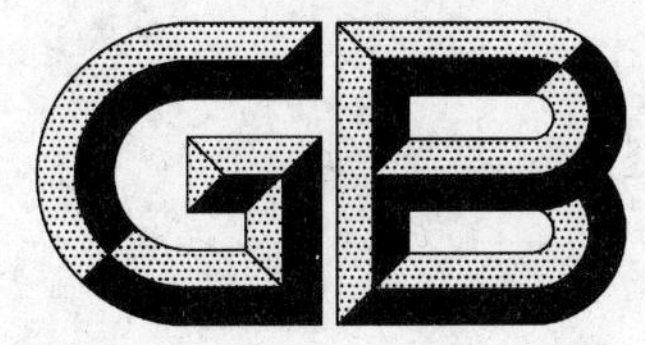

中华人民共和国国家标准

GB/T 24595—2009

调质汽车曲轴用钢棒

Steel bar for quenched and tempered automotive crankshaft

2009-10-30 发布　　　　2010-05-01 实施

中华人民共和国国家质量监督检验检疫总局
中国国家标准化管理委员会　发布

前　言

本标准的附录 A 为规范性附录。

本标准由中国钢铁工业协会提出。

本标准由全国钢标准化技术委员会归口。

本标准主要起草单位：本溪钢铁(集团)有限责任公司、冶金工业信息标准研究院。

本标准主要起草人：梁启华、张险峰、高维光、黄涛、李锡峰、康再兴、栾燕、戴强。

调质汽车曲轴用钢棒

1 范围

本标准规定了调质汽车曲轴用钢棒的订货内容、尺寸、外形、重量及允许偏差、技术要求、试验方法、检验规则、包装、标志和质量证明书。

本标准适用于调质汽车曲轴用热轧钢棒(以下简称钢棒)。

2 规范性引用文件

下列文件中的条款通过本标准的引用而成为本标准的条款。凡是注日期的引用文件,其随后所有的修改单(不包括勘误的内容)或修订版均不适用于本标准,然而,鼓励根据本标准达成协议的各方研究是否可使用这些文件的最新版本。凡是不注日期的引用文件,其最新版本适用于本标准。

GB/T 222　钢的成品化学成分允许偏差

GB/T 223.3　钢铁及合金化学分析方法　二安替比林甲烷磷钼酸重量法测定磷量

GB/T 223.11　钢铁及合金　铬含量的测定　可视滴定或电位滴定法

GB/T 223.19　钢铁及合金化学分析方法　新亚铜灵-三氯甲烷萃取光度法测定铜量

GB/T 223.23　钢铁及合金　镍含量的测定　丁二酮肟分光光度法

GB/T 223.26　钢铁及合金　钼含量的测定　硫氰酸盐分光光度法

GB/T 223.60　钢铁及合金化学分析方法　高氯酸脱水重量法测定硅含量

GB/T 223.62　钢铁及合金化学分析方法　乙酸丁脂萃取光度法测定磷量

GB/T 223.63　钢铁及合金化学分析方法　高碘酸钠(钾)光度法测定锰量

GB/T 223.67　钢铁及合金　硫含量的测定　次甲基蓝分光光度法

GB/T 223.68　钢铁及合金化学分析方法　管式炉内燃烧后碘酸钾滴定法测定硫含量

GB/T 223.69　钢铁及合金　碳含量的测定　管式炉内燃烧后气体容量法

GB/T 223.71　钢铁及合金化学分析方法　管式炉内燃烧后重量法测定碳含量

GB/T 224　钢的脱碳层深度测定法(GB/T 224—2008,ISO 3887:2003,MOD)

GB/T 225　钢　淬透性的末端淬火试验方法(Jominy 试验)(GB/T 225—2006,ISO:642:1999,IDT)

GB/T 226　钢的低倍组织及缺陷酸蚀检验法

GB/T 228　金属材料　室温拉伸试验方法(GB/T 228—2002,eqv ISO 6892:1998)

GB/T 229　金属材料　夏比摆锤冲击试验方法(GB/T 229—2007,ISO 148-1:2006,MOD)

GB/T 231.1　金属布氏硬度试验　第1部分:试验方法

GB/T 702　热轧钢棒尺寸、外形、重量及允许偏差(GB/T 702—2008,ISO 1035 1～4:1980,MOD)

GB/T 1979　结构钢低倍组织缺陷评级图

GB/T 2101　型钢验收、包装、标志及质量证明书的一般规定

GB/T 2975　钢及钢产品　力学性能试验取样位置及试样制备(GB/T 2975—1998,mod ISO 377:1997)

GB/T 4162　锻轧钢棒超声检测方法

GB/T 4336　碳素钢和中低合金钢的火花源原子发射光谱分析方法(常规法)

GB/T 6394　金属平均晶粒度测定方法

GB/T 10561　钢中非金属夹杂物含量测定　标准图谱显微检验方法(GB/T 10561—2005,ISO 4967:1998,IDT)

GB/T 13298　金属显微组织检验方法

GB/T 13299　钢的显微组织评定方法

GB/T 17505　钢及钢产品交货一般技术条件(GB/T 17505—1998,mod ISO 404:1992)

GB/T 20066　钢和铁　化学成分测定用试样的取样和制样方法(GB/T 20066—2006,ISO 14284:1996,IDT)

GB/T 20123　钢铁　总碳硫含量的测定　高频感应炉燃烧后红外吸收法(常规方法)(GB/T 20124—2006,ISO 15350:2000,IDT)

3　订货内容

按本标准订货的合同或订单应包含以下内容:

a) 产品名称;

b) 牌号;

c) 标准编号;

d) 规格(或型号);

e) 重量和/或数量;

f) 加工用途;

g) 交货状态;

h) 带状组织评级方法;

i) 需方提出的其他特殊要求(见 5.11)。

4　尺寸、外形、重量及允许偏差

钢棒的尺寸、外形、重量及允许偏差应符合 GB/T 702 的有关规定,具体要求在合同中注明。

5　技术要求

5.1　冶炼方法

钢应采用电炉+炉外精炼或转炉+炉外精炼冶炼。

5.2　牌号及化学成分

5.2.1　钢的牌号及化学成分(熔炼分析)应符合表 1 的规定。

表 1

统一数字代号	牌号	化学成分(质量分数)/%								
		C	Si	Mn	P	S	Cr	Mo	Cu	Ni
U20452	45[a]	0.42~0.50	0.17~0.37	0.50~0.80	≤0.025	≤0.025	≤0.25	≤0.10	≤0.20	≤0.30
A20402	40Cr	0.37~0.44	0.17~0.37	0.50~0.80	≤0.035	≤0.035	0.80~1.10	≤0.15	≤0.20	≤0.30
A20403	40CrA[a]	0.37~0.44	0.17~0.37	0.50~0.80	≤0.025	≤0.025	0.80~1.10	≤0.15	≤0.20	≤0.30
A30422	42CrMo	0.38~0.45	0.17~0.37	0.50~0.80	≤0.035	≤0.035	0.90~1.20	0.15~0.25	≤0.20	≤0.30
A30423	42CrMoA	0.38~0.45	0.17~0.37	0.50~0.80	≤0.025	≤0.025	0.90~1.20	0.15~0.25	≤0.20	≤0.30

[a] 根据需方要求,45 和 42CrMo 钢中硫含量可控制为 0.015%~0.035%。

5.2.2 成品化学成分允许偏差应符合 GB/T 222 的规定。

5.3 交货状态

钢棒以热轧状态交货，钢材的交货硬度应不大于 302HBW。

5.4 力学性能

5.4.1 45 钢采用直径为 25 mm 试样毛坯，经热处理后检验结果应符合表 2 的规定。

表 2

牌号	推荐热处理制度/℃			力学性能				
	正火	淬火	回火	下屈服强度 R_{eL}/(N/mm²)	抗拉强度 R_m/(N/mm²)	断后伸长率 A/%	断面收缩率 Z/%	冲击吸收能量 KU_2/J
45	850±20 空气	840±20 油	600±20 油	≥355	≥600	≥16	≥40	≥39
用于拉伸毛坯制成的试样采用正火处理工艺，用于冲击毛坯制成的试样采用调质处理工艺。								

5.4.2 40CrA、42CrMoA 钢采用直径为 25 mm 试样毛坯，经热处理后检验结果应符合表 3 的规定。

表 3

牌号	推荐热处理制度/℃		力学性能				
	淬火	回火	规定非比例延伸强度 $R_{P0.2}$/(N/mm²)	抗拉强度 R_m/(N/mm²)	断后伸长率 A/%	断面收缩率 Z/%	冲击吸收能量 KU_2/J
40CrA	850±15 油	520±50 水、油	≥785	≥980	≥9	≥45	≥47
42CrMoA	850±15 油	560±50 水、油	≥930	≥1 080	≥12	≥45	≥63

5.5 低倍组织

5.5.1 钢棒的横截面酸浸低倍组织应均匀，不允许有目视可见的缩孔、气泡、夹杂、裂纹、分层、翻皮及白点。

5.5.2 连铸钢棒应检验一般疏松、中心疏松、中心偏析，酸浸试片低倍组织合格级别应符合表 4 的规定。

表 4

一般疏松	中心疏松	中心偏析
级，不大于		
2.0	2.0	2.0

5.5.3 模铸钢应检验一般疏松、中心疏松、锭型偏析、一般斑点状偏析和边缘斑点状偏析，其合格级别应符合表 5 的规定。

表 5

一般疏松	中心疏松	锭型偏析	一般斑点状偏析	边缘斑点状偏析
级，不大于				
2.0	2.0	2.0	不允许有	

5.6 非金属夹杂物

钢中非金属夹杂物应符合表 6 的规定。

表 6

非金属夹杂物	A		B		C		D		A+B+C+D	
	粗系	细系	粗系	细系	粗系	细系	粗系	细系	粗系	细系
合格级别,级不大于	2.0	2.5	2.5	2.5	1.0	1.5	1.5	1.5	4.5	4.5
加硫钢 A 类夹杂物(粗系或细系)不大于 3.0 级,A+B+C+D 不作要求。										

5.7 晶粒度

奥氏体晶粒度应不粗于 5 级。

5.8 带状组织

钢应按 GB/T 13299 或附录 A 的方法检验带状组织,合格级别应不大于 2 级。

5.9 末端淬透性

根据需方要求,并在合同中注明,40CrA、42CrMoA 可检验末端淬透性,淬透性带应符合表 7 的规定。

表 7

牌 号	正火/ ℃	淬火/ ℃	J9 HRC	J15 HRC
40Cr(A)	860～880	850±5	46～54	≥34
42CrMo(A)	860～880	845±5	50～58	43～56

5.10 表面质量

钢棒的表面不允许有裂纹、折迭、结疤及夹杂。如有上述缺陷应清除,清除深度不大于钢材实际尺寸的 5%。清除宽度不小于深度的 5 倍。同一截面达到最大清除深度不允许多于一处。允许有从实际尺寸算起不超过尺寸公差之半的个别细小划痕、压痕、麻点及深度不超过 0.2 mm 的小裂纹存在。

5.11 特殊要求

根据需方要求,并在合同中注明可供下列特殊要求的钢材:

a) 缩小化学成分范围;

b) 加严试验项目的指标;

c) 进行超声波检验;

d) 进行脱碳检验;

e) 其他要求。

6 试验方法

每批钢棒的检验项目和试验方法应符合表 8 的规定。

表 8

序号	检验项目	取样数量	取样部位	试验方法
1	化学成分	1/炉	GB/T 20066	GB/T 223(见第 2 章)、 GB/T 4336、GB/T 20123
2	布氏硬度	3	不同根钢材	GB/T 231.1
3	拉伸试验	2	GB/T 2975,不同根钢棒	GB/T 228
4	冲击试验	2	GB/T 2975,不同根钢棒	GB/T 229
5	低倍组织	2	相当于钢锭头部和尾部, 连铸坯为不同根钢棒	GB/T 226、GB/T 1979

表 8（续）

序号	检验项目	取样数量	取样部位	试验方法
6	晶粒度	1	任一根钢棒	GB/T 6394
7	淬透性	1	任一根钢棒	GB/T 225
8	带状组织	2	不同根钢棒	GB/T 13298、GB/T 13299、附录 A
9	超声波检验	逐支	整根钢材上	GB/T 4162
10	脱碳	2	不同根钢棒	GB/T 224
11	非金属夹杂物	2	不同根钢棒	GB/T 10561
12	表面质量	逐根	整根钢棒上	目视
13	尺寸	逐根	整根钢棒上	卡尺、千分尺

7 检验规则

7.1 检查和验收

7.1.1 钢棒出厂的检查和验收由供方质量技术监督部门进行。

7.1.2 供方应保证交货的钢棒符合本标准或合同的规定，必要时，需方有权对本标准或合同所规定的任一检验项目进行检查和验收。

7.2 组批规则

钢棒应按批检验和验收，每批钢材由同一牌号、同一炉号、同一尺寸的钢材组成。

7.3 取样数量及取样部位

每批钢棒的取样数量及取样部位应按表 8 的规定。

7.4 复验与判定规则

钢棒的复验和判定规则按 GB/T 17505 的规定执行。

8 包装、标志和质量证明书

8.1 包装、质量证明书按 GB/T 2101 的规定执行。

8.2 采用模铸锭生产的钢棒，需按头、尾管理，钢锭的头部(冒口端)标 A，尾部标 K。采用连铸坯生产的钢棒不做要求。

附 录 A
(规范性附录)
中碳结构钢带状组织评定方法

A.1 范围

本方法规定了调质汽车曲轴用中碳结构钢棒带状组织的金相评定方法、评定原则和组织特征。

本方法适用于调质汽车曲轴用中碳结构钢棒带状组织的评定。

A.2 试样的切取和制备

A.2.1 试样的切取和制备按 GB/T 13298 的有关规定进行。

A.2.2 取样方向为轧制方向,取样部位在直径的 1/4 处切取。试样的检验面积为 10 mm×20 mm。

A.2.3 以热轧状态交货的钢材,评定带状组织的试样经热处理后评定。热处理工艺可由供需双方商定。推荐的热处理工艺为:加热至 850 ℃±10 ℃,保温 20 min,炉冷至 650 ℃±10 ℃,保温不少于 60 min 出炉,空冷。

A.3 评定方法

A.3.1 评定带状组织的放大倍数为 100X(允许使用 95X～110X),标准视场直径为 80 mm。

A.3.2 带状组织的评定采用与标准评级图比较的方法进行。

A.3.3 评级时应选择金相磨面上各视场中最严重的视场进行评定。

A.4 评定原则

带状组织应根据珠光体带的数量、宽度、贯穿视场的程度以及连续性进行评定,如果一个视场处于两相邻标准图片之间时,应记录较低的一级。表 A.1 是对评级图中组织特征的描述。

表 A.1

级别	组 织 特 征
0	沿变形方向取向,带状不很明显;在整个试样检验面上,多个视场中均为充满视场的珠光体组织,没有明显的铁素体条带,评定时应将此种情况视为均匀组织
1	有 1 条～2 条连续的和几条分散的铁素体-珠光体带
2	同一个视场内,贯穿视场连续的珠光体带≤5 条;单条贯穿视场的珠光体条带,带宽<15 mm;贯穿视场连续的珠光体带不得同时有 2 条≥10 mm;贯穿视场连续的珠光体带不允许同时有 3 条≥7 mm～8 mm;上述规定贯穿视场的程度为不多于三个视场
3	有较宽的多条带或变形的铁素体-珠光体交替带

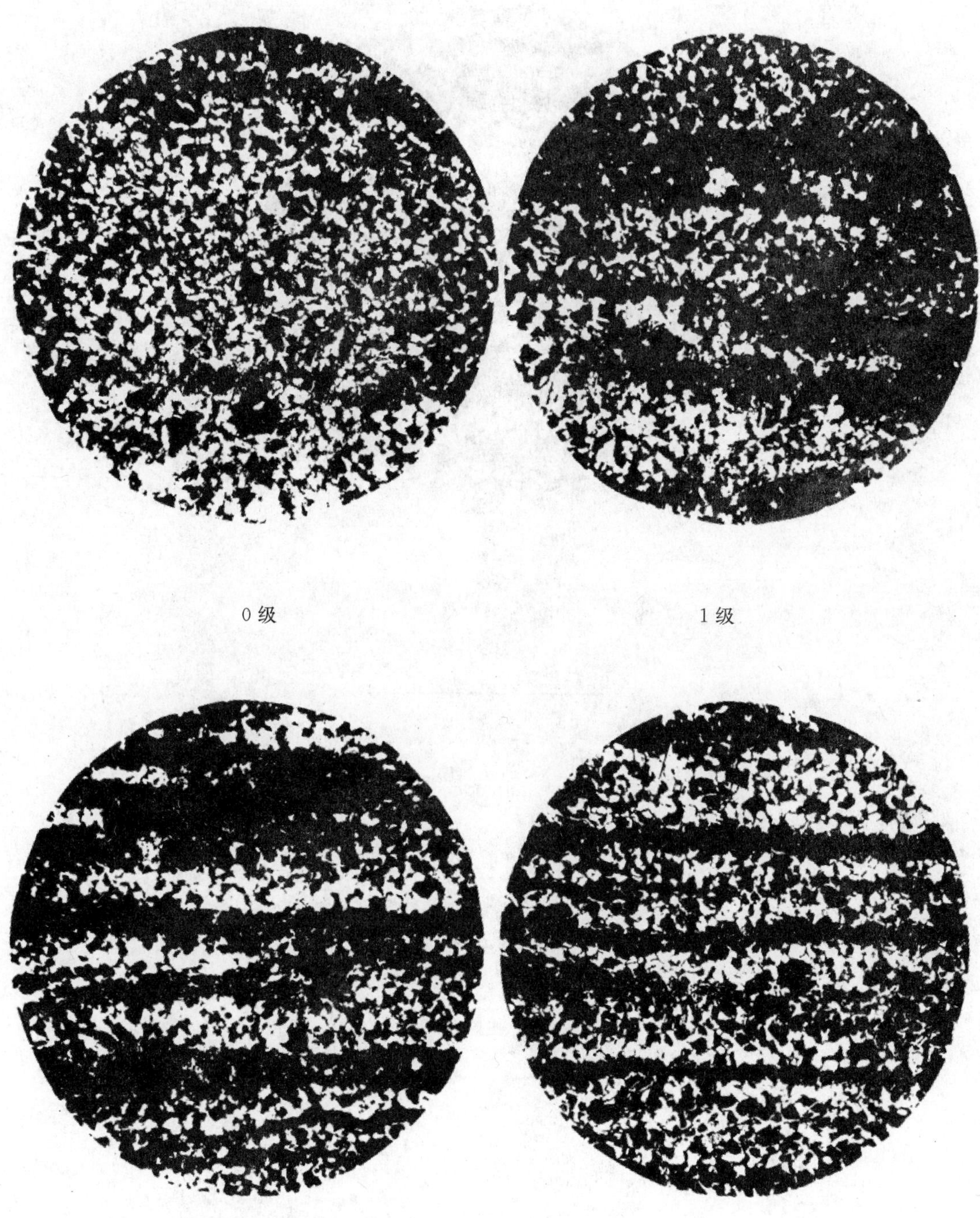

0 级

1 级

2 级 a)

2 级 b)

图 A.1 中碳结构钢带状组织评级图

3级

图 A.1（续）

ICS 25.220.60
A 29

中华人民共和国国家标准

GB/T 24596—2009

球墨铸铁管和管件　聚氨酯涂层

Ductile iron pipes and fittings—Polyurethane coatings

2009-10-30 发布　　　　2010-05-01 实施

中华人民共和国国家质量监督检验检疫总局
中国国家标准化管理委员会　发布

前　言

本标准修改采用了 EN 15189:2006《球墨铸铁管、管件及附件聚氨酯外涂层　要求和试验方法》，同时，在考虑我国国情的基础上，又参照了美国和法国等国的相关标准，使本标准的技术指标、试验方法既符合国情又便于国际交流。在附录 A 中列出了本标准章条编号与 EN 15189:2006 章条编号对照一览表。

本标准在采用 EN 15189:2006 时做了一些修改。有关技术性差异用垂直单线标识在它们所涉及的条款的页边空白处。在附录 B 中给出了技术性差异及其原因的一览表以供参考。

本标准的附录 A 和附录 B 为资料性附录。

本标准由中国钢铁工业协会提出。

本标准由全国钢标准化技术委员会归口。

本标准起草单位：新兴铸管股份有限公司、合肥市久环给排水燃气设备有限公司、青岛佳联化工新材料有限公司。

本标准主要起草人：张同波、李宁、常保平、李军、刘培礼、王宝柱、李艳宁、常保成、安彦周。

球墨铸铁管和管件　聚氨酯涂层

1　范围

本标准规定了球墨铸铁管(以下简称球铁管)和管件内外聚氨酯防腐涂层的技术要求、试验方法和检验规则等。

本标准适用于输送不超过 50 ℃的水及污水的聚氨酯内涂层、环境温度不超过 50 ℃的聚氨酯外涂层。

2　规范性引用文件

下列文件中的条款通过本标准的引用而成为本标准的条款。凡是注日期的引用文件,其随后所有的修改单(不包括勘误的内容)或修订版均不适用于本标准,然而,鼓励根据本标准达成协议的各方研究是否可使用这些文件的最新版本。凡是不注日期的引用文件,其最新版本适用于本标准。

GB/T 1768　色漆和清漆　耐磨性的测定　旋转橡胶砂轮法

GB/T 1771　色漆和清漆　耐中性盐雾性能的测定

GB/T 2411　塑料和硬橡胶　使用硬度计测定压痕硬度(邵氏硬度)

GB/T 5210　色漆和清漆　拉开法附着力试验

GB/T 8923　涂装前钢材表面锈蚀等级和除锈等级

GB/T 13288　涂装前钢材表面粗糙度等级的评定(比较样块法)

GB/T 17219　生活饮用水输配水设备及防护材料的安全性评价标准

GB/T 20624.2　色漆和清漆　快速变形(耐冲击性)试验　第 2 部分:落锤试验(小面积冲头)

3　技术要求

3.1　材质要求

聚氨酯涂料应为双组分无溶剂涂料，其中一种组分含有异氰酸酯树脂、另一种组分含有多元醇树脂或者多元胺树脂或者它们的混合物。

当聚氨酯内涂层用于输送饮用水时,涂层不应对水质产生有害影响,且应符合 GB/T 17219 的规定。

3.2　待涂基材表面的处理

球铁管和管件表面应经过喷砂或者抛丸处理。处理前,应先除去基材表面上的任何油脂或其他可溶性污染物质,并且表面温度应高于露点温度 3 ℃以上,且环境的相对湿度应低于 85%;处理后,表面的除锈等级应符合 GB/T 8923 中 Sa 2.5 级的要求;采用 GB/T 13288 中的方法进行表面粗糙度的检验,表面粗糙度 R_u 应为 50 μm～100 μm。

涂敷应在表面处理后 8 h 内进行。

3.3　聚氨酯涂层

3.3.1　表面质量

3.3.1.1　涂层颜色应均匀,承插口可采用不同颜色的涂层。

3.3.1.2　涂层表面应均匀、平整,修补部位除外。

3.3.1.3　涂层应无针孔、气泡、水泡、起皱、裂纹等显著的缺陷。

由于修补或长期暴露在日光下,涂层表面颜色或光泽允许出现轻微变化。

3.3.2 厚度

内涂层厚度不应小于 900 μm，外涂层厚度不应小于 700 μm。如有其他要求，由供需双方协商决定。

3.3.3 漏点检验

对涂层进行检漏时，按最小厚度计，检漏电压为 6 V/μm；如有其他要求，由供需双方协商决定。

3.3.4 附着力

涂层的附着力不应小于 10.35 MPa。

3.3.5 硬度

涂层的硬度应不小于 70 Shore D。

3.3.6 修补

当涂层出现漏点或破损时，可以进行修补，修补后的涂层应符合本标准的要求。

3.4 端口

插口端、承口端面和承口内表面可选择以下涂层：

a) 环氧树脂，在承插口连接区域，涂层的最小厚度应为 100 μm。

b) 与本标准一致的聚氨酯，在承插口连接区域，涂层的最小厚度应为 100 μm。

当承插口连接区域采用以上涂层涂覆后，厂方应确保直径适合，以便接口能顺利组装。

3.5 性能要求

3.5.1 抗冲击强度

当涂层受到不小于 10 J/mm 的能量冲击后，采用 3.3.3 中的方法进行漏点检验，涂层应无损坏。

3.5.2 耐化学腐蚀性

3.5.2.1 吸水性

将试样浸泡在(50±2)℃的蒸馏水中 100 d，试样质量的增加应不大于 15%，然后在(23±2)℃下自然干燥 100 d，质量损失应不大于 2%。

3.5.2.2 耐稀硫酸腐蚀性

将试样浸泡在(50±2)℃的浓度为 10%的硫酸溶液中 100 d，试样质量的增加应不大于 10%，然后在(23±2)℃下自然干燥 100 d，质量损失应不大于 4%。

3.5.2.3 耐碱、盐腐蚀性

将试样分别浸泡在(23±2)℃的浓度为 30%的氢氧化钠和 30%的氯化钠溶液中 30 d，试样质量变化应不大于 5%。

3.5.3 压痕硬度

在(23±2)℃、10 MPa 压力下，涂层受到的最大静态压痕深度应不大于涂层初始厚度的 10%。

3.5.4 绝缘电阻

涂层在 0.1*M* 氯化钠溶液中浸泡 100 d 后，其绝缘电阻应不小于 $10^8\ \Omega \cdot m^2$。

当浸泡 70 d 后的绝缘电阻仅比浸泡 100 d 的数值大一个数量级时，则绝缘电阻的比率(浸泡 100 d 的绝缘电阻值/浸泡 70 d 后的绝缘电阻值)应不小于 0.8。

3.5.5 耐磨性

使用 Taber 磨耗仪和 CS17 磨耗轮，在负荷为 1 kg 的条件下磨损 1 000 转，涂层质量损失应不大于 100 mg。

3.5.6 耐盐雾性

涂层在盐雾中暴露 1 000 h 后，应无任何起泡、锈蚀、脱落的现象。

4 试验方法

4.1 待涂基材表面的检验

4.1.1 按照 GB/T 8923 中的要求进行除锈等级检验。

4.1.2 按照 GB/T 13288 中的要求进行表面粗糙度检验。

4.2 聚氨酯涂层检验

4.2.1 表面质量

目视检验涂层的表面质量。

4.2.2 厚度

使用无损检测方法检验涂层的厚度,仪器精度为±1%。

在球铁管的直管部分随机抽取三个截面、每个截面上取相互间隔 90°的 4 个点测量内外涂层厚度。在管件内外涂层表面上均匀抽取 10 个点进行厚度测量。

4.2.3 漏点检验

采用电火花检漏仪,按照 3.3.3 中要求的电压对聚氨酯涂层进行漏点检验。检漏仪应装有由铜丝刷或其他导电材料组成的探测电极、音频信号发生器以及连接管壁的地线、峰值电压表。

在检验过程中,将探测电极沿涂层表面移动进行检漏,并始终保持探测电极和涂层表面紧密接触。当探测电极经过涂层漏点或厚度过薄位置时,可以根据仪器发出的电火花、噪音、声波或光学信号确定缺陷位置,做出标记,并根据要求进行修补,直至漏点检验合格。

检验过程中应确保涂层表面干燥,探测电极距球铁管和管件端部或其裸露面距离应不小于 13 mm。

4.2.4 附着力

按照 GB/T 5210 中的要求进行附着力检验。

4.2.5 硬度

在 10 ℃～30 ℃下,按照 GB/T 2411 中的要求进行硬度检验。

4.3 端口

使用合适的测量工具检测球铁管和管件两端涂层的厚度。

4.4 性能检验

4.4.1 抗冲击强度

采用锤头直径为 15.9 mm 的重锤,按照 GB/T 20624.2 中的方法进行抗冲击强度检验。

每次冲击试验后,应按照 3.3.3 的要求立即进行漏点检验。

4.4.2 耐化学腐蚀性

4.4.2.1 试样的制备

没有涂覆在任何底材上的聚氨酯试样尺寸近似为 40 mm×125 mm×1 mm,其制备方法和养护方法与在球铁管及管件上的涂层相似。

每项检测取三个试样,并分别放入不同容器中,使它们完全浸泡在溶液里。

4.4.2.2 吸水性

将试样放入(50±2)℃烘箱内干燥(24±1)h,然后在干燥器内冷却至室温,称量每个试样并记录,精确至 1 mg;将试样放入盛有蒸馏水的容器中,水温控制在(50±2)℃,浸泡 100 d 后,取出试样,用清洁干布或滤纸迅速擦去试样表面的水,称量每个试样并记录,精确至 1 mg,试样从水中取出到称量完毕必须在 1 min 内完成。按照式(1)计算质量变化:

$$C_1 = (m_2 - m_1)/m_1 \times 100\% \qquad \cdots\cdots(1)$$

式中:

C_1——质量变化值,用%表示;

m_1——试验前试样的质量,单位为毫克(mg);

m_2——浸泡试验后试样的质量,单位为毫克(mg)。

随后将试样放置在(23±2)℃自然干燥 100 d,称量每个试样并记录,精确至 1 mg,按照式(2)计算质量的减少值:

$$C_2 = (m_3 - m_1)/m_1 \times 100\% \qquad \cdots\cdots(2)$$

式中：

C_2——质量变化值，用%表示；

m_1——试验前试样的质量，单位为毫克(mg)；

m_3——自然干燥后试样的质量，单位为毫克(mg)。

4.4.2.3 耐稀硫酸腐蚀性

将试样放入(50±2)℃烘箱内干燥(24±1)h，然后在干燥器内冷却至室温，称量每个试样并记录，精确至1 mg；然后将试样浸没在(50±2)℃的10%的稀硫酸中100 d，取出试样，用清洁干布或滤纸迅速擦去试样表面的溶液，称量每个试样并记录，精确至1 mg，试样从溶液中取出到称量完毕应在1 min内完成。按照式(1)计算质量变化。

随后将试样放置在(23±2)℃自然干燥100 d，称量每个试样并记录，精确至1 mg，按照式(2)计算质量的减少值。

4.4.2.4 耐碱、盐腐蚀性

将试样放入(50±2)℃烘箱内干燥(24±1)h，然后在干燥器内冷却至室温，称量每个试样并记录，精确至1 mg；然后将试样分别浸没在(21±2)℃、浓度为30%的氢氧化钠和30%的氯化钠溶液中30 d，取出试样，用清洁干布或滤纸擦去试样表面的溶液，在室温下放置24 h，然后称量每个试样并记录，精确至1 mg。放置24 h后，试样不应出现起泡、裂纹、变软或者其他任何形式的损坏，允许颜色出现变化。按照式(1)计算质量变化。

4.4.2.5 试验结果

三个试样质量变化的平均值即为该试验的试验结果。

4.4.3 压痕硬度

4.4.3.1 试样

试样应为在钢板上涂覆厚度(900±90)μm的聚氨酯涂层。

4.4.3.2 试验仪器

压痕仪：压头为底部直径为1.8 mm或截面积为2.5 mm^2的金属棒，增加载荷后总质量为2.5 kg，向下压强可达10 MPa，刻度指示器的读数精度为0.05 mm。

恒温装置：控温精度为±2 ℃。

4.4.3.3 试验步骤

试样置于测定温度下1 h后，将压头(不带载荷)缓慢且小心地降落在试样上，在5 s内将刻度指示器调零，然后增加载荷，24 h后读数，该数值即为试样的压痕深度。

4.4.3.4 试验结果

三个试样压痕深度的平均值即为该试样的压痕硬度。

4.4.4 绝缘电阻

分别在五根不同的球铁管上各切取一个面积不小于300 cm^2的已涂试样进行检验。试样应按4.2.3的方法进行漏点检验且符合3.3.3的规定。

检验设备包括表面积不小于10 cm^2的电极计数器(例如铜电极)、输出电压不小于50 V的直流电源、电流表以及电压表；检验介质为0.1M氯化钠溶液；在(23±2)℃的温度下，将试样在介质中浸泡100 d。

生产厂可以选择下列任一种方法进行检验：

a) 将已涂试样水平放置在一个装有检验介质的绝缘容器内，容器侧部开口，大小适当。使用非导电密封胶密封试样与容器的接触面，试验装置应符合图1要求。

b) 使用非导电密封胶密封试样与容器的接触面，以保证介质不与试样的金属面接触，试验装置应符合图2要求。

检验时，把直流电源的正极连接试样的金属面上，负极连接铜电极，铜电极浸没在介质中。

第一次测量至少在装置安装完毕 3 d 后进行，然后每隔十天测量一次。

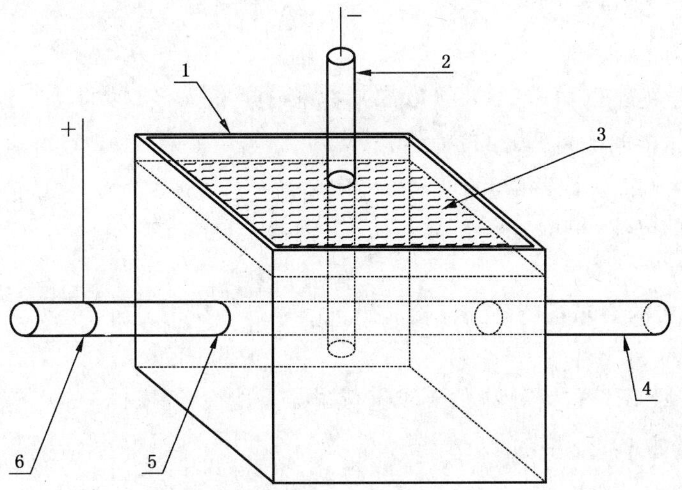

1——绝缘容器；
2——铜电极；
3——氯化钠溶液；
4——防腐涂层；
5——非导电密封胶；
6——试样。

方法 a)

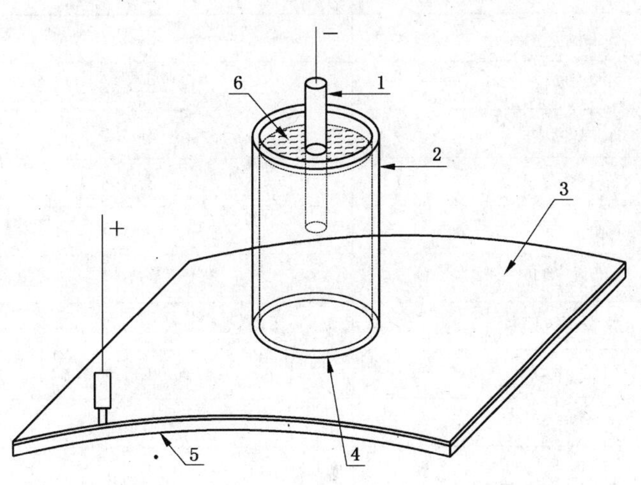

1——铜电极；
2——绝缘容器；
3——防腐涂层；
4——非导电密封胶；
5——试样；
6——氯化钠溶液。

方法 b)

图 1　装置图

绝缘电阻用式(3)计算：

$$R_S = U \cdot A / I \quad \cdots\cdots (3)$$

式中：

R_S——聚氨酯涂层的绝缘电阻，单位为欧姆平方米($\Omega \cdot m^2$)；

U——铜电极和试样间的电压，单位为伏特(V)；

A——检验面积，单位为平方米(m^2)；

I——通过涂层的电流，单位为安培(A)。

4.4.5 耐磨性

按照 GB/T 1768 中的要求进行耐磨性检验。

4.4.6 耐盐雾性

涂层不需划痕，按照 GB/T 1771 中的要求进行耐盐雾性检验。

5 检验规则

5.1 检查和验收

聚氨酯涂层的检查和验收由供方质量监督部门进行。必要时，需方可到供方进行质量验收。

5.2 出厂检验

5.2.1 检验项目

出厂检验项目包括表面质量、厚度、硬度、附着力以及漏点检验，其试验方法应符合表1的要求。

表1 试验项目和检验方法

序号	试验项目	技术要求	检验方法
1	表面质量	3.3.1	4.2.1
2	涂层厚度	3.3.2	4.2.2
3	漏点检验	3.3.3	4.2.3
4	附着力	3.3.4	4.2.4
5	硬　度	3.3.5	4.2.5
6	抗冲击强度	3.5.1	4.4.1
7	耐化学腐蚀性	3.5.2	4.4.2
8	压痕硬度	3.5.3	4.4.3
9	绝缘电阻	3.5.4	4.4.4
10	耐磨性	3.5.5	4.4.5
11	耐盐雾性	3.5.6	4.4.6

5.2.2 组批规则

每批应由每班生产的全部产品组成。

5.2.3 取样数量

5.2.3.1 应逐根(件)对球铁管和管件涂层的表面质量进行检验。

5.2.3.2 应每批任取1根(件)球铁管或管件进行涂层的厚度、硬度、附着力以及漏点检验。

5.2.4 判定和复验规则

当厚度、硬度、附着力以及漏点检验中有任一项不符合本标准的要求时，则再抽取双倍试样对该不合格项进行复验，如仍有一个结果不合格，则应逐根(件)进行检验，不符合要求的球铁管和管件应进行修补或判废。

5.3 型式试验

5.3.1 凡属下列情况之一者，应进行型式检验：

——新产品投产鉴定时；

——原材料、工艺、设备发生重大变更，可能影响产品性能时；

——正常生产每三年进行一次；

——产品停产一年以上，恢复生产时；

——国家质量监督机构提出型式检验的要求时。

5.3.2 检验项目

型式试验的检验项目和试验方法应符合表1的规定。

5.3.3 试验分组

型式试验的规格分组应符合表2的规定。基于每组中基本相同的设计参数和涂覆过程，一种规格可以代表一组。如果某组中的产品设计和/或制造过程不同，应重新对该组进行分配组合。

表2 型式试验规格分组

单位为毫米

规格分组	40～500	600～2 600
每组抽取的规格 DN	200	1 000

附　录　A
（资料性附录）
本标准章条与 EN 15189:2006 章条编号对照

表 A.1 给出了本标准章条编号与 EN 15189:2006 章条编号对照一览表。

表 A.1　本标准章条编号与 EN 15189:2006 章条编号对照

本标准章条编号	对应的欧洲标准章条编号	本标准章条编号	对应的欧洲标准章条编号
1	1	4	7
2	2	4.1	7.1
3	5	4.2	—
3.1	—	4.2.1	7.1.2
3.2	5.1	4.2.2	7.1.3
3.3	5.2	4.2.3	7.1.7
3.3.1	5.2.1	4.2.4	7.1.9
3.3.2	5.2.2	4.2.5	7.1.8
3.3.3	5.6	4.2.6	7.1.5
3.3.4	5.8	4.3	7.1.4
3.3.5	5.7	4.4	7.2
3.3.6	5.4	4.4.1	7.2.2
3.4	5.3	4.4.2	7.2.1
3.5	6	4.4.2.1	—
3.5.1	6.2	4.4.2.2	7.2.1.1
3.5.2	6.1	4.4.2.3	7.2.1.2
3.5.2.1		4.2.2.4	—
3.5.2.2		4.4.3	7.2.3
3.5.2.3	—	4.4.4	7.2.5
3.5.3	6.3	4.4.5	—
3.5.4	6.5	4.4.6	—
3.5.5	—	5	附录 A
3.5.6	—		

附 录 B
(资料性附录)
本标准与 EN 15189:2006 技术性差异及其原因

表 B.1 给出了本标准与 EN 15189:2006 技术性差异及其原因一览表。

表 B.1 本标准与 EN 15189:2006 技术性差异及其原因

本标准章条编号	技术性差异	原因
1	将球墨铸铁管聚氨酯外涂层改为球墨铸铁管及其管件内外聚氨酯涂层	扩大了标准的使用范围
	增加了内涂层的使用温度	使用要求更加具体
2	使用国家标准代替等同的国际标准	适应我国标准要求
3.3.2	增加了内涂层厚度	适应内涂层要求
3.3.3	检漏电压规定为 6 V/μm	要求更加具体,提高了操作性
3.3.5	附着力提高为 10.35 MPa	提高了产品的性能要求
3.5.1	将锤头直径由 25 mm 改为 15.9 mm,冲击强度提高为 10 J	提高了产品的性能要求
3.5.2.3	增加了耐碱、盐腐蚀性	适合内涂层要求
3.5.5	增加了耐磨性要求	适合内涂层要求
3.5.6	增加了耐盐雾性要求	提高了产品的性能要求
4.4.1	明确了检测方法为 GB/T 20624.2	适合我国国情
4.4.2.1	增加了试样尺寸	提高操作性
4.4.2.2	增加了计算公式	
4.4.2.4	增加了耐碱、盐腐蚀性试验方法	适合内涂层要求
4.4.4	增加了试验装置图	提高了操作的统一性
4.4.5	增加了耐磨性试验方法	适合内涂层要求
4.4.6	增加了耐盐雾性试验方法	提高了产品的性能要求
5.2.3	增加了判定和复验规则	提高操作性
附录 A	增加了本标准与国际标准章条对照	适应我国标准要求
附录 B	增加了本标准与国际标准技术性差异及其原因	适应我国标准要求

ICS 77.140.80
J 31

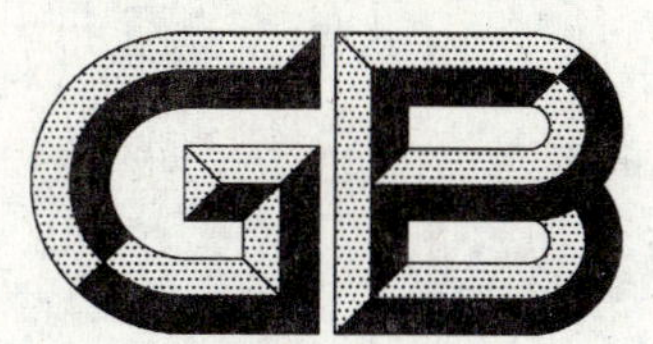

中华人民共和国国家标准

GB/T 24597—2009

铬锰钨系抗磨铸铁件

Cr-Mn-W series of abrasion resistant iron castings

2009-10-30 发布　　2010-04-01 实施

中华人民共和国国家质量监督检验检疫总局
中国国家标准化管理委员会　发布

前　言

本标准的附录 A 为资料性附录。

本标准由全国铸造标准化技术委员会(SAC/TC 54)提出并归口。

本标准负责起草单位:湖南红宇耐磨新材料有限公司。

本标准参与起草单位:中南大学、清华大学、柳州高新区抗磨铸件有限责任公司、焦作市鸿锐化工有限责任公司古汉铸造厂。

本标准主要起草人:任立军、白秉哲、肖志军、赵正江、赵金山。

铬锰钨系抗磨铸铁件

1 范围

本标准规定了铬锰钨系抗磨铸铁件的产品牌号、技术要求、试验方法、检验规则、标志、贮存、包装和运输等要求。

本标准适用于冶金、建材、电力等行业在磨料磨损条件下使用的抗磨铸铁件。

2 规范性引用文件

下列文件中的条款通过本标准的引用而成为本标准的条款。凡是注日期的引用文件，其随后所有的修改单(不包括勘误的内容)或修订版均不适用于本标准，然而，鼓励根据本标准达成协议的各方研究是否可使用这些文件的最新版本。凡是不注日期的引用文件，其最新版本适用于本标准。

GB/T 223.4 钢铁及合金 锰含量的测定 电位滴定或可视滴定法

GB/T 223.5 钢铁 酸溶硅和全硅含量的测定 还原型硅钼酸盐分光光度法(GB/T 223.5—2008,ISO 4829-1:1986 Steel and cast iron—Determination of total silicon content—Reduced molybosilicate spectrophotometric method—Part 1:Silicon contents between 0.05 and 1.0% & ISO 4829-2:1988 Steel and iron—Determination of total silicon content—Reduced molybosilicate spectrophotometric method—Part 2:Silicon contents between 0.01 and 0.05%,MOD)

GB/T 223.11 钢铁及合金 铬含量的测定 可视滴定或电位滴定法(GB/T 223.11—2008,ISO 4937:1986,MOD)

GB/T 223.43 钢铁及合金 钨含量的测定 重量法和分光光度法

GB/T 223.59 钢铁及合金 磷含量的测定 铋磷钼蓝分光光度法和锑磷钼蓝分光光度法

GB/T 223.68 钢铁及合金化学分析方法 管式炉内燃烧后碘酸钾滴定法测定硫含量

GB/T 223.71 钢铁及合金化学分析方法 管式炉内燃烧后重量法测定碳含量

GB/T 230.1 金属洛氏硬度试验 第1部分:试验方法(A、B、C、D、E、F、G、H、K、N、T标尺)[GB/T 230.1—2004,ISO 6508-1:1999 Metallic materials—Rockwell hardness test—Part 1:Test method(scales A、B、C、D、E、F、G、H、K、N、T),MOD]

GB/T 5611 铸造术语

GB/T 5612 铸铁牌号表示方法(GB/T 5612—2008,ISO/TR 15931:2004,MOD)

GB/T 6060.1 表面粗糙度比较样块 铸造表面(GB/T 6060.1—1997,eqv ISO 2632-3:1979)

GB/T 6414 铸件 尺寸公差与机械加工余量(GB/T 6414—1999,eqv ISO 8062:1994)

GB/T 11351 铸件重量公差

GB/T 15056 铸造表面粗糙度 评定方法

GB/T 17445 铸造磨球[GB/T 17445—2009,ASTM A532/A532M-93a(2003),MOD]

3 术语和定义

GB/T 5611 确立的以及下列术语和定义适用于本标准。

3.1

磨料磨损 abrasive wear

由硬颗粒或硬突体对固体表面挤压和沿表面运动而造成的磨损。

3.2

铬锰钨系抗磨铸铁 Cr-Mn-W series of abrasion resistant cast iron

含锰、钨的高铬抗磨铸铁。

3.3

抗磨性 anti-abrasion ability

材料抵抗磨料磨损的能力。

4 产品牌号

产品牌号表示方法符合 GB/T 5612 的规定。

根据铬锰钨系抗磨铸铁的化学成分规定了 6 个牌号，见表 1。

表 1 铬锰钨系抗磨铸铁的牌号及其化学成分

牌 号	化学成分(质量分数)/%						
	C	Si	Cr	Mn	W	P	S
BTMCr18Mn3W2	2.8～3.5	0.3～1.0	16～22	2.5～3.5	1.5～2.5	≤0.08	≤0.06
BTMCr18Mn3W	2.8～3.5	0.3～1.0	16～22	2.5～3.5	1.0～1.5	≤0.08	≤0.06
BTMCr18Mn2W	2.8～3.5	0.3～1.0	16～22	2.0～2.5	0.3～1.0	≤0.08	≤0.06
BTMCr12Mn3W2	2.0～2.8	0.3～1.0	10～16	2.5～3.5	1.5～2.5	≤0.08	≤0.06
BTMCr12Mn3W	2.0～2.8	0.3～1.0	10～16	2.5～3.5	1.0～1.5	≤0.08	≤0.06
BTMCr12Mn2W	2.0～2.8	0.3～1.0	10～16	2.0～2.5	0.3～1.0	≤0.08	≤0.06
注：铬碳比须≥5。							

5 技术要求

5.1 熔炼和铸造

5.1.1 铬锰钨系抗磨铸铁采用电炉熔炼。

5.1.2 铬锰钨系抗磨铸铁可以采用各种适宜的铸造方法生产。

5.2 热处理

5.2.1 铬锰钨系抗磨铸铁可进行退火、淬火、回火等热处理。

5.2.2 供方可以根据需方的要求，以不同的热处理状态供货；当需方未注明确切的热处理要求时，供方也可以根据需方的使用条件选择最有利于需方的供货状态。

5.3 化学成分

铬锰钨系抗磨铸铁件的化学成分应符合表 1 的规定。

5.4 金相组织

除需方有特殊要求外，金相组织不作为产品验收依据。

5.5 硬度

铬锰钨系抗磨铸铁件的硬度应符合表 2 的规定。

表 2 铬锰钨系抗磨铸铁件的硬度

牌 号	硬度/HRC	
	软化退火态	硬化态
BTMCr18Mn3W2	≤45	≥60
BTMCr18Mn3W	≤45	≥60
BTMCr18Mn2W	≤45	≥60
BTMCr12Mn3W2	≤40	≥58
BTMCr12Mn3W	≤40	≥58
BTMCr12Mn2W	≤40	≥58
注：铸件断面深度 40%部位的硬度应不低于表面硬度值的 96%。		

5.6 淬硬深度

淬硬深度不作为产品的验收依据。需要时，由供需双方参照附录 A 商定。

5.7 表面质量

5.7.1 铸件不允许有裂纹和影响使用性能的夹渣、夹砂、冷隔、气孔、缩孔、缩松、缺肉等铸造缺陷。

5.7.2 铸件浇口、冒口、飞边毛刺、粘砂等应清除干净，浇口、冒口打磨残余量应不影响铸件使用。

5.7.3 铸件表面粗糙度应符合图样或订货合同规定；如图样或订货合同中无规定，铸件表面粗糙度应达到 GB/T 6060.1 中 *Ra*25 级的规定。

5.7.4 铸件在清整和处理铸造缺陷过程中，不允许使用火焰切割、电弧气刨切割、电焊切割和焊补。

5.8 铸件的几何形状、尺寸公差和质量偏差

5.8.1 铸件的几何形状、尺寸公差、质量偏差应符合图样或订货合同规定；如果图样和订货合同中无规定，铸件尺寸公差应达到 GB/T 6414 中 CT10 级的规定，铸件质量公差应达到 GB/T 11351 中 MT13 级的规定。

5.8.2 球磨机磨球的直径偏差及表面质量应符合 GB/T 17445。

6 试验方法

6.1 化学成分的分析方法应按 GB/T 223.4、GB/T 223.5、GB/T 223.11、GB/T 223.43、GB/T 223.59、GB/T 223.68、GB/T 223.71 规定执行。也可以使用光谱分析法等现代仪器分析方法。

6.2 洛氏硬度试验按 GB/T 230.1 规定执行。

6.3 表面粗糙度检验方法按 GB/T 6060.1 和 GB/T 15056 规定执行。

7 检验规则

7.1 化学成分检验

7.1.1 每炉取一个试样检验化学成分。

7.1.2 如果化学成分检验结果不合格，则应加倍取样复检，若其中仍有一个试样的化学成分检验不合格，则该炉铸件的成分为不合格。

7.2 硬度检验

7.2.1 硬度一般应在铸件本体上测试，测试部位在铸件的主要工作部位。制备试样时，测试支撑面与测试面应平行，且应在铸件表面下方 1 mm～3 mm 处测试。当硬度在铸件本体上测试有困难时，经供需双方商定，可采用单铸试块或移动式硬度计测试。

7.2.2 非连续热处理炉，每炉作为一个批次，应从炉内的三个不同位置各取样 1 件进行硬度检验。采用连续热处理炉时，每 8 h 随机取样 3 件进行硬度检验。需方有特殊要求的，可逐件进行硬度检验。

7.2.3 每批次抽取3件铸件进行检验，若有1件不合格，可再随机抽取同样数量的铸件进行复检，两次取样不合格铸件数量大于或等于2时，则该批次铸件硬度为不合格。

7.2.4 热处理态铸件的硬度检验不合格时，允许重复热处理。

7.3 铸件的尺寸偏差和外观质量

铸件的尺寸、质量及其偏差和外观质量应逐件检验或按供需双方商定的方法抽检。

8 标志、贮存、包装和运输

8.1 标志和合格证

8.1.1 每个铸件表面应做下列标志：

a) 需方名称、地址和到站；

b) 铸件名称、规格和牌号；

c) 装箱号；

d) 毛重与净重；

e) 供方名称和地址。

当无法在铸件上做出标志时，标志可打印在附于每批铸件的标牌上。

8.1.2 出厂铸件应附有检验部门出具的产品合格证或质量合格证明书，其中注明：

a) 供方名称和地址；

b) 商标；

c) 铸件名称和牌号；

d) 铸件批号；

e) 检验结果；

f) 铸件图号或订货合同号；

g) 标准号；

h) 出厂日期。

8.2 贮存、包装和运输

铸件在检验合格后应进行防护处理和包装。

铸件防护、贮存、包装和运输应符合订货合同的规定。

附 录 A
(资料性附录)
铬锰钨系抗磨铸铁件淬硬深度

本附录给出了铬锰钨系抗磨铸铁件的淬硬深度,见表 A.1。

表 A.1 铬锰钨系抗磨铸铁件淬硬深度

牌 号	淬硬深度/mm
BTMCr18Mn3W2	100
BTMCr18Mn3W	80
BTMCr18Mn2W	65
BTMCr12Mn3W2	80
BTMCr12Mn3W	65
BTMCr12Mn2W	50

注:淬硬深度指在风冷硬化条件下铸件心部硬度分别达到 58HRC 以上(BTMCr18Mn3W2、BTMCr18Mn3W、BTMCr18Mn2W)或 56HRC 以上(BTMCr12Mn3W2、BTMCr12Mn3W、BTMCr12Mn2W)的铸件厚度 1/2 处至铸件表面的距离。

ICS 25.160.01
J 33

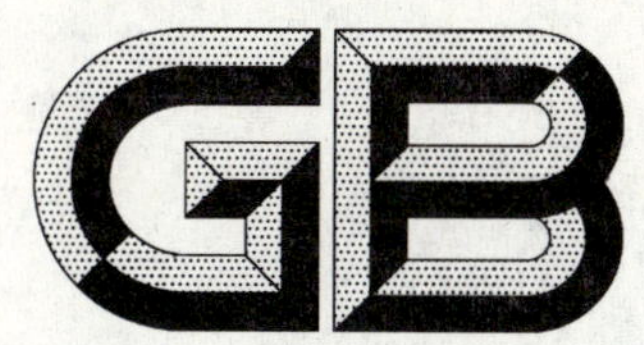

中华人民共和国国家标准

GB/T 24598—2009

铝及铝合金熔化焊焊工技能评定

Qualification test of welders—Fusion welding for aluminium and aluminium alloys

(ISO 9606-2:2004, Qualification test of welders—Fusion welding—
Part 2: Aluminium and aluminium alloys, MOD)

2009-10-30 发布　　2010-04-01 实施

中华人民共和国国家质量监督检验检疫总局
中国国家标准化管理委员会　发布

前　言

本标准修改采用 ISO 9606-2:2004《焊工考试　熔化焊　第 2 部分:铝及铝合金》(英文版)。

本标准根据 ISO 9606-2:2004 重新起草。

本标准与 ISO 9606-2:2004 相比,存在如下技术性差异:

——将标准名称改为“铝及铝合金熔化焊焊工技能评定”;

——对 ISO 9606-2:2004 中引用的其他国际标准,有被等同采用为我国标准的用我国标准代替对应的国际标准;

——在规范性引用文件中,增加了 GB/T 3375《焊接术语》, 删除了 ISO 857-1《焊接及相关工艺术语　第 1 部分:金属焊接方法》;

——增加了附录 E 和附录 F;

——删除了条文中的注和脚注。

为了便于使用,本标准做了下列编辑性修改:

——“国际标准本部分”一词改为“本标准”;

——删除了国际标准的前言。

本标准的附录 A、附录 B、附录 D、附录 E 和附录 F 为资料性附录,附录 C 为规范性附录。

本标准由全国焊接标准化技术委员会提出并归口。

本标准起草单位:机械工业哈尔滨焊接技术培训中心、哈尔滨焊接研究所。

本标准主要起草人:王林、朴东光、解应龙、杨桂茹。

铝及铝合金熔化焊焊工技能评定

1 范围

本标准规定了铝及铝合金熔化焊的焊工考试方法。

为了确保考试适合不同的产品类型、地区和考试机构,本标准提供了系统的焊工技能评定规则。

本标准侧重于考核焊工手工操作焊钳、焊枪、焊炬,焊接出合格焊缝的技能。

本标准适用于手工焊及半自动焊接方法。

2 规范性引用文件

下列文件中的条款通过本标准的引用而成为本标准的条款。凡是注日期的引用文件,其随后所有的修改单(不包括勘误的内容)或修订版均不适用于本标准,然而,鼓励根据本标准达成协议的各方研究是否可使用这些文件的最新版本。凡是不注日期的引用文件,其最新版本适用于本标准。

GB/T 2653 焊接接头弯曲试验方法(GB/T 2653—2008,ISO 5173:2000,IDT)

GB/T 3323 金属熔化焊焊接接头射线照相

GB/T 3375 焊接术语

GB/T 5185 焊接及相关工艺方法代号(GB/T 5185—2005,ISO 4063:1998,IDT)

GB/T 16672 焊缝 工作位置 倾角和转角的定义(GB/T 16672—1996,ISO 6947:1993,IDT)

GB/T 19866 焊接工艺规程及评定的一般原则(GB/T 19866—2005,ISO 15607:2003,IDT)

GB/T 19867.1 电弧焊焊接工艺规程(GB/T 19867.1—2005,ISO 15609-1:2004,IDT)

GB/T 22087 铝及铝合金的弧焊接头 缺欠质量分级指南(GB/T 22087—2008,ISO 10042:2005,IDT)

ISO 9017 金属材料焊缝的破坏性检验 断裂试验

ISO/TR 15608 焊接 金属材料分类体系指南

ISO 15614-2 金属材料焊接工艺规程和评定 焊接工艺评定 第2部分:铝及铝合金的电弧焊

ISO 17637 焊缝的无损检验 熔化焊焊接接头的外观检验

3 术语和定义

GB/T 3375 和 GB/T 19866 确立的以及下列术语和定义适用于本标准。

3.1

焊工 welder

用手操持焊钳、焊枪或焊炬进行焊接的人。

3.2

考官 examiner

被任命验证是否符合应用标准的某个人。

3.3

考试机构 examining body

被任命验证是否符合应用标准的某个组织。

3.4

焊接衬垫 backing

预置于焊接坡口背面,用于衬托焊缝熔池金属的一种衬托物。

3.5

根部焊道 root run

多层焊时，在接头根部焊接的焊道。

3.6

填充焊道 filling run

多层焊时，在根部焊道之后，盖面焊道之前熔敷的焊道。

3.7

盖面焊道 capping run

多层焊时，焊接完成之后在焊缝表面可见的焊道。

3.8

焊缝金属厚度 weld metal thickness

除余高以外的焊缝厚度。

4 符号及缩略语

4.1 概述

填写焊工资格证书(见附录A)时，应使用下列符号及缩略语。

4.2 焊接方法代号

本标准包含了下列手工焊和半自动焊接方法(焊接方法代号见GB/T 5185)：

131 熔化极惰性气体保护电弧焊(MIG焊)

141 钨极惰性气体保护电弧焊(TIG焊)

15 等离子电弧焊。

4.3 缩略语

4.3.1 有关试件的缩略语代号

a——焊缝计算厚度；

BW——对接焊缝；

D——管外径；

FW——角焊缝；

l_1——试板长度；

l_2——试板宽度；

l_f——试验长度；

P——板；

s——对接焊缝的焊缝金属厚度(对单个焊接方法而言，为板厚或管子壁厚)；

s_1——采用焊接方法1施焊的焊缝金属厚度；

s_2——采用焊接方法2施焊的焊缝金属厚度；

t——试件厚度(板厚或管子壁厚)；

t_1——采用焊接方法1施焊的试件厚度；

t_2——采用焊接方法2施焊的试件厚度；

T——管；

z——焊脚尺寸。

4.3.2 有关焊接材料的缩略语

nm——无填充金属；

S——实心焊丝。

4.3.3 有关其他焊接因素的缩略语代号

bs——双面焊；

mb——带衬垫焊接；

ml——多层焊；

nb——无衬垫焊接；

sl——单层焊；

ss——单面焊。

5 主要参数及认可范围

5.1 概述

焊工考试以主要参数为基础，本标准确定了每个主要参数的认可范围。除了5.7和5.8所述之外，所有试件应使用主要参数焊接。如果焊工从事认可范围以外的焊接工作，则需要进行新的考试。主要参数为：

a) 焊接方法；

b) 试件类型(板材和管材)；

c) 焊缝种类(对接焊缝和角接焊缝)；

d) 母材；

e) 焊接材料；

f) 尺寸(母材厚度和管材外径)；

g) 焊接位置；

h) 焊缝细节(衬垫，单面焊，双面焊，单层，多层)。

5.2 焊接方法

每一项考试一般只认可一种焊接方法。改变焊接方法需要进行新的考试。但允许一个焊工使用两种或多种焊接方法焊接一个试件(组合的焊接方法)或焊接两个(或多个)试件取得两种(或多种)焊接方法的认可。表1给出了针对对接焊缝单个焊接方法及多种焊接方法的认可范围。

对于141焊接方法而言，电流从直流改为交流以及反之，都需要重新考试。

表1 对接焊缝的一种和多种焊接方法的认可范围

<table>
<tr><th rowspan="2">焊接试件所用的焊接方法</th><th colspan="2">厚度认可范围</th></tr>
<tr><th>一种焊接方法接头</th><th>多种焊接方法接头</th></tr>
<tr><td> 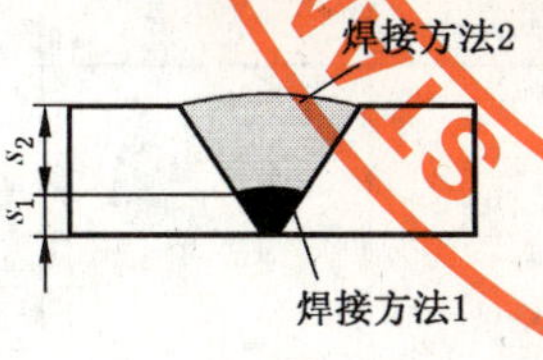焊接方法2
s_2
s_1
焊接方法1</td><td>根据表3
对焊接方法1：$t=s_1$；
对焊接方法2：$t=s_2$</td><td>根据表3
$t=s_1+s_2$</td></tr>
<tr><td> 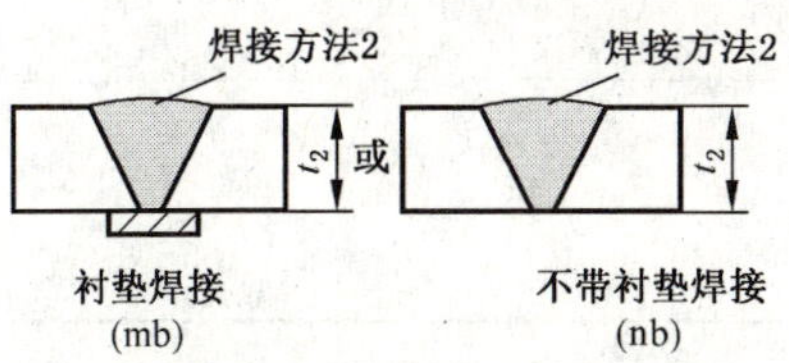焊接方法2 焊接方法2
t_2 或 t_2
衬垫焊接 (mb) 不带衬垫焊接 (nb)</td><td rowspan="2">根据表3
对焊接方法1：$t=t_1$；
对焊接方法2：$t=t_2$</td><td rowspan="2">根据表3
$t=t_1+t_2$
焊接方法1仅针对根部焊接</td></tr>
<tr><td> 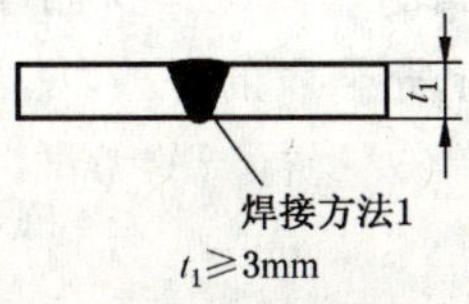t_1
焊接方法1
$t_1 \geqslant 3$mm</td></tr>
</table>

5.3 试件类型

考试应在板材或管材上进行，并采用下列准则：

a) 管材上的焊缝(外径 $D>25$ mm 时)适用于板材上的焊缝；

b) 板材上的焊缝在以下条件下适用于管材上的焊缝：

——管材外径 $D\geqslant150$ mm，焊接位置 PA、PB 和 PC；

——管材外径 $D\geqslant500$ mm，所有其他焊接位置。

5.4 焊缝种类

考试应采用对接焊缝或角焊缝，并依据下列准则进行：

a) 对接焊缝适用于任何接头类型上的对接焊缝，支管连接焊缝除外(亦见 5.4c)；

b) 如实际生产中，主要为角焊缝焊接时，焊工应进行相应的角焊缝考试；而主要为对接焊缝焊接时，对接焊缝的考试同时也认可角焊缝。

c) 无衬垫的管材对接焊缝适用于角度≥60°的支管连接焊缝，以及对表 1～表 7 所示的相同范围。对于支管连接焊缝，其认可范围是以支管的外径为基础。

d) 对于有些既不能用对接、也不能用角接来作考试的焊缝种类，应使用特定的试件进行考试，如支管连接、铸件的修补焊接、需预热的焊接。

5.5 母材

5.5.1 铝及铝合金的母材类组

为了减少考试的数量，根据 ISO/TR 15608 将具有相似焊接特性的铝及铝合金进行分组，见附录 E。

5.5.2 认可范围

某一组中任何一种母材的焊接考试，对该类组中所有其他母材及按照表 2 规定的其他母材类组的焊接的考试均有效。

焊接该类组之外的母材时，需重新进行考试。

21 至 23 组材料与 24 或 25 组材料的焊接试件，适用于由 21 至 23 组材料与 24 或 25 组材料任何组合焊接接头的焊工考试。包含 26 组材料的异种材料接头需要作特殊的焊工考试。

表 2 母材的认可范围

试件的母材类组[a]	认可范围					
	21	22	23	24	25	26
21	×	×	—	—	—	—
22	×	×	—	—	—	—
23	×	×	×[b]	—	—	—
24	—	—	—	×	×	—
25	—	—	—	×	×	—
26	—	—	—	×	×	×

注：× 表示焊工得到认可的类组。— 表示焊工未得到认可的类组。

[a] 母材类组按照 ISO/TR 15608 划分，见附录 E。

[b] 见 5.6。

5.6 焊接材料

带填充金属的认可(例如 141 和 15 焊接方法)，适合于不带填充金属的焊接，反之则不行。

使用 AlMg 合金类型填充金属的认可，适用于使用 AlSi 合金类型填充金属的焊接，反之则不行。

对于 131 焊接方法，当保护气体中氦气含量的增加超过 50％时，则需要进行新的考试。

5.7 尺寸

对接焊缝的焊工考试是以母材厚度和管子外径为基础。表 3 和表 4 规定了认可的范围。

表5规定了角焊缝的母材厚度认可范围。

对于支管焊接，依据下列条件，母材厚度的认可范围按表3确定，管材外径的认可范围按表4确定：

——骑座式：支管的母材厚度和外径；

——插入式或穿入式：主管或壳体的母材厚度和支管的外径。

对于不同的外径和母材厚度的试件，则按下列情况考核焊工：

1）母材厚度的认可范围按照表3规定；

2）管材外径的认可范围按照表4规定。

表3　对接焊缝试件的母材厚度认可范围(多种焊接方法)

单位为毫米

试件厚度 t	认可范围
$t \leqslant 6$	$0.5t \sim 2t$
$t > 6$	$\geqslant 6$

表4　试件直径及认可范围

单位为毫米

试件的外径 D[a]	认可范围
$D \leqslant 25$	$D \sim 2D$
$D > 25$	$\geqslant 0.5D$(最小25)

a 对于中空结构而言，D 为最小边的尺寸。

表5　角焊缝试件的母材厚度认可范围[a]

单位为毫米

试件厚度 t	认可范围
$t < 3$	$t \sim 3$
$t \geqslant 3$	$\geqslant 3$

a 见表8。

5.8　焊接位置

每个焊接位置的认可范围见表6，焊接位置和代号参见GB/T 16672。

表6　焊接位置的认可范围

试件的焊接位置	认可范围[a]									
	PA	PB[b]	PC	PD[b]	PE	PF(板)	PF(管)	PG(板)	PG(管)	H-L045
PA	×	×	—	—	—	—	—	—	—	—
PB[b]	×	×	—	—	—	—	—	—	—	—
PC	×	×	×	—	—	—	—	—	—	—
PD[b]	×	×	×	×	×	×	—	—	—	—
PE	×	×	×	×	×	×	—	—	—	—
PF(板)	×	×	—	—	—	×	—	—	—	—
PF(管)	×	×	—	×	×	×	×	—	—	—
PG(板)	—	—	—	—	—	—	—	×	—	—
PG(管)	×	×	—	×	×	—	—	×	×	—
H-L045	×	×	×	×	×	×	×	—	—	×

注：× 表示焊工得到认可的焊接位置。— 表示焊工未得到认可的焊接位置。

a 此外还应遵循5.3和5.4的要求。

b PB和PD焊接位置只适用于角焊缝(参见5.4b)，并且只能认可其他焊接位置的角焊缝。

考试试件应按 GB/T 16672 规定的焊接位置焊接。

板材某一位置焊接的认可试件也认可了旋转管材对应位置的考试(见 5.3b)。

管材的 H-L045 位置的焊接认可了所有的管材角度。

焊接两个外径相同的管材(一个在 PF 位置,一个在 PC 位置)也认可了在 H-L045 焊接位置管材的认可范围。

管材外径 $D \geqslant 150$ mm 时,可以使用一个固定的试件在两个焊接位置(2/3 周长为 PF,1/3 周长为 PC)上进行焊接。

5.9 其他焊接因素

表 7 和表 8 给出了其他焊接因素的认可范围。

表 7 对接焊缝的其他因素认可范围

试件的焊接因素	认可范围		
	单面焊/不带衬垫 (ss nb)	单面焊/带衬垫 (ss mb)	双面焊 (bs)
单面焊/不带衬垫(ss nb)	×	×	×
单面焊/带衬垫(ss mb)	—	×	×
双面焊(bs)	—	×	×
注:× 表示焊工得到认可的焊缝。— 表示焊工未得到认可的焊缝。			

表 8 角焊缝的其他因素认可范围

试件[a]	认可范围	
	单层(sl)	多层(ml)
单层(sl)	×	—
多层(ml)	×	×
注:× 表示焊工得到认可的那些焊层种类。— 表示焊工资到未认可的那些焊层种类。 [a] 焊缝计算厚度应在 $0.5t \leqslant a \leqslant 0.7t$ 范围内。		

6 考试和检验

6.1 监督

试件的焊接和检验应在考官或考试机构的监督下进行。

焊工在开始焊接之前、应在试件上做考官和焊工的标记。此外,所有试件的焊接位置都应在试件上作出标记;对于固定的管材焊缝,也应标出 12 点钟的焊接位置。

如果焊接条件不正确或者发现焊工不具备满足要求的技能,例如返修过多,则考官可以终止考试。

6.2 试件的形状、尺寸和数量

试件的形状和尺寸(见 5.7)的要求如图 1~图 4.

管材的检验长度至少应为 150 mm。如果管材的周长小于 150 mm,则需要增加试件,但其试件数量不得超过 3 个。

单位为毫米

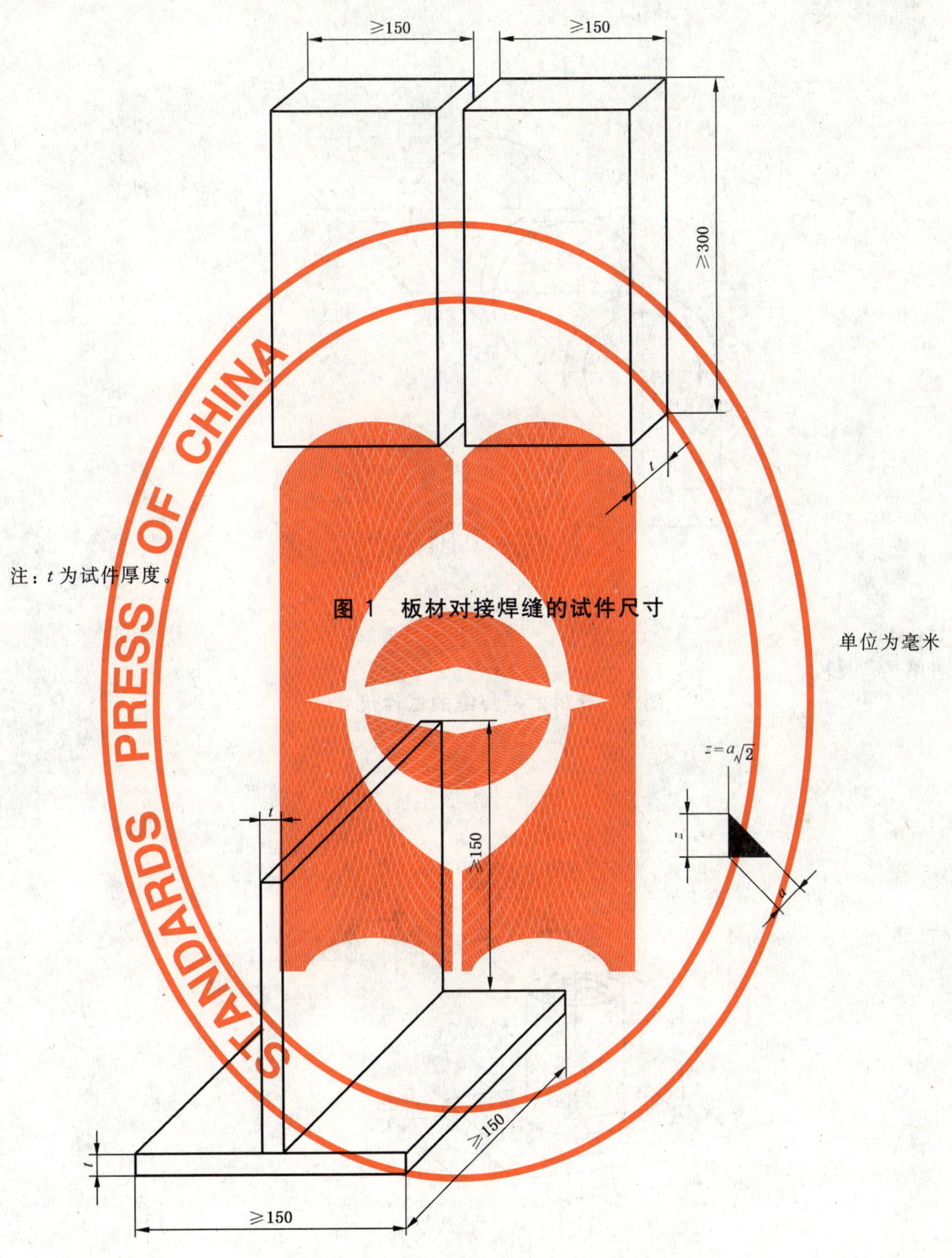

注：t 为试件厚度。

图 1　板材对接焊缝的试件尺寸

单位为毫米

a——焊缝计算厚度；

t——试件厚度；

z——焊脚尺寸。

$0.5t \leqslant a \leqslant 0.7t$。

图 2　板材角焊缝的试件尺寸

单位为毫米

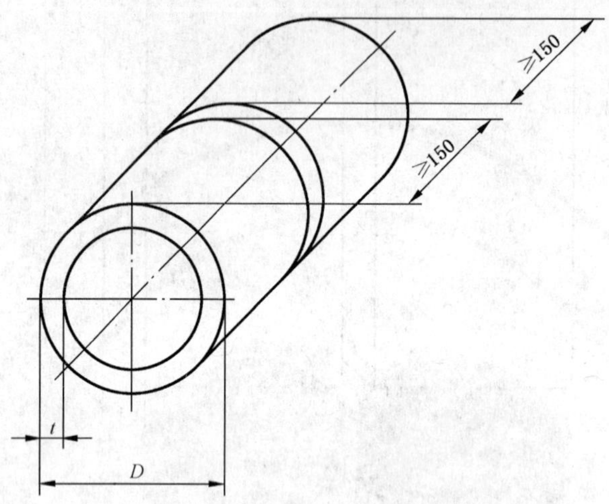

D——管材外径；
t——试件厚度(壁厚)。

图 3　管材对接焊缝的试件尺寸

单位为毫米

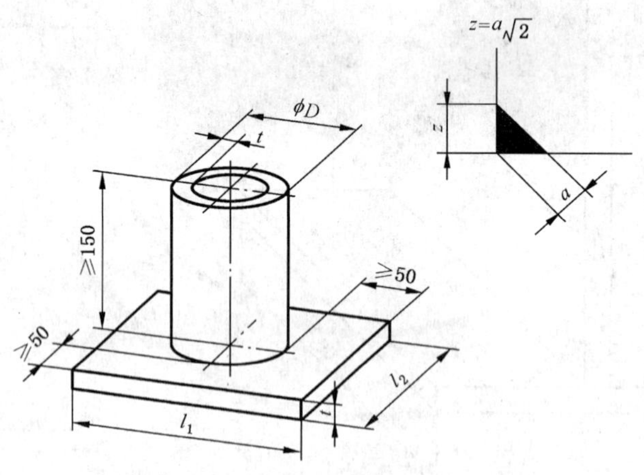

a——焊缝计算厚度；
D——管材外径；
l_1——试板长度；
l_2——试板宽度；
t——试件厚度(板厚或壁厚)；
z——焊脚尺寸；
$0.5t \leqslant a \leqslant 0.7t$。

图 4　管板角焊缝的试件尺寸

6.3 焊接条件

焊工考试应遵照 GB/T 19867.1 制定的 pWPS 或 WPS 进行。

考试时的焊接应满足下述要求：

a) 试件的焊接时间应与通常生产条件下的焊接时间一致；

b) 试件必须在受检范围内的根部焊道上和盖面焊道上至少有一次熄弧和再次引弧，并作出标记；

c) 当试件不要求进行弯曲和拉伸试验时，可以取消在 pWPS 或 WPS 中所规定的焊后热处理；

d) 试件的标记；

e) 除盖面焊缝外，允许焊工在征得考官(或考试机构)同意的条件下，通过打磨、刨削等方法去除轻微的缺陷。

6.4 检验方法

每一条焊完的焊缝应按照表 9 的规定在焊后状态下进行检验。

表 9 规定的附加检验应在外观检验合格后进行。

考试使用永久衬垫时，应在破坏性检验以前将其去除。

为了清晰的显示焊缝，应在宏观试样的一侧制备并腐蚀，一般不要求抛光。

对 131 焊接方法(MIG 焊)的对接焊缝进行射线检验时，要求附加两个弯曲试验(一个面弯、一个背弯，或者两个侧弯)或者两个断裂试验(一个正面和一个背面)。

表 9 检验方法

检验方法	对接焊缝(板或管)	角焊缝及支管连接焊缝
外观检验(ISO 17637)	强制	强制
射线检验(GB/T 3323)	强制[a,b]	非强制
弯曲试验(GB/T 2653)	强制[a,b,e]	不适用
断裂试验(ISO 9017)	强制[a,b,e]	强制[c,d]

a 除 131 焊接方法(MIG 焊)外，应在射线检验、弯曲试验和断裂试验三者中选用其一。

b 做射线检验时，对于 131 焊接方法(MIG 焊)而言，还必须附加弯曲或断裂试验。

c 断裂试验可由宏观检验代替，但至少需两个宏观试样。

d 管材的断裂试验可以由射线检验代替。

e 管材外径 $D \leqslant 25$ mm 时，可以用整个试件的缺口拉伸试验(见图 8)代替弯曲试验或断裂试验。

6.5 试件和试样

6.5.1 概述

6.5.2～6.5.4 给出了试件和试样的类型、尺寸和制备的细节，此外，还说明了破坏性试验的要求。

6.5.2 板材和管材的对接焊缝

做射线检验时，应使试件上焊缝的受检长度[参见图 5a)、图 7a)和图 7b)]在焊后状态(未去除焊缝余高)下检验。

做断裂试验时，试件受检长度应切成宽度相等的若干试样，并保证其断裂。每一个试样的受检长度应≥40 mm[参见图 5b)]。缺口外形可按 ISO 9017 要求加工。

做横向弯曲试验时，应按照 ISO 15614-2 的规定，试验 2 个正面弯曲试样和 2 个背面弯曲试样。

仅做横向弯曲试验时，将整个受检长度切成若干等宽的试样，所有试样都要试验。仅做侧弯试验时，要沿着受检长度等间距地截取至少 4 个试样。其中之一必须取自受检长度内的引弧和熄弧区。弯曲试验按照 GB/T 2653 标准进行。

单位为毫米

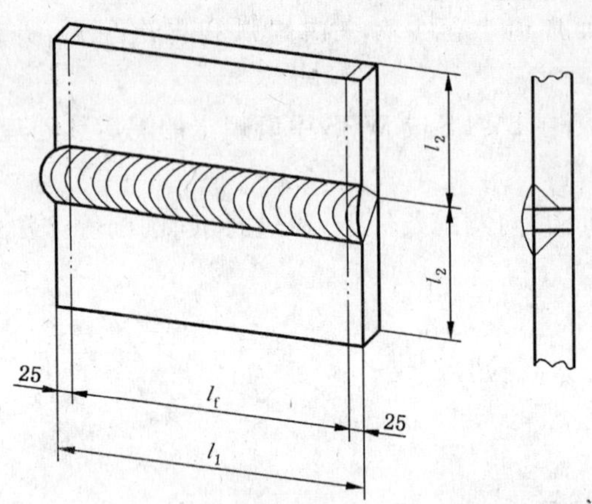

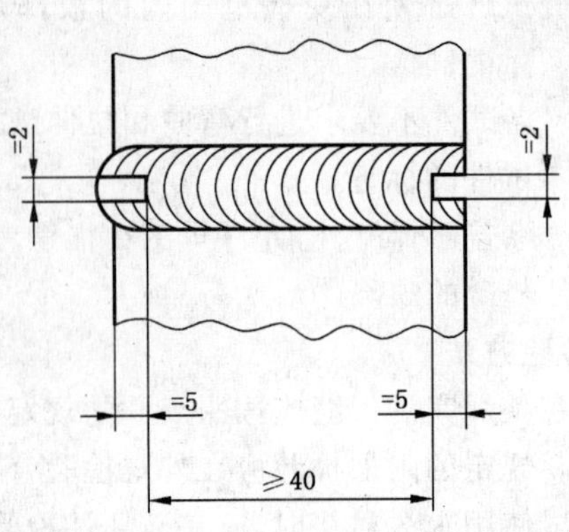

l_1——试板长度；

l_2——试板宽度；

l_f——试验长度。

a) 加工成偶数试样

b) 试样的试验长度

注：此外，为了确保试件在焊缝处断裂，可在试样受拉面的焊缝中心线上开纵向缺口。

图 5　板对接焊缝试样的制备及断裂试验

单位为毫米

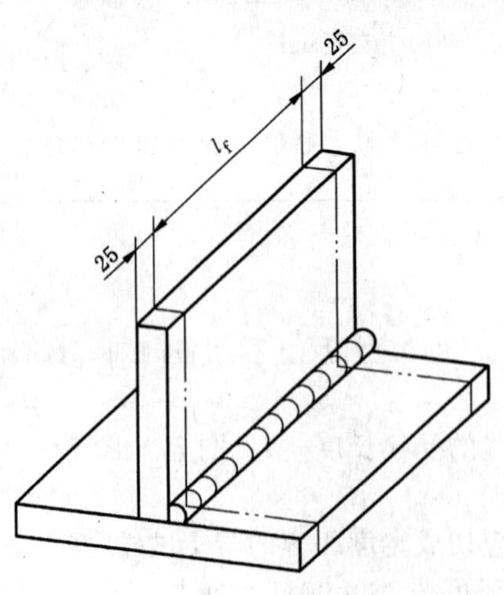

l_f——试验长度。

图 6　板角焊缝的断裂试验长度

单位为毫米

l_f——试验长度；

1——一个背面断裂或一个背面横弯或一个侧弯试样部位；

2——一个正面断裂或一个正面横弯或一个侧弯试样部位。

a) PA 和 PC 焊接位置附加断裂试样或弯曲试样取样示意图

单位为毫米

l_f——试验长度；

1——一个背面断裂或一个背面横弯或一个侧弯试样部位；

2——一个正面断裂或一个正面横弯或一个侧弯试样部位；

3——一个背面断裂或一个背面横弯或一个侧弯试样部位；

4——一个正面断裂或一个正面横弯或一个侧弯试样部位。

b) PF、PG、H-LO45 焊接位置的附加断裂试样或弯曲试样取样示意图

单位为毫米

≥40

≈2

≈2

≈5

≈5

c) 断裂试样的受检长度

注：此外，为了确保试样在焊缝部位断裂，可以在试样受拉一面的焊缝中心线上切纵向缺口。

图 7　管材对接焊缝试样的制备和取样部位

$t \geqslant 1.8$ mm 时：$d = 4.5$ mm；

$t < 1.8$ mm 时：$d = 3.5$ mm。

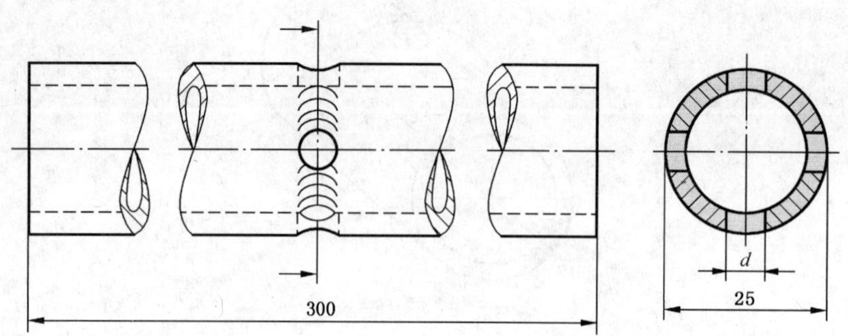

注：不允许在焊缝的引弧和熄弧点开孔。

圆周方向上的缺口允许按照 ISO 9017 的规定采用尖(s)形和方(q)形。

图 8 直径≤25 mm 的管材试件缺口拉伸试验示例

对于厚度 $t > 12$ mm 的板材，横向弯曲试验可由侧弯试验代替。

对于管材而言，使用射线检验时，对 131 焊接方法(MIG 焊)所附加的断裂或横向弯曲试样的数量取决于焊接位置。对于 PA 或 PC 焊接位置，应做一个背弯和一个正弯试验(见图 7a)。所有其他焊接位置应做两个正弯和两个背弯试验。

6.5.3 板材角焊缝

对于断裂试验(见图 6)，如有必要可将试件切割成若干试样(但每一个试样的受检长度应≥40 mm)。每个试样按照 ISO 9017 的规定放置进行破断，并在断裂后检查。

进行宏观检查时，应至少截取 2 个试样，其中 1 个宏观检查试样应在熄弧和再引弧部位截取。

6.5.4 管材角焊缝

对于断裂试验，应将试件切成 4 个或更多的试样，并破断(图 9 为一个示例)。

进行宏观检查时，应至少截取 2 个试样，其中 1 个宏观检查试样应在引弧和熄弧部位截取。

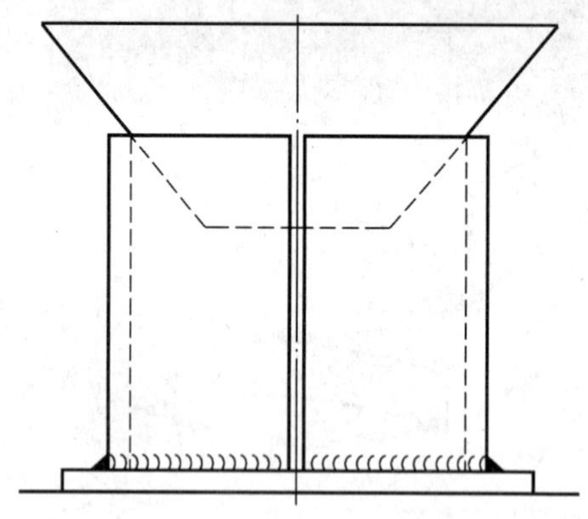

图 9 管材角焊缝试样的制备和断裂试验

6.6 试验报告

所有的试验结果应整理成书面报告。

7 试件验收要求

试件应按照相应缺欠种类所规定的验收要求进行评价。

进行任何试验之前应做下列检查：

——清除所有焊渣及飞溅；

——焊缝正面和背面不得打磨(按 6.3);

——根部焊道和盖面焊道上的熄弧和再引弧点应做标记(按 6.3);

——形状和尺寸合格。

除非另有规定,否则按本标准的检验方法所发现的缺欠,其验收要求应按照 GB/T 22087 的规定评价。如果试件内的缺欠是在 GB/T 22087 规定的 B 级评定限值范围之内,则判定焊工考试合格,但下列缺欠除外,如焊缝余高(对接焊缝),凸度过大(角接焊缝),角焊缝厚度过大和根部下塌,这些缺欠的评定限值为 C 级。

弯曲试样不允许在任何方向上出现大于 3 mm 的单个缺欠。对试验时出现在试样边缘处的缺欠,在评定时允许忽略不计,但由于未焊透、夹渣或其他缺欠而导致的开裂除外。

如果焊工考试试件中的缺欠超过了规定的最大限值,则焊工考试不合格。

关于无损检测的相应的验收指标应参照有关标准,所有的破坏性试验和无损检验应采用规定的程序。

8 补考

如果考试不合格,应给与焊工补考的机会。

如果确认考试不合格是由于冶金的或其他外界因素,而不是由于焊工操作技能不足所造成的,应允许焊工重新考试。

9 有效期

9.1 初次认可

焊工认可的有效期从试件的焊接之日开始,其前提是要求的考试已完成并且考试结果合格。

9.2 有效期的确认

颁发的焊工资格证书有效期为 2 年,前提条件是雇主的焊接责任人员或负责人每六个月做一次确认,确认该焊工在最初的认可范围内持续工作。

9.3 延期

考官/考试机构可按本标准要求,将焊工资格证书每 2 年延期一次。

证书延期之前,必须满足 9.2 的要求且确认下列条件:

a) 所有用以支持延期的记录和证据应具有完整的可追溯性并与生产中所使用的焊接工艺规程(WPS)一致;

b) 用以支持焊工证书延期的资料必须包括对内部缺欠进行检验(射线或超声波)的报告,或破坏性试验(断裂或弯曲)的报告。其中至少应有两次检验是在近六个月内进行的。用以支持延期的资料至少应保存 2 年;

c) 焊缝要满足第 7 章规定的缺欠验收合格等级;

d) 9.3b)中提到的检验结果应证实:该焊工满足原有的考试要求。

注:需确认并追溯的参数示例见附录 D。

10 证书

如果焊工已经成功地通过技能考试,应授予证书。所有相关的考试条件应记录在证书上。

焊工资格证书应由考试机构单独负责颁发,并应包括附录 A 中列出的内容。推荐以附录 A 的格式作为焊工考试合格的资格证书。如果采用任何其他格式的焊工资格证书,证书则必须包含附录 A 所要求的内容。

原则上应针对每一个考试试件颁发一个焊工资格证书。

如果一名焊工焊接了多个试件,也可以在一个焊工资格证书上按其适用范围进行归纳。除 5.7 所述的实例以外，只允许改变下列主要参数之一：

——焊缝种类；

——焊接位置；

——母材厚度。

焊工资格证书应避免含义不清。

应用“合格”或“未考核”来标明实际技能考核和专业知识考试(见附录 A)。

考试主要参数超出认可范围的任何变化都需要新的考试和认证。

11 焊工考试认可标记

焊工考试认可的标记应包括下列内容：

a) 本标准的编号；

b) 主要参数

1) 焊接方法：参照 4.2,5.2 和 GB/T 16672；

2) 试件类型：板(P)、管(T)，参照 4.3.1 和 5.3；

3) 焊缝种类：对接焊缝(BW)，角焊缝(FW)，参照 5.4；

4) 材料组别：参见 5.5；

5) 焊接材料：参见 5.6；

6) 试件尺寸：材料厚度 t 和管材外径 D，参见 5.7；

7) 焊接位置：参见 5.8 和 GB/T 16672 标准；

8) 其他焊接因素：参见 5.9。

在标记中未包括保护气体和背面保护气体的种类，但应在焊工资格证书中给出(见附录 A)。

标记的示例见附录 B。

附　录　A
（资料性附录）
焊工资格证书

标记：______________________________

焊接工艺规程(WPS)编号：　　　　　　　　考官或考试机构编号：

焊工姓名：

识别代码：

识别方式：

出生日期和地点：

雇主：

规程/考试标准：

专业知识：合格/未考试(可按需要删除)

照　片

	试　件	认可范围
焊接方法		
试件类型(板或管)		
接头种类		
母材类组		
填充金属种类(型号)		
保护气体		
辅助材料(如背面保护气体)		
母材厚度/mm		
管子外径/mm		
焊接位置		
其他焊接因素		

检验项目	检验并通过	未检验
外观检验		
射线检验		
断裂试验		
弯曲试验		
缺口拉伸试验		
宏观检验		

考官姓名或考试机构名称：

考官或考试机构签名、地点、日期：

焊接日期：

有效期：

雇主/焊接责任人员确认可延期6个月有效期(参见9.2)

日　期	签　名	职务或职称

考官或考试机构认可延期2年(参见9.3)

日　期	签　名	职务或职称

附 录 B
（资料性附录）
焊工考试认可标记示例

B.1 示例1

焊工考试 GB/T 24598 131 P FW 22 S t10 PB sl

说明			认可范围
131	焊接方法	MIG 焊	131
P	板		P T:D≥150 mm
FW	角焊缝		FW
22	材料类组 (按 ISO/TR 15608)	材料组别 22: 非热处理铝合金	21,22
S	焊接填充材料	实心焊丝	S
t10	试件材料厚度	材料厚度:10 mm	≥3 mm
PB	焊接位置	角接,水平位置	PA,PB
sl	其他焊接因素	单层	sl

B.2 示例2

焊工考试 GB/T 24598 131 P BW23 S t15 PA ss mb

说明			认可范围
131	焊接方法	MIG 焊	131
P	板	—	P T:D≥150 mm
BW	对接焊缝	—	BW,FW(见 5.4b)
23	材料类组 (按 ISO/TR 15608)	材料组别 23: 热处理铝合金	21,22,23
S	焊接填充材料	实心焊丝	S
t15	试件材料厚度	材料厚度:15 mm	≥6 mm
PA	焊接位置	对接,平焊位置	PA,PB
ss mb	其他焊接因素	单面焊,带衬垫 多层	ss mb,bs 对 FW:sl,ml

B.3 示例 3

焊工考试 GB/T 24598 141 T BW23 S t03 D150 PF ss nb

说明			认可范围
141	焊接方法	TIG 焊	141
T	管	—	T P
BW	对接焊缝	—	BW,FW(见 5.4b)
23	材料类组 (按 ISO/TR 15608)	材料组别 23: 热处理铝合金	21,22,23
S	焊接填充材料	实心焊丝	S
$t3$	试件材料厚度	材料厚度:3 mm	1.5 mm～6 mm
$D150$	焊件管材外径	管外径:150 mm	≥75 mm
PF	焊接位置	水平固定管,对接	PA,PB,PD,PE,PF
ss nb	其他焊接因素	单面焊,不带衬垫 单层	ss nb,ss mb,bs 对 FW:sl

B.4 示例 4

焊工考试 GB/T 24598 131 P BW22 S t13 PA ss nb

焊工考试 GB/T 24598 131 P FW22 S t13 PB ml

说明			认可范围
131	焊接方法	MIG 焊	131
P	板	—	P T:D≥150 mm
BW FW	对接焊缝 角焊缝	—	BW,FW
22	材料类组 (按 ISO/TR 15608)	材料组别 22: 非热处理铝合金	21,22
S	焊接填充材料	实心焊丝	S
$t13$	试件材料厚度	材料厚度:13 mm	≥6 mm
PA PB	焊接位置	对接:平焊位置 角接:水平位置	PA,PB
ss nb	其他焊接因素	单面焊,不带衬垫 多层	ss nb,ss mb,bs 对 FW:sl,ml

B.5 示例 5

焊工资格 GB/T 24598 141/131 T BW 22 S t15(5/10) D200 PA ss nb

说　　明			认可范围
141 131	焊接方法	TIG 焊,根部 2 层 MIG 焊,填充焊道	141 131
T	管	—	T P
BW	对接焊缝	—	BW,FW(见 5.4b)
22	材料类组 (按 ISO 15608)	材料组别 22: 非热处理铝合金	21,22
S	焊接填充材料	实心焊丝	S
*t*15	试件材料厚度	材料厚度:15 mm 141:s_1=5 mm 131:s_2=10 mm	141:2.5 mm~10 mm 131:≥6 mm
*D*200	试件管材外径	管外径:200 mm	≥100 mm
PA	焊接位置	水平管对接焊缝,管旋转,	PA,PB
ss nb	其他焊接因素	单面焊,不带衬垫 多层	141:ss nb,ss mb,bs 131:ss mb,bs 对 FW:sl,ml

B.6 示例 6

焊工资格 GB/T 24598 141 T BW 21 S t3 D30 PF ss nb

焊工资格 GB/T 24598 141 T BW 21 S t10 D150 PF ss nb

说　　明			认可范围
141	焊接方法	TIG 焊	141
T	管	—	P T
BW	对接焊缝	—	BW,FW(见 5.4b)
21	材料类组 (按 ISO 15608)	材料组别 21:纯铝	21,22
S	焊接填充材料	实心焊丝	S
*t*3/*t*10	试件材料厚度	材料厚度:3 mm/15 mm	≥1.5 mm
*D*30/*D*150	试件管材外径	管外径:30 mm/150 mm	≥25 mm
PF	焊接位置	水平固定管,对接	PA,PB,PD,PE,PF
ss nb	其他焊接因素	单面焊,不带衬垫 单层/多层	ss nb,ss mb,bs 对 FW:sl,ml

B.7 示例7

焊工资格 GB/T 24598 141 T BW 21 S t8 D100 PF ss nb

焊工资格 GB/T 24598 141 T BW 21 S t8 D100 PC ss nb

说明			认可范围
141	焊接方法	TIG 焊	141
T	管	— —	T P
BW	对接焊缝	—	BW,FW(见 5.4b)
22	材料类组 (按 ISO 15608)	材料组别 22: 非热处理铝合金	21,22
S	焊接填充材料	实心焊丝	S
*t*8	试件材料厚度	材料厚度:8 mm	≥6 mm
*D*100	试件管材外径	管外径:100 mm	≥50 mm
PF PC	焊接位置	水平固定管,对接 垂直固定管,对接	除 PG 外的所有位置
ss nb	其他焊接因素	单面焊,不带衬垫 多层	ss nb,ss mb,bs 对 FW:sl,ml

附 录 C
（规范性附录）
专业知识

C.1 概述

建议对焊工进行专业知识考核，但并不做硬性规定。

如果进行了专业知识考核，应在焊工资格证书上予以记录。

本附录概括了焊工应该掌握、以确保其遵循工艺规程并完成实际工作所需的专业知识。本附录仅对总体目标或专业知识的类别做了规定，这些内容只是最基本的要求。

专业知识考核可按下列某种方式（或这些方式的组合）进行：

a） 笔试（多项选择）；

b） 按一组书面题做口试；

c） 计算机考试；

d） 按照书面的规程做示范/观察考核。

专业知识考核针对所使用焊接方法的有关内容。

C.2 要求

C.2.1 焊接设备

a） 主要部件和设备的识别和组装；

b） 焊接电流的种类；

c） 焊接回路的正确连接。

C.2.2 焊接方法

a） 电极的种类和尺寸；

b） 保护气体标识和流速的标识；

c） 喷嘴和导电嘴的种类、规格和维护；

d） 焊接电弧的防风保护；

e） 熔化金属过渡形式的选择和限制。

C.2.3 母材

a） 材料的标识；

b） 预热方式和控制；

c） 道间温度的控制。

C.2.4 焊接材料

a） 焊接材料的标识；

b） 焊接填充材料的存储、使用及状态；

c） 规格尺寸的正确选择；

d） 焊条和填充焊丝的清洁；

e） 焊丝盘的控制；

f） 气体流速和质量控制。

C.2.5 安全防护

a） 安全装置的建立及去除；

b） 焊接烟气的安全控制；

c) 个人防护；

d) 火灾；

e) 狭窄空间内的焊接；

f) 焊接环境的知识；

g) 高触电危险的环境；

h) 电弧辐射；

i) 散射弧光的影响；

j) 压缩气体的安全储存、搬运和使用；

k) 气体软管和接头的泄露检查。

C.2.6 焊接顺序/规程

辨别焊接工艺要求和焊接参数的影响。

C.2.7 坡口制备和焊缝符号

a) 焊缝坡口制备符合焊接工艺规程(WPS)；

b) 焊缝坡口表面的清洁。

C.2.8 焊接缺欠

a) 缺欠的识别；

b) 原因；

c) 防止及纠正。

C.2.9 焊工认可

焊工应当了解认可的范围。

附 录 D
（资料性附录）
延期需确认及可追溯的参数

为了延长焊工资格证书的期限，应当确认该焊工从事了与其原始考试相关的焊接工作，有关参数如表 D.1 所示。

表 D.1　延期需确认及可追溯的参数

参　数	需 要 确 认
焊接方法	×
试件类型（管材、板材、支管）	×
焊缝种类	×
母材	×
焊接材料（型号）	×
材料厚度[a]	×
管材外径[b]	×
焊接位置	×
其他焊接因素	×

a 材料厚度可在原始试件的±25％范围内变化。

b 管材外径可在原始试件的±25％范围内变化。

附　录　E
（资料性附录）
铝及铝合金分类指南

根据 ISO/TR 15068，铝及铝合金分类指南见表 E.1

表 E.1　铝及铝合金的分类

类别	组别	铝及铝合金的种类
21		杂质（或合金含量）的纯铝
22		非热处理铝合金
	22.1	铝镁合金
	22.2	Mg≤1.5%的铝镁合金
	22.3	1.5%<Mg≤3.5%的铝镁合金
	22.4	Mg>3.5%的铝镁合金
23		热处理铝合金
	23.1	Al-Mg-Si 合金
	23.2	Al-Zn-Mg 合金
24		Cu≤1%的 Al-Si 合金
	24.1	Cu≤1%，5%<Si<15%的 Al-Si 合金
	24.2	Cu≤1%，5%<Si<15%，0.1%<Mg<0.80%的 Al-Si 合金
25		5.0%<Si≤14%；1.0%<Cu≤5.0%，Mg≤0.8%的 Al-Si-Cu 合金
26		2.0%<Cu≤6.0%的 Al-Cu 合金
21、22、23 一般为锻件，24、25、26 为铸件。		

附 录 F
（资料性附录）
关于 ISO 9017 断裂试验的说明

F.1 缺口的形状及位置

根据需要，可以选择合适的缺口形状和位置，如图 F.1 所示。

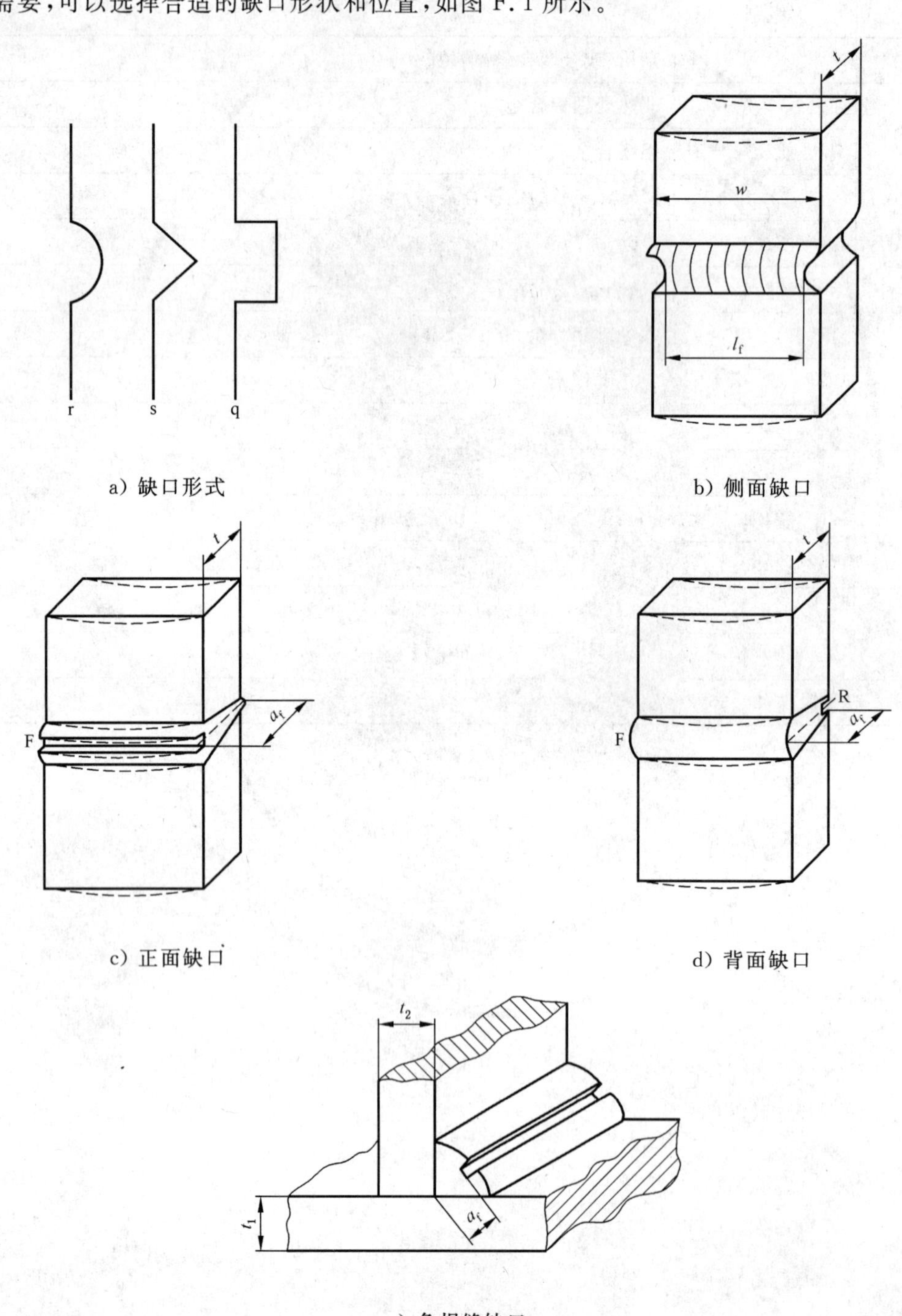

图 F.1 缺口的形式和位置

F.2 断裂方法

应通过施加动态载荷(冲击)或静态载荷(压、拉)的方式使试件断裂。图 F.2 和 F.3 给出了一些示例。

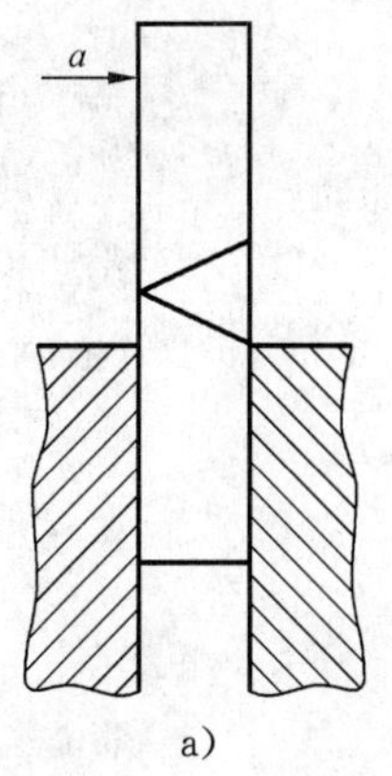

a)

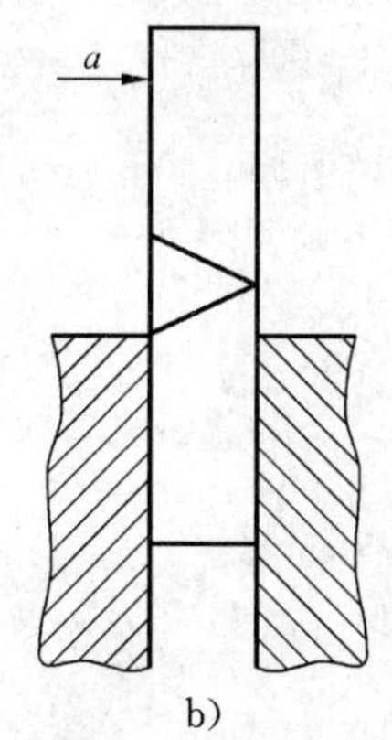

b)

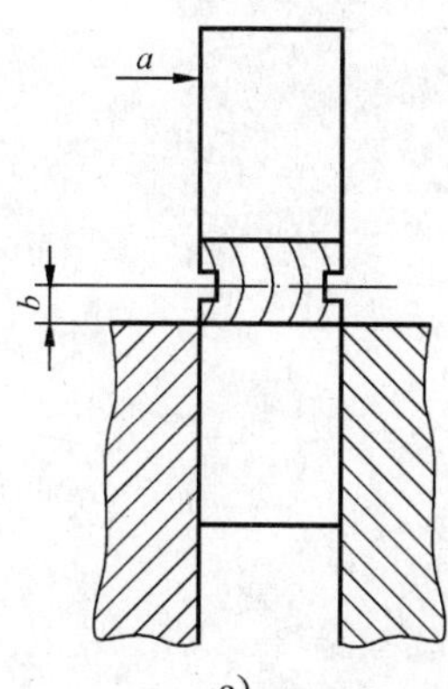

c)

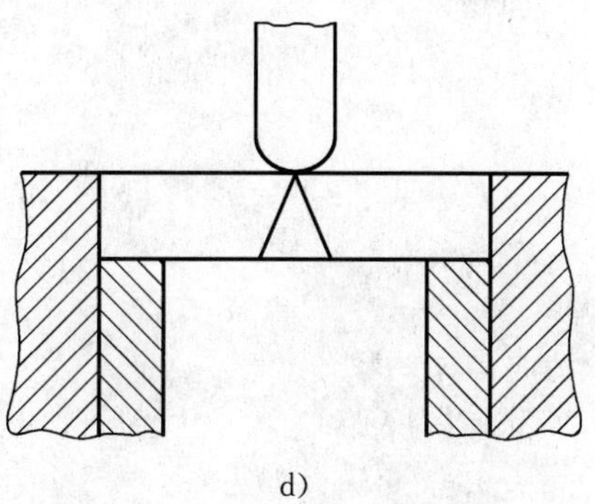

d)

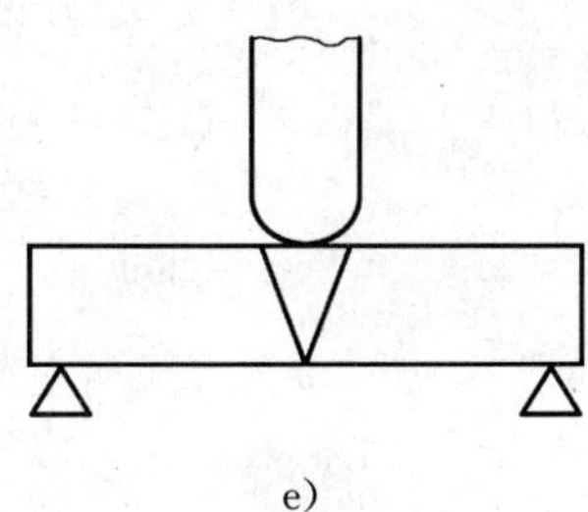

e)

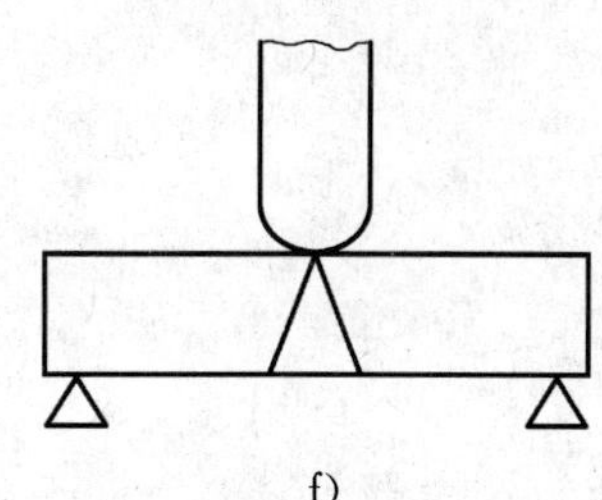

f)

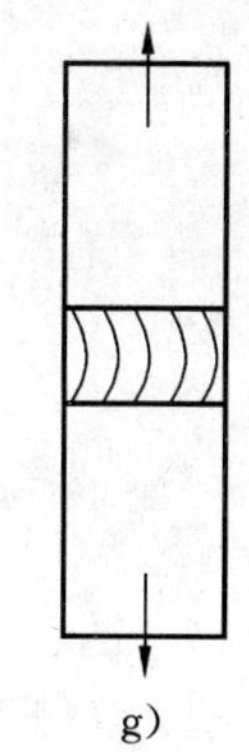

g)

图 F.2 对接焊缝的断裂试验示意图

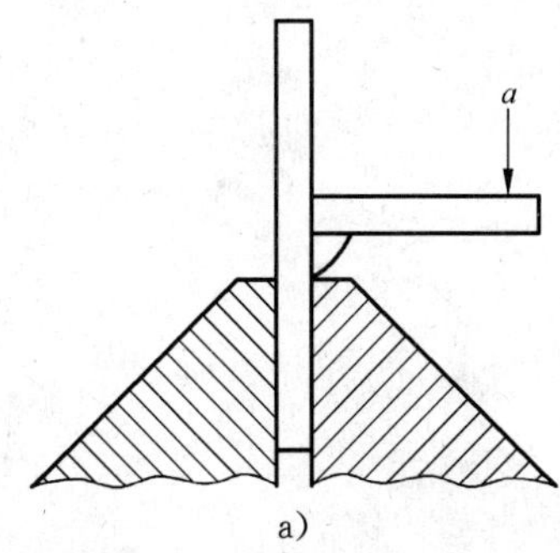

a)

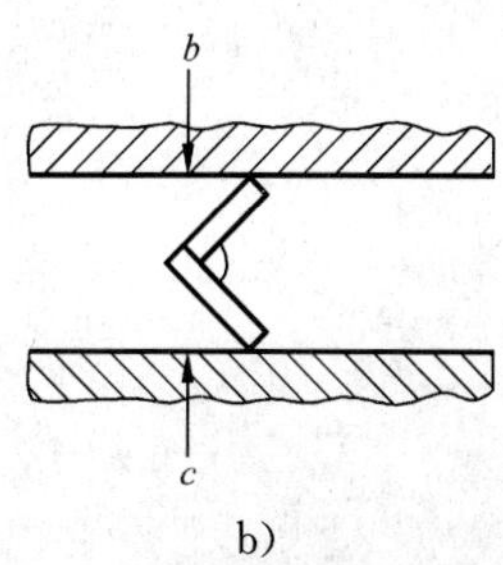

b)

c)

图 F.3 角焊缝的断裂试验示意图

ICS 79.080
B 70

中华人民共和国国家标准

GB/T 24599—2009

室内木质地板安装配套材料

Accessories for laying interior wooden flooring

2009-11-15 发布　　　　2010-04-01 实施

中华人民共和国国家质量监督检验检疫总局
中国国家标准化管理委员会　发布

前　言

本标准由国家林业局提出。

本标准由全国人造板标准化技术委员会提出并归口。

本标准负责起草单位:常州格林思宝木业有限公司、国家工程复合材料产品质量监督检验中心。

本标准参加起草单位:四川升达林业产业股份有限公司、圣象集团有限公司、南京罗伦特地板制品有限公司、江苏肯帝亚木业有限公司、南京格林家居工程有限公司、上海汇丽地板制品有限公司。

本标准主要起草人:王燕、孙和根、朱宇宏、向中华、苗景有、邵旭强、郦海星、杨晓辉、黄晓峰、刘书渊、杨晓农。

室内木质地板安装配套材料

1 范围

本标准规定了室内木质地板铺装过程所用配套材料的术语和定义、要求和检验方法、检验规则、标志、包装、运输和贮存等。

本标准适用于实木地板、竹地板、浸渍纸层压木质地板、实木复合地板、软木地板、软木复合地板、竹木复合地板和地采暖用地板等各类木质地板的室内安装配套材料(以下简称配套材料)。

本标准不适用于室内非木质地板铺装配套材料。

本标准不适用于体育馆用地板、抗静电机房地板、室内高湿环境地板等专业地板配套材料要求。

2 规范性引用文件

下列文件中的条款通过本标准的引用而成为本标准的条款。凡是注日期的引用文件,其随后所有的修改单(不包括勘误的内容)或修订版均不适用于本标准,然而,鼓励根据本标准达成协议的各方研究是否可使用这些文件的最新版本。凡是不注日期的引用文件,其最新版本适用于本标准。

GB/T 1040.3—2006　塑料　拉伸性能的测定　第3部分:薄膜和薄片的试验条件

GB/T 3190　变形铝及铝合金化学成分

GB/T 4897.3—2003　刨花板　第3部分:在干燥状态下使用的家具及室内装修用板要求

GB/T 4957—2003　非磁性基体金属上非导电覆盖层　覆盖层厚度测量　涡流法

GB 5237.1　铝合金建筑型材　第1部分:基材

GB/T 6491—1999　锯材干燥质量

GB/T 6672—2001　塑料薄膜和薄片厚度测定　机械测量法

GB/T 6673—2001　塑料薄膜和薄片长度和宽度的测定

GB/T 8814　门、窗用未增塑聚氯乙烯(PVC-U)型材

GB/T 11175　合成树脂乳液试验方法

GB/T 11718　中密度纤维板

GB/T 15036.1—2009　实木地板　第1部分:技术条件

GB/T 15036.2—2009　实木地板　第2部分:检验方法

GB/T 15102—2006　浸渍胶膜纸饰面人造板

GB/T 17657—1999　人造板及饰面人造板理化性能试验方法

GB 18580　室内装饰装修材料　人造板及其制品中甲醛释放限量

GB 18583　室内装饰装修材料　胶粘剂中有害物质限量

GB 18584　室内装饰装修材料　木家具中有害物质限量

GB 18586　室内装饰装修材料　聚氯乙烯卷材料地板中有害物质限量

GB 20286　公共场所阻燃制品及组件燃烧性能要求和标识

GB/T 21140—2007　指接材　非结构用

GB/T 21529—2008　塑料薄膜和薄片水蒸气透过率的测定　电解传感器法

GB/T 24508　木塑地板

QB/T 1130—1991　塑料直角撕裂性能试验方法

QB/T 3635—1999　硬聚氯乙烯(PVC-U)踢脚板

EN 204:2001　非结构热塑性木材胶粘剂分类

EN 205:2003(E)　粘胶剂　非承重用木材粘胶剂　搭接抗拉剪切强度的测定

3 术语和定义

下列术语和定义适用于本标准。

3.1

室内地板安装配套材料 accessories for laying interior wooden flooring

在室内地板安装中所用的踢脚线、龙骨、扣条、胶粘剂、防潮层、毛地板、钉子等材料的总称。

3.2

龙骨 batten

固定于承载地面上起连接待铺设的地板且承受地板载荷并按一定距离铺设的条形材料，如木龙骨、铝合金龙骨、塑料龙骨等。

3.3

毛地板 load distribution panel

确保地板铺装基础平整、铺设在地板和龙骨之间的板材，如多层胶合板、细木工板或刨花板等。

3.4

直接胶粘铺设法 glue-down installation

地板块用胶粘剂与地面直接粘贴的铺设方法。

3.5

龙骨铺设法 batten installation

用龙骨将面层地板架空于地面之上的铺设方法。

3.6

悬浮铺设法 floating installation

将地板直接铺设在地垫上的铺设方法。

3.7

毛地板龙骨铺设法 load distribution panel batten installation

在地板与龙骨之间加一层毛地板的铺设方法。

3.8

踢脚线 washboard for flooring

用于室内墙体与地板连接处的条状材料。

3.9

扣条 sandwich profile

用于室内装修中不同界面或相同界面(如地板与瓷砖、地板与地板)之间的过渡、收口、固定、连接、贴靠等处的材料。

3.10

防潮膜 moisture-proof film

起防潮作用的塑料薄膜，通常是聚乙烯吹塑薄膜。

3.11

防潮地垫 moisture-proof floor mat

平铺在地板下起缓冲、降噪和防潮作用的材料，通常为高压聚乙烯发泡材料，表面覆盖塑料膜或铝薄膜。

4 要求和检验方法

4.1 有害物质限量

4.1.1 地板安装配套材料中木质材料制造的龙骨、毛地板、踢脚线、扣条等的甲醛释放量及试验方法应符合 GB 18580 中地板类的规定。

4.1.2 地板安装配套材料中涂层有害物质限量及试验方法应符合 GB 18584 中的规定。

4.1.3 胶粘剂中有害物质限量及试验方法应符合 GB 18583 中的规定。

4.1.4 使用聚氯乙烯的安装材料及试验方法应符合 GB 18586 中的规定。

4.2 踢脚线

4.2.1 踢脚线分类

踢脚线按基材材质分为:木质材料(实木、人造板等)、硬聚氯乙烯(PVC-U)塑料及木塑材料等。

4.2.2 木质材料踢脚线

4.2.2.1 规格尺寸及偏差

踢脚线规格尺寸应符合表 1 要求。

表 1 踢脚线规格尺寸

单位为毫米

长　度	宽　度	厚　度
900～2 500	≥40	≥10

踢脚线尺寸偏差应符合表 2 要求。

表 2 踢脚线的规格尺寸偏差及检验方法

单位为毫米

检验项目	尺寸偏差	检验方法
长度	不允许负偏差	GB/T 15102—2006 中的 6.2 规定
宽度和厚度	±0.50	GB/T 15102—2006 中的 6.2 规定

4.2.2.2 外观质量

同一批次产品表面色泽均匀且无明显色差。表面不应有裂缝、起泡、鼓包、白点、扭翘、透底、表面压痕等缺陷。

4.2.2.3 理化性能

——实木踢脚线基材的理化性能不低于 GB/T 15036.1—2009、GB/T 15036.2—2009 的技术要求。

——浸渍胶膜纸饰面踢脚线的理化性能不低于 GB/T 15102—2006 中合格品的技术要求。

——预油漆纸饰面刨花板踢脚线的理化性能不低于 GB/T 4897.3—2003 中合格品的技术要求。

——预油漆纸饰面中密度纤维板踢脚线的理化性能不低于 GB/T 11718 中干燥状态下同等厚度合格品的技术要求。

——预油漆纸饰面踢脚线的理化性能还应符合表 3 规定。

表 3 预油漆纸饰面踢脚线的理化性能及检验方法

检验项目	单　位	性能指标	检验方法
表面胶合强度	MPa	≥0.40	GB/T 15102—2006 中 6.3.8 规定
浸渍剥离	—	试件贴面胶层上的每一边剥离长度均不超过 25 mm	GB/T 17657—1999 中 4.17 规定
表面耐污染	—	无污染,无腐蚀	GB/T 17657—1999 中 4.37 规定
耐光色牢度	—	≥灰度卡 4 级	GB/T 15102—2006 中 6.3.19 规定

——实木指接材踢脚线不低于 GB/T 21140—2007 的技术要求。

4.2.3 硬聚氯乙烯(PVC-U)塑料

硬聚氯乙烯(PVC-U)塑料踢脚线的外观、理化性能应符合 QB/T 3635—1999 的规定。

4.2.4 木塑材料踢脚线

木塑材料踢脚线的理化性能不低于 GB/T 24508 的技术要求。

4.3 扣条

4.3.1 扣条按照材质分类

扣条按照材质分为:铝合金、木质(实木、人造板等)、硬聚氯乙烯(PVC-U)塑料等。

4.3.2 扣条按照用途分类

扣条按照产品用途分为:高低过渡式、平接连接式、边部收口式及楼梯专用式等。

4.3.3 扣条规格尺寸及偏差

扣条规格尺寸应符合表4要求。

表4 扣条规格尺寸

单位为毫米

长度	使用面宽度	厚度		
		铝合金	木质	硬聚氯乙烯(PVC-U)
900～2 700	15～50	主体厚度 大于等于1.5	主体厚度 大于等于2.0	主体厚度 大于等于2.0

扣条的规格尺寸偏差应符合表5要求。

表5 扣条的规格尺寸偏差及检验方法

单位为毫米

检验项目	尺寸偏差	检验方法
长度	不允许负偏差	GB/T 15102—2006中6.2规定
宽度	±0.50	
厚度	±0.20	

4.3.4 铝合金扣条理化性能

4.3.4.1 铝合金成分应符合GB/T 3190的规定。

4.3.4.2 阳极氧化膜厚度应大于等于10 μm;检验方法按照GB/T 4957—2003的规定进行。

4.3.4.3 表面涂层光滑,光泽均匀。

4.3.5 木质扣条

4.3.5.1 外观质量

扣条色泽基本一致且无明显色差。外观质量上不应有裂缝、扭翘、污斑、表面划痕、表面压痕等缺陷。

4.3.5.2 理化性能

木质扣条理化性能按照材质不同,应符合4.2.2.3中相应要求。

4.3.6 硬聚氯乙烯(PVC-U)塑料扣条

硬聚氯乙烯(PVC-U)塑料扣条的外观、理化性能应符合QB/T 3635—1999的规定。

4.4 龙骨

4.4.1 龙骨分类

龙骨按照材质分为:木龙骨、铝合金龙骨、塑料龙骨。

4.4.2 木龙骨

4.4.2.1 木龙骨材料为落叶松、马尾松、白松、樟子松等针叶树材。应进行干燥处理,不应用细木工板做龙骨材料。

4.4.2.2 木龙骨含水率:小于等于地区平衡含水率+2%(地区平衡含水率见GB/T 6491—1999的附录A)。

4.4.2.3 木龙骨横截面厚度应大于等于20 mm,宽度大于等于40 mm。

4.4.2.4 木材应做到无腐朽、无树皮、无坡棱、无劈裂,至少有完整的三条棱(如果有缺棱,不应少于单根长度的20%,宽度方向缺棱处不应大于总幅面的30%)。

4.4.3 铝合金龙骨

铝合金龙骨用挤压法加工，挤压型材所用的铸锭质量应符合 GB 5237.1 的规定。

铝合金型材的化学成分质量应符合 GB 5237.1 的规定。

4.4.4 塑料龙骨

塑料龙骨主要材料为硬聚氯乙烯(PVC-U)，其理化性能应符合 GB/T 8814 的规定。

4.5 胶粘剂

胶粘剂理化性能应符合表 6 要求。

表 6 胶粘剂的理化性能及检验方法

<table>
<tr><th colspan="2">检验项目</th><th>单　位</th><th>性能指标</th><th>检验方法</th></tr>
<tr><td colspan="2">固含量</td><td>%</td><td>≥50</td><td>GB/T 11175 规定</td></tr>
<tr><td colspan="2">粘度</td><td>Pa·s</td><td>≥10</td><td>GB/T 11175 规定</td></tr>
<tr><td colspan="2">最低成膜温度</td><td>℃</td><td>≤18</td><td>GB/T 11175 规定</td></tr>
<tr><td colspan="2">pH 值</td><td>—</td><td>3～7</td><td>GB/T 11175 规定</td></tr>
<tr><td rowspan="3">抗剪强度</td><td>涂胶固化后，标准状态下 7 d</td><td rowspan="3">N/mm²</td><td>≥10</td><td rowspan="3">EN 205:2003(E)规定</td></tr>
<tr><td>标准状态下 7 d，再浸水(水温 20 ℃或 23 ℃)4 d</td><td>≥2</td></tr>
<tr><td>标准状态下 7 d，再浸水(水温 20 ℃或 23 ℃)4 d，然后再在标准状态下放置 7 d</td><td>≥8</td></tr>
<tr><td colspan="5">防水耐用等级应符合 EN 204:2001 中 D3 级要求，用抗剪强度检验方法作为分级指标检验。
注：标准状态指(23±2)℃和相对湿度(50±5)%或(20±2)℃和相对湿度(65±5)%。</td></tr>
</table>

4.6 防潮层

4.6.1 防潮层分类

防潮层按照材质可分为防潮膜、防潮地垫。

4.6.2 防潮膜技术要求

4.6.2.1 防潮膜规格尺寸及偏差

防潮膜规格尺寸应符合表 7 要求。

表 7 防潮膜规格尺寸　　单位为毫米

宽　度	厚　度
900～1 500	≥0.06

防潮膜尺寸偏差应符合表 8 要求。

表 8 防潮膜的规格尺寸偏差及检验方法　　单位为毫米

检验项目	尺寸偏差	检验方法
长度	不允许负偏差	GB/T 6673—2001 中规定
宽度	−5.0～+10.0	GB/T 6673—2001 中规定
厚度	0～+0.01	GB/T 6672—2001 中规定

4.6.2.2 防潮膜外观要求

——不允许有影响使用的气泡、条纹、穿孔、破裂、暴筋、皱褶等。

——0.6 mm～2.0 mm 的杂质、晶点、僵块，合计每平方米不应多于 20 个，大于 2.0 mm 的不允许。

——膜卷插叠、卷绕整齐，无断头。

4.6.2.3 **防潮膜的理化性能**

应符合表9规定。

表9 防潮膜理化性能及检验方法

项　目	单　位	性能指标	检验方法
拉伸强度(纵横向)	MPa	≥12	GB/T 1040.3—2006中规定
断裂伸长率(纵横向)	%	≥150	GB/T 1040.3—2006中规定
水蒸气透过率	g/(m^2·24 h)	≤1.0	GB/T 21529—2008中规定
刚性要求	—	薄膜不能太软，应沿墙上翘50 mm不下垂	钢直尺，分度0.5 mm

4.6.3 **防潮地垫**

4.6.3.1 防潮地垫用高压聚乙烯发泡材料，厚度不应小于1.8 mm。

4.6.3.2 塑料膜或铝薄膜层与高压聚乙烯发泡层复合要求：层与层之间不能移位、自然脱离；但层与层之间可用手将其撕开。

4.6.3.3 外观要求：高压聚乙烯发泡层为封闭式泡孔结构，复合表面平滑、清洁，不应有沙粒、油点；不应有穿孔、鼓泡、撕裂、划伤。

4.6.3.4 防潮地垫规格尺寸及偏差：

防潮地垫规格尺寸应符合表10要求。

表10 防潮地垫规格尺寸

单位为毫米

宽　度	厚　度
900～1 500	≥2.0

防潮地垫尺寸偏差应符合表11要求。

表11 防潮地垫尺寸偏差及检验方法

单位为毫米

检验项目	尺寸偏差	检验方法
宽度	0～+10.0	GB/T 6673—2001中规定
厚度	0～+0.2	GB/T 6672—2001中规定

4.6.3.5 防潮地垫中高压聚乙烯发泡材料理化性能应符合表12要求。

表12 防潮地垫中高压聚乙烯发泡材料理化性能及检验方法

检验项目	单　位	指　标	检验方法
耐热性能	—	80 ℃历经8 h不发粘，不收缩	烘箱，观察
拉伸强度(纵横向)	kPa	≥100	GB/T 1040.3—2006中规定
断裂伸长率(纵横向)	%	≥80	GB/T 1040.3—2006中规定
直角撕裂强度(纵横向)	N/cm	≥2.0	QB/T 1130—1991中规定
平整度	—	自然状态地垫水平放置不施加压力，最大波峰高度小于等于6 mm；波长大于等于30 mm	钢直尺，分度值0.5 mm

4.7 **毛地板**

毛地板外观、尺寸及厚度偏差、理化性能应符合相应材料标准要求。

4.8 **钉子**

木质地板安装配套钉子按照用途主要分为：地板钉、龙骨钉。

钉子质量应符合相应产品标准要求。

4.9 燃烧要求

公共场所踢脚线、扣条等暴露的配套材料燃烧性能应符合 GB 20286 的规定。

5 检验规则

配套材料的出厂检验和型式检验按第 4 章涉及产品标准的检验规则进行。

6 标志、包装、运输和贮存

6.1 标志

包装标签上应有生产厂名及其通讯地址、产品名称、生产日期、数量及防潮、防晒等标记。

6.2 包装

所有配套材料产品出厂时应按产品类别、规格、等级分别包装。企业应根据自己产品的特点提供详细的中文使用说明书。包装要做到产品免受磕碰、划伤和污损。包装要求也可由供需双方商定。

6.3 运输和贮存

产品在运输和贮存过程中应平整合理堆放，使其不受折、不受压、不变形，不被污损；同时不应受潮、雨淋和曝晒。

贮存时应按类别、规格、等级分别堆放，每堆应有相应的标记。

ICS 93.030
P 41

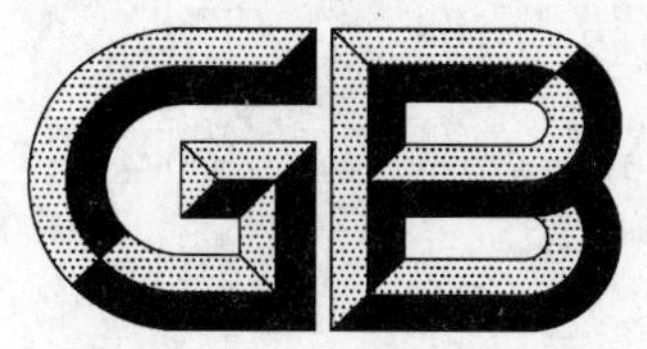

中华人民共和国国家标准

GB/T 24600—2009

城镇污水处理厂污泥处置 土地改良用泥质

Disposal of sludge from municipal wastewater treatment plant—Quality of sludge used in land improvement

2009-11-15 发布　　2010-06-01 实施

中华人民共和国国家质量监督检验检疫总局
中国国家标准化管理委员会　发布

前　言

本标准由中华人民共和国住房和城乡建设部提出。

本标准由住房和城乡建设部给水排水产品标准化技术委员会归口。

本标准负责起草单位：天津水工业工程设备有限公司。

本标准参加起草单位：天津市市政工程设计研究院、天津艾杰环保技术工程有限公司、天津创业环保股份有限公司、天津市节水水处理技术研究会、天津机电进出口有限公司、上海城环水务运营有限公司、江苏天雨环保集团有限公司。

本标准主要起草人：张大群、赵丽君、王洪云、张述超、赵乐军、顾其峰、刘瑶、王津利、周建芝、李玉庆、王秀朵、许洲、朱雁伯、姜亦增、孙菁、王立彤、张蓁、于洪江、李光新、周丕仁、汪喜生、曹井国、王大华、方跃飞、邱娜、张蕾。

城镇污水处理厂污泥处置 土地改良用泥质

1 范围

本标准规定了城镇污水处理厂污泥土地改良利用的泥质指标及限制、取样和监测等。

本标准适用于城镇污水处理厂污泥的处置和污泥土地改良利用。

排水管道通挖污泥用于土地改良的泥质可参照本标准。

2 规范性引用文件

下列文件中的条款通过本标准的引用而成为本标准的条款。凡是注日期的引用文件，其随后所有的修改单(不包括勘误的内容)或修订版均不适用于本标准，然而，鼓励根据本标准达成协议的各方研究是否可使用这些文件的最新版本。凡是不注日期的引用文件，其最新版本适用于本标准。

GB 7959 粪便无害化卫生标准

GB 8978 污水综合排放标准

GB 13015 含多氯联苯废物污染控制标准

GB/T 14848 地下水质量标准

GB 15618 土壤环境质量标准

GB/T 15959 水质 可吸附有机卤素(AOX)的测定 微库伦法

GB/T 17134 土壤质量 总砷的测定 二乙基二硫代氨基甲酸银分光光度法

GB/T 17135 土壤质量 总砷的测定 硼氢化钾-硝酸银分光光度法

GB/T 17136 土壤质量 总汞的测定 冷原子吸收分光光度法

GB/T 17137 土壤质量 总铬的测定 火焰原子吸收分光光度法

GB/T 17138 土壤质量 铜、锌的测定 火焰原子吸收分光光度法

GB/T 17139 土壤质量 镍的测定 火焰原子吸收分光光度法

GB/T 17141 土壤质量 铅、镉的测定 石墨炉原子吸收分光光度法

GB 18918 城镇污水处理厂污染物排放标准

GB/T 23484 城镇污水处理厂污泥处置 分类

CJ/T 221 城市污水处理厂污泥检验方法

CJ 3082 污水排入城市下水道水质标准

3 术语和定义

GB/T 23484 确定的以及下列术语和定义适用于本标准。

3.1

城镇污水处理厂污泥 sludge from municipal wastewater treatment plant

城镇污水处理厂在污水净化处理过程中产生的含水率不同的半固态或固态物质，不包括栅渣、浮渣和沉砂池砂砾。

3.2

排水管道通挖污泥 sludge from drainage pipe

城镇排水管道在养护、疏通过程中产生的污泥。

3.3

污泥土地改良　sludge used in land improvement

将处理后且满足本标准的污泥用于盐碱地、沙化地和废弃矿场土壤的改良，使之达到一定用地功能的处置方式。

3.4

污泥土地改良用泥质　the quality of sludge used in land improvement

将处理后污泥用于盐碱地、沙化地和废弃矿场土壤的改良，使之达到一定用地功能的过程时，污泥需达到的质量标准。

4　土地改良用泥质要求

4.1　外观和嗅觉

有泥饼型感观，无明显臭味。

4.2　稳定化要求

污泥土地改良利用前，应满足 GB 18918 中的稳定化控制指标。

4.3　理化指标和养分指标

4.3.1　污泥土地改良利用时，其理化指标及限值应满足表 1 的要求。

表 1　理化指标及限值

序号	理化指标	限值
1	pH	5.5～10
2	含水率/%	＜65

4.3.2　污泥土地改良利用时，其养分指标及限值应满足表 2 的要求。

表 2　养分指标及限值

序号	养分指标	限值
1	总养分[总氮(以 N 计)＋总磷(以 P_2O_5 计)＋总钾(以 K_2O 计)]/%	≥1
2	有机物含量/%	≥10

4.4　生物学指标和污染物指标

4.4.1　污泥土地改良利用时，其微生物学指标及限值应满足表 3 的要求。

表 3　生物学指标及限值

序号	微生物学指标	限值
1	粪大肠菌群值	＞0.01
2	细菌总数/(MPN/kg 干污泥)	$<10^8$
3	蛔虫卵死亡率/%	＞95

4.4.2　污泥土地改良利用时，其污染物指标及限值应满足表 4 的要求。

表 4　污染物指标及限值　　单位为毫克每千克干污泥

序号	控污染物指标	限值	
		酸性土壤 (pH＜6.5)	中性和碱性土壤 (pH≥6.5)
1	总镉	5	20
2	总汞	5	15

表 4(续)

单位为毫克每千克干污泥

序号	控污染物指标	限值	
		酸性土壤 (pH<6.5)	中性和碱性土壤 (pH≥6.5)
3	总铅	300	1 000
4	总铬	600	1 000
5	总砷	75	75
6	总硼	100	150
7	总铜	800	1 500
8	总锌	2 000	4 000
9	总镍	100	200
10	矿物油	3 000	3 000
11	可吸附有机卤化物(AOX)(以 Cl 计)	500	500
12	多氯联苯	0.2	0.2
13	挥发酚	40	40
14	总氰化物	10	10

5 其他要求

5.1 排入城镇污水处理厂的污水应符合 CJ 3082 的相关规定。

5.2 排入城镇污水处理厂的工业废水应符合 GB 8978 的相关规定。

5.3 在饮水水源保护区和地下水位较高处不宜将污泥用于土地改良。

5.4 在污泥用于土地改良后,其施用地的土壤和地下水相关指标应符合 GB 15618 和 GB/T 14848 中的相关规定。

5.5 污泥施用频率

每年每万平方米土地施用干污泥量不大于 30 000 kg。

6 取样和监测

6.1 取样方法

采取多点取样混合,样品应有代表性,样品质量不应小于 1 kg。

6.2 监测频率

参照表 5 执行。

表 5 污泥土地利用时的监测频率

序号	干污泥量(t/365 d)	频 率
1	0≤干污泥量<290	1 次/ 365 d
2	290≤干污泥量<1 500	1 次/ 90 d
3	1 500≤干污泥量<15 000	1 次/60 d
4	15 000≤干污泥量	1 次/ 30 d

6.3 监测分析方法

按表 6 执行。

表 6 监测分析方法

序号	指标	监测分析方法	采用标准
1	pH 值	玻璃电极法	CJ/T 221
2	含水率	重量法	CJ/T 221
3	总镉	石墨炉原子吸收分光光度法	GB/T 17141
		常压消解后原子吸收分光光度法[a] 常压消解后电感耦合等离子体发射光谱法 微波高压消解后原子吸收分光光度法 微波高压消解后电感耦合等离子体发射光谱法	CJ/T 221
4	总汞	冷原子吸收分光光度法	GB/T 17136
		常压消解后原子荧光法[a]	CJ/T 221
5	总铅	石墨炉原子吸收分光光度法	GB/T 17141
		常压消解后原子荧光法[a] 微波高压消解后原子荧光法 常压消解后原子吸收分光光度法 常压消解后电感耦合等离子体发射光谱法 微波高压消解后原子吸收分光光度法 微波高压消解后电感耦合等离子体发射光谱法	CJ/T 221
6	总铬	火焰原子吸收分光光度法[a]	GB/T 17137
		常压消解后电感耦合等离子体发射光谱法 微波高压消解后电感耦合等离子体发射光谱法 常压消解后二苯碳酰二肼分光光度法 微波高压消解后二苯碳酰二肼分光光度法	CJ/T 221
7	总砷	二乙基二硫代氨基甲酸银分光光度法	GB/T 17134
		硼氢化钾-硝酸银分光光度法	GB/T 17135
		常压消解后原子荧光法[a] 常压消解后电感耦合等离子体发射光谱法 微波高压消解后电感耦合等离子体发射光谱法	CJ/T 221
8	硼	常压消解后电感耦合等离子体发射光谱法[a] 微波高压消解后电感耦合等离子体发射光谱法	CJ/T 221
9	总铜	火焰原子吸收分光光度法	GB/T 17138
		常压消解后原子吸收分光光度法[a] 常压消解后电感耦合等离子体发射光谱法 微波高压消解后原子吸收分光光度法 微波高压消解后电感耦合等离子体发射光谱法	CJ/T 221
10	总锌	火焰原子吸收分光光度法	GB/T 17138
		常压消解后原子吸收分光光度法[a] 常压消解后电感耦合等离子体发射光谱法 微波高压消解后原子吸收分光光度法 微波高压消解后电感耦合等离子体发射光谱法	CJ/T 221

表 6（续）

序号	指标	监测分析方法	采用标准
11	总镍	火焰原子吸收分光光度法	GB/T 17139
		常压消解后原子吸收分光光度法[a] 常压消解后电感耦合等离子体发射光谱法 微波高压消解后原子吸收分光光度法 微波高压消解后电感耦合等离子体发射光谱法	CJ/T 221
12	矿物油	红外分光光度法[a] 紫外分光光度法	CJ/T 221
13	可吸附有机卤化物（AOX）	微库仑法	GB/T 15959
14	多氯联苯（PCB）	气相色谱法	GB 13015
15	挥发酚	蒸馏后 4-氨基安替比林分光光度法	CJ/T 221
16	总氰化物	蒸馏后吡啶-巴比妥酸光度法 蒸馏后异烟酸-吡唑啉酮分光光度法[a]	CJ/T 221
17	粪大肠菌群菌值	发酵法	GB/T 7959
18	细菌总数	平皿计数法	CJ/T 221
19	蛔虫卵死亡率	显微镜法	GB/T 7959
20	总氮（以 N 计）	碱性过硫酸钾消解紫外分光光度法	CJ/T 221
21	总磷（以 P_2O_5 计）	氢氧化钠熔融后钼锑抗分光光度法	CJ/T 221
22	总钾（以 K_2O 计）	常压消解后火焰原子吸收分光光度法[a] 常压消解后电感耦合等离子体发射光谱法 微波高压消解后原子吸收分光光度法 微波高压消解后电感耦合等离子体发射光谱法	CJ/T 221
23	有机物含量	重量法	CJ/T 221

[a] 为仲裁方法。

ICS 91.060.50
Q 73

中华人民共和国国家标准

GB/T 24601—2009

建筑窗用内平开下悬五金系统

Building hardware for windows—Tilt and turn hardware system

2009-11-15 发布　　2010-06-01 实施

中华人民共和国国家质量监督检验检疫总局
中国国家标准化管理委员会　发布

前　言

本标准的附录A为资料性附录，附录B为规范性附录。

本标准由中华人民共和国住房和城乡建设部提出。

本标准由住房和城乡建设部建筑制品与构配件产品标准化技术委员会归口。

本标准起草单位：中国建筑金属结构协会建筑门窗配套件委员会、格屋建筑材料(济南)有限公司、丝吉利娅奥彼窗门五金(北京)有限公司、国强五金集团有限公司、青岛立兴杨氏门窗配件有限公司、诺托·弗朗克建筑五金(北京)有限公司、北新集团建材股份有限公司、东莞市坚朗五金制品有限公司、佛山市合和建筑五金制品有限公司、中国建筑科学研究院、北京吉斯门窗五金制品有限公司、上海东连工贸有限公司。

本标准主要起草人：刘旭琼、房公殿、王雨生、孙继超、朴永日、河红、杜万明、刘学林、刘会涛、王宇帆、王晓军。

建筑窗用内平开下悬五金系统

1 范围

本标准规定了建筑窗用内平开下悬五金系统的术语和定义、分类和标记、要求、试验方法、检验规则及标志、包装、运输、贮存。

本标准适用于建筑内平开下悬窗用内平开下悬五金系统和下悬内平开五金系统。

2 规范性引用文件

下列文件中的条款通过本标准的引用而成为本标准的条款。凡是注日期的引用文件，其随后所有的修改单(不包括勘误的内容)或修订版均不适用于本标准，然而，鼓励根据本标准达成协议的各方研究是否可使用这些文件的最新版本。凡是不注日期的引用文件，其最新版本适用于本标准。

GB/T 700　碳素结构钢

GB/T 905　冷拉圆钢、方钢、六角钢尺寸、外形、重量及允许偏差

GB/T 2828.1　计数抽样检验程序　第1部分：按接收质量限(AQL)检索的逐批检验抽样计划

GB/T 3280　不锈钢冷轧钢板和钢带

GB/T 4232　冷顶锻用不锈钢丝

GB 5237.1　铝合金建筑型材　第1部分：基材

GB 5237.2　铝合金建筑型材　第2部分：阳极氧化型材

GB 5237.3　铝合金建筑型材　第3部分：电泳涂漆型材

GB 5237.4　铝合金建筑型材　第4部分：粉末喷涂型材

GB 5237.5　铝合金建筑型材　第5部分：氟碳漆喷涂型材

GB/T 5823　建筑门窗术语

GB/T 6465—2008　金属和其他无机覆盖层　腐蚀膏腐蚀试验(CORR试验)

GB/T 9158　建筑用窗承受机械力的检测方法

GB/T 9799—1997　金属覆盖层　钢铁上的锌电镀层

GB/T 10125—1997　人造气氛腐蚀试验　盐雾试验

GB/T 11253　碳素结构钢冷轧薄钢板及钢带

GB/T 13818　压铸锌合金

GB/T 14436　工业产品保证文件　总则

GB/T 15115　压铸铝合金

JG/T 212—2007　建筑门窗五金件　通用要求

HG/T 2233　共聚甲醛树脂

3 术语和定义

GB/T 5823、JG/T 212—2007确定的以及下列术语和定义适用于本标准。

3.1

内平开下悬五金系统　tilt and turn hardware system

通过操作执手，可以使窗具有内平开、下悬、锁闭等功能的五金系统(以下简称五金系统)。

3.2

防误操作器　anti-mishandling device

防止窗扇在内平开状态时，直接进行下悬操作的装置。

3.3

斜拉杆　stay arm

用于连接窗上部合页(铰链)与窗扇的装置。

4　分类和标记

4.1　分类

建筑窗用内平开下悬五金系统按开启状态顺序不同分为两种类型。

类型一：内平开下悬—锁闭、内平开、下悬。

类型二：下悬内平开—锁闭、下悬、内平开。

五金系统基本配置参见附录A。

4.2　代号

4.2.1　名称代号

名称代号见表1。

表1　名称代号

内平开下悬窗型及五金类型	常用窗型(以下简称常用窗)		落地窗型(以下简称落地窗)	
	内平开下悬五金系统	下悬内平开五金系统	内平开下悬五金系统	下悬内平开五金系统
名称代号	CPX	CXP	LPX	LXP

4.2.2　主参数代号

内平开下悬五金系统以承载质量(从60 kg开始，每10 kg为一级)为分级标记，锁点以实际数量标记，且不应少于3个。

注：锁点个数的选择，需综合考虑具体的窗物理性能要求后确定。

4.3　标记示例

4.3.1　标记方法

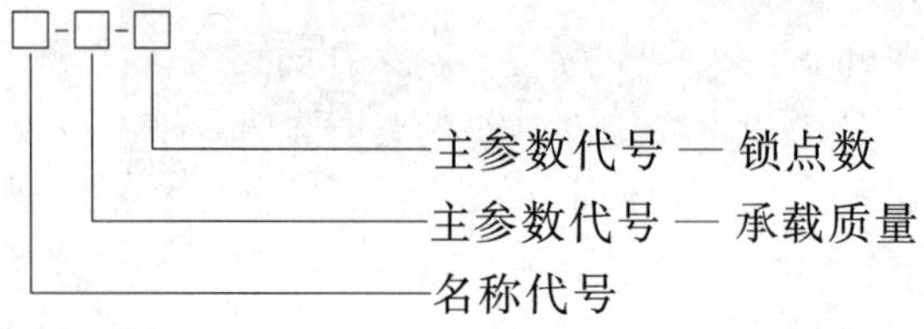

4.3.2　标记示例

承载质量为100 kg，6个锁点的常用窗用内平开下悬五金系统，标记为：CPX-100-6。

5　要求

5.1　材料

五金系统中主要受力构件所用材料的性能应符合相关标准的要求。

5.1.1　碳素钢

碳素钢不应低于GB/T 700中Q235性能的要求。冷拉工艺部件的外形允许偏差应符合GB/T 905中的要求；冷轧薄钢板及钢带的外形允许偏差应符合GB/T 11253中的要求。

5.1.2　锌合金

压铸锌合金不应低于GB/T 13818中的ZZnAl4Cu1Y的要求。

5.1.3　铝合金

挤压铝合金不应低于GB 5237.1中6063 T5的要求。

压铸铝合金不应低于GB/T 15115中YZAlSi12的要求。

5.1.4 不锈钢

不锈钢冷轧钢板不应低于 GB/T 3280 中的 06Cr19Ni10 的要求。

不锈钢铆钉不应低于 GB/T 4232 中的 12Cr18Ni9 的要求。

5.1.5 塑料

塑料不应低于 HG/T 2233 中 M270 的机械性能的要求。

5.1.6 喷涂涂料

表面喷涂涂料不应低于涂膜耐候性能 500 h、硬度 H 以上性能的要求。

5.2 外观

五金系统表面平直、光滑，表层色泽均匀，不应有明显缺陷。

5.3 性能

5.3.1 上部合页(铰链)承受静态荷载性能

5.3.1.1 常用窗用上部合页(铰链)，承受静态荷载(拉力)应满足表 2 的规定，试验后不应断裂。

表 2 常用窗用上部合页(铰链)承受静态荷载

承载质量代号	扇质量/kg	拉力 F/N(允许误差+2%)	承载质量代号	扇质量/kg	拉力 F/N(允许误差+2%)
060	60	1 650	140	140	3 900
070	70	1 900	150	150	4 200
080	80	2 200	160	160	4 400
090	90	2 450	170	170	4 700
100	100	2 700	180	180	5 000
110	110	3 000	190	190	5 300
120	120	3 250	200	200	5 500
130	130	3 500	—	—	—

5.3.1.2 落地窗用上部合页(铰链)，承受静态荷载(拉力)应满足表 3 的规定，试验后不应断裂。

表 3 落地窗用上部合页(铰链)承受静态荷载

承载质量代号	扇质量/kg	拉力 F/N(允许误差+2%)	承载质量代号	扇质量/kg	拉力 F/N(允许误差+2%)
060	60	600	140	140	1 350
070	70	700	150	150	1 450
080	80	800	160	160	1 550
090	90	900	170	170	1 650
100	100	1 000	180	180	1 750
110	110	1 100	190	190	1 850
120	120	1 150	200	200	1 950
130	130	1 250	—	—	—

5.3.2 下部合页(铰链)承受静态荷载性能

5.3.2.1 常用窗用下部合页(铰链)，与压力方向成 30°±0.5°时，承受静态荷载(压力)应满足表 4 的规定，试验后不应断裂。

表 4 常用窗用下部合页(铰链)承受静态荷载

承载质量代号	扇质量/kg	拉力 F/N（允许误差+2%）	承载质量代号	扇质量/kg	拉力 F/N（允许误差+2%）
060	60	3 400	140	140	8 000
070	70	4 000	150	150	8 550
080	80	4 550	160	160	9 150
090	90	5 100	170	170	9 700
100	100	5 700	180	180	10 300
110	110	6 250	190	190	10 850
120	120	6 800	200	200	11 450
130	130	7 400	—	—	—

5.3.2.2 落地窗用下部合页(铰链),与压力方向成 11°±0.5°时,承受静态荷载(压力)应满足表 5 的规定,试验后不应断裂。

表 5 落地窗用下部合页(铰链)承受静态荷载

承载质量代号	扇质量/kg	拉力 F/N（允许误差+2%）	承载质量代号	扇质量/kg	拉力 F/N（允许误差+2%）
060	60	3 050	140	140	7 150
070	70	3 550	150	150	7 650
080	80	4 000	160	160	8 150
090	90	4 600	170	170	8 650
100	100	5 100	180	180	9 150
110	110	5 600	190	190	9 700
120	120	6 100	200	200	10 200
130	130	6 500	—	—	—

5.3.3 启闭力性能

平开状态下的启闭力不应大于 50N,下悬状态下的启闭力不应大于表 6 的规定。

表 6 下悬状态的推入力

常用窗推入力		落地窗推入力
扇质量 60 kg～130 kg	扇质量 130 kg 以上	扇质量 60 kg 以上
180 N	230 N	150 N

5.3.4 反复启闭性能

反复启闭 15 000 个循环后,所有操作功能正常。应满足:

a) 执手或操纵装置操作五金系统的转动力矩不应大于 10 N·m,施加在执手上的力不应大于 100 N;

b) 试验后,框、扇间垂直窗扇平面方向的间距变化值应小于 1 mm;窗扇在平开位置关闭时,推入框内的作用力不应大于 120 N。

5.3.5 90°平开启闭性能

窗扇反复启闭 10 000 个循环试验后,应保持操作功能正常,将窗扇从平开位置关闭时,窗扇推入框内的作用力，不应大于 120 N。

5.3.6 **锁闭部件强度**

锁点、锁座承受 1800^{+50}_{0} N 破坏力后，各部件应无损坏。

5.3.7 **冲击性能**

通过重物的自由落体进行窗扇冲击试验，反复 5 次后，将窗扇从平开位置关闭时，窗扇推入框内的作用力不应大于 120 N。

5.3.8 **悬端吊重性能**

悬端吊重试验后，窗扇不脱落，合页(铰链)应仍然连接在窗框和窗扇边梃上。

5.3.9 **开启撞击性能**

通过重物的自由落体进行窗扇撞击洞口试验，反复 3 次后，窗扇不应脱落，合页(铰链)应仍然连接在窗框和窗扇边梃上。

5.3.10 **关闭撞击性能**

通过重物的自由落体进行撞击障碍物试验，反复 3 次后，窗扇不应脱落，合页(铰链)应仍然连接在窗框和窗扇边梃上。

5.3.11 **耐腐蚀性能**

各类基材、常用表面覆盖层的耐腐蚀性能要求见表 7。

表 7 各类基材、常用表面覆盖层的耐腐蚀性能要求

常用覆盖层		常用基材应达到指标	
		碳素钢基材	锌合金基材
金属层	镀锌层[a]	中性盐雾(NSS)试验，96 h 不出现白色腐蚀点，240 h 不出现红锈点(保护等级≥8 级)	中性盐雾(NSS)试验，96 h 不出现白色腐蚀点(保护等级≥8 级)
	Cu+Ni+Cr 或 Ni+Cr	铜加速乙酸盐雾(CASS)试验 16 h、腐蚀膏腐蚀(CORR)试验 16 h、乙酸盐雾(AASS)试验 96 h 试验，外观不允许有针孔、鼓泡以及金属腐蚀等缺陷	—
注：在满足以上要求的情况下，在高湿、高腐蚀地区按实际情况可另行约定。			
[a] 镀锌层腐蚀的判定仅限于五金件安装后的可视面，不包括再加工部位。			

5.3.12 **膜厚度及附着力**

常用覆盖层膜厚度及附着力的要求见表 8。

表 8 常用覆盖层膜厚度及附着力要求

常用覆盖层		常用基材应达到指标		
		碳素钢基材	铝合金基材	锌合金基材
金属镀锌层[a]		平均膜厚≥12 μm	—	平均膜厚≥12 μm
非金属层	表面阳极氧化膜	—	平均膜厚度≥15 μm	—
	电泳涂漆	—	复合膜平均厚度≥21 μm，其中漆膜平均膜厚≥12 μm	漆膜平均膜厚≥12 μm
			干式附着力应达到 0 级	干式附着力应达到 0 级
	聚酯粉末喷涂	涂层厚度 45 μm～100 μm	涂层厚度 45 μm～100 μm	涂层厚度 45 μm～100 μm
		干式附着力应达到 0 级	干式附着力应达到 0 级	干式附着力应达到 0 级

表 8（续）

常用覆盖层		常用基材应达到指标		
		碳素钢基材	铝合金基材	锌合金基材
非金属层	氟碳喷涂（二涂）	平均膜厚≥30 μm	平均膜厚≥30 μm	平均膜厚≥30 μm
		干式、湿式附着力应达到 0 级	干式、湿式附着力应达到 0 级	干式、湿式附着力应达到 0 级
注：在满足以上要求的情况下，在高湿、高腐蚀地区按实际情况可另行约定。				
[a] 金属镀锌层平均膜厚的要求应在满足 5.3.11 要求情况下进行。				

6 试验方法

6.1 试验顺序及试件制备

5.3 中的 5.3.1、5.3.2 试验在单独的合页（铰链）上进行，其他性能试验按 5.3.3、5.3.4、5.3.5、5.3.6、5.3.7、5.3.8、5.3.9、5.3.10 的顺序在同一套安装在试验模拟窗上的五金系统上进行，5.3.11 试验在另一套五金系统上进行，试验模拟窗的要求见附录 B。

6.2 外观

应在自然光或光照度在 300 lx～600 lx 范围内的近自然光下，相距为 400 mm～500 mm 的距离下目测检查。

6.3 性能

6.3.1 上部合页（铰链）承受静态荷载试验

取 3 件上部合页（铰链），在图 1 所示装置上进行试验。试验后均应满足 5.3.1 的要求。

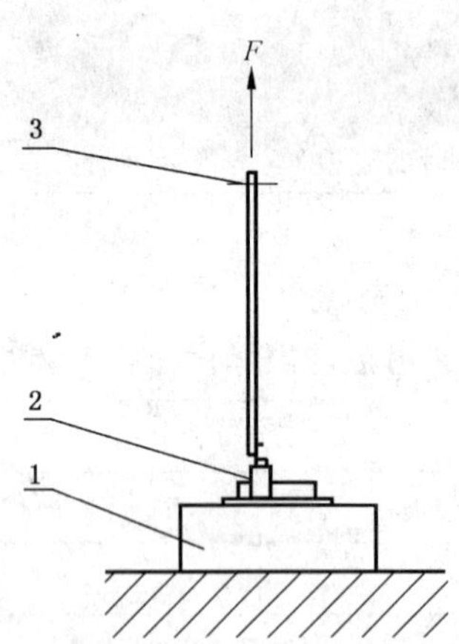

1——钢制构件；

2——上部合页（铰链）、斜拉杆组合件；

3——斜拉杆上的孔。

图 1 上部合页（铰链）试验装置

6.3.2 下部合页（铰链）承受静态荷载试验

取 3 件下部合页（铰链），在图 2 所示装置上进行试验。试验后均应满足 5.3.2 的要求。

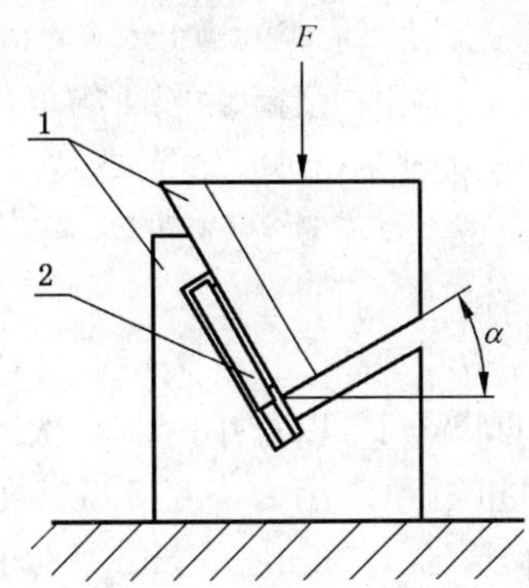

1——钢制构件；

2——下部合页(铰链)。

注：测试落地窗用下部铰链时，$\alpha=11°$；测试普通窗用下部铰链时，$\alpha=30°$。

图2 下部合页(铰链)试验装置

6.3.3 启闭力试验

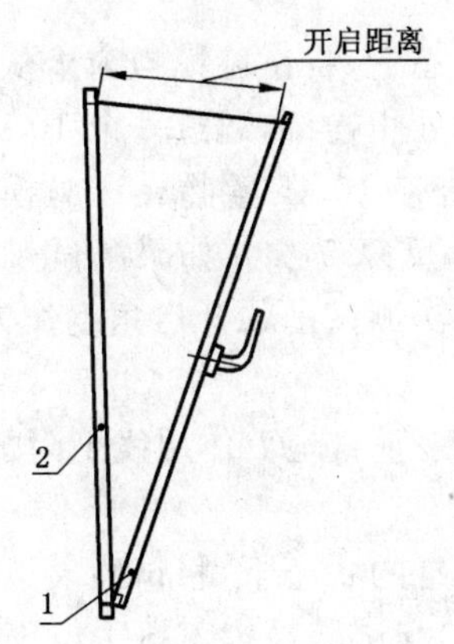

1——窗扇；

2——窗框。

图3 下悬状态开启距离

平开状态下，启闭力试验按 GB/T 9158 规定进行。

下悬状态下：

a) 当最大设计下悬开启距离不大于 150 mm(见图 3)时，开启到最大设计下悬距离；

b) 当最大设计下悬开启距离大于 150 mm 时，开启到 150 mm；后返回 5 mm 的状态下，按 GB/T 9158的试验方法测量推入力。反复测量 3 次，取其平均值。

6.3.4 反复启闭试验

6.3.4.1 使用精度为 2 N 的拉力计和精度误差为±4%的扭力扳手测量。

6.3.4.2 试验模拟窗扇应以每小时 250 次～275 次操作循环的频率，在测试装置上模拟实际使用状况，完成从平开(下悬)—锁紧—下悬(平开)—锁紧共 15 000 个操作循环(共 60 000 次)，即：

——15 000 次平开(下悬)；

——15 000 次锁紧；

——15 000 次下悬(平开)；

——15 000 次锁紧。

反复启闭测试过程中，应保证施加在执手或操纵装置上的扭矩和作用力满足 5.3.4 的要求：

a) 下悬时，在距最终下悬位置 5mm 处之前应保证试验模拟窗扇在测试装置的控制下以

$0.5_{-0.15}^{\ 0}$ m/s的速度运动，在5 mm处解除施力，并保证试验模拟窗扇在下悬位置的回弹；

b) 平开时，扇执手侧应从关闭位置开启到100 mm±10 mm处；

c) 锁紧时，试验模拟窗扇执手侧关闭到垂直窗扇平面的框扇间距离在达到与合页（铰链）侧框扇间距离一致位置处停止（允许误差±1 mm）。

6.3.4.3 在反复启闭测试过程中，每完成5 000次测试循环，可对测试五金系统进行一次调整，同时对产品说明中有润滑要求的部位进行润滑。

6.3.5 90°平开启闭试验

在没有摩擦式撑挡（平开限位器）的状态下，以每小时250次～275次操作循环的频率，通过测试装置（应保证施加在执手或操纵装置上的扭矩和作用力满足5.3.4的要求）将试验模拟窗扇从最大平开位置（90°±5°）进行关闭，扇在回到关闭位置前50 mm±5 mm处停止。每完成5 000次测试循环，可对测试五金系统进行一次调整，同时对产品说明中有润滑要求的部位进行润滑。

6.3.6 锁闭部件强度试验

将五金系统按实际工作状态安装在试验模拟窗上，在五金系统上任选一组锁点、锁座，将其处于正常锁闭位置时，在扇型材对应该锁点的位置处，向扇开启方向施加$1\,800_{0}^{+50}$ N静拉力，保持60_{0}^{+10} s，卸载后打开窗扇，检查锁点、锁座损坏情况。

6.3.7 冲击试验

在有摩擦式撑挡（平开限位器）的状态下，将试验模拟窗扇从距最大开启位置200 mm±10 mm处，用绳子（非弹性）与试验模拟窗执手位置处相连接，通过一个10 kg±0.05 kg重物的自由落体使试验模拟窗扇加速开启，绳子长度的选择应恰好使10 kg重物在试验模拟窗扇距摩擦式撑挡（平开限位器）极限位置20 mm±2 mm时落到基准面上，反复5次。如果测试过程中试验模拟窗扇的开启角度发生变化，在以后的重复测试时，应始终以第一次测试前的开启角度作为确定“200 mm位置”的依据。

6.3.8 悬端吊重试验

试验模拟窗扇开启到90°±5°，在执手垂直地面作用线上附加1 000 N±10 N重力，保持5 min。

6.3.9 开启撞击试验

在没有摩擦式撑挡（平开限位器）装置的状态下，将试验模拟窗扇从距测试基准面（撞到模拟墙的位置）450 mm±10 mm处，用绳子（非弹性）与试验模拟窗执手位置处相连接，通过一个10 kg±0.05 kg重物的自由落体使扇加速开启，重物在距测试基准面前20 mm±2 mm停止运动。每次测试后应让试验模拟窗扇充分摆动，此试验反复3次。测试装置见图4。

未注单位的尺寸的单位为毫米

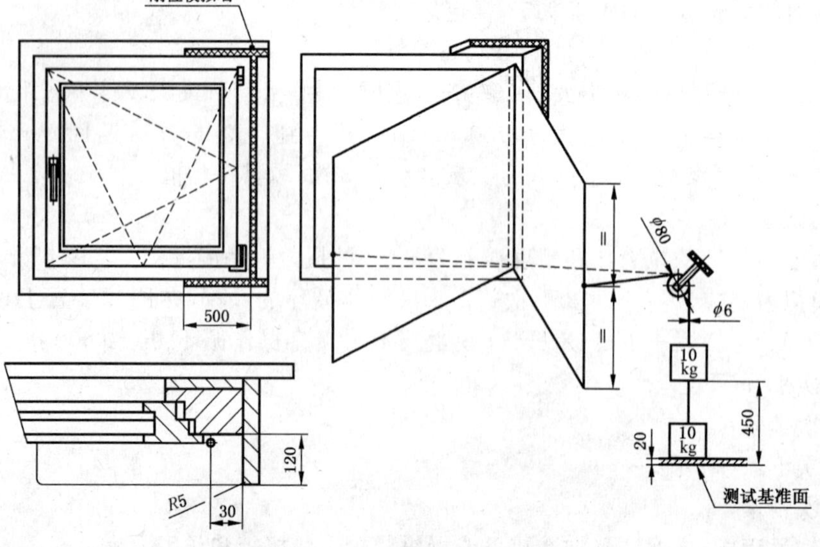

图4 开启撞击试验示意图

6.3.10 关闭撞击试验

在有摩擦式撑挡(平开限位器)装置的状态下,将试验模拟窗扇从距测试基准面(限位器限制的最大开启位置)200 mm±10 mm 时,将 10 kg 自由落体的重物用绳子(非弹性)与试验模拟窗执手位置处相连接,使试验模拟窗扇加速关闭。在重物距离测试基准面 20 mm±2 mm 时,试验模拟窗扇撞到障碍物(刚性),重物停止运动。每次测试后待试验模拟窗扇摆动停止后,再进行下一次试验。此试验反复 3 次,测试装置见图 5。

未注单位的尺寸的单位为毫米

图 5 关闭撞击试验示意图

6.3.11 耐腐蚀试验

镀层 NSS 试验、AASS 试验、CASS 试验按 GB/T 10125—1997 规定进行,CORR 试验按 GB/T 6465—2008 规定进行。

6.3.12 膜厚度及附着力试验

镀锌层膜厚度的测试按 GB/T 9799—1997 进行。表面阳极氧化膜厚度的测量按 GB 5237.2 进行,电泳涂漆膜厚度、附着力的测量按 GB 5237.3 进行,聚酯粉末喷涂涂层厚度、附着力的测量按 GB 5237.4进行,氟碳喷涂膜厚度、附着力的测量按 GB 5237.5 进行。

7 检验规则

7.1 检验分类

产品检验分出厂检验和型式检验。

产品经检验合格后应有合格证。合格证应符合 GB/T 14436 的规定。

7.2 出厂检验

7.2.1 在型式检验合格后,进行出厂检验,出厂检验项目见表 9(5.3.12 中锌合金基材金属镀锌层膜厚度及附着力除外)。

7.2.2 组批和抽样方案

以同一批次按照 GB/T 2828.1 规定,采用正常检查一次抽样方案,取一般检查水平Ⅱ,接收质量限 AQL 为 4。

7.2.3　合格判定规则

若有一项检验项目不符合标准要求时，应从原批中加倍复检，当复检仍不合格时则判为不合格产品。

7.3　型式检验

7.3.1　检验项目见表9。

7.3.2　有下列情况之一时，应进行型式检验：

a)　新产品或老产品转厂生产的试制定型鉴定；

b)　正式生产后，当结构、材料、工艺有较大改变可能影响产品性能时；

c)　产品停产半年后，再恢复生产时；

d)　正常生产时，每年进行一次；

e)　出厂检验结果与上次型式检验有较大差异时；

f)　国家质量监督机构或合同规定要求进行型式检验时。

7.3.3　组批和抽样方案

以同一批次、承重级别、规格，3 000 套以下(但不应少于500套)抽取一组；3 000 套～10 000 套抽取二组，10 000 套以上抽取三组。每组包括五金系统二套，合页(铰链)三件。

7.3.4　产品不符合本标准要求时，应重新加倍抽取进行检验；仍不符合要求时，则判为不合格产品。

表9　出厂检验与型式检验项目

序号	检验项目	出厂检验	型式检验
1	5.2　外观	√	√
2	5.3.1　上部合页(铰链)承受静态荷载性能	—	√
3	5.3.2　下部合页(铰链)承受静态荷载性能	—	√
4	5.3.3　启闭力性能	—	√
5	5.3.4　反复启闭性能	—	√
6	5.3.5　90°平开启闭性能	—	√
7	5.3.6　锁闭部件强度	—	√
8	5.3.7　冲击性能	—	√
9	5.3.8　悬端吊重性能	—	√
10	5.3.9　开启撞击性能	—	√
11	5.3.10　关闭撞击性能	—	√
12	5.3.11　耐腐蚀性能	—	√
13	5.3.12　膜厚度及附着力	√	√

8　标志、包装、运输、贮存

8.1　标志

8.1.1　在产品明显部位应标明下列永久性标志：

生产厂名或商标；型号或标记。

8.1.2　在产品包装的明显部位应标明下列内容，且符合GB/T 14436的规定：

a)　生产厂名和商标；

b)　产品适用的标准号，产品名称、型号和标记，数量或质量；

c)　生产日期、检验批号或编号。

8.1.3 在产品包装箱内应附有合格证及安装、使用、保养、维护内容的说明书。

8.2 包装、运输、贮存

8.2.1 产品应采用塑料袋、纸箱或木箱包装，防止受潮和碰撞。

8.2.2 运输过程中应避免雨淋和撞击，防止腐蚀和变形。

8.2.3 贮存时应保持室内通风、干燥，并避免腐蚀性介质的侵蚀。

附　录　A
（资料性附录）
建筑窗用内平开下悬五金系统基本配置

建筑窗用内平开下悬五金系统基本配置

建筑窗用内平开下悬五金系统的基本配置见图 A.1。

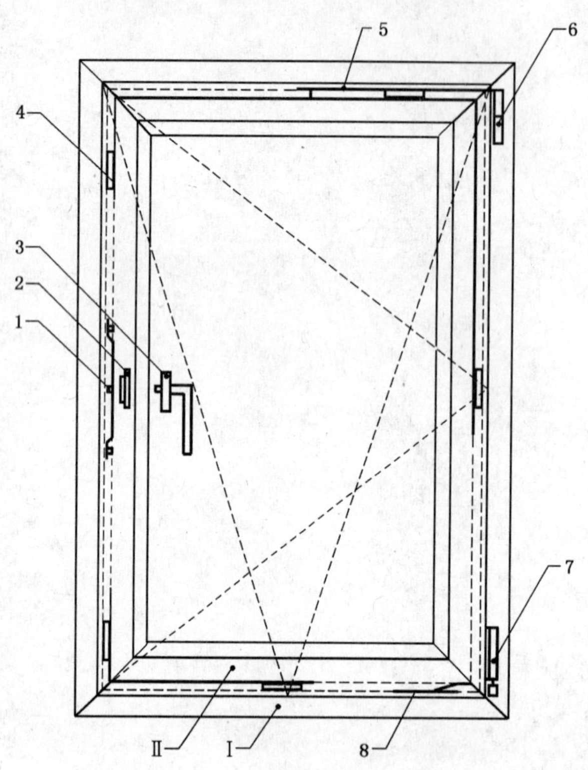

1——连接杆；
2——防误操作器；
3——执手；
4——锁点、锁座；
5——斜拉杆；
6——上部合页(铰链)；
7——下部合页(铰链)；
8——摩擦式撑挡(平开限位器)；
Ⅰ——窗框；
Ⅱ——窗扇。
注：各部分允许使用等效形式。

图 A.1　建筑窗用内平开下悬五金系统基本配置示意图

附　录　B
（规范性附录）
试验模拟窗及检测记录的要求

B.1　试验模拟窗

五金系统应安装在试验模拟窗上进行试验。试验模拟窗由提出检测要求的单位（或被检测单位）提供给检测机构。

B.1.1　试验模拟窗的尺寸和质量

试验模拟窗的尺寸和质量见表B.1。

表B.1　试验模拟窗的尺寸和质量

适用范围			试验模拟窗扇外围尺寸
常用窗用五金系统	扇质量	60 kg～130 kg，每10 kg为一级	1 300 mm×1 200 mm（宽×高）
		130 kg以上，每10 kg为一级	1 550 mm×1 400 mm（宽×高）
落地窗用五金系统	扇质量	60 kg以上，每10 kg为一级	900 mm×2 300 mm（宽×高）
注：特殊窗型的尺寸和质量由相关方另行商定。			

B.1.2　试验模拟窗的安装要求

B.1.2.1　试验模拟窗上不安装密封胶条。执手位置在扇自由端型材高度的中点处。

B.1.2.2　在试验模拟窗上用19 mm±1 mm厚的木板代替玻璃。木板的安装和玻璃安装的方法应一致。为达到试验质量（承载质量），需要附加的配重应固定在木板的里、外面，保持重心在窗扇的几何中心上。试验质量允许误差+1%。

B.1.2.3　为了防止在试验过程中产生不良影响，用螺钉把框固定在一块19 mm厚的木板上。木板安装在试验设备上，夹具应安装在距离五金系统不小于50 mm处。

B.2　检测记录

在检测记录里，记录型材的断面图（应标明基本尺寸），记录固定五金系统所用螺钉的规格、型号、要求，玻璃中心到旋转轴中心的距离以及其他特殊的要求。标准文本中规定的检测内容的试验结果，试验质量和锁点数量等均应记录在检测记录上。

B.3　检测报告

在检测报告中，除应表明标准文本中规定的检测内容外，应注明提供试验模拟窗、被检测的五金系统的厂家，承载质量和锁点数量。

ICS 93.030
P 41

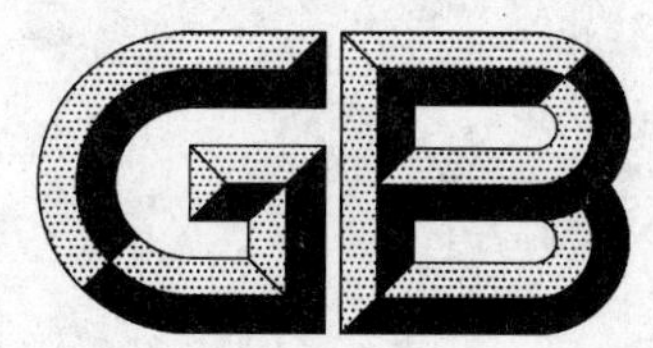

中华人民共和国国家标准

GB/T 24602—2009

城镇污水处理厂污泥处置 单独焚烧用泥质

Disposal of sludge from municipal wastewater treatment plant—Quality of sludge used in separate incineration

2009-11-15 发布　　2010-06-01 实施

中华人民共和国国家质量监督检验检疫总局
中国国家标准化管理委员会　发布

前　言

本标准由中华人民共和国住房和城乡建设部提出。

本标准由住房和城乡建设部给水排水产品标准化技术委员会归口。

本标准负责起草单位:天津水工业工程设备有限公司。

本标准参加起草单位:天津市市政工程设计研究院、天津艾杰环保技术工程有限公司、天津创业环保股份有限公司、天津机电进出口有限公司、上海城环水务运营有限公司、重庆三峰卡万塔环境产业有限公司、江苏天雨环保集团有限公司。

本标准主要起草人:张大群、赵丽君、王立彤、金宏、邓彪、王秀朵、刘瑶、付睿、赵乐军、朱雁伯、许洲、张蓁、姜亦增、张健、曹井国、张蕾、邱娜、李杨、刘雯、王定国、周丕仁、汪喜生、王大华、方跃飞 。

城镇污水处理厂污泥处置
单独焚烧用泥质

1 范围

本标准规定了城镇污水处理厂污泥单独焚烧利用的泥质指标及限值、取样和监测等。

本标准适用于城镇污水处理厂污泥的处置和污泥单独焚烧利用。

2 规范性引用文件

下列文件中的条款通过本标准的引用而成为本标准的条款。凡是注日期的引用文件,其随后所有的修改单(不包括勘误的内容)或修订版均不适用于本标准,然而,鼓励根据本标准达成协议的各方研究是否可使用这些文件的最新版本。凡是不注日期的引用文件,其最新版本适用于本标准。

GB 5085(所有部分) 危险废物鉴别标准

GB /T 5468 锅炉烟尘测试方法

GB 8978 污水综合排放标准

GB/T 12206 城镇燃气热值和相对密度测定方法

GB 12348 工业企业厂界噪声排放标准

GB/T 14204 水质 烷基汞的测定 气相色谱法

GB 14554 恶臭污染物排放标准

GB/T 16157 固定污染源排气中颗粒物测定与气态污染物采样方法

GB 16297 大气污染物综合排放标准

GB 18485 生活垃圾焚烧污染控制标准

GB/T 23484 城镇污水处理厂污泥处置 分类

CJ/T 221 城市污水处理厂污泥检验方法

HJ/T 27 固定污染源排气中氯化氢的测定 硫氰酸汞分光光度法

HJ/T 42 固定污染源排气中氮氧化物的测定 紫外分光光度法

HJ/T 43 固定污染源排气中氮氧化物的测定 盐酸萘乙二胺分光光度法

HJ/T 44 固定污染源排气中一氧化碳的测定 非色散红外吸收法

HJ/T 56 固定污染源排气中二氧化硫的测定 碘量法

HJ/T 57 固定污染源排气中二氧化硫的测定 定点位电解法

HJ/T 299 固体废物 浸出毒性浸出方法 硫酸硝酸法

HJ 77.2 环境空气和废气 二噁英类的测定 同位素稀释高分辨气相色谱-高分辨质谱法

国家环境保护总局《空气和废气监测分析方法》编委会.空气和废气监测分析方法(第四版).北京:中国环境科学出版社,2003.

3 术语和定义

GB/T 23484 确定的以及下列术语和定义适用于本标准。

3.1

城镇污水处理厂污泥 sludge from municipal wastewater treatment plant

城镇污水处理厂在污水净化处理过程中产生的含水率不同的半固态或固态物质,不包括栅渣、浮渣和沉砂池砂砾。

3.2

污泥处理　sludge treatment

对污泥进行稳定化、减量化和无害化处理的过程，一般包括浓缩（调理）、脱水、厌氧消化、好氧消化、石灰稳定、堆肥、干化和焚烧等。

3.3

污泥处置　sludge disposal

污泥处理后的消纳过程，一般包括土地利用、填埋、建筑材料利用和焚烧等。

3.4

污泥焚烧　sludge incineration

利用焚烧炉使污泥完全矿化为少量灰烬的处理处置方式。

3.5

单独焚烧　separate incineration

污泥单一的自持焚烧、助燃焚烧和干化焚烧叫做单独焚烧。

3.6

污泥单独焚烧用泥质　the quality of sludge used in separate incineration

将处理后的污泥用于单一的自持焚烧、助燃焚烧和干化焚烧过程时，污泥需达到的质量标准。

3.7

自持焚烧　incineration by restraining oneself

焚烧过程无需辅助燃料加入的焚烧。

3.8

助燃焚烧　incineration by combustion-supporting

焚烧过程需要辅助燃料加入的焚烧。

3.9

干化焚烧　incineration after drying

焚烧之前需进行干化处理的焚烧。

3.10

低位热值　lower heating value

单位质量污泥完全焚烧时，当燃烧产物回复到反应前污泥所处温度、压力状态，并扣除其中水分汽化吸热量后，放出的热量。

3.11

污泥焚烧炉　sludge incinerator

利用高温氧化作用处理污泥的装置。

3.12

二噁英类　dioxin

多氯代二苯并-对-二噁英和多氯代二苯并呋喃的总称。

3.13

炉渣　furnace cinder

污泥焚烧后从炉床直接排放的残渣。

3.14

飞灰　fly ash

焚烧污泥时，烟气中夹带的细小颗粒。

4 单独焚烧用泥质要求

4.1 外观

污泥单独焚烧利用时，其外观呈泥饼状。

4.2 理化指标

污泥单独焚烧利用时，其理化指标及限值应满足表1要求，在选择焚烧炉的炉型时要充分考虑污泥的含砂量。

表1 理化指标及限值

序号	类别	控制项目及限制			
		pH	含水率/%	低位热值/(kJ/kg)	有机物含量/%
1	自持焚烧	5～10	<50	>5 000	>50
2	助燃焚烧	5～10	<80	>3 500	>50
3	干化焚烧[a]	5～10	<80	>3 500	>50

[a] 干化焚烧含水率(<80 %)是指污泥进入干化系统的含水率。

4.3 污染物指标

污泥单独焚烧利用时，按照HJ/T 299制备的固体废物浸出液最高允许浓度指标应满足表2要求。

表2 浸出液最高允许浓度指标

序号	控 制 项 目	限 值
1	烷基汞	不得检出[a]
2	汞(以总汞计)	≤0.1 mg/L
3	铅(以总铅计)	≤5 mg/L
4	镉(以总镉计)	≤1 mg/L
5	总铬	≤15 mg/L
6	六价铬	≤5 mg/L
7	铜(以总铜计)	≤100 mg/L
8	锌(以总锌计)	≤100 mg/L
9	铍(以总铍计)	≤0.02 mg/L
10	钡(以总钡计)	≤100 mg/L
11	镍(以总镍计)	≤5 mg/L
12	砷(以总砷计)	≤5 mg/L
13	无机氟化物(不包括氟化钙)	≤100 mg/L
14	氰化物(以CN^-计)	≤5 mg/L

[a] "不得检出"指甲基汞<10 ng/L，乙基汞<20 ng/L。

5 其他要求

5.1 城镇污水处理厂污泥单独焚烧利用时，考虑燃烧设备的安全性和燃烧传递条件的影响，腐蚀性强的氯化铁类污泥调理剂应慎用。

5.2 污泥焚烧的烟气排放控制要求，应满足GB 16297的要求，其中二噁英控制应满足GB 18485的要求。

5.3 污泥焚烧炉大气污染物排放标准应符合表3的规定。

表3 焚烧炉大气污染物排放标准

序号	控制项目	单 位	数值含义	限值[a]
1	烟尘	mg/m^3	测定均值	80
2	烟气黑度	格林曼黑度,级	测定值[b]	1
3	一氧化碳	mg/m^3	小时均值	150
4	氮氧化物	mg/m^3	小时均值	400
5	二氧化硫	mg/m^3	小时均值	260
6	氯化氢	mg/m^3	小时均值	75
7	汞	mg/m^3	测定均值	0.2
8	镉	mg/m^3	测定均值	0.1
9	铅	mg/m^3	测定均值	1.6
10	二噁英类	ng TEQ/m^3	测定均值	1.0

a 本表规定的各项标准限值,均以标准状态下含11% O_2 的干烟气作为参考值换算。

b 烟气最高黑度时间,在任何1 h内累计不超过5 min。

5.4 污泥焚烧厂恶臭厂界排放限值

氨、硫化氢、甲硫醇和臭气浓度厂界排放限值根据污泥焚烧厂所在区域,分别按照GB 14554相应级别的指标值执行。

5.5 污泥焚烧厂工艺废水排放限值

污泥焚烧厂工艺废水必须经过废水处理系统处理,处理后的水应优先考虑循环再利用。必需排放时,废水中污染物最高允许排放浓度按GB 8978执行。

5.6 焚烧残余物的处置要求

焚烧炉渣必须与除尘设备收集的焚烧飞灰分别收集、贮存、运输和处置。

焚烧炉渣按一般固体废物处置,焚烧飞灰应按危险废物处置。其他尾气净化装置排放的固体废物应按GB 5085(所有部分)判断是否属于危险废物;当属危险废物时,则按危险废物处置。

5.7 污泥焚烧厂噪声控制限值

按GB 12348执行。

6 取样和监测

6.1 取样方法

采取多点取样混合,样品应有代表性,样品重量不小于1 kg。

6.2 监测频率

监测频率每季度一次(二噁英类根据需要进行监测)。

6.3 监测分析方法

按表4执行。

表4 监测分析方法

序号	指标	监测分析方法	采用标准
1	pH 值	玻璃电极法	CJ/T 221
2	含水率	重量法	CJ/T 221
3	低位热值	热量计法	GB/T 12206
4	有机物含量	重量法	CJ/T 221
5	烷基汞	气相色谱法	GB/T 14204
6	总汞	电感耦合等离子体质谱法	GB 5085.3
7	总铅	电感耦合等离子体原子发射广谱法[b] 电感耦合等离子体质谱法 石墨炉原子吸收广谱法 火焰原子吸收广谱法	GB 5085.3
8	总镉	电感耦合等离子体原子发射广谱法[b] 电感耦合等离子体质谱法 石墨炉原子吸收广谱法 火焰原子吸收广谱法	GB 5085.3
9	总铬	电感耦合等离子体原子发射广谱法[b] 电感耦合等离子体质谱法 石墨炉原子吸收广谱法 火焰原子吸收广谱法	GB 5085.3
10	六价铬	二苯碳酰二肼分光光度法	GB 5085.3
11	总铜	电感耦合等离子体原子发射广谱法[b] 电感耦合等离子体质谱法 石墨炉原子吸收广谱法 火焰原子吸收广谱法	GB 5085.3
12	总锌	电感耦合等离子体原子发射广谱法[b] 电感耦合等离子体质谱法 石墨炉原子吸收广谱法 火焰原子吸收广谱法	GB 5085.3
13	总铍	电感耦合等离子体原子发射广谱法[b] 电感耦合等离子体质谱法 石墨炉原子吸收广谱法 火焰原子吸收广谱法	GB 5085.3
14	总钡	电感耦合等离子体原子发射广谱法[b] 电感耦合等离子体质谱法 石墨炉原子吸收广谱法 火焰原子吸收广谱法	GB 5085.3
15	总镍	电感耦合等离子体原子发射广谱法[b] 电感耦合等离子体质谱法 石墨炉原子吸收广谱法 火焰原子吸收广谱法	GB 5085.3

表 4（续）

序号	指标	监测分析方法	采用标准
16	总砷	石墨炉原子吸收广谱法[b] 原子荧光法	GB 5085.3
17	无机氟化物	离子色谱法	GB 5085.3
18	总氰化物	离子色谱法	GB 5085.3
19	烟尘	重量法	GB/T 16157
20	烟气黑度	林格曼烟度法	GB/T 5468
21	氮氧化物	紫外分光光度法[b]	HJ/T 42
		盐酸萘乙二胺分光光度法	HJ/T 43
22	一氧化碳	非色散红外吸收法	HJ/T 44
23	二氧化硫	碘量法[b]	HJ/T 56
		定点位电解法	HJ/T 57
24	氯化氢	硫氰酸汞分光光度法	HJ/T 27
25	汞(气态)	冷原子吸收分光光度法[a]	—
26	镉(气态)	原子吸收分光光度法[a]	—
27	铅(气态)	原子吸收分光光度法[a]	—
28	二噁英类	同位素稀释高分辨气相色谱-高分辨质谱法	HJ 77.2

[a] 暂采用《空气和废气监测分析方法》(第四版)，待国家方法标准发布后，执行国家标准。

[b] 为仲裁方法。

ICS 91.140.01
P 41

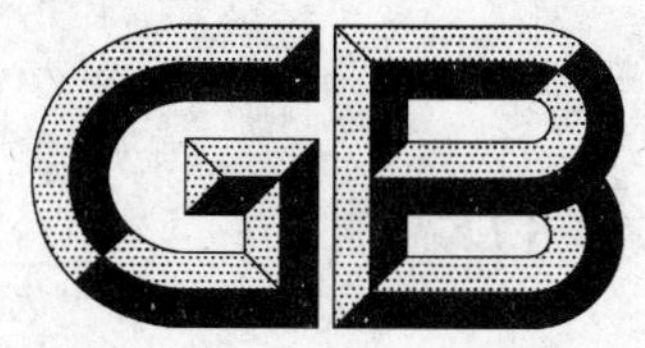

中华人民共和国国家标准

GB/T 24603—2009

箱式叠压给水设备

Boosting pressure water supply equipment for rectangular tank

2009-11-15 发布　　2010-06-01 实施

中华人民共和国国家质量监督检验检疫总局
中国国家标准化管理委员会　发布

前　言

本标准的附录 A、附录 B 为资料性附录。

本标准由中华人民共和国住房和城乡建设部提出。

本标准由住房和城乡建设部给排水产品标准化技术委员会归口。

本标准负责起草单位：上海熊猫机械（集团）有限公司。

本标准参加起草单位：北京市自来水集团供水分公司、上海市供水管理处、广州市自来水公司。

本标准主要起草人：谭红全、柳汉莹、吴竟、覃少华、涂斌、王培永、王耀文、殷荣强、周金伦。

箱式叠压给水设备

1 范围

本标准规定了箱式叠压给水设备(以下简称设备)的术语和定义、分类与型号、要求、试验方法、检验规则、标志、包装、运输及贮存。

本标准适用于箱式叠压给水设备的设计、生产和检测。

2 规范性引用文件

下列文件中的条款通过本标准的引用而成为本标准的条款。凡是注日期的引用文件,其随后所有的修改单(不包括勘误的内容)或修订版均不适用于本标准,然而,鼓励根据本标准达成协议的各方研究是否可使用这些文件的最新版本。凡是不注日期的引用文件,其最新版本适用于本标准。

GB 150 钢制压力容器

GB/T 191 包装储运图示标志

GB/T 2423.1 电工电子产品环境试验 第1部分:试验方法 试验A:低温

GB/T 2423.2 电工电子产品环境试验 第2部分:试验方法 试验B:高温

GB/T 2423.3 电工电子产品环境试验 第3部分:试验方法 恒定湿热试验

GB/T 3047.1 高度进制为20 mm的板面、架和柜的基本尺寸系列

GB/T 3214 水泵流量的测定方法

GB/T 3216—2005 回转动力水力性能验收试验1级和2级

GB/T 3797—2005 电气控制设备

GB 4208—2008 外壳防护等级(IP代码)

GB/T 5657 离心泵技术条件(Ⅲ类)

GB/T 17219 生活饮用水输配水设备及防护材料的安全性评价标准

GB 50015 建筑给水排水设计规范

JB 8 产品标牌

JG/T 3009 微机控制变频调速给水设备

3 术语和定义

下列术语和定义适用于本标准。

3.1

叠压给水设备 booster water supply equipment

与供水管网连接增压供水,保证供水管网水压不低于当地供水主管部门规定的限定压力值的供水装置。

3.2

箱式叠压给水设备 booster water supply equipment for rectangular tank

配有常压水箱、增压装置,水泵机组、控制柜的叠压给水设备。常压水箱与增压装置、水泵机组等可整体式安装也可分置式安装。

3.3

增压装置 en-pressure equipment

由水泵、阀门、管路和控制装置等组成,按设备额定供水流量将常压水箱中的储水增压到与当地供水部门规定的限定压力值的装置。

4 分类与型号

4.1 分类

设备按安装和结构型式分为：

a) 室内整体式(NZ)；

b) 室内分体式(NF)；

c) 室外整体式(WZ)。

4.2 型号

4.2.1 设备型号由以下部分组成：

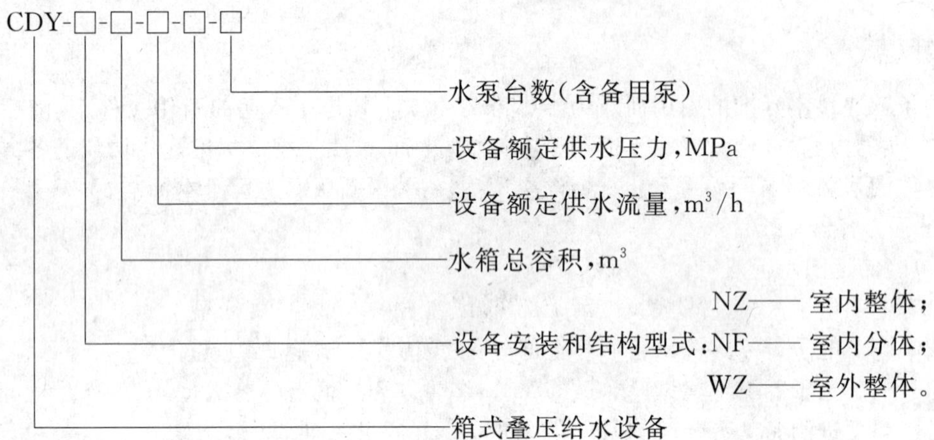

4.2.2 型号标记示例：

设备额定供水流量为 40 m^3/h，水箱总容积为 30 m^3，额定供水压力为 0.45 MPa，工作水泵台数为 2 台，备用泵为 1 台的室内整体式箱式叠压给水设备型号为：CDY-NZ-30-40-0.45-3。

5 要求

5.1 环境和工作条件

a) 环境温度：4 ℃～40 ℃；

b) 相对湿度：＜90％(20 ℃)(室外型可允许为 95％)；

c) 供电频率：50×(1±5％)Hz；

d) 供电电压：AC380×(1±10％)V；

e) 海拔高度：不超过 1 000 m；

f) 设备运行地点应无导电或爆炸尘埃，无腐蚀金属或破坏绝缘的气体或蒸汽。

5.2 设备组成(参见附录 A)

设备由常压水箱、控制柜、水泵机组、增压装置及管路阀门等组成。

5.3 外观

a) 设备表面不应有明显的磕碰划伤、局部变形。

b) 电泳和喷漆表面应光亮平滑，不应有气泡、剥离、裂纹、留痕。

c) 管路布置合理美观、检修方便、易于操作。

d) 不锈钢管道焊缝应均匀、牢固，不允许有气孔、夹渣、裂纹或烧穿。

e) 设备顶部四角应有牢固吊环。

5.4 性能

5.4.1 叠压供水

设备应在供水管网设定压力值之上进行叠压供水。

5.4.2 **流量、扬程**

设备正常运行时，其流量、扬程不应低于额定值的95%。

5.4.3 **调峰**

当供水管网供水量不能满足系统要求或供水压力达到当地供水部门规定的限定压力时，切换装置关闭供水管网进水，由增压装置将常压水箱中的水增压并经水泵机组补充到用户管网中，并应满足用户使用要求。

5.4.4 **强制保护功能**

a) 设备运行中当供水管网压力降到当地供水部门规定的限定压力时，应自动关泵或自动关闭进水；

b) 运行过程中出现超压时，应自动停止运行并报警，超压消除后，应自动恢复正常运行。

5.4.5 **自动停、开机**

设备在无水源且水箱内无水时，应自动停机保护并报警；水源恢复后应能自动开启。

5.4.6 **小流量停机保压**

设备在用户用水低峰或小流量时应自动切换为停机保压的工作状态。

5.4.7 **压力调节精度**

设备具有自动恒压供水功能。恒压供水时，压力误差不应超过0.01 MPa。

5.4.8 **自动切换**

设备配置二台或二台以上水泵，应能自动切换运行，切换时间不超过10 s；当工作泵出现故障时，备用泵应能在5 s之内自动投入运行。

5.4.9 **连续运行**

设备在额定供水量及额定压力工况下连续运行时，应能正常工作。

5.4.10 **设备启、停控制**

设备应具备手动、自动启停功能或配置远程操作的启停功能。

5.4.11 **强度及密封性**

设备在1.5倍设计压力下保压30 min应无变形或损坏，在1.1倍设计压力下保压30 min应无渗漏。

5.4.12 **噪声**

设备正常运行时，其噪声不应大于配套水泵机组的噪声；装机功率小于等于2.2 kW时，其噪声不应超过60 dB(A)，装机功率3 kW～15 kW时，其噪声不应超过65 dB(A)。

5.4.13 **定时循环功能**

设备应具有定时自动从常压水箱中取水并补充到用户管网中的功能。

5.4.14 **消毒**

设备应具有消毒设施。

5.4.15 **保护功能**

设备应具有对过压、欠压、短路、过流、缺相等故障进行报警及自动保护，应能手动或自动消除，恢复正常运行。

5.4.16 **设备抗干扰能力**

设备在一定负荷的用电装置干扰下应能稳定、正常工作。

5.5 **水泵机组**

5.5.1 水泵的流量和扬程不应低于设计规定，其他性能应符合GB/T 5657的规定。

5.5.2 水泵数量不应少于二台，备用泵不应少于一台，备用泵的供水能力不应小于机组中最大一台工作泵的供水能力。

5.6 管路和仪表

5.6.1 管材、管件、阀门、附件的选用与安装要求应符合 GB 50015 的规定。

5.6.2 设备管路系统最低处应设置泄水阀。

5.6.3 配套选用的压力、流量、液位传感器(开关)等仪表，其类型、量程、精度应符合相关标准的规定。

5.7 控制柜

5.7.1 一般规定

5.7.1.1 控制柜的尺寸应符合 GB/T 3047.1 的规定。

5.7.1.2 控制柜表面应平整、匀称，焊接处应均匀牢固，不应有明显的歪斜翘曲变形或烧穿等缺陷，其外观应符合 JG/T 3009 的规定。

5.7.1.3 控制柜内电气、电子元器件应符合相关标准的规定。

5.7.1.4 控制柜内接线点应牢固，布线应符合设计样图和相关标准的规定。

5.7.1.5 控制柜中所用导线及母线的颜色应符合相关标准的规定。

5.7.1.6 指示灯和按钮的颜色应符合相关标准的规定。

5.7.1.7 控制柜的柜体底部应具有与基础固定的安装孔。

5.7.1.8 控制柜的顶部应有吊环等，以便吊装。

5.7.1.9 控制柜的防护等级应符合 GB 4208—2008 的规定。

5.7.2 显示功能

5.7.2.1 控制柜面板应有液晶显示界面。

5.7.2.2 控制柜面板应有电源、电流、电压、谐波显示。

5.7.2.3 控制柜面板应有水泵、阀门启、停状态显示。

5.7.2.4 控制柜应有设定压力、实际压力、流量、频率显示。

5.7.2.5 控制柜面板应有故障声、光报警显示。

5.7.3 温升

控制柜各部件的温升应符合 GB/T 3797—2005 中 4.9 的规定。

5.7.4 电气性能

5.7.4.1 电气间隙与爬电距离

控制柜带电电路之间、带电零部件或接地零部件之间的电气间隙和爬电距离应符合 GB/T 3797—2005 中 4.7 的规定。

5.6.4.2 绝缘电阻与介电强度

a) 设备中带电回路之间、带电回路与导电部件之间测得的绝缘阻值按标称电压至少为 1 000 Ω/V；

b) 介电强度应符合 GB/T 3797—2005 中 4.8.3 的规定，对主电路及主电路直接连接的辅助电路，额定电源电压 220 V 时，应能承受介电试验电压 2 000 V；额定电源电压 380 V 时，应能承受介电试验电压 2 500 V；对与主电路不直接连接的辅助电路，额定绝缘电压小于等于 60 V 时，应能承受介电试验电压 1 000 V 保压 1 min 无击穿和闪烁现象。

5.7.4.3 安全接地保护

控制柜的金属柜体上应有可靠的接地保护，与接地点相连接的保护导线的截面，应符合 GB/T 3797—2005 中 4.10.6 的规定。与接地点连接的导线必须是黄、绿双色线或铜编织线，并有明显的接地标识。主接地点与设备任何有关的、因绝缘损坏可能带电的金属部件之间的电阻不应超过 0.1 Ω。连接接地线的螺钉和接地点不应作为其他用途。

5.7.4.4 电磁兼容性(EMC)试验

a) 低频干扰应符合 GB/T 3797—2005 中 4.13.2 的规定；

b) 高频干扰应符合 GB/T 3797—2005 中 4.13.3 的规定；

c) 发射干扰应符合 GB/T 3797—2005 中 4.13.4 的规定。

5.7.5 **环境试验**

5.7.5.1 **低温工作**

在额定负载和规定温度下，保持规定的持续时间，设备应能正常、可靠工作。

5.7.5.2 **高温工作**

在额定负载和规定温度下，保持规定的持续时间，设备应能正常、可靠工作。

5.7.5.3 **恒定湿热试验**

在额定负载条件下，进行恒定湿热试验(不通电)，保持规定的持续时间，设备应能正常工作。

5.7.5.4 **震动试验**

在额定负载条件下进行震动试验，柜体结构及内部零件应完好无损，设备应能正常工作。

5.8 **卫生性能**

设备中过流部件材质的卫生性能应符合 GB/T 17219 的要求。

5.9 **水箱**

5.9.1 水箱进水应设置导流板(管)，进水和出水应形成对流。

5.9.2 溢流管、通气帽应设置防虫网，透气帽应设置控制过滤器。

5.9.3 水箱高于 1.5 m 应设置内外检修爬梯。

5.9.4 水箱人孔应设置锁紧装置。

5.9.5 整体式箱式叠压给水设备的水泵机组间应设置换气扇。

5.9.6 室内外安装应有接地措施，室外安装应采取防雷措施。

5.9.7 水箱焊接完毕后应进行满水试验。

5.9.8 水箱应设置液位显示。

5.10 **增压装置**

5.10.1 增压装置额定流量应为设备总流量。

5.10.2 增压装置的压力应大于等于当地供水部门规定的限定压力值。

5.11 **切换装置**

5.11.1 应具有自动、手动关闭或开启供水管网进水功能。

5.11.2 应具有供水管网压力检测功能，其信号传输给控制柜。

5.12 **气压罐**

5.12.1 气压罐应符合 GB 150 的规定。

5.12.2 气压罐的设计压力应按系统最高工作压力配置。

6 试验方法

6.1 **试验环境和工作条件**

试验环境和工作条件应符合 5.1 的规定。

6.2 **试验仪表及装置**

试验仪表及装置见附录 B。

6.3 **设备组成检查**

按设计图样检查设备配套组成，是否符合 5.2 的规定。

6.4 **外观检查**

目测检验设备外观，是否符合 5.3 的规定。

6.5 **性能**

6.5.1 **叠压供水**

开启供水模拟泵，模拟供水管网限定压力，将设备设定压力设置为供水限定压力加泵的额定压力，设备处于自动运行状态，检查出口管网压力，是否符合 5.4.1 的规定。

6.5.2 **流量、扬程**

设备达到额定工况，检查流量计及压力表的显示值，是否符合 5.4.2 的规定。

6.5.3 **调峰**

设备运行正常后，关闭进水总阀，检查增压装置、切换装置及泵组的工作状态，是否符合 5.4.3 的规定。

6.5.4 **强制保护功能**

a) 设备正常运行后调节进水压力，当供水管网压力降到当地供水部门规定的限定压力时，检查设备运行状态是否符合 5.4.4a)的规定；

b) 设备运行时，调节出口阀门，使每台泵都进入运行状态。当出口压力升至设定超压保护值时和超压消除后，检查设备运行情况，是否符合 5.4.4b)的规定。

6.5.5 **自动停、开机**

在正常工况下启动设备，关闭进水阀门，观察设备自动停机状态；打开进水阀门，检查设备自动开启状态，是否符合 5.4.5 的规定。

6.5.6 **小流量停机保压**

设备在正常工况下运行，关闭设备出水阀门，观察设备运行情况；打开出水阀门，检查设备运行情况，应符合 5.4.6 的规定。

6.5.7 **压力调节精度**

设备在正常工况下运行，记录设定压力值。调节出水阀门五次，调整后应使设备处于稳定运行状态并记录实测压力，取五次测压均值与设定压力值比对，检查是否符合 5.4.7 的规定。

6.5.8 **自动切换**

检查方法如下：

a) 开启设备使其处于自动工作状态，手动修改设定时间(2 min～10 h)，当工作泵运行至设定值后应自动停机，备用泵自动投入运行，工作时间及切换时间应符合 5.4.8 的规定。

b) 开启设备使其处于自动工作状态，人为设置故障，检查工作泵是否停机，备用泵是否自动投入运行，启动时间是否符合 5.4.8 的规定。

6.5.9 **连续运行**

开启设备调节出水阀门，使设备流量、扬程达到额定工况，并按表 1 规定连续运行检查是否符合 5.4.9 的规定。

表 1 连续运行时间对照表

电机功率/kW	连续运行时间/h
≤7.5	10
11～22	12
30～75	24
90～280	36
＞280	48

6.5.10 **启、停控制**

开启设备使之分别处于手动、自动、远程状态，检查水泵的启动、停止现象，是否符合 5.4.10 的规定。

6.5.11 **强度及密封性**

a) 强度试验：启动试压泵，调节出水压力至设计压力的 1.5 倍，保压 30 min，应符合 5.4.11 的规定。

b) 密封试验:关闭设备出水口阀门,启动试压泵并将压力调节到设备设计压力的1.1倍,保持30 min,是否符合5.4.11的规定。

6.5.12 噪声

启动设备,在背景噪音小于等于50 dB(A)环境条件下,用声级计在距设备前1 m、高1 m处测量水泵机组声压,是否符合5.4.12的规定。

6.5.13 定时循环功能

设备正常运行时,调整设定定时循环时间为0.5 h,检查是否符合5.3.13的规定。

6.5.14 消毒

检查消毒设施,应符合5.4.14的规定。

6.5.15 保护功能

设备正常运行中,人为设置过电压、欠电压、短路、过流、缺相等故障,检查设备保护功能是否符合5.4.15的规定。

6.5.16 设备抗干扰能力试验

设备在正常工况运行状态下,在距设备1 m处启动功率大于500 kVA的电焊机,检查设备运行状态,是否符合5.4.16的规定。

6.6 水泵机组试验

6.6.1 按照GB/T 3214、GB/T 3216规定的方法试验,用流量计和压力表测量最大(最小)流量和扬程,应符合5.5.1的规定。

6.6.2 检查设备水泵配置,应符合5.5.2的规定。

6.7 管路、仪表

6.7.1 对照设计文件用量具测量其尺寸,检查管材、管件、阀门、附件的公称压力,是否符合5.6.1的规定。

6.7.2 查看设备最低处有无泄水阀,应符合5.6.2的规定。

6.7.3 检查仪表配置情况,应符合5.6.3的规定。

6.8 控制柜试验

6.8.1 一般规定检查

对照标准和电气件的技术文件进行目测和测量,检查控制柜尺寸、所选用元器件、导线颜色、指示灯和按钮颜色、控制柜的表面质量、结构、材质、防护等级等,是否符合5.7.1的规定。

6.8.2 显示功能检查

对照设计文件检查控制柜面板的各种显示功能,是否符合5.7.2的规定。

6.8.3 温升试验

按GB/T 3797—2005中5.2.10的规定试验,是否符合5.7.3的规定。

6.8.4 电气性能试验

6.8.4.1 电气间隙和爬电距离

检查设备中不等电位的裸导体之间,以及带电的裸导体与裸露导电部件之间的最小电气间隙和爬电距离,是否符合5.7.4.1的规定。

6.8.4.2 绝缘电阻与介电强度

a) 绝缘电阻:按GB/T 3797—2005中5.2.4的规定检查,是否符合5.7.4.2a)的规定;

b) 介电强度:按GB/T 3797—2005中5.2.5的规定检查,是否符合5.7.4.2b)的规定。

6.8.4.3 安全接地保护

按GB/T 3797—2005中5.2.6的规定检查,是否符合5.7.4.3的规定;

6.8.4.4 电磁兼容性(EMC)

按GB/T 3797—2005中5.2.12的规定检查,是否符合5.7.4.4的规定;

6.8.5 环境试验

6.8.5.1 低温工作

按 GB/T 2423.1 的规定试验,检查是否符合 5.7.5.1 的规定。

6.8.5.2 高温工作

按 GB/T 2423.2 的规定试验,检查是否符合 5.7.5.2 的规定。

6.8.5.3 恒定湿热试验

按 GB/T 2423.3 的规定试验,检查是否符合 5.7.5.3 的规定。

6.8.5.4 震动试验

按 GB/T 3797—2005 中 5.2.13 的规定试验,检查是否符合 5.7.5.4 的规定。

6.9 卫生性能

按 GB/T 17219 标准要求进行检验,检查是否符合 5.8 的规定。

6.10 水箱

测量、检查水箱配置并做满水试验,检查是否符合 5.9 的要求。

6.11 增压装置

检查增压装置结构及配置,检查是否符合 5.10 的要求。

6.12 切换装置

6.12.1 设备正常运行时关闭进水阀门,检查切换装置的工作状态是否符合 5.11.1 的规定。

6.12.2 将切换装置压力信号输出端子连接至压力显示器,检查压力显示器的数值,检查是否符合 5.11.2 的规定。

6.13 气压罐

检查气压罐的生产检测报告及配置,检查是否符合 5.12 的规定。

7 检验规则

7.1 检验分类

a) 型式检验;

b) 出厂检验。

7.2 型式检验

7.2.1 设备具有下列情况之一者,应进行型式检验:

a) 新产品试制、定型鉴定时;

b) 已定型的产品当设计、工艺、关键材料更改有可能影响到产品性能时;

c) 正常生产时,每二年应进行一次型式检验;

d) 出厂检验结果与上次型式检验结果有较大差异时;

e) 国家质量监督机构提出型式检验要求时。

7.2.2 型式检验为全项目检验,检验项目及顺序见表 2 规定。

7.2.3 型式检验应从出厂检验合格的产品中任选一台按规定逐项检验。产品在型式检验中,如果有一项不合格,则应加倍抽样试验不合格项目,若加倍抽样试验全部合格,则判定型式检验合格。若经检验仍出现不合格项目,则判定型式检验不合格。

7.2.4 产品在型式检验时应有记录,由检验人员、负责人签字并加盖。

7.3 出厂检验

7.3.1 设备出厂前,应经质量检验部门检验合格,填写产品合格证后,方可出厂。

7.3.2 出厂检验项目见表 2。

7.3.3 设备应逐台进行出厂检验。在出厂检验中若出现不合格项,允许返工复检,直至合格。

表 2 型式检验、出厂检验项目

检验项目	型式检验	出厂检验	应符合条款的规定
环境和工作条件	√	—	5.1
设备组成	√	√	5.2
外观	√	√	5.3
叠压供水	√	—	5.4.1
流量、扬程	√	√	5.4.2
调峰	√	—	5.4.3
强制保护功能	√	—	5.4.4
自动停、开机	√	√	5.4.5
小流量停机保压功能	√	—	5.4.6
压力调节精度	√	—	5.4.7
自动切换	√	√	5.4.8
连续运行	√	—	5.4.9
启、停控制	√	√	5.4.10
强度及密封性	√	√	5.4.11
噪声	√	—	5.4.12
定时循环功能	√	√	5.4.13
消毒设施	√	√	5.4.14
保护功能	√	—	5.4.15
抗干扰能力	√	—	5.4.16
水泵机组	√	√	5.5
管路和仪表	√	—	5.6
控制柜一般规定	√	√[a]	5.7.1
控制柜显示功能	√	√	5.7.2
控制柜温升	√	—	5.7.3
控制柜电气性能	√	√[b]	5.7.3
控制柜电磁兼容性	√	—	5.7.4
控制柜环境试验	√	—	5.7.5
卫生性能	√	—	5.8
水箱	√	—[c]	5.9
增压装置	√	—	5.10
切换装置	√	—	5.11
气压罐	√	—	5.12

[a] 出厂检验时,不做控制柜防护等级验证。

[b] 5.7.4 中除电磁兼容性外均做出厂检验。

[c] 水箱满水试验为现场进行。

8 标志、包装、运输及贮存

8.1 标志

8.1.1 设备的明显部位应有牢固的标牌，标牌尺寸及技术要求应符合 JB 8 的规定且应有下列内容：

a) 设备名称、型号；

b) 设备额定供水流量、扬程、功率；

c) 设备电源电压、额定频率、额定电流；

d) 设备编号、出厂日期；

e) 制造厂名称、商标；

f) 产品标准号。

8.1.2 设备包装箱应有下列标志：

a) 设备名称、型号；

b) 用户名称；

c) 设备编号；

d) 制造厂名称、地址；

e) 生产日期；

f) 收发货地址；

g) 防雨、防震、向上等标志。

8.2 包装

8.2.1 成套设备、水箱板块、控制柜和附件应单独用木箱包装，并有防雨、防震等措施；包装储运图示标志应符合 GB/T 191 的规定。

8.2.2 设备包装箱内附带下列随机文件，并封存在防水的文件袋内。

a) 产品合格证；

b) 产品安装使用说明书；

c) 产品验收单、保修卡；

d) 装箱清单；

e) 产品设计图样(基础图、原理图、设备安装大样图)。

8.3 运输

产品运输过程中，不应有剧烈振动、撞击。产品装卸及运输过程中不应倒置或横放，并注意轻装、轻卸。

8.4 贮存

产品应存放在干燥、通风、无腐蚀性介质和远离磁场的场所，如露天存放时，应有防雨、防晒、防潮等措施。

附 录 A
（资料性附录）
设 备 组 成

设备组成见图 A.1。

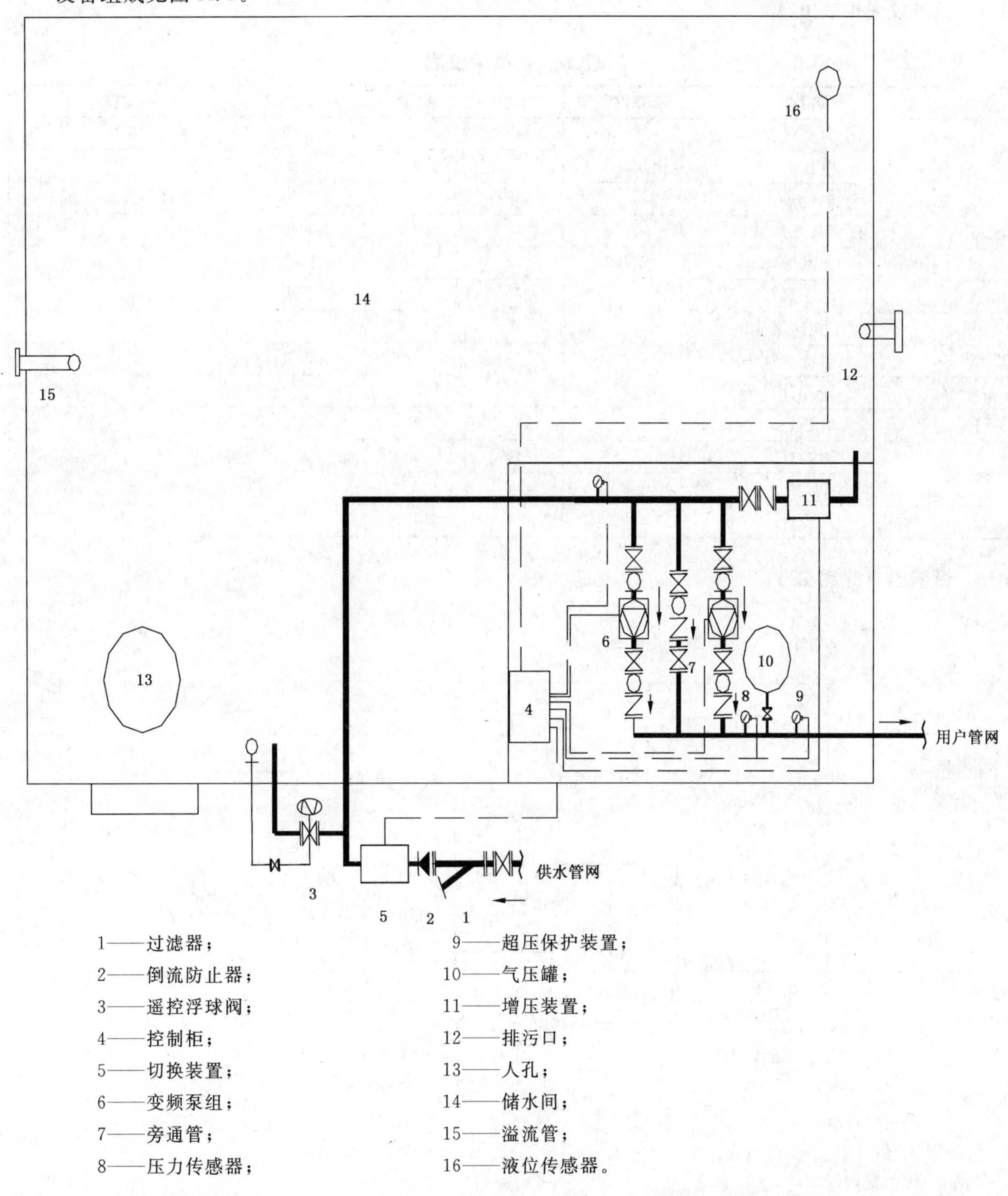

1——过滤器；
2——倒流防止器；
3——遥控浮球阀；
4——控制柜；
5——切换装置；
6——变频泵组；
7——旁通管；
8——压力传感器；
9——超压保护装置；
10——气压罐；
11——增压装置；
12——排污口；
13——人孔；
14——储水间；
15——溢流管；
16——液位传感器。

图 A.1 设备组成示意图

附 录 B
（资料性附录）
试验仪表及装置

B.1 试验仪表见表 B.1

表 B.1 试验仪表

序号	名称	规格型号	单位	数量	精度	备注
1	压力变送器	1.6 MPa	只	3	2.5 级	
2	电压表	500 V	只	1	2.5 级	
3	电流表		只	1	2.5 级	量程与设备匹配
4	数字式万用表		只	1	2.5 级	
5	兆欧表	500 V	只	1	2.5 级	
6	功率表		只	1	2.5 级	
7	数字式声级计		只	1		
8	电磁流量计		只	1	2.5 级	
9	转速计		只	1		
10	容积计		台	1		
11	测温仪		台	1		
12	PC 机		台	1		移动式
13	压力计		台	1		

B.2 试验装置见图 B.1

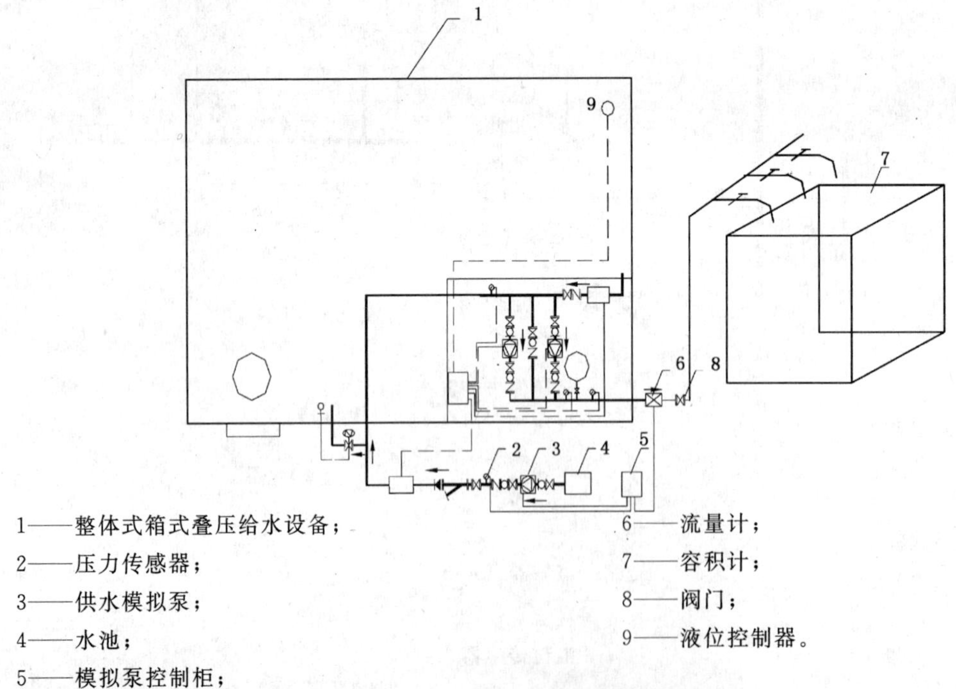

1——整体式箱式叠压给水设备；
2——压力传感器；
3——供水模拟泵；
4——水池；
5——模拟泵控制柜；
6——流量计；
7——容积计；
8——阀门；
9——液位控制器。

图 B.1 试验装置示意图

ICS 21.100.20
J 11

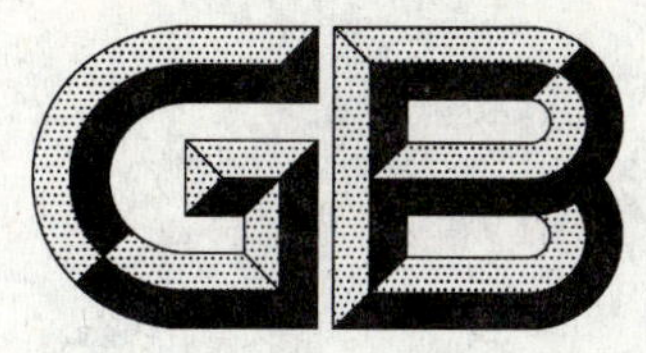

中华人民共和国国家标准

GB/T 24604—2009

滚动轴承 机床丝杠用推力角接触球轴承

Rolling bearings—
Angular contact thrust ball bearings used for machine tool screws

2009-11-15 发布　　2010-04-01 实施

中华人民共和国国家质量监督检验检疫总局
中国国家标准化管理委员会　发布

前　言

本标准的附录 A 为规范性附录。

本标准由中国机械工业联合会提出。

本标准由全国滚动轴承标准化技术委员会(SAC/TC 98)归口。

本标准起草单位:哈尔滨轴承制造有限公司。

本标准主要起草人:刘锐、杨晓慧、王吉林、勇泰芳。

滚动轴承 机床丝杠用推力角接触球轴承

1 范围

本标准规定了机床丝杠支承用米制系列推力角接触球轴承(以下简称轴承)的代号方法、外形尺寸和技术条件。

本标准供轴承制造厂生产、检验和用户选型、验收。

2 规范性引用文件

下列文件中的条款通过本标准的引用而成为本标准的条款。凡是注日期的引用文件,其随后所有的修改单(不包括勘误的内容)或修订版均不适用于本标准,然而,鼓励根据本标准达成协议的各方研究是否可使用这些文件的最新版本。凡是不注日期的引用文件,其最新版本适用于本标准。

GB/T 272—1993 滚动轴承 代号方法

GB/T 307.1—2005 滚动轴承 向心轴承 公差(ISO 492:2002,MOD)

GB/T 307.2—2005 滚动轴承 测量和检验的原则及方法(ISO 1132-2:2001,MOD)

GB/T 307.3—2005 滚动轴承 通用技术规则

GB/T 4199—2003 滚动轴承 公差 定义(ISO 1132-1:2000,MOD)

GB/T 8597—2003 滚动轴承 防锈包装

GB/T 18254—2002 高碳铬轴承钢

GB/T 24605—2009 滚动轴承 产品标志

GB/T 24608—2009 滚动轴承及其商品零件检验规则

JB/T 1255—2001 高碳铬轴承钢滚动轴承零件热处理技术条件

JB/T 2974—2004 滚动轴承代号方法的补充规定

JB/T 6641—2007 滚动轴承 残磁及其评定方法

JB/T 7048—2002 滚动轴承零件 工程塑料保持架技术条件

JB/T 7051—2006 滚动轴承零件 表面粗糙度测量和评定方法

JB/T 10186—2000 滚动轴承 组配角接触球轴承 技术条件

3 符号(见图1)

GB/T 4199—2003 确立的以及下列符号适用于本标准。

$\Delta_{dmp1}-\Delta_{dmp2}$:组配轴承平均内径相互差;

$\Delta_{Dmp1}-\Delta_{Dmp2}$:组配轴承平均外径相互差;

$S_{ia1}-S_{ia2}$:组配轴承内圈轴向跳动的相互差;

$S_{ea1}-S_{ea2}$:组配轴承外圈轴向跳动的相互差;

Δ_{δ}:预载荷后凸出量的偏差;

α:公称接触角。

4 代号方法

轴承代号由基本代号和后置代号组成。

4.1 基本代号

基本代号由轴承类型代号、尺寸系列代号、内径代号、外径代号构成，见表1。

表1 基本代号

类型代号	尺寸系列代号	内径代号	外径代号
76	02、03	用三位公称内径的毫米数直接表示	—
BSB	—	用三位公称内径的毫米数直接表示	用三位公称外径的毫米数直接表示

4.2 后置代号

后置代号包括结构变型、公差等级、组配方式、预载荷等，内容及排列顺序按 GB/T 272—1993、JB/T 2974—2004 和 JB/T 10186—2000 的规定。

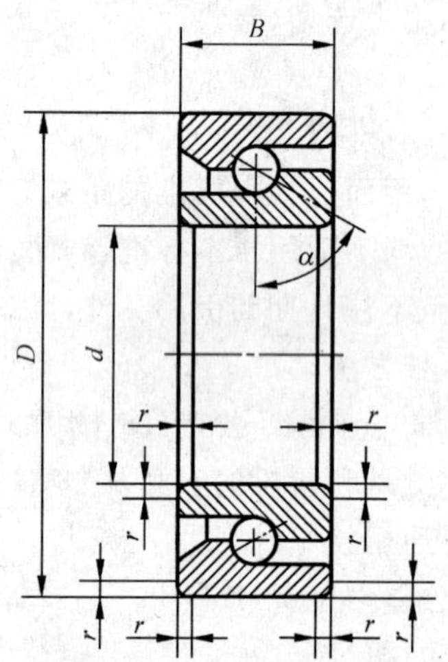

图1 76类型、BSB类型推力角接触球轴承

4.3 代号示例

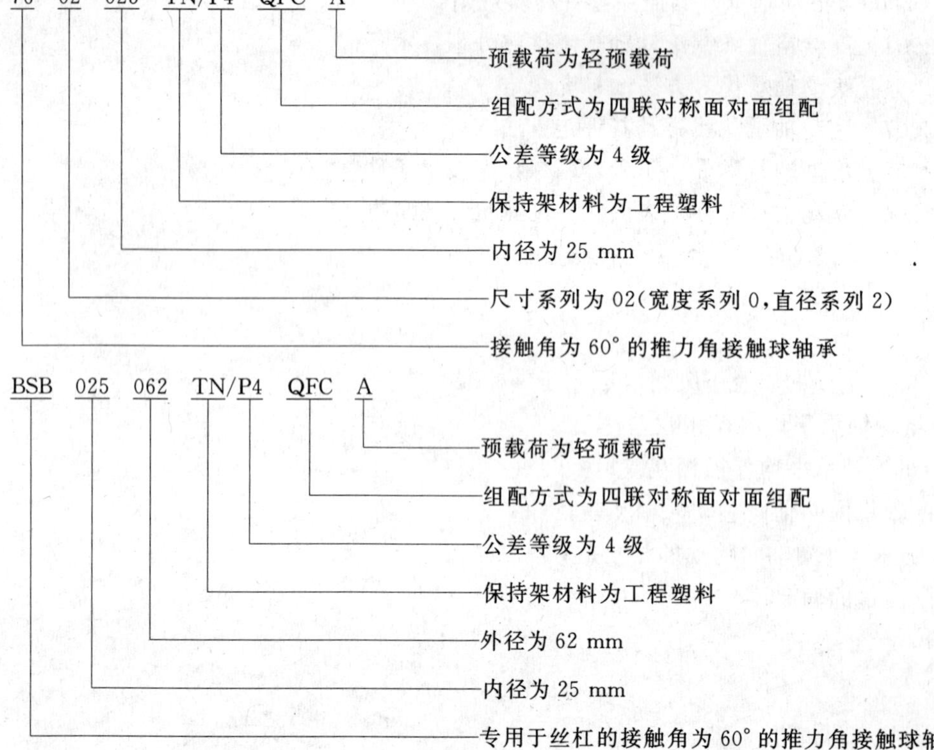

5 标记示例

滚动轴承 7602025 TN/P4DFA GB/T 24604—2009

6 外形尺寸

6.1 76 类型 02 系列、03 系列轴承的外形尺寸按表 2 和表 3 的规定。

6.2 BSB 类型轴承的外形尺寸按表 4 的规定。

表 2 76 类型 02 系列

单位为毫米

轴承型号	外形尺寸			
	d	D	B	r_{smin}
7602012	12	32	10	0.6
7602015	15	35	11	0.6
7602017	17	40	12	0.6
7602020	20	47	14	0.6
7602025	25	52	15	1.0
7602030	30	62	16	1.0
7602035	35	72	17	1.1
7602040	40	80	18	1.1
7602045	45	85	19	1.1
7602050	50	90	20	1.1
7602055	55	100	21	1.1
7602060	60	110	22	1.1
7602065	65	120	23	1.1
7602070	70	125	24	1.1
7602075	75	130	25	1.1
7602080	80	140	26	1.1
7602085	85	150	28	1.1
7602090	90	160	30	1.1
7602095	95	170	32	1.1
7602100	100	180	34	1.1
7602110	110	200	38	1.1
7602120	120	215	40	1.1
7602130	130	230	40	1.1

表 3 76 类型 03 系列

单位为毫米

轴承型号	外形尺寸			
	d	D	B	r_{smin}
7603020	20	52	15	0.6
7603025	25	62	17	1.0
7603030	30	72	19	1.0
7603035	35	80	21	1.1
7603040	40	90	23	1.1
7603045	45	100	25	1.1
7603050	50	110	27	1.1
7603055	55	120	29	1.1

表 3（续） 单位为毫米

轴承型号	外形尺寸			
	d	D	B	r_{smin}
7603060	60	130	31	1.1
7603065	65	140	33	1.1
7603070	70	150	35	1.1
7603075	75	160	37	1.1
7603080	80	170	39	1.1
7603085	85	180	41	1.1
7603090	90	190	43	1.1
7603095	95	200	45	1.1
7603100	100	215	47	1.1
7603110	110	240	50	1.1
7603130	130	280	58	1.1

表 4 **BSB 类型** 单位为毫米

轴承型号	外形尺寸			
	d	D	B	r_{smin}
BSB020047	20	47	15	1.0
BSB025062	25	62	15	1.0
BSB030062	30	62	15	1.0
BSB035072	35	72	15	1.0
BSB040072	40	72	15	1.0
BSB040090	40	90	20	1.5
BSB045075	45	75	15	1.0
BSB045100	45	100	20	1.5
BSB050100	50	100	20	1.5
BSB055090	55	90	15	1.0
BSB055120	55	120	20	2.0
BSB060120	60	120	20	1.5
BSB075110	75	110	15	1.5
BSB100150	100	150	22.5	2.0

7 技术要求

7.1 材料及热处理

7.1.1 轴承内、外圈和滚动体采用符合 GB/T 18254—2002 规定的 GCr15 轴承钢制造，其热处理质量应符合 JB/T 1255—2001 的规定。当用户有特殊要求时，也可采用性能相当或更优的其他材料制造。

7.1.2 保持架一般采用工程塑料 PA66-GF25 制造，其材料和成品技术要求应符合 JB/T 7048—2002 的规定。当用户有特殊要求时，也可采用性能相当或更优的其他材料制造。

7.2 公差

单个套圈的宽度极限偏差为 $^{0}_{-0.250}$ mm。轴承组配后，轴承的公差除应符合 GB/T 307.1—2005 中 4 级、2 级的规定外，还应符合表 5 的规定。

表 5 公差

单位为微米

公称直径[a]/mm		$\Delta_{dmp1}-\Delta_{dmp2}$		$\Delta_{Dmp1}-\Delta_{Dmp2}$		$S_{ia1}-S_{ia2}$		$S_{ea1}-S_{ea2}$	
		公差等级							
超过	到	4	2	4	2	4	2	4	2
		max							
—	30	2	1	2	1	2	1	2	1
30	50	2	1	2	1	2	1	2	1
50	80	2	1	3	1	2	1	2	1
80	120	3	1.5	3	1.5	2	1	3	1.5
120	150	4	2	3	1.5	2	1	3	1.5
150	180	4	2	4	2	3	1.5	3	1.5
180	250	4	2	4	2	3	1.5	4	2
250	315	5	2.5	5	2.5	4	2	4	2

a 公称直径系指相应的内径和外径。

7.3 表面粗糙度

轴承配合表面和端面的表面粗糙度不应低于 GB/T 307.3—2005 表 1 的要求。

7.4 接触角

公称接触角 α 为 60°，接触角公差为±3°，同一组轴承的接触角相互差不应超过 2°。

7.5 凸出量

万能组配轴承在预载荷下，单个轴承内、外圈端面的凸出量应为“0”，凸出量偏差按表 6 的规定。轴承单套供应时，用户可根据需要自行排列安装。

表 6 凸出量偏差

单位为微米

公称内径 d/mm		Δ_{δ}	
超过	到	上偏差	下偏差
—	55	+1	−1
55	—	+1.5	−1.5

7.6 启动摩擦力矩

组配轴承的预载荷及相对应的启动摩擦力矩不应超过表 7 和表 8 的规定。

表 7 76 类型轴承的预载荷与启动摩擦力矩

公称内径 d/mm	尺寸系列	预载荷/N			启动摩擦力矩/10^{-3} N·m		
		A	B	C	A	B	C
12	02	700	1 400	2 800	23	45	90
15	02	750	1 500	3 000	40	80	160
17	02	850	1 700	3 400	75	150	300
20	02	1 150	2 300	4 600	105	210	420
	03	1 450	2 900	5 800	130	260	520
25	02	1 250	2 500	5 000	125	250	500
	03	1 650	3 300	6 600	170	340	680
30	02	1 450	2 900	5 800	160	320	640
	03	2 150	4 300	8 600	220	440	880

表 7（续）

公称内径 d/mm	尺寸系列	预载荷/N			启动摩擦力矩/10⁻³ N·m		
		A	B	C	A	B	C
35	02	1 650	3 300	6 600	200	400	800
	03	2 400	4 800	9 600	245	490	980
40	02	2 150	4 300	8 600	250	500	1 000
	03	2 800	5 600	11 200	325	650	1 300
45	02	2 250	4 500	9 000	275	550	1 100
	03	3 500	7 000	14 000	400	800	1 600
50	02	2 450	4 900	9 800	300	600	1 200
	03	3 800	7 600	15 200	500	1 000	2 000
55	02	2 300	4 600	9 200	325	650	1 300
	03	4 400	8 800	17 600	600	1 200	2 400
60	02	3 250	6 500	13 000	450	900	1 800
	03	5 000	10 000	20 000	650	1 300	2 600
65	02	3 500	7 000	14 000	475	950	1 900
	03	6 000	12 000	24 000	800	1 600	3 200
70	02	3 500	7 000	14 000	550	1 100	2 200
	03	6 000	12 000	24 000	900	1 800	3 600
75	02	3 800	7 600	15 200	600	1 200	2 400
	03	7 500	15 000	30 000	1 000	2 000	4 000
80	02	4 450	8 900	17 800	700	1 400	2 800
	03	8 000	16 000	32 000	1 150	2 300	4 600
85	02	5 500	11 000	22 000	800	1 600	3 200
	03	9 000	18 000	36 000	1 300	2 600	5 200
90	02	5 500	11 000	22 000	900	1 800	3 600
	03	9 000	18 000	36 000	1 400	2 800	5 600
95	02	6 000	12 000	24 000	1 000	2 000	4 000
	03	9 500	19 000	38 000	1 450	2 900	5 800
100	02	7 000	14 000	28 000	1 100	2 200	4 400
	03	11 000	22 000	44 000	1 700	3400	6 800
110	02	8 000	16 000	32 000	1 200	2 400	4 800
	03	14 500	29 000	58 000	2 500	5 000	10 000
120	02	10 500	21 000	42 000	1 300	2 600	5 200
	03	10 500	21 000	42 000	3 000	6 000	12 000
130	02	10 500	21 000	42 000	1 400	2 800	5 600
	03	17 000	34 000	68 000	3 100	6 200	12 400

表 8 BSB 类型轴承的预载荷与启动摩擦力矩

轴承型号	预载荷/ N			启动摩擦力矩/ 10^{-3} N·m		
	A	B	C	A	B	C
BSB020047	1 150	2 300	4 600	105	210	420
BSB025062	1 650	3 300	6 600	170	340	680
BSB030062	1 450	2 900	5 800	160	320	640
BSB035072	1 650	3 300	6 600	200	400	800
BSB040072	1 450	2 900	5 800	200	400	800
BSB040090	2 800	5 600	11 200	325	650	1 300
BSB045075	1 550	3 100	6 200	180	360	720
BSB045100	3 500	7 000	14 000	400	800	1 600
BSB050100	3 500	7 000	14 000	440	880	1 760
BSB055090	1 800	3 600	7 200	275	550	1 100
BSB055120	3 400	6 800	13 600	450	900	1 800
BSB060120	3 500	7 000	14 000	480	960	1 920
BSB075110	2 250	4 500	9 000	400	800	1 600
BSB100150	3 750	7 500	15 000	600	1 200	2 400

7.7 残磁

轴承的残磁限值应符合 JB/T 6641—2007 的规定。

7.8 其他

轴承的其他技术要求应符合 GB/T 307.3—2005 的规定。

8 测量方法

8.1 公差

8.1.1 轴承的尺寸公差和旋转精度的测量方法按 GB/T 307.2—2005 的规定。

8.1.2 组配轴承中 $\Delta_{dmp1}-\Delta_{dmp2}$ 的值为所测单套轴承 Δ_{dmp} 值之差。

8.1.3 组配轴承中 $\Delta_{Dmp1}-\Delta_{Dmp2}$ 的值为所测单套轴承 Δ_{Dmp} 值之差。

8.1.4 组配轴承中 $S_{ia1}-S_{ia2}$ 的值为所测单套轴承 S_{ia} 值之差。

8.1.5 组配轴承中 $S_{ea1}-S_{ea2}$ 的值为所测单套轴承 S_{ea} 值之差。

8.2 表面粗糙度

轴承配合表面和端面的表面粗糙度测量方法按 JB/T 7051—2006 的规定。

8.3 残磁

轴承残磁的测量方法按 JB/T 6641—2007 的规定。

8.4 接触角

轴承接触角的测量采用专用仪器进行测量。

8.5 预载荷、凸出量

轴承预载荷、凸出量的测量方法按制造厂主管部门的规定执行。

8.6 启动摩擦力矩

所有组配方式的轴承(2 套、3 套、4 套等),其启动摩擦力矩的测量为:将两套轴承以背靠背(DB)的形式组配在一起检测启动摩擦力矩,其测量值不应大于表 7 和表 8 所规定数值的两倍。测量方法见附录 A。

9 检验规则

9.1 轴承的检验规则按 GB/T 24608—2009 的规定,使用一般检查水平Ⅱ级,检查项目见表9。主要检查项目的 AQL 值为 1.5,次要检查项目的 AQL 值为 4。

9.2 轴承接触角 100%检查,合格后方能出厂。

9.3 检测组配轴承启动摩擦力矩时,其抽样数量不应少于生产批量的 5%,最少不应少于 5 组,其 AQL 值为 2.5。

表 9 检查项目

序号	主要检查项目	序号	次要检查项目
1	内径偏差及其变动量 Δ_{dmp}、V_{dsp}、V_{dmp}	1	Δ_{Bs}、V_{Bs}
2	外径偏差及其变动量 Δ_{Dmp}、V_{Dsp}、V_{Dmp}	2	Δ_{Cs}、V_{Cs}
3	成套轴承内圈的径向跳动 K_{ia}	3	残磁限值
4	成套轴承外圈的径向跳动 K_{ea}	4	配合表面和端面的表面粗糙度
5	$\Delta_{dmp1}-\Delta_{dmp2}$	5	旋转灵活性
6	$\Delta_{Dmp1}-\Delta_{Dmp2}$	6	外观质量
7	$S_{ia1}-S_{ia2}$	7	标志和油封防锈包装
8	$S_{ea1}-S_{ea2}$		

10 标志

10.1 轴承内、外圈端面对滚道的跳动 S_{ia}、S_{ea} 的最大点应分别标志在轴承内、外圈端面上,标志位置见图 2,标志符号由制造厂确定。

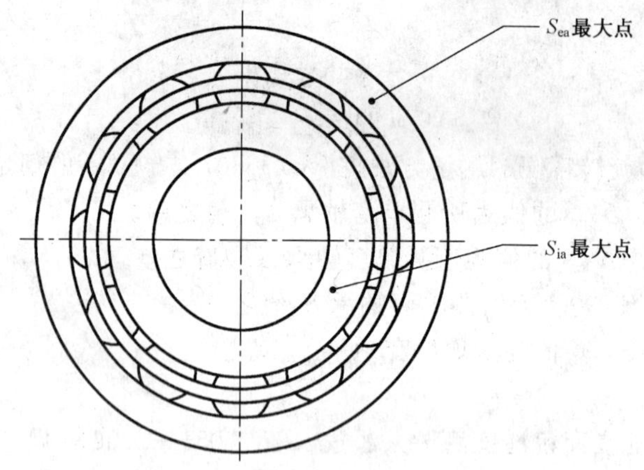

图 2 S_{ia}、S_{ea}最大点的标志位置

10.2 轴承组配结构型式、组配后轴承标志应符合 JB/T 10186—2000 的规定。

10.3 轴承的其他标志按 GB/T 24605—2009 的规定。

11 包装

11.1 组配轴承应按 GB/T 8597—2003 的规定成组包装。组配轴承中的每个轴承都应使用清洁的塑料袋独立封口包装,然后放在同一包装盒内,并且中间用防锈纸板隔开。

11.2 万能组配型轴承的单个轴承用清洁的塑料袋封口包装后放在包装盒内。

11.3 轴承应与其质量合格证置于同一包装盒内,不得混装。

附 录 A
（规范性附录）
测量轴承启动摩擦力矩的示意图

测量轴承启动摩擦力矩的示意图见图 A.1。

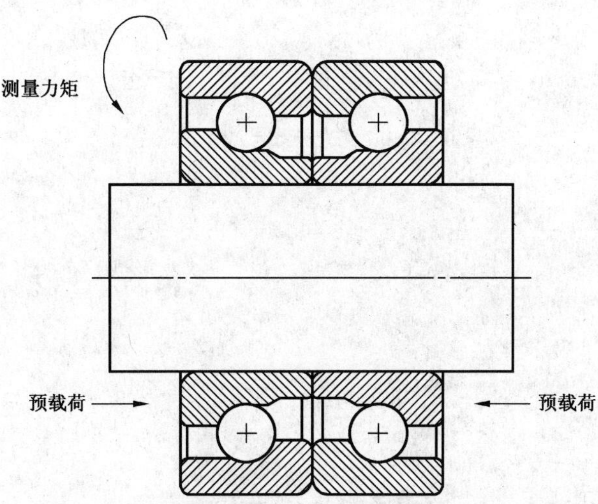

图 A.1 测量轴承启动摩擦力矩的示意图

ICS 21.100.20
J 11

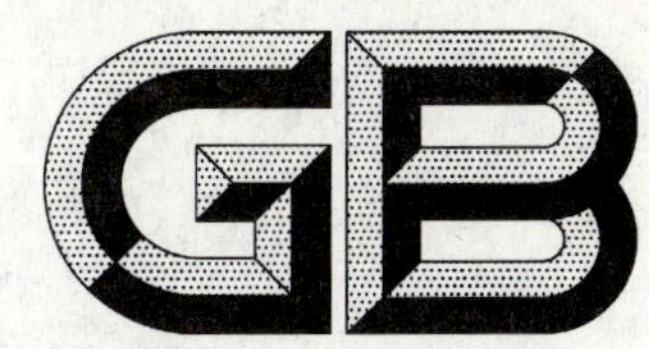

中华人民共和国国家标准

GB/T 24605—2009

滚动轴承　产品标志

Rolling bearings—Marking for products

2009-11-15 发布　　　　2010-04-01 实施

中华人民共和国国家质量监督检验检疫总局
中国国家标准化管理委员会　发布

前　言

本标准的附录 A 为资料性附录。

本标准由中国机械工业联合会提出。

本标准由全国滚动轴承标准化技术委员会(SAC/TC 98)归口。

本标准起草单位:洛阳轴承研究所、洛阳轴研科技股份有限公司。

本标准主要起草人:马素青。

滚动轴承　产品标志

1　范围

本标准规定了在滚动轴承上及其包装容器上的标志规则及要求。

本标准适用于各类滚动轴承及其包装容器的标志。

注：包装容器是指单个包装容器、内包装容器和外包装容器。

2　规范性引用文件

下列文件中的条款通过本标准的引用而成为本标准的条款。凡是注日期的引用文件，其随后所有的修改单(不包括勘误的内容)或修订版均不适用于本标准，然而，鼓励根据本标准达成协议的各方研究是否可使用这些文件的最新版本。凡是不注日期的引用文件，其最新版本适用于本标准。

GB/T 191—2008　包装储运图示标志(ISO 780:1997,MOD)

GB/T 4122.1—2008　包装术语　第1部分：基础

GB/T 6388—1986　运输包装收发货标志

GB/T 6930—2002　滚动轴承　词汇(ISO 5593:1997,IDT)

3　术语和定义

GB/T 6930—2002 和 GB/T 4122.1—2008 确立的术语和定义适用于本标准。

4　标志内容

4.1　轴承

4.1.1　轴承上一般应标有轴承代号和商标(或其制造厂代号)，但若标志有困难时，轴承上可省略标志。

必要时还可简略部分轴承代号或增加由制造厂与订户共同认可的其他标志。

4.1.2　闭型轴承的代号中，密封圈代号或防尘盖代号可以简略。例如：－2Z 可简略为－Z；－2RS 可简略为－RS。

4.1.3　有止动槽轴承已装上止动环时，表示带有止动环的代号 R 的标志可省略。

4.1.4　不可分离型轴承应在一个套圈端面上标志轴承代号和商标(或其制造厂代号)。

4.1.5　分离型轴承原则上应在能够分离的套圈上和带滚动体的套圈上分别标志轴承代号和商标(或其制造厂代号)，但通用零件[1)]可不标志轴承代号，而只标志通用代号。

使用通用零件轴承的轴承系列及其通用代号参见附录 A。

4.2　包装容器

4.2.1　轴承的每个包装容器上均应标志完整的轴承代号、数量、商标(或其制造厂名)、生产日期(或其代号)。

4.2.2　同一包装容器中装有不同代号的轴承时，应按各自的标志要求分别进行标志。

4.2.3　运输包装件上的发货标志，按 GB/T 6388—1986 的规定。运输包装件上的储运标志，按 GB/T 191—2008 的规定。运输包装件上应清晰工整地作如下永久性标志：

a)　产品名称、商标、代号、数量；

b)　包装件外形尺寸(长×宽×高)；

---

1)　分离型轴承中与其他轴承基本代号相同，并可通用的可分离零件。

c) 包装件编号及尾箱标志。

5 标志位置

5.1 轴承

5.1.1 对于轴承,一般标志在套圈非基准端面上,但也可按照产品图样要求标在套圈基准端面、外圈外圆柱面、护罩、保持架、挡圈、密封圈和防尘盖上。

5.1.2 在轴承上标志有困难时,也可以标志在包装容器上。

5.2 包装容器

对于单个包装和内包装容器,原则上标志在上表面或侧面;对于外包装容器,原则上标志在侧面端板上。此外,经制造厂与订户之间协商,也可采用在内包装容器及外包装容器中装有记载着标志事项的记录单、标签等来代替容器上的标志。

6 标志方法

6.1 轴承

轴承标志一般采用机械法、电蚀法、激光法等,特殊情况下也可采用化学法。

其中化学法仅适用于:

a) 量少的试制品;

b) 用于补充游隙组别代号及成对、多联轴承的有关后置代号的标志。

6.2 包装容器

用印刷、打字、喷涂或其他不易消失的方法标志 4.2 中所规定的内容。

7 标志规范和要求

7.1 标志字体应规范一致,符合制造厂产品设计部门的规定。

7.2 轴承上所标志的字高按下列高度优先选择:

0.5 mm,0.7 mm,1 mm,1.2 mm,1.5 mm,2 mm,2.5 mm,3 mm,4 mm,5 mm。

按照产品图样的规定,同一轴承的各零件一般应采用相同尺寸的同一字体,亦允许采用不同尺寸的同一字体,但其高度应尽可能与同一系列相邻两个规格轴承标志的字高相近。

7.3 标志应齐全、完整;字迹应端正、清晰;线条应粗细均匀。

7.4 轴承标志中心圆直径不应有目测可见的偏移,字体不得歪斜。

7.5 标志符号的形状、线条宽度和字间距离应符合制造厂产品设计部门的规定。

7.6 订户有特殊要求时,可与制造厂协商标志。

附 录 A
（资料性附录）
使用通用零件轴承的轴承系列及其通用代号

A.1 推力球轴承

推力球轴承的轴承系列及其通用代号见表 A.1。

表 A.1

通用零件	轴承系列[a]	共同标志的直径系列代号
平底轴圈	512(532) 513(533) 514(534)	2 3 4
平底座圈	512(522) 513(523) 514(524)	2 3 4
中圈	522(542) 523(543) 524(544)	2 3 4
[a] 括弧内的数字表示带调心座圈的推力球轴承的轴承系列。		

A.2 圆柱滚子轴承

圆柱滚子轴承的轴承系列及其通用代号见表 A.2。

表 A.2

通用零件	轴承系列	共同标志的直径或尺寸系列代号
带滚子的内圈	N2,NF2 N3,NF3 N4,NF4	2 3 4
带滚子的外圈	NU2,NJ2,NUP2 NU22,NJ22,NUP22 NU3,NJ3,NUP3 NU23,NJ23,NUP23 NU4,NJ4,NUP4	2 22 3 23 4

A.3 实体外圈滚针轴承

实体外圈滚针轴承的轴承系列及其通用代号见表 A.3。

表 A.3

通用零件	轴承系列	共同标志的代号
带滚子的外圈	NA48,RNA48 NA49,RNA49	RNA48 RNA49

ICS 21.100.20
J 11

中华人民共和国国家标准

GB/T 24606—2009

滚动轴承　无损检测　磁粉检测

Rolling bearings—Non-destructive testing—Magnetic particle testing

2009-11-15 发布　　2010-04-01 实施

中华人民共和国国家质量监督检验检疫总局
中国国家标准化管理委员会　发布

前 言

本标准由中国机械工业联合会提出。

本标准由全国滚动轴承标准化技术委员会(SAC/TC 98)归口。

本标准负责起草单位:万向钱潮股份有限公司、洛阳轴承研究所。

本标准参加起草单位:浙江八环轴承有限公司、洛阳LYC轴承有限公司、浙江五洲新春集团有限公司、张家港市逸洋制管有限公司、襄樊新火炬汽车部件装备有限公司、苏州磁星检测设备有限公司。

本标准主要起草人:雷建中、孙国辉、高元安、牛建平、高斌、王明舟、罗志钢、吴少伟、张俨、黄朝斌、宗守国。

滚动轴承　无损检测　磁粉检测

1　范围

本标准规定了滚动轴承零件(以下简称“零件”)湿法磁粉检测的规程。

本标准适用于铁磁性材料制造的轴承零件(包括毛坯、半成品、成品、在役检修件)表面和近表面缺陷的磁粉检测。

2　规范性引用文件

下列文件中的条款通过本标准的引用而成为本标准的条款。凡是注日期的引用文件,其随后所有的修改单(不包括勘误的内容)或修订版均不适用于本标准,然而,鼓励根据本标准达成协议的各方研究是否可使用这些文件的最新版本。凡是不注日期的引用文件,其最新版本适用于本标准。

GB/T 9445—2008　无损检测　人员资格鉴定与认证(ISO 9712:2005,IDT)

GB/T 12604.5—2008　无损检测　术语　磁粉检测

JB/T 6063—2006　无损检测　磁粉检测用材料

JB/T 6065—2004　无损检测　磁粉检测用试片

JB/T 6066—2004　无损检测　磁粉检测用环形试块

JB/T 6641—2007　滚动轴承　残磁及其评定方法

JB/T 8290—1998　磁粉探伤机

3　术语和定义

GB/T 12604.5—2008 确立的以及下列术语和定义适用于本标准。

3.1

当量直径　equivalent diameter

与该零件的周长相同的圆棒的直径为该零件的当量直径。

4　符号

GB/T 12604.5—2008 确立的以及下列符号适用于本标准。

D:零件外径,mm。

D_{eff}:当量直径,mm。

I:磁化电流强度,A。

L:零件长度,mm。

N:磁化线圈匝数。

5　磁粉检测人员资格

5.1　磁粉检测人员应具备必要的专业知识,并按 GB/T 9445—2008 的规定取得有关部门颁发的资格证书。

5.2　色盲及矫正后视力低于 5.0 的人员不应从事磁粉检测操作。

6　磁粉检测设备与器材

6.1　磁粉探伤机

6.1.1　磁粉探伤机应符合 JB/T 8290—1998 的规定。

6.1.2 用剩磁法进行磁粉检测时，交流磁粉探伤机应具备断电相位控制功能，以保证零件磁化后有足够并稳定的剩磁。直流和三相全波整流探伤机应配备通电时间控制继电器。

6.1.3 磁粉探伤机应安装在远离热源和火源、具有专用电源、通风良好的场所。

6.1.4 荧光磁粉检测时，探伤机应配备波长为320 nm～400 nm的紫外线光源，距光源380 mm处紫外线辐射照度不应低于1 000 μW/cm²，环境白光照度不应大于20 lx。

6.1.5 非荧光磁粉检测时，工件表面处的白光照度不应低于1 000 lx。

6.2 磁粉

6.2.1 磁粉应符合JB/T 6063—2006的规定。

6.2.2 荧光磁粉或非荧光磁粉，均应在经制造厂主管部门批准使用的具有自然缺陷(或人工缺陷)的试片(块)上进行校验，缺陷磁痕显示清晰时方可采用。

6.3 磁悬液

6.3.1 磁悬液浓度

磁悬液浓度用每升载液中所含磁粉的克数表示。磁悬液浓度规定如下：

非荧光磁粉　　(15～30)g/L

荧光磁粉　　(1～5)g/L

6.3.2 磁悬液配方

6.3.2.1 水磁悬液配方

水磁悬液应具有良好的润湿性、防锈性、防腐性、消泡性、分散性和稳定性，其pH值应介于7～10.5之间。

a) 非荧光磁粉水磁悬液配方：

100#浓乳　　10 g

水　　1 L

防锈剂　　5 g

三乙醇胺　　5 g

消泡剂　　(0.5～1)g

非荧光磁粉　　(15～30)g

配制时，先将浓乳加入到50 ℃左右的温水中，搅拌至完全溶解，再加入防锈剂、三乙醇胺和消泡剂，加入每一种成分后都要充分搅拌均匀。加磁粉时，先取少量载液与磁粉混合，使磁粉全部润湿，然后加入其余的载液。

b) 荧光磁粉水磁悬液配方：

乳化剂　　5 g

消泡剂　　(0.5～1)g

水　　1 L

荧光磁粉　　(1～3)g

防锈剂　　15 g

配制时，将乳化剂和消泡剂搅拌均匀，用少量水冲淡，加入磁粉和匀，再加入余量的水，最后加入防锈剂。

6.3.2.2 油磁悬液配方

a) 非荧光磁粉油磁悬液配方：

变压器油和无味煤油按1∶1～1∶3配制　　1 L

非荧光磁粉　　(15～30)g

b) 荧光磁粉油磁悬液配方：

无味煤油　　1 L

荧光磁粉　　(1～5)g

6.3.2.3 其他磁悬液配方

亦允许采用其他配方配制磁悬液，但其性能应满足要求，并用具有自然缺陷或人工缺陷的试片(块)进行检测试验，缺陷磁痕显示清晰，方可使用。

6.3.3 磁悬液测试方法

测试时使用梨形沉淀管测量。测量前应充分搅拌磁悬液，直接接取 100 mL，静止沉淀(30～45)min，读出沉淀在管底的磁粉体积。非荧光磁粉磁悬液的体积浓度应为(1.2～2.4)mL/100 mL；荧光磁粉磁悬液的体积浓度应为(0.1～0.6)mL/100 mL。

6.4 标准试片及试块

6.4.1 标准试片

标准试片种类及各项要求应符合 JB/T 6065—2004 的规定。

6.4.2 标准试块

标准试块种类及各项要求应符合 JB/T 6066—2004 的规定。

7 磁粉检测程序

7.1 磁粉检测程序

磁粉检测程序如下：

a) 检测前的准备：
   1) 检测场地检查，消除不安全因素；
   2) 磁粉探伤机(含相关设备、器材)检查；
   3) 检测系统灵敏度检查；
   4) 零件表面应清除油污、毛刺、砂粒、氧化皮、铁锈、金属屑等杂物。
b) 选择并确定磁化规范。
c) 充磁、施加磁悬液。有如下两种方法：
   1) 连续法
      施加磁悬液，同时充磁，充磁时间为 1 s～3 s；停止施加磁悬液后再充磁 2 次或 3 次，每次 0.5 s～1 s。
   2) 剩磁法
      充磁→施加磁悬液，时间不少于 30 s。
d) 观察、评定。
   对零件上形成的磁痕应及时观察，并评定是否为缺陷磁痕。
e) 退磁；
f) 如有疑问可重复 b)～e)；
g) 检测后零件应及时清洗，并进行防锈处理。

7.2 磁粉检测操作注意事项

磁粉检测操作注意事项如下：

a) 零件夹持在探伤机磁化夹头之间时，夹持力要适当，不应使零件产生变形。
b) 充磁、施加磁悬液时，应确保磁悬液搅拌充分。
c) 用直接通电法磁化零件时，接触要良好，磁化电流不宜过大，应采用连续法，以免烧伤零件。
d) 用剩磁法检测时，从磁化到磁痕观察结束之前，零件之间不应相互碰撞、摩擦或与其他铁磁物体接触，以免出现非相关磁痕。

8 磁化方法

零件磁化时，至少应对零件的同一受检部位在互相垂直的两个方向上实施磁化。

8.1 周向磁化

周向磁化所形成的磁场是周向磁场,可检出与电流方向基本平行的缺陷。方法主要有:通电法、中心导体法、感应电流法、环形件绕电缆法等。

8.2 纵向磁化

纵向磁化所形成的磁场是与零件轴向或长度方向基本平行的纵向磁场,可检出与零件长度方向基本垂直的缺陷。主要方法有线圈法等。

8.3 复合磁化

复合磁化是对零件同时进行周向磁化和纵向磁化或多方向的磁化,在零件上产生一个随时间变化的复合磁场,可检出各个方向上的缺陷。仅适用于连续法。

9 磁化规范

9.1 通电法

通电法磁化规范见表1。

表1 通电法磁化规范

方法	直流电	交流电	半波整流电	全波整流电
剩磁法	$I=35D\sim60D$	$I=25D\sim40D$	$I=12D\sim20D$	$I=20D\sim40D$
连续法	$I=10D\sim20D$	$I=8D\sim15D$	$I=4D\sim8D$	$I=7D\sim15D$

9.2 中心导体法

中心导体法周向磁化分为正中心导体法和偏置中心导体法两种。

9.2.1 正中心导体法

当中心导体的轴线与零件的中心轴近于重合时,应采用表1给定的磁化规范。

9.2.2 偏置中心导体法

9.2.2.1 当中心导体贴紧零件内壁时,应采用表1给定的磁化规范,表1中的零件外径 D 应为中心导体直径加两倍零件壁厚。

9.2.2.2 偏置中心导体磁化时,沿零件周长的有效磁化区是中心导体直径的4倍,绕中心导体转动零件检测其全部周长,每次应有约10%的有效磁化重叠区。

9.3 感应电流法

感应电流法磁化规范为:

连续法:$NI=(8\sim15)D_{\mathrm{eff}}$

剩磁法:$NI=(25\sim40)D_{\mathrm{eff}}$

9.4 环形件绕电缆法

环形件绕电缆法磁化时,应采用表1给定的磁化规范,但应以 NI 代替 I。

9.5 线圈法

9.5.1 用连续法检测的线圈法

9.5.1.1 对于偏心放置的零件,且磁化线圈内径大大超过零件直径(低填充系数)时的磁化规范:

$$NI=\frac{45\ 000}{L/D}$$

9.5.1.2 零件外径完全或接近填满线圈内径(高填充系数),零件的长径比 $L/D\geqslant3$ 时的磁化规范:

$$NI=\frac{35\ 000}{L/D+2}$$

9.5.2 用剩磁法检测的线圈法

剩磁法纵向磁化规范如下:

a) 零件的长径比 $L/D\geqslant10$ 时,空载线圈的中心磁场强度应大于12 000 A/m。

b) 零件的长径比 $2<L/D<10$ 时，空载线圈的中心磁场强度应大于 20 000 A/m。

c) 零件的长径比 $L/D\leqslant2$ 时，应将多个零件连接在一起，连接后 L/D 值应大于 5。空载线圈的中心磁场强度应根据实际 L/D 值按 a)或 b)选取。

10 退磁

10.1 检查合格的零件应进行退磁。检查后尚需加热至 700 ℃以上的零件可不退磁。

10.2 多个零件同时退磁时，应将零件之间留有一定的间隔，摆放于非金属的料盘或料筐中进行退磁。

10.3 退磁时所使用的电流值不应小于磁化时所使用的电流值。一般情况下，交流电磁化用交流电退磁，直流电磁化用直流电退磁。

10.4 零件退磁后，应进行残磁测定，其要求及方法应符合 JB/T 6641—2007 的规定。

10.5 已退磁的零件，应远离磁化设备及退磁设备 1.5 m 以上。

11 磁粉检测记录

11.1 所有经磁粉检测的轴承零件(含毛坯、半成品、成品、返修件、在役检修件)均需填写检测记录。

11.2 磁粉检测记录的内容主要包括：

a) 磁粉检测设备名称；

b) 磁化方法；

c) 使用电流种类及大小；

d) 轴承规格型号；

e) 轴承零件数量；

f) 轴承零件报废数量；

g) 探伤日期；

h) 检测人员签名。

ICS 21.100.20
J 11

中华人民共和国国家标准

GB/T 24607—2009

滚动轴承　寿命与可靠性试验及评定

Rolling bearings—Test and assessment for life and reliability

2009-11-15 发布　　2010-04-01 实施

中华人民共和国国家质量监督检验检疫总局
中国国家标准化管理委员会　发布

前　言

本标准的附录 A、附录 B、附录 C 为资料性附录。

本标准由中国机械工业联合会提出。

本标准由全国滚动轴承标准化技术委员会(SAC/TC 98)归口。

本标准起草单位:洛阳轴承研究所。

本标准主要起草人:张伟、汤洁。

滚动轴承　寿命与可靠性试验及评定

1　范围

本标准规定了 5 mm≤d≤120 mm 的一般用途滚动轴承在试验设备上进行的常规寿命与可靠性试验及评定。

本标准适用于对滚动轴承寿命与可靠性有要求的用户的验收，也适用于轴承行业及第三方认证机构的验证试验和制造厂内部的试验。

2　规范性引用文件

下列文件中的条款通过本标准的引用而成为本标准的条款。凡是注日期的引用文件，其随后所有的修改单（不包括勘误的内容）或修订版均不适用于本标准，然而，鼓励根据本标准达成协议的各方研究是否可使用这些文件的最新版本。凡是不注日期的引用文件，其最新版本适用于本标准。

GB/T 275—1993　滚动轴承与轴和外壳的配合

GB/T 6391—2003　滚动轴承　额定动载荷和额定寿命(ISO 281:1990,IDT)

SH/T 0017—1990(1998 年确认)　轴承油

3　符号

下列符号适用于本标准。

b:形状参数，Weibull 分布的斜率参数，表征轴承寿命的离散程度或轴承寿命质量的稳定性；

C:轴承的额定动载荷，N；

C_I:最佳线性不变估计系数；

D_I:最佳线性不变估计系数；

d:内径，mm；

F_a:轴向载荷，N；

F_r:径向载荷，N；

$F(L_i)$:破坏概率；

f_h:寿命系数；

f_n:速度系数；

I_i:非完全试验时 i 的修正值；

i:实际寿命由小到大排列的统计量序列；

j:非完全试验时，实际寿命由小到大排列的统计量序列；

L_i:第 i 个轴承的实际寿命，h；

$\bar{L}$:平均寿命的预估计值（运算过程中的中间量）；

L_{10}:基本额定寿命，百万转；

L_{10h}:基本额定寿命，h；

L_{10t}:基本额定寿命的试验值，h；

L_{50t}:中值额定寿命，h；

M_c:轴向载荷与径向载荷之比；

m:分组淘汰试验的分组数；

N:样品容量；

N':分组淘汰试验每一分组轴承套数;

$\overline{N}$:有替换同时试验的轴承套数;

n:轴承试验转速,r/min;

n_L:轴承极限转速,r/min;

P:当量动载荷,N;

Re:可靠度,$Re=e^{-(\frac{L}{\nu})^b}$;

r:轴承失效套数;

S:径向载荷引起的轴承内部轴向分力,N;

T_i:假设的试验时间(运算过程中的中间量),$T_i=\left(\sum_{j=1}^{N}L_j/\overline{N}\right)^b$;

X:径向载荷系数;

Y:轴向载荷系数;

Z':质量系数,与轴承结构、材料、工艺有关;

α:合格风险或显著水平($1-\alpha$为置信度);

α:接触角,(°);

β:不合格风险;

ε:寿命指数(球轴承 $\varepsilon=3$,滚子轴承 $\varepsilon=10/3$);

η:比例系数,$\eta=S/F_r$;

μ_α:接受门限系数;

μ_β:拒绝门限系数;

ν:尺度参数,Weibull 分布的特征寿命,是当破坏概率 $F(L)=0.632$ 时的轴承寿命,h;

Δ_i:非完全试验修正时 j 的位置增量。

4 试验分类

4.1 按试验目的分类

按试验目的可分为轴承鉴定试验、定期试验、验证试验等。

4.1.1 鉴定试验

当轴承结构、材料、工艺变更时的试验称为鉴定试验。一般采用完全试验或截尾试验方法。

4.1.2 定期试验

大批量生产的轴承,制造厂应定期向用户提供的试验,其质量要求同验证试验。

4.1.3 验证试验

轴承用户的验收试验,行业及第三方认证机构的试验。一般采用截尾试验或序贯试验方法。

4.2 按试验方法分类

按试验方法可分为完全试验方法、截尾试验方法(定时截尾试验、定数截尾试验、分组淘汰试验)、序贯试验方法等。

4.2.1 完全试验

一组轴承样品,在相同试验条件下全部试验至失效。

4.2.2 截尾试验

一组轴承样品,在相同试验条件下部分试验至失效。

4.2.2.1 定时(数)截尾试验

一组轴承样品,在相同试验条件下试验至规定的时间(失效套数)停止试验。一般失效套数不应少于轴承样品容量的 2/3(最少应保证 6 套)。

4.2.2.2 分组淘汰试验

一组轴承样品，随机分组，在相同试验条件下试验至每组出现一个失效样品。

4.2.3 序贯试验

一组轴承样品，在相同试验条件下，逐次对失效样品进行判定。一般失效套数达到5套，即可停试。

5 试验准备

5.1 试验设备

试验设备为经过检定合格的轴承寿命试验机，并应定期检定。

同一批轴承样品，在同一试验条件下，应在结构性能相同的试验设备上进行试验；同一结构型式和外形尺寸的轴承样品的对比试验，也应在结构性能相同的试验设备上进行试验。

5.2 与轴承配合的轴和外壳孔

5.2.1 当轴承内圈承受循环(旋转)载荷，外圈承受局部载荷时，与轴承配合的轴和外壳孔的公差带，一般按表1选取。

5.2.2 当轴承承受较大径向载荷时，在保证轴承工作游隙的情况下，应适当增加轴承内圈与轴配合的过盈量，以防止运转过程中轴承内圈与轴之间产生相对滑动。

5.2.3 其他方式的受载轴承或其他配合的轴承，其配合应与用户协商。

表1 与轴承配合的轴和外壳孔的公差带

配合部位	轴承类型	轴承直径系列	公差带
与轴承内圈配合的轴	球轴承	7、8、9、0、1	k5
		2、3、4	m5，m6
	滚子轴承	8、9、0、1	m5
		2、3、4	n6，p6
	推力轴承(单向)	全部系列	p6
与轴承外圈配合的外壳孔	向心轴承	全部系列	H7
	推力轴承	全部系列	H8
注：轴及外壳的极限偏差应符合GB/T 275—1993附录A的规定。			

5.3 轴承的润滑

5.3.1 循环油润滑

用于循环油润滑的润滑油应按如下要求：

a) 一般采用符合SH/T 0017—1990规定的L-FC型32油，并应定期检验，及时更换失效的润滑油；特殊试验的循环润滑油(包括油中添加添加剂等)应与用户协商确定。

b) 油中灰尘及机械杂质的颗粒不应大于10 μm，并应使用专用的滤油装置，以减少油中的杂质含量。

c) 循环供油量应能保证试验中轴承样品的充分润滑。

5.3.2 脂润滑

脂润滑轴承试验一般应封闭循环润滑油路，以免影响润滑效果。

5.4 轴承样品

5.4.1 抽取样品

轴承样品应在检验合格的成品中随机抽取。

5.4.2 样品容量

轴承样品容量，一般取8套～20套，另备5套～10套备用样品。

5.4.3 样品编号

轴承样品应有清晰可辨的唯一性标识。

6 试验条件

6.1 确定参数

确定轴承的额定动载荷 C，极限转速 n_L 等参数。

6.2 轴承外圈温度

循环油润滑时，轴承外圈温度一般不应超过 95 ℃；脂润滑时，轴承外圈温度一般不应超过 80 ℃。

6.3 轴承转速

轴承内圈转速一般为轴承极限转速的 20%～60%。

6.4 轴承基本额定寿命

轴承额定动载荷和额定寿命的计算应符合 GB/T 6391—2003 的规定。基本额定寿命 L_{10} 按式(1)选取：

$$L_{10} = \left(\frac{C}{P}\right)^{\varepsilon} \quad \cdots\cdots (1)$$

若轴承的转速恒定，基本额定寿命可用运转小时数表示：

$$L_{10\,h} = \frac{10^6}{60n}\left(\frac{C}{P}\right)^{\varepsilon} \quad \cdots\cdots (2)$$

式中：$P/C = f_n/f_h$，f_n、f_h 值可在相关轴承样本中查得。

根据轴承样品参数，可先选定 n、P，得出 L_{10}；也可先选定 L_{10}、n，得出 P。

6.5 轴承载荷

6.5.1 当量动载荷 P 一般为基本额定动载荷 C 的 20%～30%。对于轴向载荷 F_a(包括纯轴向载荷)较大的试验，P 可适当取大些；仅承受径向载荷 F_r 的试验，若试验轴系的刚度和挠度许可，P 也可适当取大些。

6.5.2 向心轴承，一般仅承受径向载荷 F_r 时，当量动载荷 $P=F_r$。

6.5.3 推力轴承，一般仅承受轴向载荷 F_a 时，当量动载荷 $P=F_a$。

6.5.4 角接触轴承，承受联合载荷时，应按下式进行载荷分配：

$$P = XF_r + YF_a \quad \cdots\cdots (3)$$

式中：X、Y 值可在 GB/T 6391—2003 中查得。

载荷分配还应满足下列两个条件：

a) $M_c = \frac{F_a - S}{F_r}$

轴承接触角 $\alpha \leqslant 20°$ 时，$M_c = 0.25$；轴承接触角 $\alpha > 20°$ 时，$M_c = 0.5$。

b) $S = \eta F_r$

其中，η 值见表 2。

表 2 η 值

	接触角 α	10°	15°	25°	30°	35°	40°	45°
角接触球轴承	η	0.25	0.35	0.60	0.70	0.85	1.00	1.25
圆锥滚子轴承	$\eta = 1/2Y$							

为使用方便，以上两条件可转化为：

$$F_r = \frac{P}{X + Y(M_c + \eta)} \quad \cdots\cdots (4)$$

$$F_a = F_r(M_c + \eta) \quad \cdots\cdots (5)$$

7 试验程序

7.1 试验主体组装

7.1.1 试验主体的设计、加工及组装应符合相关试验技术要求。

7.1.2 轴承样品安装后应转动灵活，不应有阻滞现象。

7.2 试验设备调试

7.2.1 试验主体与试验设备组装后，应使各系统能正常工作。

7.2.2 试验载荷误差应控制在±2%范围内。油压加载的工作压力表、校准用的精密压力表均需定期检定；加载力传感器也需定期检定。

7.2.3 试验转速误差应控制在±2%范围内。并用转速表校准，转速表应定期检定。

7.2.4 有温度要求的试验所用测温仪器应定期检定。

7.3 试验实施

7.3.1 试验设备的启动

试验设备启动后，油润滑试验 3 h 内应将载荷缓慢加载至指定值；脂润滑试验先空载运转 0.5 h，3 h 内逐步加载至指定值。

7.3.2 试验过程监测

试验设备一般应连续运转。试验（载荷、转速、油压、振动、噪声、温升等）应随时监测、控制在要求范围内，并详细记录。

7.4 失效的判定

在试验过程中，轴承发生故障或不能正常运转，均应判定为失效。

7.4.1 疲劳失效

疲劳失效是轴承的主要失效形式，指轴承样品的套圈或滚动体工作表面基体金属出现的疲劳剥落。剥落深度≥0.05 mm；剥落面积：球轴承零件≥0.5 mm^2，滚子轴承零件≥1.0 mm^2。

7.4.2 其他失效

轴承样品零件散套、断裂、卡死；密封件变形；润滑脂泄漏、干结等。

7.5 试验数据采集

试验中由于非轴承本身的原因（如设备原因、人为原因、意外事故等）造成的样品失效，不应计入正常失效数据中。

记录试验原始数据（试验通过的总时间）一般应精确到 3 位有效数字。

7.6 试验样品处理

试验结束的轴承样品应妥善保存。用户有要求时，可对典型失效样品进行失效分析。

8 试验数据分析与评定

数据处理依据二参数韦布尔（Weibull）分布函数进行分析处理，其中包括图估计和参数估计，一般可优先采用图估计；对试验数据较少或无失效数据的处理一般采用序贯试验方法。

8.1 图估计

8.1.1 一般的图估计

一般对于失效数据不少于 6 个的试验评定，可用图估计方法。

横坐标为 L_i（即各试验数据），纵坐标为 $F(L_i)=\dfrac{i-0.3}{N+0.4}$（即破坏概率），在 Weibull 分布图上依次描点，然后按照各点的位置，配置分布直线。配置直线时，各点须交错，均匀地分布在直线两边，且 $F(L_i)=0.3\sim0.7$ 附近的数据点与分布直线的偏差应尽可能地小。

由直线可求 Weibull 分布参数 b、ν，再分别求出基本额定寿命的试验值 L_{10t}（纵轴为 0.10）、L_{50t}（纵轴为 0.50）及可靠度 Re 等。示例参见附录 A。

8.1.2 分组淘汰的图估计

分组淘汰试验方法可缩短试验周期，但试验风险比一般完全试验和定时（数）截尾试验大。试验中，每一分组中出现一个失效样品即停止试验，然后用各组的最短失效数据在 Weibull 分布概率纸上描点，配置直线，再由该直线求得该批样品的分布直线。示例参见附录 A。

8.2 参数估计

8.2.1 总则

样品容量 N，经试验后获得的实际寿命是：

完全试验 $L_1 \leqslant L_2 \cdots\cdots \leqslant L_i \cdots\cdots \leqslant L_N$ $\qquad i=1,2\cdots\cdots N$

定数截尾试验 $L_1 \leqslant L_2 \cdots\cdots \leqslant L_i \cdots\cdots \leqslant L_r$ $\qquad i=1,2\cdots\cdots r; r<N$

分组淘汰试验 $L_1 \leqslant L_2 \cdots\cdots \leqslant L_i \cdots\cdots \leqslant L_m$ $\qquad i=1,2\cdots\cdots m; m=N/N'$

完全试验和定数截尾试验，纵坐标 $F(L_i)=\dfrac{i-0.3}{N+0.4}$；其他非完全试验，应将 i 进行修正。修正方法参见附录 B。

Weibull 分布参数 b、ν 的估计，当 $N \leqslant 25$ 时，用最佳线性不变估计(BLIE)方法。

8.2.2 最佳线性不变估计

a) 完全试验：

$$b = \left[\sum_{i=1}^{N} C_{\mathrm{I}}(N,N,i)\ln L_i\right]^{-1} \qquad (6)$$

$$\ln\nu = \sum_{i=1}^{N} D_{\mathrm{I}}(N,N,i)\ln L_i \qquad (7)$$

b) 定数截尾试验：

$$b = \left[\sum_{i=1}^{r} C_{\mathrm{I}}(N,r,i)\ln L_i\right]^{-1} \qquad (8)$$

$$\ln\nu = \sum_{i=1}^{r} D_{\mathrm{I}}(N,r,i)\ln L_i \qquad (9)$$

当 $r=N$ 时即为完全试验。

c) 分组淘汰试验：

$$b = \left[\sum_{i=1}^{m} C_{\mathrm{I}}(m,m,i)\ln L_i\right]^{-1} \qquad (10)$$

$$\ln\nu = \frac{1}{b}\ln N' + \sum_{i=1}^{m} D_{\mathrm{I}}(m,m,i)\ln L_i \qquad (11)$$

当 $N'=1$ 时，即为完全试验。

8.2.3 依据 b、ν，估计 L_{10t}、L_{50t} 及 Re

当 $F(L)=0.10$ 时，基本额定寿命的试验值为：

$$L_{10t} = \nu \cdot (0.105\ 36)^{\frac{1}{b}} \qquad (12)$$

当 $F(L)=0.50$ 时，中值额定寿命为：

$$L_{50t} = \nu \cdot (0.693\ 15)^{\frac{1}{b}} \qquad (13)$$

当 $L=L_{10h}$，可靠度为：

$$Re = e^{-\left(\frac{L_{10h}}{\nu}\right)^b} \qquad (14)$$

计算示例参见附录 B。

8.3 序贯试验

试验采用有替换试验。按失效顺序逐次进行检验判定。当有 5 套轴承样品失效时停试，并做出合格与否的判定。试验中替换轴承样品的失效数据也参与判定。

8.3.1 检验判定参数

韦布尔(Weibull)分布斜率：$b=1.5$。

检验水平：一般用户验收的试验采用水平Ⅰ或Ⅱ，行业及第三方认证机构的试验采用水平Ⅱ或Ⅲ，制造厂内部的试验采用水平Ⅲ或Ⅳ，检验水平见表3。

表3 检验水平

检验水平		Ⅰ	Ⅱ	Ⅲ	Ⅳ
风险	α	0.2	0.2	0.2	0.1
	β	0.2	0.3	0.5	0.7

8.3.2 检验判定门限

第 i 个轴承样品失效时的接受门限为：

$$t_{1i}=(\bar{L}/N)\cdot\mu_{\alpha} \qquad (15)$$

第 i 个轴承样品失效时的拒绝门限为：

$$t_{2i}=(\bar{L}/N)\cdot\mu_{\beta} \qquad (16)$$

式中：$\bar{L}=Z'\cdot\nu^{b}=Z'\cdot\dfrac{L_{10}^{b}}{0.105\ 36}$

门限系数 μ_{α}、μ_{β} 值见表4。

表4 与 α、β 对应的门限系数 μ_{α}、μ_{β} 值

i		0	1	2	3	4	5
α	0.1	2.302	3.890	5.322	6.681	7.994	9.274
	0.2	1.610	2.994	4.279	5.515	6.721	7.906
β	0.2	—	0.824	1.535	2.297	3.090	3.904
	0.3	—	1.098	1.914	2.764	3.634	4.517
	0.5	—	1.778	2.674	3.672	4.761	5.670
	0.7	—	2.439	3.616	4.762	5.890	7.006

8.3.3 判定格式

检验判定计算格式见表5。

表5 检验判定表

i	0	1	2	3	4	5
t_{1i}	t_{10}	t_{11}	t_{12}	t_{13}	t_{14}	t_{15}
t_{2i}	—	t_{21}	t_{22}	t_{23}	t_{24}	t_{25}

8.3.4 判定式

$$T_i=\left(\sum_{j=1}^{N}L_j/\bar{N}\right)^{b} \qquad (17)$$

a) 若 $0\leqslant i<5$：

当 $T_i>t_{1i}$ 时合格；

当 $T_i<t_{2i}$ 时不合格；

当 $t_{2i}\leqslant T_i\leqslant t_{1i}$ 时继续试验。

b) 若 $i=5$：

当 $t_{15}-T_5\leqslant T_5-t_{25}$ 时合格；

当 $t_{15}-T_5>T_5-t_{25}$ 时不合格。

按序贯试验,依失效顺序逐次判定,判定示例参见附录 C。

8.3.5 可靠度 Re

$$Re=e^{-\left(\frac{L_{10h}}{\nu}\right)^b}=e^{-\frac{0.105\,36}{(L_{10t}/L_{10h})^b}} \quad \cdots\cdots(18)$$

8.4 合格评定

8.4.1 L_{10t}、Re 数据一般精确到两位有效数字。

8.4.2 $L_{10t}/L_{10h}\geqslant Z'$ 即为合格,其中球轴承 $Z'=1.4$;滚子轴承及调心球轴承 $Z'=1.2$。

8.4.3 根据质量要求,按如下进行合格评定。长寿命试验时,试验报告还应给出达到合格倍数的值。

a) 验证试验:达到合格寿命为验证试验合格。

b) 鉴定试验:达到合格寿命 3 倍为鉴定试验合格。

附 录 A
（资料性附录）
图估计示例

A.1 一般图估计示例

某制造厂生产的深沟球轴承 $L_{10h}=100$ h，$N=8$ 套，试验结束得到 8 个失效数据，80 h、110 h、155 h、170 h、220 h、240 h、300 h、380 h。用图估计参数 b 及 ν，L_{10t}、L_{50t}、Re 等值。

a) 由 8 个失效数据，配置直线 A（见图 A.1）。

横坐标为 L_i，纵坐标为 $F(L_i)=\dfrac{i-0.3}{N+0.4}$，故 8 个点的坐标分别为：(80，0.083)，(110，0.202)……(380，0.917)，将其点在 Weibull 分布概率纸上，配置直线 A。

b) 由直线 A 求出：

$b=2$，$\nu=250$ h，$L_{10t}=85$ h，$L_{50t}=200$ h，$Re=86\%$。

c) $L_{10t}/L_{10}<1.4$，故判定该批轴承样品不合格。

A.2 分组淘汰图估计示例

某制造厂生产的深沟球轴承 $L_{10h}=100$ h，$N=32$ 套，分 8 组 $m=8$，每组 4 套同时上机试验 $N'=4$ 套。每组有一套轴承失效即停机，试验结束得到 8 个分组的最短寿命分别为 80 h、110 h、155 h、170 h、220 h、240 h、300 h、380 h。用图估计参数 b 及 ν，L_{10t}、L_{50t}、Re 等值。

a) 先按 A.1 的方法分布直线 A，再由分布直线 A 求分布直线 B（见图 A.1）。

b) 由于每组有 4 套轴承，故将待求的直线 B 上 M 点的纵坐标记为 $F(L)=\dfrac{1-0.3}{N+0.4}=0.159$。

c) 作三条平行线：过 $F(L)=50\%$ 作横轴平行线与直线 A 交于 C 点，过 C 作纵轴平行线与过 $F(L)=0.159$ 的横轴平行线交于 M 点。

d) 过 M 点做与直线 A 平行的直线 B。

也可由解析法求直线 B：当 N' 为每组套数时，B 的特征寿命 $\nu_B=\nu_A\cdot N'^{\frac{1}{b}}$。

由直线 B 求出：

$b=2$，$\nu=500$ h，$L_{10t}=160$ h，$L_{50t}=400$ h，$Re=96\%$。

e) $L_{10t}/L_{10}>1.4$，故判定该批轴承样品合格。

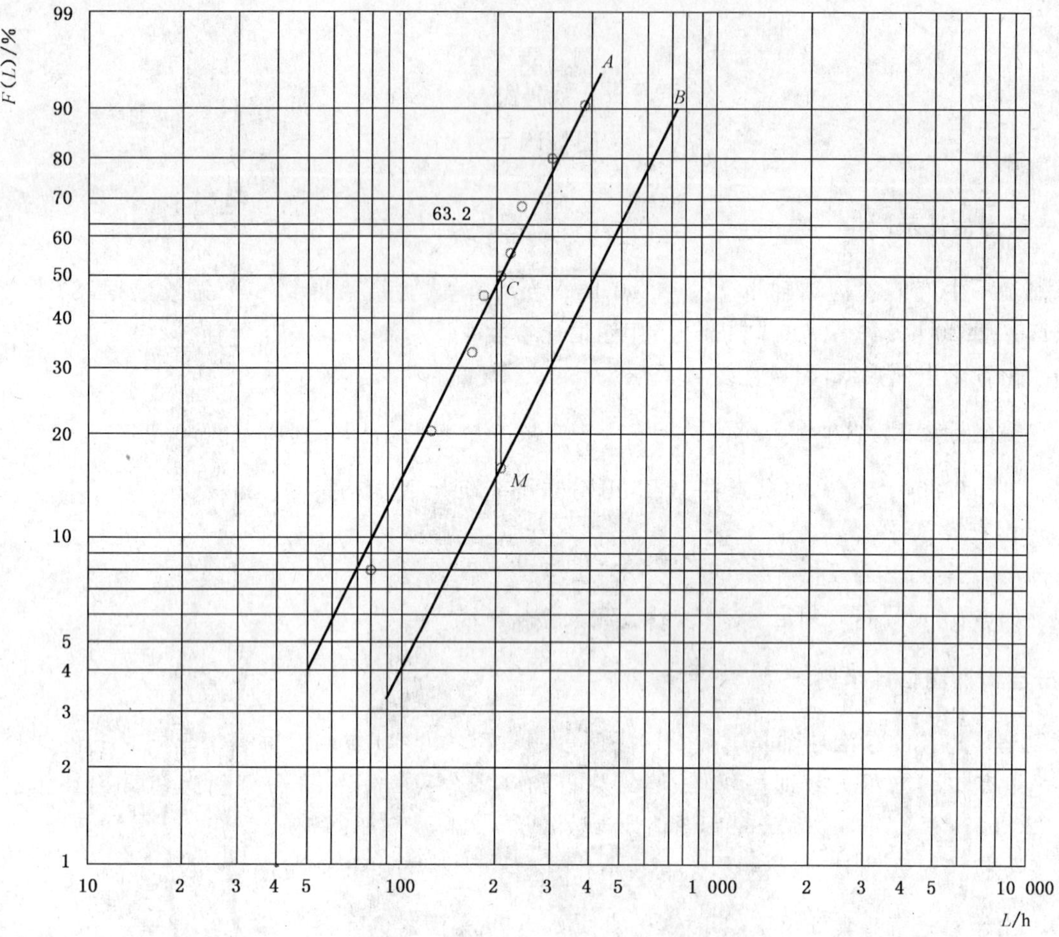

图 A.1 Weibull 分布图估计

附　录　B
（资料性附录）
参数估计示例

B.1　一般参数估计示例

某制造厂生产的深沟球轴承 $L_{10h}=100$ h，$N=8$ 套，试验结束得到 8 个失效数据，80 h、110 h、155 h、170 h、220 h、240 h、300 h、380 h。估计参数 b 及 ν，并计算 L_{10t}、L_{50t}、Re 等值。

本例为完全试验，最佳线性不变估计系数为 $C_I(N,N,i)$、$D_I(N,N,i)$；若为定数截尾试验，失效数 $r<N$，系数为 $C_I(N,r,i)$、$D_I(N,r,i)$。

参数估计列于表 B.1，并完成各项计算。

表 B.1　Weibull 分布参数估计表

i	$\left(\frac{i-0.3}{N+0.4}\right)\%$	L_i	$\ln L_i$	$C_I(N,N,i)$	$C_I\ln L_i$	$D_I(N,N,i)$	$D_I\ln L_i$
1	8.33	80	4.382 0	−0.093 3	−0.408 8	0.034 1	0.149 4
2	20.23	110	4.700 5	−0.098 9	−0.464 9	0.053 6	0.251 9
3	32.14	155	5.043 4	−0.094 0	−0.474 1	0.073 5	0.370 7
4	44.05	170	5.135 8	−0.079 8	−0.409 8	0.095 1	0.488 4
5	55.95	220	5.393 6	−0.053 9	−0.290 7	0.119 8	0.646 2
6	67.86	240	5.480 6	−0.010 2	−0.055 9	0.149 9	0.821 5
7	79.76	300	5.703 8	0.069 3	0.395 3	0.191 2	1.090 6
8	91.67	380	5.940 2	0.360 7	2.142 6	0.282 9	1.680 5
				$\sum_{i}^{N}$	0.433 7	$\sum_{i}^{N}$	5.499 2

$$b=\left[\sum_{i=1}^{N}C_I(N,N,i)\ln L_i\right]^{-1}=2.305\ 7$$

$$\ln\nu=\sum_{i=1}^{N}D_I(N,N,i)\ln L_i=5.499\ 2$$

$$\nu=244.5\ \text{h}$$

$$L_{10t}=\nu\cdot(0.105\ 36)^{\frac{1}{b}}=92\ \text{h}$$

$$L_{50t}=\nu\cdot(0.693\ 15)^{\frac{1}{b}}=210\ \text{h}$$

$$Re=e^{-\left(\frac{L_{10h}}{\nu}\right)^{b}}=88\%$$

$L_{10t}/L_{10}<1.4$，故判定该批轴承样品不合格。

B.2　分组淘汰的参数估计示例

某制造厂生产的深沟球轴承 $L_{10h}=100$ h，$N=32$ 套，分 8 组 $m=8$，每组 4 套同时上机试验 $N'=4$ 套。每组有一套轴承失效即停机，试验结束得到 8 个分组的最短寿命分别为 80 h、110 h、155 h、170 h、220 h、240 h、300 h、380 h。估计参数 b 及 ν，并计算 L_{10t}、L_{50t}、Re 等值。

本例为非完全试验（分组淘汰试验），修正位置增量：

$$\Delta_i = \frac{N+1-I_{i-1}}{N+2-j}$$

$$I_i = I_{i-1} + \Delta_i$$

当 $i=0$ 时，$I_{i=0}=0$

非完全试验 $F(L_i)$ 的修正值的计算列于表 B.2，参数估计列于表 B.3。

表 B.2　非完全试验 $F(L_i)$ 的修正值

j	L_i	i	Δ_i	I_i	$\left(\frac{I_i-0.3}{N+0.4}\right)\%$
1	80	1	1	1	2.16
5	110	2	1.103 4	2.103 4	5.57
9	155	3	1.235 9	3.339 3	9.38
13	170	4	1.412 4	4.751 7	13.74
17	220	5	1.661 7	6.413 4	18.87
21	240	6	2.045 1	8.458 5	25.18
25	300	7	2.726 8	11.185 3	33.60
29	380	8	4.362 9	15.548 2	47.06

表 B.3　非完全试验 Weibull 分布参数估计表

j	$\left(\frac{I_i-0.3}{N+0.4}\right)\%$	L_i	$\ln L_i$	$C_I(m,m,i)$	$C_I\ln L_i$	$D_I(m,m,i)$	$D_I\ln L_i$
1	2.16	80	4.382 0	−0.093 3	−0.408 8	0.034 1	0.149 4
5	5.57	110	4.700 5	−0.098 9	−0.464 9	0.053 6	0.251 9
9	9.38	155	5.043 4	−0.094 0	−0.474 1	0.073 5	0.370 7
13	13.74	170	5.135 8	−0.079 8	−0.409 8	0.095 1	0.488 4
17	18.87	220	5.393 6	−0.053 9	−0.290 7	0.119 8	0.646 2
21	25.18	240	5.480 6	−0.010 2	−0.055 9	0.149 9	0.821 5
25	33.60	300	5.703 8	0.069 3	0.395 3	0.191 2	1.090 6
29	47.06	380	5.940 2	0.360 7	2.142 6	0.282 9	1.680 5
				$\sum_i^m$	0.433 7	$\sum_i^m$	5.499 2

$$b = \left[\sum_{i=1}^{m} C_I(m,m,i)\ln L_i\right]^{-1} = 2.305\ 7$$

$$\ln\nu = \frac{1}{b}\ln N' + \sum_{i=1}^{m} D_I(m,m,i)\ln L_i = \frac{1}{2.305\ 7}\ln 4 + 5.499\ 2 = 6.100\ 4$$

$\nu = 446.0\ \text{h}$

$L_{10t} = \nu \cdot (0.105\ 36)^{\frac{1}{b}} = 170\ \text{h}$

$L_{50t} = \nu \cdot (0.693\ 15)^{\frac{1}{b}} = 380\ \text{h}$

$Re = e^{-\left(\frac{L_{10h}}{\nu}\right)^b} = 97\%$

$L_{10t}/L_{10} > 1.4$，故判定该批轴承样品合格。

附　录　C
（资料性附录）
序贯试验示例

某圆锥滚子轴承，$L_{10h}=150$ h，按检验水平Ⅱ，$N=12$ 考核。

由 $\bar{L} = Z' \times \nu^{b} = Z' \times \frac{L}{0.105\ 36} = 1.2 \times \frac{150^{1.5}}{0.105\ 36} = 20\ 923$

$t_{1i} = (\bar{L}/N) \times \mu_{\alpha} = (\bar{L}/12) \times \mu_{\alpha} = 1\ 743\mu_{0.2}$

$t_{2i} = (\bar{L}/N) \times \mu_{\beta} = (\bar{L}/12) \times \mu_{\beta} = 1\ 743\mu_{0.3}$

计算 t_{1i} 及 t_{2i}，其检验判定格式见表 C.1。

表 C.1　检验判定表

i	0	1	2	3	4	5
t_{1i}	2 806	5 218	7 458	9 612	11 714	13 780
t_{2i}	—	1 913	3 336	4 817	6 334	7 873

a)　当试至 200 h，尚无失效轴承出现，因 $L_0{}^{1.5}=200^{1.5}=2\ 828>t_{10}$，合格停试。

判定该批轴承样品合格。

$Re=e^{-\frac{0.105\ 36}{(L_{10t}/L_{10h})^{b}}}=e^{-\frac{0.105\ 36}{1.2^{1.5}}}=92\%$

b)　当 $L_1=180$ h，$T_1{}^{1.5}=180^{1.5}=2\ 414$，因 $t_{21}<T_1<t_{11}$，继续试验。

当 $L_2=100$ h，且为替换轴承，则 $T_2=(L_1+L_2)^{1.5}=4\ 685$，继续试验。

当 $L_3=455$ h，$T_3{}^{1.5}=455^{1.5}=9\ 705>t_{13}$，合格停试。

判定该批轴承样品合格。

$Re=e^{-\frac{0.105\ 36}{(L_{10t}/L_{10h})^{b}}}=e^{-\frac{0.105\ 36}{1.2^{1.5}}}=92\%$

c)　当 $L_1=180$ h，$T_1{}^{1.5}=180^{1.5}=2\ 414$，因 $t_{21}<T_1<t_{11}$，继续试验。

当 $L_2=220$ h，$T_2{}^{1.5}=220^{1.5}=3\ 263$，因 $T_2<t_{22}$，则不合格。

判定该批轴承样品不合格。

ICS 21.100.20
J 11

中华人民共和国国家标准

GB/T 24608—2009

滚动轴承及其商品零件检验规则

Inspection rules for rolling bearings and commercial parts

2009-11-15 发布　　2010-04-01 实施

中华人民共和国国家质量监督检验检疫总局
中国国家标准化管理委员会　发布

前　言

本标准由中国机械工业联合会提出。

本标准由全国滚动轴承标准化技术委员会(SAC/TC 98)归口。

本标准起草单位:洛阳轴承研究所。

本标准主要起草人:王辉、高晓蓉、张伟。

滚动轴承及其商品零件检验规则

1 范围

本标准规定了滚动轴承及其商品零件(钢球、圆锥滚子、圆柱滚子、滚针)、轴承附件的检验规则。

本标准适用于下列组织或机构对滚动轴承及其商品零件、轴承附件的检验、接收和监督检验：

a) 供方组织内部的质量部门(第一方)；

b) 采购方或采购组织(第二方)；

c) 独立验证或认证机构(第三方)。

2 规范性引用文件

下列文件中的条款通过本标准的引用而成为本标准的条款。凡是注日期的引用文件，其随后所有的修改单(不包括勘误的内容)或修订版均不适用于本标准，然而，鼓励根据本标准达成协议的各方研究是否可使用这些文件的最新版本。凡是不注日期的引用文件，其最新版本适用于本标准。

GB/T 2828.1—2003 计数抽样检验程序 第1部分：按接收质量限(AQL) 检索的逐批检验抽样计划(ISO 2859-1:1999,IDT)

JB/T 1255—2001 高碳铬轴承钢滚动轴承零件热处理技术条件

JB/T 10336—2002 滚动轴承及其零件 补充技术条件

3 符号

下列符号适用于本标准。

Ac：接收数；

B_c：向心滚针与保持架组件的保持架宽度；

$D_{cs\,max}$：推力滚针和保持架组件的保持架最大单一外径；

$D_{s\,max}$：推力垫圈最大单一外径；

$d_{cs\,min}$：推力滚针和保持架组件的保持架最小单一内径；

$d_{s\,min}$：推力垫圈最小单一内径；

E_w：滚子组外径；

F_w：滚子组内径；

$F_{ws\,min}$：滚针总体最小单一内径；

G_a：轴向游隙；

G_r：径向游隙；

K_{D0}：锥形衬套圆锥表面对内孔的径向跳动；

K_{ea}：成套轴承外圈径向跳动；

K_{ia}：成套轴承内圈径向跳动；

n：样本量；

p_0：监督质量水平；

Re：拒收数；

r：不通过判定数；

$r_{s\,min}$：最小单一倒角尺寸；

S_D：外圈外表面对端面的垂直度；

S_{Dw}：滚子端部对外表面的跳动；

S_{D1}：外圈外表面对凸缘背面的垂直度；

S_d：内圈端面对内孔的垂直度，锁紧螺母接触面(30°倒角端面)对螺纹节圆直径的跳动；

S_e：座圈滚道与背面间的厚度变动量；

S_{ea}：成套轴承外圈轴向跳动；

S_{ea1}：成套轴承外圈凸缘背面轴向跳动；

S_i：轴圈滚道与背面间的厚度变动量；

S_{ia}：成套轴承内圈轴向跳动；

s：推力垫圈厚度；

V_{Bs}：内圈宽度变动量，轴圈高度变动量；

V_{Cs}：外圈宽度变动量，座圈高度变动量；

V_{C1s}：外圈凸缘宽度变动量；

V_{Dcs}：推力滚针和保持架组件的保持架外径变动量；

V_{Dmp}：平均外径变动量；

V_{Ds}：推力垫圈外径变动量；

V_{Dsp}：单一平面外径变动量；

V_{DwL}：球批直径变动量，滚子(针)规值批直径变动量；

V_{Dwp}：单一平面滚子(针)直径变动量；

V_{Dws}：球直径变动量；

V_{dcs}：推力滚针和保持架组件的保持架内径变动量；

V_{dmp}：平均内径变动量；

V_{ds}：推力垫圈内径变动量；

V_{dsp}：单一平面内径变动量；

V_{d1mp}：锥形衬套平均内径变动量；

V_{d2sp}：双向轴承中圈单一平面内径变动量；

V_{LwL}：滚子规值批长度变动量；

$V_{2\varphi L}$：规值批圆锥角变动量；

Δ_{as}：紧定衬套圆锥小端直径处到螺纹端面的距离的长度偏差；

Δ_{Bs}：内圈单一宽度偏差，轴圈单一高度偏差，锁紧螺母宽度偏差；

Δ_{B1s}：锥形衬套宽度偏差；

Δ_{B2s}：螺栓杆单一长度偏差；

Δ_{B7s}：锁紧垫圈厚度偏差；

Δ_{bs}：锁紧螺母槽宽偏差，退卸衬套螺纹长度偏差；

Δ_{b1s}：锁紧卡宽度偏差；

Δ_{Cs}：外圈单一宽度偏差，座圈单一高度偏差；

Δ_{C1s}：外圈凸缘单一宽度偏差；

Δ_{Dmp}：单一平面平均外径偏差；

Δ_{Ds}：单一外径偏差；

Δ_{Dwmp}：单一平面滚子平均直径偏差；

$\Delta_{D1mp}-\Delta_{d3mp}$或$\Delta_{D1mp}-\Delta_{d2mp}$：锥形衬套圆锥表面的锥角偏差；

Δ_{D1s}：外圈凸缘单一外径偏差，锥形衬套圆锥大端直径偏差；

Δ_{dmp}：单一平面平均内径偏差；

Δ_{ds}：单一内径偏差；

Δ_{d1mp}:基本圆锥孔在理论大端的单一平面平均内径偏差,锥形衬套单一平面平均内径偏差;

Δ_{d2mp}:双向轴承中圈单一平面平均内径偏差;

Δ_{d1s}:螺栓单一直径偏差,锁紧螺母接触面外径偏差;

Δ_{Fws}:滚针组实际内径与公称内径偏差;

Δ_{es}:锁紧卡内壁宽度偏差;

Δ_{Lws}:滚子(针)单一长度偏差;

Δ_{Ms}:锁紧垫圈 M 的偏差;

Δ_{Rw}:滚子表面圆度误差;

Δ_{S}:球批的球规值偏差;

Δ_{Sph}:球形误差;

Δ_{Ts}:(成套)轴承实际宽度偏差,单向推力轴承实际高度偏差;

Δ_{T1s}:内组件实际有效宽度偏差(圆锥滚子轴承),双向推力轴承实际高度偏差;

Δ_{T2s}:外圈实际有效宽度偏差(圆锥滚子轴承);

$\Delta_{2\varphi}$:圆锥角偏差。

4 检验要求

4.1 关键项目

4.1.1 滚动轴承关键项目抽样及判定按表 1 的规定。

4.1.2 商品零件关键项目抽样及判定按表 2 的规定。

4.1.3 滚动轴承及其商品零件、轴承附件的材料及工作表面不允许不符合相关标准。

4.2 检验水平

滚动轴承成品及轴承附件使用 GB/T 2828.1—2003 中的一般检验水平Ⅱ(其中表 5 规定的轴承使用特殊检验水平 S-4)。商品钢球、圆锥及圆柱滚子、滚针使用特殊检验水平 S-4。

4.3 接收质量限(AQL)

4.3.1 滚动轴承成品

表 3 所示主要检验项目的 AQL 均为 1.5,次要检验项目的 AQL 均为 4;表 4 及表 5 所示主要检验项目的 AQL 均为 4,次要检验项目的 AQL 均为 6.5。

4.3.2 商品零件及轴承附件

商品零件及轴承附件检验项目的 AQL 分别见表 6～表 10;表 6～表 9 中的规值、批直径(长度)变动量项目及批圆锥角变动量项目不允许不合格。

表 1 滚动轴承关键项目抽样及判定表

检 验 项 目	抽 查 数	合格判定数 Ac	不合格判定数 Re
内圈、外圈硬度	各 2 件	0	1
滚动体硬度	4 粒	0	1
内圈、外圈显微组织	各 1 件	0	1
滚动体显微组织	2 粒	0	1
内圈、外圈碳化物网状	各 1 件	0	1
滚动体碳化物网状	2 粒	0	1
内圈、外圈工作表面烧伤	各 1 件	0	1
滚动体工作表面烧伤	2 粒	0	1
内圈、外圈圆度	各 1 件	0	1

表 1（续）

检　验　项　目	抽 查 数	合格判定数 Ac	不合格判定数 Re
滚动体圆度	2 粒	0	1
内圈、外圈工作表面粗糙度	各 1 件	0	1
滚动体工作表面粗糙度	2 粒	0	1
寿命与可靠性	一组	—	—
密封轴承温升性能	8 套	1	2
密封轴承漏脂性能	8 套	1	2
密封轴承防尘性能	8 套	1	2
圆锥（圆柱）滚子轴承内圈、外圈滚道凸度	各 1 件	0	1
圆锥（圆柱）滚子轴承、滚针轴承滚动体凸度	2 粒	0	1

注 1：用户对寿命与可靠性及密封轴承温升、漏脂、防尘性能有要求时，可作为关键项目。

注 2：用户对凸度项目有要求时，可作为关键项目，并根据样品图样等技术文件检验。

表 2　商品滚动体关键项目抽样及判定表

检　验　项　目	抽查粒数	合格判定数 Ac	不合格判定数 Re
硬度	5	0	1
显微组织	5	0	1
碳化物网状	5	0	1
工作表面烧伤	5	0	1
圆度误差 Δ_{Rw}	5	0	1
工作表面粗糙度	5	0	1
钢球压碎载荷	9	0	1
钢球压缩试验	3	0	1
滚针弯曲试验	5	0	1
圆锥（圆柱）滚子、滚针凸度	5	0	1

注 1：钢球压碎载荷、压缩试验，滚针弯曲试验分别按 JB/T 1255—2001、JB/T 10336—2002 的规定。

注 2：用户对凸度项目有要求时，可作为关键项目，应根据样品图样等技术文件检验。

表 3　滚动轴承成品（表 4、表 5 规定的轴承除外）抽样检验项目

序　号	主要检验项目	序　号	次要检验项目
1	内径偏差及变动量（Δ_{dmp}、Δ_{d2mp}、Δ_{ds}、V_{dsp}、V_{d2sp}、V_{dmp}、$\Delta_{d1mp}—\Delta_{dmp}$、$F_w$ 的公差）	1	Δ_{Bs}、V_{Bs}
		2	Δ_{Cs}、Δ_{C1s}、V_{Cs}、V_{C1s}
2	外径偏差及变动量（Δ_{Dmp}、Δ_{Ds}、Δ_{D1s}、V_{Dsp}、V_{Dmp}、E_w 的公差）	3	配合表面和端面的表面粗糙度
		4	旋转灵活性
3	G_r 或 G_a	5	外观质量
4	K_{ia}	6	残磁限值
5	K_{ea}	7	标志和防锈包装
6	S_d		

表 3（续）

序　号	主要检验项目	序　号	次要检验项目
7	S_D、S_{D1}		
8	S_{ia}、S_i		
9	S_{ea}、S_{ea1}、S_e		
10	成套轴承的振动值（加速度型或速度型）		
11	$r_{s\ min}$		
12	Δ_{Ts}、Δ_{T1s}、Δ_{T2s}		
13	Δ_{d1s}、Δ_{B2s}		

表 4　带座外球面球轴承及偏心套抽样检验项目

序　号	主要检验项目	序　号	次要检验项目
1	带座轴承内径偏差	1	偏心套的尺寸偏差
2	带立式座轴承的球面中心高 H 和带方形、菱形、悬挂式、凸台圆形座轴承的球面中心高 A_2 的极限偏差	2	偏心套的配合表面和端面粗糙度
		3	旋转灵活性
3	带凸台圆形座轴承的凸台外径 D_1、带环形座轴承的外径 D_1 和宽度 A 的极限偏差	4	外观质量
		5	残磁限值
4	带滑块座轴承的槽宽 A_1、槽底距 H_1 的极限偏差及两槽的位置公差	6	标志和防锈包装
5	带方形、菱形和凸台圆形座轴承螺栓孔轴线位置公差		
6	带冲压立式座轴承的球面中心高 H 及螺孔 N 的极限偏差		
7	带冲压菱形、三角形和圆形座轴承上安装用方孔的位置公差		
8	带座轴承有关安装尺寸和形位公差		

表 5　冲压外圈滚针轴承、向心滚针与保持架组件、推力滚针和保持架组件及推力垫圈抽样检验项目

序　号	主要检验项目	序　号	次要检验项目
1	Δ_{Fws}、$F_{ws\ min}$ 的公差	1	Δ_{Cs}、B_c 的公差
2	$d_{cs\ min}$ 的公差、$d_{s\ min}$ 的公差、V_{dcs}、V_{ds}	2	s 的公差
3	$D_{cs\ max}$ 的公差、$D_{s\ max}$ 的公差、V_{Dcs}、V_{Ds}	3	外观质量
4	旋转灵活性	4	标志和防锈包装

表 6　商品钢球抽样检验项目

序　号	检　验　项　目	AQL
1	Δ_S	—
2	V_{Dws}	0.65
3	Δ_{Sph}	0.65
4	V_{DwL}	—

表 6（续）

序　号	检　验　项　目	AQL
5	单粒钢球振动值	0.65
6	外观质量	0.65
7	残磁限值	1.5

表 7　商品圆锥滚子抽样检验项目

序　号	检　验　项　目	AQL
1	V_{Dwp}	0.65
2	S_{Dw}	0.65
3	$\Delta_{2\varphi}$	0.65
4	V_{DwL}	—
5	$V_{2\varphi L}$	—
6	外观质量	0.65
7	残磁限值	1.5
8	非工作表面粗糙度及外观质量	1.5

表 8　商品圆柱滚子抽样检验项目

序　号	检　验　项　目	AQL
1	V_{Dwp}	0.65
2	V_{DwL}	—
3	V_{LwL}	—
4	S_{Dw}	0.65
5	外观质量	0.65
6	残磁限值	1.5
7	非工作表面粗糙度及外观质量	1.5

表 9　商品滚针抽样检验项目

序　号	检　验　项　目	AQL
1	Δ_{Dwmp}	0.65
2	V_{DwL}	—
3	Δ_{Lws}	1.0
4	外观质量	0.65
5	残磁限值	1.5

表 10　轴承附件锥形衬套、锁紧螺母及锁紧垫圈抽样检验项目

序　号	检　验　项　目	AQL
1	锥形衬套的 Δ_{d1mp}、V_{d1mp}、Δ_{D1s}、K_{D0}、 $\Delta_{D1mp}-\Delta_{d3mp}$ 或 $\Delta_{D1mp}-\Delta_{d2mp}$、$\Delta_{B1s}$、$\Delta_{as}$、$\Delta_{bs}$	2.5
2	锁紧螺母的 S_d、Δ_{Bs}、Δ_{bs}	2.5

表 10（续）

序　号	检　验　项　目	AQL
3	锁紧垫圈的 Δ_{B7s}、Δ_{Ms}	2.5
4	锁紧卡的 Δ_{b1s}、Δ_{es}	2.5
5	螺纹公差	2.5
6	表面粗糙度	6.5
7	外观质量	6.5
8	标志和防锈包装	6.5

5　抽样检验判定方法

5.1　检验程序

检验程序如下：

a)　规定检验水平；

b)　规定接收质量限 AQL 值；

c)　选择抽样方案类型；

d)　根据以前的检验结果及宽严调整转移规则确定本次检验的宽严程度（正常、加严或放宽检验），开始检验时应采用正常检验；

e)　提交产品批；

f)　检验装箱质量及标记；

g)　确定抽样方案；

h)　随机抽取样本；

i)　检验样本；

j)　根据样本中的不合格品数及抽样方案中的接收数 Ac 与拒收数 Re 判定该批接收或不接收；

k)　接收批；

l)　处置不接收批。

5.2　批的形成

5.2.1　提交检验的产品批的品种、型号、规格、材料和工艺条件应尽可能相同，且制造时间大致相近。

5.2.2　提交检验的产品批量的大小及每批的提交方式可由第一方与第二方协商确定。

5.3　样本的检验

5.3.1　按规定的检验项目对样本单位逐个进行检验，以确定每个样本是合格品还是不合格品。

5.3.2　各项目的技术条件按有关标准的规定。标准中未规定技术条件的项目按第一方或第二方认可的样品图样或技术文件的规定。

5.4　判定接收批与不接收批

5.4.1　采取一次抽样检验

使用一次抽样检验方案表。根据样本检验结果，如果样本中发现的不合格品数小于或等于接收数，应认为该批是可接收的。如果样本中发现的不合格品数大于或等于拒收数，应认为该批是不可接收的。

5.4.2　采用二次抽样检验

使用二次抽样检验方案表。

第一次检验的样品数量应等于该方案给出的第一样本量。如果第一样本中发现的不合格品数小于或等于第一接收数，应认为该批是可接收的；如果第一样本中发现的不合格品数大于或等于第一拒收数，应认为该批是不可接收的。

如果第一样本中发现的不合格品数介于第一接收数与第一拒收数之间，应检验由方案给出样本量的第二样本并累计在第一样本和第二样本中发现的不合格品数。如果不合格品累计数小于或等于第二接收数，则判定该批是可接收的；如果不合格品累计数大于或等于第二拒收数，则判定该批是不可接收的。

5.5 批的处置

5.5.1 判定为可接收的批，整批接收。但在检验过程中发现的不合格品应由第一方换成合格品。

5.5.2 判定为不可接收的批，原则上整批退回第一方。由第一方对拒收批中不合格项目进行百分之百的检验，剔除其不合格品之后，再次向第二方提交检验。

6 监督检验

6.1 监督检验要求

6.1.1 监督质量水平 p_0 的确定

监督质量水平 p_0 可参照检验要求时相应的接收质量限 AQL 选取。一般不严于产品检验时的接收质量限 AQL。即 $p_0 \geqslant$AQL。

6.1.2 监督检验抽样及判定

监督检验抽样方案及判定见表 11。

表 11 监督检验抽样及判定表

p_0	0.65	1.0	1.5	2.5	4.0	6.5	10
$(n、r)$	(125 3) (50 2) (8 1)	(80 3) (32 2) (5 1)	(50 3) (20 2) (3 1)	(32 3) (13 2) (2 1)	(20 3) (8 2) (1 1)	(13 3) (20 4) (32 5)	(8 3) (13 4) (20 5)

注 1：监督质量水平 p_0 适用于主要检验项目。

注 2：p_0 为 0.65、1.0、1.5 时，适用于对商品滚动体的检验；p_0 为 2.5、4.0、6.5、10 时，适用于对滚动轴承及轴承附件的检验。

注 3：当产品尺寸较大或价值较高时，可选取小样本量 n 的方案。

6.1.3 监督检验项目的选取原则

监督检验项目的选取原则如下：

a) 检验要求第 4 章中规定的全部(或部分)关键项目、主要项目及次要项目；

b) 国家标准或行业标准中明确规定的项目；

c) 所抽取样品图样等技术文件中规定的项目。

6.2 监督抽样检验判定方法

6.2.1 检验程序

检验程序如下：

a) 确定各类检验项目：关键项目、主要项目及次要项目；

b) 确定监督质量水平 p_0：主要项目的 p_0 应严于次要项目的 p_0；

c) 确定相应的抽样方案；

d) 抽取样本；

e) 检验样本；

f) 逐项判定合格与否。

6.2.2 判别与结论

根据监督质量水平和检验水平确定监督抽样方案后，根据样本检验的结果：

a) 若在样本中发现的不合格数不小于不通过判定数 r，则判该监督总体为不可通过；

b) 若在样本中发现的不合格数小于不通过判定数 r，则判该监督总体为可通过；

c) 对于关键项目，其抽样检验不允许不合格；

d) 当监督抽样的样本量较小时，被判为可通过的监督总体有较大的漏判风险；质量监督部门对监督抽样检验通过的监督总体不负确认总体合格的责任。

ICS 21.100.20
J 11

中华人民共和国国家标准

GB/T 24609—2009/ISO 15312:2003

滚动轴承 额定热转速计算方法和系数

Rolling bearings—Thermal speed rating—Calculation and coefficients

(ISO 15312:2003,IDT)

2009-11-15 发布　　2010-04-01 实施

中华人民共和国国家质量监督检验检疫总局
中国国家标准化管理委员会　发布

前言

本标准等同采用ISO 15312:2003《滚动轴承　额定热转速　计算方法和系数》。

本标准等同翻译ISO 15312:2003。

为了便于使用，本标准做了下列编辑性修改：

——“本国际标准”一词改为“本标准”；

——删除了国际标准的前言；

——用小数点“.”代替作为小数点的逗号“,”。

本标准的附录A和附录B均为资料性附录。

本标准由中国机械工业联合会提出。

本标准由全国滚动轴承标准化技术委员会(SAC/TC 98)归口。

本标准起草单位：洛阳轴承研究所、洛阳LYC轴承有限公司。

本标准主要起草人：郭宝霞、刘桥方。

滚动轴承　额定热转速
计算方法和系数

1　范围

本标准规定了油浴润滑滚动轴承额定热转速的定义，确定了该参数的计算原则。从摩擦学的观点看，按本标准确定的参数不仅适用于给定系列和尺寸标准结构的轴承，而且也适用于其他相关标准结构的轴承。

对于大多数标准部件而言，最高转速由许用温度确定。整个部件的热量由轴承产生。

由于运动学效应，本标准规定的额定热转速不适用于推力球轴承。

注1：附录A给出系数 f_{0r} 和 f_{1r} 的平均值——f_{0r} 为油浴润滑轴承粘滞损失的计算系数，f_{1r} 为轴承摩擦损失的计算系数。

注2：附录B规定了脂润滑的参照条件。可以选择参照条件，使脂润滑的额定热转速等同于油浴润滑的额定热转速。

2　规范性引用文件

下列文件中的条款通过本标准的引用而成为本标准的条款。凡是注日期的引用文件，其随后所有的修改单(不包括勘误的内容)或修订版均不适用于本标准，然而，鼓励根据本标准达成协议的各方研究是否可使用这些文件的最新版本。凡是不注日期的引用文件，其最新版本适用于本标准。

GB/T 4199—2003　滚动轴承　公差　定义(ISO 1132-1:2000,MOD)

GB/T 4604—2006　滚动轴承　径向游隙(ISO 5753:1991,MOD)

GB/T 4662—2003　滚动轴承　额定静载荷(ISO 76:1987,IDT)

GB/T 6930—2002　滚动轴承　词汇(ISO 5593:1997,IDT)

GB/T 7811—2007　滚动轴承　参数符号(ISO 15241:2001,IDT)

3　术语和定义

GB/T 4199—2003和GB/T 6930—2002确立的以及下列术语和定义适用于本标准。

3.1

额定热转速　thermal speed rating

系指在参照条件下由轴承摩擦产生的热量与通过轴承座(轴或座孔)散发的热量达到平衡时的内圈或轴圈的转速。

注1：额定热转速是比较不同类型和尺寸的滚动轴承在高速运转条件下的适应性的判据之一。

注2：额定热转速并未考虑到可能造成转速受到进一步限制的力学和运动学判据。

3.2

参照条件　reference conditions

与额定热转速有关的条件。

a)　轴承的静止外圈或座圈的平均温度，即参照温度。平均环境温度，即参照外界温度。

b)　决定轴承摩擦损失的因素，如：

——轴承载荷的大小和方向；

——润滑方式、润滑剂类型以及运动黏度和剂量；

——其他通用参照条件。

c) 将“轴承的散热参照表面积”和“轴承的参照热流密度”的乘积定义为轴承的散热量。

注：参照条件下的散热量基于经验值，并且代表轴承实际安装配置的散热量，但与轴承配置的实际结构无关。

3.3

散热参照表面积 heat emitting reference surface area

通过内圈(轴圈)与轴之间及外圈(座圈)与座孔之间散发热量的接触面积的总和。

3.4

参照载荷 reference load

系指由参照条件决定的轴承载荷，是引起与载荷有关的摩擦力矩的载荷。

3.5

参照热流量 reference heat flow

参照条件下运转的轴承，由摩擦力产生的热量以热传导方式通过轴承散热参照表面散发的热量。

3.6

参照热流密度 reference heat flow density

单位散热参照表面积的参照热流量。

3.7

参照环境温度 reference ambient temperature

参照条件下，轴承配置的平均环境温度。

3.8

参照温度 reference temperature

参照条件下，轴承静止的外圈或座圈的平均温度。

4 符号和单位

GB/T 7811—2007 确立的以及下列符号适用于本标准。

表 1 符号和单位

符号	含 义	单位
A_r	散热参照表面积	mm^2
B	轴承宽度	mm
C_{0a}	GB/T 4662—2003 中的轴向基本额定静载荷	N
C_{0r}	GB/T 4662—2003 中的径向基本额定静载荷	N
d	轴承内径	mm
d_m	轴承平均直径 $d_m=0.5\times(D+d)$	mm
d_1	推力调心滚子轴承内圈外径	mm
D	轴承外径	mm
D_1	推力调心滚子轴承外圈内径	mm
f_{0r}	参照条件下与载荷无关的摩擦力矩的系数	1
f_{1r}	参照条件下与载荷有关的摩擦力矩的系数	1
M_0	与载荷无关的摩擦力矩	N·mm
M_{0r}	在参照条件及额定热转速 $n_{\theta r}$ 下与载荷无关的摩擦力矩	N·mm
M_1	与载荷有关的摩擦力矩	N·mm
M_{1r}	在参照条件及额定热转速 $n_{\theta r}$ 下与载荷有关的摩擦力矩	N·mm

表 1（续）

符号	含 义	单位
$n_{\theta r}$	额定热转速	min^{-1}
N_r	在参照条件及额定热转速 $n_{\theta r}$ 下轴承功率损耗	W
P_{1r}	参照载荷	N
q_r	参照热流密度	W/mm^2
T	圆锥滚子轴承总宽度	mm
α	接触角	°
θ_{Ar}	参照环境温度	℃
θ_r	参照温度	℃
ν_r	在参照条件(滚动轴承的参照温度 θ_r)下润滑剂的运动黏度	mm^2/s
Φ_r	参照热流量	W

5 参照条件

5.1 总则

本标准的参照条件主要是根据最常用的类型和尺寸的轴承在常规工作条件下确定的。

5.2 决定摩擦发热的参照条件

5.2.1 参照温度

轴承静止的外圈或座圈的参照温度：$\theta_r=70$ ℃；

轴承的环境参照温度：$\theta_{Ar}=20$ ℃。

5.2.2 参照载荷

5.2.2.1 向心轴承($0°\leqslant\alpha\leqslant45°$)

径向基本额定静载荷 C_{0r} 的 5%作为纯径向载荷，$P_{1r}=0.05\times C_{0r}$。

对于单列角接触轴承，参照载荷系指轴承套圈之间彼此产生纯径向位移的载荷的径向分量。

5.2.2.2 推力滚子轴承($45°<\alpha\leqslant90°$)

轴向基本额定静载荷 C_{0a} 的 2%作为中心轴向载荷，$P_{1r}=0.02\times C_{0a}$。

5.2.3 润滑

5.2.3.1 润滑剂

$\theta_r=70$ ℃时，不含 EP 添加剂的矿物油，具有以下运动黏度 ν_r。

a) 向心轴承 $\nu_r=12\ mm^2/s$(ISO VG 32)

b) 推力滚子轴承 $\nu_r=24\ mm^2/s$(ISO VG 68)

5.2.3.2 润滑方式

采用油浴润滑，润滑油位应达到处于最低位滚动体的中心。

5.2.4 其他参照条件

5.2.4.1 轴承特性

尺寸范围	内径到 1 000 mm 的标准类型轴承
内部游隙	符合 GB/T 4604—2006 中的“0”组的规定
密封	不包括接触式密封
双列向心轴承和双向推力轴承	假设为对称结构
滚动体直接在轴上或座孔内运转的滚动轴承	假定轴或座孔的滚动表面在各方面均与它所代替的轴承套圈或垫圈的滚道表面相同

5.2.4.2 **轴承的安装配置**

轴承旋转轴线　　　　水平

注：推力圆柱滚子轴承和滚针轴承应注意使润滑油流向上部的滚动体。

外圈或座圈　　　　静止

组配角接触轴承　　　　工作游隙为零

5.3 决定散热量的参照条件

5.3.1 散热参照表面积

式(1)～式(4)的表面积定义为散热参照表面积 A_r。

a) 向心轴承(圆锥滚子轴承除外)，见图1。

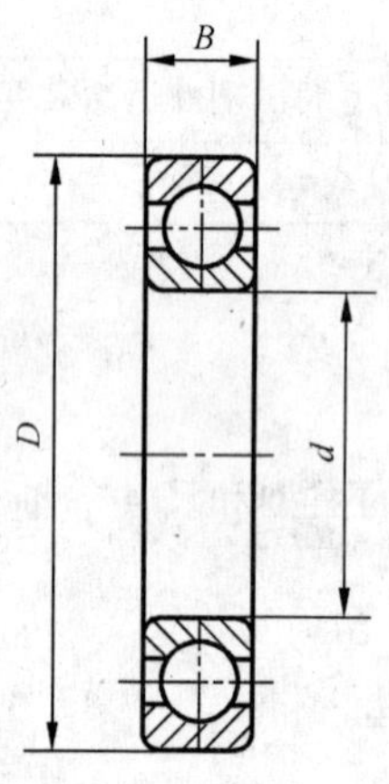

$$A_r = \pi \times B(D + d) \quad \cdots\cdots(1)$$

图 1

b) 圆锥滚子轴承，见图2。

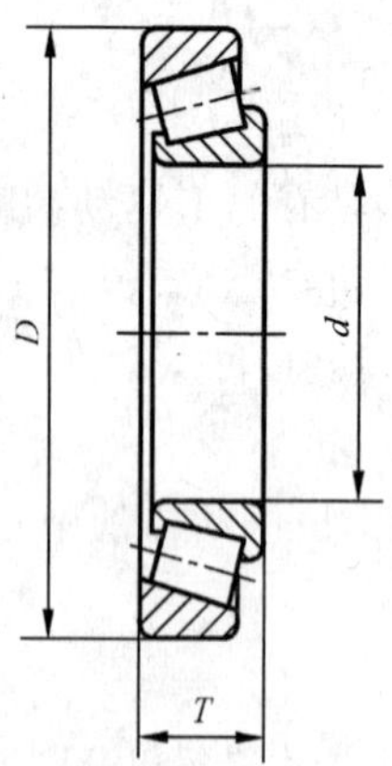

$$A_r = \pi \times T(d + D) \quad \cdots\cdots(2)$$

注：计算时采用轴承的总宽度而不采用单个套圈的宽度，这样计算的结果更接近于经验数据。

图 2

c) 推力圆柱滚子轴承和推力滚针轴承，见图3。

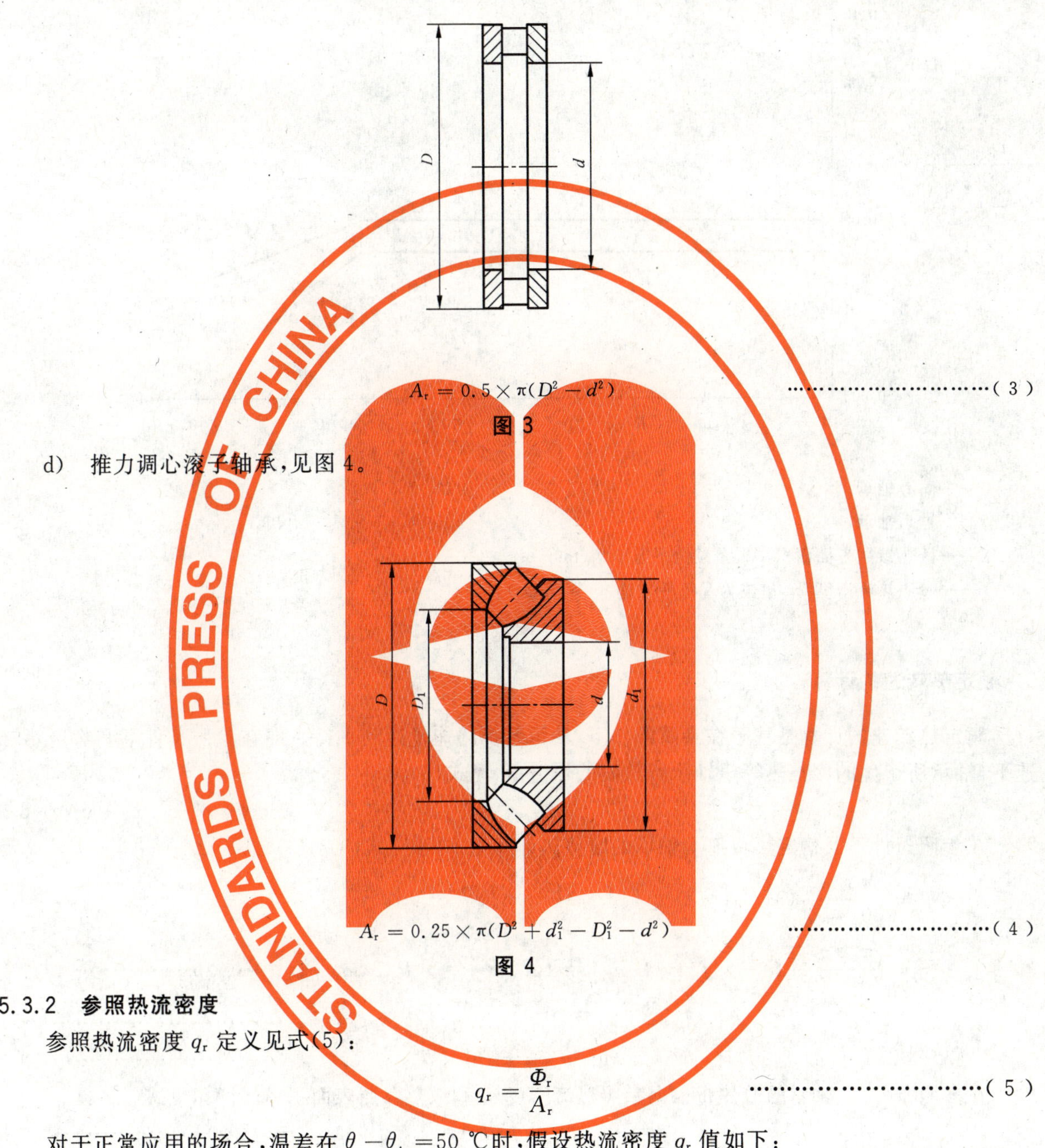

$$A_r = 0.5 \times \pi (D^2 - d^2) \qquad (3)$$

图 3

d) 推力调心滚子轴承,见图 4。

$$A_r = 0.25 \times \pi (D^2 + d_1^2 - D_1^2 - d^2) \qquad (4)$$

图 4

5.3.2 参照热流密度

参照热流密度 q_r 定义见式(5):

$$q_r = \frac{\Phi_r}{A_r} \qquad (5)$$

对于正常应用的场合,温差在 $\theta_r - \theta_{Ar} = 50$ ℃时,假设热流密度 q_r 值如下:

向心轴承(见图 5 曲线 1)

——当 $A_r \leqslant 50\,000$ mm² 时,$q_r = 0.016$ W/mm²;

——当 $A_r > 50\,000$ mm² 时,$q_r = 0.016 \times \left(\frac{A_r}{50\,000}\right)^{-0.34}$ W/mm²。

推力轴承(见图 5 曲线 2)

——当 $A_r \leqslant 50\,000$ mm² 时,$q_r = 0.020$ W/mm²;

——当 $A_r > 50\,000$ mm² 时,$q_r = 0.020 \times \left(\frac{A_r}{50\,000}\right)^{-0.16}$ W/mm²。

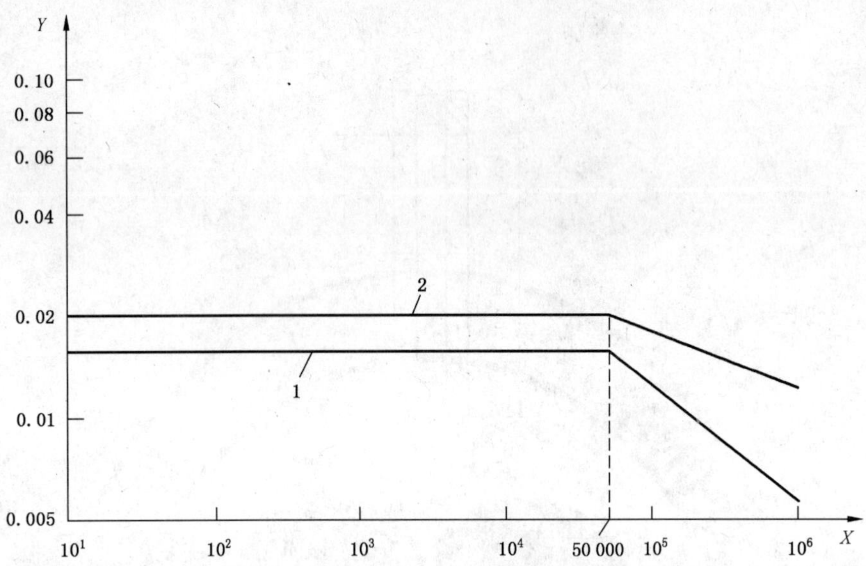

1——向心轴承；

2——推力轴承；

X——散热参照表面面积，A_r，单位为平方毫米（mm^2）；

Y——参照热流密度，q_r，单位为瓦每平方毫米（W/mm^2）。

图 5

6 额定热转速的计算

额定热转速的计算是基于在参照条件下，轴承系统的能量达到平衡。即在参照条件下和额定热转速下，轴承所产生的摩擦热等于轴承所散发的热流量，见式(6)：

$$N_r = \Phi_r \quad \cdots\cdots (6)$$

在参照条件下及额定热转速下轴承的摩擦热计算见式(7)～式(9)：

$$\begin{aligned} N_r &= \frac{\pi \times n_{\theta r}}{30 \times 10^3}(M_{0r} + M_{1r}) \\ &= \frac{\pi \times n_{\theta r}}{30 \times 10^3}[10^{-7} \times f_{0r}(\nu_r \times n_{\theta r})^{2/3} \times d_m{}^3 + f_{1r} \times P_{1r} \times d_m] \end{aligned} \quad \cdots\cdots (7)$$

$$M_{0r} = [10^{-7} \times f_{0r}(\nu_r \times n_{\theta r})^{2/3} \times d_m{}^3] \quad \cdots\cdots (8)$$

$$M_{1r} = f_{1r} \times P_{1r} \times d_m \quad \cdots\cdots (9)$$

在参照条件下，轴承的散热量根据参照热流密度 q_r 和散热参照表面面积 A_r 计算，见式(10)：

$$\Phi_r = q_r \times A_r \quad \cdots\cdots (10)$$

由摩擦热公式(7)和散热量公式(10)可得出额定热转速 $n_{\theta r}$ 的计算公式，见式(11)：

$$\frac{\pi \times n_{\theta r}}{30 \times 10^3}[10^{-7} \times f_{0r}(\nu_r \times n_{\theta r})^{2/3} \times d_m{}^3 + f_{1r} \times P_{1r} \times d_m] = q_r \times A_r \quad \cdots\cdots (11)$$

额定热转速 $n_{\theta r}$ 通过迭代法，由公式(11)确定。

7 注释

轴承的最大许用转速受到各种不同限制判据的限制，例如：许用温度(最常见的一种限制准则)、考虑到离心力时确保充足的润滑、避免任何轴承零件的断裂、滚动运动学、振动、噪声的产生以及轴承密封唇的运动速度等。

在本标准中，将轴承温度作为限制准则来判定轴承的转速能力。

转速能力可以表示为额定热转速，采用统一的参照条件进行计算。额定热转速或许与某些轴承制造厂家迄今所出版的样本中所列值有明显的差异，这是由于本标准中所确定的参照条件可能与这些轴承制造厂家的不同所致。

轴承的摩擦损耗转换为热能，从而导致温度升高直至由摩擦产生的热量与轴承散发的热量达到平衡。

与载荷无关的摩擦力矩 M_0 考虑了轴承的粘滞摩擦，取决于滚动轴承的类型、尺寸(轴承的平均直径)、速度以及润滑条件的影响。润滑条件包括润滑方式、润滑剂类型、运动黏度和润滑剂注入量等。

与载荷有关的摩擦力矩 M_1 考虑了机械摩擦，取决于轴承类型、尺寸(轴承的平均直径)以及载荷的大小及方向。

实际的热流密度可以与本标准假设值有所不同，这取决于与散热性有关的各种摩擦阻力，例如座孔的结构、环境条件等。轴承的摩擦对热流密度具有重要影响。

附 录 A
（资料性附录）
系数 f_{0r} 和 f_{1r}

表 A.1 中列出了非接触式密封的各类轴承按公式(11)计算额定热转速 $n_{\theta r}$ 时所需的系数 f_{0r} 和 f_{1r}。这些系数不仅是对文献中经验数值的分析结果，而且也是大量实验研究的结果。

尽管系数 f_{0r} 和 f_{1r} 的值本质上是离散的，但表 A.1 中给出的是无公差的平均值，这样使得计算统一的额定热转速成为可能。

系数 f_{0r} 和 f_{1r} 取决于轴承的类型。

表 A.1 中表示的尺寸系列规定在 GB/T 273.3 和 GB/T 273.2 中。

表 A.1 系数 f_{0r} 和 f_{1r}

轴承类型	尺寸系列	f_{0r}	f_{1r}	轴承类型	尺寸系列	f_{0r}	f_{1r}
单列深沟球轴承	18	1.7	0.000 10	四点接触球轴承	02	2	0.000 37
	28	1.7	0.000 10		03	3	0.000 37
	38	1.7	0.000 10				
	19	1.7	0.000 15				
	39	1.7	0.000 15				
	00	1.7	0.000 15				
	10	1.7	0.000 15	有保持架的单列圆柱滚子轴承	10	2	0.000 20
	02	2	0.000 20		02	2	0.000 30
	03	2.3	0.000 20		22	3	0.000 40
	04	2.3	0.000 20		03	2	0.000 35
调心球轴承	02	2.5	0.000 08		23	4	0.000 40
	22	3	0.000 08		04	2	0.000 40
	03	3.5	0.000 08	满装单列圆柱滚子轴承	18	5	0.000 55
	23	4	0.000 08		29	6	0.000 55
单列角接触球轴承 $22° < \alpha \leqslant 45°$	02	2	0.000 25		30	7	0.000 55
	03	3	0.000 35		22	8	0.000 55
					23	12	0.000 55
双列或组配单列角接触球轴承	32	5	0.000 35	满装双列圆柱滚子轴承	48	9	0.000 55
	33	7	0.000 35		49	11	0.000 55
					50	13	0.000 55

表 A.1（续）

轴承类型	尺寸系列	f_{0r}	f_{1r}	轴承类型	尺寸系列	f_{0r}	f_{1r}
滚针轴承	48	5	0.000 50	推力圆柱滚子轴承	11	3	0.001 50
	49	5.5	0.000 50		12	4	0.001 50
	69	10	0.000 50				
调心滚子轴承	39	4.5	0.000 17				
	30	4.5	0.000 17				
	40	6.5	0.000 27	推力滚针轴承	[a]	5	0.001 50
	31	5.5	0.000 27				
	41	7	0.000 49				
	22	4	0.000 19				
	32	6	0.000 36				
	03	3.5	0.000 19	推力调心滚子轴承	92	3.7	0.000 30
	23	4.5	0.000 30		93	4.5	0.000 40
圆锥滚子轴承	02	3	0.000 40		94	5	0.000 50
	03	3	0.000 40				
	30	3	0.000 40				
	29	3	0.000 40				
	20	3	0.000 40	修正结构推力调心滚子轴承（优化内部结构）	92	2.5	0.000 23
	22	4.5	0.000 40		93	3	0.000 30
					94	3.3	0.000 33
	23	4.5	0.000 40				
	13	4.5	0.000 40				
	31	4.5	0.000 40				
	32	4.5	0.000 40				

[a] 推力滚针轴承的尺寸系列规定在 GB/T 4605 中。

附 录 B
（资料性附录）
脂润滑滚动轴承的额定热转速

B.1 总则

脂润滑轴承额定热转速的计算方法与油浴润滑相同。

脂润滑轴承与载荷无关的摩擦力矩 M_{0r} 在运转的时间内不是一个常数，因此，将轴承运转 10 h～20 h 后的温度规定为参照温度 $\theta_r=70$ ℃，如果能够满足列在 B.2 和 B.3 中的参照条件，脂润滑的额定热转速就等同于油浴润滑的额定热转速。

B.2 润滑要求

设定脂润滑的参照条件如下：

润滑脂类型——某矿物油锂基脂，基油的运动黏度在 40 ℃时为 100 mm^2/s～200 mm^2/s（ISO VG 150）。

润滑脂剂量——填脂量大约为轴承有效空间的 30％。

B.3 系数 f_{0r} 和 f_{1r}

运转 10 h～20 h 后，系数 f_{0r} 可以取与油浴润滑相同的系数 f_{0r}，刚加脂之后，系数 f_{0r} 可以取为油润滑的两倍。在一个较长的运转周期后，就在重新润滑之前，系数 f_{0r} 可以减少到油浴润滑的 25％，但是也应考虑到乏油的风险。

脂润滑系数 f_{1r} 值与油浴润滑相同。

参 考 文 献

[1] GB/T 273.3—1999 滚动轴承 向心轴承 外形尺寸总方案(eqv ISO 15:1998).

[2] GB/T 273.2—2006 滚动轴承 推力轴承 外形尺寸总方案(ISO 104:2002,IDT).

[3] GB/T 4605—2003 滚动轴承 推力滚针和保持架组件及推力垫圈(ISO 3031:2000,NEQ).

[4] PALMGREN, A., Ball and Roller Bearing Engineering, 3rd ed., Burbank, Philadelphia, 1959.

ICS 21.100.20
J 11

中华人民共和国国家标准

GB/T 24610.1—2009/ISO 15242-1:2004

滚动轴承　振动测量方法
第1部分:基础

Rolling bearings—Measuring methods for vibration—Part 1: Fundamentals

(ISO 15242-1:2004,IDT)

2009-11-15 发布　　2010-04-01 实施

中华人民共和国国家质量监督检验检疫总局
中国国家标准化管理委员会　发布

前　言

GB/T 24610《滚动轴承　振动测量方法》分为4个部分：

——第1部分：基础；

——第2部分：具有圆柱孔和圆柱外表面的向心球轴承；

——第3部分：具有圆柱孔和圆柱外表面的调心滚子轴承和圆锥滚子轴承；

——第4部分：具有圆柱孔和圆柱外表面的圆柱滚子轴承。

本部分为GB/T 24610的第1部分。

本部分等同采用ISO 15242-1:2004《滚动轴承　振动测量方法　第1部分：基础》。

本部分等同翻译ISO 15242-1:2004。

为了便于使用，本部分做了下列编辑性修改：

——“本文件”一词改为“本部分”；

——删除了国际标准的前言；

——用小数点“.”代替作为小数点的逗号“,”。

本部分的附录A为资料性附录。

本部分由中国机械工业联合会提出。

本部分由全国滚动轴承标准化技术委员会(SAC/TC 98)归口。

本部分起草单位：杭州轴承试验研究中心有限公司、洛阳轴承研究所、洛阳轴研科技股份有限公司。

本部分主要起草人：陈芳华、李飞雪、章有良、马素青、张亚军、郭宝霞、张燕辽。

引　言

滚动轴承旋转时的振动是轴承的一个重要运转特性。振动会影响装有轴承的机械系统的性能。当振动向运转的机械系统所处的环境传播时，会引起可闻噪声。

滚动轴承旋转时的振动是与运转条件有关的一种复杂的物理现象。在某一组条件下测量的单套轴承的振动值并不一定表征不同的条件下或该轴承成为一较大部件中的一个零件时的振动值。评定装有轴承的机械系统产生的声响就更加复杂，它还受界面条件、感应装置的位置和方向以及系统运转所处声学环境的影响。空气噪声——本部分定义为任何令人不愉快的、不希望有的声音，由于术语“令人不愉快的、不希望有的”具有主观特性，因而其评定更为复杂。可以认为轴承的结构振动是最终导致空气噪声产生的驱动源。GB/T 24610 的本部分仅列入了经过选择的轴承结构振动的测量方法。

GB/T 24610 的本部分定义和规定了被测的物理量以及在测试装置上测量滚动轴承振动时的一般测试条件和环境状况。根据 GB/T 24610 的本部分，轴承的验收方可通过协商，确定接收标准，来控制轴承的振动。

轴承振动可采用许多方法中的任一种来评定，不同的评定方法使用不同类型的传感器和测试条件。没有任何一组表征轴承振动的数值能够对所有可能的使用条件下的轴承振动性能进行评定。最终，还应根据已知的轴承类型、使用条件以及振动测试目的(例如：是作为制造过程诊断，或是作为产品质量评定)等，来选择最适用的测试方法。因此，轴承振动标准的适用范围并不是通用的。但对于GB/T 24610 的本部分而言，只将某些适用范围十分广泛的方法确立为标准方法。

GB/T 24610 的本部分规定了振动测量的一般原则，具有圆柱孔和圆柱外表面的不同类型的轴承振动评定方法的详细内容将在其他部分规定。

滚动轴承 振动测量方法
第1部分:基础

1 范围

GB/T 24610的本部分规定了在所确立的测试条件下,旋转的滚动轴承的振动测量方法以及相关测量系统的标定。

2 规范性引用文件

下列文件中的条款通过GB/T 24610的本部分的引用而成为本部分的条款。凡是注日期的引用文件,其随后所有的修改单(不包括勘误的内容)或修订版均不适用于本部分,然而,鼓励根据本部分达成协议的各方研究是否可使用这些文件的最新版本。凡是不注日期的引用文件,其最新版本适用于本部分。

GB/T 1800.2—2009 产品几何技术规范(GPS) 极限与配合 第2部分:标准公差等级和孔、轴极限偏差表(ISO 286-2:1988,MOD)

GB/T 2298—1991 机械振动与冲击 术语(neq ISO 2041:1990)

GB/T 3141—1994 工业液体润滑剂 ISO黏度分类(eqv ISO 3448:1992)

GB/T 4199—2003 滚动轴承 公差 定义(ISO 1132-1:2000,MOD)

GB/T 6930—2002 滚动轴承 词汇(ISO 5593:1997,IDT)

ISO 554 调节和/或试验用标准大气 规范

ISO 558 调节和试验 标准大气 定义

ISO 3205 优选试验温度

3 术语和定义

GB/T 2298—1991、GB/T 4199—2003和GB/T 6930—2002确立的以及下列术语和定义适用于本部分。

3.1

运动误差 error motion

旋转轴线不希望有的径向或轴向(平移)运动或倾斜(角向)运动,但不包括由于温度或外加载荷变化引起的运动。

3.2

刚度 stiffness

作用在弹性元件上的力(或力矩)的变化量与相应的线性位移(或角位移)的变化量之比。

3.3

振动 vibration

描述机械系统运动或位置的参量,其量值随时间在某一平均值(或基准值)上下交替变化的现象。

3.4

传感器 transducer

可以接收来自某一系统的能量并能以相同或不同类型的能量传输到另一系统,从而使输入能量所期望的特征在输出端显示出来的装置。

3.5

机电传感器　electromechanical pickup

受到来自机械系统能量(应变、力、运动等)的激励并将能量传输给电子系统的传感器。反之亦然。

注：测量振动和冲击所使用的传感器主要类型有：

a) 压电加速度计；

b) 压阻加速度计；

c) 应变式加速度计；

d) 可变电阻传感器；

e) 静电(电容)传感器；

f) 粘丝(箔片)式应变计；

g) 可变磁阻传感器；

h) 磁致伸缩传感器；

i) 动导体传感器；

j) 动圈传感器；

k) 电感传感器。

3.6

位移　displacement

规定物体或质点相对于某参考系位置变化的矢量。

3.7

速度　velocity

规定位移对时间导数的矢量。

3.8

加速度　acceleration

规定速度对时间导数的矢量。

3.9

滤波器　filter,wave filter

根据频率来分离振动的装置,它使波的振动在一个或多个频带上的衰减相对较小,而在其他频带上的衰减相对较大。

3.10

带通滤波器　band-pass filter

从大于零的下截止频率到限定的上截止频率的单一通带滤波器。

3.11

通带　pass-band

〈带通滤波器〉在上下截止频率之间的频带。

3.12

标称上、下截止频率　nominal upper and lower cut-off frequencies

截止频率　cut-off frequency

〈带通滤波器〉高于或低于滤波器最大响应频率的频率,在这些频率上对正弦信号的响应低于最大响应 3 dB。

3.13

均方根(r. m. s.)速度　root mean square (r. m. s) velocity

$v_{\mathrm{r.m.s.}}(t)$

在时间间隔 T 内,各时间段速度平方的平均值,再取其平方根。

注：均方根值也适用于位移和加速度。

3.14

指数平均有效(e. m. e.)速度　exponential mean effective (e. m. e.) velocity

$v_{e.m.e.}(t)$

用于获得时间-平均速度的参量,它类似于均方根速度,但考虑了指数衰减。

注 1:指数平均有效值也适用于位移和加速度。

注 2:指数平均有效值也称为指数平均值或时间衰减值。

3.15

周期　period

周期量函数重复出现时自变量的最小增量。

4　基本概念

4.1　轴承振动测量

图 1 显示了轴承振动测量的基本要素及影响测量的因素。图 1 中的数字对应于本部分的各条目。

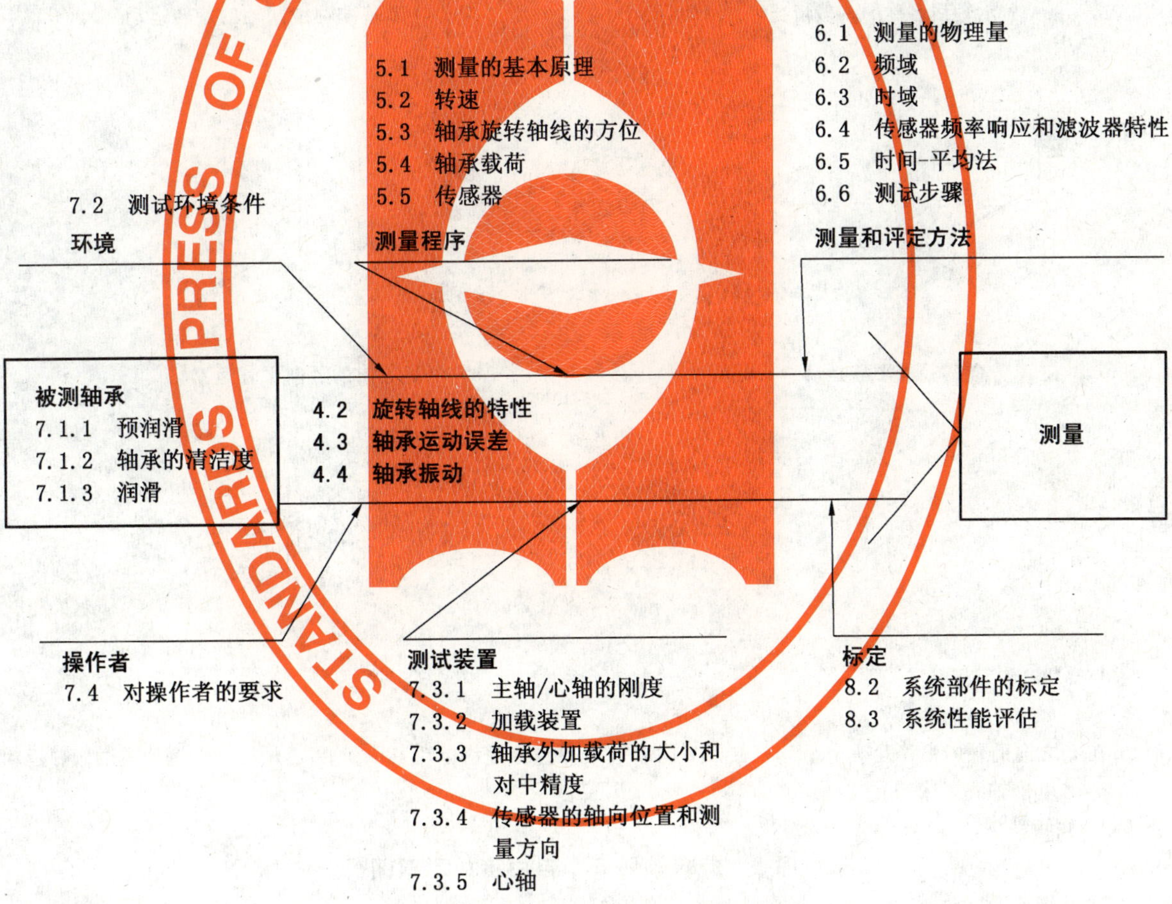

7.2　测试环境条件

环境

5.1　测量的基本原理

5.2　转速

5.3　轴承旋转轴线的方位

5.4　轴承载荷

5.5　传感器

测量程序

6.1　测量的物理量

6.2　频域

6.3　时域

6.4　传感器频率响应和滤波器特性

6.5　时间-平均法

6.6　测试步骤

测量和评定方法

被测轴承

7.1.1　预润滑

7.1.2　轴承的清洁度

7.1.3　润滑

4.2　旋转轴线的特性

4.3　轴承运动误差

4.4　轴承振动

测量

操作者

7.4　对操作者的要求

测试装置

7.3.1　主轴/心轴的刚度

7.3.2　加载装置

7.3.3　轴承外加载荷的大小和对中精度

7.3.4　传感器的轴向位置和测量方向

7.3.5　心轴

标定

8.2　系统部件的标定

8.3　系统性能评估

图 1　轴承振动测量的基本要素

4.2　旋转轴线的特性

旋转轴承可为一机器零件相对另一零件旋转提供旋转轴线,并可承受径向和/或轴向载荷。一旋转轴线可呈现 6 个基本自由度的运动,如图 2 所示,并列举如下:

——旋转运动,见图 2b);

——径向平移运动,即在通过旋转轴线的一个或两个相互垂直平面内的平移运动,见图 2c)和图 2d);

——轴向平移运动,即在平行于旋转轴线的方向上的平移运动,见图 2e);

——角向倾斜运动,即在通过旋转轴线的一个或两个相互垂直平面内的角向运动,见图 2f)和图 2g)。

理想状态下,旋转轴承在旋转方向上对外加载荷是没有阻力(即零摩擦力矩)的。根据外加载荷的类型,轴承应设计为既能承受外加载荷,而且在剩余 5 个自由度的任何一个或所有剩余 5 个自由度上呈现刚性。例如,具有自调心能力的轴承可承受径向和轴向载荷,只有在理想状态下,在两个倾斜方向才不呈现刚性。其他轴承可设计成轴向自由运动,但此时应在径向和倾斜方向呈现刚性。

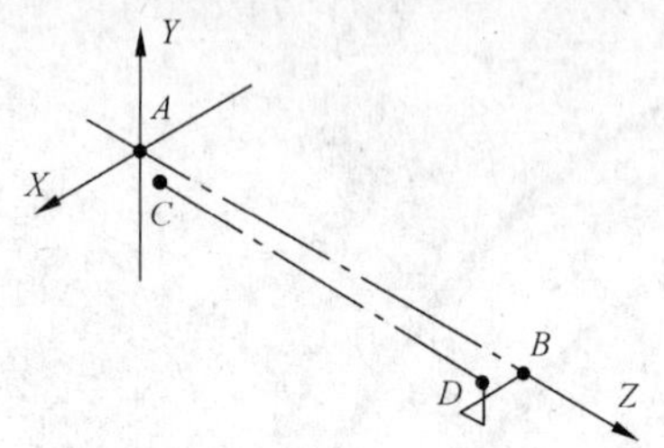

a) 显示轴线名称的一般情况

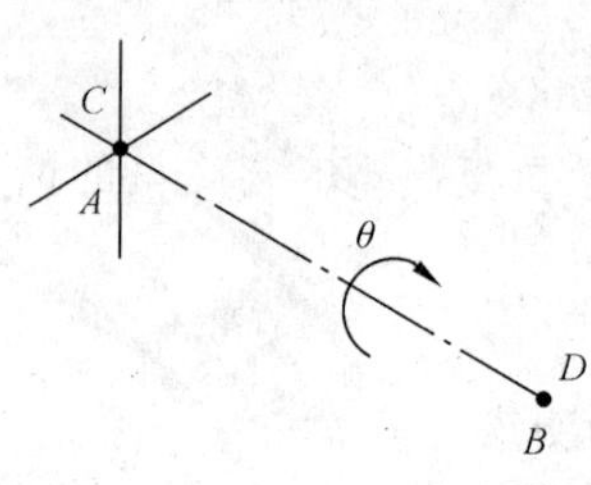

b) 与 Z 基准轴线同轴的旋转运动

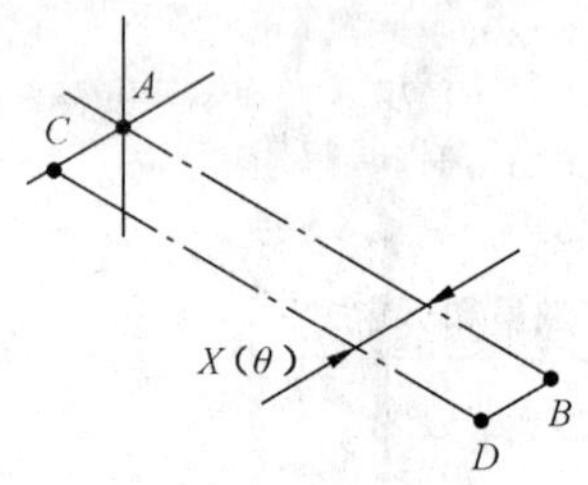

c) 在 X 方向的径向平移运动

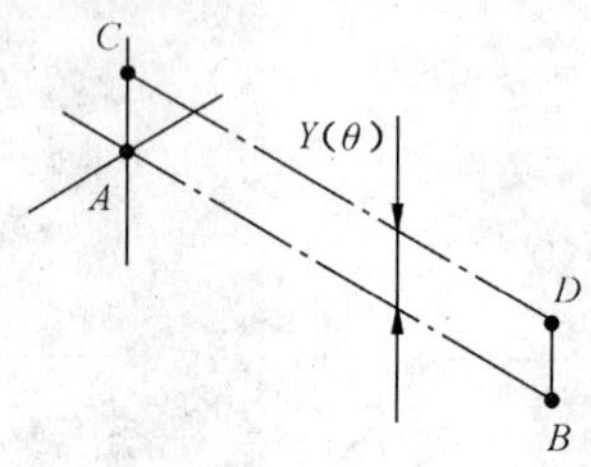

d) 在 Y 方向的径向平移运动

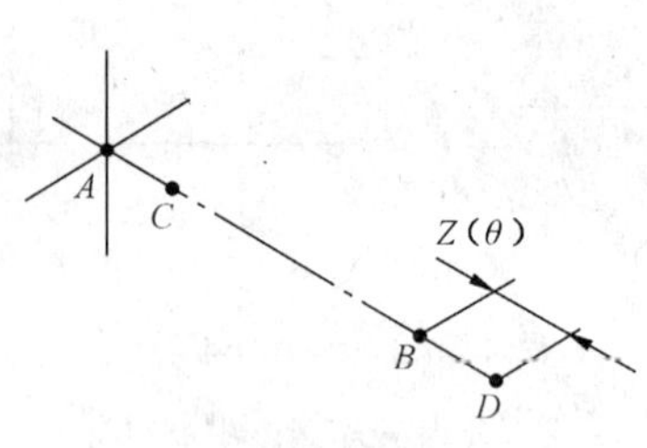

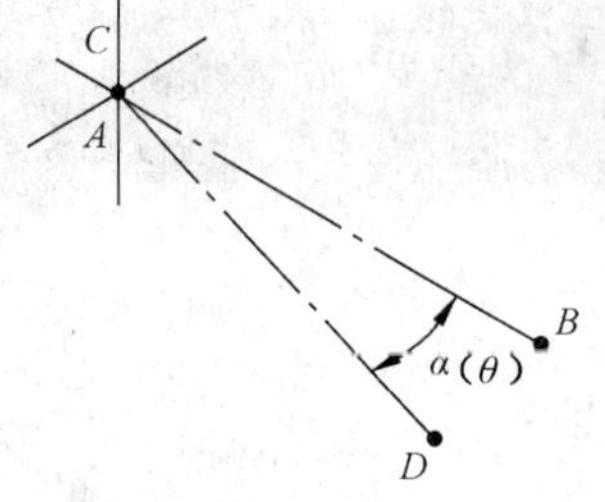

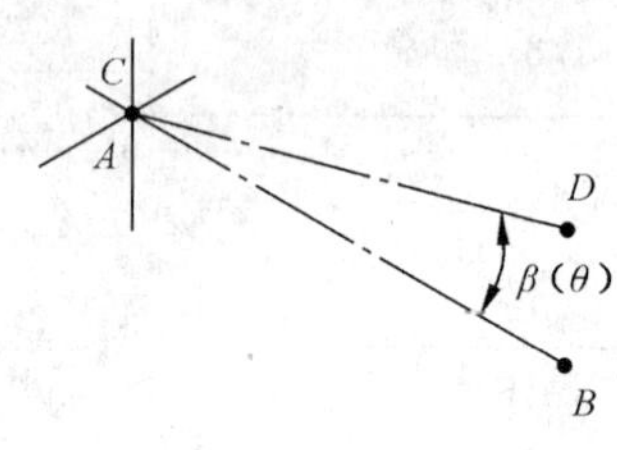

e) 在 Z 方向的轴向平移运动　f) 在 X 方向以 A 为原点的倾斜运动　g) 在 Y 方向以 A 为原点的倾斜运动

AB=Z 基准轴线

CD=旋转轴线

图 2　旋转轴线 6 个自由度的示意图

4.3　轴承运动误差

轴承共有 5 个非旋转自由度,可设计在任何一个非旋转自由度上承受载荷。旋转轴承的旋转轴线在 5 个非旋转自由度的任一个自由度上的位移即为轴承的运动误差。这包括与轴承旋转有关的任何位移,但不包括由于温度变化或外加载荷变化引起的位移。运动误差用位移表示,表示与理想旋转轴线的偏差。旋转轴承的运动误差是由于轴承旋转时进行相对运动的轴承内部各表面几何形状不理想造成的。几何形状不理想可能是轴承零件固有的特性(例如,加工表面的形状误差),也可能是由于轴承在装配或安装过程中轴承零件发生变形造成的。

4.4　轴承振动

引起轴承运动误差的因素同样也可引起轴承零件的动态振动。振动是由运动误差引起位移的结果，但还需考虑与加速度有关的惯性力的作用，以及轴承或安装的刚性特性也会在轴承中引起内部力。随时间变化的轴承零件的变形、若干不可预期的滚动体和保持架运动形式以及保持架相对于滚动体或套圈的周期性位移也会引起内部力。在特定环境(例如旋转速度和施加载荷)下，振动由运动误差引起。轴承振动能影响机械系统的性能，并可使包括轴承在内的系统产生空气噪声。

5 测量程序

5.1 测量的基本原理

就本部分而言，是评定由传感器测得的旋转轴承的结构振动。传感器可为位移、速度、加速度或力型传感器。传感器安装在一个轴承套圈一规定点上，或安装在与一个轴承套圈机械式连接在一起的测试装置上的一个机械零件的一规定点上。应规定传感器相对于一参照系的作用线(即轴向或径向)。轴承在规定的载荷条件下以一固定转速旋转，在一规定的时间段内监测传感器的信号，然后对采集的数据进行分析、计算，得出一个或多个用于表征振动水平的参数。通过这些观测结果，就得出了所选测试条件下的轴承振动数据。在不同的运转条件下，这些结果可能或不可能得出有关轴承振动和噪声的结论。

测量程序可以用框图表示，如图 1 所示，它是各个要素的组合。

本部分的相应条目给出了测量程序各个要素的详细内容。

5.2 转速

轴承振动是在动态下进行测量的，测量时外圈静止或渐次转动，内圈以一恒定速度旋转，转速与轴承的尺寸和结构有关(见 GB/T 24610 的特定类型部分)。

在测试过程中，实际转速不应超过规定转速的$^{+1}_{-2}$%。

5.3 轴承旋转轴线的方位

测试轴承振动时，轴承的旋转轴线可处于垂直或水平位置。轴线水平时，应考虑到地球引力相对于旋转的滚动体的取向变化，否则将会导致附加振动，除非滚动体上的离心力或在滚动体上产生的接触力远远大于其自重。

5.4 轴承载荷

为了达到轴承中限定的运动学条件，测振过程中应对轴承加载。施加的载荷应足够大，以防止滚动体相对内、外圈滚道打滑但又不致引起变形而影响测量结果。

5.5 传感器

所测参量为轴承外圈的径向或轴向振动。机电传感器可将机械运动转换成电信号，所给出的信号名义上与位移、速度或加速度成比例。也可使用力传感器，只要能将信号变换成上述三种参量中的一种。

应分清是非接触式测量系统还是接触式测量系统。非接触式测量系统特别适用于位移测量，而接触式测量系统的传感器应与振动的轴承外圈接触。当使用接触式传感器时，应注意保证传感器不能影响轴承外圈的振动。但这种接触又需要足够牢固，以便在适用频率范围内的所有振动都能被检测得到。为此，可运动部分的质量应尽可能小。如果振动是通过与轴承外圈接触的传感器触头来传递的，还应考虑接触谐振的出现(参见附录 A)。

轴承外圈的振动运动是不同频率的各种幅值位移的复杂叠加。尽管可能会有较大的单一幅值存在，甚至是在较高频率时也是如此(尤其是有缺陷的轴承)，但幅值一般会随着频率的增高而减小，在几千赫兹时，能减小到纳米级。这样就使得某些位移测量系统在高频范围内很难给出可靠的测量结果；另一方面，一个非常适于高频测量的加速度型传感器，却需要具有极高的动态性能才能分辨出较低的频谱。一个比较好的处理方法是采用速度型传感器，显示的信号与速度成比例。如果需要，还可利用已知的标定过的转换系数，将采集到的主要信号转换成电信号。

6 测量和评定方法

6.1 测量的物理量

测量时设定的物理量为振动速度，$v_{r.m.s.}$（μm/s）。根据轴承类型，测量方向可为径向或者轴向。

6.2 频域

在 50 Hz～10 000 Hz 范围内，在一个或多个频带内测出速度信号。对于不同的轴承类型，建议采用特定的频率范围。

注：例如，某一尺寸范围的向心和角接触轴承可以使用 50 Hz～300 Hz、300 Hz～1 800 Hz 和 1 800 Hz～10 000 Hz 的频率范围。

也可选择使用频谱分析法对振动信号进行分析。

6.3 时域

通常，被测轴承中的表面缺陷和/或污染常常造成时域速度信号的峰值或尖锐脉冲，经制造厂与用户协商，可以考虑将峰值或尖锐脉冲的检测，作为一种补充选项。根据轴承的类型和使用条件，可以采用不同的评定方法。

6.4 传感器频率响应和滤波器特性

机电传感器的频率响应应在图 3 规定的范围内。

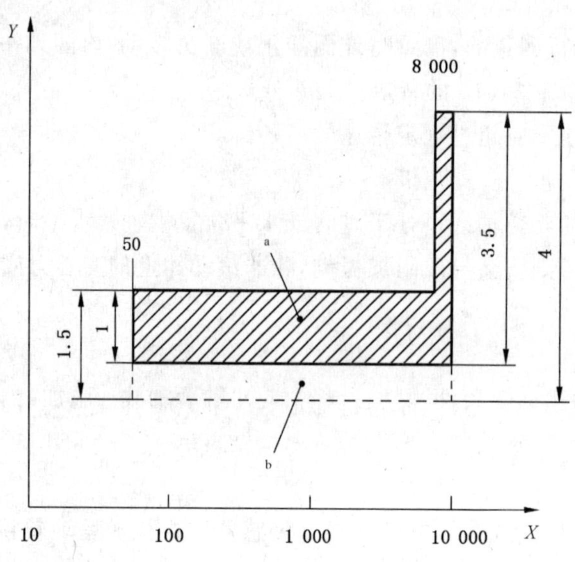

X——频率，单位为赫兹(Hz)；

Y——输出信号/振动速度，单位为分贝(dB)。

a 推荐区。

b 最大允许区(包括[a])。

图 3 传感器频率响应特性

图 3 中传感器的最低频率响应要求应包括放大器的补偿输出信号。

幅值线性度：在 10 μm/s(r. m. s.)～3 000 μm/s(r. m. s.)速度范围内，振动幅值线性度的最大偏差应小于 10%。

传感器的灵敏度：与电子装置匹配的传感器的灵敏度应限定在±5%以内。在传感器的静态轴向位移工作范围内，该灵敏度应在规定的极限值内。单个传感器的灵敏度发生变化时，电子装置应提供适当的补偿。

电子装置的滤波器特性应在图 4 规定的带通滤波器极限范围内。低于下截止频率(f_L)64%的所有频率及高于上截止频率(f_H)160%的所有频率，通带的衰减不应小于 40 dB。

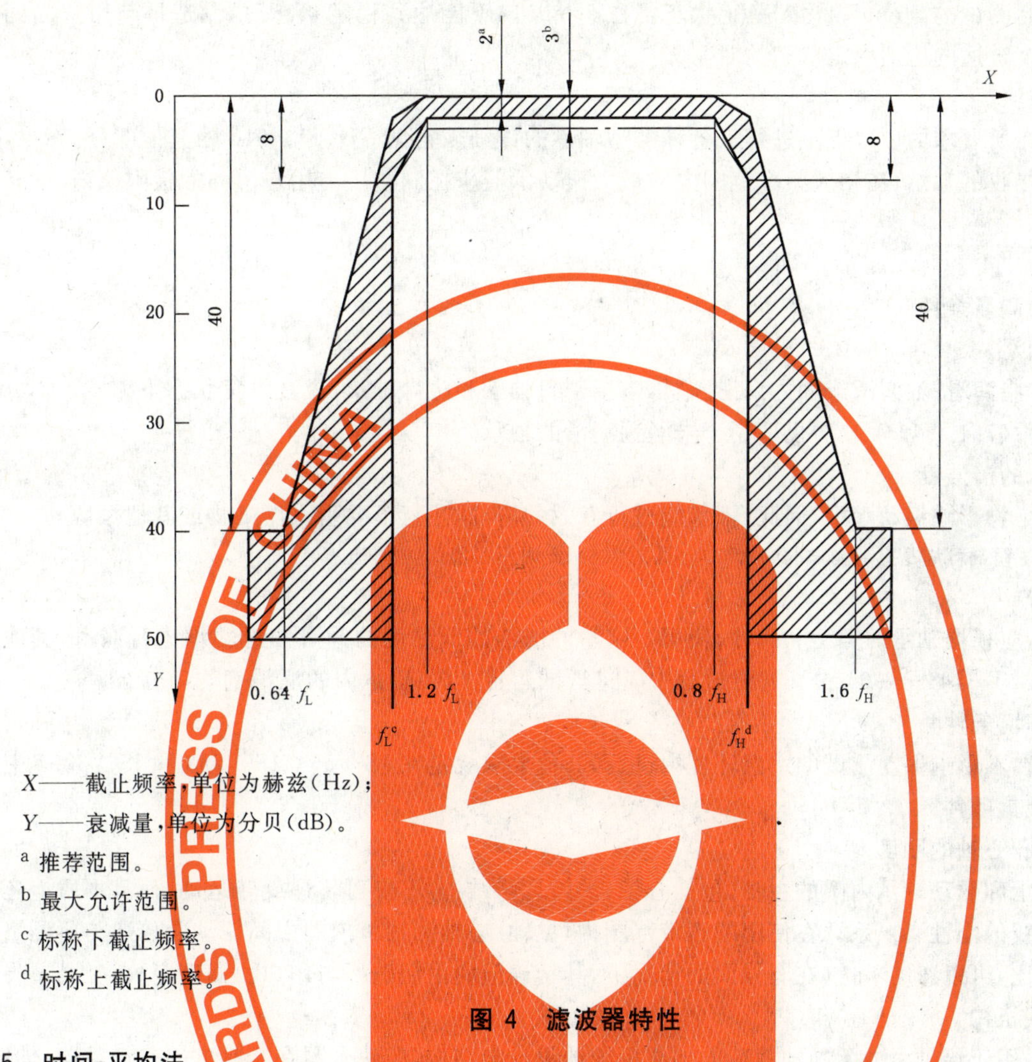

X——截止频率，单位为赫兹(Hz)；

Y——衰减量，单位为分贝(dB)。

a 推荐范围。

b 最大允许范围。

c 标称下截止频率。

d 标称上截止频率。

图 4 滤波器特性

6.5 时间-平均法

每一频带范围内速度信号的测量值，是振动达到稳定状态、测试时间不小于 0.5 s 内的有代表性的时间-平均值的读数。所谓达到稳定状态，是指在平均值附近只有偶然的随机波动。至于选择何种时间-平均值公式，应由制造厂与用户协商确定。两种常用的公式[见式(1)、式(2)]是计算均方根(r.m.s.)值和指数平均有效(e.m.e.)值，其定义分别在 3.13 和 3.14 中给出。

$$v_{\mathrm{r.m.s.}}(t)=\sqrt{(1/T)\int_{(t-T)}^{t}v^{2}(t')\mathrm{d}t'} \qquad \cdots\cdots(1)$$

式中：

$v(t')$——随时间变化的振动速度；

T——采样时间，其值应长于组成 $v(t')$ 的任一主要频率分量的周期。

$v_{\mathrm{r.m.s.}}(t)$ 经常在 $t=T$ 时取值。

$$v_{\mathrm{e.m.e.}}(t)=\sqrt{(1/\tau)\int_{0}^{t}v^{2}(t')\mathrm{e}^{-(t-t')/\tau}\mathrm{d}t'} \qquad \cdots\cdots(2)$$

式中：

$v(t')$——随时间变化的振动速度；

τ——延迟时间，其值应长于组成 $v(t')$ 的任一主要频率分量的周期。

$v_{\mathrm{e.m.e.}}(t)$ 应在 $t\gg\tau$ 时取值。

应在开始测试的5 min内达到稳定状态。在5 min内不能达到稳定状态时，制造厂与用户之间应协商确定一个合适的达到稳定状态的时间。

6.6 测试步骤

测量应在所要求的位置点上进行。各种类型轴承的详细规定见GB/T 24610的其他部分。

对于可接收的轴承，在相应频率范围内的最大振动示值应在制造厂与用户协商的极限值内。

7 测量条件

7.1 轴承的测量条件

7.1.1 预润滑

预润滑(脂润滑、油润滑或固体润滑)轴承包括密封轴承和防尘轴承，应在供货状态下测试。

参照条件(7.1.2和7.1.3)也适用于未经预润滑的轴承。

7.1.2 轴承的清洁度

由于污染物影响振动水平，因此，轴承应进行有效的清洗，注意不要引入污染物或其他振源。

注：某些防锈剂可满足振动测试的润滑要求(见7.1.3)，此时不必清除防锈剂。

7.1.3 润滑

测试前，应根据轴承的类型和尺寸，使用一定量的清洁的低黏度的润滑油对轴承进行润滑，其他要求规定在GB/T 3141—1994中。润滑过程中应进行试运转，以使轴承内的润滑剂均匀分布。

7.2 测试环境条件

轴承应在不影响振动测试的室温环境中进行，其他要求规定在ISO 554、ISO 558和ISO 3205中。

7.3 测试装置条件

7.3.1 主轴/心轴的刚度

用于支承和驱动轴承内圈的主轴(包括心轴)的设计与结构，不仅可传递旋转运动，而且本质上还可作为内圈轴线的刚性参照系。在使用的频带范围内，主轴/心轴和轴承内圈之间振动的传递与所测量的振动速度相比，可以忽略不计(在有异议的情况下，其精确值应由制造厂与用户协商确定)。

7.3.2 加载机构

理论上，用于给轴承外圈施加载荷的加载系统的设计与结构，应使套圈在所有方向——径向、轴向、角向或挠曲型(视轴承类型而定)的振动本质上处于自由状态。

7.3.3 轴承外加载荷的大小和对中精度

特定轴承类型的详细规定按GB/T 24610的其他部分。

7.3.4 传感器的轴向位置和测量方向

特定轴承类型的详细规定按GB/T 24610的其他部分。

7.3.5 心轴

用于安装轴承内圈的心轴圆柱表面，其外径公差应符合GB/T 1800.2—2009中f5级的规定，且具有最小的几何误差，确保心轴以滑配合装入轴承内孔中。

7.4 对操作者的要求

合格的操作者应确保按GB/T 24610的本部分以及相应轴承类型的其他部分进行振动测量。

8 测量系统的标定和鉴定评估

8.1 总则

应遵守文件化的标定程序进行标定，以保证测量前测量系统的标定是在标定有效期内。

8.2 系统部件的标定

轴承振动测量系统中需要标定的基本元件如下：

——使轴承旋转的驱动单元；

——轴承加载单元；

——将轴承振动转换成为电信号的传感器；

——处理信号的电子单元(放大器、滤波器、显示装置)。

测量系统中的每一部分应保持在其原来设计的性能状态，并能在所控制的条件下进行校正。校正或标定应能追溯到国际测量标准或国家测量标准。以下是每个测量系统的主要标定和确认项目：

a) 驱动单元

1) 主轴转速；

2) 主轴的运动误差和残余振动；

3) 安装轴承的主轴心轴的状况(损伤、腐蚀、变形、尺寸变化等)。

b) 加载单元

1) 载荷大小；

2) 加载方向的对中；

3) 加载点的位置。

c) 传感器

1) 灵敏度和幅值线性度；

2) 频率响应；

3) 方向和位置。

d) 电子单元(放大器、滤波器和显示装置)

1) 放大倍数和线性度；

2) 频率特性；

3) 仪表或数字显示器的指示精度。

8.3 系统性能评估

如果测量是在轴承零件的相同位置上进行，并且使用同样的测量设备和测试参数，测量的重复性应在平均测值的±10%以内。

注：测量系统的变化不包括被测轴承的变化。

附　录　A
（资料性附录）
需要考虑的接触谐振问题

A.1　接触力

如果传感器是用弹簧加载，则接触力应大于 $m \times a$（m 为运动部分的质量，a 为所测的最大加速度），以防止传感器与轴承外圈脱离接触。

A.2　接触谐振

传感器的触头，因其弹性模量 E，其作用就像弹簧一样，因此造成接触谐振。触头为球形时，情况就变得更为复杂，因为此时触头的作用就像具有变刚度的弹簧一样，刚度随载荷的增加而增大。E 值越高，传感器触头半径 r 越大，则响应频率 f 的值就越大。表 A.1 给出了一些例子，如半球形传感器触头（E=600 GPa）与传感器一起构成总运动质量 m 以静态力 F 压在轴承外圈（E=200 GPa）外表面上，此时得出的 f 值。

表 A.1　接触谐振频率

r/ mm	F/ N	m/ g	f/ kHz
1	1	1	9.6
5	1	1	12.6
1	5	1	12.6
1	1	5	4.3

ICS 21.100.20
J 11

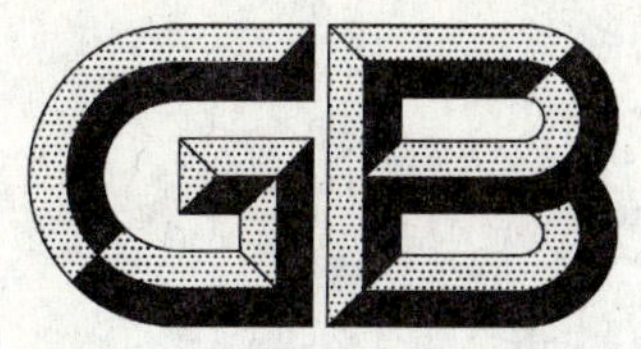

中华人民共和国国家标准

GB/T 24610.2—2009/ISO 15242-2:2004

滚动轴承　振动测量方法
第2部分:具有圆柱孔和圆柱外表面的向心球轴承

Rolling bearings—Measuring methods for vibration—
Part 2:Radial ball bearings with cylindrical bore and outside surface

(ISO 15242-2:2004,IDT)

2009-11-15 发布　　2010-04-01 实施

中华人民共和国国家质量监督检验检疫总局
中国国家标准化管理委员会　发布

前　言

GB/T 24610《滚动轴承　振动测量方法》分为4个部分：

——第1部分：基础；

——第2部分：具有圆柱孔和圆柱外表面的向心球轴承；

——第3部分：具有圆柱孔和圆柱外表面的调心滚子轴承和圆锥滚子轴承；

——第4部分：具有圆柱孔和圆柱外表面的圆柱滚子轴承。

本部分为GB/T 24610的第2部分。

本部分等同采用ISO 15242-2:2004《滚动轴承　振动测量方法　第2部分：具有圆柱孔和圆柱外表面的向心球轴承》。

本部分等同翻译ISO 15242-2:2004。

为了便于使用，本部分做了下列编辑性修改：

——"本文件"一词改为"本部分"；

——删除了国际标准的前言；

——用小数点"."代替作为小数点的逗号","。

本部分的附录A为规范性附录。

本部分由中国机械工业联合会提出。

本部分由全国滚动轴承标准化技术委员会(SAC/TC 98)归口。

本部分起草单位：杭州轴承试验研究中心有限公司、洛阳轴承研究所、洛阳轴研科技股份有限公司。

本部分主要起草人：张亚军、马素青、陆水根、李飞雪、郭宝霞、蔡丽萍。

引　言

滚动轴承旋转时的振动是与运转条件有关的一种复杂的物理现象。在某一组条件下测量的单套轴承的振动值并不一定表征不同的条件下或该轴承成为一较大部件中的一个零件时的振动值。评定装有轴承的机械系统产生的声响就更加复杂，它还受界面条件、感应装置的位置和方向以及系统运转所处声学环境的影响。空气噪声——本部分定义为任何令人不愉快的、不希望有的声音，由于术语“令人不愉快的、不希望有的”具有主观特性，因而其评定更为复杂。可以认为轴承的结构振动是最终导致空气噪声产生的驱动源。GB/T 24610 的本部分仅列入了经过选择的轴承结构振动的测量方法。

轴承振动可采用许多方法中的任一种来评定，不同的评定方法使用不同类型的传感器和测试条件。没有任何一组表征轴承振动的数值能够对所有可能的使用条件下的轴承振动性能进行评定。最终，还应根据已知的轴承类型、使用条件以及振动测试目的（例如：是作为制造过程诊断，或是作为产品质量评定）等，来选择最适用的测试方法。因此，轴承振动标准的适用范围并不是通用的。但对于GB/T 24610 的本部分而言，只将某些适用范围十分广泛的方法确立为标准方法。

GB/T 24610 的本部分详细规定了在测试装置上，评定具有圆柱孔和圆柱外表面的向心球轴承振动的方法。

滚动轴承　振动测量方法
第2部分:具有圆柱孔和圆柱外表面的向心球轴承

1　范围

GB/T 24610 的本部分规定了在所确立的测试条件下,接触角不大于45°的单列和双列向心球轴承的振动测量方法。

GB/T 24610 的本部分适用于具有圆柱孔和圆柱外表面的向心球轴承,不适用于具有装填槽的轴承和三点、四点接触球轴承。

2　规范性引用文件

下列文件中的条款通过 GB/T 24610 的本部分的引用而成为本部分的条款。凡是注日期的引用文件,其随后所有的修改单(不包括勘误的内容)或修订版均不适用于本部分,然而,鼓励根据本部分达成协议的各方研究是否可使用这些文件的最新版本。凡是不注日期的引用文件,其最新版本适用于本部分。

GB/T 1800.2—2009　产品几何技术规范(GPS)　极限与配合　第2部分:标准公差等级和孔、轴极限偏差表(ISO 286-2:1988,MOD)

GB/T 2298—1991　机械振动与冲击　术语(neq ISO 2041:1990)

GB/T 3141—1994　工业液体润滑剂　ISO 黏度分类(eqv ISO 3448:1992)

GB/T 4199—2003　滚动轴承　公差　定义(ISO 1132-1:2000,MOD)

GB/T 6930—2002　滚动轴承　词汇(ISO 5593:1997,IDT)

GB/T 24610.1—2009　滚动轴承　振动测量方法　第1部分:基础(ISO 15242-1:2004,IDT)

ISO 554　调节和/或试验用标准大气　规范

ISO 558　调节和试验　标准大气　定义

ISO 3205　优选试验温度

3　术语和定义

GB/T 2298—1991、GB/T 4199—2003、GB/T 6930—2002 和 GB/T 24610.1—2009 确立的术语和定义适用于本部分。

4　测量程序

4.1　转速

转速的设定值为 30 s^{-1}(1 800 r/min),其偏差为$^{+1}_{-2}$%。

经制造厂与用户协商,也可采用其他转速及偏差。例如:对于较小尺寸段的轴承,可以采用较高的转速[40 s^{-1}～60 s^{-1}之间(2 400 r/min～3 600 r/min 之间)],以便获得合适的振动信号。反之,对于较大尺寸段的轴承,可以采用较低的转速[10 s^{-1}～20 s^{-1}之间(600 r/min～1 200 r/min 之间)],以避免球和滚道可能产生的损伤。

4.2　轴承轴向载荷

应对轴承施加轴向载荷,其设定值规定在表1中。

经制造厂与用户协商,也可采用其他轴向载荷及偏差。例如:根据轴承结构以及所使用的润滑剂,可以采用更高的载荷以防止球与滚道产生打滑;或采用更低的载荷以避免球和滚道可能产生的损伤。

表 1 轴承轴向载荷的设定值

轴承外径 D/mm		单列和双列深沟和调心向心球轴承		单列和双列角接触向心球轴承			
				接触角 $10°<\alpha\leqslant 23°$		接触角 $23°<\alpha\leqslant 45°$	
超过	到	轴向载荷的设定值/N					
		min	max	min	max	min	max
10	25	18	22	27	33	36	44
25	50	63	77	90	110	126	154
50	100	135	165	203	247	270	330
100	140	360	440	540	660	720	880
140	170	585	715	878	1 072	1 170	1 430
170	200	810	990	1 215	1 485	1 620	1 980

5 测量和评定方法

5.1 测量的物理量

测量时设定的物理量为径向振动速度,$v_{\text{r.m.s.}}$ (μm/s)。

5.2 频率范围

在一个或多个频带内用于测量速度信号所设定的频率范围规定在表 2 中。

表 2 设定的频率范围

转速/(r/min)		低频带(L)[a]		中频带(M)[a]		高频带(H)[a]	
min	max	设定的频率/Hz					
		f_L	f_H	f_L	f_H	f_L	f_H
1 764	1 818	50	300	300	1 800	1 800	10 000

[a] 除公称转速 1 800 r/min 之外,频率范围应根据转速比例进行调整。除非制造厂与用户协商一致,一般情况下,不应采用低于 50 Hz 或高于 10 000 Hz 的频率。

注:如果某一特定的频率范围对轴承获得良好运转极为重要时,经制造厂和用户协商也可采用其他的频率范围。

也可选择使用频谱分析法对振动信号进行分析。

5.3 峰值测量

通常,被测轴承中的表面缺陷和/或污染常常造成时域速度信号的峰值或尖锐脉冲,经制造厂与用户协商,可以考虑将峰值或尖锐脉冲的检测,作为一种补充选项。根据轴承的类型和使用条件,可以采用不同的评定方法。

5.4 测试步骤

除单列角接触球轴承外,所有轴承在测试时,应在外圈的一侧施加轴向载荷,然后在外圈的另一侧施加轴向载荷进行重复测试。单列角接触球轴承应在可承受轴向载荷的方向上进行测试。

用于诊断分析时,应在轴承外圈相对于传感器的不同角位置处进行多点测量。

对于可接收的轴承,在相应频率范围内的最大振动示值应在制造厂与用户协商的极限值内。

测试持续时间按 GB/T 24610.1—2009 中 6.5 的规定。

6 测量条件

6.1 轴承的测量条件

6.1.1 预润滑

预润滑(脂润滑、油润滑或固体润滑)轴承,包括密封轴承和防尘轴承,应在供货状态下测试。

注:与6.1.2和6.1.3中的参照条件相比,某些脂润滑剂、油润滑剂或固体润滑剂,会提高或降低轴承的振动水平。

下列参照条件(6.1.2和6.1.3)通常适用于未经预润滑的轴承。然而,这些条件也适用于那些对振动水平不可接收的原因有争议时的情况。

6.1.2 轴承的清洁度

由于污染物影响振动水平,因此,轴承应进行有效的清洗,注意不要引入污染物或其他振源。

注:某些防锈剂可满足振动测试的润滑要求(见6.1.3),此时不必清除防锈剂。

6.1.3 润滑

在测试前,轴承应使用公称黏度在10 mm^2/s~100 mm^2/s之间并经过滤的润滑油(过滤精度不低于0.8 μm)中进行充分润滑。其他要求规定在GB/T 3141—1994中。

润滑过程中应进行试运转,以使轴承内的润滑剂均匀分布。

注:为适应轴承的应用要求,经制造厂与用户协商,也可使用其他黏度的润滑剂。

6.2 测试环境条件

轴承应在不影响振动测试的室温环境中进行,其他要求规定在ISO 554、ISO 558和ISO 3205中。

6.3 测试装置条件

6.3.1 主轴/心轴的刚度

用于支承和驱动轴承内圈的主轴(包括心轴)的设计与结构,不仅可传递旋转运动,而且本质上还可作为内圈轴线的刚性参照系。在使用的频带范围内,主轴/心轴和轴承内圈之间振动的传递与所测量的振动速度相比,可以忽略不计(在有异议的情况下,其精确值应由制造厂与用户协商确定)。

6.3.2 加载机构

理论上,用于对轴承外圈施加载荷的加载机构的设计与结构,应使外圈在所有方向——径向、轴向、角向或挠曲型(视轴承类型而定)的振动本质上处于自由振动状态。

6.3.3 轴承外加载荷的大小和对中精度

施加于轴承外圈上的恒定外加轴向载荷的大小规定在4.2中。

由于各机械零件的接触而引起的轴承套圈的变形与被测轴承自身的几何精度相比可忽略不计。

外加载荷的位置和方向应与主轴旋转轴线相重合,其偏差不应超过图1和表3所规定的范围。测量方法按附录A的规定。

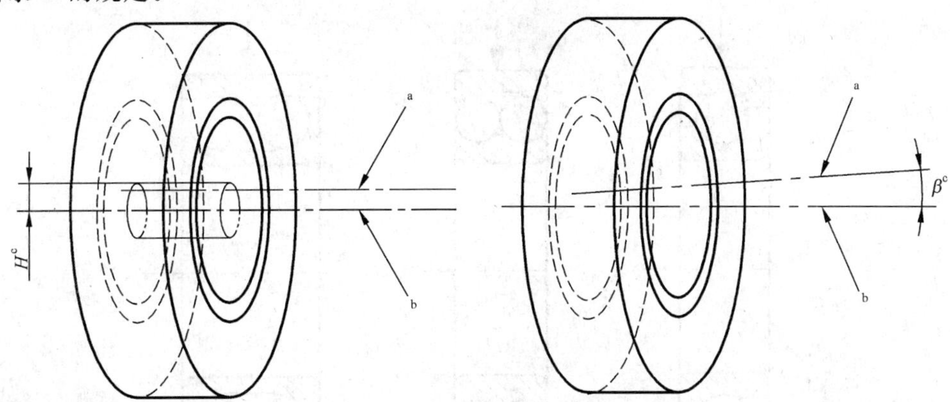

a 外加载荷的轴线。

b 轴承内圈旋转轴线。

c 见表3。

图1 载荷轴线相对于轴承内圈旋转轴线的偏差

表 3 载荷轴线相对于轴承内圈旋转轴线的偏差值

轴承外径 D/mm		与轴承内圈旋转轴线间的径向偏差 H/mm max[a]	与轴承内圈旋转轴线间的角度偏差 β/(°) max
超过	到		
10	25	0.2	0.5
25	50	0.4	
50	100	0.8	
100	140	1.6	
140	170	2.0	
170	200	2.5	

6.3.4 **传感器的轴向位置和测量方向**

传感器的定位如下：

设定的轴向位置：在外圈外表面上且对应于受载外圈滚道与球接触处的中部平面上(见图 2)，轴承制造厂应提供该数据。

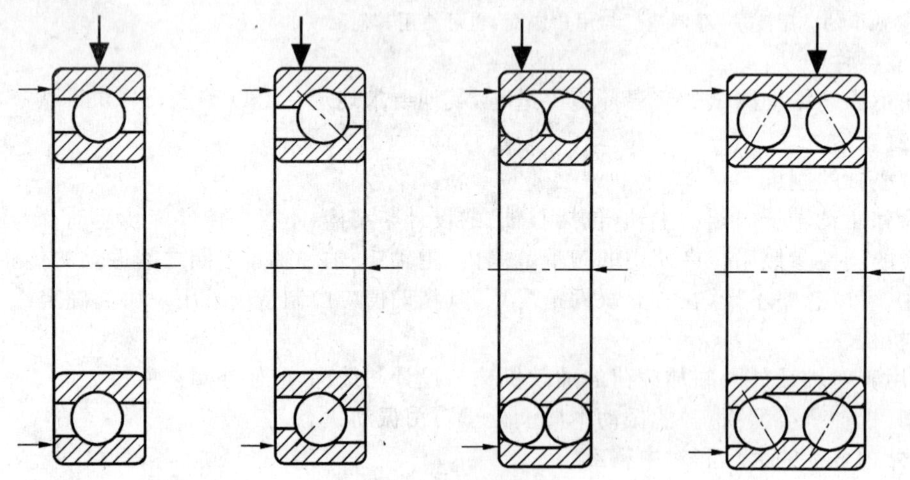

图 2 测量——传感器设定的轴向位置

替代位置(深沟球轴承除外)：位于外圈宽度的中心，见图 3(这种测点位置可能会产生不同的振动信号)。

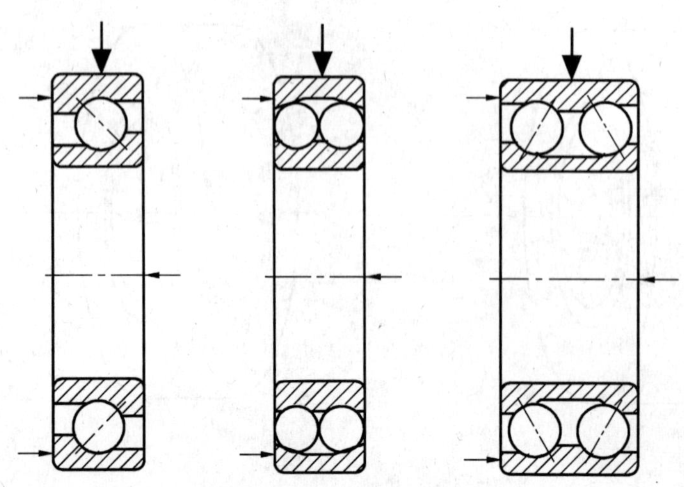

图 3 测量——可供选择的传感器测点位置

传感器的位置确定后，允许的最大轴向位置偏差为：

——外径≤70 mm时，±0.5 mm；

——外径>70 mm时，±1.0 mm。

方向：垂直于旋转轴线(见图4)。在任何方向上与径向中心线的偏差不应超过5°。

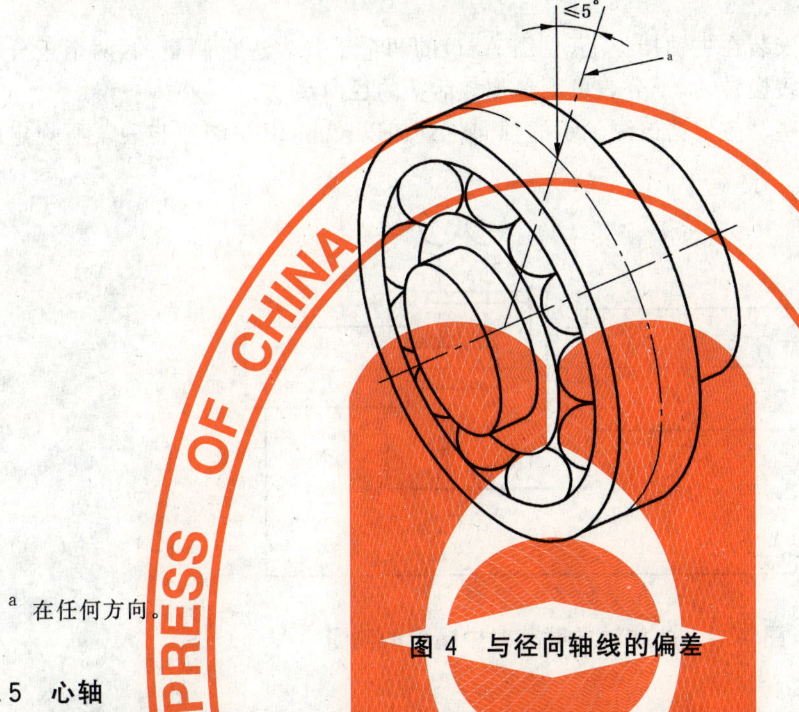

[a] 在任何方向。

图4　与径向轴线的偏差

6.3.5　心轴

用于安装轴承内圈的心轴圆柱表面，其外径公差应符合GB/T 1800.2—2009中f5级的规定，且具有最小的几何误差，确保心轴以滑配合装入轴承内孔中。

6.4　对操作者的要求

合格的操作者应确保按GB/T 24610的本部分的规定进行振动测量。

附　录　A
（规范性附录）
外加轴向载荷对中精度的测量

加载机构的偏移量是利用安装在主轴挡板上（见图 A.1）的两个千分表进行测量的，两个千分表在轴向间隔一定的距离。主轴应缓慢转动，千分表可测量加载活塞的径向跳动。

由两个千分表测得的径向跳动应根据被测轴承的轴向位置加以校正，以便能够与表 3 所规定的极限偏差进行比较。

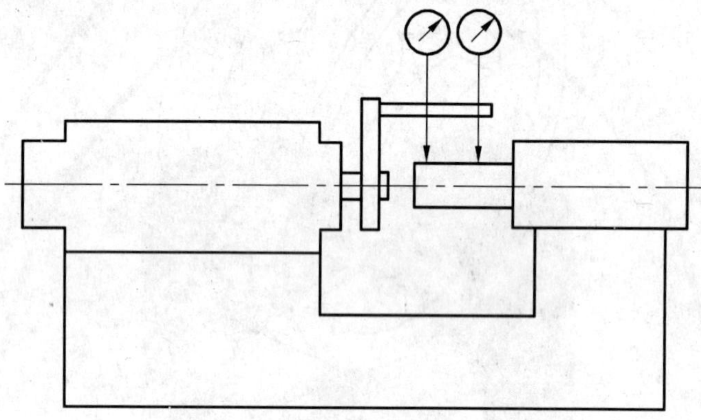

图 A.1　外加轴向载荷对中精度的测量

ICS 21.100.20
J 11

中华人民共和国国家标准

GB/T 24610.3—2009/ISO 15242-3:2006

滚动轴承 振动测量方法 第3部分:具有圆柱孔和圆柱外表面的调心滚子轴承和圆锥滚子轴承

Rolling bearings—Measuring methods for vibration—Part 3:Radial spherical and tapered roller bearings with cylindrical bore and outside surface

(ISO 15242-3:2006,IDT)

2009-11-15 发布 2010-04-01 实施

中华人民共和国国家质量监督检验检疫总局
中国国家标准化管理委员会 发布

前言

GB/T 24610《滚动轴承 振动测量方法》分为4个部分：

——第1部分：基础；

——第2部分：具有圆柱孔和圆柱外表面的向心球轴承；

——第3部分：具有圆柱孔和圆柱外表面的调心滚子轴承和圆锥滚子轴承；

——第4部分：具有圆柱孔和圆柱外表面的圆柱滚子轴承。

本部分为GB/T 24610的第3部分。

本部分等同采用ISO 15242-3:2006《滚动轴承 振动测量方法 第3部分：具有圆柱孔和圆柱外表面的调心滚子轴承和圆锥滚子轴承》。

本部分等同翻译ISO 15242-3:2006。

为了便于使用，本部分做了下列编辑性修改：

——“本文件”一词改为“本部分”；

——删除了国际标准的前言；

——用小数点“.”代替作为小数点的逗号“,”。

本部分的附录A为规范性附录。

本部分由中国机械工业联合会提出。

本部分由全国滚动轴承标准化技术委员会(SAC/TC 98)归口。

本部分起草单位：洛阳轴承研究所、襄樊新火炬汽车部件装备有限公司、杭州兆丰汽车零部件制造有限公司、洛阳轴研科技股份有限公司、杭州轴承试验研究中心有限公司。

本部分主要起草人：郭宝霞、吴少伟、孔爱祥、李飞雪、马素青、黄朝斌、张亚军。

引　言

滚动轴承旋转时的振动是与运转条件有关的一种复杂的物理现象。在某一组条件下测量的单套轴承的振动值并不一定表征一组不同的条件下或该轴承成为一较大部件中的一个零件时的振动值。评定装有轴承的机械系统产生的声响就更加复杂，它还受界面条件、感应装置的位置和方向以及系统运转所处声学环境的影响。空气噪声——本部分定义为任何令人不愉快的、不希望有的声音，由于术语“令人不愉快的、不希望有的”具有主观特性，因而其评定更加复杂。可以认为轴承的结构振动是最终导致空气噪声产生的驱动源。GB/T 24610 的本部分仅列入了经过选择的轴承结构振动的测量方法。

轴承振动可采用许多方法中的任一种来评定，不同的评定方法使用不同类型的传感器和测试条件。没有任何一组表征轴承振动的数值能够对所有可能的使用条件下的轴承振动性能进行评定。最终，还应根据已知的轴承类型、使用条件以及振动测试目的(例如：是作为制造过程诊断，或是作为产品质量评定)等，来选择最适用的测试方法。因此，轴承振动标准的适用范围并不是通用的。但是，对于GB/T 24610的本部分而言，只将某些适用范围十分广泛的方法确立为标准方法。

GB/T 24610 的本部分详细规定了在测试装置上，评定具有圆柱孔和圆柱外表面的调心滚子轴承以及圆锥滚子轴承振动的方法。

滚动轴承　振动测量方法
第3部分：具有圆柱孔和圆柱外表面的调心滚子轴承和圆锥滚子轴承

1　范围

GB/T 24610 的本部分规定了在所确立的测试条件下，接触角不大于 45° 的双列调心滚子轴承以及单列和双列圆锥滚子轴承的振动测量方法。

GB/T 24610 的本部分适用于具有圆柱孔和圆柱外表面的双列调心滚子轴承以及单列和双列圆锥滚子轴承。

2　规范性引用文件

下列文件中的条款通过 GB/T 24610 的本部分的引用而成为本部分的条款。凡是注日期的引用文件，其随后所有的修改单(不包括勘误的内容)或修订版均不适用于本部分，然而，鼓励根据本部分达成协议的各方研究是否可使用这些文件的最新版本。凡是不注日期的引用文件，其最新版本适用于本部分。

GB/T 1800.2—2009　产品几何技术规范(GPS)　极限与配合　第 2 部分：标准公差等级和孔、轴极限偏差表(ISO 286-2:1988，MOD)

GB/T 2298—1991　机械振动与冲击　术语(neq ISO 2041:1990)

GB/T 3141—1994　工业液体润滑剂　ISO 黏度分类(eqv ISO 3448:1992)

GB/T 4199—2003　滚动轴承　公差　定义(ISO 1132-1:2000，MOD)

GB/T 6930—2002　滚动轴承　词汇(ISO 5593:1997，IDT)

GB/T 24610.1—2009　滚动轴承　振动测量方法　第 1 部分：基础(ISO 15242-1:2004，IDT)

ISO 554　调节和/或试验用标准大气　规范

ISO 558　调节和试验　标准大气　定义

ISO 3205　优选试验温度

3　术语和定义

GB/T 4199—2003、GB/T 2298—1991、GB/T 6930—2002 和 GB/T 24610.1—2009 确立的术语和定义适用于本部分。

4　测量程序

4.1　转速

转速的设定值为 15 s^{-1}(900 r/min)，其偏差为 $^{+1}_{-2}$%。

经制造厂与用户协商，也可采用其他转速和偏差。例如：对于较小尺寸段的轴承，可以采用较高的转速[20 s^{-1}～30 s^{-1}(1 200 r/min～1 800 r/min)之间]，以便获得合适的振动信号。反之，对于较大尺寸段的轴承，可以采用较低的转速[7.5 s^{-1}～10 s^{-1}(450 r/min～600 r/min)之间]，以避免滚子、挡边和滚道可能产生的损伤。

4.2　轴承轴向载荷

应对轴承施加轴向载荷，其设定值规定在表 1 中。

经制造厂与用户协商,也可采用其他轴向载荷及偏差。例如:根据轴承结构以及所使用的润滑剂,可以采用更高的载荷以防止滚子与滚道产生打滑,或采用更低的载荷以避免滚子、挡边和滚道可能产生的损伤。

表 1 轴承轴向载荷的设定值

轴承外径 D/mm		双列调心滚子轴承		单列和双列圆锥滚子轴承			
				$\alpha \leqslant 23°$		$23° < \alpha \leqslant 45°$	
超过	到	轴向载荷的设定值/N					
		min	max	min	max	min	max
30	50	45	55	90	110	180	220
50	70	90	110	180	220	360	440
70	100	180	220	360	440	720	880
100	140	360	440	720	880	1 080	1 320
140	170	540	660	1 080	1 320	1 440	1 760
170	200	720	880	1 440	1 760	1 800	2 200

5 测量和评定方法

5.1 测量的物理量

测量时设定的物理量为径向振动速度,$v_{\mathrm{r.m.s}}$(μm/s)。

5.2 频率范围

在一个或多个频带内用于测量速度信号所设定的频率范围规定在表 2 中。

表 2 设定的频率范围

转速/(r/min)		低频(L)[a]		中频(M)[a]		高频(H)[a]	
		设定的频率/Hz					
min	max	f_L	f_H	f_L	f_H	f_L	f_H
882	909	50	150	150	900	900	5 000

a 除公称转速 900 r/min 之外,频率范围应根据转速比例进行调整。除非制造厂与用户协商一致,一般情况下,不应采用低于 50 Hz 或高于 10 000 Hz 的频率。

注:如果某一特定的频率范围对轴承的获得良好运转极为重要时,经制造厂与用户协商,也可以采用其他频率范围。

也可选择使用频谱分析法对振动信号进行分析。

5.3 峰值测量

通常,被测轴承中的表面缺陷和/或污染常常造成时域速度信号的峰值或尖锐脉冲,经制造厂与用户协商,可以考虑将峰值或尖锐脉冲的检测,作为一种补充选项。根据轴承的类型和使用条件,可以采用不同的评定方法。

5.4 测试步骤

双列调心滚子轴承和双列圆锥滚子轴承在测试时,应从外圈的一侧施加轴向载荷,然后,在外圈的另一侧施加轴向载荷进行重复测试。单列圆锥滚子轴承只应在可承受轴向载荷的方向进行测试。

用于诊断分析时,应在轴承外圈相对于传感器的不同角位置处进行多点测量。

对于可接收的轴承,在相应频率范围内的最大振动示值应在制造厂与用户协商的极限值内。

测试持续时间按 GB/T 24610.1—2009 中 6.5 的规定。

6 测量条件

6.1 轴承的测量条件

6.1.1 预润滑

预润滑(脂润滑、油润滑或固体润滑)轴承,包括密封轴承和防尘轴承,应在供货状态下测试。

注:与6.1.2和6.1.3中的参照条件相比,某些脂润滑剂、油润滑剂和固体润滑剂会提高或降低轴承的振动水平。

下列参照条件(6.1.2和6.1.3)通常适用于未经预润滑的轴承。然而,这些参照条件也适用于那些对振动水平不可接受的原因有争议时的情况。

6.1.2 轴承的清洁度

由于污染物影响振动水平,因此轴承应进行有效的清洗,注意不要引入污染物或其他振源。

注:某些防锈剂可满足振动测试的润滑要求(见6.1.3),此时不必清除防锈剂。

6.1.3 润滑

测试前,轴承应使用公称黏度在10 mm^2/s～100 mm^2/s之间并经过滤的润滑油(过滤精度不低于0.8 μm)进行充分润滑。其他要求规定在GB/T 3141—1994中。

润滑过程中应进行试运转,以使轴承内的润滑剂均匀分布。

注:为了适应轴承的应用要求,经制造厂与用户协商,也可使用其他黏度的润滑剂。

6.2 测试环境条件

轴承应在不影响振动测试的室温环境中进行,其他要求规定在ISO 554、ISO 558和ISO 3205中。

6.3 测试装置条件

6.3.1 主轴/心轴的刚度

用于支承和驱动轴承内圈的主轴(包括心轴)的设计与结构,不仅传递旋转运动,而且本质上还可以作为内圈轴线的一个刚性参照系。在使用的频带范围内,主轴/心轴和轴承内圈之间振动的传递与所测量的振动速度相比可以忽略不计(在有异议的情况下,其精确值应由制造厂与用户协商确定)。

6.3.2 加载机构

理论上,用于对轴承外圈施加载荷的加载机构的设计与结构,根据轴承类型,应使套圈在所有方向——径向、轴向、角向或挠曲型(视轴承类型而定)的振动本质上处于自由状态。

6.3.3 轴承外加载荷的大小和对中精度

施加于轴承外圈上的恒定外加轴向载荷的大小规定在4.2中。

由于各机械零件的接触而引起的轴承套圈变形与被测轴承自身的几何精度相比可忽略不计。

外加载荷的位置和方向应与主轴旋转的轴线重合,其偏差应不超过图1和表3所规定的范围。测量方法按附录A的规定。

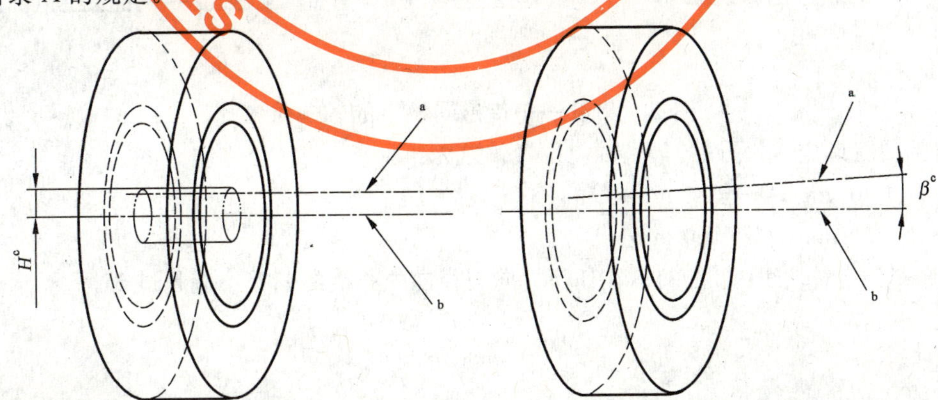

a 外加载荷的轴线。

b 轴承内圈旋转轴线。

c 见表3。

图1 载荷轴线相对于轴承内圈旋转轴线的偏差

表 3　载荷轴线相对于轴承内圈旋转轴线的偏差值

轴承外径 D/mm		与轴承内圈旋转轴线间的径向偏差 H/mm max	与轴承内圈旋转轴线间的角度偏差 β/(°) max
超过	到		
30	50	0.4	0.5
50	100	0.8	
100	140	1.6	
140	170	2.0	
170	200	2.5	

6.3.4　传感器的轴向位置和测量方向

传感器的定位如下：

设定的轴向位置：在外圈的外表面上且对应于受载外圈滚道与滚子接触中部的平面上(见图 2)。制造厂应提供该数值。

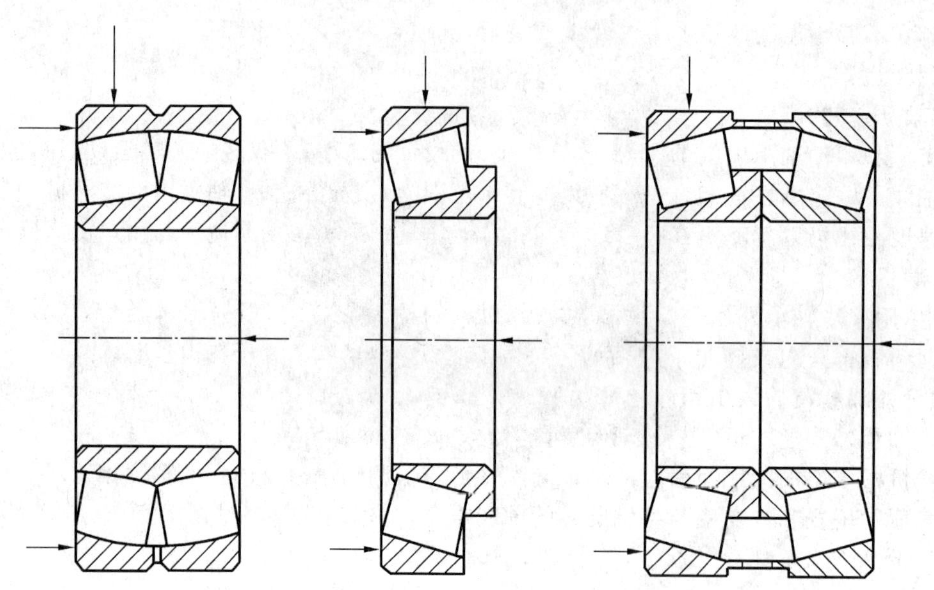

图 2　测量——传感器设定的轴向位置

传感器的位置确定后，允许的最大轴向位置偏差为：

——外径≤70 mm 时，±0.5 mm；

——外径>70 mm 时，±1.0 mm。

方向：垂直于旋转轴线(见图 3)。在任何方向与径向中心线的偏差不应超过 5°。

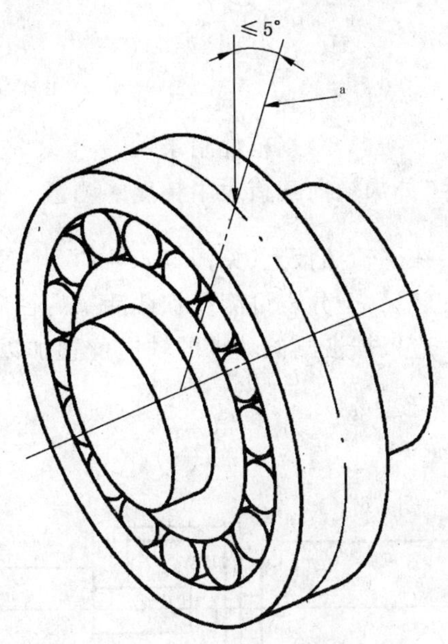

a 在任何方向。

图 3 与径向轴线的偏差

6.3.5 心轴

用于安装轴承内圈的心轴圆柱表面,其外径公差应符合 GB/T 1800.2—2009 中 f5 级的规定,且具有最小的几何误差,确保心轴以滑配合装入轴承内孔中。

6.4 对操作者的要求

合格的操作者应确保按 GB/T 24610 的本部分的规定进行振动测量。

附　录　A
（规范性附录）
外加轴向载荷对中精度的测量

加载机构的偏移量是利用安装在主轴挡板上(见图 A.1)的两个千分表进行测量的,两个千分表在轴向间隔一定的距离。主轴应缓慢转动,千分表可测量加载活塞的径向跳动。

由两个千分表测得的径向跳动应根据被测试轴承的轴向位置加以校正,以便能够与表 3 规定的极限偏差进行比较。

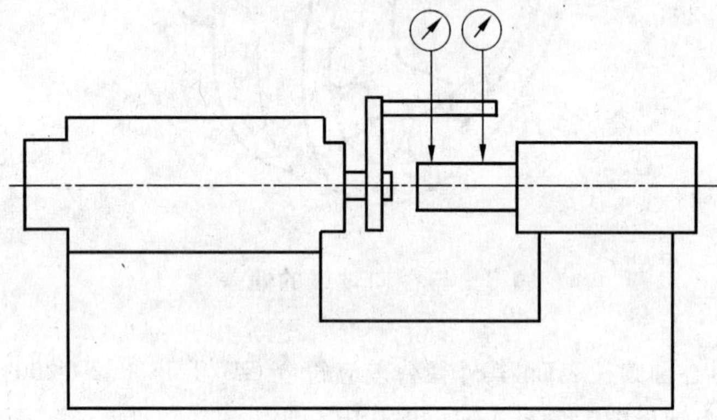

图 A.1　外加轴向载荷对中精度的测量

ICS 21.100.20
J 11

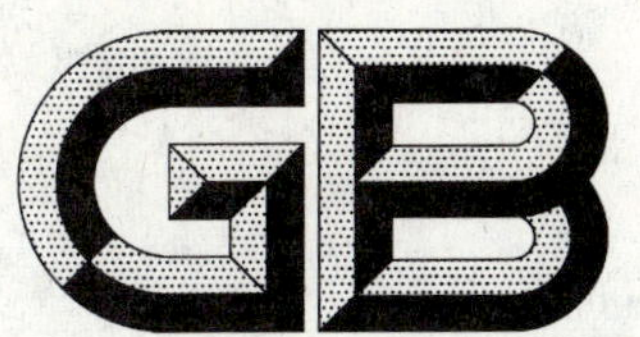

中华人民共和国国家标准

GB/T 24610.4—2009/ISO 15242-4:2007

滚动轴承　振动测量方法 第4部分:具有圆柱孔和圆柱外表面的圆柱滚子轴承

Rolling bearings—Measuring methods for vibration—Part 4:Radial cylindrical roller bearings with cylindrical bore and outside surface

(ISO 15242-4:2007,IDT)

2009-12-15 发布　　2010-01-01 实施

中华人民共和国国家质量监督检验检疫总局
中国国家标准化管理委员会　发布

前　言

GB/T 24610《滚动轴承　振动测量方法》分为4个部分：

——第1部分：基础；

——第2部分：具有圆柱孔和圆柱外表面的向心球轴承；

——第3部分：具有圆柱孔和圆柱外表面的调心滚子轴承和圆锥滚子轴承；

——第4部分：具有圆柱孔和圆柱外表面的圆柱滚子轴承。

本部分为GB/T 24610的第4部分。

本部分等同采用ISO 15242-4:2007《滚动轴承　振动测量方法　第4部分：具有圆柱孔和圆柱外表面的圆柱滚子轴承》。

本部分等同翻译ISO 15242-4:2007。

为了便于使用，本部分做了下列编辑性修改：

——"本文件"一词改为"本部分"；

——删除了国际标准的前言；

——用小数点"."代替作为小数点的逗号","。

本部分的附录A和附录B均为规范性附录。

本部分由中国机械工业联合会提出。

本部分由全国滚动轴承标准化技术委员会(SAC/TC 98)归口。

本部分起草单位：洛阳轴承研究所、洛阳轴研科技股份有限公司、杭州轴承试验研究中心有限公司。

本部分主要起草人：郭宝霞、李飞雪、马素青、陈芳华。

引　言

滚动轴承旋转的振动是与运转条件有关的一种复杂的物理现象。在某一组条件下测量的单套轴承的振动值并不一定表征一组不同的条件下或该轴承成为一较大部件中的一个零件时的振动值。评定装有轴承的机械系统产生的声响就更加复杂，它还受界面条件、感应装置的位置和方向以及系统运转所处声学环境的影响。空气噪声——GB/T 24610(所有部分)定义为任何令人不愉快的、不希望有的声音，由于术语“令人不愉快的、不希望有的”具有主观特性，因而其评定更加复杂。可以认为轴承的结构振动是最终导致空气噪声产生的驱动源。GB/T 24610(所有部分)仅列入了经过选择的轴承结构振动的测量方法。

轴承的振动可采用许多方法中的任一种来评定，不同的评定方法使用不同类型的传感器和测试条件。没有任何一组表征轴承振动的数值能够对所有可能的使用条件下的轴承振动性能进行评定。最终，还应根据已知的轴承类型、使用条件以及振动测试目的(例如：是作为制造过程诊断，或是作为产品质量评定)等，来选择最适用的测试方法。因此，轴承振动标准的适用范围并不是通用的。但是，对于GB/T 24610的本部分而言，只将某些适用范围十分广泛的方法确立为标准方法。

GB/T 24610的本部分详细规定了在测试装置上，评定具有圆柱孔和圆柱外表面的单列和双列圆柱滚子轴承振动的方法。

滚动轴承　振动测量方法　第4部分:具有圆柱孔和圆柱外表面的圆柱滚子轴承

1　范围

GB/T 24610的本部分规定了在所确立的测试条件下,单列和双列圆柱滚子轴承的振动测量方法。

GB/T 24610的本部分适用于具有圆柱孔和圆柱外表面的单列和双列圆柱滚子轴承。

2　规范性引用文件

下列文件中的条款通过GB/T 24610的本部分的引用而成为本部分的条款。凡是注日期的引用文件,其随后所有的修改单(不包括勘误的内容)或修订版均不适用于本部分,然而,鼓励根据本部分达成协议的各方研究是否可使用这些文件的最新版本。凡是不注日期的引用文件,其最新版本适用于本部分。

GB/T 1800.2—2009　产品几何技术规范(GPS)　极限与配合　第2部分:标准公差等级和孔、轴极限偏差表(ISO 286-2:1988,MOD)

GB/T 2298—1991　机械振动与冲击　术语(neq ISO 2041:1990)

GB/T 3141—1994　工业液体润滑剂　ISO黏度分类(eqv ISO 3448:1992)

GB/T 4199—2003　滚动轴承　公差　定义(ISO 1132-1:2000,MOD)

GB/T 6930—2002　滚动轴承　词汇(ISO 5593:1997,IDT)

GB/T 24610.1—2009　滚动轴承　振动测量方法　第1部分:基础(ISO 15242-1:2004,IDT)

ISO 554　调节和/或试验用标准大气　规范

ISO 558　调节和试验　标准大气　定义

ISO 3205　优选试验温度

3　术语和定义

GB/T 4199—2003、GB/T 2298—1991、GB/T 6930—2002和GB/T 24610.1—2009确立的术语和定义适用于本部分。

4　测量程序

4.1　转速

对于外径不大于100 mm的轴承,转速的设定值为30 s^{-1}(1 800 r/min),外径大于100 mm～200 mm的轴承,转速的设定值为15 s^{-1}(900 r/min),转速偏差应为所规定值的$^{+1}_{-2}$%。

经制造厂与用户间协商,也可采用其他转速和偏差。例如:对于较小尺寸段的轴承,可以采用较高的转速[40 s^{-1}～60 s^{-1}(2 400 r/min～3 600 r/min)之间],以便获得合适的振动信号。反之,对于较大尺寸段的轴承,应采用较低的转速[7.5 s^{-1}～10 s^{-1}(450 r/min～600 r/min)之间],以避免滚子、挡边和滚道可能产生的损伤。

4.2　轴承径向和轴向载荷

应对轴承施加径向载荷,其设定值规定在表1中。

经制造厂与用户间协商,也可采用其他径向载荷及偏差。例如:根据轴承结构以及所使用的润滑剂,可以采用更高的载荷以防止滚子与滚道产生打滑,或采用更低的载荷以避免滚子、挡边和滚道可能产生的损伤。

对于能够承受轴向载荷的轴承,应在轴承外圈上施加一个不大于 30 N 的轴向载荷以确保运转稳定。

施加径向载荷和轴向载荷的方法规定在 6.3.3 中。

注:径向载荷的设定值是合成值,实际值取决于使用的载荷角度(见图 3)。

表 1 轴承径向载荷的设定值

轴承外径 D/mm		单列向心圆柱滚子轴承		双列向心圆柱滚子轴承	
超过	到	轴承径向载荷的设定值/N			
		min	max	min	max
30	50	135	165	165	195
50	70	165	195	225	275
70	100	225	275	315	385
100	140	315	385	430	520
140	170	430	520	565	685
170	200	565	685	720	880

5 测量和评定方法

5.1 测量的物理量

测量时设定的物理量为径向振动速度 $v_{\mathrm{r.m.s}}$(μm/s)。

5.2 频率范围

在一个或多个频带内用于测量速度信号所设定的频率范围规定在表 2 中。

表 2 设定的频率范围

转速/(r/min)		低频(L)[a]		中频(M)[a]		高频(H)[a]	
min	max	设定的频率/Hz					
		f_L	f_H	f_L	f_H	f_L	f_H
882	909	50	150	150	900	900	5 000
1 764	1 818	50	300	300	1 800	1 800	10 000

[a] 除公称转速 900 r/min 或 1 800 r/min 之外,频率范围应根据转速比例进行调整。除非制造厂与用户协商一致,一般情况下,不应采用低于 50 Hz 或高于 10 000 Hz 的频率。

注:如果某一特定的频率范围对轴承获得良好运转极为重要时,经制造厂与用户协商,也可以采用其他频率范围。

也可选择使用频谱分析法对振动信号进行分析。

5.3 峰值测量

通常,被测轴承中的表面缺陷和/或污染常常造成时域速度信号的峰值或尖锐脉冲,经制造厂与用户协商,可以考虑将峰值或尖锐脉冲的检测作为一种补充选项。根据轴承的类型和使用条件,可以采用不同的评定方法。

5.4 测试步骤

单列和双列圆柱滚子轴承在测试时,应在外圈的径向方向(与内圈轴线垂直)上施加径向载荷,并应施加一个轴向载荷以确保轴承运转稳定。如采用轴向载荷,应从外圈的一侧施加轴向载荷。双列圆柱滚子轴承在测试时,如果结构允许,应在外圈的另一侧施加轴向载荷进行重复测试。

用于诊断分析时,应在轴承外圈相对于传感器的不同角位置处进行多点测量。

对于可接收的轴承,在相应频率范围内的最大振动示值应在制造厂与用户协商的极限值内。

测试持续时间按 GB/T 24610.1—2009 中 6.5 的规定。

6 测量条件

6.1 轴承的测量条件

6.1.1 预润滑

预润滑(脂润滑、油润滑或固体润滑)轴承,包括密封轴承和防尘轴承,应在供货状态下测试。

注:与 6.1.2 和 6.1.3 中的参照条件相比,某些脂润滑剂、油润滑剂和固体润滑剂会提高或降低轴承的振动水平。

下列参照条件(6.1.2 和 6.1.3)通常适用于未经预润滑的轴承。然而,这些参照条件也适用于那些对振动水平不可接受的原因有争议时的情况。

6.1.2 轴承的清洁度

由于污染物影响振动水平,因此轴承应进行有效地清洗,注意不要引入污染物或其他振源。

注:某些防锈剂可满足振动测试的润滑要求(见 6.1.3),此时不必清除防锈剂。

6.1.3 润滑

测试前,轴承应使用公称黏度在 10 mm^2/s～100 mm^2/s 之间并经过滤的润滑油(过滤精度不低于 0.8μm)进行充分润滑。其他要求规定在 GB/T 3141—1994 中。

润滑过程中应进行试运转,以使轴承内的润滑剂均匀分布。

注:为了适应轴承的应用要求,经制造厂与用户协商,也可使用其他黏度的润滑剂。

6.2 测试环境条件

轴承应在不影响振动的室温环境中进行测试,其他要求规定在 ISO 554、ISO 558 和 ISO 3205 中。

6.3 测试装置条件

6.3.1 主轴/心轴的刚度

用于支承和驱动轴承内圈的主轴(包括心轴)的设计与结构,不仅传递旋转运动,而且本质上还可以作为内圈轴线的一个刚性参照系。在使用的频带范围内,主轴/心轴和轴承内圈之间振动的传递与所测量的振动速度相比可以忽略不计(在有异议的情况下,其精确值应由制造厂与用户协商)。

6.3.2 加载机构

理论上,用于对轴承外圈施加载荷的加载机构的设计与结构,根据轴承类型,应使套圈在所有方向——径向、轴向、角向或挠曲型(视轴承类型而定)的振动本质上处于自由状态。

6.3.3 轴承外加载荷的大小和对中精度

施加于轴承外圈上的恒定外加径向载荷及合适的轴向载荷一起规定在 4.2 中。

由于各机械零件的接触而引起的轴承套圈变形与被测轴承自身的几何精度相比可忽略不计。

外加径向载荷应施加于外圈宽度的中部,方向应与垂直于主轴旋转轴线的中心线重合,位置和方向的偏差应不超过表 3 和图 1 所规定的范围。测量方法按附录 A 的规定。

表 3 径向载荷的加载方向和轴向位置的偏差值

轴承外圈宽度 C/mm		与轴承外圈宽度中部的轴向偏差 H_2/mm max	与主轴轴线垂直的中心线的角度偏差 β_2/(°) max
超过	到		
10	20	0.3	1
20	40	0.5	
40	70	1.0	

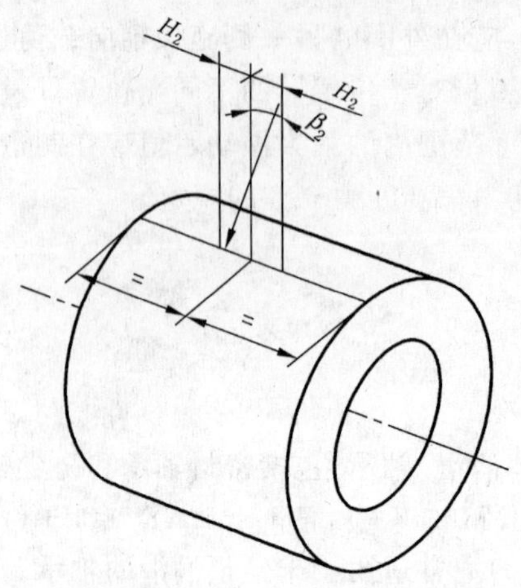

图 1　径向载荷的加载方向及轴向位置的偏差

外加轴向载荷的加载位置和方向应与旋转主轴的轴线一致，其偏差不应超过图 2 和表 4 所示的范围。测量方法按附录 B 的规定。

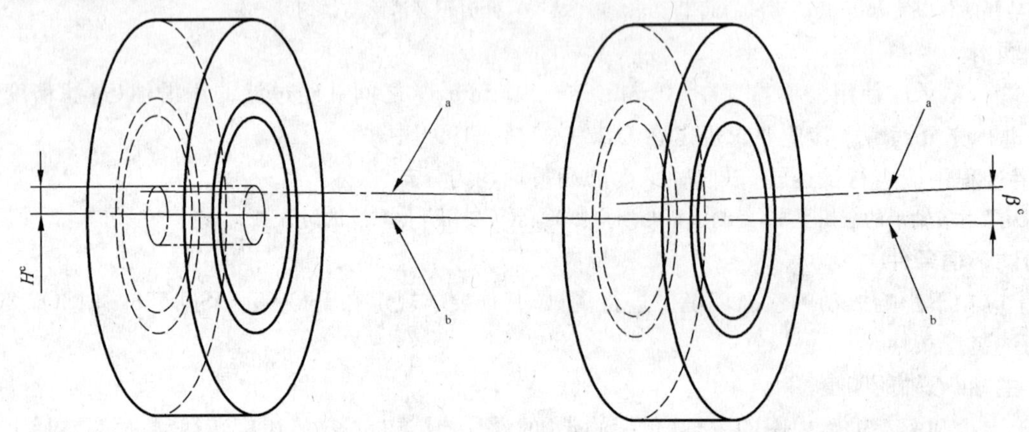

[a] 外加载荷的轴线。

[b] 轴承内圈旋转轴线。

[c] 见表 4。

图 2　轴向载荷轴线与轴承内圈旋转轴线的偏差

表 4　轴向载荷轴线与轴承内圈旋转轴线的偏差值

轴承外径 D/mm		与轴承内圈旋转轴线间的径向偏差 H/mm max	与轴承内圈旋转轴线间的角度偏差 β/(°) max
超过	到		
30	50	0.4	0.5
50	70	0.6	
70	100	0.8	
100	140	1.6	
140	170	2.0	
170	200	2.5	

6.3.4　传感器的位置和测量方向

传感器的定位如下：

设定的轴向位置：在外圈的外表面上且对应于受载外圈滚道与滚子接触中部的平面上（见图 3、

图4)。制造厂应提供该数据。

设定的角位置:在外圈的外表面上且对应于径向载荷合力方向的平面上(见图3)。

径向载荷加载方式应确保合成为符合表1规定的径向载荷。

[a] 传感器位置。

[b] 施加的径向载荷。

[c] 轴向载荷(如果有)方向。

[d] 施加的径向载荷的合力(见表1)。

注:对于其他的挡边结构型式,可以按制造厂与用户商定的方法进行测试。

图3 测量——传感器设定的位置

[a] 传感器位置。

[b] 施加的径向载荷。

[c] 轴向载荷(如果有)方向。

图4 测量——传感器设定另一位置

传感器的位置确定后,允许的最大轴向位置和角位置偏差为:

轴向位置:

——外径≤70 mm时:±0.5 mm;

——外径＞70 mm时:±1.0 mm。

角位置：

——所有尺寸的外径：±5°。

方向：垂直于旋转轴线（见图 5）。在任何方向与径向中心线的偏差不应超过 5°。

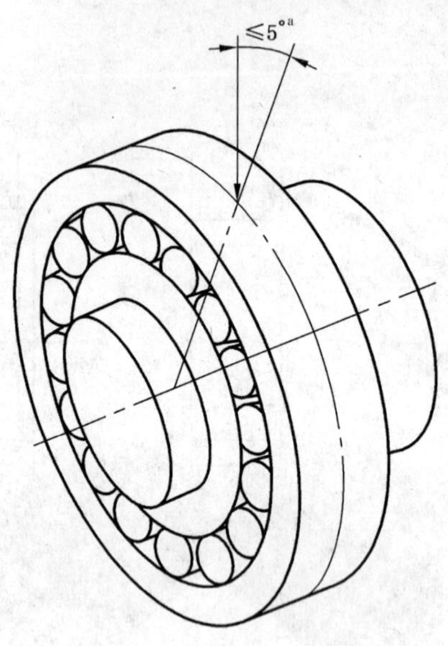

[a] 在任何方向。

图 5 与径向中心线的偏差

6.3.5 心轴

用于安装轴承内圈的心轴圆柱表面，其外径公差应符合 GB/T 1800.2—2009 中 f5 级的规定，且具有最小的几何误差，确保心轴以滑配合装入轴承内孔中。

6.3.6 对操作者的要求

合格的操作者应确保按 GB/T 24610 本部分的规定进行振动测量。

附 录 A
(规范性附录)
外加径向载荷对中精度的测量

径向加载机构的对中精度是利用两个千分表进行测量的,两个千分表在径向间隔一定的距离,安装在一和主轴连接并与主轴轴线垂直的挡板上(见图 A.1)。两个千分表应调整到零,并与挡板侧面的距离相同。

为了能够与表 3 规定的极限偏差进行比较,由两个千分表测得的示值偏差,应根据径向加载机构的垂直度偏差重新计算。在两个加载机构的位置都应进行测量。

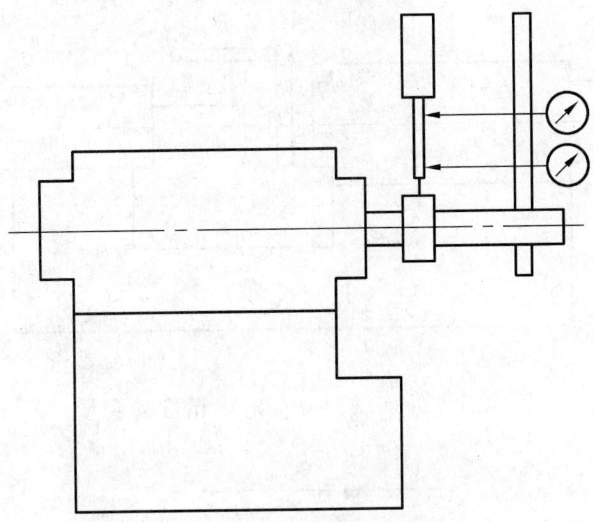

图 A.1 外加径向载荷对中精度的测量

附 录 B
（规范性附录）
外加轴向载荷对中精度的测量

加载工具的偏移量是利用安装在主轴挡板上(见图 B.1)的两个千分表进行测量的,两个千分表在轴向间隔一定的距离。主轴应缓慢转动,千分表可测量加载活塞的径向跳动。

由两个千分表测得的径向跳动应根据被测试轴承的轴向位置加以校正,以便能够与表 4 规定的极限偏差进行比较。

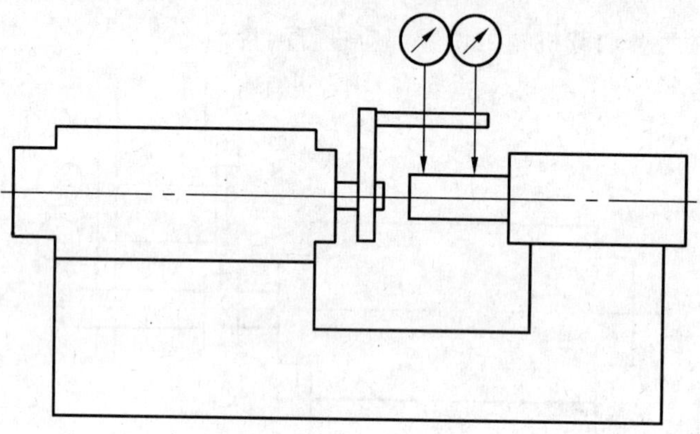

图 B.1 外加轴向载荷对中精度的测量

ICS 21.100.20
J 11

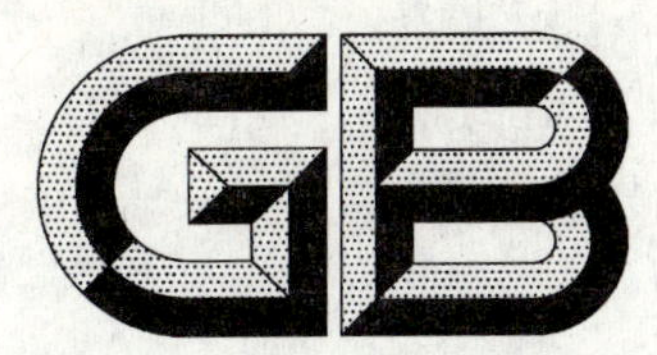

中华人民共和国国家标准

GB/T 24611—2009/ISO 15243:2004

滚动轴承　损伤和失效 术语、特征及原因

Rolling bearings—Damage and failures—Terms, characteristics and causes

(ISO 15243:2004,IDT)

2009-11-15 发布　　2010-04-01 实施

中华人民共和国国家质量监督检验检疫总局
中国国家标准化管理委员会　发布

前 言

本标准等同采用 ISO 15243:2004《滚动轴承 损伤和失效 术语、特征及原因》。

本标准等同翻译 ISO 15243:2004。

为便于使用，本标准做了下列编辑性修改：

——“本文件”一词改为“本标准”；

——删除了国际标准的前言。

本标准的附录 A 为资料性附录。

本标准由中国机械工业联合会提出。

本标准由全国滚动轴承标准化技术委员会(SAC/TC 98)归口。

本标准起草单位：洛阳轴承研究所、杭州兆丰汽车零部件制造有限公司、人本集团有限公司。

本标准主要起草人：李飞雪、康乃正、刘斌。

引　言

在实际工况下，轴承的损伤或失效往往是几种机理同时作用的结果。失效可能是由于安装或维护不当造成的，或是由于轴承或其相邻部件的加工质量未达到设计要求引起的。在某些情况下，失效也可能是由于考虑经济效益、无法预见的运转条件而采取的折衷设计造成的。由于轴承失效是由设计、制造、安装、操作、维护等多方面因素造成的，因此，确定失效的主要原因，常常是十分困难的。

如果轴承损伤严重或突然失效，证据可能丢失，就不可能确定失效的主要原因了。在所有情况下，有关安装和维护的历史记录以及对实际运转条件的了解都至关重要。

本标准对轴承失效的分类，主要是基于滚动体接触表面和其他功能表面的可视特征。为了准确地判定轴承失效的原因，需要对每一个特征都加以考虑。由于不止一种过程可对这些表面造成相似的影响，因此，在确定失效原因时，仅对外观进行描述有时是不充分的，此时，还需要考虑运转条件。

滚动轴承　损伤和失效　术语、特征及原因

1　范围

本标准对滚动轴承在使用中发生失效的特征、外观变化及可能的原因进行了定义、描述和分类，以有助于对各种形式的外观变化和失效加以理解。

对于本标准，术语“滚动轴承失效”系指由于缺陷或损伤而使轴承不能满足预定的设计性能要求。

本标准仅对那些具有非常明确的外观，并且能够非常确定地归因于某一特定原因的外观变化和失效模式加以考虑，并对反映轴承变化和失效的那些特别重要的特征加以描述。各种失效模式用照片和图表说明，并且给出了最常见的原因。

在条标题中只给出了常见的失效模式名称，而其相似的表述或同义词，则在标题后面的括号中给出。

滚动轴承失效示例以及失效原因、建议的改进措施参见附录A。

2　规范性引用文件

下列文件中的条款通过本标准的引用而成为本标准的条款。凡是注日期的引用文件，其随后所有的修改单(不包括勘误的内容)或修订版均不适用于本标准，然而，鼓励根据本标准达成协议的各方研究是否可使用这些文件的最新版本。凡是不注日期的引用文件，其最新版本适用于本标准。

GB/T 6930—2002　滚动轴承　词汇(ISO 5593:1997，IDT)

3　术语和定义

GB/T 6930—2002确立的以及下列术语和定义适用于本标准。

3.1

特征　characteristics

由使用性能产生的可视外观。

注：在磨损(出现磨损)过程中出现的部分表面缺陷和几何形状改变的类型定义于GB/T 15757—2002和ISO 6601。

4　滚动轴承失效模式分类

滚动轴承失效是严格按照其失效的主要原因进行划分的，但未必总是能够很容易地将原因和特征(迹象)或者失效机理和失效模式区分开来，大量相关的文献也都证实了这一点。

随着摩擦学研究的发展，在描述失效机理和失效模式方面的新知识显著增长。本标准将失效模式分为六个大类和不同的小类(见图1)。

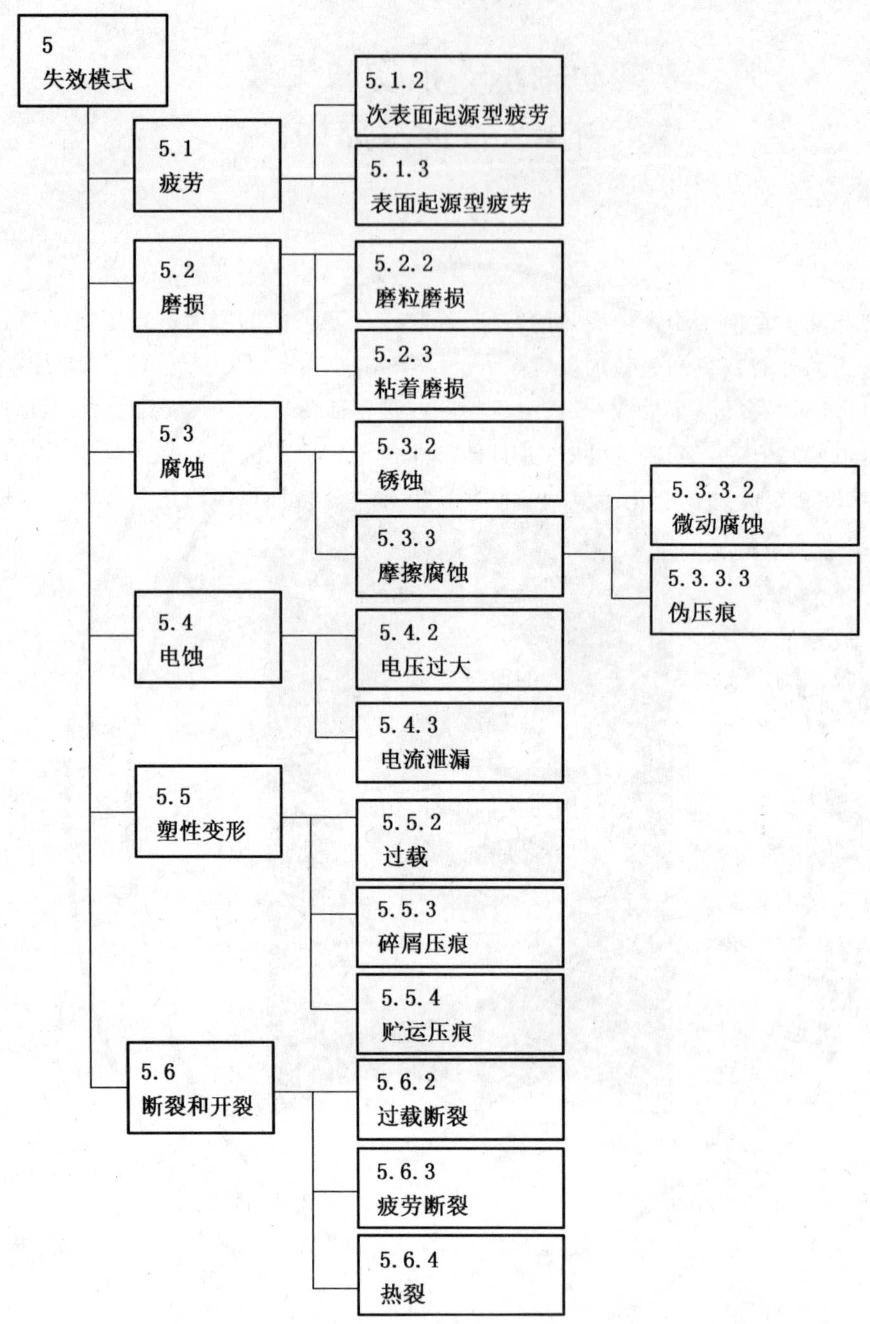

图1 失效模式分类

5 失效模式

5.1 疲劳

5.1.1 通用定义

疲劳系指由滚动体和滚道接触处产生的重复应力引起的组织变化。疲劳明显地表现为颗粒从表面上剥落。

5.1.2 次表面起源型疲劳

根据赫兹理论，在滚动接触载荷作用下，组织发生变化并在表面下某一深度(即次表面)开始出现显微裂纹，显微裂纹的出现常常是由轴承钢中的夹杂物(见图2)引起的。在白色浸蚀区(蝴蝶形)边缘观察到的显微裂纹通常向滚动接触表面扩展，进而产生小片状剥落、剥落(麻点)，然后剥离(见图 3)。

注：根据 GB/T 6391—2003 计算的轴承寿命是建立在次表面起源型疲劳基础上的。

5.1.3 表面起源型疲劳

表面起源型疲劳是由表面损伤造成的一种失效模式。

表面损伤是在润滑状况劣化且出现一定程度的滑动时，对滚动接触金属表面微凸体的损伤，它将引起：

——微凸体显微裂纹，见图 4；

——微凸体显微剥落，见图 5；

——显微剥落区(暗灰色)，见图 6。

由于污染物颗粒或贮运，在滚道上形成的压痕也可导致表面起源型疲劳(见 5.5.3 和 5.5.4)，由塑性变形压痕引起的表面起源型疲劳见 A.2.6.1 和 A.2.6.3。

注：GB/T 6391—2003 包括了已知的对轴承寿命有影响的表面相关计算参数，如材料、润滑、环境、污染物颗粒和轴承载荷。

图 2 具有“蝴蝶现象”(白色浸蚀区)的次表面显微裂纹(放大比率 500：1)

5.2 磨损

5.2.1 通用定义

磨损是指在使用过程中，两个滑动或滚动/滑动接触表面的微凸体相互作用造成材料的不断移失。

5.2.2 磨粒磨损(颗粒磨损；三体磨损)

磨粒磨损是润滑不充分或外界颗粒侵入的结果，表面变暗至一定程度，随磨粒的粒度和性质而异(见图 7)。由于旋转表面和保持架上的材料被磨掉，这些磨粒数量逐渐增多，最终磨损进入一个加速过程，从而导致轴承失效。

注：滚动轴承的“跑合”是一自然的短期过程，此过程之后，运转状态(如噪声或工作温度)将趋于稳定，甚至得到改善。

5.2.3 粘着磨损(涂抹、滑伤、粘结)

粘着磨损是材料从一表面转移到另一表面，并伴随有摩擦发热，有时还伴有表面回火或重新淬火。这一过程会在接触区产生局部应力集中并可能导致开裂或剥落。

由于滚动体承载较轻并且在其反复进入承载区时，受到强烈的加速作用，因此，在滚动体和滚道之间会发生涂抹(滑伤)，见图 8；当载荷相对于转速过小时，滚动体和滚道之间也会发生涂抹。

由于润滑不充分，挡边引导面和滚子端面均会发生涂抹(见图 9)。对于满装滚动体(无保持架)轴承，受润滑和旋转条件的影响，滚动体之间的接触处也会发生涂抹。

如果轴承套圈相对其支承面(如安装轴或轴承座)“转动”，则在套圈端面与其轴向支承面之间的接触处也会发生涂抹，甚至还会引起图 10 所示的套圈开裂。当作用于轴承上的径向载荷相对轴承套圈旋转并且轴承套圈以很小的间隙(间隙配合)安装在其支承面上时,常会发生这种损伤。由于两零件直径之间存在微小差异,造成其周长也存在微小差异,因此,在径向载荷作用下在某一点接触时,旋转速度也存在微小差异。将套圈相对其支承面的旋转速度存在微小差异的滚动运动称为“蠕动”。

发生蠕动时,套圈和支承面接触区内的微凸体被滚辗,造成套圈表面外观光亮(见 A.2.4.7)。在蠕动过程中,滚辗经常发生,但不一定伴随有套圈和支承面接触处的滑动,此外,还可看到其他损伤,如擦伤、微动腐蚀和磨损。在某些承载条件下且当套圈和支承面之间的过盈量不够大时,则以微动腐蚀为主(见 A.2.4.5)。

图 3　次表面疲劳扩展

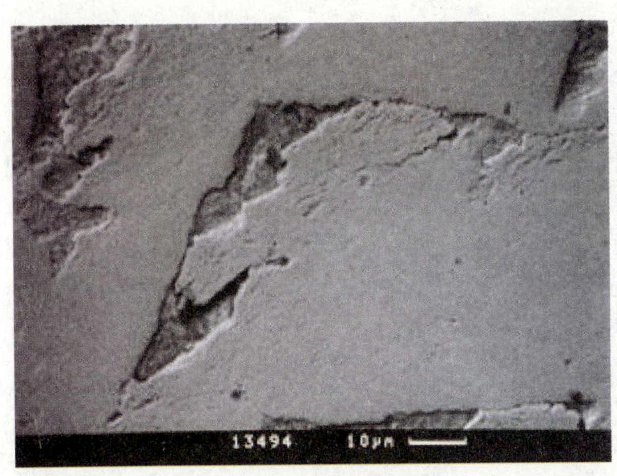

图 4 “鱼鳞状”显微裂纹

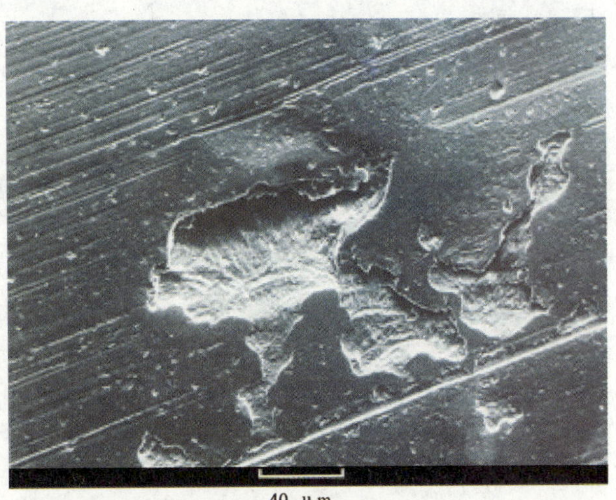

图 5 显微剥落

图 6 深灰色区(放大比率 1.25∶1)

图 7 有中挡边双列圆柱滚子轴承内圈滚道上的磨粒磨损

图 8 滚道表面上的涂抹

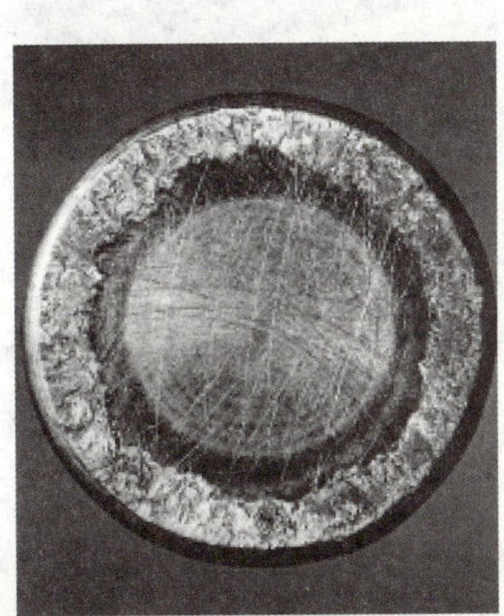

图 9 滚子端面的涂抹

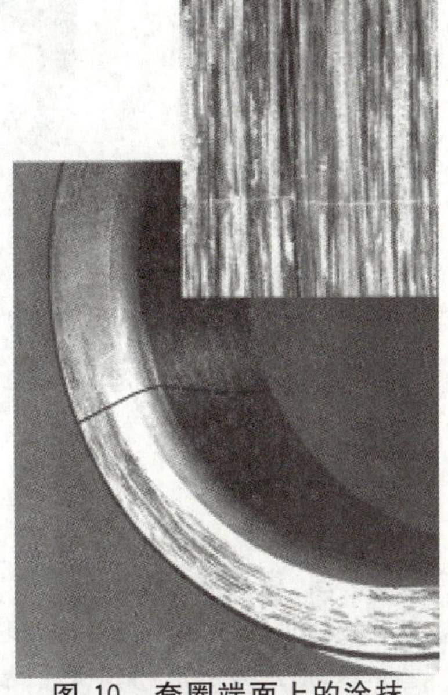

图 10 套圈端面上的涂抹（套圈同时断裂）

5.3 腐蚀

5.3.1 通用定义

腐蚀是金属表面上的一种化学反应。

5.3.2 锈蚀(氧化、生锈)

当钢制滚动轴承零件与湿气(如水或酸)接触时,表面发生氧化。随后出现腐蚀麻点,最后表面出现剥落(见图 11)。

当润滑剂中的水分或劣化的润滑剂与其相邻的轴承零件表面发生反应时,可在滚动体和轴承套圈之间的接触区内发现一种特定形式的锈蚀,在深度锈蚀阶段,接触区在对应于球或滚子节距的位置将会变黑,最终产生腐蚀麻点(见图 12 和图 13)。

5.3.3 摩擦腐蚀(摩擦氧化)

5.3.3.1 通用定义

摩擦腐蚀是在某些摩擦条件下,由配合表面之间相对微小运动引起的一种化学反应。这些微小运动导致表面和材料氧化,可看到粉状锈蚀和(或)一个或两个配合表面上材料的缺失。

图 11　滚子轴承外圈上的腐蚀

图 12　球轴承内圈和外圈滚道上的接触腐蚀

图 13　轴承滚道上的接触腐蚀

5.3.3.2 微动腐蚀(微动锈蚀)

接触表面作微小往复摆动时,传递载荷的配合界面会发生微动腐蚀,表面微凸体氧化并被磨去,反之亦然,最后发展成粉状锈蚀(氧化铁)。轴承表面发亮或变成黑红色(见图 14)。出现这种失效,一般是由于不合适的配合(配合过盈量太小或表面太粗糙)以及载荷和(或)振动造成的。

5.3.3.3 伪压痕(振动腐蚀)

周期性振动时,由于弹性接触面的微小运动和(或)回弹,滚动体和滚道接触区将出现伪压痕。根据振动强度、润滑条件或载荷的不同,腐蚀和磨损会同时产生,在滚道上形成浅的凹陷。

对于静止轴承,凹陷出现在滚动体节距处,并常变成淡红色或发亮(见图 15)。

在旋转过程中,由于发生振动而造成的伪压痕则表现为间距较小的波纹状凹槽(见图 16),不应将此误认为是电流通过产生的波纹状凹槽(见 5.4.3 和图 19)。与电流通过造成的波纹状凹槽相比,由振动造成的波纹状凹槽底部发亮或被腐蚀,而电流通过造成的凹槽底部则颜色发暗。电流引起的损伤还可通过滚动体上也有波纹状凹槽这一现象予以识别。

注:本标准将伪压痕划归为腐蚀,但其他文件有时将其划归为磨损。

图 14 内圈内孔表面上的微动腐蚀

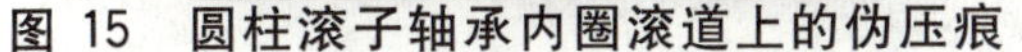

图 15 圆柱滚子轴承内圈滚道上的伪压痕

图 16 伪压痕—圆锥滚子轴承外圈上的波纹状凹槽

5.4 电蚀

5.4.1 通用定义

电蚀是由于电流的通过造成接触表面材料的移失。

5.4.2 电压过大(电蚀麻点)

当电流通过滚动体和润滑油膜从轴承的一个套圈传递到另一套圈时,由于绝缘不适当或绝缘不良,在接触区内会发生击穿放电。在套圈和滚动体之间的接触区,电流强度增大,造成在非常短的时间间隔内局部受热,使接触区发生熔化并焊合在一起。

这种损伤表现为一系列直径不超过 100 μm 的小环形坑(见图 17),这些环形坑沿滚动方向呈珠状重叠排列在滚动体和滚道接触表面(见图 18)。

5.4.3 **电流泄漏(电蚀波纹状凹槽)**

表面损伤最初呈现浅环形坑状,一环形坑与另一环形坑位置接近并且尺寸很小。即使电流强度相对较弱也会发生这种现象,随着时间的推移,环形坑将发展为波纹状凹槽,如图 19 所示。只能在滚子和套圈滚道接触表面发现这些波纹状凹槽,钢球上则没有,只是颜色变暗(见图 20)。这些波纹状凹槽是等距的,滚道上的凹槽底部颜色发暗(见图 20 和图 21)。图 21 中波纹状凹槽附近的腐蚀斑纹(用铅笔尖指示)是由于保持架挡边和内圈接触造成的。

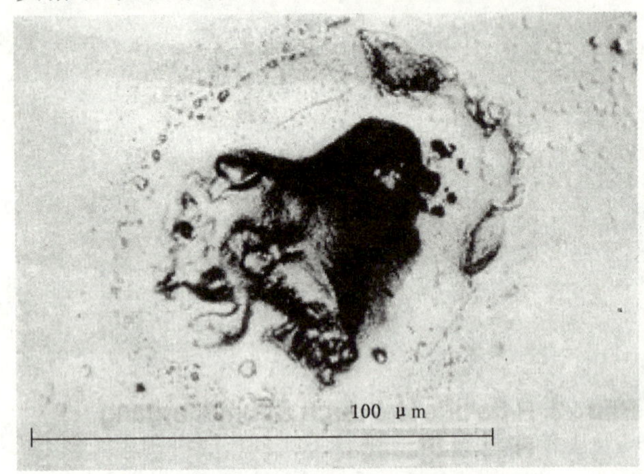

图 17 电流通过形成的环形坑

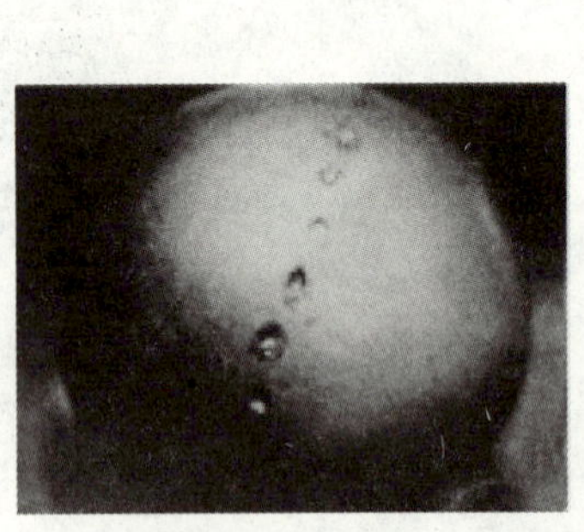

图 18 球和滚道上呈珠状排列的环形坑

图 19 电流泄漏形成的波纹状凹槽

图 20 内圈滚道上的波纹状凹槽和颜色变暗的钢球

注:表面放大图示于轴承套圈的后面,使用扫描电子显微镜的放大图示于右下角。

图 21 滚针轴承内圈上的波纹状凹槽

5.5 塑性变形

5.5.1 通用定义

当应力超过材料的屈服强度时即发生塑性变形。

塑性变形一般以二种不同的方式发生：

——宏观上，滚动体和滚道之间的接触载荷造成在接触轨迹的大部分范围内发生变形；

——微观上，外界物体在滚动体和滚道之间被滚辗，并且仅在接触轨迹的小部分范围内发生变形。

5.5.2 过载(真实压痕)

静止轴承承受静载荷或冲击载荷过载时，将导致滚动体与滚道接触处发生塑性变形，即在轴承滚道上对应于滚动体节距的位置形成浅的凹陷或凹槽(见图 22)。此外，预载荷过大或装拆过程中操作不当也会发生过载(见图 23)。

装拆不当也能造成轴承其他零件(如防尘盖、垫圈和保持架)的过载和变形(见图 24)。

图 22 过载造成的圆锥滚子轴承滚道上的塑性变形

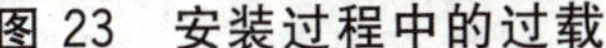

图 23 安装过程中的过载

图 24 装拆不当引起的保持架变形

5.5.3 碎屑压痕

当颗粒被滚辗时，在滚道和滚动体上将形成压痕，压痕形状和尺寸取决于颗粒性质，图 25a)～图 25c)显示了下列压痕类型：

a) 由软质颗粒(如纤维或木材)造成的压痕；

b) 由淬硬钢颗粒(如来自齿轮或轴承)造成的压痕；

c) 由硬质矿物颗粒(如砂轮)造成的压痕。

注：GB/T 6391—2003 描述了颗粒压痕对轴承寿命降低的影响。

5.5.4 贮运压痕

尖硬物体也能导致滚道和滚动体表面出现压痕和V形小刻痕(见图 26)。

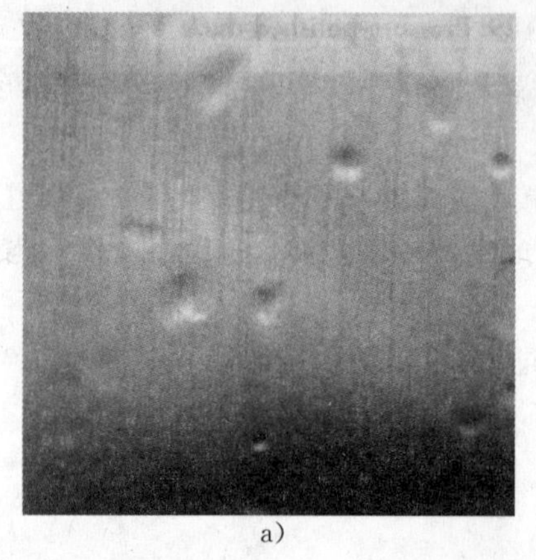
a)

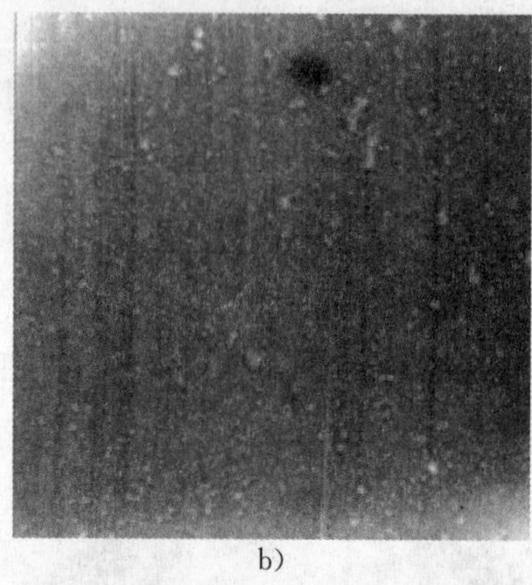
b)

c)

图 25 颗粒被滚辗造成的压痕

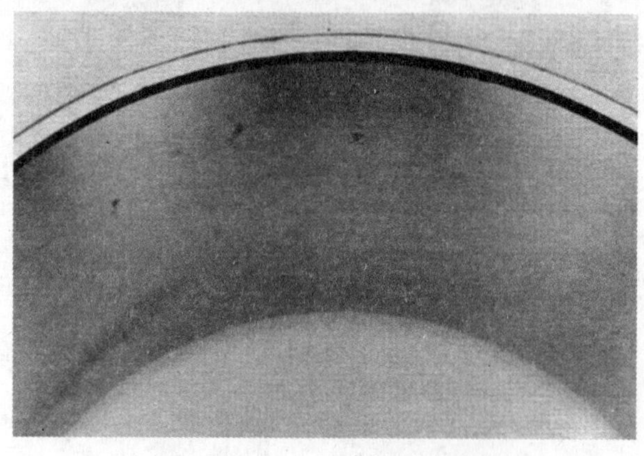

图 26 V形小刻痕(凿坑)

5.6 断裂和开裂

5.6.1 通用定义

当应力超过材料的抗拉强度极限时，裂纹将产生并扩展。

断裂是裂纹扩展到一定程度，零件的一部分完全分离的结果。

5.6.2 过载断裂

过载断裂是由于应力集中超过了材料的拉伸强度造成的，也可因局部应力过大，如冲击(见图 27)或因过盈配合过紧造成应力过大(见图 28)所引起。

5.6.3 疲劳断裂

在弯曲、拉伸、扭转条件下，应力不断超过疲劳强度极限就会产生疲劳裂纹，裂纹先在应力较高处形成并逐步扩展到零件截面的某一部分，最终造成过载断裂。疲劳断裂主要发生在套圈和保持架上(见图 29 和图 30)。在图 30 下方的放大图中，保持架过梁断裂表面上的疲劳开裂条纹清晰可见。

有时，轴承座或轴对轴承套圈的支承不足时，也会引起疲劳断裂(见图 31)。

5.6.4 热裂

热裂是由滑动产生的高摩擦热造成的，裂纹通常出现在垂直于滑动方向处(见图 32)。由于表面二次淬火以及高的残余拉应力形成这两个因素的共同作用，因此，淬硬的钢件对热裂比较敏感。

图 27　直接锤击造成的过载断裂

图 28　过盈配合过紧造成的调心滚子轴承内圈过载断裂

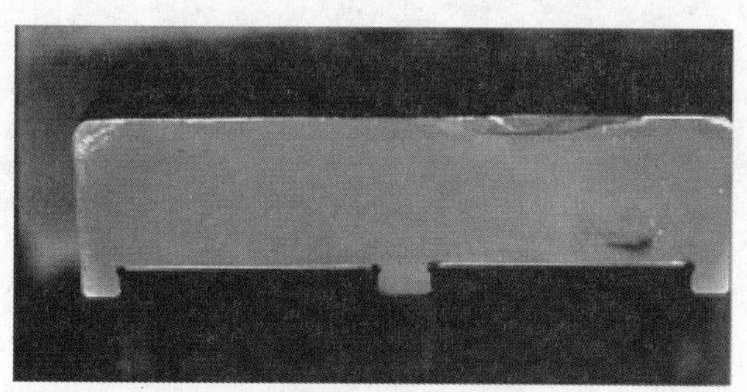

注：外表面上的损伤是次生的，并且是在套圈断裂时产生的。

图 29　弯曲造成的支承辊外圈的疲劳断裂

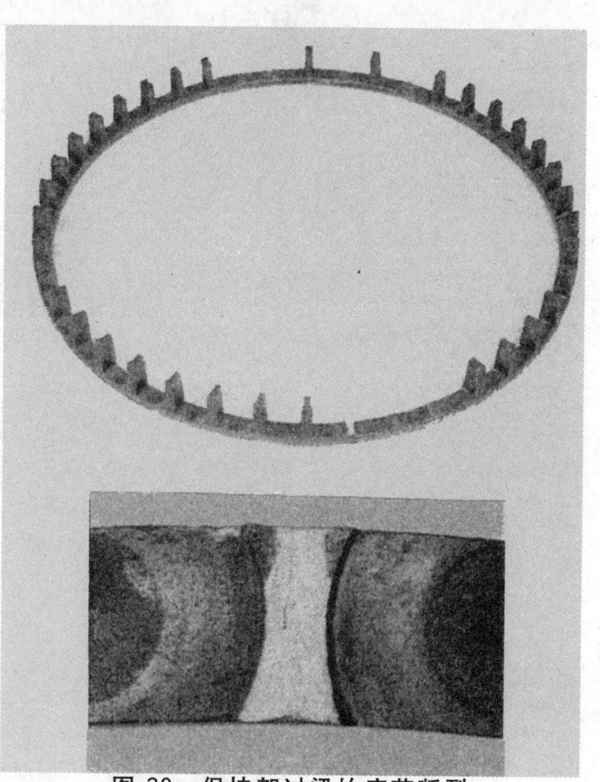

图 30　保持架过梁的疲劳断裂

图 31　轴承座支承不足造成的外圈疲劳断裂

图 32　内圈端面的热裂

附　录　A
（资料性附录）
失效分析、损伤图例和术语

A.1　失效分析

A.1.1　拆卸前后获取有关证据

由于失效，轴承从机器上拆卸下来，此时应对失效原因以及避免将来失效所采取的方法进行分类。为得到最可靠的结果，在检查轴承和获取有关证据时，最好遵循一套分类程序，表 A.1 列出了常见失效的可视特征之间最可能的相互关系及其产生的可能原因。

对轴承进行调查时应考虑下列项目：

——从轴承监控装置上获取运转数据、分析记录和图表；

——提取润滑剂样品，以确定润滑条件；

——检查轴承的外部影响环境，包括设备问题；

——在安装条件下评定轴承；

——标识安装位置；

——拆卸轴承及零件；

——标识轴承及零件；

——检查轴承支承面；

——评定轴承；

——检查单个轴承或轴承零件；

——向专家咨询或将轴承[1]寄送给专家，需要时，也可连同上述检查项目的结果一起寄送给专家。

如果所选程序不正确，查找失效原因所需的重要数据则可能丢失。

A.1.2　接触轨迹

A.1.2.1　总则

就实际的失效分析而言，对接触轨迹，尤其是对给定使用条件下滚道上的旋转轨迹进行分析是非常重要的，它清晰地揭示了载荷类型、工作游隙以及可能出现的偏斜。图 A.1～图 A.11 显示了最常见轴承类型和工作条件下的典型旋转轨迹。

1）此时失效轴承应保持其失效时的状态。

表 A.1 缺陷表

可能的原因		缺陷特征																					
		磨损								疲劳		腐蚀			断裂			变形			裂纹		
		磨损增大	磨伤	划伤	咬粘痕迹，涂抹	擦伤，胶合痕迹	波纹状凹槽，搓板纹	振纹	过热运转	麻点	小片状剥落，剥落	一般性腐蚀（锈蚀）	微动腐蚀（锈蚀）	电蚀环形坑，电蚀波纹状凹槽	贯穿纹裂，断裂	保持架断裂	局部剥落，碎屑	变形	压痕	印痕	热裂	热处理裂纹	磨削裂纹
润滑剂	润滑剂不充分	•			•	•			•	•	•					•					•		
	润滑剂过多								•														
	黏度不合适	•			•	•			•	•	•					•					•		
	质量不合格	•			•	•			•	•	•	•									•		
	污染物	•	•	•						•	•	•							•				
工作条件	速度过高	•			•	•			•	•	•					•		•					
	载荷过大	•			•				•	•	•				•			•	•		•		
	载荷频繁变化	•		•	•	•				•	•					•							
	振动	•			•	•		•		•	•		•		•	•							
	电流通过						•			•	•			•									
安装	电绝缘不良						•		•	•	•			•									
	安装不当					•				•	•				•	•	•	•	•	•			
	受热不均	•																•			•		
	偏斜	•				•				•	•							•					
	不应有的预载荷	•	•						•	•	•				•	•		•			•		
	冲击	•	•													•		•					
	固定不当	•	•		•					•	•				•		•	•			•		
	支承表面不光滑	•	•							•	•		•		•			•					
	配合不正确	•	•						•	•	•		•				•	•			•		
设计	轴承选型不当				•	•			•				•		•	•	•						
	相邻零件不匹配				•	•			•				•		•	•	•						
储运	贮存不当											•											
	运输过程中发生振动					•		•					•						•	•			
制造	热处理不当	•							•	•	•											•	
	磨削不当																						•
	表面精加工不良	•	•							•	•												
	应用零件不精密	•	•						•	•	•				•		•						
材料	组织缺陷									•	•				•								
	材料不匹配	•			•	•			•									•					

A.1.2.2 向心轴承

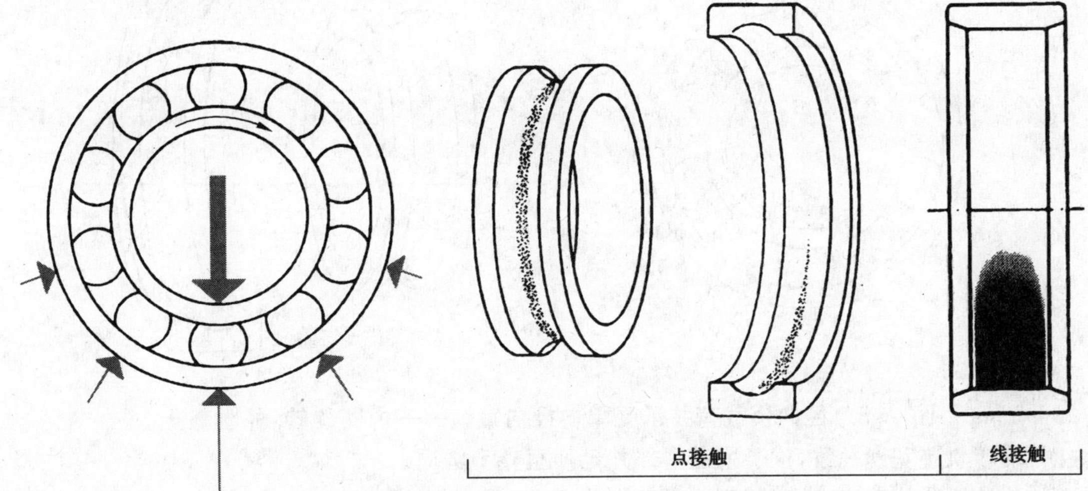

图 A.1 单向径向载荷——内圈旋转、外圈静止

内圈：旋转轨迹宽度一致，位于滚道中部并延伸至整个圆周。

外圈：旋转轨迹位于滚道中部，在载荷方向最宽，末端逐渐变细。具有常规配合和常规径向游隙时，旋转轨迹小于滚道圆周的1/2。

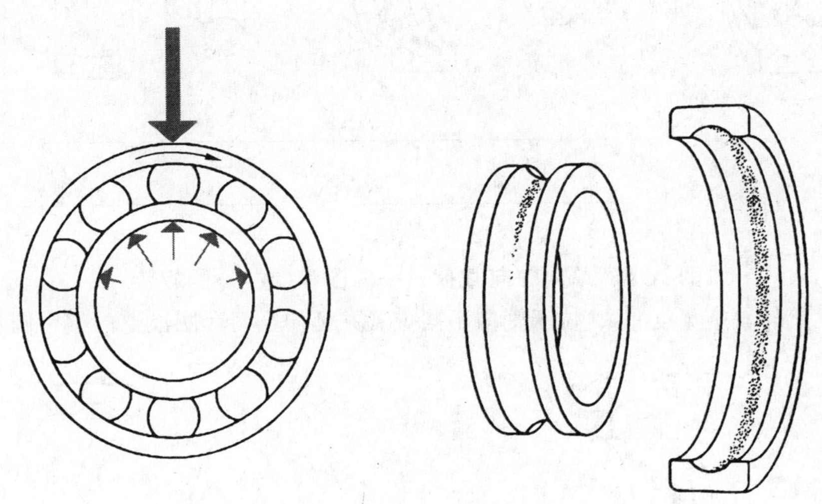

图 A.2 单向径向载荷——内圈静止、外圈旋转

内圈：旋转轨迹位于滚道中部，在载荷方向最宽，末端逐渐变细。具有常规配合和常规径向游隙时，旋转轨迹小于滚道圆周的1/2。

外圈：旋转轨迹宽度一致，位于滚道中部并延伸至整个圆周。

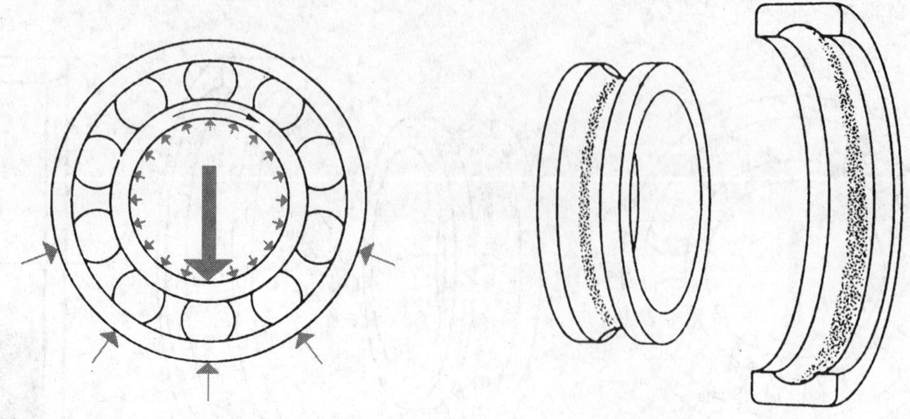

图 A.3 径向预载荷并承受单向径向载荷——内圈旋转、外圈静止

内圈：旋转轨迹宽度一致，位于滚道中部并延伸至整个圆周。

外圈：旋转轨迹位于滚道中部，可能或不可能延伸至整个圆周，旋转轨迹在径向承载方向最宽。

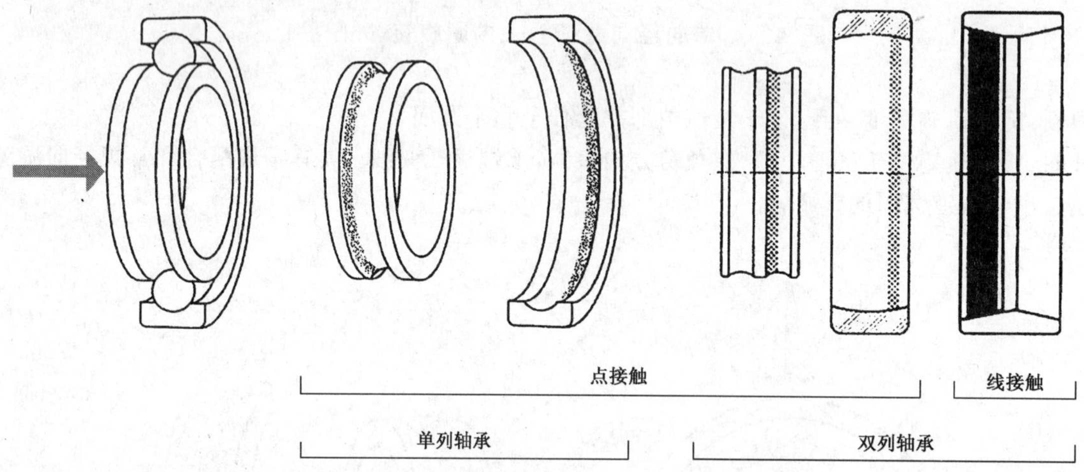

图 A.4 单向轴向载荷——内圈和(或)外圈旋转

内圈和外圈：旋转轨迹宽度一致，位于轴向不同位置并延伸至两套圈滚道的整个圆周。

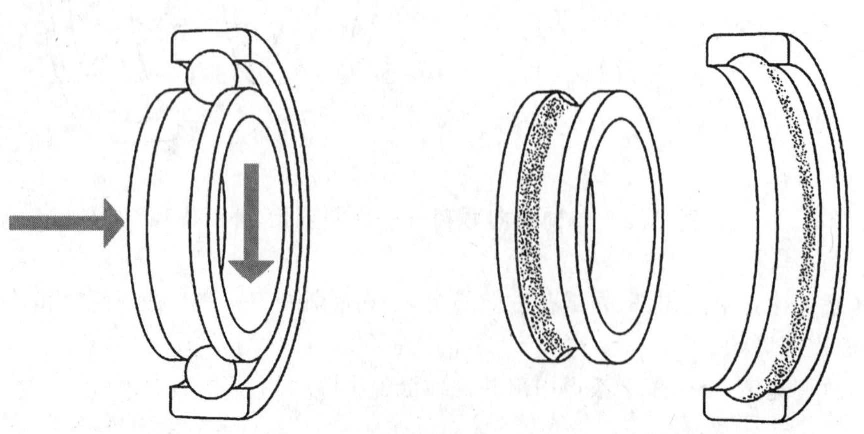

图 A.5 径向和轴向联合载荷——内圈旋转、外圈静止

内圈：旋转轨迹宽度一致，延伸至滚道的整个圆周并位于轴向不同位置。

外圈：旋转轨迹位于轴向不同位置，可能或不可能延伸至整个圆周，旋转轨迹在径向承载方向最宽。

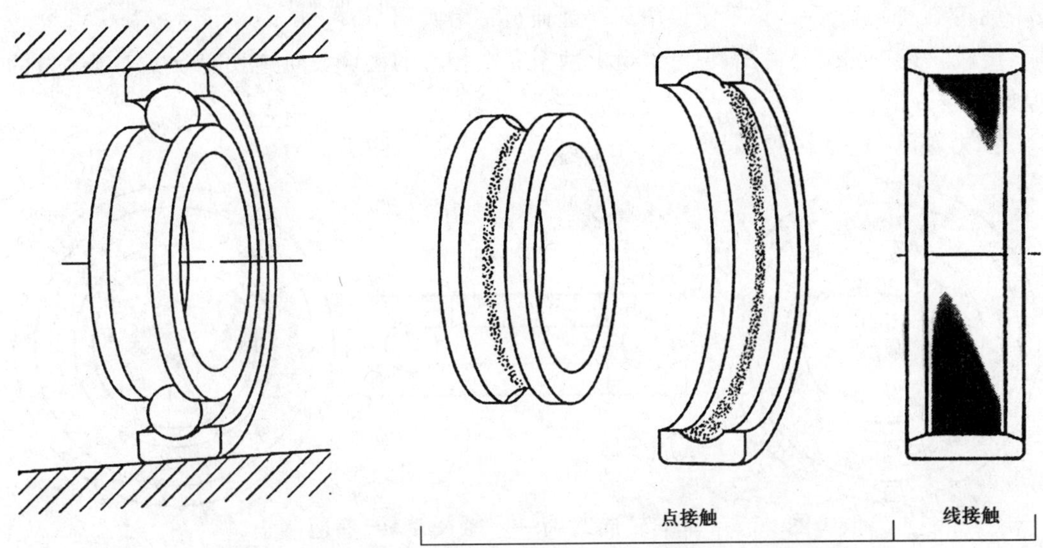

图 A.6 轴承座中偏斜的外圈——内圈旋转、外圈静止

内圈:旋转轨迹宽度一致,比图 A.1 宽,位于滚道中部并延伸至整个圆周。

外圈:旋转轨迹宽度不一致,位于两个完全相反的区域并彼此斜对。

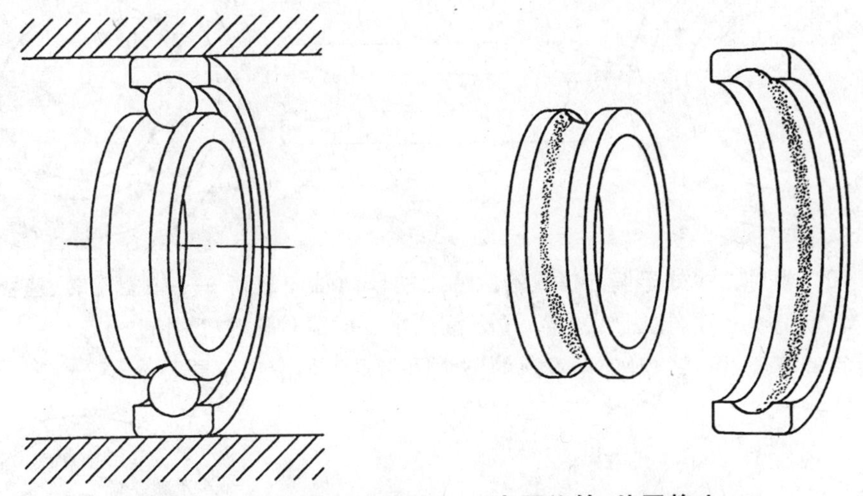

图 A.7 轴上偏斜的内圈——内圈旋转、外圈静止

内圈:旋转轨迹宽度不一致,位于完全相反的两个区域并彼此斜对。

外圈:旋转轨迹宽度一致,比图 A.2 宽,位于滚道中部并延伸至整个圆周。

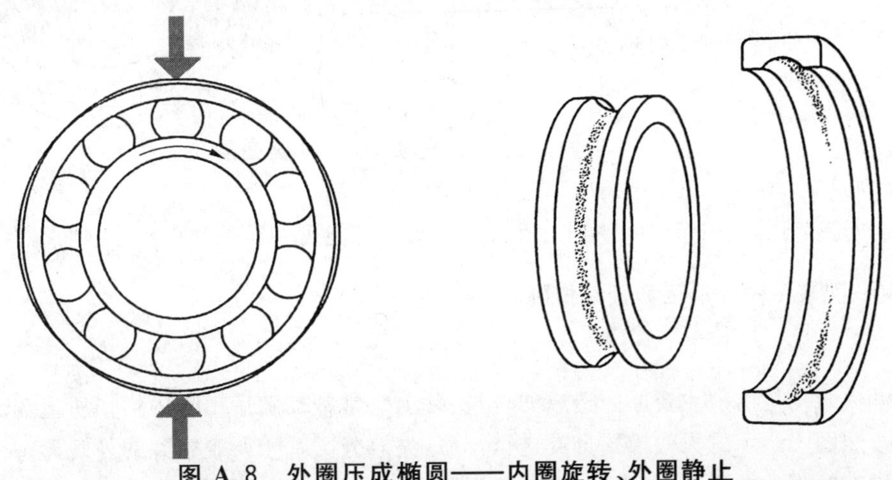

图 A.8 外圈压成椭圆——内圈旋转、外圈静止

内圈:旋转轨迹宽度一致,位于滚道中部并延伸至整个圆周。

外圈:旋转轨迹在受压处最宽,位于滚道上两个完全相反的区域。轨迹长度取决于压缩量的大小和轴承的原始径向游隙。

A.1.2.3 推力轴承

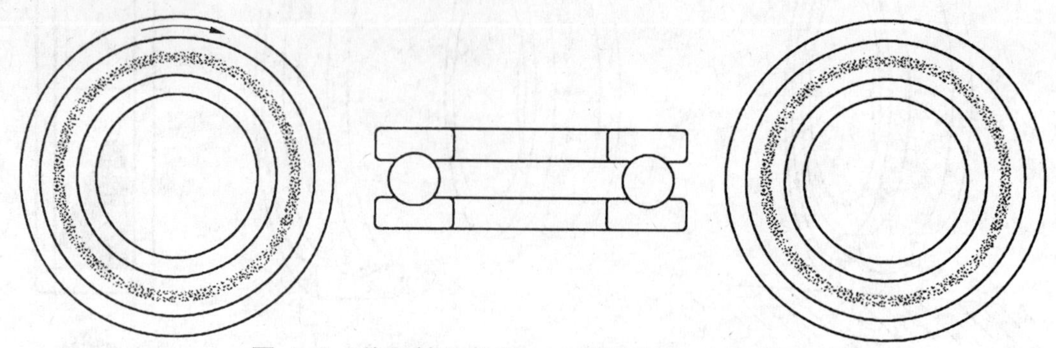

图 A.9 单向轴向载荷——轴圈旋转、座圈静止

轴圈和座圈:旋转轨迹宽度一致,位于滚道中部并延伸至滚道的整个圆周。

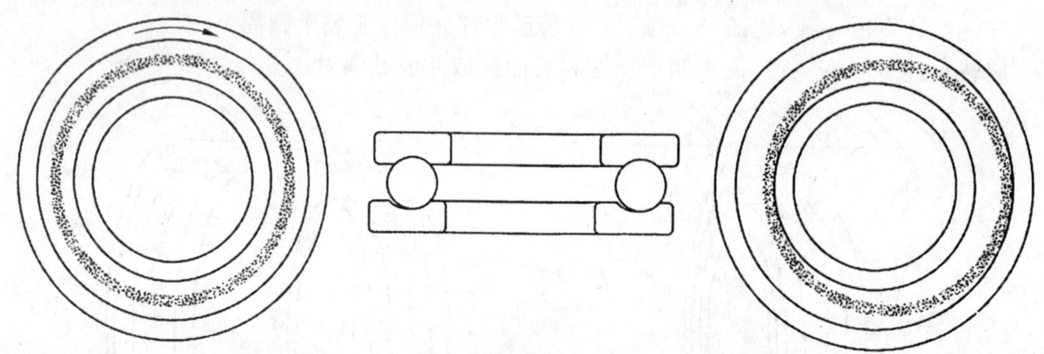

图 A.10 相对轴圈处于偏心位置的座圈上的单向轴向载荷——轴圈旋转、座圈静止

轴圈:旋转轨迹宽度一致,比图 A.9 宽,位于滚道中部并延伸至整个圆周。

座圈:旋转轨迹宽度不一致,延伸至滚道的整个圆周并且与滚道不同心。

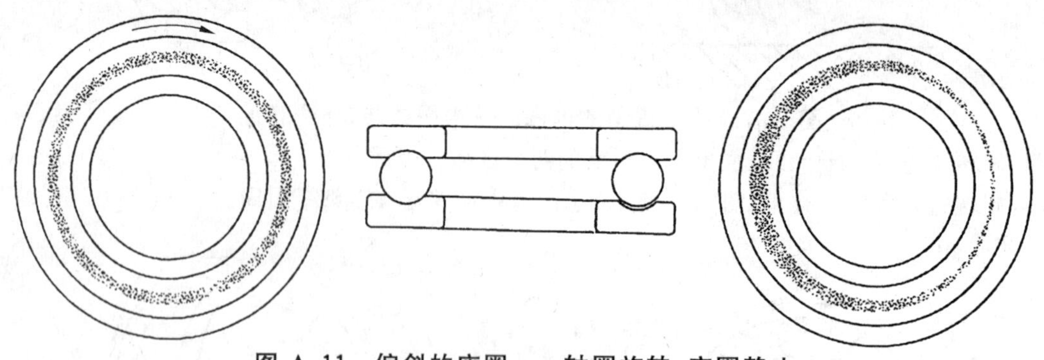

图 A.11 偏斜的座圈——轴圈旋转、座圈静止

轴圈:旋转轨迹宽度一致,位于滚道中部并延伸至整个圆周。

座圈:旋转轨迹位于滚道中部但宽度不一致,可能或不可能延伸至滚道的整个圆周。

A.2 失效图例一览表—失效原因和预防措施

A.2.1 总则

每一种轴承失效均是由一主要原因造成的,但实际上它常常被随后出现的损伤所掩盖。

下列图例按照图1所示的失效模式分类进行排序,失效分类基于所观察到的外观形态。

每一图例均有对失效的说明,以标题“失效原因”给出。说明中包括对失效、失效的可能(主要)原因的描述。

每一图例还对避免失效所采取的预防措施或改正措施提出了建议,以标题"预防措施"给出。

A.2.2　疲劳

A.2.2.1　剥落

失效原因 源于次表面的材料疲劳。载荷反复循环导致承载区发生组织变化并出现疲劳裂纹。 **预防措施** 如果要求寿命较长,则应使用具有较高承载能力的轴承。	

A.2.2.2　调心滚子轴承仅一条滚道上的剥落

失效原因 轴向载荷过大引起调心滚子轴承早期疲劳并在一条滚道的整个圆周范围内出现剥落。 **预防措施** 如果适用,应选用具有较高承载能力的轴承并控制轴承上的轴向载荷。	

A.2.2.3　滚道上两个完全相反位置处的疲劳

失效原因 由于轴承座的圆度不好,造成调心滚子轴承外圈出现剥落。如果剖分式轴承座被错装或有碎屑嵌入轴承座支承面,同样的损伤也会发生。 **预防措施** 检查相邻零件的形状精度,必要时,提高其形状精度。正确安装剖分式轴承座,在安装过程中注意最大限度地保持清洁。 注:外圈或内圈圆度不好时,滚道上的旋转轨迹将有所显示。	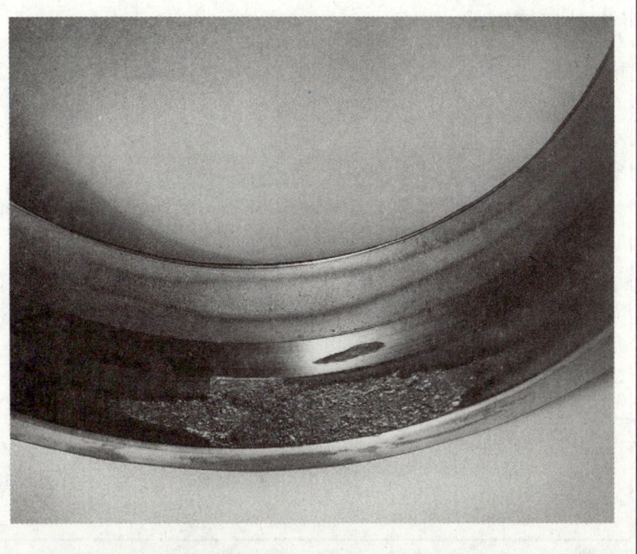

A.2.2.4 起源于装填槽的剥落,如双列角接触球轴承

<table>
<tr><td>

失效原因

轴承选用不当;错误安装;轴向载荷朝向装填槽。

预防措施

如果双列轴承只有一列有装填槽,安装轴承时则应考虑运转过程中轴向载荷的方向。轴向载荷交替变化时,应使用无装填槽轴承或者至少仅在装填槽方向施加较轻的轴向载荷。

对于有装填槽的单列轴承,则应保持轴向载荷相对径向载荷较小。

</td><td>

</td></tr>
</table>

A.2.2.5 滚道上对应于滚动体节距处出现的剥落

<table>
<tr><td>

失效原因

由于安装和(或)搬运不当,滚道上对应于滚动体节距处产生压痕,随后的滚辗导致剥落。

预防措施

使用合适的工具正确安装轴承,安装力不应通过滚动体传递。如果可能的话,在圆柱滚子轴承安装过程中,应缓慢地旋转轴。

</td><td>

</td></tr>
</table>

A.2.2.6 内圈旋转的调心球轴承静止外圈整个滚道圆周上的旋转轨迹

<table>
<tr><td>

失效原因

轴与轴承座之间的温差过大;相邻零件公差不在公差范围内;轴承的径向游隙选择不当。

预防措施

检查轴和轴承座的尺寸。检查温度对轴承游隙的影响。选用具有合适游隙的轴承。如果内圈安装在锥形支承面上,应正确选择轴向位移量。

</td><td>

</td></tr>
</table>

A.2.2.7 内圈滚道上倾斜的、发生剥落的旋转轨迹

失效原因 运转过程中偏斜；轴挠曲变形；配合零件支承面不垂直。 **预防措施** 检查轴承类型是否适用。消除偏斜或选用能适应偏斜的轴承类型；减小轴挠曲变形；检查配合零件支承面的垂直度。	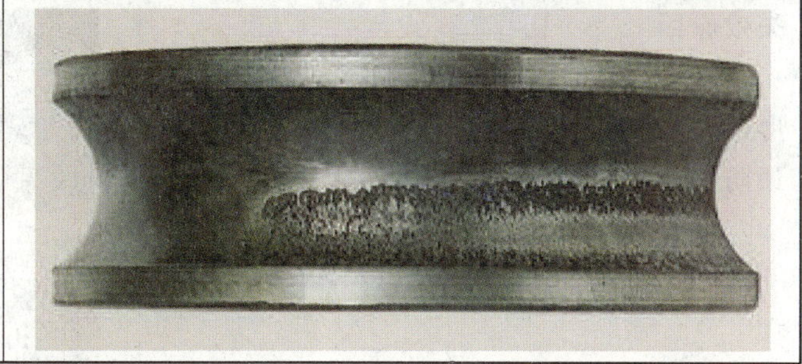

A.2.3 磨损

A.2.3.1 滚子端面上的(粘着)磨损

失效原因 滚子上的轴向载荷过大和(或)润滑不充分造成粘着磨损，滚子端面发生咬粘。所示为咬粘放大图(滚子端面涂抹较轻的形式示于图9)。 **预防措施** 改善润滑。根据滚子端面与挡边接触处的压力和润滑条件，采用更合适的轴承类型。	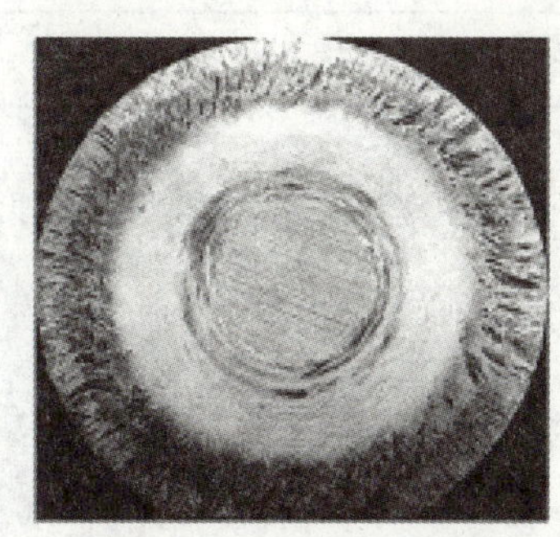 

A.2.3.2 圆锥滚子轴承上的(磨粒)磨损

失效原因 润滑剂污染造成轴承接触表面磨损，磨损在滚子端面上清晰地显现。 **预防措施** 提高整个系统的清洁度。	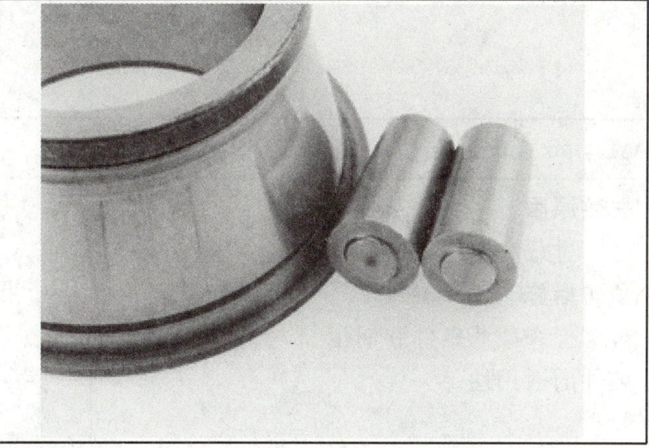

A.2.3.3 滚道上的涂抹

失效原因 设计和运转不适当。由于旋转过程中轴承承受的载荷过轻或球(滚子)组的惯性太大(很大的加速度)或者由于振动(未受载)，滚动体和滚道之间发生涂抹(滑伤)。当涂抹(滑伤)发生时，会出现润滑不充分或轴系的动力学问题。 **预防措施** 重新考虑轴承的选型(减小尺寸)。进行无外加载荷试验时，应遵守跑合程序。选择合适的润滑剂(黏度、组分、添加剂)。采取减振措施。	

A.2.3.4 **挡边磨损,滚子端面和挡边上的涂抹**

失效原因 轴向过载,同时润滑也不充分;轴挠曲变形过大;轴承定位不当;配合表面不垂直。 **预防措施** 检查轴承应用的各个方面。	

A.2.3.5 **轴承外圈滚道的光亮状磨损**

失效原因 润滑剂不合适或润滑剂供给不足,滚道常呈现镜面状磨损痕迹。 **预防措施** 选择黏度更合适的润滑剂,提供充足的润滑,检查再润滑周期。	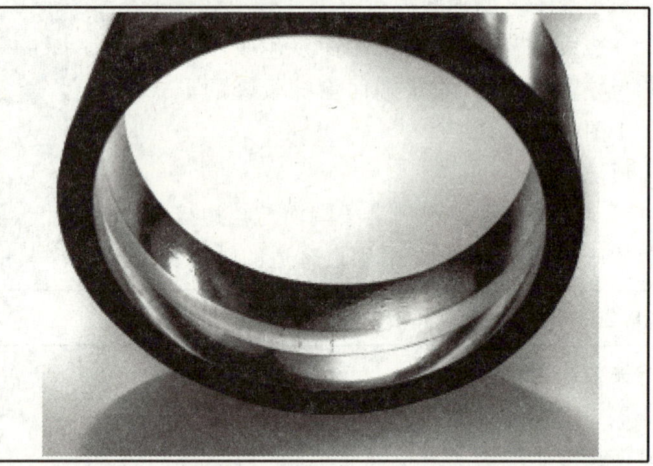

A.2.3.6 **滚道、挡边和滚子严重磨损**

失效原因 过载和润滑不足。 **预防措施** 检查载荷条件和润滑,检查轴承对工作条件的适用性。	

A.2.3.7 **轴承端面与配合零件摩擦造成的擦伤或磨损**

失效原因 过盈量不够大;配合零件松动。内圈蠕动造成圆周擦伤和接触表面磨损。轴弯曲或配合零件松动所引起的振动同样也可造成微动腐蚀型磨损。 **预防措施** 选择合适的配合并采用更紧的固定。检查有关承载和振动方面的应用条件。	

A.2.3.8 过热运转，运转表面变色并熔化

失效原因 润滑不足；工作游隙相对于载荷和速度太小；轴承严重过载。综合温度升高造成表面硬度降低。保持架上的磨损颗粒被碾进滚道并粘附在上面。如果继续运转，就可能造成突然失效。 **预防措施** 检查润滑剂的适用性和质量。检查径向游隙是否合适，重新考虑轴承的选型。	

A.2.3.9 保持架兜孔和球上的磨损(极线)

失效原因 载荷过大；润滑不充分；出现不应有的预载荷。嵌入保持架兜孔的硬颗粒也能造成极线。 **预防措施** 重新考虑轴承的选型(保持架类型)和径向游隙，改善润滑。	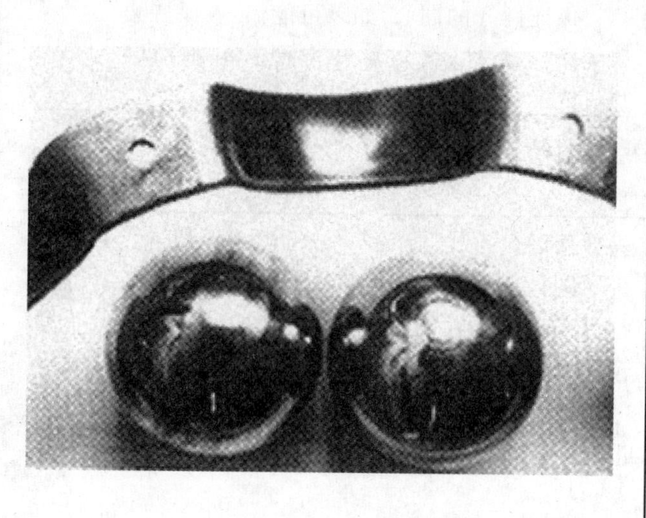

A.2.3.10 磨损的保持架兜孔出现咬粘痕迹

失效原因 由于间隙太小或偏斜，滚动体的运动受到约束；振动过大；润滑不充分；轴承选型不合适；安装不当。 **预防措施** 检查载荷和安装条件。选择合适的间隙和润滑。考虑用另一种轴承和保持架来代替。	

A.2.3.11 推力球轴承保持架兜孔磨损和断裂

失效原因 球的离心力太大，高速时由于轴向载荷不足造成失效。 **预防措施** 确定所需的最小轴向载荷并对制造厂规定的最大转速加以考虑。如果适用，则设置（弹簧）预紧。	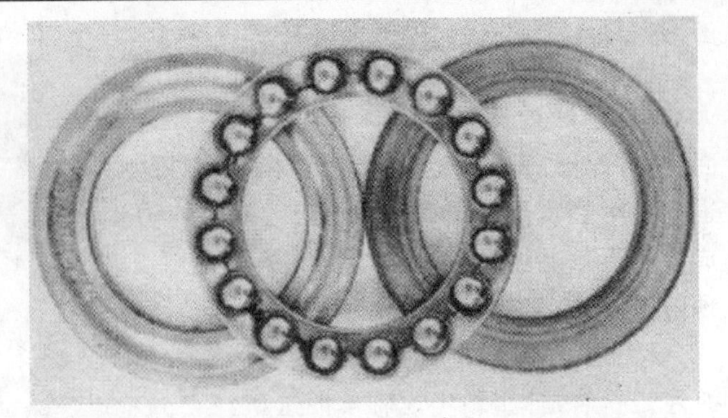

A.2.3.12 滚子和套圈滚道上的轴向划伤

失效原因 滚子和套圈滚道上的划伤（擦伤）是由于保持架和滚子组件偏斜，且在安装过程中未经旋转造成的。 径向游隙不合适也能造成同样的损伤。 **预防措施** 保证良好的同心，如果可能，装入保持架和滚子组件时，缓慢旋转内圈。检查径向游隙。	

A.2.4 腐蚀

A.2.4.1 潮湿环境下的腐蚀

失效原因 圆柱滚子轴承套圈和滚道上的深位锈蚀是由于水分侵入或润滑不充分造成的。 **预防措施** 改善密封并使用具有良好防锈性能的润滑脂或润滑油。	

A.2.4.2 未使用过的轴承的腐蚀

失效原因 新的、未使用过的轴承上出现锈蚀是由于贮存和搬运不当造成的；或者是由于防锈不充分造成的。 **预防措施** 在恒温、湿度低的干燥处贮存轴承。安装前再从包装物中取出轴承。	

A.2.4.3　手汗(指纹)的腐蚀

失效原因 操作不当,在未采取防护措施的状态下用汗手触摸轴承。 预防措施 避免用湿(汗)手触摸轴承,使用手套或皮肤药膏。	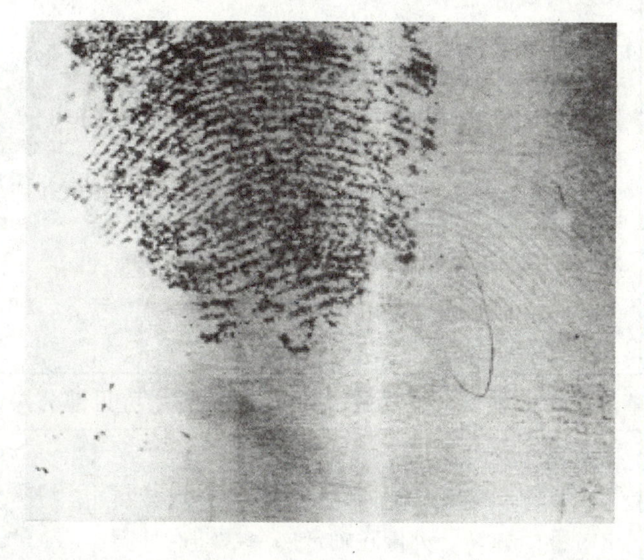

A.2.4.4　接触腐蚀

失效原因 滚道上位于滚动体节距处出现的腐蚀痕迹是由于贮存或使用过程中静止轴承上存在腐蚀性液体造成的。 预防措施 贮存时采取适当的防护措施。检查润滑剂量是否充足以及所规定的再润滑周期是否合适。检查密封。	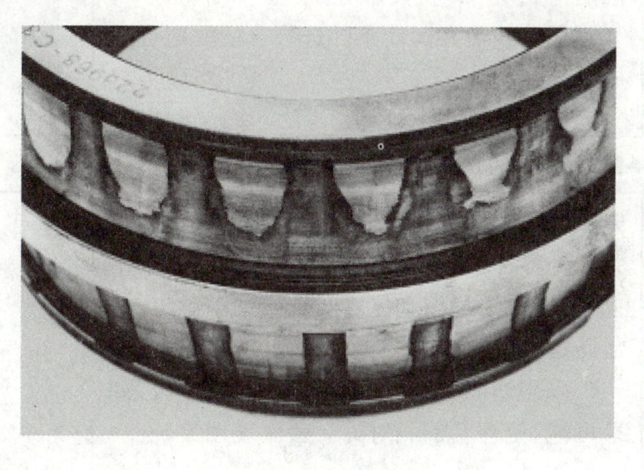

A.2.4.5　内圈内孔整个表面上的微动腐蚀

失效原因 过盈量不够大。内圈和轴之间反复滑动造成微动腐蚀,此时内圈也已发生蠕动。 预防措施 规定合适的配合并注意载荷的大小,轴支承面表面粗糙度的影响也应予以考虑。	

A.2.4.6　深沟球轴承外表面上的微动腐蚀造成外圈圆周上的裂纹

失效原因 　　裂纹由外圈外表面上的微动腐蚀引起。载荷交变和外圈支承面不够大造成了此种失效。 **预防措施** 　　为轴承套圈提供足够大的支承面。检查轴承相邻零件可能发生的变形。	

A.2.4.7　外圈外表面整个圆周非常光亮，可见部分擦伤和微动腐蚀迹象

失效原因 　　外圈和轴承座之间配合过松且径向载荷相对外圈旋转。外圈在轴承座中蠕动对外圈外表面有抛光作用，可见擦伤和轻微的微动腐蚀迹象。 **预防措施** 　　根据载荷和运转条件选择合适的配合。	

A.2.4.8　伪压痕

失效原因 　　外界冲击或振动频繁地传递到静止轴承上，导致滚道和滚动体之间发生摆动。 **预防措施** 　　采用适当的设计和隔离措施来抗振，如果可能，使一套圈相对另一套圈缓慢旋转。	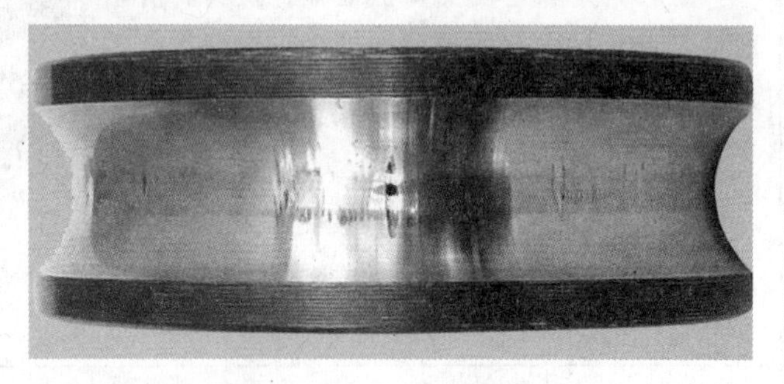

A.2.4.9　伪压痕（振纹）

失效原因 　　由于旋转过程中的振动在滚道上造成间距很小的波纹状凹槽或振纹。 **预防措施** 　　采用适当的设计（使用减振器）来抗振。如果合适，也可通过施加预载荷来降低轴承对振动的敏感度。	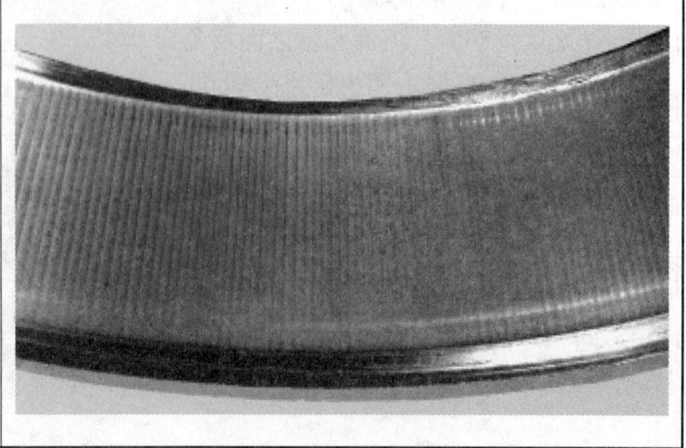

A.2.5 电蚀

A.2.5.1 电蚀(环形坑)

失效原因

滚道和滚动体上的环形坑是由于电流通过引起的。

预防措施

检查机器或轴承并采用正确的电绝缘。在电焊操作过程中,应保证机器正确接地。

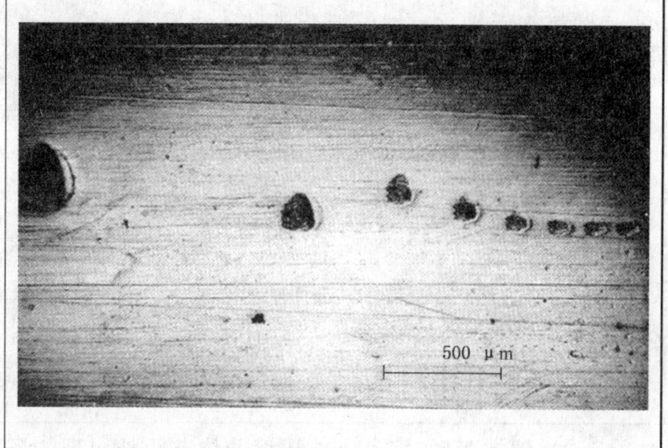

A.2.5.2 电蚀(沟槽)

失效原因

旋转的调心球轴承外圈滚道附近形成的沟槽是由于电流泄漏引起的。沟槽底部外观发黑,钢球颜色变暗。

预防措施

检查轴承并采用正确的电绝缘。

A.2.5.3 电蚀(波纹状凹槽)

失效原因

滚道旋转轨迹上的波纹状凹槽是由于经常有较低强度的电流通过旋转的轴承引起的。凹槽底部颜色变暗。

预防措施

检查绝缘。接地。使用电绝缘轴承。

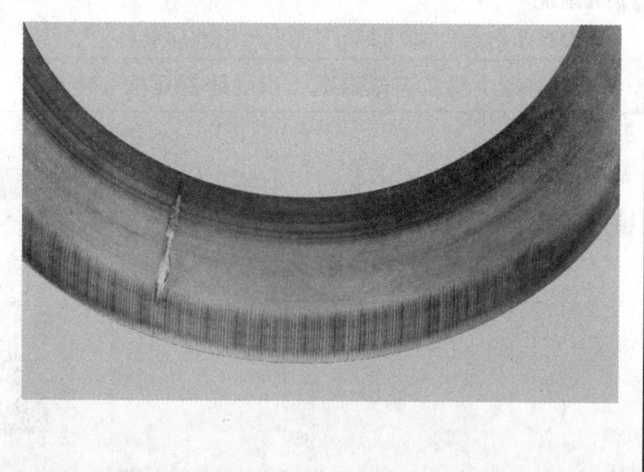

A.2.6 塑性变形

A.2.6.1 过载

<table>
<tr><td>

失效原因

圆锥滚子轴承过度偏斜造成过载和部分滚动体接触处出现塑性变形，造成剥落，表现为外圈滚道上的十字交叉接触痕迹。

预防措施

检查有关载荷、同心性以及轴或轴承座变形等应用条件。

</td><td></td></tr>
</table>

A.2.6.2 塑性变形，滚道上位于滚动体节距处出现的压痕

<table>
<tr><td>

失效原因

在运输、安装或运转过程中载荷过大（此时如果轴承静止，载荷已超过其静态承载能力），造成滚道发生塑性变形并在滚动体节距处出现压痕。

预防措施

在运输过程中使用保护性装置，采用适当的安装步骤，保证使用轴承的所有设备正确操作。

</td><td></td></tr>
</table>

A.2.6.3 塑性变形，对应于滚动体节距的压痕

<table>
<tr><td>

失效原因

如果轴承静止，冲击载荷将造成滚道上位于滚动体节距处出现压痕。

随后的滚辗又导致压痕处出现剥落。

预防措施

检查承载条件，必要时，选择更适用的轴承。

</td><td></td></tr>
</table>

A.2.6.4 微小颗粒造成滚道上出现碎屑压痕

<table>
<tr><td>

失效原因

安装或运转过程中受到污染，密封不良。

预防措施

在安装和使用过程中最大限度地保持清洁。对注脂嘴等润滑装置进行清洁。改善密封。

</td><td></td></tr>
</table>

A.2.7 断裂

A.2.7.1 局部过载断裂

<table>
<tr><td>失效原因
安装不当，工具敲击在淬硬的轴承零件上造成金属缺损。
预防措施
采用合适的安装工具和步骤。</td><td>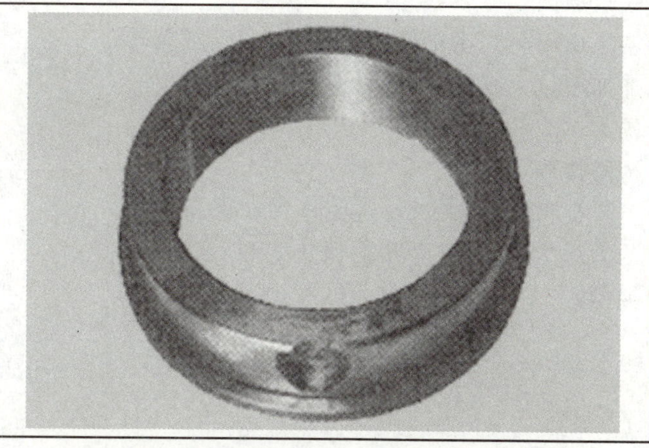</td></tr>
</table>

A.2.7.2 挡边断裂

<table>
<tr><td>失效原因
安装不当，工具敲击在淬硬的轴承零件上。
预防措施
采用合适的安装工具和步骤。</td><td></td></tr>
</table>

A.2.7.3 内圈疲劳断裂

<table>
<tr><td>失效原因
与轴配合过紧，由于过盈配合产生的拉应力造成疲劳裂纹出现；相邻零件尺寸不符合规定，开裂始于滚道表面下的疲劳裂纹。
预防措施
检查相邻零件的尺寸。检查安装步骤。如果可能，选择更松的配合。如果需要过盈配合，检查套圈材料的适用性，必要时，选择更适用的材料。</td><td></td></tr>
</table>

A.2.7.4 热裂

<table>
<tr><td>失效原因
套圈端面和相邻零件之间的滑动产生高摩擦热和热力裂纹。
预防措施
选择适合于应用条件的轴承安装方式。检查轴承定位方法，如采用合适的配合或轴向固定装置。</td><td></td></tr>
</table>

A.2.7.5 保持架断裂,铆钉和保持架过梁开裂、折断和变形

失效原因 由于润滑不充分和球旋转不灵活或旋转加速度过大或轴承偏斜,使作用在保持架上的力过大。 **预防措施** 提供合适的润滑,避免作用在保持架上的力过大,选择更适用的保持架和(或)轴承类型。	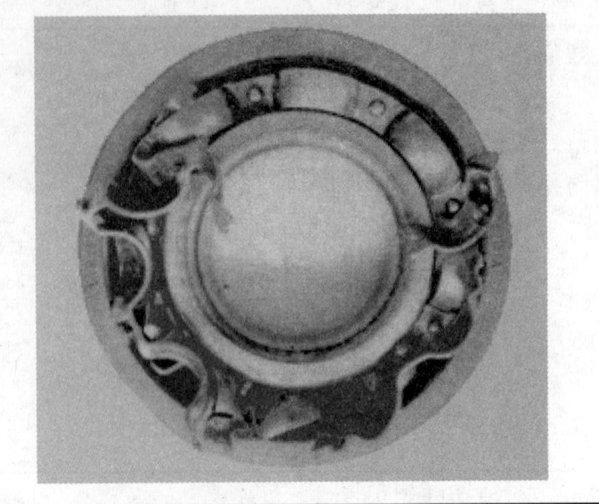

A.2.7.6 机制黄铜保持架铆钉断裂

失效原因 由振动引起疲劳断裂。 **预防措施** 减小振动或选择更适用的保持架结构和(或)材料,如整体保持架。	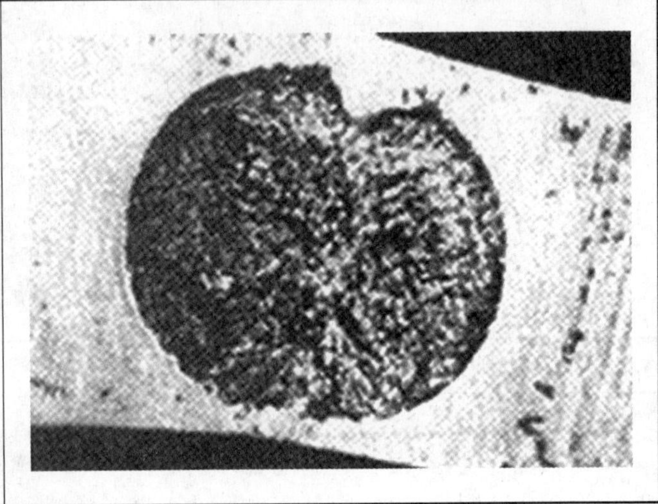

A.3 术语和定义

为了能更好地理解本标准中使用的术语,下列定义适用于本标准。

A.3.1

光亮状磨损 burnishing

具有磨光作用,使轴承零件原有的加工表面呈现更为光亮的外观。

A.3.2

振纹 chattering

滚道上出现的严重的高频周向波纹。

A.3.3

解理剥落 cleavage flaking

见 A.3.19。

A.3.4

腐蚀 corrosion

金属表面上的化学反应。

见 5.3.1。

A.3.5

开裂　crack

材料的基体已裂开，但还没有完全分离。

A.3.6

成坑　cratering

因电流通过，在接触表面之间形成环形坑。

见5.4。

A.3.7

蠕动　creep

轴承套圈间隙配合安装并且载荷相对轴承套圈转动时，轴承套圈在其支承面上的滚动运动。

注：蠕动过程中，滚辗导致内圈相对轴的转速或者外圈相对轴承座的转速存在微小差异。蠕动常常（但不一定总是）伴随有套圈与支承面接触处的滑动。

A.3.8

损伤　damage

零件在制造厂制造或装配好之后，造成其功能降低的任何变化。

A.3.9

缺陷　defect

轴承零件在制造厂制造或装配期间引起的材料或产品不合格。

A.3.10

变色　discolouration

受热或化学反应引起的外观变化。

A.3.11

电蚀　electrical erosion

电流通过造成材料的移失。

见5.4。

A.3.12

侵蚀　eroding

由电蚀造成材料的移失。

见电蚀。

A.3.13

失效　failure

使轴承不能满足预定设计性能要求的缺陷或损伤。

注：在使用过程中，轴承表面外观上的变化不一定就意味着轴承失效。

A.3.14

疲劳　fatigue

由滚动体和滚道接触区内的交变应力造成的组织变化。

见5.1.1。

A.3.15

小片状剥落　flaking

次表面起源型疲劳造成表面材料的缺失。

见5.1.2。

A.3.16

波纹状凹槽　fluting

形成的密集、等距沟槽。

见5.3.3.3和5.4.3。

A.3.17

断裂　fracture

开裂扩展至完全分离。

见5.6.1。

A.3.18

微动腐蚀　fretting corrosion

零件间的微小运动所引起的氧化和变色。

见5.3.3.2。

A.3.19

粗化　frosting

粘着磨损的特定形式，金属微小碎片被滚动体从轴承滚道上扯下。

注：粗化区在一个方向上感觉平滑，但在另一个方向上则有明显的粗糙感。

A.3.20

粘结　galling

粘着磨损的一种。

见5.2.3。

A.3.21

磨光　glazing

见A.3.1。

A.3.22

发灰　grey staining

见A.3.24。

A.3.23

阻滞　jamming

轴承零件间阻止正常运动的障碍。

A.3.24

显微剥落　microspalling

微凸体接触处的浅层剥落。

A.3.25

剥离　peeling

小片状剥落（剥落）的严重阶段。

注：剥离有时也用作描述表面的显微剥落。

A.3.26

麻点　pitting

材料移失导致表面形成的凹坑。

注：由于该描述具有通用性，因此，已不在疲劳术语中使用。

A.3.27

塑性变形　plastic deformation

超过材料的屈服强度时发生的永久性变形。

见5.5.1。

A.3.28

压力抛光　pressure polishing

可改善表面外观的正常显微磨损（跑合）。

A.3.29

划伤　scoring

严重的擦伤。

见 A.3.30。

注：在美国，划伤也用作描述涂抹。

A.3.30

擦伤　scratching

尖角物或微凸体或硬颗粒嵌入一表面或分布在两表面之间所形成的微小沟槽。

A.3.31

胶合　scuffing

粘着磨损的一种。

见 5.2.3。

A.3.32

咬粘　seizing

接触表面润滑不充分、载荷过大和温度升高所引起的过度涂抹，它取决于运转速度和温度，可导致材料退火、二次淬火、开裂、摩擦焊合，严重时，还可导致轴承零件发生阻滞。

A.3.33

滑伤　skidding

由于高速滑动和因载荷迅速变化而使润滑油膜破裂，在不连续表面区域出现的雾状表面损伤。

A.3.34

涂抹　smearing

粘着磨损的一种。

见 5.2.3。

A.3.35

剥落　spalling

小片状剥落的后期阶段。

A.3.36

表面损伤　surface distress

表面起源型疲劳。

见 5.1.3。

A.3.37

搓板纹　washboarding

见 A.3.16。

A.3.38

磨损　wear

在使用过程中，两个滑动接触表面或一个滚动接触表面与一个滑动接触表面的微凸体相互作用，造成材料的逐渐移失。

见 5.2.1。

参 考 文 献

[1] GB/T 6391—2003 滚动轴承 额定动载荷和额定寿命(ISO 281:1990,IDT).

[2] GB/T 15757—2002 产品几何量技术规范(GPS) 表面缺陷 术语、定义及参数(eqv ISO 8785:1998).

[3] ISO 6601:2002 塑料 滑动摩擦和磨损 试验参数鉴别.

ICS 29.030
K 09

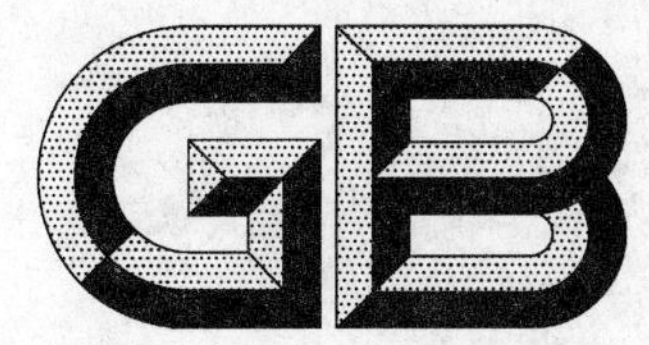

中华人民共和国国家标准

GB/T 24612.1—2009

电气设备应用场所的安全要求 第1部分：总则

Requirements for electrical safety in the workplace—
Part 1: General rules

2009-11-15 发布　　　　2010-05-01 实施

中华人民共和国国家质量监督检验检疫总局
中国国家标准化管理委员会　发布

前　言

GB/T 24612《电气设备应用场所的安全要求》分为2个部分：

——第1部分：总则；

——第2部分：在断电状态下操作的安全措施。

本部分为GB/T 24612的第1部分。

本部分由全国电气安全标准化技术委员会(SAC/TC 25)提出并归口。

本部分主要起草单位：广东省产品质量监督检验中心、机械工业北京电工技术经济研究所、南阳防爆电气研究所、罗克韦尔自动化研究(上海)有限公司、施耐德电气(中国)投资有限公司。

本部分主要起草人：项雅丽、李锋、马桂芬、曾雁鸿、杨利、朱春标、何才夫。

本部分为首次发布。

电气设备应用场所的安全要求
第1部分:总则

1 范围

GB/T 24612 的本部分规定了电气设备应用场所应该满足的基本安全要求。

注:电气设备的应用指的是电气设备按照电气安全要求制造完成后,在诸如使用和维护的生命周期内应该注意的安全要求。由于这种应用和场所的关联十分密切,所以对安全的要求可能会涉及到对场所的必要要求。

一般情况下,操作裸露的带电部件或电路部件和在其附近工作的人员应该受到限制,无论在什么情况下,都应该确保操作者接近或接触裸露的带电部件或电路部件时是安全的。所以本部分着重提出相关的要求和规定。

本部分适用于按照电气安全要求制造完成后诸如在使用和维护等生命周期内的电气设备。

本部分的目的是为操作裸露的带电部件或电路部件和在其附近工作的人员提供与电气危害相关的安全保障。

注:本部分更多的要求基于从制造的角度保证电气设备应用的安全。

2 规范性引用文件

下列文件中的条款通过 GB/T 24612 的本部分的引用而成为本部分的条款。凡是注日期的引用文件,其随后所有的修改单(不包括勘误的内容)或修订版均不适用于本部分,然而,鼓励根据本部分达成协议的各方研究是否可使用这些文件的最新版本。凡是不注日期的引用文件,其最新版本适用于本部分。

GB 3805—2008 特低电压(ELV)限值

GB 13955 剩余电流动作保护装置安装和运行

GB 19517—2009 国家电气设备安全技术规范

GB/T 24612.2—2009 电气设备应用场所的安全要求 第2部分:在断电状态下操作的安全措施

3 术语和定义

3.1

专业人员 skilled person

受过专业教育并具备经验,有能力识别风险并能够避免电气危险的人员。

注:为评价专业教育程度,也可以把在有关技术领域上的多年实践活动计算在内。

[GB 19517—2009,附录 B,B.14]

3.2

受过培训的人员(电气) instructed person (electrically)

在熟练电气技术人员建议或监督下,有能力识别风险并能够避免电气危险的人员。

[GB 19517—2009,附录 B,B.15]

3.3

非专业人员 unskilled person

既不是专业人员,也没受过初级训练的人员。

[GB 19517—2009,附录 B,B.16]

3.4

电气安全工作条件　electrically safe work condition

在导体或导电部件的安装处或其附近，带电部件被隔离，锁定和标识在规定状态，经测试确保现场没有电压并且按规定接地的一种状态。

3.5

限制接近范围　limited approach boundary

对接近裸露带电部件距离的限制，在该距离内存在电击危险。

3.6

有电部件　energized part

与电压源有电气连接的或有电压源的部件。

3.7

带电部件　live parts

有电的导电部件。

4　责任

4.1　责任人

电气设备应用场所的安全要求的责任人是具备法人资格的组织。

4.2　制度

组织应制订电气安全工作准则或更为详细的要求作为基本的制度。

4.3　管理

对有可能操作裸露的带电部件或电路部件和在其附近工作的人员应按照专业人员、受过培训的人员和非专业人员分类，并针对不同类别的人员进行培训，所有相关人员按照有关要求取得许可后方能执行相应的任务。

5　组织和人员的关系

5.1　场所的安全责任人

一般情况，场所可能会由多于一个组织的组织管理（例如：场所中的设备及人员可能归属不同的组织），但至少有一个组织（即为责任人）对场所的安全负责。

5.2　外来人员（承包商等）

当外来人员进入场所时，责任人或有关组织应相互告知，并告知外来人员与其所从事的工作存在的危险、对个人保护装备或保护服装的要求、安全工作步骤以及突发事件/紧急疏散程序。上述工作应在告知程序以及文件中加以规定。

6　培训的管理

6.1　安全培训

本条中的培训要求适用于面对电气危害风险（上述风险未被相应的电气装置降低到安全程度）的所有人员。为防止电气危害，应对有关人员在与安全相关的工作准则与程序要求方面进行培训，使其理解与电气相关的特有危害，并充分了解和确定电气危害与可能的损伤之间的关系。

6.2　培训类型

培训分为室内培训或工作现场培训，或二者的综合形式，并且结合人员所面临的风险确定培训的类型。

6.3　应急程序

应对在裸露带电部件或电路部件处或其附近工作的人员进行以下培训：如何解救接触裸露的带电或电路部件的受害人。

应定期对人员进行第一时间救援和应急方法的培训，比如对施救人员掌握恢复正常呼吸的急救措施方面的培训。

6.4 人员培训

6.4.1 专业人员

应对专业人员进行培训以掌握设备的结构与操作，或特殊的工作方法，并使其能识别与避免与该设备或工作方法相关的电气危险。

6.4.1.1 专业人员须熟悉特殊预防措施、人员保护装置(包括防电弧、绝缘和屏蔽材料)、绝缘工具和测试设备的正确运用。一名人员可能对于某种设备和工作方法而言是有资格的，但对于其他设备和工作方法则不能算是有资格的。

6.4.1.2 一名受培训的人员在培训过程中，若在专业人员的直接监督下有能力安全完成其培训等级的任务，则该名人员可视为执行上述任务的专业人员。

6.4.1.3 工作在工作电压为电压限值，参见 GB 3805—2008 或以上、裸露带电部件的限制接近范围内的人员至少应接受下列内容的培训：

——区别裸露的有电部件(energized part)与电气设备的其他部件所必需的技能与技术；

——确定裸露的带电部件(live parts)的标称电压所需的技能与技术；

——接近距离和专业人员可能接触到的相应的电压(应有具体规定)；

——确定危害程度和范围的判定过程，以及安全执行任务所需的专用保护设施和计划。

6.4.2 非专业人员

非专业人员应接受培训，熟悉必需的所有电气安全准则。

7 电气安全程序

7.1 概述

组织应实施所有用以指导与电压、能量等级和电路条件相适应的电气安全程序。

注：电气安全工作准则仅为全部电气安全程序的一个组成部分。

7.2 安全意识与自我约束

电气安全程序应使经常在受电气影响的环境中工作的人员具有潜在电气危险意识。该程序应为偶尔须在裸露有电导体和电路部件处或附近工作的人员规定必要自律措施。该程序应包括安全工作的原则与控制。

7.3 电气安全程序的原则

电气安全程序应确定该程序基于的原则。

7.4 电气安全程序的控制

电气安全程序应确定对其进行测量和监视的控制。

7.5 电气安全程序内容

电气安全程序应确定在工作电压为电压限值或以上的带电部件或附近工作或在开始工作前会发生电气危险的环境中工作的内容。

7.6 电气危险/风险评估程序

电气安全程序应确定电气危险/风险的评估步骤，该步骤用于在工作电压为电压限值或以上的带电部件处或附近工作或开始工作前已存在电气危险的环境。

7.7 工作程序

7.7.1 概述

在开始每项工作前，负责人应对相关人员作简要的工作介绍。工作简介应包括以下内容：与工作相关的电气危险、相关工作步骤、特殊预防措施、能源的控制及个人防护所需的材料。

7.7.2 重复或相似的工作任务

若工作日或工作班次所做的工作或操作是重复且相似的，在开始当日或当班第一件工作前至少应对工作做一次简要介绍。若在工作过程中出现可能影响人员安全的重大变化，应额外进行介绍。

7.7.3 常规工作

若执行常规工作，且相关人员依靠培训及经验可以识别并避免工作中的相关危险，则工作前开展简要的讨论即可。若出现下列情况之一的，应进行更为详细的讨论：

——工作具有复杂性或具有特殊的危险性；

——预期有关人员将会无法识别并避免的工作中的危险。

8 在导电体或电路部件处或附近工作

8.1 概述

当人员在带电的或可能通电的裸露导体或电路部件处或附近工作时，应执行安全工作准则来保护人员免受伤害。具体的安全工作准则应与相关的电气危险性质与程度相适应。

8.1.1 带电部件的安全工作条件

人员在带电部件处或附近工作之前，应使其将要面临的带电导体处于一个电气安全工作条件，除非在带电部件处的工作可以被证明符合相关安全条款规定。

8.1.2 带电部件的不安全工作条件

仅允许专业人员在未处于电气安全工作条件下的电导体或电路部件处或附近工作。

8.2 在带电的或可能通电的裸露导体和电路部件处或附近工作

在工作电压为电压限值或以上的裸露电导体和电路部件处或附近开始工作之前，应根据本标准第2部分第4章、第6章规定采用锁定/标识装置进行保护。若无法采用锁定/标志装置，则上述工作应有适当的规定(如各种工作区边界的限制、隔离、人员资格、使用绝缘防护用品和工具等)。

8.2.1 电气危险分析

若工作电压为电压限值或以上的带电部件未处于电气安全工作条件下，应执行其他安全工作准则来保护面临电气危险的人员。上述工作准则应保护每一个人员免受电弧电击以及避免其身体的任何部位直接或间接地通过其他导体接触工作电压为电压限值或以上带电部件。所采用的工作准则应与人员的工作环境及带电部件的电压级别相符。在任何人接近限制接近范围内的裸露带电部件之前，都应通过电击危险分析与电弧危险分析来确定适当的安全工作准则。

8.2.1.1 电击危险分析

为了减小操作人员受电击的可能性，电击危险分析应确定操作人员所面临的电压、操作界限要求及必要的保护装置等。

8.2.1.2 电弧危险分析

为了保护操作人员免受电弧的损伤，应进行电弧危险分析。上述分析应确定“电弧保护范围”，以及在“电弧保护范围”内工作的人员所使用的人体保护装置。

8.2.2 带电的电气工作许可证

若带电部件未处于电气安全工作条件下，则所进行的工作应视为带电的电气工作，只有具有书面许可证的专业人员才能进行。

注：由于额外危险，或由于某些情况(如能够说明断开电源会增加额外危险，或由于设备设计或操作限制等因素无法断开电源)，带电部件有可能不能处于电气安全工作条件下。

8.2.3 非专业人员的限制

对于规定仅让专业人员进出的地方，应禁止非专业人员进入，除非电气导体和设备处于电气安全工作条件下。

8.2.4 安全互锁

只有专业人员、在满足下列要求的电气设备上工作时，才被允许解除或绕过由其单独控制的电气设备安全互锁装置。工作完成后，电气设备安全互锁系统应回归到其工作状态。

a) 工作人员应与工作电压在电压限值或以上带电部件绝缘或隔离开。工作人员身体的任何未绝缘部分不得越过禁止性工作区边界。

注：处于工作中的带电零部件，采取绝缘措施时应考虑使用绝缘手套和绝缘套管。

b) 工作电压在电压限值或以上的带电零部件应与人体或不同电位的其他电导体隔离开。

c) 工作人员徒手进行相线工作时，应与其他导电物体隔离开来。

9 电气设备的应用

断电状态下操作的详细安全措施应符合 GB/T 24612.2—2009 的规定。

带电状态下操作的详细安全措施正在考虑中。

10 其他电气设备的应用

10.1 测试仪器和设备

10.1.1 调整

测试仪器、设备及其附件应能根据其连接的电路和设备调整额定值。

10.1.2 设计

测试仪器、设备及其附件应根据其所面临的工作环境及其使用方式进行设计。

10.1.3 目测检查

每班工作人员在使用测试仪器和设备及所有的测试导线、电缆、电源线、附件及连接器之前，应进行目测检查，看是否有外观缺陷和损坏。若存在可导致人员伤害的缺陷或损坏时，则该仪器不得用于测试，直到被修复、测试并能证明可安全使用时为止。

10.2 便携式电气设备

本条款适用于由电线、电器接插件包括延长线连接的设备的使用。

10.2.1 操作

便携式电气设备的操作方式不应引起设备的损坏。连接电气设备的软线不得用于提升或降落电气设备。用夹子固定或悬挂软线时，不得损伤其外皮或绝缘层。

10.2.2 接地型电气设备

10.2.2.1 接地型电气设备用的电源线应包括电气设备的接地线。

10.2.2.2 在连接或更换电气设备所附带的插头与插座时，不得破坏插头与插座连接处的设备接地导体的连续性。另外，在更换上述附件时，不得使插头的接地极可以插入连接带电导体的插孔内。

10.2.2.3 不得使用断开设备接地导体连续性的转换器。

10.2.3 便携式电线插接式设备和软线的目测检查

10.2.3.1 检查频率

每班使用之前，应目测检查便携式电线插接式设备。看是否存在外部缺陷(比如零件松动、附件损坏或缺失)及可能的内部损坏迹象(比如电线外皮受到挤压)。

例外：对于一就位便保持接通状态而不会导致任何危险的电线插接式设备和软线(延长线)不必进行目测检查，除非上述组件重装。

10.2.3.2 故障设备

如果设备存在可导致人员受到损伤的故障或损坏迹象，则上述故障或损坏设备应不再使用。在未进行修理并进行必要的安全测试前，任何人员不得使用。

10.2.3.3 正确匹配

当将插头插入插座时，首先应检查插头与插座之间的关系，确保插头与插座的匹配。

10.2.3.4 导电工作区域

在需要将由插头插座供电的便携式设备带入本部分涉及的场合里使用时，应确保符合 GB 13955 及相关国家标准的有关规定，使便携式设备处于剩余电流保护设备的保护之下，以提高便携式电气设备的使用安全性。

10.2.4 连接插头

10.2.4.1 如含有带电设备，在插拔导线和电线插接式设备时，人员的手应保持干燥。

10.2.4.2 在连接带电的插头或插座时，如果连接时对人员的手可出现导电通路（比如由于电线浸泡在水中，其连接器是湿的），应使用绝缘保护装置。

10.4.2.3 电气设备连接后，应扣紧互锁式连接器。

参 考 文 献

［1］ NFPA 70E 第110章:电气设备应用场所安全 通用要求
［2］ NFPA 70E 第120章:建立工作条件下的电气安全

ICS 29.030
K 09

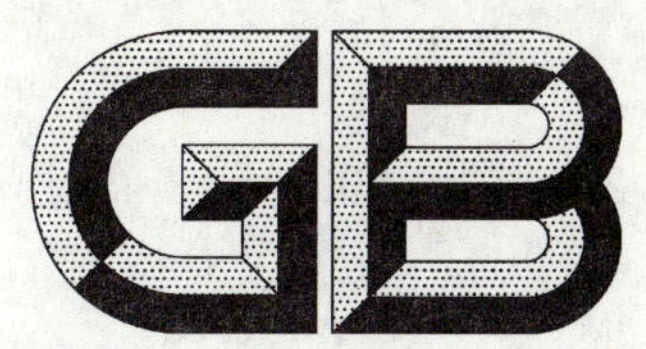

中华人民共和国国家标准

GB/T 24612.2—2009

电气设备应用场所的安全要求 第2部分:在断电状态下操作的安全措施

Requirements for electrical safety in the workplace—Part 2: Safety measure of operation on power off

2009-11-15 发布

2010-05-01 实施

中华人民共和国国家质量监督检验检疫总局
中国国家标准化管理委员会
发布

前　言

GB/T 24612《电气设备应用场所的安全要求》分为 2 个部分：

——第 1 部分：总则；

——第 2 部分：在断电状态下操作的安全措施。

本部分是 GB/T 24612 的第 2 部分。

本部分由全国电气安全标准化技术委员会(SAC/TC 25)提出并归口。

本部分主要起草单位：机械工业北京电工技术经济研究所、广东省产品质量监督检验中心、施耐德电气(中国)投资有限公司。

本部分主要起草人：马桂芬、曾雁鸿、项雅丽、何才夫。

本部分为首次发布。

电气设备应用场所的安全要求 第2部分:在断电状态下操作的安全措施

1 范围

GB/T 24612 的本部分规定了电气设备应用场所中在断电状态下操作电气设备的安全保障措施。

注:这些电气设备主要是指电气开关设备和控制设备,例如:适用于 GB 7251 系列标准的低压成套开关设备和控制设备等。

本部分适用于按照电气安全要求制造完成后诸如在使用和维护等生命周期内的电气设备。

注:本部分的内容更多地是从制造商的角度,用于指导其为用户提供的资料的编写。

2 规范性引用文件

下列文件中的条款通过 GB/T 24612 的本部分的引用而成为本部分的条款。凡是注日期的引用文件,其随后所有的修改单(不包括勘误的内容)或修订版均不适用于本部分,然而,鼓励根据本部分达成协议的各方研究是否可使用这些文件的最新版本。凡是不注日期的引用文件,其最新版本适用于本部分。

GB 7251 低压成套开关设备和控制设备(IEC 60439,IDT)

3 术语和定义

3.1

锁定 lockout

对一个断开电源或能源的断开装置上锁,以免他人接通电源或能源(如打开阀门)的一种安全措施,或称上锁。

3.2

标识 tagout

在一个断开电源或能源的断开装置上挂上相应的警示或警告牌(如"禁止合闸,有人工作"),警示他人不要接通电源或能源的一种安全措施,或称挂牌。

3.3

电气简图 electrical diagram

主要是通过以图形符号表示电气项目及它们之间关系的图示形式来表达信息。

3.4

断开装置 disconnecting means

能断开与其相连供电电源电路的一台或一组设备。

4 安全断电操作的步骤

当根据本部分第 5 章进行工作时,为确保电气作业安全,应遵循下列步骤:

a) 检查有效最新版本的电气简图、图表和识别标识,确定具体电气设备的所有供电电源。

b) 按规定的程序,停止用电负载后,断开相应的电源开关装置。

c) 可能情况下,目视检查电源开关设备中所有需断开的开关是否完全打开,抽出式电路断路器是否完全处于抽出位置。

d） 对可能有感应电压或贮存电能存在的电气设备，断电操作结束后，在与每根相线连接的导电体或电路部件接触前，对所有可能带电的导电体或电路部件按规定程序予以放电，以防触电。

e） 使用检测量程足够大的电压检测器在相与相间以及相对地之间验证与每根相线连接的导电体或电路部件，确认上述设备已不带电。每次检测前和检测后，检查电压检测器是否运行正常。

f） 断电操作结束后，根据操作规程，应将上述设备装设接地线（若适用）。

g） 根据制订的程序文件的规定将电路中的开关设备予以锁定和标识。

5 在断开的带电体、电路部件上工作或在其附近工作必须锁定和标识

5.1 概述

组织应根据本部分第4章规定，制订书面形式的锁定和标识程序，并按制订的锁定和标识程序实施，以保护在断开的带电体或电路部件处及其附近工作的人员，避免因粗心大意、意外接触上述导电体或电路部件或上述设备发生故障时所面临的触电危险。制订的锁定和标识程序应与人员的经验、接受过的培训以及工作场所的条件相适应。

所有电源断开并放电前，所有电路的导电体和电路部件应视为处于带电状态。在所有电源去除之前，以及所有断开装置未锁定和标识，并未经电压检测器确认无电压存在之前，不得认为所有电路导电体和电路部件处于安全状态，若存在带电装置，带电装置应临时接地（见第4章的规定）。已断开电源但尚未锁定和标识、未接地（若适用），并未检测电压不得认为导电体和电路部件处于安全工作状态。应根据电路电压级别和电能等级进行操作。长期固定安装的电气设备、临时性安装的电气设备以及便携式电气设备上都应按锁定和标识程序的要求操作。

5.2 执行锁定和标识操作的原则

5.2.1 相关人员

直接或间接面临触电危险的人员都是涉及锁定和标识操作的人员。

注1：直接面临电气危险的专业人员：例如负责电源电路、电机以及电机起动器控制的电工。

注2：间接面临电气危险的人员：例如负责在电气、机械设备上工作的操作人员。

5.2.2 培训

所有可能面临触电危险的人员都应接受培训，了解制订的电源管理程序及其在执行上述程序时的责任。新人员或重新分配工作岗位的人员都应接受培训或再培训，了解与其新工作有关的锁定和标识操作步骤。

5.2.3 计划

应根据既有的电气设备、电气系统状态并利用最新的电气系统图制订电气锁定和标识计划。

5.2.4 电源管理

应控制电源实现最大程度地减少工作人员触电的危险。

5.2.5 识别

锁和标牌应具有唯一性，且易于识别。

5.2.6 电压

应断开电气设备的电源，并确认电气设备上不存在电压。

5.2.7 协调性

制订的锁定和标识程序应与有关组织制订的其他能源的锁定和标识程序保持协调一致。锁定和标识程序在执行前应进行检查，且每年应对锁定和标识程序的执行及完整性进行审核。

5.3 工作责任

5.3.1 要求

组织应制订电气的锁定和标识程序，对相关人员进行培训，为执行具体的操作的人员提供必要的装

置，检查程序的执行情况，以确保人员理解并遵守上述锁定和标识程序，并检查该程序的改进和完善情况。

5.3.2 控制方式

允许三种形式的电源危害控制方式：专业人员单独控制的锁定和标识、简单的电气锁定和标识以及复杂的电气锁定和标识(见5.4)。对于人员单独控制的锁定和标识和简单的电气锁定和标识操作，应由专业人员负责。对于复杂的电气锁定和标识操作，应由指定的专人负责。

5.3.3 核查程序

应定期由专业人员对电气锁定和标识工作开展检查，内容至少包含一个正在执行的锁定和标识操作及其控制程序的详细内容。核查程序旨在纠正控制程序或人员理解上的缺陷或错误。

5.4 防止触电控制

5.4.1 单独工作的专业人员的控制方式

在已断电的有裸露导电体或电路部件的设备处进行少量的日常保养、维修、调整、清理、检查、调试及类似工作时，准许执行单独工作的专业人员控制方式。执行上述控制方式，必须确保进行上述工作的裸露导电体或电路部件与断电的开关临近，也即在执行上述工作的专业人员能清楚地看到断电开关的状态，并能确保安全，则可不进行锁定和标识。

5.4.2 简单型锁定和标识操作方式

除了单独工作的专业人员的控制方式(见5.4.1)和复杂型锁定和标识方式(见5.4.3)外的方式都视为简单型锁定和标识操作方式。仅由专业人员为了一个目的在已断电的一组导体或电路部件的设备上或设备附近工作时，可以认为是简单型锁定和标识，对于简单型锁定和标识应用不要求每次都编制电气锁定和标识控制计划。但对于每个进行简单型锁定和标识操作的人员，应该自己装设的锁和标识，自己负责拆除。

5.4.3 复杂型锁定和标识操作方式

5.4.3.1 出现下列情况之一或一个以上的，应编制复杂型电气锁定和标识控制计划：

a) 有多个电源；
b) 涉及多个部门；
c) 由多个工序操作；
d) 位于不同的位置；
e) 涉及多个组织；
f) 具有不同的断开方式；
g) 具有特殊的顺序。

5.4.3.2 复杂型锁定和标识操作应由一个专门的人员负责。

必须专门指定一个专业人员负责控制复杂型锁定和标识操作程序，确保所有电源均处于锁定和标识的控制之下，负责人还应向所有从事上述工作任务的所有工作人员解释清楚。

5.4.3.3 复杂型锁定和标识操作程序负责人的职责

允许负责人指导其他工作人员安装锁和标识，或代替其他工作人员安装锁和标识。负责人应对该复杂型锁定和标识的安全顺利执行负责。复杂型锁定和标识操作应处理好所有相关工作人员可能接触到的电气危害。要求所有复杂型锁定和标识操作具有一个明确该操作负责人的书面执行控制计划。该计划应实现在执行电气锁定和标识操作过程中避免所有工作人员触电的办法。

5.4.4 协调性

制订的电气锁定和标识程序应与其他组织制订的电源控制程序保持一致，所有组织制订的程序应以共同的场所为基础来编写。

控制电气危险的锁定和标识程序应与控制其他危险能源的锁定和标识程序保持一致，以便上述程序具有相同或相似的制订原则。

电气锁定和标识程序应包括对可能直接接触到的有电气危险的裸露导体进行电压检测的要求。

若电气锁定和标识程序仅用于控制危险性电源而没有其他用途时，用作电源控制的锁和标牌可与控制其他危险性能量源（比如气压源、液压动力源、热源和机械动力源）的锁和标牌相似。

5.4.5 培训与再培训

每个组织应按要求对人员进行培训，确保人员了解电气锁定和标识操作的内容及其在执行上述操作过程中所承担的责任。

5.5 装置

5.5.1 锁的使用

若具备条件，安装的机械或设备的能源断开装置应能够安装锁定机构。

5.5.2 锁定和标识的装置

每个组织应提供执行本部分第5章规定要求所必须的锁定和标识装置，且人员在工作中应使用上述装置。用于控制电源危险的锁和标牌应具有唯一性，工作人员可轻易识别电气的锁和标牌，且上述锁和标牌不得挪作其他用途。

5.5.3 锁定装置

对锁定装置的要求如下：

a) 电气锁定装置应包括一个锁（无论是钥匙锁还是号码锁）。

b) 一个电气锁定装置还应包括识别安装锁定装置人员的方法。

c) 锁定装置可以仅仅由一把锁构成，但该锁应容易被识别是锁定装置，且具有识别安装锁定装置人员的方法。

d) 锁定装置应附带机构，防止在非不当作用力或不使用相关工具的情况下操作断电开关。

e) 锁定和标识上使用的标签应标明禁止在未经授权情况下操作电气开关或未经授权去掉上述装置。

f) 锁定装置应符合工作环境要求和锁定装置的使用寿命要求。

5.5.4 标牌

对标牌的规定如下：

a) 标牌应包括一个带固定装置的标签。

b) 标牌应容易被识别是用作锁定和标识操作的标牌，且符合工作环境要求和标牌的使用寿命要求。

c) 标牌的固定装置应能够承受一定的作用力。标牌附加装置应为一次性装置，可手工进行安装，应为自锁式装置，不会出现自动松脱，该标牌的固定装置应具有类似于具有可满足各种环境要求的尼龙电缆扎匝的性能。

d) 标牌的标签应标明禁止未经授权操作断电开关或拆除装置。

5.5.5 电路联锁

应使用最新的电气图，确保没有电路联锁操作会导致正在工作的电路重新带电。

5.5.6 控制

锁和标牌需安装在电路的断电开关上。而控制开关（比如按钮或选择开关）不得用作主要的断电设备。

5.5.7 操作程序

组织应保存一份本章要求的操作程序，并将操作程序发给所有工作人员。

5.5.8 控制程序编制

控制程序应按以下内容和5.5.9规定编制。

首先根据最新电气图提供的信息找出所有的供电电源。若无最新的电气图，组织应负责用其他方法确定出所有使用的供电电源。

找出在执行工作任务过程中各个可能面临触电危险的人员。

明确负责人及其在锁定和标识执行中的责任。

单独的专业人员控制应符合5.4.1规定。

简单型锁定和标识操作应符合5.4.2规定。

复杂型锁定和标识操作应符合5.4.3规定。

5.5.9 程序制订

程序必须确定应控制的如下要素：

a) 电气设备的断电

程序应指定人员操作电气设备的开关，并确定其断开电路负载的位置与方法。

b) 贮存的电能

程序应包括释放可能危及人身安全的贮存的电能和机械能的要求。在接触相关电气设备或在电气设备上工作前，应按有关规定将所有电容器放电，所有高电容元件应按规定程序短路和接地。当需要使机械设备、气压泵和液压泵时，应释放相关弹簧或采用机械限位器进行限制，应将其他的贮存能量阻隔或释放。

c) 切断方式

程序应明确如何验证电源已被断开。

d) 职责

程序应明确谁负责验证锁定和标识操作已执行，谁负责确认在拆除标识和锁前工作已完成，任务完成后拆除标识和锁。如果锁定和标识是为了完成多重性(复杂性)的工作任务，程序还应包括明确负责协调的人员。

e) 检查

程序应确保电气设备在锁定情况下无法被重新启动。当操作可动作的电气设备控制器，比如按钮、选择开关和电气联锁等时，应确保电气设备无法被重新启动。

f) 检测

程序应明确检测时的下列内容：

——使用什么样的电压检测器，由谁负责检查电压检测器在使用前后的状态；

——确定工作区域的界限要求；

——在接触指定工作区域界限内裸露导电体或电路零件前，对其进行检测的要求；

——当电路中的操作条件发生改变或相关工作人员离岗后，应对无电压的电路重新进行检测的要求；

——若没有进行电压测量所需的可触及的裸露导电点时，编制程序时应考虑制订怎样验电的方法。

g) 接地

应明确电路的接地要求，包括工作过程中是否装设接地电路，及在执行操作中是否装设临时的接地电路。电路的接地要求可包括在其他工作准则中，可不作为锁定和标识操作程序的组成部分。

h) 换班

当工作任务的持续时间超过一个班的工作时间时，程序应规定将锁定和标识的操作职责转交给另一名工作人员或另一名负责人的措施和方法。

i) 协调

程序应明确在程序的执行中如何完成其他工作任务(包括其他地方的相关工作任务)的协调方法，以及负责进行协调的人员。

j) 责任

措施中应明确说明在锁定和标识过程中可能面临触电危险的人员的责任。

k) 锁定和标识应用

程序应明确规定何时何地锁定,以及何时何地标识,还应遵循如下原则:

——锁定表示在所有禁止操作的危险能源开关上安装锁闭装置,只有强制打开锁才能操作操纵开关;

——标识表示在所有禁止操作的危险能源开关上安装标牌,标牌安装在安装锁的相同位置;

——当现行的断开开关不能装锁,那么这个开关就不应被用作断开电源,实现断电操作的安全;

——当某些设备在设计时就预考虑装了一个能实现电隔离的连锁机构,这时允许只标识,可以不锁定。当只标识时,至少要使用一个另外的安全措施确保安全,在这种情况下,措施应该明确地规定每个可能面临触电危害人员的责任和义务。

l) 拆除锁和标牌

程序应明确规定拆除锁和标牌的方法,当其他的非安装锁和标牌的人员想拆除锁和标牌时,拆除前应先找安装的人员。当找不到安装人,拆除了锁和标牌时,那么安装者回来工作时一定要被告知。

m) 恢复工作

程序应规定当要求锁定和标识的工作任务完成后恢复电气设备正常工作的步骤,设备和电路恢复通电前,要进行适当的试验和检查,检查所有的工具是否收齐,机械的限位机构、电气的临时跳接线、短路线、接地是否拆除,确保设备和电路恢复到可通电的安全状态,当准备给设备通电时,负责操作通电设备或生产线的操作人员要得到通知,使其做好相应的各种准备。措施还应包括一个说明,说明需要检查的其他区域,确保其他不重要的地方也能作好准备,这个步骤应确保所有人都离开,并解除机械的限位装置和接地装置,做好通电准备。

n) 由于调节或测试而临时通电

程序必须清楚地规定由于调节或测试设备临时中断锁定和标识操作的步骤和被授权人的职责,以及恢复锁定和标识的步骤,测试设备的要求见本标准第1部分第10章,被授权人应是可进行带电(超过安全电压)操作测试的人员。

6 临时保护接地装置

6.1 布置

临时保护接地装置的布置地点和方式应能防止每位人员面临危险电位差。

6.2 载流量

临时的保护接地线应能承受故障持续时间内通过接地点的最大故障电流。

6.3 装置许可

临时保护接地装置必须符合国家的相关要求。

6.4 阻抗

临时保护接地装置的电阻必须足够小,以确保当带电体或电路部件发生短路时保护器能立即动作。

参 考 文 献

[1] GB 19517—2009 国家电气设备安全技术规范
[2] NFPA 70E 第110章:电气设备应用场所安全 通用要求
[3] NFPA 70E 第120章:建立工作条件下的电气安全

ICS 87.040
G 51

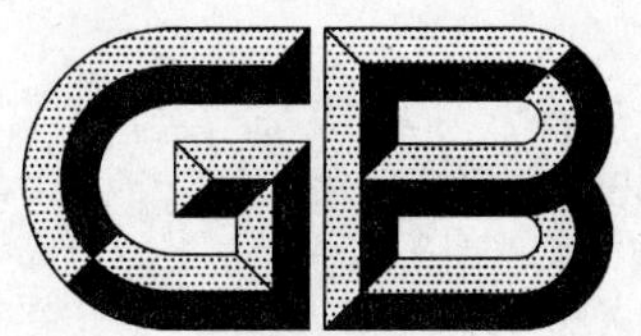

中华人民共和国国家标准

GB 24613—2009

玩具用涂料中有害物质限量

Limit of harmful substances of coatings for toys

2009-11-15 发布　　　　2010-10-01 实施

中华人民共和国国家质量监督检验检疫总局
中国国家标准化管理委员会　发布

前　言

本标准全部技术内容为强制性。

本标准的附录 A、附录 B、附录 C、附录 D、附录 E 为规范性附录。

本标准由中国石油和化学工业协会提出。

本标准由全国涂料和颜料标准化技术委员会归口。

本标准起草单位：中海油常州涂料化工研究院、中华制漆（深圳）有限公司、深圳松辉化工有限公司、恒昌石油化工有限公司、浙江环达漆业集团有限公司、广东嘉宝莉化工有限公司、杭州油漆有限公司、江苏长江涂料有限公司、上海富臣化工有限公司、巴斯夫（中国）有限公司、昆山市世名科技开发有限公司、常州市苏磊涂料有限公司。

本标准主要起草人：黄宁、季军宏、王智、张定德、胡光辉、邱玉清、许有为、姜方群、张浩君、陈寿生、俞云表、吕仕铭、韦素琴。

玩具用涂料中有害物质限量

1 范围

本标准规定了玩具用涂料中对人体和环境有害的物质容许限量的要求、试验方法、检验规则和包装标志等内容。

本标准适用于各类玩具用涂料。

2 规范性引用文件

下列文件中的条款通过本标准的引用而成为本标准的条款。凡是注日期的引用文件，其随后所有的修改单(不包括勘误的内容)或修订版均不适用于本标准，然而，鼓励根据本标准达成协议的各方研究是否可使用这些文件的最新版本。凡是不注日期的引用文件，其最新版本适用于本标准。

GB/T 1250 极限数值的表示方法和判定方法

GB/T 1725—2007 色漆、清漆和塑料 不挥发物含量的测定(ISO 3251:2003,IDT)

GB/T 3186 色漆、清漆和色漆与清漆用原材料 取样(GB/T 3186—2006,ISO 15528:2000,IDT)

GB/T 6682 分析实验室用水规格和试验方法(GB/T 6682—2008,ISO 3696:1987,MOD)

GB/T 6750—2007 色漆和清漆 密度的测定 比重瓶法(ISO 2811-1:1997,Paints and varnishes—Determination of density—Part 1:Pyknometer method,IDT)

GB/T 9750 涂料产品包装标志

3 术语和定义

下列术语和定义适用于本标准。

3.1

玩具用涂料 coatings for toys

涂覆在玩具表面能形成涂膜的液体或固体涂料的总称。

3.2

挥发性有机化合物 volatile organic compound;VOC

在 101.3 kPa 标准大气压下，任何初沸点低于或等于 250 ℃的有机化合物。

3.3

挥发性有机化合物含量 volatile organic compound content;VOC content

按规定的测试方法测试产品所得到的挥发性有机化合物的含量。

4 要求

产品中有害物质限量应符合表 1 的要求。

表 1 有害物质限量的要求

项目			要求
铅含量[a]/(mg/kg)		≤	600
可溶性元素含量[a]/(mg/kg) ≤		锑(Sb)	60
		砷(As)	25
		钡(Ba)	1 000

表 1（续）

<table>
<tr><th colspan="2">项　目</th><th>要　求</th></tr>
<tr><td rowspan="5">可溶性元素含量[a]/(mg/kg)　≤</td><td>镉(Cd)</td><td>75</td></tr>
<tr><td>铬(Cr)</td><td>60</td></tr>
<tr><td>铅(Pb)</td><td>90</td></tr>
<tr><td>汞(Hg)</td><td>60</td></tr>
<tr><td>硒(Se)</td><td>500</td></tr>
<tr><td rowspan="2">邻苯二甲酸酯含量[b]/%　≤</td><td>邻苯二甲酸二异辛酯(DEHP)、
邻苯二甲酸二丁酯(DBP)和
邻苯二甲酸丁苄酯(BBP)总和</td><td>0.1</td></tr>
<tr><td>邻苯二甲酸二异壬酯(DINP)、
邻苯二甲酸二异癸酯(DIDP)和
邻苯二甲酸二辛酯(DNOP)总和</td><td>0.1</td></tr>
<tr><td colspan="2">挥发性有机化合物(VOC)含量[c]/(g/L)　≤</td><td>720</td></tr>
<tr><td colspan="2">苯含量[c]/%　≤</td><td>0.3</td></tr>
<tr><td colspan="2">甲苯、乙苯和二甲苯含量总和[c]/%　≤</td><td>30</td></tr>
<tr><td colspan="3">a 按产品明示的施工配比（稀释剂无须加入）制备混合试样，并制备厚度适宜的涂膜。在产品说明书规定的干燥条件下，待涂膜完全干燥后，对干涂膜进行测定。粉末状涂料直接进行测定。
b 液体样品，按产品明示的施工配比制备混合试样，先按规定的方法测定其含量，再折算至干涂膜中的含量。粉末状样品或干涂膜样品，按规定的方法测定其含量。
c 仅适用于溶剂型涂料。按产品明示的施工配比混合后测定。如稀释剂的使用量为某一范围时，应按照推荐的最大稀释量稀释后进行测定。</td></tr>
</table>

5 试验方法

5.1 取样

产品取样应按 GB/T 3186 的规定进行。

5.2 检验方法

5.2.1 铅含量的测定按本标准中附录 A 的规定进行。

5.2.2 可溶性元素的测定按本标准中附录 B 的规定进行。

5.2.3 邻苯二甲酸酯类的测定按本标准中附录 C 的规定进行。

5.2.4 挥发性有机化合物的测定按本标准中附录 D 的规定进行。

5.2.5 苯及甲苯、乙苯和二甲苯总和的测定按本标准中附录 E 的规定进行。

6 检验规则

6.1 本标准所列的全部要求均为型式检验项目。

6.1.1 在正常生产情况下，每年至少进行一次型式检验。

6.1.2 有下列情况之一时应随时进行型式检验：

——新产品最初定型时；

——产品异地生产时；

——生产配方、工艺、关键原材料来源及产品施工配比有较大改变时；

——停产三个月后又恢复生产时。

6.2 检验结果的判定

6.2.1 检验结果的判定按 GB/T 1250 中修约值比较法进行。当修约后检验结果为 0、0.0 时，结果以一位有效数字报出。

6.2.2 报出检验结果时应同时注明产品明示的施工配比。

6.2.3 所有项目的检验结果均达到本标准的要求时，产品为符合本标准要求。

7 包装标志

7.1 产品包装标志除应符合 GB/T 9750 的规定外，按本标准检验合格的产品可在包装标志上明示。

7.2 对于由双组分或多组分配套组成的涂料，包装标志上或产品说明书中应明确各组分的施工配比。对于施工时需要稀释的涂料，包装标志上或产品说明书中应明确稀释比例。

附　录　A
（规范性附录）
铅含量的测定

A.1　原理

干燥后的涂膜，采用适宜的方法除去所有的有机物质，然后采用合适的分析仪器测定试验溶液中的铅含量。

A.2　试剂

分析测试中仅使用确认为分析纯的试剂，所用水符合 GB/T 6682 中三级水的要求。

A.2.1　硝酸：约为 65%（质量分数），密度约为 1.40 g/mL，不应使用已经变黄的硝酸。

A.2.2　过氧化氢：约为 30%（质量分数），密度约为 1.10 g/mL。

A.2.3　碳酸镁。

A.2.4　硝酸溶液：1∶1（体积比）。

A.2.5　硝酸溶液：2∶98（体积比）。

A.2.6　铅标准贮备溶液：浓度为 100 mg/L 或 1 000 mg/L。

A.3　仪器和设备

普通实验室仪器设备以及下列一些仪器设备：

A.3.1　合适的分析仪器：如火焰原子吸收光谱仪、电感耦合等离子体原子发射光谱仪等。

A.3.2　粉碎设备：粉碎机，剪刀或其他合适的粉碎设备。

A.3.3　电热板。温度可控。

A.3.4　马弗炉：温度能控制在(475±25)℃。

A.3.5　微波消解仪。

A.3.6　天平：精度 0.1 mg。

A.3.7　坩埚：50 mL。

A.3.8　烧杯：50 mL。

A.3.9　滤膜（适用于水溶液）：孔径 0.45 μm。

A.3.10　容量瓶：50 mL、100 mL 等。

A.3.11　移液管：1 mL、2 mL、5 mL、10 mL、25 mL 等。

A.3.12　玻璃板或聚四氟乙烯板。

所有的玻璃器皿、样品容器、玻璃板或聚四氟乙烯板等在使用前都需用硝酸溶液（A.2.4）浸泡 24 h，然后用水彻底清洗并干燥。

A.4　试验步骤

A.4.1　涂膜的制备

将待测样品搅拌均匀。按产品明示的施工配比（稀释剂无须加入）制备混合试样，搅拌均匀后，在玻璃板或聚四氟乙烯板（A..3.12）上制备厚度适宜的涂膜。在产品说明书规定的干燥条件下，待涂膜完全干燥[自干漆若烘干，温度不得超过(60±2)℃]后，取下涂膜，在室温下用粉碎设备（A.3.2）将其粉碎，使涂膜的尺寸小于 5 mm。

注 1：对不能被粉碎的涂膜（如弹性或塑性涂膜），可用干净的剪刀（A.3.2）将涂膜剪碎，使涂膜的尺寸小于 5 mm。

注 2：粉末状样品，直接进行样品处理。

A.4.2 样品处理

对制备的试样进行二次平行测试。

本标准提供了下列三种消解样品的方法，实验室可根据条件选用其中一种。

A.4.2.1 干灰化法

称取粉碎后的试样约 0.2 g～0.3 g（精确至 0.1 mg）放入坩埚（A.3.7）内，将约 0.5 g 碳酸镁（A.2.3）覆盖在坩埚内的试样上。将坩埚置于通风橱内的电热板（A.3.3）上，逐渐升高电热板的温度（不超过 475 ℃）至样品被消解成一个焦块，且挥发的消解产物已被充分排出，只留下干的碳质残渣。然后将坩埚放入（475±25）℃的马弗炉（A.3.4）内，保温直至完全灰化。

在灰化期间应供给足够的空气氧化，但不允许坩埚内的物质在任何阶段发生燃烧。

待盛有灰化物的坩埚冷却至室温后，加入 5 mL 硝酸（A.2.1），然后将坩埚内的溶液用滤膜（A.3.9）过滤并转移至 50 mL 容量瓶（A.3.10）中，用水冲洗坩埚和滤膜，所得到的溶液全部收集于同一容量瓶内，然后用水稀释至刻度。同时做试剂空白试验。

注：本方法不适用于氟碳涂料。

A.4.2.2 湿酸消解法

称取粉碎后的试样约 0.1 g～0.3 g（精确至 0.1 mg）置于 50 mL 烧杯（A.3.8）中，加入 7 mL 硝酸（A.2.1），在烧杯口上加盖一块表面皿，在电热板（A.3.3）上加热使溶液保持微沸 15 min 左右，继续加热直到产生白烟。将烧杯从电热板上取下，冷却约 5 min，缓慢滴加 1 mL～2 mL 过氧化氢（A.2.2）三次。每次加入后均需等反应平静后再加入。再次将烧杯放置在电热板上加热，至样品消解完全。如样品消解不完全，取下稍冷，再加入适量浓硝酸（A.2.1）和过氧化氢（A.2.2）1～2 次，继续加热使样品消解完全。至残余溶液约 1 mL 左右时，取下烧杯冷却至室温。用约 10 mL 水稀释，然后用滤膜（A.3.9）将溶液过滤并转移至 50 mL 容量瓶（A.3.10）中。用水冲洗烧杯和滤膜，所得到的溶液全部收集于同一容量瓶中，然后用水稀释至刻度。同时做试剂空白试验。

A.4.2.3 微波消解法

称取粉碎后的试样约 0.1 g～0.2 g（精确至 0.1 mg）置于微波消解罐中，分别加入 5 mL 硝酸（A.2.1）和 2 mL 过氧化氢（A.2.2），然后将消解罐封闭。按以下温度程序进行消解：约 10 min 内升至（180±5）℃，维持该温度 30 min 后降温。消解罐冷却至室温后，打开消解罐，将消解溶液用滤膜（A.3.9）过滤并转移至 50 mL 的容量瓶（A.3.10）中。用水冲洗消解内罐和内盖，将洗涤液收集于同一容量瓶中，同时用水冲洗滤膜，所得到的溶液全部收集于同一容量瓶中，然后用水稀释至刻度。同时做试剂空白试验。

采用上述各种方法消解样品时，可根据样品的实际状况确定适宜的消解条件，确保试样中的有机化合物全部被除去，而被测元素全部溶出。如果处理后的样品有残渣，残渣应用合适的测量手段[例如 X 射线荧光光谱仪（XRF）]测定，确保无被测元素存在。否则应改变消解条件使被测元素完全溶出。

所得到的消解溶液应在 24 h 内完成测试，否则应用硝酸（A.2.1）加以稳定，使保存的溶液浓度 $c(HNO_3)$ 约为 1 mol/L。

A.4.3 测试

按 A.4.2 制备的试验溶液采用合适的分析仪器（A.3.1）测定铅含量。

使用任一种分析仪器进行测定时，分析者都应按照仪器说明书或操作手册的规定对其进行操作和测试，并在试验报告中注明采用的分析仪器。

A.5 结果的计算

按式（A.1）计算试样中的铅含量：

$$w = \frac{(\rho - \rho_0)V \times F}{m} \quad \cdots\cdots\cdots\cdots (A.1)$$

式中：

w——试样中的铅含量，单位为毫克每千克(mg/kg)；

ρ——试验溶液中的铅浓度，单位为毫克每升(mg/L)；

ρ_0——空白溶液中的铅浓度，单位为毫克每升(mg/L)；

V——试验溶液的体积，单位为毫升(mL)；

F——试验溶液的稀释倍数；

m——称取的试样质量，单位为克(g)。

A.6 精密度

A.6.1 重复性

同一操作者二次测试结果的相对偏差应小于10%。

A.6.2 再现性

不同实验室间测试结果的相对偏差应小于20%。

附 录 B
（规范性附录）
可溶性元素含量的测定

B.1 原理

用0.07 mol/L盐酸溶液处理干燥后的涂膜，采用检出限适当的分析仪器测定试验溶液中可溶性元素的含量。

B.2 试剂

分析测试中仅使用确认为分析纯的试剂，所用水符合GB/T 6682中三级水的要求。

B.2.1 盐酸：约为37%（质量分数），密度约为1.18 g/mL。

B.2.2 盐酸溶液：0.07 mol/L。

B.2.3 盐酸溶液：约为2 mol/L。

B.2.4 硝酸溶液：1∶1（体积比）。

B.2.5 锑、砷、钡、镉、铬、铅、汞、硒标准贮备溶液：浓度为100 mg/L或1 000 mg/L。

B.3 仪器和设备

普通实验室仪器设备以及下列一些仪器设备：

B.3.1 检出限适当（见B.6）的分析仪器（如原子吸收光谱仪、电感耦合等离子体原子发射光谱仪等）。

B.3.2 粉碎设备：粉碎机，剪刀等。

B.3.3 不锈钢金属筛：孔径0.5 mm。

B.3.4 天平：精度0.1 mg。

B.3.5 加热搅拌装置：该装置应能恒温在（37±2）℃并连续自动搅拌，搅拌子外层应为聚四氟乙烯或玻璃。也可使用能恒温在（37±2）℃的振荡水浴锅。

B.3.6 酸度计：精度为±0.2pH单位。

B.3.7 滤膜（适用于水溶液）：孔径0.45 μm。

B.3.8 容量瓶：25 mL、50 mL、100 mL等。

B.3.9 移液管：1 mL、2 mL、5 mL、10 mL、25 mL、50 mL等。

B.3.10 系列化学容器：总容量为盐酸溶液（B.2.2）提取剂体积的1.6倍～5.0倍。

B.3.11 玻璃板或聚四氟乙烯板。

所有的玻璃器皿、样品容器、搅拌子、玻璃板或聚四氟乙烯板等在使用前都需用硝酸溶液（B.2.4）浸泡24 h，然后用水清洗并干燥。

B.4 试验步骤

B.4.1 涂膜的制备

将待测样品搅拌均匀。按产品明示的施工配比（稀释剂无须加入）制备混合试样，搅拌均匀后，在玻璃板或聚四氟乙烯板（B.3.11）上制备厚度适宜的涂膜。在产品说明书规定的干燥条件下，待涂膜完全干燥[自干漆若烘干，温度不得超过（60±2）℃]后，取下涂膜，在室温下用粉碎设备（B.3.2）将其粉碎，并用不锈钢金属筛（B.3.3）过筛后待处理。

注1：对不能被粉碎的涂膜（如弹性或塑性涂膜），可用干净的剪刀（B.3.2）将涂膜尽可能剪碎，无须过筛直接进行样品处理。

注2：粉末状样品，直接进行样品处理。

B.4.2　样品处理

对制备的试样进行二次平行测试。

使用合适的化学容器(B.3.10),用合适的移液管(B.3.9)将相当于测试试样质量50倍、温度为(37±2)℃的盐酸溶液(B.2.2)与测试试样混合。在搅拌装置(B.3.5)上搅拌1 min后,用酸度计(B.3.6)测其酸度。如果pH值>1.5,一边搅拌混合液,一边逐滴加入盐酸溶液(B.2.3)[如果测试试样含有大量碳酸盐类碱性化合物,可采用逐滴加入盐酸(B.2.1)]调节pH值在1.0~1.5之间。将混合物避光,再在(37±2)℃下连续搅拌1 h,然后在(37±2)℃下放置1 h,接着立即用滤膜(B.3.7)过滤。过滤后的滤液应避光保存并应在24 h内完成元素分析测试。若滤液在进行元素分析测试前的保存时间超过24 h,应使用盐酸(B.2.1)加以稳定,使保存的溶液浓度c(HCl)约为1 mol/L。

注:在整个提取期间,应调节搅拌器的速度,以保持试样始终处于悬浮状态,同时应尽量避免溅出。

B.4.3　测试

按B.4.2制备的试验溶液采用检出限适当(见B.6)的分析仪器(B.3.1)测定可溶性有害元素的含量。

使用任一种分析仪器进行测定时,分析者都应按照仪器说明书或操作手册的规定对其进行操作和测试,并在试验报告中注明采用的分析仪器。

B.5　结果的计算

B.5.1　按式(B.1)分别计算试样中各种可溶性元素的含量:

$$w = \frac{(\rho - \rho_0)V \times F}{m} \quad \cdots\cdots\cdots\cdots (B.1)$$

式中:

w——试样中可溶性元素的含量,单位为毫克每千克(mg/kg);

ρ——试验溶液的测定浓度,单位为毫克每升(mg/L);

ρ_0——空白溶液(A.2.2)的测定浓度,单位为毫克每升(mg/L);

V——试验溶液的定容体积,单位为毫升(mL);

F——试验溶液的稀释倍数;

m——试样质量,单位为克(g)。

B.5.2　结果的校正

由于本测试方法精确度的原因,在考虑实验室之间测试结果时,需经校正得出最终的分析结果。即式(B.1)中的计算结果应减去该结果乘以表B.1中相应元素的分析校正系数的值,作为该元素最终的分析结果报出。

表B.1　各元素分析校正系数

元素	锑(Sb)	砷(As)	钡(Ba)	镉(Cd)	铬(Cr)	铅(Pb)	汞(Hg)	硒(Se)
分析校正系数/%	60	60	30	30	30	30	50	60

示例:铅的计算结果为120 mg/kg,表1中铅的分析校正系数为30%,则最终分析结果=(120－120×30%)mg/kg=84 mg/kg。

B.6　测试方法的检出限

按上述分析方法测定可溶性元素的含量,其检出限不应大于该元素限量的十分之一。分析测试方法的检出限一般被认为是空白样测试值标准偏差的3倍。上述空白样测试值由实验室测定。

B.7 精密度

B.7.1 重复性

同一操作者2次测试结果的相对偏差应小于20%。

B.7.2 再现性

不同实验室间测试结果的相对偏差应小于33%。

附　录　C
（规范性附录）
邻苯二甲酸酯类的测定——气质联用法

C.1　原理

用丁酮溶剂对试样中的邻苯二甲酸酯类进行超声波提取。对提取液定容后，用气相色谱/质谱联用仪（GC-MS）测定。采用全扫描的总离子流色谱图（TIC）和质谱图（MS）进行定性，选择离子检测（SIM）和外标法进行定量。

C.2　材料和试剂

C.2.1　载气：氦气，纯度≥99.999%。

C.2.2　稀释溶剂：丁酮，纯度（质量分数）≥99%或已知纯度。

C.2.3　校准化合物：邻苯二甲酸二丁酯（DBP）、邻苯二甲酸丁苄酯（BBP）、邻苯二甲酸二异辛酯（DEHP）、邻苯二甲酸二辛酯（DNOP）、邻苯二甲酸二异壬酯（DINP）、邻苯二甲酸二异癸酯（DIDP），纯度（质量分数）≥98%或已知纯度。

C.2.4　标准储备溶液：分别准确称取适量的邻苯二甲酸酯类校准化合物（C.2.3），用丁酮（C.2.2）配制成浓度为5 000 mg/L的标准储备溶液。

注：标准储备溶液在（0～4）℃冰箱中保存，有效期6个月。

C.2.5　混合标准工作溶液：采用逐级稀释的方法，用丁酮（C.2.2）稀释标准储备溶液（C.2.4）成适用浓度的混合标准工作溶液。

注：标准工作溶液在（0～4）℃冰箱中保存，有效期3个月。

C.3　仪器和设备

C.3.1　气相色谱/质谱联用仪（GC-MS）。

C.3.2　进样器：容量至少应为进样量的二倍。

C.3.3　样品瓶：约10 mL的玻璃瓶，具有可密封的瓶盖。

C.3.4　离心机：离心力约为（5 000±500）g（g=9.806 65 m/s^2）。

C.3.5　容量瓶：50 mL，100 mL等。

C.3.6　具塞锥形瓶：50 mL等。

C.3.7　粉碎设备：粉碎机、剪刀或其他合适的粉碎设备。

C.3.8　超声波发生器：功率500 W。

C.3.9　滤膜（适用于有机溶剂）：孔径0.45 μm。

C.3.10　天平：精度0.1 mg。

注：邻苯二甲酸酯类是实验室内常见的污染物，试剂、溶剂和玻璃器皿等均可能被邻苯二甲酸酯类污染，而造成干扰。因此分析过程中，避免使用塑料器皿。此外，玻璃器皿于使用前，必须放在高温炉中以400 ℃烘烤2 h～4 h，或以分析纯溶剂冲洗。

C.4　气相色谱-质谱测试条件

色谱柱：5%二苯基/95%二甲基聚硅氧烷毛细管柱，30 m×0.25 mm×0.25 μm，例如：DB-5MS毛细管柱。

柱温：起始温度60 ℃保持0.75 min，然后以30 ℃/min升至180 ℃，保持1 min，再以15 ℃/min升至280 ℃，保持7 min；

进样口温度:280 ℃;

色谱-质谱接口温度:280 ℃;

离子源温度:230 ℃;

载气流速:1.0 mL/min;

进样方式:不分流进样,0.75 min 后开阀;

进样量:1.0 μL;

电离方式:EI;

电离能量:70 eV;

测定方式:全扫描的总离子流色谱图(TIC)和质谱图(MS)进行定性,选择离子检测(SIM)和外标法进行定量。

注1:在 C.4 的气相色谱-质谱测试条件下,6 种邻苯二甲酸酯类的参考保留时间和选择离子及其丰度比参见表 C.1;总离子流色谱图和选择离子色谱图参见图 C.1、C.2、C.3、C.4、C.5。

注2:也可根据所用气相色谱-质谱联用仪的性能及待测试样的实际情况选择最佳的气相色谱-质谱测试条件。

C.5 测试步骤

C.5.1 气相色谱-质谱联用仪的参数优化

参照 C.4 的气相色谱-质谱测试条件,每次都应该使用已知的校准化合物对仪器进行最优化处理,使仪器的灵敏度、稳定性和分离效果处于最佳状态。

C.5.2 定性分析

C.5.2.1 将待测样品搅拌均匀。按产品明示的施工配比制备混合试样,搅拌均匀后,称取约 1 g 试样置于样品瓶(C.3.3)中,加入适量的丁酮(C.2.2)稀释试样,于超声波发生器(C.3.8)中提取 10 min。放置 5 min 左右,使不溶物沉淀。也可使用离心机(C.3.4)离心分离,使不溶物沉淀,供 GC-MS 分析。

C.5.2.2 用进样器(C.3.2)取 1.0 μL 经 C.5.2.1 处理后的试验溶液的上层清液注入 GC-MS(C.3.1)中,记录总离子流质谱图和选择离子色谱图,定性鉴定试样中有无 C.2.3 中的校准化合物。如果试样中无 C.2.3 中的校准化合物,就无需进行下列步骤的测试。若待测试验溶液和标准工作溶液的总离子流质谱图或选择离子色谱图中,在相同的保留时间有色谱峰出现,则根据每种邻苯二甲酸酯类的种类和丰度比进行确证。

注:粉末状样品、固态样品[应先用粉碎设备(C.3.7)将其粉碎,使颗粒尺寸的直径小于 5 mm]直接加入 20 mL 丁酮(C.2.2)进行超声提取处理。

C.5.3 试验溶液的制备

所有的试验进行二次平行测试。

C.5.3.1 液态样品的制备

将待测样品搅拌均匀。按产品明示的施工配比制备混合试样,搅拌均匀后,称取试样约 1 g(精确至 0.1 mg)置于 50 mL 具塞锥形瓶(C.3.6)中,加入 20 mL 丁酮(C.2.2)稀释试样,于超声波发生器(C.3.8)中提取 10 min,冷却后,用滤膜(C.3.9)过滤提取液置于 50 mL 容量瓶(C.3.5)中。残渣再用 20 mL 丁酮(C.2.2)超声提取 5 min,合并滤液于同一容量瓶中,然后用丁酮稀释至刻度,供 GC-MS 分析。

C.5.3.2 固态样品的制备

在室温下用粉碎设备(C.3.7)将其粉碎,使颗粒尺寸的直径小于 5 mm。称取粉碎后的试样约 1 g(精确至 0.1 mg),置于 50 mL 具塞锥形瓶(C.3.6)中,加入 20 mL 丁酮(C.2.2),于超声波发生器(C.3.8)中提取 20 min,冷却后,用滤膜(C.3.9)过滤提取液置于 50 mL 容量瓶(C.3.5)中。残渣再用 20 mL 丁酮(C.2.2)超声提取 5 min,合并滤液于同一容量瓶中,然后用丁酮稀释至刻度,供 GC-MS 分析。

注:粉末状样品,直接进行样品处理。

C.5.4 标准工作曲线的绘制

C.5.4.1 系列标准工作溶液峰面积的测定

在与测试试样相同的气相色谱-质谱测试条件下，按 C.5.1 的规定优化仪器参数。用进样器(C.3.2)分别取 1.0 μL 系列标准工作溶液(C.2.5)注入 GC-MS 中，对定量选择离子(参见表 C.1)进行峰面积积分，DINP 和 DIDP 应分别将其所有同分异构体的色谱峰组的基线拉平后积分，计算其峰面积的总和。

每一种标准工作溶液进样 2 次，取平均值，其相对偏差应≤5%。

C.5.4.2 绘制标准工作曲线

以峰面积 A 为纵坐标，相应浓度 c(mg/L)为横坐标，绘制标准工作曲线。标准工作曲线应至少包括一个空白样品和三个标准工作溶液，其相关系数应≥0.995，否则应重新制作新的标准工作曲线。

C.5.5 定量测定

按测试标准工作溶液时的最优化条件设置仪器参数。用进样器(C.3.2)取经 C.5.3.1 或 C.5.3.2 处理后的滤液 1.0 μL 注入 GC-MS(C.3.1)中，记录总离子流质谱图和选择离子色谱图。根据待测试验溶液中被测化合物含量情况，对待测试验溶液的定量选择离子(参见表 C.1)进行峰面积积分，按式(C.1)采用外标法定量。

标准工作溶液和待测试验溶液中每种邻苯二甲酸酯类的响应值均应在仪器检测的线性范围内。若待测试验溶液中被测化合物的含量超出线性范围，应适当稀释后再测定。

C.5.6 结果计算

直接从标准工作曲线上读取待测试验溶液中每种邻苯二甲酸酯类的浓度。

按式(C.1)分别计算试样中每种邻苯二甲酸酯的含量：

$$w_i = \frac{\rho_i \times V \times F}{m \times S \times 10\,000} \quad \cdots\cdots\cdots\cdots (C.1)$$

式中：

w_i——试样中邻苯二甲酸酯 i 的含量，%；

ρ_i——从标准工作曲线上读取的邻苯二甲酸酯 i 的浓度，单位为毫克每升(mg/L)；

V——试验溶液的定容体积，单位为毫升(mL)；

F——试验溶液的稀释因子；

m——试样的质量，单位为克(g)；

S——试样的不挥发物含量，以质量分数表示，单位为克每克(g/g)；

10 000——转换因子。

注 1：试样的不挥发物含量按 GB/T 1725—2007 中的规定进行测定。测试时按产品明示的配比混合各组分样品，搅拌均匀后，称取试样量(1±0.1)g，试验条件：(105±2)℃/1 h。

注 2：粉末状样品和固态样品的不挥发物含量按质量分数为 1[单位为克每克(g/g)]计算。

C.5.7 测试方法检出限

DBP、BBP、DEHP、DNOP：0.002%；

DINP、DIDP：0.01%。

C.6 精密度

C.6.1 重复性

同一操作者二次测试结果的相对偏差应小于 20%。

C.6.2 再现性

不同实验室间测试结果的相对偏差应小于 33%。

表 C.1　6 种邻苯二甲酸酯的测定参数

组　别	邻苯二甲酸酯名称	保留时间/min	定量离子(m/z)	定性离子(m/z)
1	邻苯二甲酸二丁酯(DBP)	9.6	149	150、205、223
	邻苯二甲酸丁苄酯(BBP)	12.0	149	150、206、238
	邻苯二甲酸二异辛酯(DEHP)	13.0	149	150、167、279
2	邻苯二甲酸二辛酯(DNOP)	14.4	279	261、390
	邻苯二甲酸二异壬酯(DINP)	13.2～17.0	293	347、418
	邻苯二甲酸二异癸酯(DIDP)	13.8～18.0	307	321、446

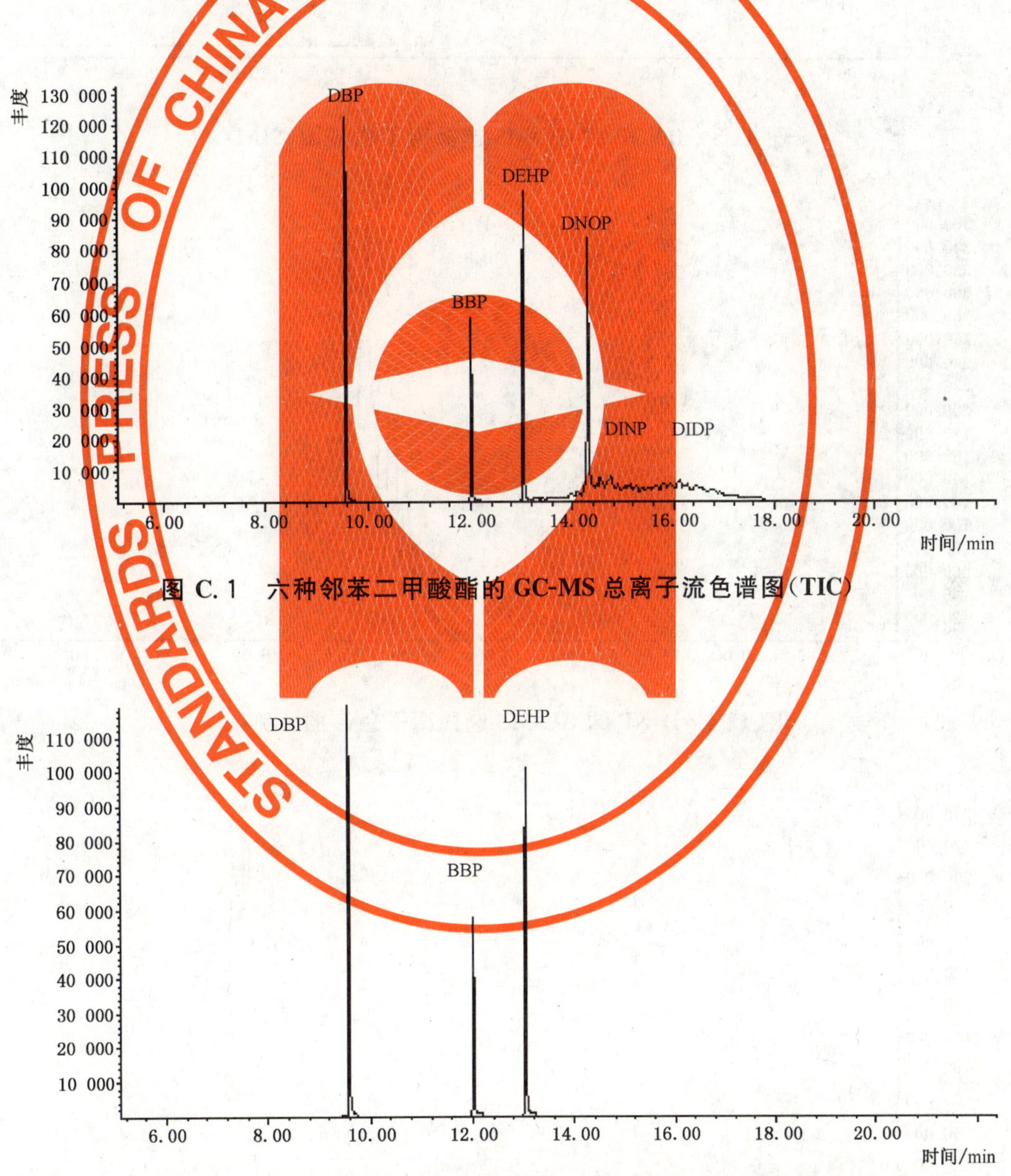

图 C.1　六种邻苯二甲酸酯的 GC-MS 总离子流色谱图(TIC)

图 C.2　DBP、BBP、DEHP 的 GC-MS 选择离子色谱图(SIM)

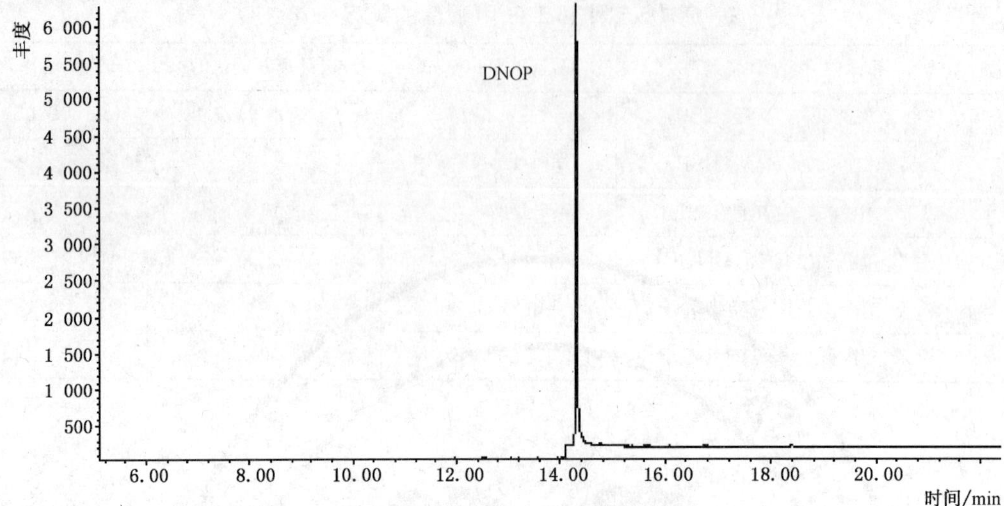

图 C.3 DNOP 的 GC-MS 选择离子色谱图(SIM)

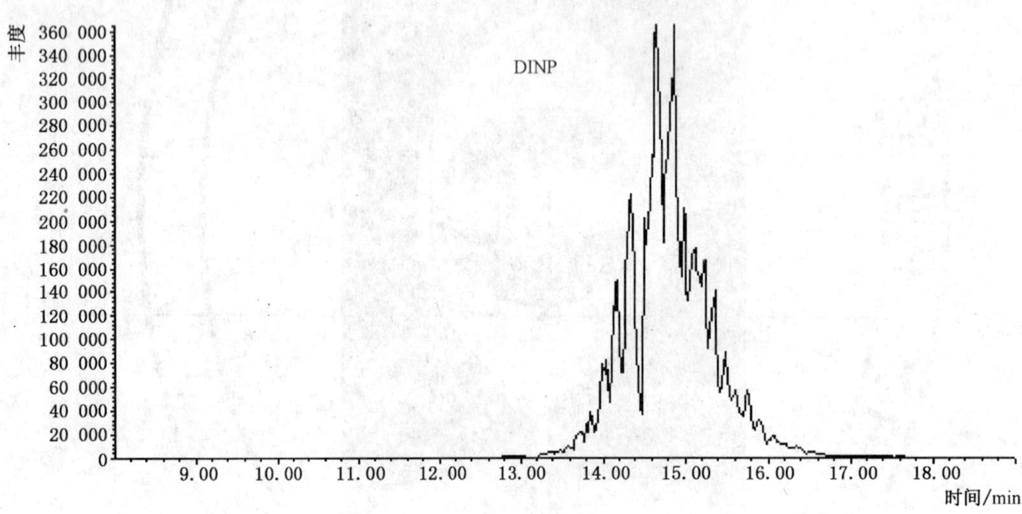

图 C.4 DINP 的 GC-MS 选择离子色谱图(SIM)

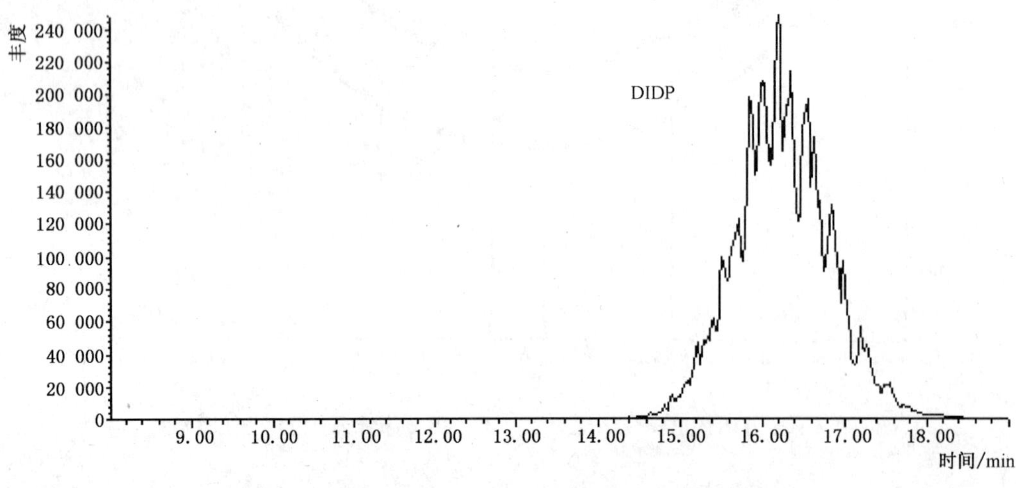

图 C.5 DIDP 的 GC-MS 选择离子色谱图(SIM)

附 录 D
（规范性附录）
挥发性有机化合物（VOC）含量的测定

D.1 原理

试样经气相色谱法测试，如未检测出沸点大于250 ℃的有机化合物，所测试的挥发物含量即为产品的VOC含量；如检测出沸点大于250 ℃的有机化合物，则对试样中沸点大于250 ℃的有机化合物进行定性鉴定和定量分析。从挥发物含量中扣除试样中沸点大于250 ℃有机化合物的含量即为产品的VOC含量。

D.2 材料和试剂

D.2.1 载气：氮气，纯度≥99.995%。

D.2.2 燃气：氢气，纯度≥99.995%。

D.2.3 助燃气：空气。

D.2.4 辅助气体（隔垫吹扫和尾吹气）：与载气具有相同性质的氮气。

D.2.5 内标物：试样中不存在的化合物，且该化合物能够与色谱图上其他成分完全分离，纯度至少为99%（质量分数）或已知纯度。例如：邻苯二甲酸二甲酯、邻苯二甲酸二乙酯等。

D.2.6 校准化合物：用于校准的化合物，其纯度至少为99%（质量分数）或已知纯度。

D.2.7 稀释溶剂：用于稀释试样的有机溶剂，不含有任何干扰测试的物质，纯度至少为99%（质量分数）或已知纯度。例如：乙酸乙酯等。

D.2.8 标记物：用于按VOC定义区分VOC组分与非VOC组分的化合物。本标准规定为己二酸二乙酯（沸点251 ℃）。

D.3 仪器设备

D.3.1 气相色谱仪，具有以下配置：

D.3.1.1 分流装置的进样口，并且汽化室内衬可更换。

D.3.1.2 程序升温控制器。

D.3.1.3 检测器

可以使用下列三种检测器中的任意一种：

D.3.1.3.1 火焰离子化检测器（FID）。

D.3.1.3.2 已校准并调谐过的质谱仪或其他质量选择检测器。

D.3.1.3.3 已校准过的傅立叶变换红外光谱仪（FT-IR光谱仪）。

注：如果选用D.3.1.3.2或D.3.1.3.3检测器对沸点大于250 ℃的有机化合物进行定性鉴定，仪器应与气相色谱仪相连并根据仪器制造商的相关说明进行操作。

D.3.1.4 色谱柱：应能使被测化合物足够分离，如聚二甲基硅氧烷毛细管柱或相当型号。

D.3.2 进样器：容量至少应为进样量的2倍。

D.3.3 配样瓶：约10 mL的玻璃瓶，具有可密封的瓶盖。

D.3.4 天平：精度0.1 mg。

D.4 气相色谱测试条件

色谱柱：聚二甲基硅氧烷毛细管柱，30 m×0.25 mm×0.25 μm；

进样口温度：300 ℃；

检测器：FID，温度：300 ℃；

柱温：起始温度 160 ℃保持 1 min，然后以 10 ℃/min 升至 290 ℃保持 15 min；

载气流速：1.2 mL/min；

分流比：分流进样，分流比可调；

进样量：1.0 μL。

注：也可根据所用仪器的性能及待测试样的实际情况选择最佳的气相色谱测试条件。

D.5 测试步骤

所有试验进行二次平行测定。

D.5.1 密度

将待测样品搅拌均匀。按产品明示的施工配比制备混合试样，搅拌均匀后，按 GB/T 6750—2007 的规定测定试样的密度。试验温度：(23±2)℃。

D.5.2 挥发物含量

将待测样品搅拌均匀。按产品明示的施工配比制备混合试样，搅拌均匀后，按 GB/T 1725—2007 的规定测定试样的不挥发物含量，单位为克每克(g/g)，以 1 减去不挥发物含量得出试样的挥发物含量，单位为克每克(g/g)。称取试样量(1±0.1)g，试验条件：(105±2)℃/1 h。

D.5.3 挥发性有机化合物(VOC)含量

D.5.3.1 试样中不含沸点大于 250 ℃有机化合物的 VOC 含量的测定

如果试样经 D.5.3.2.2 定性分析未发现沸点大于 250 ℃的有机化合物，按式(D.1)计算试样的 VOC 含量。

$$\rho(\mathrm{VOC}) = w \times \rho_s \times 1\,000 \qquad \text{(D.1)}$$

式中：

$\rho(\mathrm{VOC})$——试样的 VOC 含量，单位为克每升(g/L)；

w——试样中挥发物含量的质量分数，单位为克每克(g/g)；

ρ_s——试样的密度，单位为克每毫升(g/mL)；

1 000——转换因子。

D.5.3.2 试样中含沸点大于 250 ℃有机化合物的 VOC 含量的测定

D.5.3.2.1 色谱仪参数优化

按 D.4 中的色谱测试条件，每次都应该使用已知的校准化合物对仪器进行最优化处理，使仪器的灵敏度、稳定性和分离效果处于最佳状态。

进样量和分流比应相匹配，以免超出色谱柱的容量，并在仪器检测器的线性范围内。

D.5.3.2.2 定性分析

将标记物(D.2.8)注入色谱仪中，测定其在聚二甲基硅氧烷毛细柱上的保留时间，以便按 3.1 给出的 VOC 定义确定色谱图中的积分起点。

将待测样品搅拌均匀。按产品明示的施工配比制备混合试样，搅拌均匀后，称取约 2 g 的样品，用适量的稀释溶剂(D.2.7)稀释试样，用进样器(D.3.2)取 1.0 μL 混合均匀的试样注入色谱仪，记录色谱图，并对每种保留时间高于标记物的化合物进行定性鉴定。优先选用的方法是气相色谱仪与质量选择检测器(D.3.1.3.2)或 FT-IR 光谱仪(D.3.1.3.3)联用，并使用 D.4 中给出的气相色谱测试条件。

D.5.3.2.3 校准

D.5.3.2.3.1 如果校准中用到的化合物都可以购买到，应使用下列方法测定其相对校正因子。

D.5.3.2.3.1.1 校准样品的配制：分别称取一定量(精确至 0.1 mg)经 D.5.3.2.2 鉴定出的各种校准化合物(D.2.6)于配样瓶(D.3.3)中，称取的质量与待测试样中所含的各种化合物的含量应在同一数量级。再称取与待测化合物相同数量级的内标物(D.2.5)于同一配样瓶中,用适量稀释溶剂(D.2.7)稀释混合物,密封配样瓶并摇匀。

D.5.3.2.3.1.2 相对校正因子的测试:在与测试试样相同的气相色谱测试条件下按D.5.3.2.1的规定优化仪器参数。将适量的校准混合物注入气相色谱仪中,记录色谱图,按式(D.2)分别计算每种化合物的相对校正因子:

$$R_i = \frac{m_{ci} \times A_{is}}{m_{is} \times A_{ci}} \qquad \text{(D.2)}$$

式中:

R_i——化合物 i 的相对校正因子;

m_{ci}——校准混合物中化合物 i 的质量,单位为克(g);

m_{is}——校准混合物中内标物的质量,单位为克(g);

A_{is}——内标物的峰面积;

A_{ci}——化合物 i 的峰面积。

测定结果保留三位有效数字。

D.5.3.2.3.2 若出现未能定性的色谱峰或者校准用的有机化合物未商品化,则假设其相对于邻苯二甲酸二甲酯的校正因子为1.0。

D.5.3.2.4 试样的测试

D.5.3.2.4.1 试样的制备:将待测样品搅拌均匀。按产品明示的施工配比制备混合试样,搅拌均匀后,称取试样约2 g(精确至0.1 mg)以及与被测化合物相同数量级的内标物(D.2.5)于配样瓶(D.3.3)中,加入适量稀释溶剂(D.2.7)于同一配样瓶中稀释试样,密封配样瓶并摇匀。

D.5.3.2.4.2 按校准时的最优化条件设定仪器参数。

D.5.3.2.4.3 将标记物(D.2.8)注入气相色谱仪中,记录其在聚二甲基硅氧烷毛细管柱上的保留时间,以便按3.1给出的VOC定义确定色谱图中的积分起点。

D.5.3.2.4.4 将1.0 μL按D.5.3.2.4.1制备的试样注入气相色谱仪,记录色谱图,并计算各种保留时间高于标记物的化合物峰面积,然后按式(D.3)分别计算试样中所含的各种沸点大于250℃有机化合物含量的质量分数:

$$w_{漆i} = \frac{m_{is} \times A_i \times R_i}{m_s \times A_{is}} \qquad \text{(D.3)}$$

式中:

$w_{漆i}$——试样中沸点大于250 ℃有机化合物 i 含量的质量分数,单位为克每克(g/g);

R_i——被测化合物 i 的相对校正因子;

m_{is}——内标物的质量,单位为克(g);

m_s——试样的质量,单位为克(g);

A_i——被测化合物 i 的峰面积;

A_{is}——内标物的峰面积。

D.5.3.2.4.5 试样中沸点大于250 ℃有机化合物的含量按式(D.4)计算:

$$w_{漆} = \sum_{i=1}^{n} w_{漆i} \qquad \text{(D.4)}$$

式中:

$w_{漆}$——试样中沸点大于250 ℃有机化合物含量的质量分数,单位为克每克(g/g)。

D.5.3.2.5 试样中沸点小于或等于250 ℃ VOC的含量按式(D.5)计算:

$$\rho(\text{VOC}) = (w - w_{漆}) \times \rho_s \times 1\,000 \qquad \text{(D.5)}$$

式中：

$\rho(\mathrm{VOC})$——试样中沸点小于或等于250 ℃的VOC含量，单位为克每升(g/L)；

w——试样中挥发物含量的质量分数，单位为克每克(g/g)；

$w_{漆}$——试样中沸点大于250 ℃有机化合物含量的质量分数，单位为克每克(g/g)；

ρ_s——试样的密度，单位为克每毫升(g/mL)；

1 000——转换因子。

D.6 精密度

D.6.1 重复性

同一操作者二次测试结果的相对偏差应小于5%。

D.6.2 再现性

不同的实验室间测试结果的相对偏差应小于10%。

附 录 E
(规范性附录)
苯、甲苯、乙苯和二甲苯含量的测定

E.1 原理

试样经稀释后注入气相色谱仪中,经色谱柱分离后,用氢火焰离子化检测器检测,以内标法定量。

E.2 材料和试剂

E.2.1 载气:氮气,纯度≥99.995%。
E.2.2 燃气:氢气,纯度≥99.995%。
E.2.3 助燃气:空气。
E.2.4 辅助气体(隔垫吹扫和尾吹气):与载气具有相同性质的氮气。
E.2.5 内标物:试样中不存在的化合物,且该化合物能够与色谱图上其他成分完全分离,纯度至少为99%(质量分数)或已知纯度。例如:正庚烷、正戊烷等。
E.2.6 校准化合物:苯、甲苯、乙苯和二甲苯,纯度至少为99%(质量分数)或已知纯度。
E.2.7 稀释溶剂:用于稀释试样的有机溶剂,不含有任何干扰测试的物质,纯度至少为99%(质量分数)或已知纯度。例如:乙酸乙酯、正己烷等。

E.3 仪器设备

E.3.1 气相色谱仪,具有以下配置:
E.3.1.1 分流装置的进样口,并且汽化室内衬可更换。
E.3.1.2 程序升温控制器。
E.3.1.3 检测器:火焰离子化检测器(FID)。
E.3.1.4 色谱柱:应能使被测物足够分离,如聚二甲基硅氧烷毛细管柱、6%腈丙苯基/94%聚二甲基硅氧烷毛细管柱、聚乙二醇毛细管柱或相当型号。
E.3.2 进样器:容量至少应为进样量的2倍。
E.3.3 配样瓶:约10 mL的玻璃瓶,具有可密封的瓶盖。
E.3.4 天平:精度0.1mg。

E.4 气相色谱测试条件

色谱柱:聚二甲基硅氧烷毛细管柱,30 m×0.25 mm×0.25 μm;
进样口温度:240 ℃;
检测器温度:280 ℃;
柱温:初始温度50 ℃保持5 min,然后以10 ℃/min升至280 ℃保持5 min;
载气流速:1.0 mL/min;
分流比:分流进样,分流比可调;
进样量:0.2 μL。

注:也可根据所用仪器的性能及待测试样的实际情况选择最佳的气相色谱测试条件。

E.5 测试步骤

所有试验进行二次平行测定。

E.5.1 色谱仪参数优化

按 E.4 中的色谱测试条件，每次都应该使用已知的校准化合物对仪器进行最优化处理，使仪器的灵敏度、稳定性和分离效果处于最佳状态。

进样量和分流比应相匹配，以免超出色谱柱的容量，并在仪器检测器的线性范围内。

E.5.2 定性分析

E.5.2.1 按 E.5.1 的规定使仪器参数最优化。

E.5.2.2 被测化合物保留时间的测定

将 0.2 μL 含 E.2.6 所示被测化合物的标准混合溶液注入色谱仪，记录各被测化合物的保留时间。

E.5.2.3 定性分析

将待测样品搅拌均匀。按产品明示的施工配比制备混合试样，搅拌均匀后，称取约 2 g 的样品，用适量的稀释剂(E.2.7)稀释试样，用进样器(E.3.2)取 0.2 μL 混合均匀的试样注入色谱仪，记录色谱图，并与经 E.5.2.2 测定的标准被测化合物的保留时间对比确定是否存在被测化合物。

E.5.3 校准

E.5.3.1 校准样品的配制：分别称取一定量(精确至 0.1 mg)E.2.6 中的各种校准化合物于配样瓶(E.3.3)中，称取的质量与待测试样中所含的各种化合物的含量应在同一数量级；再称取与待测化合物相同数量级的内标物(E.2.5)于同一配样瓶中，用适量稀释溶剂(E.2.7)稀释混合物，密封配样瓶并摇匀。

E.5.3.2 相对校正因子的测试：在与测试试样相同的色谱测试条件下按 E.5.1 的规定优化仪器参数。将适量的校准混合物注入气相色谱仪中，记录色谱图，按式(E.1)分别计算每种化合物的相对校正因子：

$$R_i = \frac{m_{ci} \times A_{is}}{m_{is} \times A_{ci}} \qquad \cdots\cdots(\text{E.1})$$

式中：

R_i——化合物 i 的相对校正因子；

m_{ci}——校准混合物中化合物 i 的质量，单位为克(g)；

m_{is}——校准混合物中内标物的质量，单位为克(g)；

A_{is}——内标物的峰面积；

A_{ci}——化合物 i 的峰面积。

测定结果保留三位有效数字。

E.5.4 试样的测试

E.5.4.1 试样的配制：将待测样品搅拌均匀。按产品明示的施工配比制备混合试样，搅拌均匀后称取试样约 2 g(精确至 0.1 mg)以及与被测化合物相同数量级的内标物(E.2.5)于配样瓶(E.3.3)中，加入适量稀释溶剂(E.2.7)于同一配样瓶中稀释试样，密封配样瓶并摇匀。

E.5.4.2 按校准时的最优化条件设定仪器参数。

E.5.4.3 将 0.2 μL 按 E.5.4.1 配制的试样注入气相色谱仪中，记录色谱图，然后按式(E.2)分别计算试样中所含被测化合物(苯、甲苯、乙苯、二甲苯)的含量：

$$w_i = \frac{m_{is} \times A_i \times R_i}{m_s \times A_{is}} \times 100 \qquad \cdots\cdots(\text{E.2})$$

式中：

w_i——试样中被测化合物 i 含量的质量分数，%；

R_i——被测化合物 i 的相对校正因子；

m_{is}——内标物的质量，单位为克(g)；

m_s——试样的质量，单位为克(g)；

A_i——被测化合物 i 的峰面积；

A_{is}——内标物的峰面积。

注：如遇到采用 E.4 中的色谱测试条件不能有效分离被测化合物而难以准确定量测定时，可换用其他类型的色谱柱(见 E.3.1.4 所列)或色谱测试条件，使被测化合物有效分离后再定量测定。

E.6 精密度

E.6.1 重复性

同一操作者 2 次测试结果的相对偏差应小于 5%。

E.6.2 再现性

不同实验室间测试结果的相对偏差应小于 10%。

ICS 67.140.10
X 55

中华人民共和国国家标准

GB/T 24614—2009

紧压茶原料要求

Requirements for material of brick tea

2009-11-15 发布　　　　2009-12-01 实施

中华人民共和国国家质量监督检验检疫总局
中国国家标准化管理委员会　发布

前　言

本标准由中华全国供销合作总社提出。

本标准由全国茶叶标准化技术委员会归口。

本标准起草单位:中华全国供销合作总社杭州茶叶研究院。

本标准主要起草人:赵玉香、杨秀芳、毛兴国、李鸿启、刘雪慧、甘多平、邹新武。

紧压茶原料要求

1 范围

本标准规定了紧压茶原料的分类与分级、要求、试验方法、包装和标识、运输和贮存。

本标准适用于以茶树的芽、叶或茎梗等为原料，经过杀青、揉捻(或渥堆)、干燥等工艺制成的紧压茶原料。

2 规范性引用文件

下列文件中的条款通过本标准的引用而成为本标准的条款。凡是注日期的引用文件，其随后所有的修改单(不包括勘误的内容)或修订版均不适用于本标准，然而，鼓励根据本标准达成协议的各方研究是否可使用这些文件的最新版本。凡是不注日期的引用文件，其最新版本适用于本标准。

GB 2762 食品中污染物限量

GB 2763 食品中农药最大残留限量

GB/T 8304 茶 水分测定

GB/T 8306 茶 总灰分测定

GB/T 9833.1—2002 紧压茶 花砖茶

GB/T 13738.1 红茶 第1部分：红碎茶

GB/T 14456.2—2008 绿茶 第2部分：大叶种绿茶

GB 19965—2005 砖茶含氟量

SB/T 10157 茶叶感官审评方法

3 分类与分级

3.1 分类

紧压茶原料根据加工工艺与产品的不同，分为黑毛茶、老青茶、四川边茶、云南晒青茶和米砖茶原料五类。

3.2 分级

3.2.1 黑毛茶分为特级、一至四级共五个级别。

3.2.2 老青茶分为面茶与里茶。其中面茶分为一至六级共六个级别，里茶分为一至三级共三个级别。

3.2.3 四川边茶分为条茶、做庄茶、毛庄茶。其中条茶和毛庄茶各分为一至二级共两个级别，做庄茶分为一至四级共四个级别。

3.2.4 云南晒青茶分为一至五级共五个级别。

3.2.5 米砖茶原料分为碎茶、片茶、末茶三个花色。

4 要求

4.1 基本要求

选取远离氟矿区及大气氟污染区之茶园当季茶树新梢，按紧压茶原料生产工艺加工，品质正常，无劣变、无异味。无落地叶、水潦叶，无老梗、麻梗、鸡爪梗，不应在加工时使用任何添加剂。

4.2 感官品质

4.2.1 黑毛茶

鲜叶经杀青、揉捻、渥堆、干燥工艺制成的初制茶，为花砖、黑砖和茯砖茶的原料茶。各级感官品质应符合表1的规定。

表1 黑毛茶感官品质要求

级别	特级	一级	二级	三级	四级
外形	嫩度好,条索紧结圆直,有毫,色泽黑润	叶张嫩度较好,条索圆直紧卷,色泽黄绿褐色或黑润	嫩度尚好,条索圆直尚紧,色泽黑褐尚润	条索欠紧,呈泥鳅条,叶张成熟度较高,色黑润,全红梗,无隔年梗叶	条索松扁皱折,叶张宽大成熟度高,色泽黑褐或黄褐
内质	嫩香纯浓,滋味浓厚,汤色橙黄明亮,叶底黄褐	香气纯浓,滋味醇厚,汤色橙黄尚明亮,叶底黄褐	香气纯正,滋味醇和,汤色橙黄尚亮,叶底黄褐	香气纯正,滋味纯和,汤色橙黄,叶底黄褐	香气平正,滋味平和,汤色橙黄,叶底黄褐

4.2.2 老青茶

4.2.2.1 老青茶面茶:以当季一轮新生嫩叶茎梗,经拣青、杀青、初揉、复炒、复揉、干燥等工艺制成的初制茶,为青砖茶的面茶原料茶。各级感官品质应符合表2规定。

表2 老青茶面茶感官品质要求

级别	一级	二级	三级	四级	五级	六级
外形	嫩茎叶,条索紧结重实,色泽乌绿油润,略含白梗,无红梗、敞叶、片末	嫩叶白梗,条索紧结较重实,色泽乌绿尚油润,略含红梗、对夹叶,无敞叶、片末	嫩叶白梗,条索较紧结、略大,色泽乌绿欠油润,略含红梗、敞叶、片末	嫩叶白梗,红梗稍多,条索成形、偏大,有对夹叶,色泽乌绿稍花,含敞叶、片末	嫩叶白红梗各半,条索成形粗大,有对夹叶,色泽黄绿稍花,含敞叶、片末,身骨略轻飘	嫩叶红梗,条索成形较松泡,色泽黄绿花杂,对夹叶、敞叶、片末较多,身骨轻飘
内质	香气清香纯正,滋味浓醇,汤色黄绿明亮,叶底柔嫩黄绿明亮	香气纯正,滋味浓醇,汤色黄绿尚亮,叶底尚柔软,色泽绿黄明亮	香气平正,滋味醇和,汤色黄绿,叶底尚软,叶底绿黄尚明	香气尚平正,滋味平和,汤色绿黄,叶底略粗硬,色泽绿黄带褐	香气稍粗无异气,滋味尚平和,汤色黄稍暗,叶底较粗硬,色泽黄褐略花	香气较粗无异气,滋味粗涩稍淡,汤色黄暗,叶底粗硬,色泽黄褐花杂

4.2.2.2 老青茶里茶:以当季一轮新生全展叶红梗(略含白梗)为采摘标准,于鱼叶之上一片叶处下刀采割,经拣青、杀青、揉捻、干燥等工艺制成的初制茶,为青砖茶的里茶原料茶。各级感官品质应符合表3规定。

表3 老青茶里茶感官品质要求

级别	一级	二级	三级
外形	叶面略成条,或卷曲匀齐,含叶量85%以上,当年生红梗略含白梗,无鱼叶及隔年隔轮叶;色泽乌绿,无麻梗、枯老梗	叶面卷曲,皱折匀齐,含叶量在78%以上,红梗为主略含麻蒂;色泽泛绿黄花杂,无隔年隔轮叶,无枯老梗	叶面皱折卷曲,有较多敞叶欠匀齐,含叶量在70%以上,红梗为主、麻梗增多,色泽泛黄花杂,无隔年叶,无腐败、落地叶,无枯老梗
内质	香气平正无异气,滋味平和,汤色绿黄,叶底较粗硬,色泽绿黄略花	香气尚平正无异气带青气,滋味稍涩尚正,汤色黄稍暗,叶底粗硬,色泽黄较花杂	香气欠平正有粗青气,滋味粗涩,汤色黄暗,叶底粗老,黄褐花杂

4.2.3 四川边茶

根据各地区加工工艺及鲜叶原料老嫩度不同，主要分为条茶、做庄茶、毛庄茶，为康砖、金尖等紧压茶的原料茶。各级感官品质应符合表4规定。

表4 四川边茶感官品质要求

原料名称	条茶		做庄茶				毛庄茶	
级别	一级	二级	一级	二级	三级	四级	一级	二级
外形	叶嫩粗壮，棕褐色油润	叶较嫩粗壮，棕褐色油润	条索紧卷，棕褐油润	条索尚紧卷，棕褐带黄较油润	条索尚紧，棕褐带黄	条索粗壮，棕褐稍花杂	叶形完整，较成熟叶片状，色泽黄褐	叶形尚完整，成熟叶片，色泽黄褐稍花
内质	香气纯浓，滋味醇尚浓，汤色橙红明亮，叶底柔嫩，含嫩茎，黄褐	香气纯正，滋味醇和，汤色橙红尚明亮，叶底柔软带茎，黄褐稍深	香气纯正，滋味醇正，汤色橙红尚亮，叶底稍嫩，带嫩茎，棕褐	香气纯正，滋味纯和，汤色橙红尚明，叶底稍软，有茎梗，棕褐	香气纯显粗，滋味平和，汤色黄红稍明，叶底稍硬，有红梗，暗褐	香气纯显粗，滋味平和稍粗，汤色黄红稍深，叶底较粗硬，红梗较多，暗褐	香气纯正，滋味纯和，汤色黄红尚亮，叶底稍软，有茎梗，棕褐	香气尚纯正，滋味平和，汤色黄红，叶底粗稍硬，有红梗，黑褐

4.2.4 云南晒青茶

为云南沱茶、紧茶的原料茶，各级感官品质按GB/T 14456.2—2008中晒青毛茶感官品质要求执行。

4.2.5 米砖原料茶

以红碎茶为原料，各花色感官品质及理化指标应符合GB/T 13738.1的要求。

4.3 理化指标

理化指标应符合表5的规定。

表5 理化指标

原料名称	级别	指标			
		水分（质量分数）/% ≤	总灰分（质量分数）/% ≤	含梗量（质量分数）/% ≤	非茶类夹杂物（质量分数）/% ≤
老青茶面茶	一至二级	12.0	7.0	3.0	0.01
	三至四级	14.0	7.5	7.0	0.06
	五至六级	15.0	8.0	10.0	0.15
老青茶里茶	一级	14.0	8.0	15.0	0.2
	二级	18.0	8.0	18.0	0.4
	三级	22.0	8.0	22.0	0.6
黑毛茶	特级	10.0	7.5	3.0	0.1
	一至二级	12.0	8.0	10.0	0.4
	三至四级	12.0	8.0	18.0	0.6

表 5（续）

<table>
<tr><th colspan="2" rowspan="2">原料名称</th><th rowspan="2">级　别</th><th colspan="4">指　　标</th></tr>
<tr><th>水分
（质量分数）/%
≤</th><th>总灰分
（质量分数）/%
≤</th><th>含梗量
（质量分数）/%
≤</th><th>非茶类夹杂物
（质量分数）/%
≤</th></tr>
<tr><td rowspan="6">四川
边茶</td><td>条茶</td><td>一至二级</td><td>14.0</td><td>8.0</td><td>5.0</td><td>0.5</td></tr>
<tr><td rowspan="4">做庄茶</td><td>一级</td><td>14.0</td><td>8.0</td><td>4.0</td><td>0.4</td></tr>
<tr><td>二级</td><td>14.0</td><td>8.0</td><td>8.0</td><td>0.6</td></tr>
<tr><td>三级</td><td>15.0</td><td>8.0</td><td>13.0</td><td>0.8</td></tr>
<tr><td>四级</td><td>16.0</td><td>8.0</td><td>15.0</td><td>1.0</td></tr>
<tr><td>毛庄茶</td><td>一至二级</td><td>16.0</td><td>8.0</td><td>16.0</td><td>1.0</td></tr>
<tr><td colspan="2" rowspan="3">云南
晒青茶</td><td>一至二级</td><td>9.0</td><td>7.5</td><td>2.0</td><td>0.03</td></tr>
<tr><td>三至四级</td><td>11.0</td><td>7.5</td><td>4.0</td><td>0.1</td></tr>
<tr><td>五级及以下</td><td>13.0</td><td>7.5</td><td>8.0</td><td>0.5</td></tr>
</table>

4.4　安全指标

4.4.1　污染物限量应符合 GB 2762 的规定。

4.4.2　农药残留限量应符合 GB 2763 的规定。

4.4.3　氟含量应符合 GB 19965—2005 的规定。

5　试验方法

5.1　感官品质

感官品质检验按 SB/T 10157 的规定执行。

5.2　理化指标

5.2.1　水分检验按 GB/T 8304 的规定执行。

5.2.2　总灰分检验按 GB/T 8306 的规定执行。

5.2.3　茶梗检验按 GB/T 9833.1—2002 中附录 A 的规定执行。

5.2.4　非茶类夹杂物检验按 GB/T 9833.1—2002 中附录 B 的规定执行。

5.3　安全指标

5.3.1　污染物检验按 GB 2762 的规定执行。

5.3.2　农药残留检验按 GB 2763 的规定执行。

5.3.3　氟含量检验按 GB 19965—2005 中附录 A 的规定执行。

6　包装和标识

6.1　包装材料应清洁、干燥、无异气味，符合食品要求，不影响茶叶品质；包装应牢固、整洁，同时便于装卸、仓储和运输。

6.2　标识应清晰，应标注品名、级别、数量、生产日期和产地。

7　运输和贮存

7.1　运输

产品的运输应防雨、防潮、防曝晒，不应与有毒、有异气味、易污染的物品混装、混运。运输工具应清洁、干燥、无异味、无污染。

7.2 **贮存**

产品应贮存于清洁、干燥、无异气味的专用仓库中,仓库周围应无异气污染。不应与有毒、有害、有异味、易污染的物品混放。

ICS 67.140.10
X 55

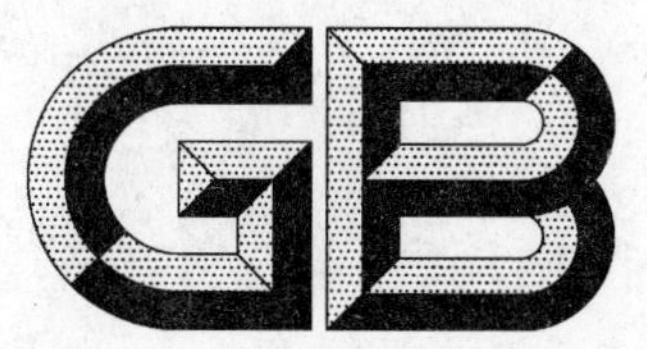

中华人民共和国国家标准

GB/T 24615—2009

紧压茶生产加工技术规范

Technique specification for producing and manufacturing of brick tea

2009-11-15 发布　　2009-12-01 实施

中华人民共和国国家质量监督检验检疫总局
中国国家标准化管理委员会　发布

前　言

本标准由中华全国供销合作总社提出。

本标准由全国茶叶标准化技术委员会归口。

本标准起草单位：中华全国供销合作总社杭州茶叶研究院、湖南益阳茶厂、湖北赵李桥茶厂、四川省雅安茶厂有限公司、浙江武义骆驼九龙砖茶有限公司、湖南省益阳市农业局。

本标准主要起草人：杨秀芳、骆少君、刘雪慧、甘多平、李鸿启、周卫龙、祝雅松。

紧压茶生产加工技术规范

1 范围

本标准规定了紧压茶生产、加工的基本要求。

本标准适用于紧压茶原料的生产和产品的加工。

2 规范性引用文件

下列文件中的条款通过本标准的引用而成为本标准的条款。凡是注日期的引用文件，其随后所有的修改单(不包括勘误的内容)或修订版均不适用于本标准，然而，鼓励根据本标准达成协议的各方研究是否可使用这些文件的最新版本。凡是不注日期的引用文件，其最新版本适用于本标准。

GB/T 191 包装储运图示标志

GB 2762 食品中污染物限量

GB 2763 食品中农药最大残留限量

GB 7718 预包装食品标签通则

GB/T 9833.1 紧压茶 花砖茶

GB/T 9833.2 紧压茶 黑砖茶

GB/T 9833.3 紧压茶 茯砖茶

GB/T 9833.4 紧压茶 康砖茶

GB/T 9833.5 紧压茶 沱茶

GB/T 9833.6 紧压茶 紧茶

GB/T 9833.7 紧压茶 金尖茶

GB/T 9833.8 紧压茶 米砖茶

GB/T 9833.9 紧压茶 青砖茶

GB 11680 食品包装用原纸卫生标准

GB 19965 砖茶含氟量

GBZ 1 工业企业设计卫生标准

NY/T 5018 无公害食品 茶叶生产技术规程

SB/T 10035 茶叶销售包装通用技术条件

SB/T 10036 紧压茶运输包装

定量包装商品计量监督管理办法 国家质量监督检验检疫总局令(2005)第75号

3 术语和定义

下列术语和定义适用于本标准。

3.1

紧压茶原料 material of brick tea

生产各类紧压茶产品的原料，包括生产茯砖茶、黑砖茶和花砖茶的黑毛茶原料，生产青砖茶的老青茶原料，生产米砖茶的红碎茶原料，生产沱茶的晒青毛茶原料，生产康砖茶、金尖茶的四川边茶等原料。

4 紧压茶原料生产要求

4.1 茶园的选择

4.1.1 应建立紧压茶原料生产基地。原料基地应选择生态环境良好，远离垃圾场、畜牧场、砖窑厂、水泥厂、陶瓷厂、炼矿厂、化工厂、矿区（如煤矿、萤矿）等各种污染源，具有可持续生产能力的农业生产区域。

4.1.2 茶园土壤 pH 值在 4.0～6.5 之间。

4.2 茶园的管理

4.2.1 土壤管理和施肥

定期监测土壤肥力水平、pH 值和氟含量。根据检测结果，有针对性地采取土壤改良措施。对于土壤 pH 值低于 4.0 的茶园，宜施用石灰等物质调节土壤 pH 值至 4.5～5.5。合理施肥，避免施用氟含量高的磷肥等化学肥料。其余按 NY/T 5018 要求执行。

4.2.2 灌溉用水和病、虫、草害防治管理

按 NY/T 5018 以及国家相关茶树种植使用农药的最新标准的有关规定执行。

4.2.3 茶树修剪

按 NY/T 5018 要求。

4.2.4 鲜叶采摘

4.2.4.1 在原料生产基地，监控鲜叶氟含量，及时采摘鲜叶。

4.2.4.2 应采摘当季一轮新梢或对夹叶为宜，不应混有隔季或隔年生老叶，不应有枯叶、落地叶以及其他非茶类夹杂物。

4.2.4.3 采下的鲜叶直接装入包装容器，不应与地面直接接触。

4.3 紧压茶原料的加工

4.3.1 基本工艺流程

4.3.1.1 黑毛茶：鲜叶、杀青、揉捻、渥堆、干燥。

4.3.1.2 老青茶分为面茶和里茶。

面茶：鲜叶、杀青、初揉、初晒、复炒、复揉、晒干。

里茶：鲜叶、杀青、揉捻 、晒干。

4.3.1.3 四川边茶分为做庄茶、毛庄茶和条茶。

做庄茶：鲜叶、杀青、蒸揉、渥堆、干燥。

毛庄茶：鲜叶、杀青、揉捻、干燥、发水、蒸揉、渥堆、干燥。

条茶：鲜叶、杀青、揉捻、渥堆、干燥。

4.3.1.4 晒青毛茶：鲜叶、摊晾、杀青、揉捻、解块、日光干燥。

4.3.1.5 红碎茶：鲜叶、萎凋、揉切（揉）、发酵、干燥、精制加工。

4.3.2 加工

4.3.2.1 对于用煤作为燃料进行杀青和干燥的企业，应杜绝煤燃烧带来的氟污染。

4.3.2.2 涉及摊放、摊晾、晒干或晾干（必要时）等工序，应将茶叶摊放于竹簟等器皿上，避免茶叶与地面直接接触。

4.3.3 加工设备与设施

应满足“4.3.1”的要求。

4.4 紧压茶原料的包装运输

加工好的紧压茶原料应装于无异味、无毒无害材料制成的专用包装，杜绝原料直接暴露于空气中，以免吸附灰尘、潮气和其他物质。运输原料时，应做好防雨淋、防异味等工作。

5 紧压茶加工要求

5.1 紧压茶原料的验收、标识和贮存

5.1.1 原料的验收

应有专门的质检人员，对进厂的每批次紧压茶原料进行取样和品质验收。验收项目包括感官品质、氟含量、茶梗、非茶类夹杂物、水分、总灰分等。

5.1.2 原料的标识

每批次紧压茶原料应根据原料质量和氟含量进行归堆保存，堆旁显眼处应附有格式一致的原料标签，标签内容包括原料名称、批次、来源、进厂时间、氟含量、茶梗和非茶类夹杂物含量、水分含量等。

5.1.3 原料的贮存

验收后的紧压茶原料应有序堆放在清洁、干燥、阴凉、通风、无异味的紧压茶原料专用仓库，同时做好原料仓库的防潮、防雨和防鼠等工作。

5.2 加工厂

5.2.1 紧压茶加工厂应离开垃圾场、畜牧场、医院 50 m 以上，离开经常喷洒农药的农田 100 m 以上，离开交通主干道 20 m 以上，远离排放三废的工业企业，周围不得有粉尘、有害气体、放射性物质和其他扩散性污染源。

5.2.2 加工厂设计应符合 GBZ 1 的规定及有关法律法规的要求。

5.2.3 加工厂应取得《食品生产许可证》等相关资质，配有相应的更衣、照明、盥洗、防鼠、污水排放、存放垃圾废弃物以及防火设施等。

5.2.4 根据加工工艺要求布局厂房、设备和设施。加工区应与生活区、办公区隔离，无关人员不应进入生产区。加工厂内环境应整洁、干净、无异味；道路应铺设硬质路面，排水系统通畅，厂内环境需绿化。

5.2.5 应有与加工产量相适应的厂房、仓库、设备、场地。厂房面积应不小于设备占地面积的 10 倍。厂房、仓库地面要硬实、平整、光洁（至少为水泥地面）。

5.3 设备

5.3.1 紧压茶加工应具有筛分、风选、称量、压制、干燥、锅炉、包装等设备。

5.3.2 设备安置应符合工艺要求，布局合理，上下工序衔接紧凑。

5.3.3 锅炉应设锅炉间。

5.3.4 定期对设备进行检修，各部件加油不应外溢。

5.3.5 宜使用竹、藤、无异味木材等天然材料和不锈钢、食品级塑料制成的器具和工具。

5.4 人员

5.4.1 上岗前应经过专业技能培训，评茶员和司炉工应取得国家职业资格证书。

5.4.2 上岗前和每年度应进行健康检查，取得健康证方能上岗。

5.4.3 应保持个人卫生，进入加工场地应洗手、更衣、戴工作帽。

5.5 基本工艺流程

5.5.1 茯砖茶：黑毛茶原料拼配、黑毛茶筛分、半成品拼配、渥堆、蒸汽压制定型、发花干燥、成品包装。

5.5.2 青砖茶：老青茶、发酵、复制、拼配小堆、蒸汽压制定型、干燥、成品包装。

5.5.3 康砖茶：毛茶筛分、半成品拼配、蒸汽压制定型 、干燥、成品包装。

5.5.4 金尖茶：毛茶筛分、半成品拼配、蒸汽压制定型、干燥、成品包装。

5.5.5 紧茶：毛茶匀堆筛分、拣剔、渥堆、拼配、蒸汽压制定型、干燥、成品包装。

5.5.6 黑砖茶：黑毛茶筛分、半成品拼配、渥堆、蒸汽压制定型、干燥、成品包装。

5.5.7 米砖茶：红碎茶、复制、拼配小堆、蒸汽压制定型、干燥、成品包装。

5.5.8 花砖茶：黑毛茶筛分、半成品拼配、渥堆、压制定型、干燥、成品包装。

5.5.9 沱茶：晒青毛茶匀堆筛分、拣剔、半成品拼配、蒸汽压制定型、干燥、成品包装。

5.6 工艺

5.6.1 根据各批次原料的质量和氟含量,对原料进行拼配,控制茶梗、氟含量以及原料总体质量。

5.6.2 必要时对在制品进行氟含量的验证检验。

5.7 质量管理

5.7.1 应建立具有可追溯性的质量安全管理体系。

5.7.2 原料、在制品应按批次经检验符合要求后方可进入下一生产工序,并做好检验记录。

5.7.3 企业应对出厂的产品逐批进行检验,出厂检验项目包括感官品质、净含量、水分、总灰分、氟含量等。

5.7.4 污染物限量应符合 GB 2762 的规定;农药残留限量应符合 GB 2763 的规定;氟含量应符合 GB 19965 的规定。

5.7.5 产品质量应符合相应产品国家标准的规定:花砖茶应符合 GB/T 9833.1 的规定;黑砖茶应符合 GB/T 9833.2 的规定;茯砖茶应符合 GB/T 9833.3 的规定;康砖茶应符合 GB/T 9833.4 的规定;沱茶应符合 GB/T 9833.5 的规定;紧茶应符合 GB/T 9833.6 的规定;金尖茶应符合 GB/T 9833.7 的规定;米砖茶应符合 GB/T 9833.8 的规定;青砖茶应符合 GB/T 9833.9 的规定。

5.7.6 净含量:应符合《定量包装商品计量监督管理办法》的规定。

5.8 紧压茶产品的标志标签、包装、运输和贮存

5.8.1 标志标签

产品的标志应符合 GB/T 191 的规定,标签应符合 GB 7718 的规定。

5.8.2 包装

包装应牢固、洁净、防潮,能保护茶叶品质,便于运输。接触茶叶的内包装纸应符合 GB 11680 的规定,销售包装应符合 SB/T 10035 的规定,运输包装应符合 SB/T 10036 的规定。

5.8.3 运输

运输工具应清洁、干燥、卫生、无异味、无污染。运输时应防雨、防潮、防曝晒。严禁与有毒、有害、有异味、易污染的物品混装、混运。

5.8.4 贮存

应有足够的原料、包装材料、半成品、成品仓库或场地。原料、半成品、成品及包装材料应分别放置,不得混放。产品应贮存在清洁、通风、避光、干燥、无异味的库房内,仓库周围应无异味气体污染。不应与有毒、有害、有异味、易污染的物品混贮、混放。

ICS 65.160
X 87

中华人民共和国国家标准

GB/T 24618—2009

常规分析用吸烟机　附加测试方法

Routine analytical cigarette-smoking machine—Additional test methods

(ISO 7210:1997,MOD)

2009-11-15 发布　　　　2009-12-01 实施

中华人民共和国国家质量监督检验检疫总局
中国国家标准化管理委员会　发布

前 言

本标准修改采用 ISO 7210:1997《常规分析用吸烟机　附加测试方法》(英文版)。

本标准根据 ISO 7210:1997 重新起草。

考虑到我国国情,与 ISO 7210:1997 相比,本标准存在少量技术性差异,这些技术性差异已编入正文,并在它们所涉及的条款的页边空白处用垂直单线标识。在附录 A 中给出了这些技术性差异及其原因的一览表以供参考。

本标准在结构上与 ISO 7210:1997 略有差异,即将 ISO 7210:1997 中第 3 章、第 4 章、第 5 章中的定义进行了合并,形成了本标准中的“3　术语和定义”,其他各章的序号顺延。

为便于使用,与 ISO 7210:1997 相比,本标准做了下列编辑性修改:

——删除了 ISO 7210:1997 的前言;

——增加了附录 A“本标准与 ISO 7210:1997 的技术性差异及其原因”。

本标准的附录 A 为资料性附录。

本标准由国家烟草专卖局提出。

本标准由全国烟草标准化技术委员会(SAC/TC 144)归口。

本标准起草单位:中国烟草标准化研究中心。

本标准主要起草人:李栋、苗芊、陈再根、曾波、张勍、李耀光。

常规分析用吸烟机　附加测试方法

1　范围

本标准规定了常规分析用吸烟机的附加测试方法，以测试吸烟机是否符合 GB/T 16450 的要求。

本标准所规定的附加测试方法仅针对吸烟机测试，并不涉及实际吸烟过程。

本标准所规定的附加测试方法包括压降的测试、抽吸流量图的测试和限制性抽吸的测试。

2　规范性引用文件

下列文件中的条款通过本标准的引用而成为本标准的条款。凡是注日期的引用文件，其随后所有的修改单(不包括勘误的内容)或修订版均不适用于本标准，然而，鼓励根据本标准达成协议的各方研究是否可使用这些文件的最新版本。凡是不注日期的引用文件，其最新版本适用于本标准。

GB/T 16447　烟草及烟草制品　调节和测试的大气环境(GB/T 16447—2004，ISO 3402:1999，IDT)

GB/T 16450　常规分析用吸烟机　定义和标准条件(GB/T 16450—2004，ISO 3308:2000，MOD)

3　术语和定义

下列术语和定义适用于本标准。

3.1

压降　pressure drop

流量恒定为 17.5 mL/s 的气流通过吸烟机时，吸烟机气路中任意两点之间的静态压力差。

3.2

抽吸流量图　puff profile

将直接在烟蒂后面测得的气流量作为时间的函数绘制的图形。

3.3

限制性抽吸　restricted smoking

连续抽吸间隔期之间，卷烟烟蒂末端与大气不相通的状态。

3.4

阴燃流烟气　smoulder stream smoke

连续抽吸间隔期之间，由烟蒂末端逸离出的所有气体。

4　压降的测试

4.1　原理

在符合规定的气流流量条件下，使用合适的压力计对吸烟机的压降进行测试。

4.2　仪器

卷烟烟蒂末端和抽吸机构之间的整个气路应具有尽可能小的阻力，且不应超过 300 Pa。压降测试仪器应符合以下要求：

——在测试过程中，测试仪器应不受待测系统压降的影响而产生恒定的气流；

——仪器应具有足够的压降测试的准确度。

仪器的原理示意见图 1。

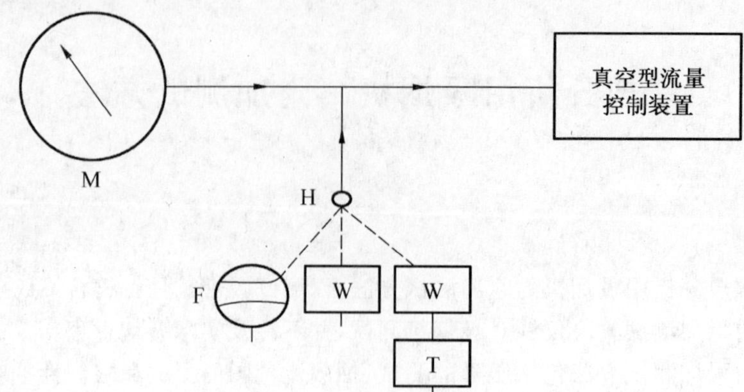

H——测试点；
F——流量计；
W——广口管；
T——吸烟机；
M——压力计。
注：箭头表示气流方向。

图 1 压降测试仪器气路图

4.3 测试的大气环境

应在符合 GB/T 16447 规定的测试大气环境中进行测试。

4.4 测试步骤

4.4.1 概述

通过吸烟机的气流应与实际抽吸时的气流方向一致，即由卷烟到抽吸机构的方向，气流应直接来自于测试大气环境中。

4.4.2 测试

4.4.2.1 连接压力计 M，并调节至零。

4.4.2.2 连接流量计 F，并调节气流流量为(17.5±0.1)mL/s。

4.4.2.3 断开流量计 F，将合适长度的宽径管 W 连接至测试点 H。由压力计 M 读取压力数值，记作 p_{D_1}。

4.4.2.4 将广口管 W 的另一端与吸烟机上抽吸机构断开处相连。由压力计 M 读取压力数值，记作为 p_{D_2}。

4.4.2.5 由 $p_{D_2}-p_{D_1}$ 计算得出压降数值。

4.4.2.6 对吸烟机的每个通道重复以上操作。

4.5 结果表述

结果表述应包括以下内容：

——每个通道的压降，单位为帕斯卡(Pa)；

——测试时的大气环境。

5 抽吸流量图的测试

5.1 原理

在(1±5%)kPa 的阻力条件下，对单口抽吸过程中的气体流量进行连续的测试。

5.2 仪器

仪器原理示意图如图 2 所示，可采用示意图中的系统 A 或系统 B。

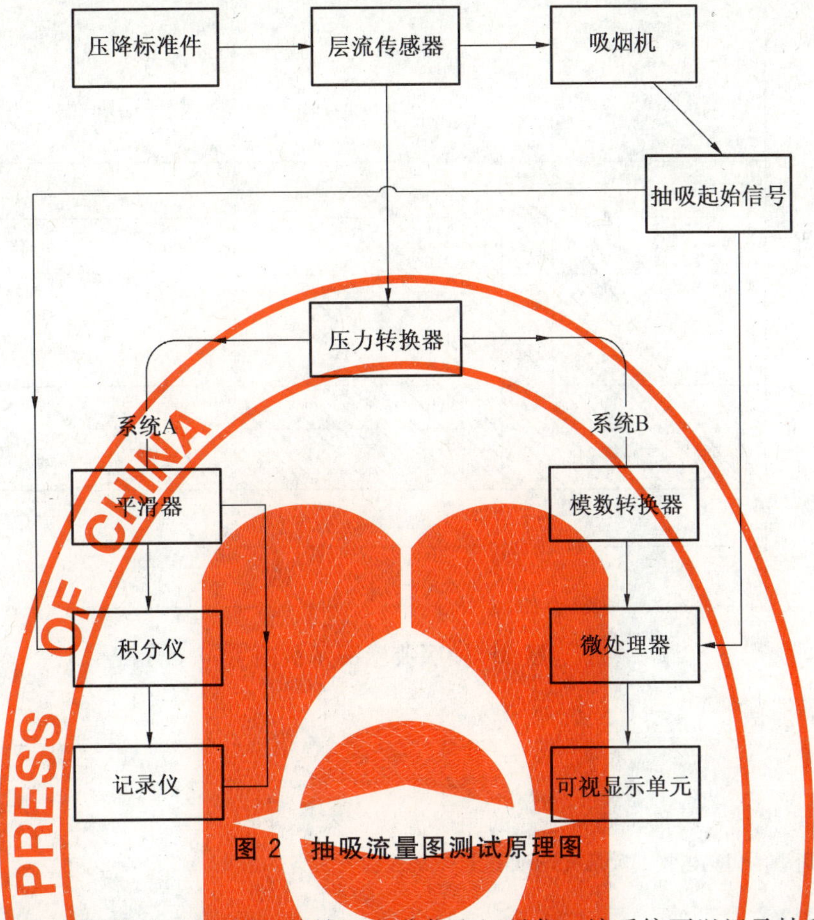

图 2 抽吸流量图测试原理图

5.2.1 **系统 A**

由压力转换器产生的信号经过平滑，传输至积分仪和记录仪。该系统可以记录抽吸流量图形，并测量其抽吸容量。

5.2.2 **系统 B**

该系统使用模数转换和计算机。

5.2.3 **系统的要求**

两个系统中所使用的元件应符合以下条件：

——层流元件在 17.5 mL/s 的气流流量条件下，应具有(100±10)Pa 的压降；

——压力转换器应具有 500 Pa 的量程，1 ms 的响应时间和 1 kHz 的响应频率。

符合以上要求的仪器可用于获得如图 3 所示的气流速度和抽吸流量图。

图中，在时间 $t=0$ 处，通过抽吸机构开始抽吸卷烟。卷烟烟蒂末端所产生的流量 Φ 随时间变化得到钟形抽吸流量图，在 t_m 处达到最大流量 Φ_m，随后，流量在抽吸持续时间内逐渐减少，在抽吸机构停止的 t_d 时间处，流量为 Φ_d，但此时仍有压差存在。最后，流量缓慢减少，在 t_e 处减少至零。

标准抽吸流量图应符合：

——25 mL/s$\leqslant\Phi_m\leqslant$30 mL/s；

——0.8 s$\leqslant t_m\leqslant$1.2 s。

标准的抽吸持续时间 t_d 为 2 s，t_e 受标准抽吸频率限制应不大于 60 s。

抽吸容量 V 由图 3 中阴影部分的面积计算得出，见式(1)：

$$V=\int_0^{t_e}\Phi(t)\mathrm{d}t=A+B=\int_0^{t_d}\Phi(t)\mathrm{d}t+\int_{t_d}^{t_e}\Phi(t)\mathrm{d}t \quad\cdots\cdots(1)$$

在标准条件下，结果应为：$V=35$ mL，$A=\int_0^{t_d}\Phi t\mathrm{d}t\geqslant 0.95V$。

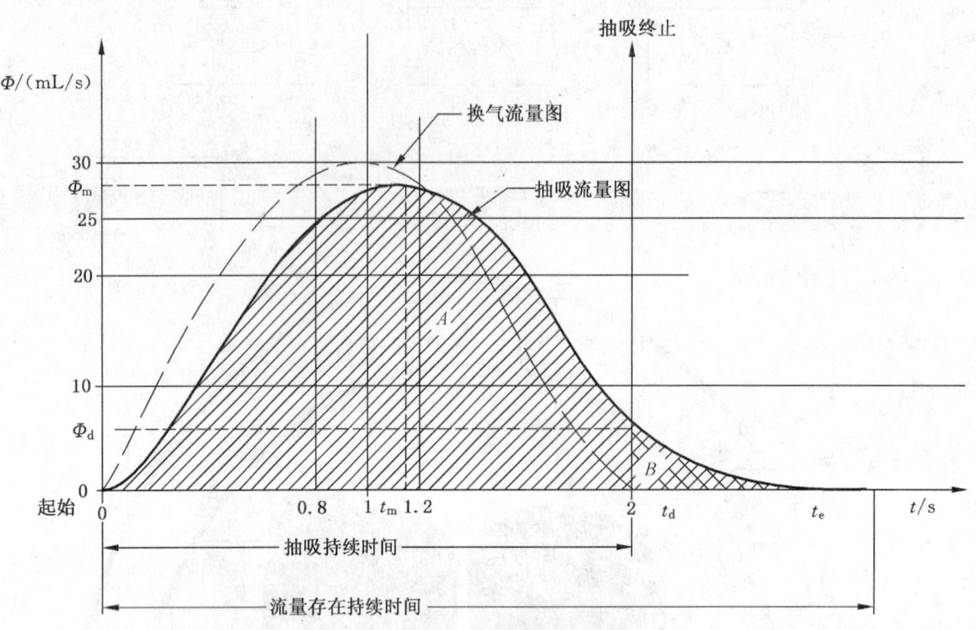

图 3 抽吸流量图示例图

6 限制性抽吸的测试

6.1 原理

测量间歇式或连续式吸烟机两口之间的阴燃流烟气容量。

注：对于抽吸通道为固定连接的吸烟机，不必进行限制性抽吸的测试。

6.2 仪器

仪器可按图 4 进行组装，其中：

——皂膜流量计的长度不应超过 12 cm；

——卷烟夹持器或玻璃管与烟支之间应紧密连接。

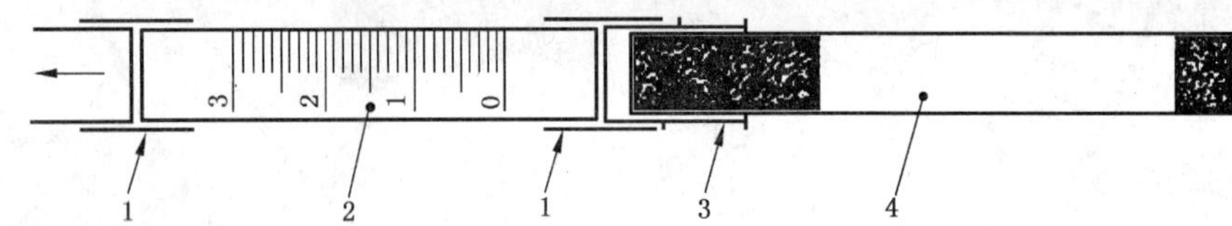

1——橡胶管连接；

2——皂膜流量计；

3——卷烟夹持器或玻璃管；

4——烟支。

图 4 限制性抽吸测试装置示意图

6.3 测试步骤

测试应在烟支抽吸至后半段时开始，在一口抽吸结束后连接一个具有皂泡的流量计进行测试。

6.4 结果表述

记录阴燃流烟气的流量，结果以 mL/min 表示。结果应不超过 1 mL/min。

附 录 A
（资料性附录）
本标准与 ISO 7210:1997 的技术性差异及其原因

表 A.1 给出了本标准与 ISO 7210:1997 的技术性差异及其原因的一览表。

表 A.1 本标准与 ISO 7210:1997 的技术性差异及其原因

本标准的章条编号	技术性差异	原　因
2	引用了我国国家标准	引用我国经国际标准转化的标准，适合我国国情，便于对标准的理解和执行
5.1	采用了 ISO 3308:2000 和 GB/T 16450—2004 中抽吸流量图的测试条件	ISO 3308:2000 较 ISO 7210:1997 抽吸流量图测试条件更具有适用性和可操作性，并与现行国家标准保持一致

ICS 21.220.10
J 18

中华人民共和国国家标准

GB/T 24619—2009

曲线齿同步带传动

Curvilinear toothed synchronous belt drives

(ISO 13050:1999,Curvilinear toothed synchronous belt drive systems,MOD)

2009-11-15 发布　　2010-09-01 实施

中华人民共和国国家质量监督检验检疫总局
中国国家标准化管理委员会　发布

前　言

本标准修改采用ISO 13050:1999《曲线齿状同步带传动系列》。

本标准与ISO 13050:1999相比,主要差异如下:

——编辑方法不同,将规范性附录A和附录C改为正文;

——带的标记不同,特别是S型带的标记;

——删去国际标准中表16和图13;

——附录C中增加H、R两种齿形3 mm、5 mm和20 mm三种节距的带和带轮尺寸。

本标准的附录A为规范性附录,附录B、附录C为资料性附录。

本标准由中国机械工业联合会提出。

本标准由全国带轮与带标准化技术委员会(SAC/TC 428)归口。

本标准起草单位:宁波伏龙同步带有限公司、宁波凯驰胶带有限公司、长春理工大学、中机生产力促进中心、浙江三星胶带有限公司、宁波丰茂远东橡胶有限公司、无锡贝尔特胶带有限公司、北京联合大学、长春大学、杭州肯莱特传动工业有限公司、无锡太湖同步带轮厂。

本标准主要起草人:陆红芬、林齐福、胡志洪、应建丽、张学忱、秦书安、黄刚、章金华、陈孝斌、曾军、冯建斌、吴贻珍、靳包平、李占国、汪金芳、冯晓平。

曲线齿同步带传动

1 范围

本标准规定了 H8M、H14M、R8M、R14M、S8M、S14M 等六种型号的曲线齿同步带和带轮的基本特性，这些特性包括：带齿尺寸，带齿节距，带长和带宽，带长测量方法，带轮槽尺寸和极限偏差，带轮直径，带轮宽度尺寸和极限偏差，带轮的形位公差。

本标准适用于一般工业用同步带传动。

2 规范性引用文件

下列文件中的条款通过本标准的引用而成为本标准的条款。凡是注日期的引用文件，其随后所有的修改单（不包括勘误的内容）或修订版均不适用于本标准，然而，鼓励根据本标准达成协议的各方研究是否可使用这些文件的最新版本。凡是不注日期的引用文件，其最新版本适用于本标准。

GB/T 6931.3　带传动术语　第 3 部分：同步带传动术语（GB/T 6931.3—2008，ISO 5288：2001，Synchronous belt drives—Vocabulary，MOD）

GB/T 11357　带轮的材质、表面粗糙度及平衡（GB/T 11357—2008，ISO 254：1998，Belt drives—Pulleys—Quality finish and balance of transmission pulleys，MOD）

3 术语、定义和符号

GB/T 6931.3 确定的术语、定义和符号适用于本标准。

4 型号和标记

4.1 型号

曲线齿同步带和带轮分为 H、S、R 三种齿型，8 mm、14 mm 两种节距共六种型号：

H 齿型：H8M 型、H14M 型；

S 齿型：S8M 型、S14M 型；

R 齿型：R8M 型、R14M 型。

4.2 标记

4.2.1 带的标记

带的标记由带节线长（mm）、带型号（包括齿型和节距）和带宽 mm（对于 S 齿型为实际带宽的 10 倍）组成，双面齿带还应在型号前加字母 D。

示例：节线长 1 400 mm，节距 14 mm，宽 40 mm 的曲线齿同步带标记为：

H 齿型（单面）：1400H14M40，H 齿型（双面）：1400DH14M40；

S 齿型（单面）：1400S14M400，S 齿型（双面）：1400DS14M400；

R 齿型（单面）：1400R14M40，R 齿型（双面）：1400DR14M40。

4.2.2 带轮的标记

带轮标记由带轮代号 P、带轮齿数、带轮槽型和带轮宽度 mm（对于 S 齿型为实际带轮宽度的10 倍）组成。

示例：齿数 30，节距 14 mm，宽度 40 mm 的曲线齿同步带轮标记为：

H 齿型：P30H14M40；

S 齿型：P30S14M400；

R 齿型：P30R14M40。

5 H型带和带轮

5.1 H型带

5.1.1 H型带齿尺寸

H型带齿尺寸见图1和表1。

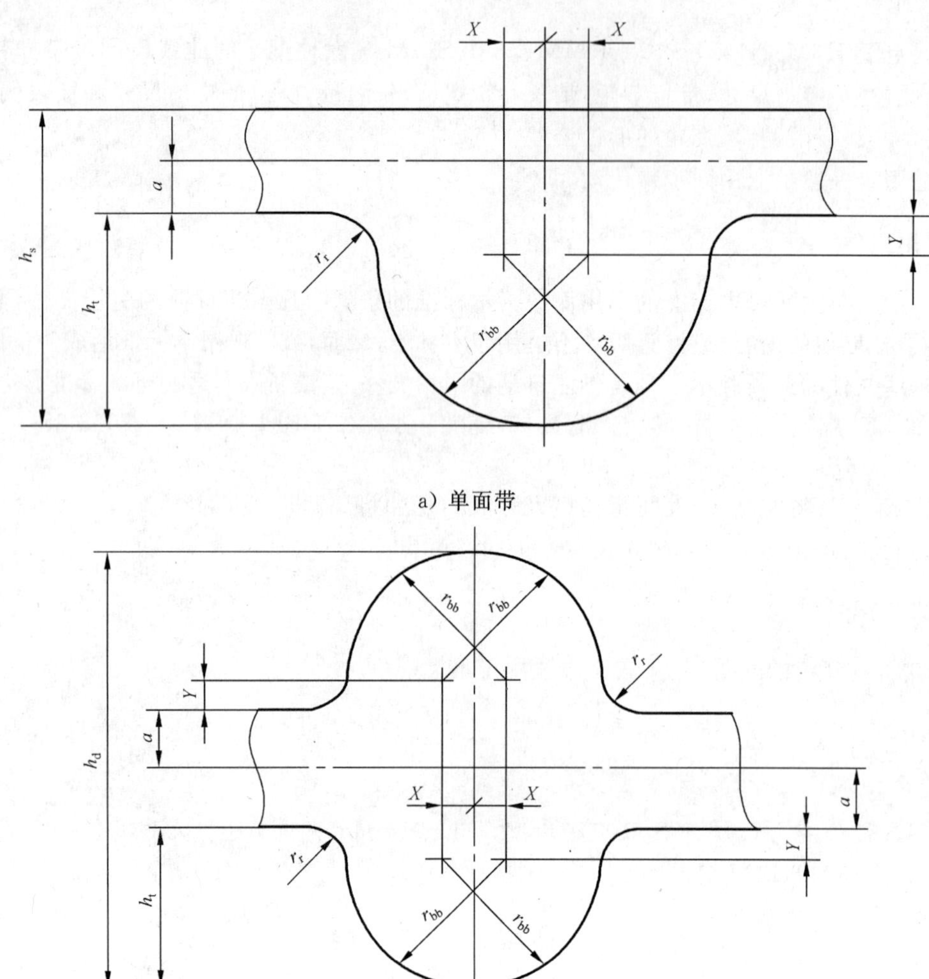

图1 H型带齿尺寸

表1 H型带齿尺寸

单位为毫米

齿型	节距 P_b	带高 h_s	带高 h_d	齿高 h_t	根部半径 r_r	顶部半径 r_{bb}	节线差 a	X	Y
H8M	8	6	—	3.38	0.76	2.59	0.686	0.089	0.787
DH8M	8	—	8.1	3.38	0.76	2.59	0.686	0.089	0.787
H14M	14	10	—	6.02	1.35	4.55	1.397	0.152	1.470
DH14M	14	—	14.8	6.02	1.35	4.55	1.397	0.152	1.470

5.1.2 H型(包括R和S型)带宽度和极限偏差

H型(包括R和S型)带宽度和极限偏差见表2。

表 2　H 型(包括 R 和 S 型)带宽度和极限偏差

单位为毫米

带　型	带宽 b_s	带宽极限偏差		
		$L_P \leqslant 840$	$840 < L_P \leqslant 1\ 680$	$L_P > 1\ 680$
H8M DH8M R8M DR8M	20 30	+0.8 −0.8	+0.8 −1.3	+0.8 −1.3
	50	+1.3 −1.3	+1.3 −1.3	+1.3 −1.5
	85	+1.5 −1.5	+1.5 −2.0	+2 −2
H14M DH14M R14M DR14M	40	+0.8 −1.3	+0.8 −1.3	+1.3 −1.5
	55	+1.3 −1.3	+1.5 −1.5	+1.5 −1.5
	85	+1.5 −1.5	+1.5 −2.0	+2.0 −2.0
	115 170	+2.3 −2.3	+2.3 −2.8	+2.3 −3.3
S8M DS8M	15 25	+0.8 −0.8	+0.8 −1.3	+0.8 −1.3
	60	+1.3 −1.5	+1.5 −1.5	+1.5 −2.0
S14M DS14M	40	+0.8 −1.3	+0.8 −1.3	+1.3 −1.5
	60	+1.3 −1.5	+1.5 −1.5	+1.5 −2.0
	80 100	+1.5 −1.5	+1.5 −2.0	+2.0 −2.0
	120	+2.3 −2.3	+2.3 −2.8	+2.3 −3.3
注：L_P——节线长。				

5.1.3　H 型带带长测量

5.1.3.1　测量装置

测长装置(见图 2)由两个相同直径的带轮、施加测量力装置和中心距测量装置组成。两带轮均可自由转动，其中一个带轮的轴支架固定，另一个带轮的轴支架可沿两带轮中心连线游动。带轮槽型应与测量带型号相同，其齿数、尺寸、极限偏差和带齿与轮齿的间隙(见图 3)的规定见表 3。测量力见表 4。

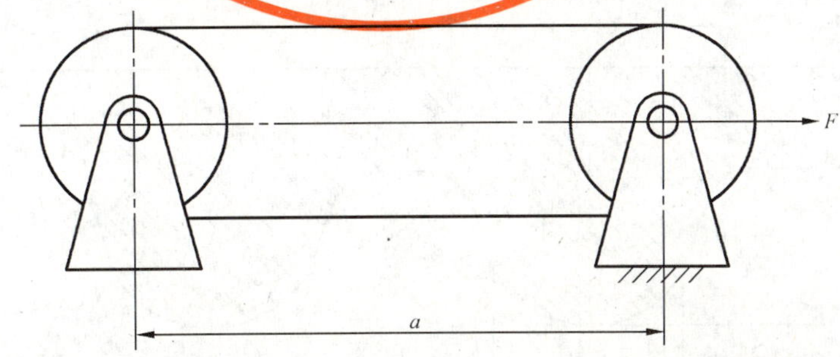

F——总测量力；

a——中心距。

图 2　测量装置简图

表 3　H 型带测长用带轮

单位为毫米

带　型	齿数 Z	节圆周长 C_p	外径 d_o	径向圆跳动	端面圆跳动	最小带齿和轮齿间隙	
						C_{m1}	C_{m2}
H8M,DH8M	34	272	85.209±0.013	0.013	0.025	0.34	0.11
H14M,DH14M	40	560	175.46±0.025	0.013	0.051	0.64	0.20

表 4　H 型带测量力

带　型	总测量力/N							
	带宽/mm							
	20	30	40	50	55	85	115	170
H8M,DH8M	470	750	—	1 320	—	2 310	—	—
H14M,DH14M	—	—	1 350	—	2 130	3 660	5 180	7 960

5.1.3.2　测量程序

将带安装在测长装置的两带轮上，施加测量力，将带至少转动两圈以上，使带齿与轮齿啮合良好并使测量力均匀分配在带的两边。测量两带轮中心距。

带长等于带轮节圆周长加两倍中心距。对于双面齿带应测量两面齿面。

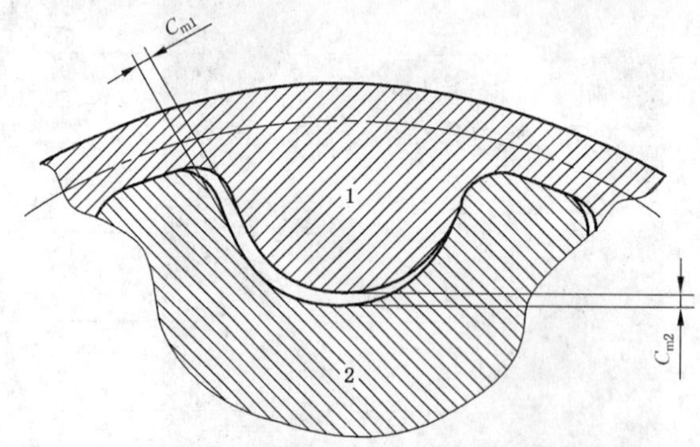

1——带；

2——带轮。

图 3　H 型带齿与轮齿间隙

5.2　H 型带轮

5.2.1　H 型带轮齿条刀具

用于加工 H 型带轮齿廓的齿条刀具尺寸和极限偏差见图 4 和表 5。

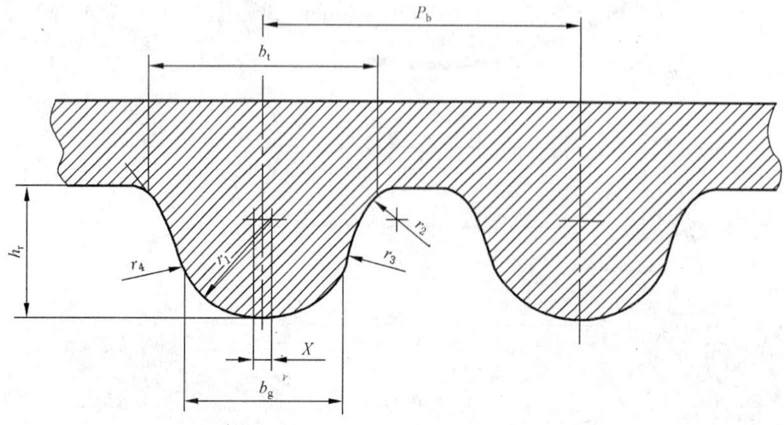

图 4　加工 H 型带轮齿廓齿条刀具

表 5 加工 H 型带轮齿廓齿条刀具尺寸和极限偏差

单位为毫米

齿型	H8M			H14M		
齿数	22～27	28～89	90～200	28～36	37～89	90～216
P_b ±0.012	8	8	8	14	14	14
h_r ±0.015	3.29	3.61	3.63	6.32	6.20	6.35
b_g	3.48	4.16	4.24	7.11	7.73	8.11
b_t	6.04	6.05	5.69	11.14	10.79	10.26
r_1 ±0.012	2.55	2.77	2.64	4.72	4.66	4.62
r_2 ±0.012	1.14	1.07	0.94	1.88	1.83	1.91
r_3 ±0.012	0	12.90	0	20.83	15.75	20.12
r_4 ±0.012	0	0.73	0	1.14	1.14	0.25
X	0	0.25	0	0	0	0

5.2.2 H 型带轮齿槽尺寸

H 型带轮齿槽尺寸见图 5 和表 6。

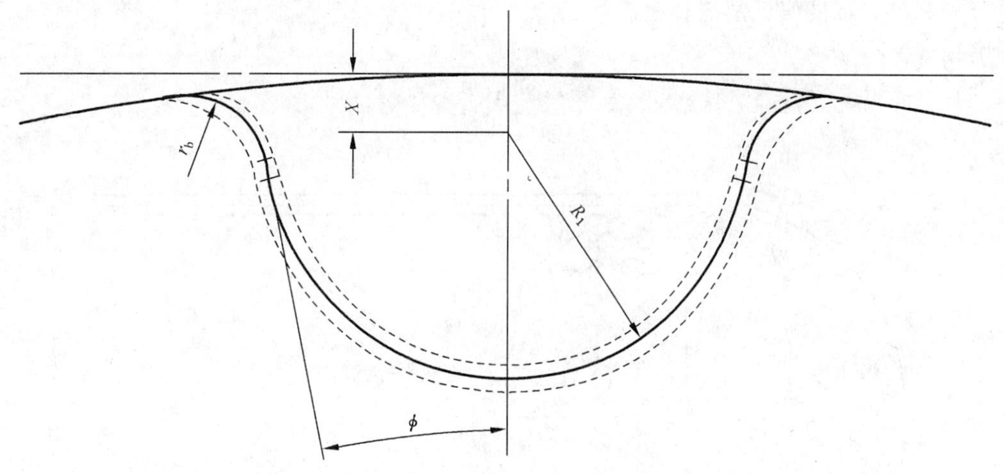

图 5 H 型带轮齿槽形状和尺寸

表 6 H 型带轮齿槽尺寸

单位为毫米

齿型	齿数 Z		R_1	r_b	X	ϕ(°)
H8M	22～27	标准值	2.675	0.874	0.620	11.3
		最大值	2.764	1.052		
		最小值	2.598	0.798		
	28～89	标准值	2.629	1.024	0.975	7
		最大值	2.718	1.201		
		最小值	2.553	0.947		
	90～200	标准值	2.639	1.008	0.991	6.6
		最大值	2.728	1.186		
		最小值	2.563	0.932		

表 6（续）

单位为毫米

齿 型	齿数 Z		R_1	r_b	X	φ(°)
H14M	28～32	标准值	4.859	1.544	1.468	7.1
		最大值	4.948	1.722		
		最小值	4.783	1.468		
	33～36	标准值	4.834	1.613	1.494	5.2
		最大值	4.923	1.791		
		最小值	4.757	1.537		
	37～57	标准值	4.737	1.654	1.461	9.3
		最大值	4.826	1.831		
		最小值	4.661	1.577		
	58～89	标准值	4.669	1.902	1.529	8.9
		最大值	4.757	2.080		
		最小值	4.592	1.826		
	90～153	标准值	4.636	1.704	1.692	6.9
		最大值	4.724	1.882		
		最小值	4.559	1.628		
	154～216	标准值	4.597	1.770	1.730	8.6
		最大值	4.686	1.948		
		最小值	4.521	1.694		

5.2.3 带轮直径

带轮节径和外径标准值见图 6 和表 7。

带轮节径 $d=ZP_b/\pi$。

带轮外径 $d_o=d-2a+N'$，节线差 a 见表 1，N′值见表 8。

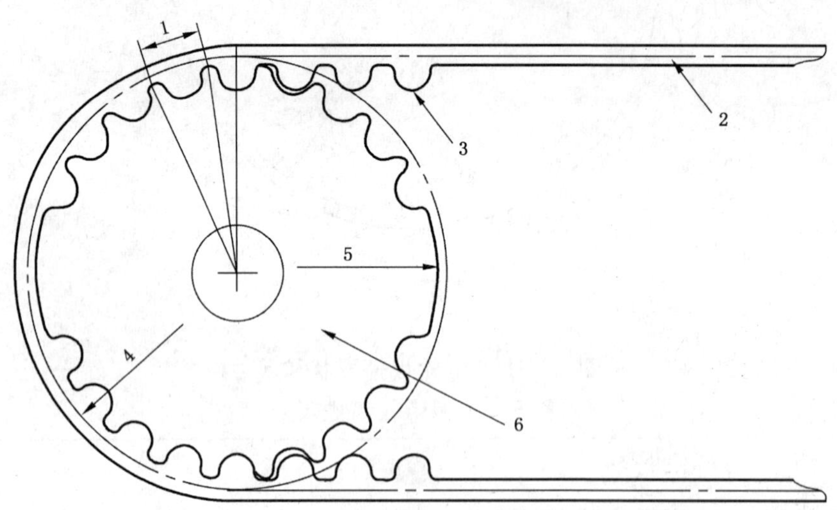

1——节距；

2——同步带节线；

3——带齿；

4——节圆直径；

5——外径；

6——带轮。

图 6 H 型（包括 R 型和 S 型）带轮直径

表 7　H 型带轮直径

单位为毫米

齿　数	带轮槽型			
	H8M		H14M	
	节径 d	外径 d_o	节径 d	外径 d_o
22	56.02[a]	54.65	—	—
24	61.12[a]	59.74	—	—
26	66.21[a]	64.84	—	—
28	71.30[a]	70.08	124.78[a]	122.12
29	—	—	129.23[a]	126.57
30	76.39[a]	75.13	133.69[a]	130.99
32	81.49	80.11	142.60[a]	139.88
34	86.58	85.21	151.52[a]	148.79
36	91.67	90.30	160.43	157.68
38	96.77	95.39	169.34	166.60
40	101.86	100.49	178.25	175.49
44	112.05	110.67	196.08	193.28
48	122.23	120.86	213.90	211.11
52	—	—	231.73	228.94
56	142.60	141.23	249.55	246.76
60	—	—	267.38	264.59
64	162.97	161.60	285.21	282.41
68	—	—	303.03	300.24
72	183.35	181.97	320.86	318.06
80	203.72	202.35	356.51	353.71
90	229.18	227.81	401.07	398.28
112	285.21[a]	283.83	499.11	496.32
144	366.69[a]	365.32	641.71	638.92
168	—	—	748.66[a]	745.87
192	488.92[a]	487.55	855.62[a]	852.82
216	—	—	962.57[a]	959.78

[a] 通常不是适用所有宽度。

表 8 N′值

单位为毫米

齿数 Z	带轮槽型	
	H8M	H14M
28	0.15	0.13
29	0.14	0.13
30	0.11	0.09
31	0.08	0.09
32	0.04	0.07
33	0.02	0.08
34	—	0.06
35	—	0.05
36	—	0.04
37	—	0.04
38	—	0.05
39	—	0.04
40	—	0.03

5.2.4 H型(包括R型和S型)带轮宽度

H型(包括R型和S型)带轮宽度示意图见图7,H型(包括R型)带轮标准宽度及最小宽度见表9(挡圈尺寸参见附录B)。

注:其他节距的H型带和带轮参见附录C。

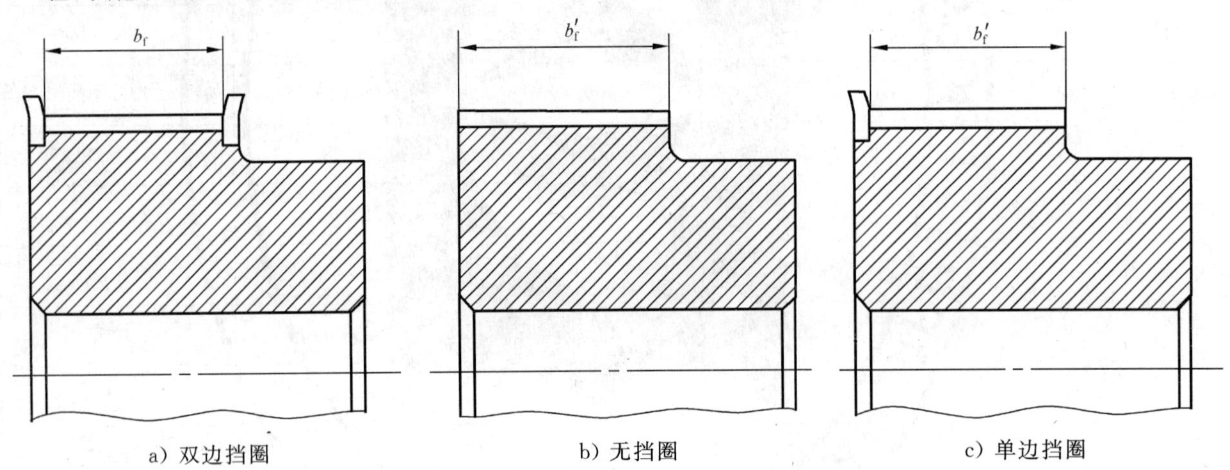

a) 双边挡圈　b) 无挡圈　c) 单边挡圈

图7 H型(包括R型和S型)带轮宽度

表9 H型(包括R型)带轮标准宽度及最小宽度

单位为毫米

带轮槽型	带轮标准宽度	最小宽度	
		双边挡圈 b_f	无或单边挡圈 b_f'
H8M R8M	20	22	30
	30	32	40
	50	53	60
	85	89	96
H14M R14M	40	42	55
	55	58	70
	85	89	101
	115	120	131
	170	175	186

6 R型带和带轮

6.1 R型带

6.1.1 R型带齿尺寸

R型带齿尺寸见图8和表10。

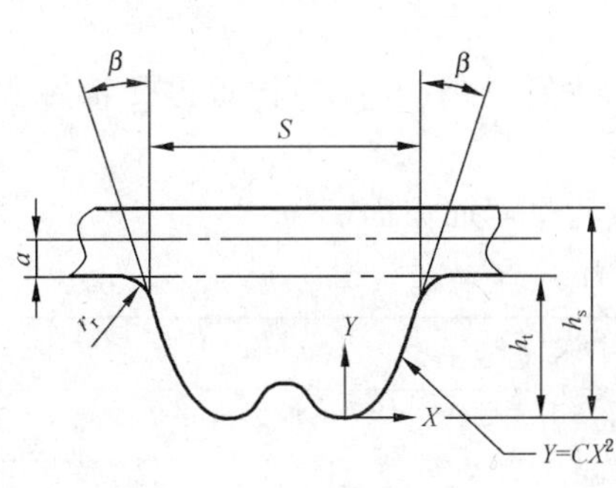

a) 单面带

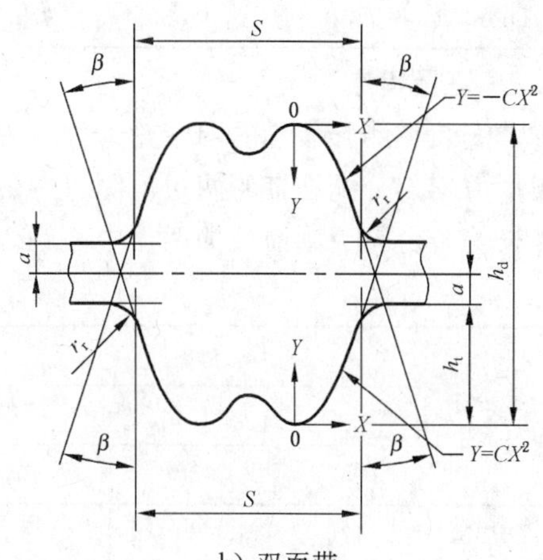

b) 双面带

图8 R型带齿尺寸

表10 R型带齿尺寸

单位为毫米

齿 型	节距 P_b	齿形角 β	齿根厚 S	带高 h_s	带高 h_d	齿高 h_t	根部半径 r_r	节线差 a	C
R8M	8	16°	5.50	5.40	—	3.2	1	0.686	1.228
DR8M	8	16°	5.50	—	7.80	3.2	1	0.686	1.228
R14M	14	16°	9.50	9.70	—	6	1.75	1.397	0.643
DR14M	14	16°	9.50	—	14.50	6	1.75	1.397	0.643

6.1.2 R型带宽度和极限偏差

R型带宽度和极限偏差见表2。

6.1.3 R型带带长测量

6.1.3.1 测量装置

测长装置(见图2)由两个相同直径的带轮、施加测量力装置和中心距测量装置组成。两带轮均可自由转动,其中一个带轮的轴支架固定,另一个带轮的轴支架可沿两带轮中心连线游动。带轮槽型应与测量带型号相同,其齿数、尺寸、极限偏差和带齿与轮齿的间隙(见图9)的规定见表11。测量力见表12。

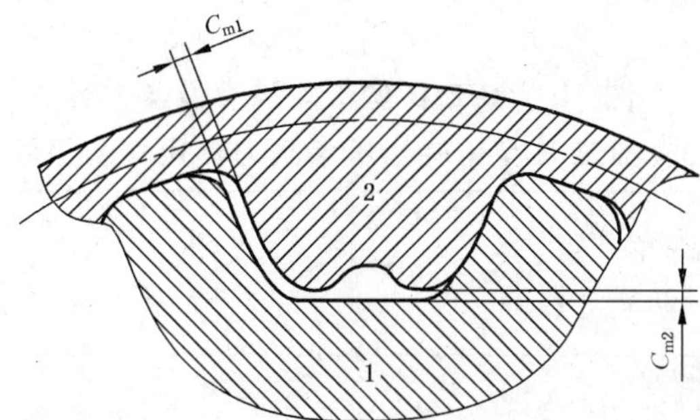

1——带轮;

2——带。

图9 R型带齿和轮齿间隙

表 11　R 型带测长用带轮

单位为毫米

带型	齿数 Z	节圆周长 C_p	外径 d_o	径向圆跳动	端面圆跳动	最小带齿和轮齿间隙	
						C_{m1}	C_{m2}
R8M,DR8M	34	272	85.209±0.013	0.013	0.025	0.30	0.15
R14M,DR14M	40	560	175.46±0.025	0.013	0.051	0.60	0.20

6.1.3.2　测量程序

将带安装在测长装置的两带轮上，施加总测量力，将带至少转动两圈以上，使带齿与轮齿啮合良好并使测量力均匀分配在带的两边。测量两带轮中心距。

带长等于带轮节圆周长加两倍中心距。对于双面齿带应测量两面齿面。

表 12　R 型带测量力

带型	总测量力/N							
	带宽/mm							
	20	30	40	50	55	85	115	170
R8M,DR8M	470	750	—	1 320	—	2 310	—	—
R14M,DR14M	—	—	1 350	—	2 130	3 660	5 180	7 960

6.2　R 型带轮

6.2.1　R 型带轮齿条刀具

用于加工 R 型带轮齿廓的齿条刀具尺寸和极限偏差见图 10 和表 13。

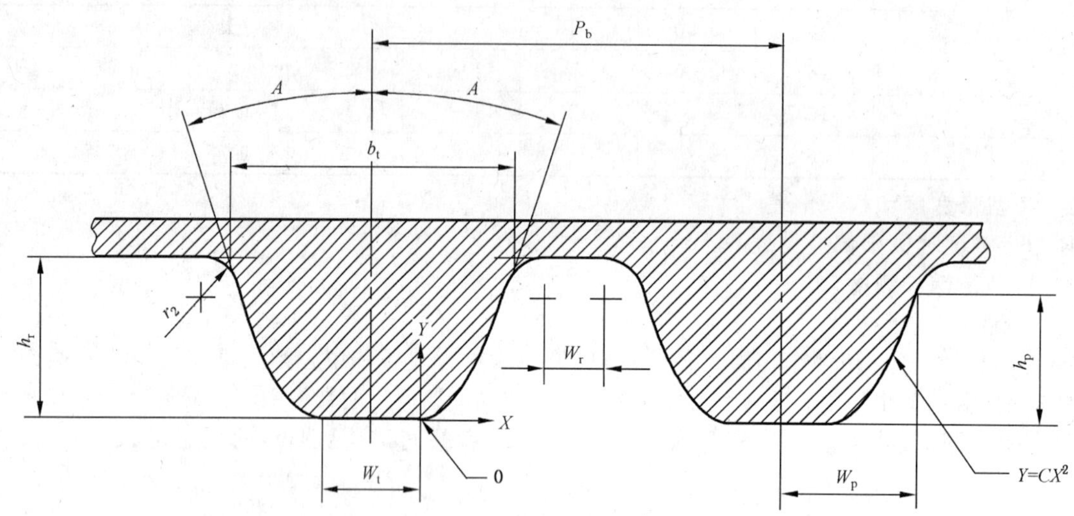

图 10　加工 R 型带轮齿廓齿条刀具

表 13　加工 R 型带轮齿廓齿条刀具尺寸和极限偏差

单位为毫米

齿型	齿数 Z	带齿节距 P_b±0.012	齿形角 A ±0.5°	b_t	h_p[a]	h_r	W_p[a]	W_r[a]	W_t± 0.025	r_2± 0.025	C
R8M	22～27	7.780	18.00	5.900 ±0.025	2.83	$3.45^{+0}_{-0.05}$	2.75	0.58	1.820	0.900	0.837 3
	≥28	7.890	18.00	5.900 ±0.025	2.79	$3.45^{+0.00}_{-0.05}$	2.74	0.61	1.840	0.950	0.847 7

表 13（续）

单位为毫米

齿型	齿数 Z	带齿节距 $P_b \pm 0.012$	齿形角 A $\pm 0.5°$	b_t	h_p[a]	h_r	W_p[a]	W_r[a]	$W_t \pm 0.025$	$r_2 \pm 0.025$	C
R14M	≥28	13.800	18.00	$10.45^{+0.05}_{-0.00}$	4.93	$6.04^{+0.05}_{-0.00}$	4.87	1.02	3.320	1.600	0.479 9

[a] 为参考值。

6.2.2 **R 型带轮齿槽尺寸**

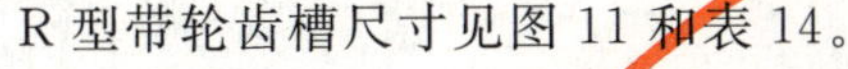

R 型带轮齿槽尺寸见图 11 和表 14。

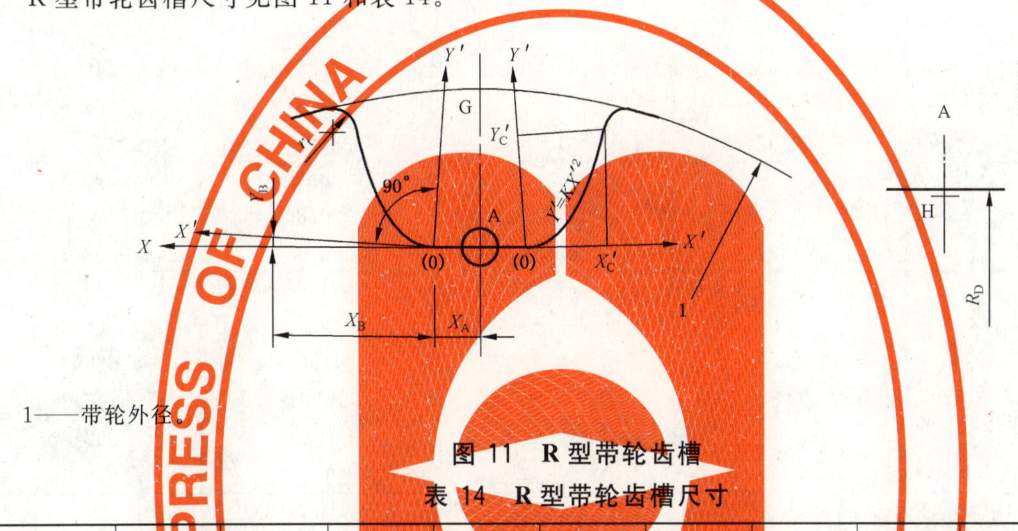

1——带轮外径。

图 11 R 型带轮齿槽

表 14 R 型带轮齿槽尺寸

单位为毫米

齿型	齿数	GH	X_A	X_B	Y_B	X'_C	Y'_C	K	r_t ± 0.15	R_D
R8M	22～27	3.47	1.00	4.00	0.11	1.75	2.61	0.847 67	0.83	22.00
	≥28	3.47	0.92	4.00	0.00	1.75	2.61	0.847 67	0.95	22.00
R14M	≥28	6.04	1.64	4.00	0.00	3.21	4.93	0.479 9	1.60	32.00

6.2.3 **带轮直径**

带轮节径和外径标准值见图 6 和表 15。

带轮节径 $d = ZP_b/\pi$。

带轮外径 $d_o = d - 2a$，节线差 a 见表 10。

表 15 R 型带轮直径

单位为毫米

齿数 Z	带轮槽型			
	R8M		R14M	
	节径 d	外径 d_o	节径 d	外径 d_o
22	56.02[a]	54.65	—	—
24	61.12[a]	59.74	—	—
26	66.21[a]	64.84	—	—
28	71.30[a]	69.93	124.78[a]	121.98
29	—	—	129.23[a]	126.44
30	76.39[a]	75.02	133.69[a]	130.90
32	81.49	80.12	142.60[a]	139.81
34	86.58	85.21	151.52[a]	148.72

表 15（续） 单位为毫米

齿数 Z	带轮槽型			
	R8M		R14M	
	节径 d	外径 d_o	节径 d	外径 d_o
36	91.67	90.30	160.43	157.63
38	96.77	95.39	169.34	166.55
40	101.86	100.49	178.25	175.46
44	112.05	110.67	196.08	193.28
48	122.23	120.86	213.90	211.11
52	—	—	231.73	228.94
56	142.60	141.23	249.55	246.76
60	—	—	267.38	264.59
64	162.97	161.60	285.21	282.41
68	—	—	303.03	300.24
72	183.35	181.97	320.86	318.06
80	203.72	202.35	356.51	353.71
90	229.18	227.81	401.07	398.28
112	285.21[a]	283.83	499.11	496.32
144	366.69[a]	365.32	641.71	638.92
168	—	—	748.66[a]	745.87
192	488.92[a]	487.55	855.62[a]	852.82
216	—	—	962.57[a]	959.78
[a] 通常不是适用所有宽度。				

6.2.4 **R型带轮宽度**

R型带轮宽度见图7和表9(挡圈尺寸参见附录B)。

注：其他节距的R型带和带轮参见附录C。

7 S型带和带轮

7.1 S型带

7.1.1 S型带齿尺寸

S型带齿尺寸见图12和表16。

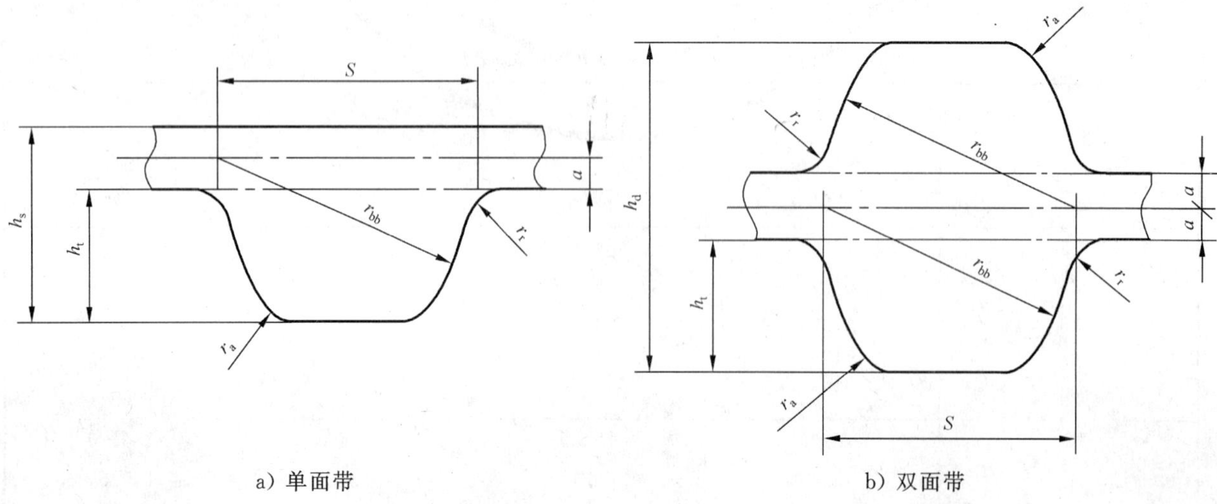

a) 单面带

b) 双面带

图12 S型带齿尺寸

表 16　S 型带齿尺寸　　单位为毫米

齿　型	节距 P_b	带高 h_s	带高 h_d	齿高 h_t	根部半径 r_r	顶部半径 r_{bb}	节线差 a	S	r_a
S8M	8	5.3	—	3.05	0.8	5.2	0.686	5.2	0.8
DS8M	8	—	7.5	3.05	0.8	5.2	0.686	5.2	0.8
S14M	14	10.2	—	5.3	1.4	9.1	1.397	9.1	1.4
DS14M	14	—	13.4	5.3	1.4	9.1	1.397	9.1	1.4

7.1.2　S 型带宽度和极限偏差

S 型带宽度和极限偏差见表 2。

7.1.3　S 型带带长测量

7.1.3.1　测量装置

测长装置(见图 2)由两个相同直径的带轮、施加测量力装置和中心距测量装置组成。两带轮均可自由转动,其中一个带轮的轴支架固定,另一个带轮的轴支架可沿两带轮中心连线游动。带轮槽型应与测量带型号相同,其齿数、尺寸、极限偏差和齿侧间隙(带在带轮上转动时,带齿侧面与轮齿侧面的间隙,见图 13)的规定见表 17。测量力见表 18。

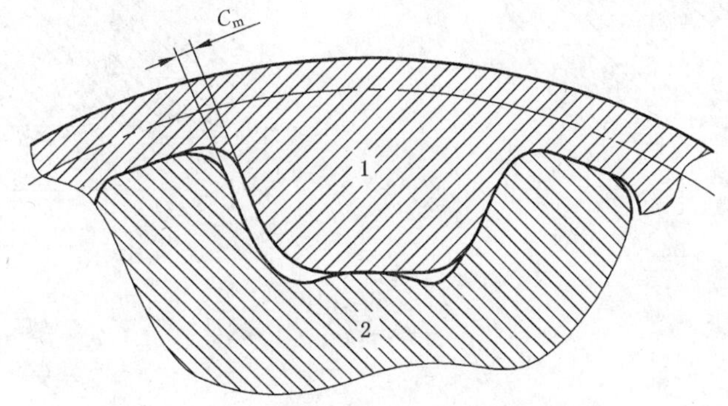

1——带;

2——带轮。

图 13　S 型带齿侧间隙

表 17　S 型带测长用带轮　　单位为毫米

带　型	齿数 Z	节圆周长 d	外径 d_o	径向圆跳动	端面圆跳动	最小齿侧间隙 C_m
S8M,DS8M	34	272	85.209±0.013	0.013	0.025	0.2
S14M,DS14M	40	560	175.46±0.025	0.013	0.051	0.36

7.1.3.2　测量程序

将带安装在测长装置的两带轮上,施加总测量力,将带至少转动两圈以上,使带齿与轮齿啮合良好并使测量力均匀分配在带的两边。测量两带轮中心距。

带长等于带轮节圆周长加两倍中心距。对于双面齿带应测量两面齿面。

表 18　S 型带测量力

带　型	测量力/N						
	带宽/mm						
	15	25	40	60	80	100	120
S8M,DS8M	570	1 020	1 740	2 770	—	—	—
S14M,DS14M	—	—	2 420	3 840	5 340	6 880	8 470

7.2 **S 型带轮**

7.2.1 **S 型带轮齿条刀具**

用于加工 S 型带轮齿廓的齿条刀具尺寸和极限偏差见图 14 和表 19。

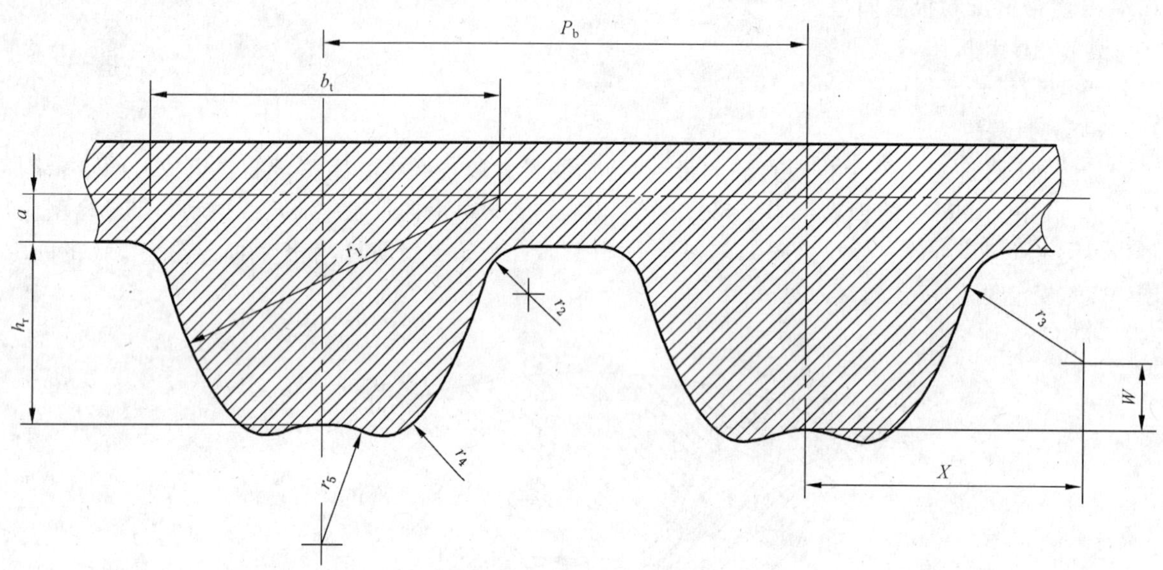

图 14 加工 S 型带轮齿廓齿条刀具

表 19 加工 S 型带轮齿廓齿条刀具尺寸和极限偏差

单位为毫米

齿型	齿数	$P_b \pm 0.012$	$h_r{}^{+0.05}_{0}$	$b_t{}^{+0.05}_{0}$	$r_1{}^{+0.05}_{0}$	$r_2 \pm 0.03$	$r_3 \pm 0.03$	$r_4 \pm 0.03$	$r_5 \pm 0.10$	X	W	a
S8M	≥22	8	2.83	5.2	5.3	0.75	2.71	0.4	4.04	5.05	1.13	0.686
S14M	≥28	14	4.95	9.1	9.28	1.31	4.8	0.7	7.07	8.84	1.98	1.397
S8M（可选刀具）	22～26	7.611	2.83	4.22	4.74	0.8	—	0.27	5.68	—	—	0.256
	27～33	7.689					—	0.29	5.28	—	—	0.279
	34～46	7.767					—	0.32	4.92	—	—	0.299
	47～74	7.844					—	0.35	4.59	—	—	0.321
	75～216	7.928					—	0.38	4.28	—	—	0.342
S14M（可选刀具）	28～34	13.441	4.95	7.50	8.38	1.36	—	0.52	9.17	—	—	0.784
	35～47	13.577					—	0.56	8.57	—	—	0.819
	48～75	13.716					—	0.61	8.03	—	—	0.856
	76～216	13.876					—	0.66	7.46	—	—	0.896

注：标准刀具和可选刀具所加工出的带轮都在可接受的公差范围内，但是可选刀具所加工出的带轮更加接近于理想带轮形状。

7.2.2 S 型带轮齿槽尺寸和极限偏差

S 型带轮齿槽尺寸和极限偏差见图 15 和表 20。

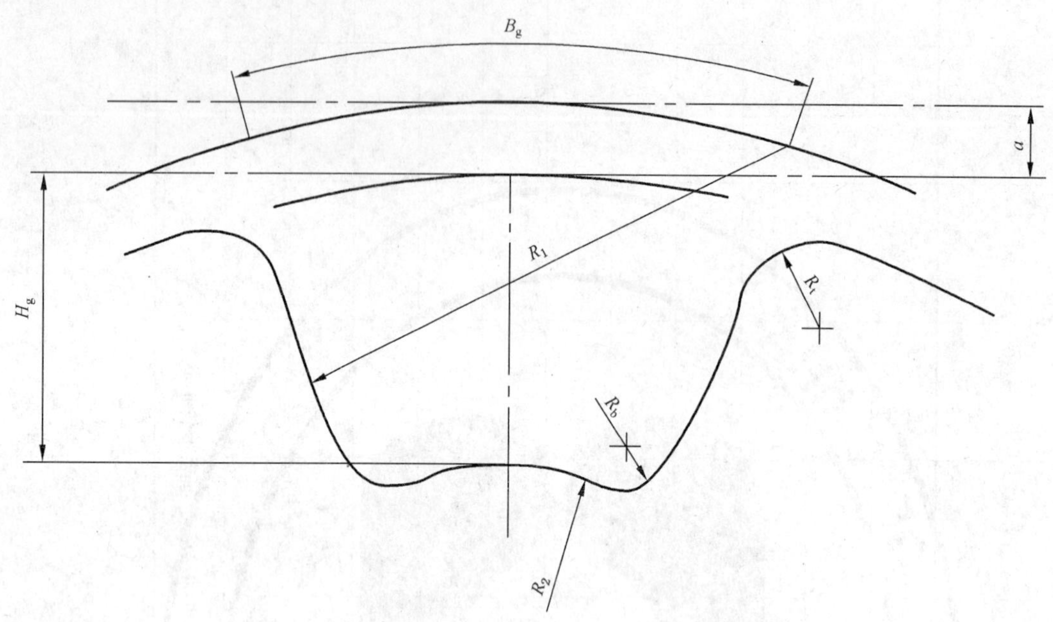

图 15 S 型带轮齿槽

表 20 S 型带轮齿槽尺寸和极限偏差

单位为毫米

齿 型	齿数	$B_{g}{}^{+0.10}_{-0.00}$	$H_g \pm 0.03$	$R_2 \pm 0.1$	$R_b \pm 0.1$	$R_{t}{}^{+0.10}_{-0.00}$	a	$R_{1}{}^{+0.10}_{-0.00}$
S8M	≥22	5.20	2.83	4.04	0.40	0.75	0.686	5.30
S14M	≥28	9.10	4.95	7.07	0.70	1.31	1.397	9.28

7.2.3 带轮直径

带轮节径和外径标准值见图 6 和表 21。

带轮节径 $d = ZP_b/\pi$。

带轮外径 $d_o = d - 2a$，节线差 a 值见表 20。

表 21 S 型带轮直径

单位为毫米

齿数 Z	带 轮 槽 型			
	S8M		S14M	
	节径 d	外径 d_o	节径 d	外径 d_o
22	56.02[a]	54.65	—	—
24	61.12[a]	59.74	—	—
26	66.21[a]	64.84	—	—
28	71.30[a]	69.93	124.78[a]	121.98
29	—	—	129.23[a]	126.44
30	76.39[a]	75.02	133.69[a]	130.90
32	81.49	80.16	142.60[a]	139.81
34	86.58	85.21	151.52[a]	148.72
36	91.67	90.30	160.43	157.63
38	96.77	95.39	169.34	166.55

表 21（续） 单位为毫米

齿数 Z	带轮槽型			
	S8M		S14M	
	节径 d	外径 d_o	节径 d	外径 d_o
40	101.86	100.49	178.25	175.46
44	112.05	110.67	196.08	193.28
48	122.23	120.86	213.90	211.11
52	—	—	231.73	228.94
56	142.60	141.23	249.55	246.76
60	—	—	267.38	264.59
64	162.97	161.60	285.21	282.41
68	—	—	303.03	300.24
72	183.35	181.97	320.86	318.06
80	203.72	202.35	356.51	353.71
90	229.18	227.81	401.07	398.28
112	285.21[a]	283.83	499.11	496.32
144	366.69[a]	365.32	641.71	638.92
168	—	—	748.66[a]	745.87
192	488.92[a]	487.55	855.62[a]	852.82
216	—	—	962.57[a]	959.78

[a] 通常不是适用所有宽度。

7.2.4 **S 型带轮宽度**

S 型带轮标准宽度及最小宽度见图 7 和表 22(挡圈尺寸参见附录 B)。

表 22 S 型带轮标准宽度及最小宽度 单位为毫米

带轮槽型	带轮标准宽度	最小宽度	
		双边挡圈 b_f	无或单边挡圈 b'_f
S8M	15	16.3	25
	25	26.6	35
	40	42.1	50
	60	62.7	70
S14M	40	41.8	55
	60	62.9	76
	80	83.4	96
	100	103.8	116
	120	124.3	136

注：如果传动中带轮的找正可控制时，无挡圈带轮的宽度可适当减小，但不能小于双边挡圈带轮的最小宽度。

8 各型号带节线长和极限偏差

各型号曲线齿同步带节线长和极限偏差见表 23。节线长和中心距的关系见附录 A。

表 23 各型号曲线齿同步带节线长和极限偏差

单位为毫米

长度代号	节线长	节线长极限偏差				齿数	
		8M	14M	D8M	D14M	8M	14M
480	480	±0.51	—	+1.02/−0.76	—	60	—
560	560	±0.61	—	+1.22/−0.91	—	70	—
640	640	±0.61	—	+1.22/−0.91	—	80	—
720	720	±0.61	—	+1.22/−0.91	—	90	—
800	800	±0.66	—	+1.32/−0.99	—	100	—
880	880	±0.66	—	+1.32/−0.99	—	110	—
960	960	±0.66	—	+1.32/−0.99	—	120	—
966	966	—	±0.66	—	+1.32/−0.99	—	69
1 040	1 040	±0.76	—	+1.52/−1.14	—	130	—
1 120	1 120	±0.76	—	+1.52/−1.14	—	140	—
1 190	1 190	—	±0.76	—	+1.52/−1.14	—	85
1 200	1 200	±0.76	—	+1.52/−1.14	—	150	—
1 280	1 280	±0.81	—	+1.62/−1.21	—	160	—
1 400	1 400	—	±0.81	—	+1.62/−1.21	—	100
1 440	1 440	±0.81	—	+1.62/−1.21	—	180	—
1 600	1 600	±0.86	—	+1.73/−1.29	—	200	—
1 610	1 610	—	±0.86	—	+1.73/−1.29	—	115
1 760	1 760	±0.86	—	+1.73/−1.29	—	220	—
1 778	1 778	—	±0.91	—	+1.82/−1.36	—	127
1 800	1 800	±0.91	—	+1.82/−1.36	—	225	—
1 890	1 890	—	±0.91	—	+1.82/−1.36	—	135
2 000	2 000	±0.91	—	+1.82/−1.36	—	250	—
2 100	2 100	—	±0.97	—	+1.94/−1.45	—	150
2 310	2 310	—	±1.02	—	+2.04/−1.53	—	165
2 400	2 400	±1.02	—	+2.04/−1.53	—	300	—
2 450	2 450	—	±1.02	—	+2.04/−1.53	—	175
2 590	2 590	—	±1.07	—	+2.14/−1.60	—	185
2 600	2 600	±1.07	—	+2.14/−1.60	—	325	—
2 800	2 800	±1.12	±1.12	+2.24/−1.68	+2.24/−1.68	350	200
3 150	3 150	—	±1.17	—	+2.34/−1.75	—	225
3 360	3 360	—	±1.22	—	+2.44/−1.83	—	240
3 500	3 500	—	±1.22	—	+2.44/−1.83	—	250
3 600	3 600	±1.28	—	+2.56/−1.92	—	450	—
3 850	3 850	—	±1.32	—	+2.64/−1.98	—	275
4 326	4 326	—	±1.42	—	+2.84/−2.13	—	309
4 400	4 400	±1.42	—	+2.84/−2.13	—	550	—
4 578	4 578	—	±1.46	—	+2.92/−2.19	—	327
4 956	4 956	—	±1.52	—	+3.04/−2.28	—	354
5 320	5 320	—	±1.58	—	+3.16/−2.37	—	380
5 740	5 740	—	±1.70	—	+3.40/−2.55	—	410
6 160	6 160	—	±1.82	—	+3.64/−2.73	—	440
6 860	6 860	—	±2.00	—	+4.00/−3.00	—	490

9 各型号带轮尺寸极限偏差和形位公差

9.1 节距偏差

相邻两齿同侧间和90°弧内累积的节距偏差见表24。当90°弧所含齿数不是整数时，按大于90°弧取最小整数齿。

表24 节距偏差

单位为毫米

外径 d_o	节距偏差	
	任意两相邻齿间	90°弧内累积[a]
$50.8<d_o\leqslant101.6$	±0.03	±0.10
$101.6<d_o\leqslant177.8$		±0.13
$177.8<d_o\leqslant304.8$		±0.15
$304.8<d_o\leqslant508$		±0.18
$d_o>508$		±0.20

[a] 包括大于90°弧所取最小整数齿。

9.2 带轮外径极限偏差

带轮外径极限偏差见表25。

表25 带轮外径极限偏差

单位为毫米

带轮外径 d_o	极限偏差
$50.8<d_o\leqslant101.6$	$^{+0.10}_{0}$
$101.6<d_o\leqslant177.8$	$^{+0.13}_{0}$
$177.8<d_o\leqslant304.8$	$^{+0.15}_{0}$
$304.8<d_o\leqslant508$	$^{+0.18}_{0}$
$508<d_o\leqslant762$	$^{+0.20}_{0}$
$762<d_o\leqslant1\,016$	$^{+0.23}_{0}$
$d_o>1\,016$	$^{+0.25}_{0}$

9.3 端面圆跳动

端面圆跳动公差按表26规定。

表26 端面圆跳动

单位为毫米

外径 d_o	最大跳动量
$d_o\leqslant101.6$	0.10
$101.6<d_o\leqslant254$	$0.001d_o$
$d_o>254$	$0.25+0.000\,5(d_o-254)$

9.4 径向圆跳动

径向圆跳动公差按表27规定。

表 27 径向圆跳动

单位为毫米

外径 d_o	最大跳动量
$d_o \leqslant 203.2$	0.13
$d_o > 203.2$	$0.13 + 0.0005(d_o - 203.2)$

9.5 平行度

齿槽应与轮孔的轴线平行，其平行度≤$0.001b$(mm)。b——轮宽，b_f、b_f'的总称。

9.6 圆柱度

带轮外径在表 24 所给极限偏差范围内时，圆柱度≤$0.001b$(mm)。b——轮宽，b_f、b_f'的总称。

10 带轮材质、表面粗糙度及平衡

带轮材质、表面粗糙度及平衡应符合 GB/T 11357。

附 录 A
（规范性附录）
节线长和中心距的关系

A.1 曲线齿同步带节线长和中心距的关系见下列公式和图 A.1。

$$L_p = 2a\cos\phi + \frac{\pi(d_2+d_1)}{2} + \frac{\pi\phi(d_2-d_1)}{180} \quad \cdots\cdots\text{(A.1)}$$

式中：

L_p——带节线长，单位为毫米(mm)；

a——中心距，单位为毫米(mm)；

d_2——大带轮节径，单位为毫米(mm)；

d_1——小带轮节径，单位为毫米(mm)；

ϕ——$\sin^{-1}(d_2-d_1)/2a$，单位为度(°)。

中心距近似值可由下式计算：

$$a = \frac{K+\sqrt{K^2-32(d_2-d_1)^2}}{16} \quad \cdots\cdots\text{(A.2)}$$

$$K = 4L_p - 6.28(d_2+d_1) \quad \cdots\cdots\text{(A.3)}$$

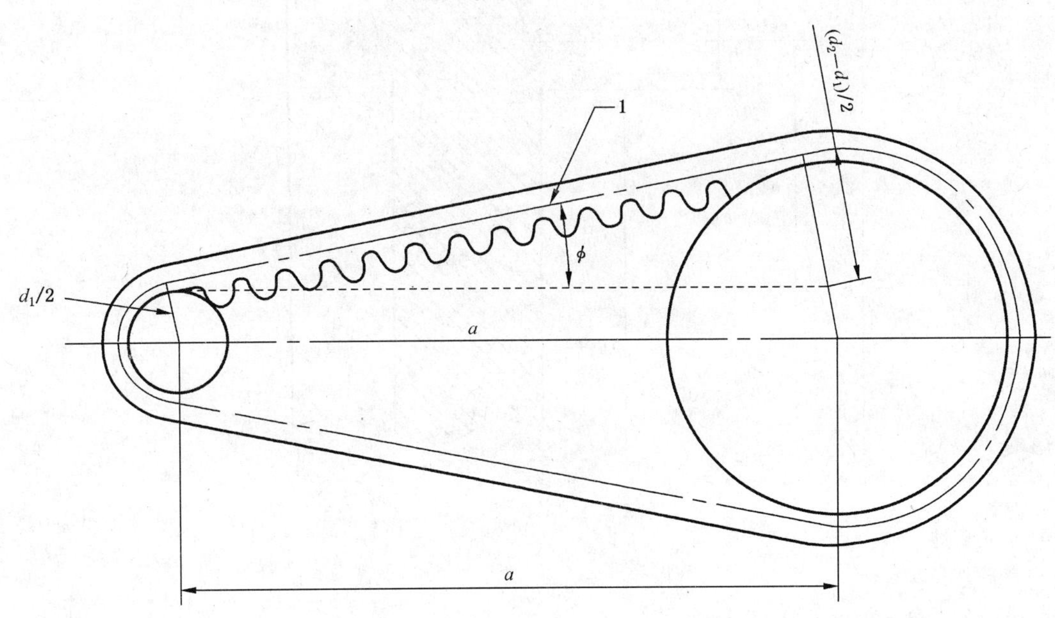

1——节线。

图 A.1 节线长和中心距的关系

附 录 B
（资料性附录）
挡 圈 尺 寸

B.1 带轮挡圈尺寸见图 B.1。

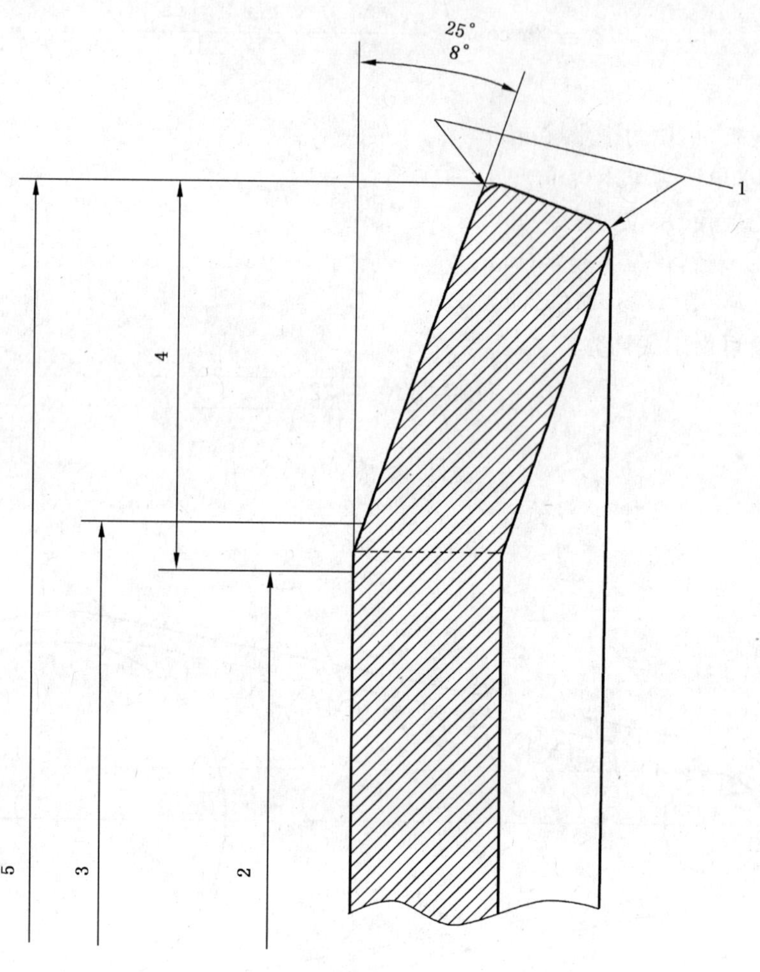

1——锐角倒钝；
2——带轮外径，d_o；
3——弯曲处直径，$(d_o+0.38)\pm0.25$，mm；
4——挡圈高度，h；
5——挡圈外径，d_o+2h。

图 B.1 挡圈尺寸

附 录 C
(资料性附录)
其他型号同步带及带轮尺寸

本附录给出了 H3M、H5M、H20M、R3M、R5M、R20M 等六种型号的曲线齿同步带和带轮的基本尺寸、齿条刀具尺寸及带长测量方法等,供设计选用参考。

C.1 H型带和带轮

C.1.1 H型带

C.1.1.1 H型带齿尺寸

H型带齿尺寸见图 C.1 和表 C.1。

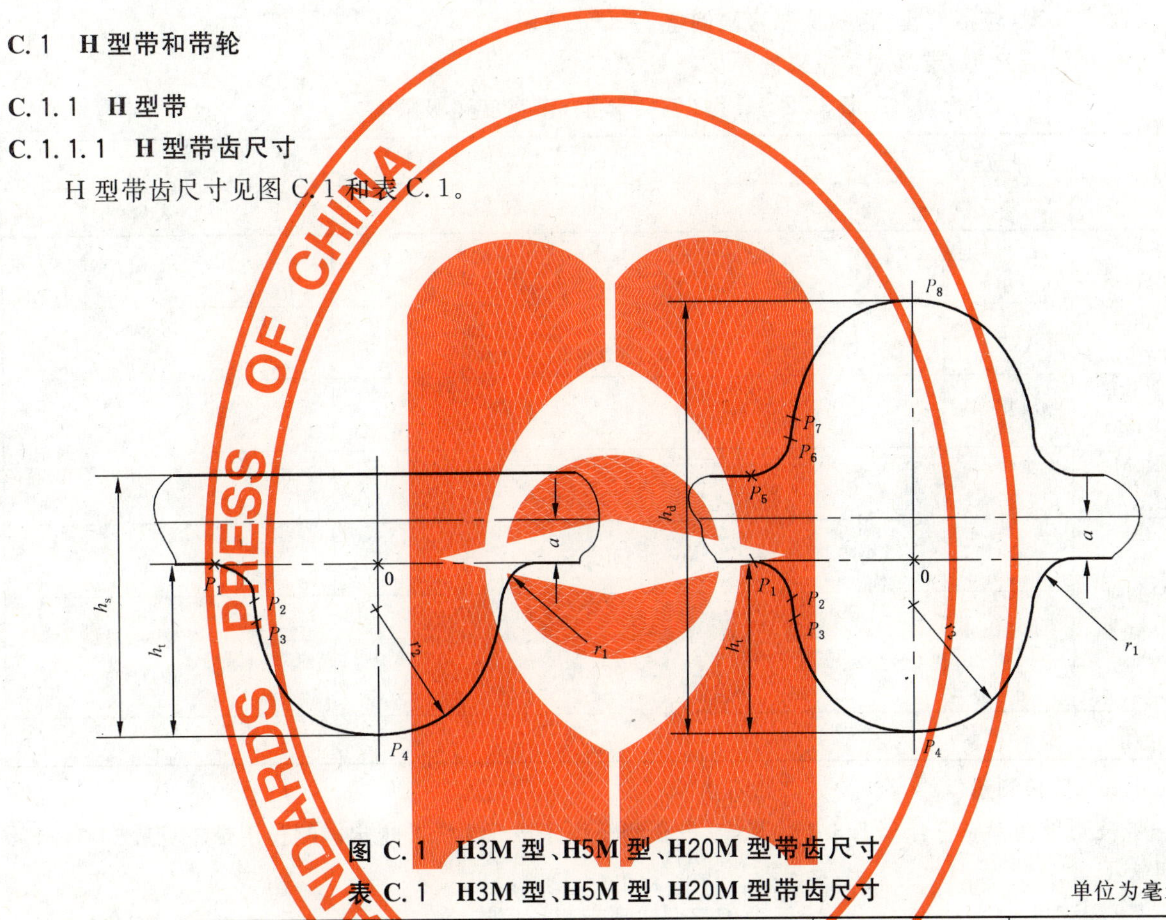

图 C.1 H3M型、H5M型、H20M型带齿尺寸

表 C.1 H3M型、H5M型、H20M型带齿尺寸

单位为毫米

齿 型	H3M	DH3M	H5M	DH5M	H20M
节距 P_b	3	3	5	5	20
带高 h_s	2.4	—	3.8	—	13.2
带高 h_d	—	3.2	—	5.3	—
齿高 h_t	1.21	—	2.08	—	8.68
$P_1(X,Y)$	−1.14,0.00	—	−1.85,0.00	—	−8.34,0.00
$P_5(X,Y)$	—	−1.14,0.76	—	−1.85,1.14	—
根部半径 r_1	0.3	0.3	0.41	0.41	2.03
$P_2(X,Y)$	−0.83,−0.30	—	−1.44,−0.42	—	−6.32,−1.84
$P_6(X,Y)$	—	−0.83,1.06	—	−1.44,1.56	—
$P_3(X,Y)$	−0.83,−0.35	—	−1.44,−0.53	—	−6.22,−2.90
$P_7(X,Y)$	—	−0.83,1.11	—	−1.44,1.67	—

表 C.1（续）

单位为毫米

齿　型	H3M	DH3M	H5M	DH5M	H20M
顶部半径 r_2	0.86	0.86	1.5	1.5	6.4
$P_4(X,Y)$	0.00,−1.21	—	0.00,−2.08	—	0.00,−8.68
$P_8(X,Y)$	—	0.00,1.97	—	0.00,3.22	—
节线差 a	0.381	0.381	0.572	0.572	2.159

C.1.1.2　H 型(包括 R 型)带宽度和极限偏差

H 型(包括 R 型)带宽度和极限偏差见表 C.2。

表 C.2　H 型(包括 R 型)带宽度和极限偏差

单位为毫米

带　型	带宽 b_s	带宽极限偏差		
		$L_p\leqslant 840$	$840<L_p\leqslant 1\ 680$	$L_p>1\ 680$
H3M DH3M	6 9	$^{+0.4}_{-0.8}$	$^{+0.4}_{-0.8}$	—
R3M DR3M	15	$^{+0.8}_{-0.8}$	$^{+0.8}_{-1.2}$	$^{+0.8}_{-1.2}$
H5M DH5M	9	$^{+0.4}_{-0.8}$	$^{+0.4}_{-0.8}$	—
R5M DR5M	15 25	$^{+0.8}_{-0.8}$	$^{+0.8}_{-1.2}$	$^{+0.8}_{-1.2}$
H20M R20M	115 170	$^{+2.3}_{-2.3}$	$^{+2.3}_{-2.8}$	$^{+2.3}_{-3.3}$
	230 290 340	—	—	$^{+4.8}_{-6.4}$
注：L_p——节线长。				

C.1.1.3　带长测量

带长测量装置应符合 5.1.3.1 的规定，带长测量程序按 5.1.3.2 规定。测长用带轮见表 C.3，测量力见表 C.4。

表 C.3　H 型带测长用带轮

单位为毫米

带型	齿数 Z	节圆周长 C_p	外径 d_o	径向圆跳动	端面圆跳动	最小齿侧间隙	
						C_{m1}	C_{m2}
H3M,DH3M	30	90	27.886±0.013	0.013	0.025	0.18	0.08
H5M,DH5M	30	150	46.602±0.013	0.013	0.025	0.25	0.10
H20M	40	800	250.33±0.036	0.013	0.076	1.0	0.35

表 C.4　H 型带测量力

带　型	总测量力/N								
	带宽/mm								
	6	9	15	25	115	170	230	290	340
H3M,DH3M	45	76	138	—	—	—	—	—	—
H5M,DH5M	—	111	214	376	—	—	—	—	—
H20M	—	—	—	—	6 961	10 729	14 839	18 949	22 374

C.1.2 H型带轮

C.1.2.1 H型带轮齿条刀具

用于加工 H3M,H5M 和 H20M 型带轮齿廓的齿条刀具尺寸和极限偏差见图 C.2 和表 C.5。

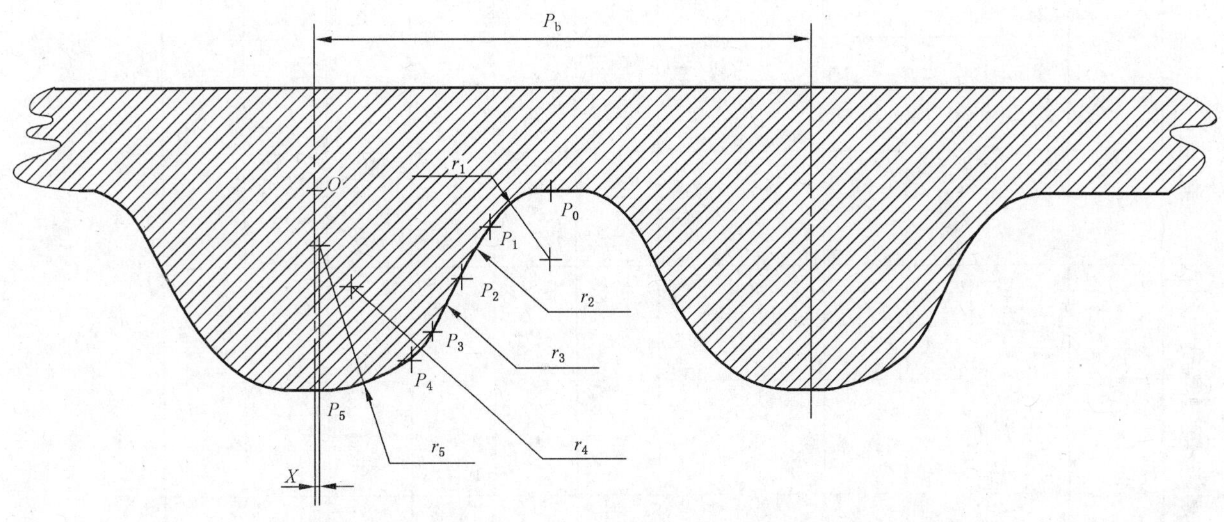

图 C.2 加工 H3M,H5M 和 H20M 型带轮齿廓齿条刀具

表 C.5 加工 H3M,H5M 和 H20M 型带轮齿廓齿条刀具尺寸和极限偏差

单位为毫米

齿型	齿数	$P_b \pm 0.012$	$h_r \pm 0.015$	P_0 (X,Y)	$r_1 \pm 0.012$	P_1 (X,Y)	$r_2 \pm 0.012$	P_2 (X,Y)	$r_3 \pm 0.012$	P_3 (X,Y)	$r_4 \pm 0.012$	P_4 (X,Y)	$r_5 \pm 0.012$	P_5 (X,Y)	X
H3M	9～13	3.000	1.196	1.423,0	0.414	1.061, −0.213	—	—	∞	0.712, −0.840	0.559	0.574, −1.004	0.869	0.029, −1.196	0.029
	14～25	3.000	1.173	1.324, 0	0.254	1.139, −0.080	0.792	0.992, −0.300	∞	0.747, −0.860	0.254	0.687, −0.944	0.844	0.114, −1.168	0.114
	26～80	3.000	1.227	1.223, 0	0.262	0.982, −0.159	2.616	0.820, −0.679	—	—	0.493	0.733, −0.877	0.869	0.036, −1.227	0.036
	81～200	3.000	1.232	1.333, 0	0.358	0.981, −0.290	—	—	∞	0.923, −0.554	—	—	0.866	0.077, −1.232	0.077
H5M	12～16	5.000	1.986	2.334, 0	0.659	1.739, −0.316	4.475	1.522, −0.720	∞	1.124, −1.560	0.691	0.773, −1.895	1.133	0.328, −1.986	0.328
	17～31	5.000	2.024	2.242, 0	0.610	1.871, −0.126	1.431	1.540, −0.593	∞	1.163, −1.566	0.612	1.013, −1.789	1.219	0.295, −2.024	0.295
	32～79	5.000	2.032	2.073, 0	0.493	1.675, −0.203	1.359	1.501, −0.566	∞	1.37, −1.035	1.402	1.088, −1.617	1.300	0.135, −2.032	0.135
	80～200	5.000	2.065	2.160, 0	0.610	1.564, −0.483	—	—	∞	1.443, −1.050	—	—	1.471	0.043, −2.065	0.043
H20M	34～45	20.000	8.644	9.786, 0	2.814	7.105, −1.825	—	—	∞	5.972, −4.947	—	—	5.625	0.753, −8.644	0.753
	46～100	20.000	8.591	9.529, 0	2.667	7.041, −1.662	20.329	6.015, −5.121	—	—	—	—	5.842	0.711, −8.591	0.711
	101～220	20.000	8.690	9.787, 0	2.676	7.305, −1.760	—	—	∞	6.165, −4.855	—	—	5.833	0.739, −8.690	0.739

C.1.2.2 H型带轮齿槽

H型带轮齿槽尺寸和极限偏差见图C.3和表C.6。

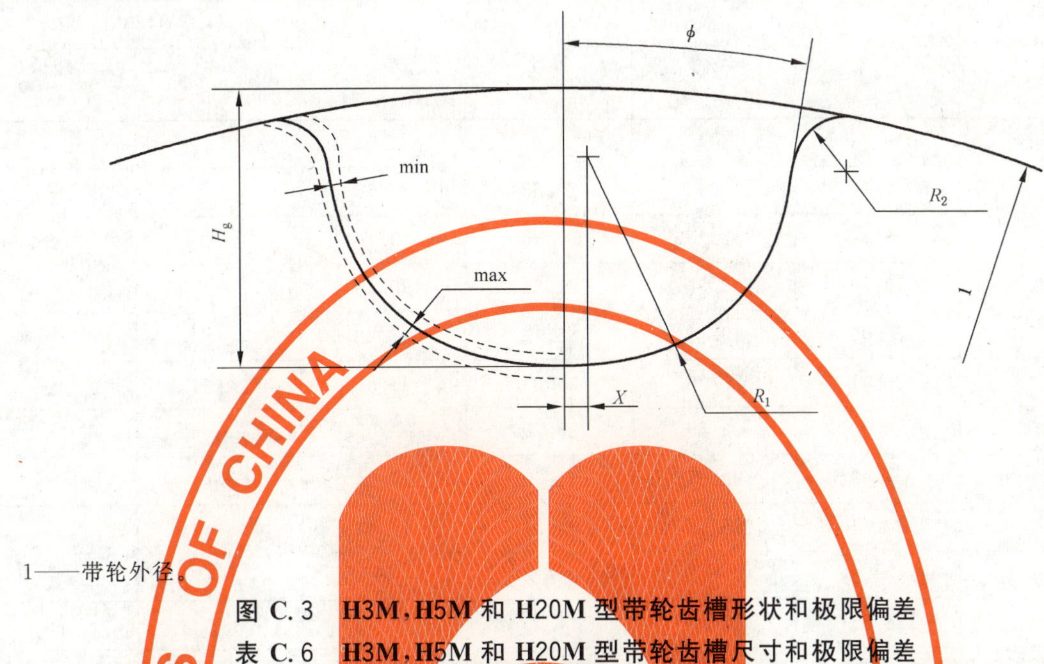

1——带轮外径。

图 C.3 H3M、H5M 和 H20M 型带轮齿槽形状和极限偏差

表 C.6 H3M、H5M 和 H20M 型带轮齿槽尺寸和极限偏差

齿型	齿数 Z	H_g/mm	X/mm	R_1/mm	R_2/mm	φ(°)	极限偏差/mm
H3M	9~13	1.190	0.029	0.991	0.181	15	±0.051
	14~25	1.179	0.112	0.889	0.229	9	
	26~80	1.219	0.028	0.927	0.191	8	
	81~200	1.234	0.074	0.925	0.301	4	
H5M	12~16	1.989	0.307	1.265	0.432	10	±0.051
	17~31	2.009	0.320	1.270	0.508	6	
	32~79	2.052	0.081	1.438	0.488	2	
	80~200	2.056	0.028	1.552	0.569	5	
H20M	34~45	8.649	0.544	6.185	2.184	15	±0.089
	46~100	8.661	0.544	6.185	2.540	10	
	101~220	8.700	0.544	6.185	2.540	18	

C.1.2.3 H型带轮直径

带轮节径和外径标准值见表C.7和图6。

带轮外径 $d_o = d - 2a + N'$，节线差 a 值见表1，对H3M，H5M，H20M型带轮，N'值为0。

表 C.7 H3M、H5M 和 H20M 型带轮直径

单位为毫米

齿数	带轮槽型					
	H3M		H5M		H20M	
	节径 d	外径 d_o	节径 d	外径 d_o	节径 d	外径 d_o
14	13.37	12.61	22.28	21.14	—	—
15	14.32	13.56	23.87	22.73	—	—
16	15.28	14.52	25.46	24.32	—	—

表 C.7（续）

单位为毫米

齿 数	带轮槽型					
	H3M		H5M		H20M	
	节径 d	外径 d_o	节径 d	外径 d_o	节径 d	外径 d_o
17	16.23	15.47	27.06	25.91	—	—
18	17.19	16.43	28.65	27.50	—	—
19	18.14	17.38	30.24	29.10	—	—
20	19.10	18.34	31.83	30.69	—	—
21	20.05	19.29	33.42	32.28	—	—
22	21.01	20.25	35.01	33.87	—	—
24	22.92	22.16	38.20	37.05	—	—
26	24.83	24.07	41.38	40.24	—	—
28	26.74	25.98	44.56	43.42	—	—
29	—	—	—	—	—	—
30	28.65	27.89	47.75	46.60	—	—
32	30.56	29.80	50.93	49.79	—	—
34	32.47	31.71	54.11	52.97	216.45	212.13
36	34.83	33.62	57.30	56.15	229.18	224.87
38	36.29	35.53	60.48	59.33	241.92	237.60
40	38.20	37.44	63.66	62.52	254.65	250.33
43	41.06	40.30	68.44	67.29	—	—
44	42.02	41.25	70.03	68.88	280.11	275.79
46	43.93	43.16	73.21	72.07	—	—
48	45.84	45.07	76.39	75.25	305.58	301.26
49	46.79	46.03	77.99	76.84	—	—
50	47.75	46.98	79.58	78.43	—	—
52	49.66	48.89	82.76	81.62	331.04	326.72
55	52.52	51.76	87.54	86.39	—	—
56	—	—	89.13	87.98	356.51	352.19
60	57.30	56.53	95.49	94.35	381.97	377.65
62	—	—	98.68	97.53	—	—
64	—	—	—	—	407.44	403.12
65	62.07	61.31	103.45	102.31	—	—
68	—	—	—	—	432.90	428.58
70	66.85	66.08	111.41	110.26	—	—
72	68.75	67.99	—	—	458.37	454.05
78	74.48	73.72	124.14	123.00	—	—

表 C.7（续）

单位为毫米

齿数	带轮槽型					
	H3M		H5M		H20M	
	节径 d	外径 d_o	节径 d	外径 d_o	节径 d	外径 d_o
80	76.39	75.63	127.32	126.18	509.30	504.98
90	85.94	85.18	143.24	142.10	572.96	568.64
100	95.49	94.73	159.15	158.01	—	—
110	105.04	104.28	175.07	173.93	—	—
112	—	—	—	—	713.01	708.70
120	114.59	113.83	190.99	189.84	—	—
130	124.14	123.38	206.90	205.76	—	—
140	133.69	132.93	222.82	221.67	—	—
144	—	—	—	—	916.73	912.41
150	143.24	142.48	238.73	237.59	—	—
160	152.79	152.03	254.65	235.50	—	—
168	—	—	—	—	1 069.52	1 065.20
192	—	—	—	—	1 222.31	1 217.99
212	—	—	—	—	1 349.63	1 345.32
216	—	—	—	—	1 375.10	1 370.78

C.1.2.4 H型(包括R型)带轮宽度

H型(包括R型)带轮标准宽度及最小宽度见表C.8和图7(挡圈尺寸参见附录B)。

表 C.8 H型(包括R型)带轮宽度

单位为毫米

带轮槽型	带轮标准宽度	最小宽度	
		双边挡圈 b_f	无或单边挡圈 b'_f
H3M R3M	6	8	11
	9	11	14
	15	17	20
H5M R5M	9	11	15
	15	17	21
	25	27	31
H20M R20M	115	120	134
	170	175	189
	230	235	251
	290	300	311
	340	350	361

C.2 R 型带和带轮

C.2.1 R 型带

C.2.1.1 R 型带齿尺寸

R 型带齿尺寸见图 8 和表 C.9。

表 C.9 R 型带齿尺寸

单位为毫米

齿 型	节距 P_b	齿形角 β	齿根厚 S	带高 h_s	带高 h_d	齿高 h_t	根部半径 r_r	节线差 a	C
R3M	3	16°	1.95	2.40	—	1.27	0.380	0.380	3.056 7
DR3M	3	16°	1.95	—	3.3	1.27	0.380	0.380	3.056 7
R5M	5	16°	3.30	3.80	—	2.15	0.630	0.570	1.795 2
DR5M	5	16°	3.30	—	5.44	2.15	0.630	0.570	1.795 2
R20M	20	16°	13.60	14.50	—	8.75	2.50	2.160	2.288 2

C.2.1.2 R 型带宽度和极限偏差

R 型带宽度和极限偏差见表 2。

C.2.1.3 带长测量

带长测量装置按 6.1.3.1 的规定，测量程序按 6.1.3.2 的规定。测长用带轮应符合表 C.10 的规定，测量力应符合表 C.11 的规定。

表 C.10 R 型带测长用带轮

单位为毫米

带 型	齿数 Z	节圆周长 C_p	外径 d_o	径向圆跳动	端面圆跳动	最小齿侧间隙	
						C_{m1}	C_{m2}
R3M,DR3M	30	90	27.888±0.013	0.013	0.025	0.30	0.15
R5M,DR5M	30	150	46.606±0.013	0.013	0.025	0.30	0.15
R20M	40	800	250.33±0.036	0.013	0.076	0.30	0.15

表 C.11 R 型带带长测量力

带 型	总测量力/N									
	带宽/mm									
	6	9	15	20	25	115	170	230	290	340
R3M,DR3M	45	76	138	—	—	—	—	—	—	—
R5M,DR5M	—	111	214	—	376	—	—	—	—	—
R20M	—	—	—	—	—	6 961	10 729	14 839	18 949	22 374

C.2.2 R 型带轮

C.2.2.1 R 型带轮齿条刀具

用于加工 R3M,R5M 和 R20M 型带轮齿廓的齿条刀具尺寸和极限偏差见图 10 和表 C.12。

表 C.12 加工 R3M,R5M 和 R20M 型齿廓齿条刀具尺寸和极限偏差　　单位为毫米

齿型	齿数 Z	带齿节距 $P_b\pm0.012$	齿形角 $A\pm0.5°$	b_t	h_p[a]	h_r	W_p[a]	W_r[a]	W_t	r_2 ±0.025	C
R3M	8～15	2.761	16.00	$2.06^{+0.05}_{-0.00}$	0.925	1.15 ±0.025	0.966 0	0.234 0	$0.870^{+0.05}_{-0.00}$	0.310	3.285
	16～30	2.867	16.00	$2.06^{+0.05}_{-0.00}$	0.925	1.15± 0.025	0.966 0	0.340 0	$0.870^{+0.05}_{-0.00}$	0.310	3.285
	≥31	3.000	16.00	$2.00^{+0.05}_{-0.00}$	0.896	1.20± 0.025	0.913 0	0.367 0	$0.798^{+0.05}_{-0.00}$	0.410	3.394
R5M	10～21	4.761	16.00	3.48 ±0.025	1.604	$2.06^{+0.05}_{-0.00}$	1.609 0	0.332 0	1.379 ±0.025	0.630	1.896
	≥22	5.000	16.00	3.48 ±0.025	1.604	$2.06^{+0.05}_{-0.00}$	1.609 0	0.571 0	1.379 ±0.025	0.630	1.896
R20M	≥30	19.691 5	18.00	$14.85^{+0.05}_{-0.00}$	6.703 4	$8.50^{+0.05}_{-0.00}$	6.841 2	1.603 6	4.970 1 ±0.025	2.600	0.353 2

[a] 为参考值。

C.2.2.2 **R 型带轮齿槽**

R 型带轮齿槽尺寸和极限偏差见图 11 和表 C.13。

表 C.13 R 型带轮齿槽尺寸和极限偏差　　单位为毫米

齿 型	齿数	GH	X_A	X_B	Y_B	X'_C	Y'_C	K	r_t	R_D
R3M	8～15	1.15	0.39	4.00	0.08	0.54	0.940	3.210	0.28	4.00
	16～30	1.15	0.40	4.00	0.00	0.53	0.930	3.285	0.30	13.00
	≥31	1.20	0.40	4.00	0.00	0.53	0.930	3.394	0.40	18.00
R5M	10～21	2.06	0.63	4.00	0.06	0.97	1.697	1.790	0.63	9.00
	≥22	2.06	0.70	4.00	0.00	0.95	1.660	1.829	0.50	18.00
R20M	≥30	8.50	2.50	4.00	0.00	4.40	6.8	0.349	2.42	150.00

C.2.2.3 **R 型带轮直径**

带轮节径和外径标准值见图 6 和表 C.14。

带轮外径 $d_o=d-2a$，节线差 a 见表 10。

表 C.14 R 型带轮直径　　单位为毫米

齿数 Z	带轮槽型					
	R3M		R5M		R20M	
	节径 d	外径 d_o	节径 d	外径 d_o	节径 d	外径 d_o
14	13.37	12.61	22.28	21.14	—	—
15	14.32	13.56	23.87	22.73	—	—
16	15.28	14.52	25.46	24.32	—	—
17	16.23	15.47	27.06	25.91	—	—

表 C.14（续）

单位为毫米

齿数 Z	带轮槽型					
	R3M		R5M		R20M	
	节径 d	外径 d_o	节径 d	外径 d_o	节径 d	外径 d_o
18	17.19	16.43	28.65	27.50	—	—
19	18.14	17.38	30.24	29.10	—	—
20	19.10	18.34	31.83	30.69	—	—
21	20.05	19.29	33.42	32.28	—	—
22	21.01	20.25	35.01	33.87	—	—
24	22.92	22.16	38.20	37.05	—	—
26	24.83	24.07	41.38	40.24	—	—
28	26.74	25.98	44.56	43.42	—	—
29	27.69	26.93	46.15	45.01	—	—
30	28.65	27.89	47.75	46.60	—	—
32	30.56	29.80	50.93	49.79	—	—
34	32.47	31.71	54.11	52.97	216.45	212.13
36	34.38	33.62	57.30	56.15	229.18	224.87
38	36.29	35.53	60.48	59.34	241.92	237.60
40	38.20	37.44	63.66	62.52	254.65	250.33
44	42.02	41.25	70.03	68.89	280.11	275.79
48	45.84	45.07	76.39	75.25	305.58	301.26
52	49.66	48.89	82.76	81.62	331.04	326.72
56	53.48	52.71	89.13	87.98	356.51	352.19
60	57.30	56.53	95.49	94.35	381.97	377.65
64	61.12	60.35	101.86	100.72	407.44	403.12
68	64.94	64.17	108.23	107.08	432.90	428.58
72	68.75	67.99	114.59	113.45	458.37	454.05
80	76.39	75.63	127.32	126.18	509.30	504.98
90	85.94	85.18	143.24	142.10	572.96	568.64
112	106.95	106.19	178.25	177.11	713.01	708.70
144	—	—	—	—	916.73	912.41
168	—	—	—	—	1 069.52	1 065.20
192	—	—	—	—	1 222.31	1 217.99
216	—	—	—	—	1 375.10	1 370.78

C.2.2.4 R 型带轮宽度

R 型带轮宽度见图 7 和表 C.8(挡圈尺寸参见附录 B)。

ICS 03.080.01
A 12

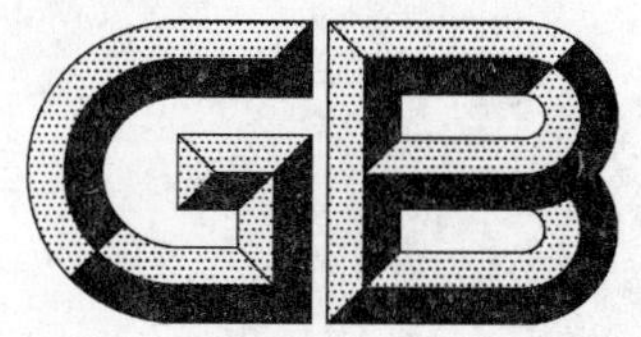

中华人民共和国国家标准

GB/T 24620—2009/ISO/IEC Guide 76:2008

服务标准制定导则 考虑消费者需求

Development of service standards—Recommendations for addressing consumer issues

(ISO/IEC Guide 76:2008, IDT)

2009-11-15 发布　　2010-01-01 实施

中华人民共和国国家质量监督检验检疫总局
中国国家标准化管理委员会　发布

前　言

本标准等同采用 ISO/IEC 指南 76:2008《服务标准制定　考虑消费者需求的建议》(英文版)。

本标准对 ISO/IEC 指南 76 作出了如下编辑性修改:

——删除“3.5　顾客”中的注 2、“3.11 顾客服务”中的注、“3.18 反馈”中的注;

——将“4.2 信息”中 “尤其是合同签订前的沟通”内容放入“(　)”内,将“4.6 质量”中“例如提供有用而准确的信息,处理好顾客需求和及时提供”和 “例如资源可持续使用和再利用能力”内容放入“(　)”内;

——将“4.9 代表”修改为“消费者代表”;

——删除图 3 中重复的内容“尽可能扩大用户范围”。

本标准的附录 A、附录 B 为资料性附录。

本标准由全国服务标准化技术委员会(SAC/TC 264)提出并归口。

本标准起草单位:中国标准化研究院、中国消费者协会。

本标准主要起草人:柳成洋、曹俐莉、卢丽丽、李涵、陈剑、王世川、祝燕。

引　言

0.1　标准制定正逐步扩展到服务领域，本标准旨在从考虑消费者需求的角度为服务标准制定者提供帮助。ISO/IEC 出版物《消费者与标准——消费者参与标准制定的指导和原则》，详细阐述了制定服务标准的目的。在处理消费者最为关心的问题上，本标准体现了全球公认的最佳实践，能够为标准制定者提供帮助。

0.2　本标准适用于服务标准的制定者和修订者。在清单和示例里也包含了一些对其他人有价值的信息，比如服务提供者和教育者。

0.3　服务交付可能涉及到复杂的关系和结构，通常牵涉到不同的组织，此外，消费者接受的公共服务，例如医疗和教育，可能并不涉及合同和支付等服务要素。

0.4　在全球化的贸易环境下，消费者通常期望可以从更多可供选择的服务和服务提供者获益。同样，在不损害市场公平和公众利益的前提下，较低的价格也是消费者的一贯需求。不论是直接付款还是间接付款，质量、经济和效率是消费者所追求的，可持续发展也是消费者一直关心的问题。

0.5　互联网促进了服务比较、知识获取和信息提供。全球消费者期望他们预约、签约和购买的服务不仅在质量、耐用性和易用性上始终如一，而且对安全、环保、社区等方面也要有益。

0.6　每个人都有享受服务的权利，但并不是所有服务都能适用。服务提供者需考虑所有潜在用户的需求，包括儿童和来自不同文化和种族背景的人们，使服务可以被越来越多的人所接受。随着全球老年人口比例的不断上升，物品和服务的易获得性和可用性问题变得越来越关键。虽然并非所有老年人功能都有障碍，但该人群中功能障碍或功能受限的情况却最为普遍。

0.7　服务标准化可带来以下好处：

——通过确保安全、质量、耐用性和易用性，树立消费者信心；

——提供准确适当的信息，并考虑用户的需求；

——扩大用户范围，增加服务选择；

——必要时提供适当和合理的赔偿。

0.8　制定标准时可考虑与服务交付有关的国家和行业规则。但是这些规则通常是从服务提供者的角度制定的，未必考虑到消费者的需求。本标准力求在制定服务标准时确保消费者需求得到考虑。

0.9　制定服务标准时，考虑现行法律法规要求。

服务标准制定导则
考虑消费者需求

1 范围

本标准为服务标准制定时如何考虑消费者的需求提供了指导，在此基础上，可制定任一服务活动的具体标准。本标准提供的清单(见第9章)可供消费者代表和其他参与标准制定的人使用。依据此清单，消费者的利益将得到充分的考虑，包括儿童、老年人、残疾人以及来自不同种族和文化背景的人的需求。

本标准适用于服务活动的各个环节，不论是否订立正式合同或结算。本标准也适用于公共服务和慈善服务，例如教育、医疗，在这些服务里存在消费者、用户或参与者等服务要素，但不一定涉及支付要素。

2 规范性引用文件

下列文件中的条款通过本标准的引用而成为本标准的条款。凡是注日期的引用文件，其随后所有的修改单(不包括勘误的内容)或修订版均不适用于本标准，然而，鼓励根据本标准达成协议的各方研究是否可使用这些文件的最新版本。凡是不注日期的引用文件，其最新版本适用于本标准。

GB/T 19000 质量管理体系 基础和术语(GB/T 19000—2008,ISO 9000:2005,IDT)

3 术语和定义

下列术语和定义适用于本标准。

3.1

服务 service

服务提供者与顾客接触过程中所产生的一系列活动的过程及其结果，其结果通常是无形的。

注1：附录A给出了服务活动示例。

注2：在GB/T 19000中，“产品”被定义为“过程的结果”，通常包括四种通用产品类别[服务(如：运输)、软件(如：计算机编程、字典)、硬件(如：发动机机械零件)以及流程性材料(如：润滑油)]。这表明产品的类别取决于其主导因素，所以本标准中服务包括软件、硬件和流程性材料的交付。本标准此处单独给出“服务”的定义。

3.2

物品 goods

不包括服务在内的产品。

示例：软件，硬件，流程性材料，例如家用电器、家用护理品、食品。

注：在GB/T 19000中，“产品”被定义为“过程的结果”，通常包括四种通用产品类别[服务(如：运输)、软件(如：计算机编程、字典)、硬件(如：发动机机械零件)以及流程性材料(如：润滑油)]。这表明产品的类别取决于其主导因素，所以本标准中服务包括软件、硬件和流程性材料的交付。本标准此处单独给出“物品”的定义。

3.3

服务提供者 service provider

提供服务活动的实体。

注：实体可以是组织或个人。

3.4

消费者 consumer

为个人、家庭或家庭成员需要而购买或使用物品、房产或服务的个人。

注：引自 ISO/IEC 关于消费者参与标准化工作的声明。

3.5

顾客 customer

接受服务的组织或个人。

示例：消费者、客户、最终用户、零售商、受益人或购买者。

注："顾客"包括潜在顾客。

3.6

顾客满意度 customer satisfaction

顾客感受其要求已被满足的程度。

注 1：顾客投诉是一种满意程度低的最常见的表达方式，但没有投诉并不一定表明顾客满意。

注 2：即使满足了顾客要求，也不能确保顾客满意。

注 3：改自 GB/T 19000—2008，定义 3.1.4。

3.7

用户 user

参与者 participant

使用服务提供者所提供服务的人。

3.8

残障 impairment

人体机能或组织的问题，如功能异常或丧失，这可能是暂时性的（如由于受伤引起的）或永久性的，可能随着时间的推移而有所变化，特别是因年老引起的功能退化更加明显。

注：改自 GB/T 20002.2—2008，定义 3.4。

3.9

合同 contract

一方或多方有义务向另外一方或多方提供服务的协议。

3.10

行为守则 code of conduct

组织对顾客作出的承诺和相关条款。

注 1：组织为维护和提高顾客满意度（见 3.6）而作出的承诺，涉及组织提供的物品和服务，或组织与现有或潜在顾客之间的互动。

注 2：参见 GB/T 19010—××××《质量管理 顾客满意 组织行为规范指南》。

3.11

顾客服务 customer service

在整个服务提供阶段，服务提供者与顾客之间的互动。

3.12

交付 delivery

提供服务的行为。

3.13

可用性 usability

特定的使用者在规定的使用范围内使用产品所能达到的有效、经济和满意的程度。

[引自 GB/T 20002.2—2008，定义 3.7]

3.14

辅助技术　assistive technology

辅助设备　assistive device

用于适应、提高、维持或改进残障人机体能力的设施、设备、产品、硬件、软件或服务等。

注1：技术/设备/设施可通过采购市售成品、进行改装或个性化定制获得。本术语包括对残障人的技术辅助。辅助设备/设施不能消除损伤，但可以减轻残障人在特定环境下执行任务或活动的困难程度。

注2：改自GB/T 20002.2—2008，定义3.3。

3.15

可选方式　alternative format

可让行动或感官机能有障碍的人使用产品和服务的不同方式。

[引自GB/T 20002.2—2008，定义3.8]

3.16

投诉　complaint

向服务提供者表达不满，涉及产品、服务或投诉处理程序本身，并且明示或暗示期待得到回复或解决办法的行为。

[引自GB/T 19012—2008，定义3.2]

3.17

投诉人　complainant

提出投诉的个人、组织或他们的代表。

[引自GB/T 19012—2008，定义3.1]

3.18

反馈　feedback

服务或投诉处理后提出的意见和评论。

3.19

补救措施　safeguard

为防止或减少某些服务失败带来的影响而采取的措施。

4　消费者关注的主要内容

4.1　概述

服务包括多种活动(参见附录A)，其共同特征是顾客提出服务需求，商业、公共或私人组织提供产品或帮助。对于服务提供者提供的服务质量，消费者通常不能独立或立即作出评价。消费者关注的主要内容包括4.2至4.10。

4.2　信息

信息与信息沟通在选择、提供及有效使用服务中起关键作用。与鞋和食品等产品不同，服务在帮助消费者衡量产品质量、用途适合性、价值等方面存在的有形要素很少。信息沟通(尤其是合同签订前的沟通)与处理方式(包括工作人员态度)是基本考虑事项。图1说明了沟通在决策中的作用。

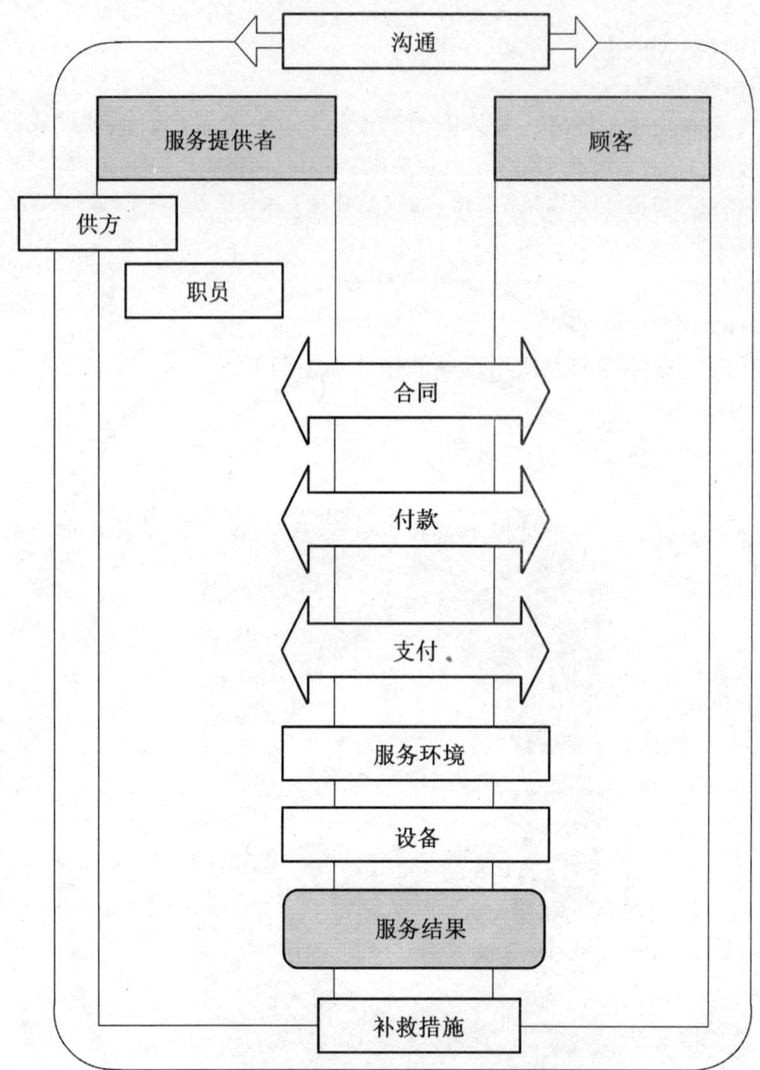

图1　服务要素及沟通在服务提供每个阶段发挥的作用

4.3　可获得性与公平性

服务可获得性取决于消费者对于他们需要或想要物品的支付能力，以及服务对于所有消费者的可用性，而不论地点、社会和经济因素以及身体或心理机能障碍。因此，所有消费者(包括各年龄段、不同种族和文化背景以及不同能力的人)的利益都需得到承认，并在制定相关标准之初就纳入考虑范围。为维护公平，标准需确保服务不会无故歧视任意特殊消费者群体。

4.4　选择

促进消费者选择是消费者政策的基本原则。在标准化中，这意味着一个标准不宜偏袒任何特定供方或受限于不必要的服务提供形式。服务的各种特点宜与性价比和市场竞争性的需要保持平衡。

4.5　安全和保密

服务提供的安全(包括卫生安全和人身安全)和保密(包括财务保密和隐私保密)是首要原则，尤其是要保护弱势群体，如儿童、老年人、残疾人或生活条件差的人或丧失能力(如由于语言功能受损)的人，为他们提供相关信息和帮助。

4.6　质量

质量表示服务满足消费者需求的程度。因此，质量包含构成优良服务的许多其他无形因素。这些因素不仅包括在4.2至4.5中(例如提供有用而准确的信息，处理好顾客需求和及时提供)，而且也包括在环境影响评估和可持续发展框架内(例如资源可持续使用和再利用能力)。易用性是大众质量要求，同时也是某种机能障碍人群的基本要素。质量、价格与安全是消费者最关心的核心问题。

4.7 赔偿

通常，消费者需对服务交付充满信心。如出现问题，需要有适当的措施来处理消费者关心的问题或索赔，不论服务提供者是在国内还是国外。

4.8 环境

环境问题越来越为消费者所重视，同时也影响他们的决定。环境问题包括通过减少浪费，降低气味、噪音和视觉污染来促进自然与人文环境的和谐，加强对物质、文化和人类遗产的保护。

4.9 消费者代表

当所制定标准的主要内容会对消费者产生影响时，标准制定组织宜保证所有技术委员会或工作组中都有消费者代表。如果不可行，需用其他方法确保消费者利益得到考虑，例如通过征求意见的方式。适当时，宜在标准中制定关于消费者代表参与的条款，例如规定在制定新服务标准过程中征求消费者意见。

4.10 遵守法律法规

服务提供者从服务最初的设计规划到交付和赔偿，均需确保符合现行法律法规的要求，并考虑其适用性问题。

5 本标准的使用

5.1 本标准概述了制定服务标准时如何确定和考虑消费者利益。标准包括国家、行业、地方、企业标准。本标准给出了制定特定标准时需要考虑的详细要求。

5.2 制定标准时，宜考虑下列文件：

a) ISO/IEC 政策声明《标准化工作中考虑老年人和残疾人需求》和 GB/T 20002.2—2008《标准中特定内容的起草　第 2 部分：老年人和残疾人的需求》，为标准制定者和其他人员起草和修订标准提供了解决老年人和残疾人问题的系统方法，并且帮助技术委员会评估其工作计划中解决这些问题的方法。

b) GB/T 20000.4—2003《标准化工作指南　第 4 部分：标准中涉及安全的内容》为考虑安全事项提供指导，GB/T 20002.1—2008《标准中特定内容的起草　第 1 部分：儿童安全》为儿童安全提供了更为具体的指导。

c) 关于服务交付方面的详细指导，例如 GB/T 19010—2009《质量管理　顾客满意　组织行为规范指南》、GB/T 19012—2008《质量管理　顾客满意　组织投诉处理指南》、GB/T 19013—2009《质量管理　顾客满意　组织外部争议解决指南》。

5.3 本标准第 6 章给出了标准制定过程中需要考虑的主要消费者问题，包括老年人和残疾人需求。

5.4 本标准第 7 章指出当消费者在选择、购买或预约服务时有可能询问的主要问题，并指出这些问题与不同服务要素之间的关系(见表 1)。

表 1　消费者可能询问的主要问题以及相关的服务要素

消费者询问的问题	服务要素
预约前有关服务提供者和服务的问题	
1. 我信任服务提供者吗? 需要有关诚信、声誉、偿付能力、可靠性、优良服务质量等方面的信息。信息可能直接来自服务提供者，包括品牌名称、顾客服务相关规范的使用。信息也可来自第三方，例如消费者和其他对服务评级或认证的机构。	服务提供者 沟通 供方
2. 我符合接受该服务的条件吗? 某些服务适合于所有人，某些服务需要满足一定条件，例如年龄或技能。	顾客 沟通

表 1（续）

消费者询问的问题	服务要素
3. 我是否从服务提供者处获得了价格、性价比、可选性等方面的足够信息，以便能作出正确的决策？	沟通
4. 我能否理解信息？信息是否易于使用？信息是足够还是过多？	沟通
5. 关于服务提供者或服务的某些方面影响我的决策吗？ 例如环境、健康和安全、组织或服务的社会影响、责任。	服务提供者 沟通
6. 服务提供者及其职员对我有礼貌并且有帮助吗？	职员 沟通
7. 我容易联系到该组织吗？ 例如办公开放时间、网站、免费热线服务电话、电子邮件等。	服务环境 设备 沟通
8. 该组织考虑我的特殊需求和局限吗？ 例如老年人、残疾人、青年、不同文化和语言的局限。	服务环境 设备
有关购买或预约服务阶段的问题	
9. 我理解合同（或默示合同）吗？	合同 沟通
10. 合同给我提供了足够的信息作决策吗？ 例如清楚规定买方、卖方和第三者权利义务，格式合同，撤销权。	合同 沟通
11. 我可以清楚预见该服务将给我带来什么吗？	交付 沟通
12. 我能试用该服务吗？	服务环境 设备 沟通
13. 我可以选择不同类型或等级的服务吗？如果可以，信息清楚吗？	交付 服务环境 设备 沟通
14. 我可以采用不同的支付方式吗？是否清晰说明？ 例如通过互联网支付、从银行账户扣除。	支付 服务环境 设备 沟通
有关服务交付的问题	
15. 我是否在预定的时间，以预期的方式享受到预期的服务质量？	交付 服务结果 沟通
16. 服务的提供是否安全，是否尊重我的隐私，且不损害健康和环境？ 如果不是，我怎样才能获得帮助？ 例如服务热线。	交付 服务结果 设备 服务环境 补救措施 沟通
17. 是否以礼貌、专业、友善的方式和适当的态度提供了服务？	职员 沟通

表 1（续）

消费者询问的问题	服务要素
有关售后/后期服务的问题	
18. 我如何投诉，有可供选择的投诉方式吗？	补救措施 沟通
19. 我的投诉是否得到迅速、礼貌、专业的处理，服务是由国内提供还是国外提供？	职员 沟通
20. 如果服务提供者没有解决我的问题，我是否可以请第三方考虑我的投诉？	职员 补救措施 沟通
21. 如需要，是否提供应急服务？	补救措施

5.5 制定企业标准或者具体领域标准时，可以考虑从消费者角度提出的服务要素。每一服务要素包含多个主题，第 8 章给出了每一服务要素内的不同主题。宜考虑所有相关主题，以确保制定标准时满足消费者需求。服务交付的每一阶段均涉及服务提供者和顾客之间的互动。

注：见图 2，体育赛事示例，该图也显示可能与之相关的支持活动。

5.6 本标准第 9 章中表 2 至表 6 提供了第 8 章所确定的相关主题一览表，帮助标准制定者考虑到所有相关方面。

5.7 附录 B 以列清单的形式，说明了差别较大的服务行业（例如理发店、旅馆、人寿保险）中不同的服务要素的重要性程度。

注：附录 B 中所列举的例子并非包括每一服务所必需的要求。

5.8 参考书目提供了参考资料清单，标准制定者可用来查找更为详细、具体的资料。

5.9 为确保可操作性，制定服务标准时，不管服务提供者的规模或定位，均宜有效识别需求。服务越复杂，要考虑的可选要素就越多。为便于使用标准，建议以列清单的方式确定特定服务的标准化内容，并以此为依据制定需遵守的基本要求，该清单可作为附录（例如 GB/T 19012—2008《质量管理　顾客满意　组织投诉处理指南》的附录 A）。

图 2 是一个职业足球俱乐部提供的服务，观众是消费者，在每个过程中可能提供几项服务，例如中场休息可能播放音乐，观众可能购买饮料或小吃，或去洗手间。支持活动还包括其他事项，但不与比赛直接相关的，例如销售俱乐部物品或发行杂志。为使服务结果让顾客满意，这些活动需要规划并良好实施。

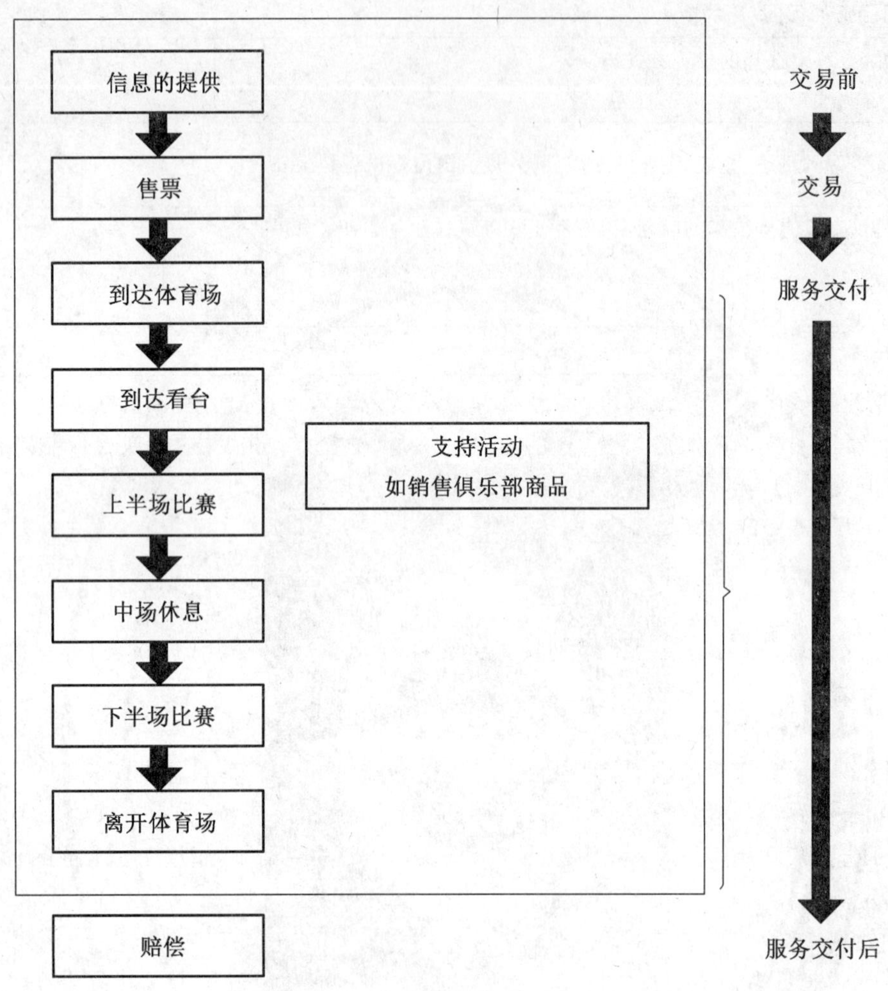

图 2　活动各阶段的服务提供(以职业足球为例)

6　标准制定过程中需要考虑的事宜

在制修订标准时,图 3 所示过程有助于识别和解决与消费者相关的主要问题。

图 3 服务标准制定过程中消费者相关问题的识别

7 消费者询问的问题

7.1 当选择、购买或预约服务时,消费者可能在服务提供的各个阶段提出各种各样的问题。制定标准解决这些问题可以增强消费者信心。同时,需要分析顾客投诉和调查数据,确保服务标准要求能够解决消费者不满意且又非常重要的问题。

7.2 表1给出了消费者可能询问的主要问题,并将它们与服务要素对应。制定服务标准时,需考虑这些要素。这些问题与服务提供者或服务过程相关,服务过程包括购买和预约前、合同阶段、服务交付时、购买或签约后,有时可能合同已经履行或提前终止。表1所列出的问题清单并非详尽,有可能出现与特定服务行业相关的其他问题,这些问题可以采用相同的方法交叉对应到服务要素。

7.3 服务可以是单一事件(例如参加一场音乐会,度假或接受手术)或连续事件(例如电话服务)。服务可以由单一活动组成或包括多个支持活动,如图2所示。附录A给出了服务活动示例。

8 服务要素及其相关内容

8.1 概述

第7章确定的服务要素涉及参与服务交付的各方(服务提供者、供方、职员和消费者),服务各阶段(合同、支付和服务交付),以及具有同等重要性的其他方面(例如服务环境、设备、结果和补救措施)。从顾客角度出发,信息沟通是服务提供的一个关键要素,贯穿服务交付的所有阶段。沟通对提供服务的组织、服务提供者及其供方都非常重要。表1体现了沟通在预约服务和交付服务的所有阶段中的重要性。每一个服务要素都要考虑许多主题,详细描述见8.2至8.14。不同主题的重要性取决于标准制定的行业。为便于标准制定者使用,第9章将8.2至8.14中信息以清单的形式给出。

8.2 服务提供者

8.2.1 总则

服务提供者可能提供一种或多种服务,包括:

——专家意见或支持(例如法律意见或财务服务);

——无形产品销售(例如保险);

——教育或培训(例如语言学习、体育指导或其他体育活动);

——膳宿和娱乐(例如旅馆、餐馆或剧院);

——有组织的引导活动(尤其是与旅游有关的活动);

——设备租用(例如工具、房屋出租代理或无形产品);

——护理或治疗(例如理发师或治疗师)。

8.2.2 质量管理

质量由许多因素构成,这些因素有助于确保提供持续的优质服务。具体领域服务标准可能要求遵守如GB/T 19001(它给出了质量管理体系的具体要求,适用于公司内部、认证或合同目的)和/或该领域所确定的关键质量要求。

8.2.3 环境管理

服务可能通过直接和间接的多种途径对环境产生影响,例如为给游客提供便利,在尚未开发的地区砍伐森林;为运载乘客或产品而增加能源使用量和废物处理。环境管理宜符合GB/T 24001、GB/T 20000.5或其他关键环境要求。

注:有许多环境管理方面的标准,包括环境宣言、生命周期评估等。参考文献中列出部分标准。

8.2.4 职业健康安全管理

大多数国家都有职业健康安全管理方面的法律法规,其适用性取决于正在制定的服务标准。通常,服务合同签订地与实际活动发生地所适用的法律之间存在差别(例如出国观光),可能直接影响到消费者(例如允许客车司机换班的时间长短可能存在潜在的安全问题)或者有利害关系(例如"民族特色服务"的购买者)。

8.2.5 偿付能力和其他财务方面

供方的偿付能力是服务购买者所关心的问题,尤其是当服务依赖于长期投资时,如私营个人养老金。随着金融服务在全球市场上所占比重的增加,许多国家出台了金融贸易方面的法规和协议,标准中涉及要求时需予以考虑。责任保险是需要考虑的一个方面。

8.2.6 诚信

服务提供者的诚信可通过相关行业规章和组织守则管理,例如诚信广告和销售方法要遵守国家有关规定或协议等。同时,要求服务提供者遵守所有相关的法律法规。

注1:可参考其他标准、具体行业规章或组织守则,例如诚信广告。

注2:参见GB/T 19010—2009《质量管理　顾客满意　组织行为规范指南》。

8.2.7　能力

组织的规模或资源可能影响顾客获得补救措施。因而,不论是在组织内部或是与其他服务提供者的协议方面,需要考虑制定最低要求,例如提供床位和早餐供应联网服务,以确保解决顾客超订问题。

8.2.8　社会责任

社会责任涉及面广泛,本身尚无定论,可能存在相应的国际协议、国家法规和协议、企业要求,例如与关心工人、环境、雇用童工相关的要求。

8.2.9　人力资源

职员的数量、技能和资质可能影响安全、保密或补救措施,因此,标准可以具体规定服务提供者的人员安排,例如职员的最少数量(取决于服务提供的类型)、资质,及一定数量职员所需要的管理者的最少数量。

8.3　供方

为服务提供者提供支撑的组织可能影响最终提供给顾客的服务质量。可能需要对供方规定与服务提供者同样的最低要求,例如遵守质量标准。同时需要考虑国际协议、国家法律法规、行业规范和相关的具体领域标准(例如旅游运营商采用的航线需符合国家航空安全标准,厨房设计公司安装的设备需符合产品安全和性能标准)。

8.4　职员

8.4.1　概述

具体领域标准主要涉及直接与顾客接触的职员,无论是雇员还是志愿者。

8.4.2　知识

标准在某些方面需规定最低要求,例如与顾客直接接触的职员需要掌握流利的目标用户语言,或完全理解并能够解释组织的投诉程序。

8.4.3　技能和资质

所要求的技能既包括必要的最低资质和执行主要服务任务的经验,也包括辅助技能,例如沟通技能(尤其是当提供个人护理服务时),灵活处理不同问题和理解顾客的技能,必要时,具备良好的体能。

8.4.4　态度

职业道德要求贯穿服务提供的全部阶段,包括行为和决策责任、礼貌和关心顾客需求、遵守行业或组织道德规范,例如为顾客保密。态度不好是投诉的一个主要原因,需予以特别强调。

8.4.5　培训

组织或公司的管理文件需包括监测职员表现和促进职员持续发展的措施。所有的培训宜包括与顾客沟通(投诉处理过程中的态度和技巧)、安全和健康要求、特殊需要等。需提供与职员岗位和服务相关的专业培训。

8.5　顾客

顾客包括正在考虑预约服务、购买服务或享用服务的人。为保证顾客(相关的个体或预约团体)的安全和隐私,顾客可能需要达到一定条件才能被允许签订服务合同或接受服务。这些条件包括年龄、知识或技能、态度(顾客爱惜设施、尊重职员和其他顾客)或健康(例如患有心脏病的顾客不能坐过山车)的最低要求。需要对在年龄、健康或智力方面处于弱势的顾客制定具体条款。有限制条件时(例如合理的安全因素),需明确表述。

8.6　合同

8.6.1　清晰和明确

以口头形式订立合同时,其他沟通(包括购买前的宣传材料)清晰而有条理尤为重要(见8.13)。书面合同宜使用简单易于理解的语言,并包含关键条款的解释。具体领域的标准需明确哪些条款需要解释。合同文本印刷宜具有足够的尺寸和可选方式(例如字符大小和语种)。为与服务交付相适应,具体领域标准可提供适合格式的详细信息。

8.6.2 客观和公平

关于公平合同条款、撤销权、全部成本、数据保护等方面的规定,需遵守国家法律法规。对于每年一签的服务合同,消费者可能认为服务继续延续(例如车险),因此,合同需明确指出是否存在自动转签,以及长期服务享有哪些权利。需考虑长期服务的一些权利是否为该行业消费者享有,并考虑是否有必要对其进行详细描述。

8.6.3 格式

合同的设计影响对合同的理解。关键信息的位置和表达方式需考虑国家或部门规定。

8.7 支付

8.7.1 与支付相关的信息

需明确说明发票或结算单是否包含服务费、税费、运费等。适当时,需提供单位价格信息(电话费、电力和燃气供应)。

8.7.2 支付方式

支付方式可包括现金、代金券、签账卡或信用卡和电子转账。支付方式宜适合于被交付服务的方式,如果预计的支付方式不可用或特定的支付方式存在相关的附加费用,需明确指出。宜提供多种支付方式供消费者选择。

8.7.3 条件

关于部分或全部支付服务费用的时限信息、大笔金额支出(例如购房保证金)、增值税、小费的信息需明确。合同中需规定投诉种类的处理,参照组织投诉程序和外部争执解决条款。

注:参见 GB/T 19012—2008《质量管理 顾客满意 组织投诉处理指南》、GB/T 19013—2009《质量管理 顾客满意 组织外部争议解决指南》。

8.8 交付

8.8.1 活动说明

具体领域的标准宜简要概述服务所包含的各种活动。

8.8.2 可信赖性

具体领域的标准需描述交付协议。参照具体行业的评级方案,例如酒店评级方案。

8.8.3 隐私

需遵守隐私和数据保护方面国家规定。

8.8.4 安全

其他标准或法律法规要求可能涉及安全问题,例如与服务环境、使用设备或作为特定服务交付部分的物品的供应有关。

8.8.5 健康和卫生

其他标准或适用的法律法规要求可能与健康和卫生问题相关,例如与服务环境或者作为特定服务交付部分的物品的供应有关。

8.8.6 环境方面

对环境、文化和人类遗产的保护宜予以考虑,包括废物处理(减少、恢复或再利用)、降低气味、减少噪音和视觉污染。建议增强顾客和职员的环境保护意识。

8.8.7 行为守则

GB/T 19010—2009《质量管理 顾客满意 组织行为规范指南》提供行为守则供参考。此外还需考虑组织使命、价值和质量承诺以及具体行业规范。

8.8.8 保密

保密包括人(例如成人/儿童和领导/团队安排)、所有物(例如用于安全存放有价值物质的设施)、投资、财务信息和顾客身份(例如个人数据访问限制等)的安全。它们各自相应的重要性取决于被交付的服务。

8.9 服务结果

8.9.1 满意度

参考建立顾客满意度的方法,包括对投诉数据和顾客调查的定期分析。

8.9.2 持续改进

服务提供者需预见/预先设计到某种持续改进的方案。质量管理标准(例如 GB/T 19004)提供了持续改进方法。实现改进目标的途径包括分析相关的投诉、索赔和事件(或意外事故)数据。适当时,定期分析顾客满意度信息以及对顾客需求的调查,不断提高服务质量。

8.10 服务环境

8.10.1 概述

服务交付的环境可能是场所(例如物品出售地、工作室、乡村或顾客自己家里),或者是服务网点(例如铁路网点、航空终点站或客车)。

8.10.2 健康和安全要求

服务环境需符合国家法律法规、国家标准和国际协议(例如写字楼日光通道、温度、空气质量、洗手间环境),相关要求需明确说明。特定服务领域可能需要特殊要求。

8.10.3 可达性

需遵守相关的法律法规、协议和标准(例如 GB/T 20002.2—2008),相关要求需明确说明。特定服务领域可能需要特殊要求。

8.11 设备

8.11.1 质量和安全要求

在服务交付中使用的物品和设施需安全并且适用其用途,同时需遵守相关的标准和国家的技术要求(例如用于公共交通服务的列车、修理厨房用的钻孔机)。要求可包括例如手动作业、补救措施等。

作为服务的一部分,提供的物品需遵守法律法规要求、相关的标准和协议,例如食品卫生标准。

8.11.2 可用性

家具的尺寸和形状、固定装置和设备必须适合目标用户,包括那些因有移动、视觉或听力障碍或年龄(儿童或老年人)因素而有特殊要求的用户。

8.11.3 其他相关要求

对于有必要进行风险管理的领域可能需要规定具体要求。如果提供的服务包括设备且设备需要定期检查(例如游乐场设备)时,则需要提供维护说明。

8.12 补救措施

8.12.1 服务的中断或变更

8.12.1.1 紧急措施

发生影响使用者安全、服务中断或紧急情况时,用户希望在恢复正常服务和采取临时措施之前,及时得到有关事故性质、所涉风险、联系方式、清晰的说明等信息。补救措施中宜具体规定政策、程序、相关设备以及在各种情况下获得应急服务的渠道。具体领域标准可规定具体情况以及适用相关法律法规的特定情况。

8.12.1.2 公司重组/兼并/迁移

一旦出现公司被接管、兼并、迁移或其他对消费者造成影响的类似情况时(例如服务的可获得性或条件可能发生变化时),在情况确定之前宜采取适当的措施通知消费者,并提供合理的连续性服务或顺延服务期限。

8.12.2 责任条款

组织宜依据具体情况提供适当的保险。具体领域标准需明确可能需要保险的特殊领域和最低程度。

8.12.3 保证

依据所交付的服务，保证向顾客提供适当的担保(例如列车到达时间间隔或旅馆客房保留时间段)。具体领域标准宜指出需要提供担保的范围或最低要求。

8.12.4 赔偿

需制定服务未按照协议交付时的赔偿条款(例如由于电力供应中断，电力公司自动提供补偿，或者航班延误超过规定的时间时，航空公司自动提供补偿)。在行为守则中宜制定这样的承诺(见8.13.7)。需要制定组织投诉程序和外部争端解决条款。

注：参见GB/T 19010—2009《质量管理 顾客满意 组织行为规范指南》、GB/T 19012—2008《质量管理 顾客满意 组织投诉处理指南》、GB/T 19013—2009《质量管理 顾客满意 组织外部争议解决指南》。

8.13 服务提供者与顾客之间的沟通

8.13.1 概述

顾客与服务提供者之间的沟通发生在服务提供之前、服务提供过程中和服务提供之后。广告中和其他宣传资料中所包含的信息，以及签订合同、提供和支付账单、保证、维护和投诉等后续信息非常重要。

8.13.2 方法

特定领域标准宜规定可能使用的信息和沟通技术(面对面、互联网、电话、传真、信件、电子邮件)，提出具体要求。宜提供可选方式和面对面交流的机会。

8.13.3 内容

服务交付时，需要提供详细说明和具体要求，尤其涉及儿童时。需扼要说明价格、税费或服务费，支付方法和账单。需清楚说明保证和赔偿形式，包括索赔和投诉处理政策，活动取消政策(例如允许的取消时限)。此外还要提供详细的服务提供者的联络信息，以及关于第三方参考资料的可用性和使用权限的信息。

标准宜考虑格式布局、用辞、电子信息的句法规则等。语言需明确、简洁、真实，考虑顾客的潜在特殊需求。此外，也要考虑具体行业要求、协议和标准。

注：GB/T 21737就信息提供给出指导。

8.13.4 沟通频率

沟通失败可能导致出现问题以及顾客对服务提供者的投诉。在服务交付阶段，标准宜指出沟通的关键环节，以及最小沟通频率/间隔。在可能进行“实时”沟通的情况下，宜考虑适当的反应速度(例如电话询问或使用互联网)。

8.13.5 易获得性

不能与服务提供者联系是顾客失望的潜在原因。宜为所有用户提供清晰可用的有关组织职员的信息(包括地点、办公时间、平均等待时间、每次呼叫成本、媒体、可选方式等)，并且这些信息需适合被交付的服务。

8.13.6 态度

组织宜制定相应的顾客服务要求和流程，包括礼貌要求(参见8.4)。

8.13.7 行为守则

组织宜提供其行为守则是否公开和如何获得的信息。特定领域标准中可作出规定。

8.13.8 顾客满意度测量

服务交付时，需提供获得反馈信息的方法，并确定能够从广泛的用户包括有特殊需求的用户处获得反馈。

注：ISO/TC 176正考虑制定关于顾客满意度测评和监督顾客满意度方法的标准。

8.14 服务组织内部沟通

8.14.1 概述

服务组织内部，以及该组织与其供方之间应进行良好的沟通。

8.14.2 方法

标准宜规定可能使用的信息和沟通技术(面对面,互联网,电话,传真,信件,电子邮件),提出具体要求。宜提供可选方式。

8.14.3 沟通频率

沟通失败可能导致出现问题和顾客对服务提供者的投诉。在服务交付阶段,标准宜指出沟通的关键环节,以及最小沟通频率/间隔。

8.14.4 共享信息

组织的政策和流程宜涵盖服务提供者与其供方之间,或服务组织内部的不同部门之间要共享信息的数量和质量,尤其涉及顾客隐私信息时。这包括对个人数据使用权的控制,尤其涉及广告、向其他组织销售等。

9 清单

如第8章所述,表2至表6确定了各个服务要素所涉及的相关内容。表中第二栏的序号编排遵照第8章的顺序给出了详细的主题,表中第三栏给出了在制定标准时可能需要考虑的信息提示。服务要素在三种不同类型服务(美发、住宿和保险)中的说明清单见附录B。

表2 与服务提供者有关的主题清单

服务要素	相关主题	标准制定过程中要考虑的事项
服务提供者 提供下列一种或多种服务: ——专家意见/支持(例如法律/财务方面) ——无形产品(例如保险) ——培训和教育(例如体育指导) ——膳宿和娱乐(例如旅馆/剧院) ——有组织和引导的活动(例如旅游) ——设备或场所租用(例如租赁代理,工具租用) ——护理或治疗(例如理发师,治疗师)	8.2.2 质量管理	相关标准,例如 GB/T 19001 和 GB/T 19004;行业内具体要求
	8.2.3 环境管理	相关标准,例如 GB/T 24001
	8.2.4 职业健康安全管理	国家法律法规、协议和标准
	8.2.5 偿付能力和其他财务方面	财务稳定性,包括责任保险 国家法律法规、协议和标准
	8.2.6 诚信	例如诚信广告 职业和组织守则;第三方相关资料的获得
	8.2.7 能力	影响补救措施的规模或资源
	8.2.8 社会责任	国际协议,标准,国家法律法规(例如雇佣童工),组织或具体行业要求
	8.2.9 人力资源	例如最少员工人数及其技能和资质 可能影响安全、防护或补救措施

表3 与供方、职员和顾客有关的主题清单

服务要素	相关主题	标准制定过程中要考虑的事项
供方 可能提供: ——作为服务的一部分的物品 ——参与提供该服务的人员	8.3	国家法律法规、协议;标准;具体行业规范或组织守则 例如旅游承办商采用符合国家航空安全标准的航线;厨房设计公司安装符合产品安全和性能标准的设备
职员 主要是指直接与顾客接触的人员	8.4.2 知识	所要求的相关领域知识,例如目标顾客的语言、组织投诉程序
	8.4.3 技能和资质	资格的最低要求和必要的经验;必要时,需要具备良好的体能
	8.4.4 态度	在服务交付所有阶段的职业态度,包括行为和决策责任、礼貌周到、顾客信息保密
	8.4.5 培训	组织的政策和程序,包括监督表现 例如态度、安全、投诉过程知识、特殊需求意识

表 3（续）

服务要素	相关主题	标准制定过程中要考虑的事项
顾客 潜在或现实顾客	8.5	允许签订服务合同或接受服务需要达到的标准，例如年龄、知识或技能、态度（爱惜设施，尊重职员和其他顾客），健康（例如过敏症） 有可能与服务用户（个体或团体）的安全或保密有关；考虑弱势用户（年龄、智力）

表 4　与合同、支付和服务交付有关的主题清单

服务要素	相关主题	标准制定过程中要考虑的事项
合同	8.6.1　清晰和明确	例如字迹清晰、易读，有可选方式
	8.6.2　客观和公平	公平的合同条款、撤销程序、成本的详细说明
	8.6.3　格式	版面设计，关键信息位置和表达方式 考虑国家要求和协议
支付	8.7.1　与支付相关的信息	是否包括服务费、税金等
	8.7.2　支付方式	支付方式、罚金、安全问题
	8.7.3　条件	部分或全部服务费用支付的时限信息；大笔金额支出（如购房保证金）；增值税/小费的信息
交付 行为要求	8.8.1　活动说明	例如采取行动的说明、要求的项目、详细的程度
	8.8.2　可信赖性	交付协议
	8.8.3　隐私	数据保护要求；国家法律法规、协议；标准；具体行业规范或组织守则
	8.8.4　安全	相关标准
	8.8.5　健康和卫生	相关标准
	8.8.6　环境方面	环境保护、文化和人类遗产；废物处理（减少、回收或再利用）；降低气味、噪音和视觉污染；增强顾客和职员的环境保护意识
	8.8.7　行为守则	相关标准，例如 GB/T 19010—2009《质量管理　顾客满意　组织行为规范指南》；组织使命，价值，质量承诺
	8.8.8　保密	人员（例如成人和儿童和领导和团队）、所有物（用于安全存放有价值物质的设施）、财务信息和客户身份（个人数据访问限制、互联网代码等）的安全

表 5　与服务结果、服务环境、设备和补救措施有关的主题清单

服务要素	相关主题	标准制定过程中要考虑的事项
服务结果	8.9.1　满意度	分析投诉数据、顾客调查结果
	8.9.2　持续改进	相关标准，例如 GB/T 19004；分析相关的投诉、索赔和事件（意外事件）数据；调查顾客满意度
服务环境 如工作室，家，交通情况	8.10.2　健康和安全要求	国家法律法规、协议；标准；具体行业规范或组织守则，例如写字楼日光通道要求，温度，空气质量，实验室设备
	8.10.3　可达性	遵守国家法律法规和标准，例如国家残疾人法 考虑各类残疾人的需求，包括视觉，听力，移动性和学习能力欠缺的人； 例如触觉标记，助听工具，无障碍通道，清晰、明确的标志

表 5（续）

服务要素	相关主题	标准制定过程中要考虑的事项
设备支持服务交付	8.11.1 质量和安全要求	在服务交付中使用的物品和设施应安全并且适用于其用途，同时应遵守相关的标准和国家的技术要求（例如用于公共交通服务的列车，修理厨房用的钻孔机）。要求可包括例如手动作业、安全保护措施等。 作为服务一部分的物品的供应，应符合国家法律法规、协议和标准，例如食品安全和卫生标准
	8.11.2 可用性	家具的尺寸和形状、固定装置和设备，包括特殊需要必须适合目标用户
	8.11.3 其他相关要求	维护说明、风险管理
补救措施	8.12.1 服务的中断和改变	适用于不同情况的政策、程序、设备；应急服务提供 一旦出现公司被接管、兼并、迁移或其他对消费者造成影响的类似情况时，采取适当的措施，向消费者提供建议、提供持续服务等
	8.12.2 责任条款	适当程度的保险
	8.12.3 保证	合理提供服务，如列车到达时间，旅馆房间保留时间
	8.12.4 赔偿	投诉处理和外部争端解决 相关标准，例如 GB/T 19012—2008《质量管理 顾客满意 组织投诉处理指南》

表 6 与各阶段沟通相关的主题清单

服务要素	相关主题	标准制定过程中要考虑的事项
沟通 顾客和服务提供者之间的沟通（在提供服务之前、服务提供过程中、服务提供后）包括： ——广告 ——服务提供前的文字说明 ——合同 ——账单	8.13.2 方法	可使用的信息和沟通技术（面对面、互联网、电话、传真、信件、电子邮件）；可选方式；格式编排、电子报文语法规则；标准；国家法律法规要求及协议。
	8.13.3 内容	所交付服务的详细说明；特殊要求，尤其是与儿童相关的特殊要求；费用，包括税或服务费；支付方法；账单；保证；索赔/投诉处理政策；活动取消政策；服务提供者联络信息。 术语；语言表达清晰，内容真实，并考虑顾客的潜在特殊需要。 国家法律法规、协议；标准（GB/T 21737《为消费者提供商品和服务的购买信息》）。
	8.13.4 沟通频率	与服务交付相关的最小频率/时间间隔
	8.13.5 易获得性	为所有用户提供有关组织职员的信息，如：地点、办公时间、平均等待时间、每次呼叫成本、媒体、可选方式等。
	8.13.6 态度	礼貌周到。
	8.13.7 行为守则	是否公开提供。
	8.13.8 顾客满意度测量	获得反馈的方法。 考虑 ISO/TC 176 正在制定的相关标准。

表6（续）

服务要素	相关主题	标准制定过程中要考虑的事项
沟通 在服务组织内部或在该组织与其供方之间的沟通	8.14.2 方法	使用的信息和沟通技术（面对面、电话、传真、信件、电子邮件）；可选方式。
	8.14.3 沟通频率	与服务交付相关的最小频率/时间间隔。
	8.14.4 共享信息	数量/质量，尤其与客户相关的数量/质量。

附 录 A
（资料性附录）
服务活动示例

本标准中的服务包括但不局限于以下活动：

——为满足顾客需求，在有形产品上所完成的活动（例如汽车服务或维修）；
——提供专家意见或顾客支持（例如法律或财务建议）；
——提供无形产品（例如保险）；
——为用户提供培训和教育（例如语言、体育和技艺知识的传授）；
——膳宿和娱乐（例如旅馆、剧院）；
——为参与者提供有组织和引导的活动（例如旅游，假日活动）；
——设备或房屋租用（例如出租代理、工具出租）；
——为顾客或用户提供护理或治疗（例如理发师、牙医）；
——健康护理；
——网络服务（例如电信、电缆、互联网、电力和燃料传输服务）；
——交通服务（例如公共汽车、火车、轮船和飞机）。

附　录　B
（资料性附录）
服务要素在不同服务中的说明示例

B.1　表B.1说明服务类型不同时，不同的服务要素具有的重要性程度不同。所举的例子是解释说明性的，因而不完整。鼓励为具体服务活动制定标准。

表B.1　用于理发、酒店和人寿保险服务的清单

服务要素	理发店	酒店	人寿保险公司
服务提供者	规模较小的组织可能不了解或未能实施质量和环境管理标准，例如GB/T 19000或GB/T 24001系列标准，可制定工作流程标准对理发店实施管理。 通常付款在服务交付后发生，偿还能力和其他财务方面对消费者的直接影响较小。 其他问题可能包括预约安排是否有充足的时间间隔以减少顾客等待某一理发师的时间，并适当处理化学废物（未使用过的染发剂等）。	全部服务项目可包含在组织管理规定中。酒店连锁经营，组织管理规定是企业形象的一部分。可能也使用外部标准，例如质量管理体系标准和环境管理体系标准。 随着网络预定和预付房款情况的增多，在偿还能力和财务方面可能存在一定的风险，但投保旅行险可降低风险。 服务交付的复杂性可能需要制定一套详细的程序，并需要对职员进行专业技能培训，以满足顾客需求。 特殊问题包括废物处理，毛巾洗烫，雇用弱势群体，禁止暴力或色情视频，管理喧哗或不守规矩的客人。	可能使用质量管理体系标准和环境管理体系标准（不太重要）。一般不需要具体领域标准。 对于保险公司而言，偿还能力和其他财务方面信息极为重要。国家管理部门可能制定了相关要求。如未制定相关要求，或相关要求不足以解决问题，可以制定标准予以补充。公司管理规定可能对公司自身提出相关要求。 问题可能包括保险费是否应取决于个人数据信息，例如健康或财产情况，以及费率设置是否基于对健康风险的分析。
供方	供方提供的洗发剂、头发处理剂等产品的质量。	包括相关服务的提供者，例如高尔夫球场、出租车服务。	保险代理人，经纪人等。
职员	接待员、洗头工、美发师等。 最低要求包括理发资质，所有职员需掌握有关健康、安全、顾客管理等方面的知识。 不太可能有书面规定。	职员范围广泛，包括行政人员、清洁人员和厨师。 工作职员最低要求（例如酒店和餐饮业从业证书）、应对顾客需求的知识和技能以及紧急撤离规程方面的知识。 全部要求将在公司管理规定中提到。	精算师和前台服务人员 除国家行政管理部门制定的要求以外，其他要求有可能在国家、行业部门或公司管理规定中提出。

表 B.1(续)

服务要素	理发店	酒店	人寿保险公司
顾客	顾客包括所有年龄和不同行为能力的人。 必要的顾客信息包括对产品化学成分敏感性等方面。 提供美容等辅助服务时,可能需要制定相关规定,例如哪个年龄段的孩子需要看管。	客户:酒店客人包括所有年龄段和不同行为能力的人 。 要求可能包括支付能力,年龄以及社会地位。	被保险人/保险受益人 要求可能包括保险受益顾客的年龄、智力以及被保险人健康状况、职业等。
合同	没有明示合同。	预订。 可包括允许的预订方式、表格、确认和取消预定的规定。还存在数据保护问题。	管理规定和相关的条款。 国家保险管理部门可能制定基本要求。国家、行业部门或公司管理规定可能提出其他要求。
支付	是否包含小费等问题。	允许的支付方式和是否包含小费等。	消费者许可的支付方式
交付	头发处理(剪发、洗头、修剪、染发、烫发等) 头发护理建议、与顾客的一般交谈。 其他护理,例如修指甲、化妆。 其他服务,包括等待设施(座椅和读物、音乐和饮料)	提供膳宿,但整套服务包括接待(预定、进入或离开酒店时的引导服务,居住期间的建议)、客房(配备例如床、淋浴、家具、熨斗等设备硬件设施和软件实施(例如风景或环境)、早餐和客房服务、设施(例如酒吧间和游泳池)及其他服务(例如提供短途旅行)。 提供与宣传手册、星级等相符的服务;不向第三方或其他客人透漏客人信息;为客人提供安全的环境,包括应急疏散程序、食品卫生、防止细菌感染等;客人行李等财产安全。	提供保险服务 除国家管理部门制定的要求以外,公司政策也适用。计算保险费的前提条件和规则是基本要素。为使消费者了解相关信息,具体分支机构可制定行为守则提供相关指导。 需要赔付时,公司、职员、技术、程序措施应保证保险公司的赔付能力。
服务结果	主要是理发和造型。 其他:等待设施、聊天、建议(此时,服务交付和服务结果不可分;顾客满意度不仅取决于发型,还取决于服务交付的其他要素)。	居住,享受成套服务 评估顾客满意度的形式。	一旦协议条件满足,获得协议金额。 需要赔付时,公司、职员、技术、程序措施应保证保险公司的赔付能力。
服务环境	理发厅或顾客家里。	公共场所和客房。 包括残疾人无障碍通道、电器设备安装要求、质量(客房大小)。	公司办公室。 办公室一般标准。

表 B.1（续）

服务要素	理发店	酒店	人寿保险公司
设备	剪刀、刷子、染发剂、吹风机等。 位置、面盆高度（工效学因素）等。	顾客将在没有监督情况下使用许多设备（例如咖啡机、电视机等）。 包括最低成套可用器具（如吹风机）和一次性用品（如客房内的洗漱品）、儿童安全、电器设备安全和残疾人设备的可用性。	信息沟通技术、软件、文件。 信息和通信技术的标准。
补救措施	了解顾客的发型要求以及对使用化学物品（例如染发剂）的敏感度。 安全操作和处理染发和烫发等产品。 梳子、刷子的卫生情况等。 退款或重新理发等相关的规定，责任保险等。	紧急撤离程序和与当地紧急服务机构的联系。 超额预定的处理。 投诉处理规定与外部争端解决办法的规定和宣传。	信息安全条款。 再保险标准。 责任条款。
顾客和服务提供者之间的沟通	预约、提供建议、交谈。	酒店和客人之间的沟通（提供酒店信息、预定、入住、居住期间信息提供、办理退房手续）。 可能使用互联网预定设施。 包括：酒店及其成套服务说明、是否采用评级系统；要求客人出示的信息（例如信用卡号、护照等），服务时间（每天 24 小时，每周 7 天或更少）。 提供行为守则。 顾客满意度测量方法，例如问卷调查。	保险公司和被保险人之间的沟通。 对保险条款的说明。 出现索赔时，提供承保政策查询。 行为守则公开。
服务提供者内部之间的沟通	预约计划。 定购材料。 化学药剂残留在头发上的时间、吹干头发的时间等相关信息。	预定系统。 居住前和居住时客人的沟通要求（例如通过客房服务预定禁止吸烟的房间）。	关于公司内部沟通以及与经纪人、投资公司、管理部门、供方和其他单位沟通的具体领域标准或者公司要求。 使用信息沟通技术的详细说明

B.2 理发店是小规模组织的示例，可能是个体经营或独立的小店铺经营模式。

B.3 酒店是服务提供者提供多种服务的一个示例，其主要服务是提供膳宿，但整套服务包括接待（例如预定、进入或离开酒店时的引导服务、居住期间的建议)、客房(配备包括床、淋浴、其他家具、熨斗等硬件设备及景观、装饰等软件设施,早餐和客房服务、设施(例如酒吧间和游泳池)及其他服务(例如提供短途旅行)。酒店本身可能是连锁经营店或是在某一特定品牌下的加盟店,设有连锁预定系统和互联网预定系统。

B.4 人寿保险是无形产品的一个例子。在人寿保险中,顾客所关心的问题是在信息不透明(不同的公司可能采用不同的方式提供信息)或缺乏信任(例如发生保单所列的事项时,保险公司是否会赔偿)的情况下,如何选择购买的险种。

参 考 文 献

[1] GB/T 19001 质量管理体系 要求(GB/T 19001—2008,ISO 9001:2008,IDT)

[2] GB/T 19010 质量管理 顾客满意 组织行为规范指南(GB/T 19010—2009,ISO 10001:2007,IDT)

[3] GB/T 19012—2008 质量管理 顾客满意 组织投诉处理指南(ISO 10002:2004, IDT)

[4] GB/T 19013 质量管理 顾客满意 组织外部争议解决指南(GB/T 19013—2009,ISO 10003:2007, IDT)

[5] GB/T 24001 环境管理体系要求及使用指南(GB/T 24001—2004,ISO/IEC 24001:2004,IDT)

[6] GB/T 21737 为消费者提供商品和服务的购买信息(GB/T 21737—2008,ISO/IEC Guide 14:2003,MOD)

[7] GB 5296.1 消费品使用说明 总则

[8] GB/T 17306—2008 包装 消费者的需求(ISO/IEC Guide 41:2003, IDT)

[9] GB/T 16759 消费品和有关服务的比较试验 总则(GB/T 16759—2008,ISO/IEC GUIDE 46:1985,Comparative testing of consumer products and related services, MOD)

[10] GB/T 20002.1 标准中特定内容的起草 第1部分:儿童安全(GB/T 20002.1—2008,ISO/IEC Guide 50:2002,IDT)

[11] GB/T 20000.4 标准化工作指南 第4部分:标准中涉及安全的内容(GB/T 20000.4—2003,ISO/IEC Guide 51:1999,Safey aspects—Guidelines for their inclusion in standard, MOD)

[12] GB/T 20000.5 标准化工作指南 第5部分:产品标准中涉及环境的内容(GB/T 20000.5—2004,ISO Guide 64:1997, NEQ)

[13] GB/T 20002.2 标准中特定内容的起草 第2部分:老年人和残疾人的需求(GB/T 20000.2—2008,ISO/IEC Guide 71:2001, IDT)

[14] ISO/IEC Guide 74, Graphical symbols—Technical guidelines for the consideration of consumers' needs

[15] ISO/IEC Policy Statement, Addressing the needs of older persons and people with disabilities in standardization work

[16] The consumer and standards—Guidance and principles for consumer participation in standards development, ISO/IEC, 2003

[17] ISO/IEC Statement on Consumer participation in standardization work, ISO/IEC, 2001

[18] MEESTERS, B. and DE VRIES, H. J., "ISO 9000 scores in professional soccer—but who is the customer?", ISO Management Systems, Vol. 2 No. 6, November—December 2002, ISO Central Secretariat, Geneva, pp. 51-55

[19] Americans with Disabilities Act (1990)

[20] European Mandate M283, Mandate to the European Standards Bodies for a guidance document in the field of safety and usability of products by people with special needs (e. g. elderly and disabled)

ICS 29.120
K 31

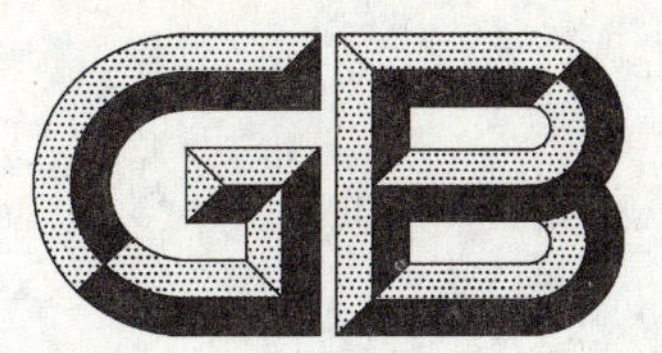

中华人民共和国国家标准

GB/T 24621.1—2009

低压成套开关设备和控制设备的电气安全应用指南 第1部分：成套开关设备

Application guide for electric safety of low-voltage switchgear and controlgear assemblies
Part 1: Switchgear assemblies

2009-11-30 发布　　2010-04-01 实施

中华人民共和国国家质量监督检验检疫总局
中国国家标准化管理委员会　发布

前　言

GB/T 24621《低压成套开关设备和控制设备的电气安全应用指南》分为以下两个部分：

——第1部分：成套开关设备；

——第2部分：装有电子器件的控制设备。

本部分为GB/T 24621《低压成套开关设备和控制设备电气安全应用指南》的第1部分，是对低压成套开关设备电气安全技术要求的应用指南，用于保证低压成套设备在使用操作中的人身和设备的安全。本部分作为各类低压成套开关设备安全要求的基础，对低压成套开关设备的设计、制造、销售和使用时涉及的安全技术做出了详细阐述，对关系到安全性和可靠性的部分做了着重说明。对温升、短路耐受强度、介电性能、保护电路有效性及电气间隙和爬电距离等一一做了解释。

本部分的附录D为规范性附录，附录A、附录B和附录C为资料性附录。

本部分由中国电器工业协会提出。

本部分由全国低压成套开关设备和控制设备标准化技术委员会(SAC/TC 266)归口。

本标准主要起草单位：天津电气传动设计研究所、南京化工电器仪表厂、广东番开电气设备制造有限公司、深圳市宝安任达电器实业有限公司、天津天传电控配电有限公司、北京北开电气股份有限公司、上海中发电气(集团)股份有限公司、上海柘中(集团)有限公司、正泰集团成套设备制造有限公司、厦门ABB低压电器设备有限公司、广州白云电器设备厂、杭州之江开关股份有限公司、山东省产品质量监督检验研究院、珠海经济特区光乐电控设备厂、临海市耀明电力设备有限公司、浙江武变高压电力设备有限公司、上海豪巍电气有限公司、广州南方电力集团电器有限公司、裕德电气厦门有限公司、瑞安市工泰电器有限公司、泉州雷航电子有限公司、指明电气有限公司、指月集团有限公司。

本部分主要起草人：俞秀文、范德常、陆以安、郑程遥、林广悦、欧惠安、张连民、张文波、于春生、仲继江、颜景新、刘阳、王锐森、仲秀萍、崔维峰、郑光乐、罗正阳、潘光焰、叶素珍、刘志崇、蒋小波、蔡甫寒、傅俊豪、汤珍敏、王培波。

本部分为首次发布。

低压成套开关设备和控制设备的电气安全应用指南 第1部分:成套开关设备

1 范围

GB/T 24621 的本部分给出了低压成套开关设备(以下简称成套设备)在安全技术方面的基本要求、结构要求和性能要求,是成套设备安全设计的基础。成套设备的设计、制造、销售和使用时应符合本部分的有关规定,以保证人身和设备的安全。

本部分适用于 GB 7251 系列标准的各类低压成套开关设备。

注:本部分规定的产品在 GB 7251 系列标准规定的特殊使用条件下工作时,需要增加相应的附加要求。

2 规范性引用文件

下列文件中的条款通过 GB/T 24621 的本部分的引用而成为本部分的条款。凡是注日期的引用文件,其随后所有的修改单(不包括勘误的内容)或修订版均不适用于本部分,然而,鼓励根据本部分达成协议的各方研究是否可使用这些文件的最新版本。凡是不注日期的引用文件,其最新版本适用于本部分。

GB/T 156—2007 标准电压(IEC 60038:2002,MOD)

GB/T 4205—2003 人机界面(MMI)操作规则(IEC 60447:1993,IDT)

GB 4208 外壳防护等级(IP 代码)(GB 4208—2008,IEC 60529:2001,IDT)

GB 7251.1—2005 低压成套开关设备和控制设备 第1部分:型式试验和部分型式试验成套设备(IEC 60439-1:1999,IDT)

GB 7251.2—2006 低压成套开关设备和控制设备 第2部分:对母线干线系统(母线槽)的特殊要求(IEC 60439-2:2000,IDT)

GB 7251.3—2006 低压成套开关设备和控制设备 第3部分:对非专业人员可进入场地的低压成套开关设备和控制设备 配电板的特殊要求(IEC 60439-3:2001,IDT)

GB 7251.4—2006 低压成套开关设备和控制设备 第4部分:对建筑工地用成套设备(ACS)的特殊要求(IEC 60439-4:2004,IDT)

GB 7251.5—2008 低压成套开关设备和控制设备 第5部分:对公用电网动力配电成套设备的特殊要求(IEC 60439-5:2006,IDT)

GB 9254 信息技术设备的无线电骚扰限值和测量方法(GB 9254—2008,IEC/CISPR 22:2006,IDT)

GB 16895.21—2004 建筑物电气装置 第4-41部分:安全防护 电击防护(IEC 60364-4-41:2001,IDT)

GB/T 16935.1—2008 低压系统内设备的绝缘配合 第1部分:原理、要求和试验(IEC 60664-1:2007,IDT)

GB/T 17625.1 电磁兼容 限值 谐波电流发射限值(设备每相输入电流≤16 A)(GB/T 17625.1—2003,IEC 61000-3-2:2001,IDT)

GB/T 17626.2 电磁兼容 试验和测量技术 静电放电抗扰度试验(GB/T 17626.2—2006,IEC 61000-4-2:2001,IDT)

GB/T 17626.3　电磁兼容　试验和测量技术　射频电磁场辐射抗扰度试验(GB/T 17626.3—2006,IEC 61000-4-3:2002,IDT)

GB/T 17626.4　电磁兼容　试验和测量技术　电快速瞬变脉冲群抗扰度试验(GB/T 17626.4—2008,IEC 61000-4-4:2004,IDT)

GB/T 17626.5　电磁兼容　试验和测量技术　浪涌(冲击)抗扰度试验(GB/T 17626.5—2008,IEC 61000-4-5:2005,IDT)

GB/T 17626.6　电磁兼容　试验和测量技术　射频场感应的传导骚扰抗扰度(GB/T 17626.6—2008,IEC 61000-4-6:2006,IDT)

GB/T 17626.8　电磁兼容　试验和测量技术　工频磁场抗扰度试验(GB/T 17626.8—2006,IEC61000-4-8:2001,IDT)

GB/T 17626.11　电磁兼容　试验和测量技术　电压暂降、短时中断和电压变化抗扰度试验(GB/T 17626.11—2008,IEC 61000-4-11:2004,IDT)

GB/T 17626.13　电磁兼容　试验和测量技术　交流电源端口谐波、谐间波及电网信号的低频抗扰度试验(GB/T 17626.13—2006,IEC 61000-4-13:2002,IDT)

GB/T 20138—2006　电器设备外壳对外界机械碰撞的防护等级(IK 代码)(IEC 62262:2002,IDT)

GB/T 24276—2009　评估部分型式试验的低压成套开关设备和控制设备(PTTA)温升的外推法(IEC 60890:1995,IDT)

GB/T 24277—2009　评估部分型式试验成套设备(PTTA)短路耐受强度的一种方法(IEC 61117:1992,IDT)

3　术语和定义

下列术语和定义适用于本部分。

3.1　一般定义

3.1.1

低压成套开关设备和控制设备　low-voltage switchgear and controlgear assembly

由一个或多个低压开关设备和与之相关的控制、测量、信号、保护、调节等设备,由制造商负责完成所有内部的电气和机械的连接,用结构部件完整地组装在一起的一种组合体。

[GB 7251.1—2005 中 2.1.1]

3.1.2

主电路(成套设备的)　main circuit (of an ASSEMBLY)

在成套设备中,一条用来传输电能的电路上所有的导电部件。

[GB 7251.1—2005 中 2.1.2]

3.1.3

辅助电路(成套设备的)　auxiliary circuit (of an ASSEMBLY)

在成套设备中,(除了主电路以外的)用于控制、测量、信号、调节、处理数据等电路上的所有导电部件。

注:成套设备的辅助电路包括开关电器的控制电路与辅助电路。

[GB 7251.1—2005 中 2.1.3]

3.1.4

母线　busbar

一种可以与几条电路分别连接的低阻抗导体。

注:母线这个术语与导体的几何形状、尺寸、截面积无关。

[GB 7251.1—2005 中 2.1.4]

3.1.5

功能单元　functional unit

它是成套设备的一部分，由完成相同功能的所有电气和机械部件组成。

注：虽然连接在功能单元上，但位于隔室或封闭的防护空间外部的导体（例如连接公共隔室的辅助电缆）不视为功能单元的一部分。

[GB 7251.1—2005 中 2.1.5]

3.1.6

进线单元　incoming unit

通过它把电能馈送到“成套设备”中去的一种功能单元。

[GB 7251.1—2005 中 2.1.6]

3.1.7

出线单元　outgoing unit

通过它把电能输送给一个或多个出线电路的一种功能单元。

[GB 7251.1—2005 中 2.1.7]

3.2　电击防护

3.2.1

电击　electric shock

电流通过人体或动物躯体而引起的生理效应。

[GB/T 2900.1—2008 中 3.5.3]

3.2.2

基本防护　basic protection

无故障条件下的电击防护。

注：对于成套设备，其基本防护通常对应于 GB 7251 系列标准中的直接接触防护。

[GB/T 2900.1—2008 中 3.5.66]

3.2.3

故障防护　fault protection

单一故障条件下的电击防护。

注：对于成套设备，其故障防护通常对应于 GB 7251 系列标准中的间接接触防护，主要与基本绝缘损坏有关。

[GB/T 2900.1—2008 中 3.5.67]

3.3　绝缘

3.3.1

基本绝缘　basic insulation

能提供基本防护的危险带电部件上的绝缘。

注：本概念不适用于仅用作功能性目的的绝缘。

[GB/T 2900.1—2008 中 3.5.70]

3.3.2

附加绝缘　supplementary insulation

除了基本绝缘外，用于故障防护附加的单独绝缘。

[GB/T 2900.1—2008 中 3.5.71]

3.3.3

双重绝缘　double insulation

既有基本绝缘又有附加绝缘构成的绝缘。

[GB/T 2900.1—2008 中 3.5.72]

3.3.4

加强绝缘　reinforced insulation

危险带电部件具有相当于双重绝缘的电击防护等级的绝缘。

注：加强绝缘可以由几个不应像基本绝缘或附加绝缘那样单独测试的绝缘层组成。

［GB/T 2900.1—2008 中 3.5.73］

4　基本要求

4.1　总则

应保证成套设备及其组成装置、器件都是安全的，并且在按规定运输、贮存、安装和使用时对人身安全不发生危险。

在成套设备的设计中，应优先考虑安全技术上的要求，并应保证成套设备本身的设计没有任何危险和隐患。如果不可能或不完全可能实现成套设备本身安全技术措施时，应采用特殊安全技术措施，或采用安全提示性的措施，提示说明在什么条件下能安全使用成套设备。

对成套设备的安全性能可以采用设计规则或计算和试验的方法来进行验证，以检查成套设备的符合性。具体规定参见附录 A 中表 A.1。

4.2　成套设备的数据和资料

4.2.1　一般要求

成套设备制造商应对成套设备的性能指标予以说明，并保证成套设备的特性符合安装使用条件的要求。

成套设备制造商的技术文件中应提供以下资料：

4.2.2　额定电压（U_n）（成套设备的）

4.2.2.1　额定工作电压（U_e）（成套设备一条电路的）

如果一条电路的额定电压与成套设备的额定电压不同，则成套设备制造商应规定这条电路的额定工作电压。

成套设备中任何一条电路的额定工作电压都不应超过其额定绝缘电压。

4.2.2.2　额定绝缘电压（U_i）

成套设备中一条电路的额定绝缘电压一介电试验电压和爬电距离参照此电压值确定。

一条电路中的额定绝缘电压应等于或者高于该条电路中规定的额定工作电压 U_e。

注：对于 IT 系统的单相电路，额定绝缘电压应该至少等于电源的相间电压。

4.2.2.3　额定冲击耐受电压（U_{imp}）（成套设备的）

额定冲击耐受电压应等于或者高于该电路所连接的系统中可能出现的瞬态过电压的规定值。

注：成套设备的额定冲击耐受电压的优选值见 GB 7251.1—2005 附录 G 中的表 G.1。

4.2.3　额定电流

4.2.3.1　成套设备的额定电流（I_{nA}）

成套设备的额定电流应小于：

——成套设备内所有并联运行的进线电路的额定电流总和；

——特殊布置的成套设备中主母线能够分配的总电流。

通此电流时，各部件的温升不应超过表 4 中规定的限值。

注 1：进线电路的额定电流可低于成套设备内的（符合各自装置标准的）进线装置的额定电流。

注 2：主母线是指在运行中正常连接的单个母线或单个母线的组合体，例如使用母线连接器进行连接。

4.2.3.2　一条电路的额定电流（I_n）

成套设备中某一电路的额定电流由成套设备制造商根据其内装电器元件的额定值及其布置和应用情况来确定。通此电流时，成套设备内各部件的温升不超过表 4 规定的限值。

注 1：任一条电路的额定电流可低于安装在这条电路中电器元件（根据各自的电器产品标准）的额定电流。

注 2：由于确定额定电流的因素复杂，因此无法给出标准值。

4.2.3.3 **额定分散系数(RDF)**

额定分散系数是由成套设备制造商根据发热的相互影响给出的每个成套设备出线电路可以持续并同时承载额定电流的相对值。

成套设备制造商明示的额定分散系数能用于：

——几组电路；

——整个成套设备。

额定分散系数乘以电路的额定电流不应小于出线电路的负载电流。出线电路的负载电流应在相关技术资料中给出。

额定分散系数适用于在额定电流下运行的成套设备(I_{nA})。

注：额定分散系数可以表明多个功能单元在实际中没有同时达到满负荷或断续地承载负荷的情况。

更详细的资料参见附录B。

4.2.3.4 **额定峰值耐受电流(I_{pk})**

额定峰值耐受电流应不小于电路所连接的电源系统中的预期短路电流峰值。额定峰值耐受电流应用额定短路耐受电流乘系数 n 获得。系数 n 的标准值和相应的功率因数见GB 7251.1—2005中表4。

4.2.3.5 **额定短时耐受电流(I_{cw})(成套设备中一条电路的)**

额定短时耐受电流应不小于连接到电源每一点的电路的预期短路电流的有效值。

成套设备不同的 I_{cw} 值对应不同的持续时间(例如0.2 s;1 s;3 s)。

对于交流,额定短时耐受电流值是交流分量的有效值。

4.2.3.6 **成套设备的额定限制短路电流(I_{cc})**

额定限制短路电流应不小于成套设备的短路保护装置的动作时间内所能承受的预期短路电流的有效值。

短路保护器件的特性应由成套设备制造商给出。

4.2.4 **额定频率(f_n)**

成套设备的额定频率是指电路所标明的并与其使用条件有关的频率值。如果成套设备的电路设计了不同的频率值,则应给出各条电路的额定频率值。

注：频率值允许限制在电路中内装电器元件相应的国家标准所规定的范围内,如果成套设备的制造商没有其他规定,则限制在额定频率的98%～102%范围内。

4.2.5 **其他特性**

应给出以下特性：

a) 功能单元在特殊使用条件下的附加要求(例如:配合形式,过载特性)；

b) 污染等级；

c) 为成套设备所设计的系统接地型式；

d) 户内和/或户外的安装条件；

e) 固定式或可移动式；

f) 电击防护措施；

g) 防护等级；

h) 专业人员使用或非专业人员使用；

i) 电磁兼容性(EMC)；

j) 特殊使用条件(如适用)；

k) 外形设计；

l) 机械冲击防护(如适用)。

4.3 成套设备的铭牌和标志

4.3.1 一般要求

成套设备上应有能保持长久、坚固、容易辨认,且醒目清晰的铭牌和标志。这些铭牌和标志应标出安全使用成套设备所必需的主要特征。其位置应该是在成套设备安装好后,易于看到的地方。

4.3.2 铭牌

每台成套设备应配置一至数个铭牌,以下资料应在铭牌中标出:

a) 成套设备制造商的名称或商标;

b) 型号或标志号,或其他标记,据此可以从成套设备制造商获得相关的资料。

如果适用的话,以下关于成套设备的附加资料也应在铭牌中给出:

c) 产品依据的标准编号;

d) 鉴别生产日期的方式;

e) 额定电压;

f) 短路耐受强度和短路保护器件的种类;

g) 电击防护措施;

h) 外形尺寸(包括突出部分,例如手柄、覆板、门);

i) 质量(超过 30 kg)。

4.3.3 标志

成套设备应设置辨别电路、电器元件及其保护器件的标志。成套设备中电路、电器元件的标志应与随同成套设备提供的线路图上的标志一致。如果需要,成套设备还应标志严禁打开门、覆板的警示,以及必要的操作程序、操作方向的标志及紧急情况下的操作提示等。

4.4 装卸、安装、操作与维修使用说明书

成套设备制造商应在其技术文件或产品目录中规定成套设备及其中电气元件的装卸、安装、操作、与维修要求。

如果有必要,说明书中应包括成套设备的装卸、运输、安装和操作的正确方法,这些方法对合理、正确地运输、装卸、操作、安装和使用成套设备是极其重要的。

如果有必要,应在成套设备制造商的文件或说明书上给出起吊的正确方法和起吊装置及其吊索尺寸及关于怎样装卸成套设备的信息。

如果有必要,应规定与成套设备的安装、操作和维修有关的 EMC 措施。

如果一个被规定用于环境 A 的成套设备将要用于环境 B,那么在使用说明书上要包括以下的警告:

警 告
本产品适用于环境 A。在环境 B 使用本产品可能会产生有害的电磁骚扰,在此情况下用户应采取适当的防护措施。

必要时,上述文件中应给出推荐的维修范围和维修周期。

如果元器件的布置使电路的识别不很明显,则应提供相关的资料,如电路图或表格。

4.5 元器件和/或部件的识别

4.5.1 在成套设备中,应能识别出单个电路和它们的保护器件、部件。所用的标识应与图纸上的标志一致。

4.5.2 对于能根据使用人员的选择置于不同运行或功能状态的器件,必须具有能够清楚表明所选择的状态并加以标记。为此目的设置的器件(例如测量仪器、功能选择开关)其定量或定性的指示值要有足够的精度。

4.5.3 受成套设备本身的条件限制,不能直接在成套设备上标识时,则须用其他能清楚、可靠的有效表达方式(如用操作说明书或安装使用说明书的书面表达方式),将需注意的事项通告使用人员。

4.5.4 对指定的颜色规定明确的含义,采用安全色标来传递安全信息,可提高操作人员的安全性。成套设备用按钮、指示灯和导线的颜色标记、标识见表 1。

4.5.5 电气设备的接线端、接地、危险等标记应符合表 2 和表 3 的规定。对特殊的操作类型和运行条件等应做扼要说明。

表 1　安全色标及常用的按钮、指示灯、导线颜色

序号	类别	颜　色	含　义	说　　明	应用举例
1	安全色标	红	危险情况,必须禁止、停止	传递安全信息,使人们能迅速发现或分辨安全标志和提醒人们注意,以防发生事故	
2		蓝	操作者需加干预		
3		黄	异常情况,警告、注意		
4		绿	安全状态运行		
5	按钮	红	紧急情况	在危险状态或在紧急状况时操作	紧急分断 、引起紧急分断动作、可用于停止/分断
6		黄	异常	在出现异常状态时操作	干预、为了遏制不正常状态进行干预、为了使中断的自动化过程重新起动
7		绿	正常、安全	在安全条件下操作或在起动正常状态下操作	起动/接通、然而为此用途应优先使用白色
8		蓝	强制性	在需要进行强制性干预的状态下进行操作	复位动作[a]
9		白	没有特殊的含义	一般地引发一个除紧急分断以外的动作	起动/接通(优先使用)、停止/分断
10		灰			起动/接通 、停止/分断
11		黑			起动/接通 、停止/分断(优先使用)
12	指示灯	红	紧急状况	危险状态	压力/温度超越安全范围、电压突然失落
13		黄	异常	异常状态;紧急临界状态	压力/温度超过正常范围,保护装置释放
14		绿	正常	正常状态	压力/温度在正常范围之内
15		蓝	强制性	表示需要操作人员采取行动的状态	输入指令
16		白	没有特殊意义	其他状态,如对使用红、黄、绿或蓝存在疑问时,允许使用白色	一般信息,例如:确认命令,指示测量值
17	导线	绿/黄双色	保护导体	用于安全接地保护的导线	成套设备中保护接地母排、保护接地导线
18		淡蓝	中性线或中间线	与交流系统中性点连接的导体或直流系统电源的中间线	当电路中包含有用颜色来标识的中性线或中间线时,应采用淡蓝色
19		绿/黄双色或淡蓝[b]	中性保护导线	保护线和中性线相连接的导线(PEN 线)	在整个电源系统中,中性导体和保护导体是合一的 TN 系统

注 1:交替按压改变功能的按钮用白、灰、黑色按钮,不允许用黄、绿、红色按钮。

注 2:按下时运动、抬手时停止运动(如点动或微动操作器),可使用白、灰、黑色按钮,不应使用红、黄色按钮。

[a] 复位按钮同时有停止/分断功能时,使用白、灰、黑色,黑色按钮最佳,也允许使用红色,但不允许使用绿色。

[b] 根据 GB 7947—2006 中 3.3.3 的规定,对绝缘 PEN 导体可使用以下一种方法标识:

——全长绿/黄双色;

——全长蓝色,终端另用绿/黄双色标志。

表 2 导线及其接线端子的字母数字标识和图形符号标识

序号	导　　线	导线线端的标识	设备接线端子的标识	图形符号
1	交流导体 相线 1 相线 2 相线 3 中性导体	 L1[a] L2[a] L3[a] N	 U V[b] W[b] N	～
2	直流导体 正极 负极 中间导体	 L+ L− M	 ＋或 C －或 D M	⎓ ＋ －
3	保护导体	PE	PE	⏚
4	PEN 导体	PEN	PEN	
5	功能接地导体	FE	FE	⏚
6	功能等电位联结导体	FB	FB	⊥

a “L”之后的数字只在多相系统中使用。

b 只在多相系统中使用。

表 3 其他安全标志符号

序号	名　　称	图形符号	说　　明
1	危险电压		用于各种电气设备。表示危险电压引起的危险
2	短路保护变压器	或	指明该变压器能承受内部或外部短路
3	非短路保护变压器	或	指明该变压器不应承受内部或外部短路
4	隔离变压器	或	指明该变压器是隔离型的。该变压器输入绕组与输出绕组在电气上彼此隔离，用以避免偶然同时触及带电体(或因绝缘损坏而可能带电的金属部件)和地所带来的危险
5	安全隔离变压器		指明该变压器是安全隔离变压器。它是为安全特低压电路提供电源的隔离变压器
6	Ⅱ类设备		表示能满足第Ⅱ类设备安全要求的设备

4.6 制造商与用户的协议项目

成套设备制造商和用户间应达成的协议款项参见附录 C 中表 C.1。在有些情况下，这些款项可以由成套设备制造商的资料和文件所替代。

5 成套设备的结构要求

5.1 材料和部件的强度

5.1.1 一般要求

成套设备应由能够承受在规定的条件下可能产生的机械应力、电气应力及热应力的材料构成，以保证成套设备及其部件的结构和安装方式能安全恰当地组装和连接。为了减少对可能产生于电气装置的各种危险以及外部对其的影响，还要求应采取必要的防护措施。

成套设备壳体的外形和结构应适合其用途。这些壳体和结构件可以采用不同的材料，例如：金属的、绝缘的或它们的组合材料等。

5.1.2 耐腐蚀

为了确保防腐，成套设备应采用合适的防腐材料或在裸露的表面涂上防腐层，同时还要考虑使用及维修条件。

5.1.3 耐紫外线辐射

对于用合成材料制作的或用金属材料制作但完全用合成材料包覆的，且用于户外安装的成套设备的壳体和外装部件，应由能抗紫外线(UV)辐射的材料构成。

5.1.4 绝缘材料的耐热和耐着火性能

5.1.4.1 一般要求

由于内部电气的作用，绝缘材料会受到热应力的影响，这种变化会降低成套设备的安全性，因此绝缘部件的功能不应该受到正常使用的发热、非正常发热和着火的影响。

5.1.4.2 绝缘材料耐热性能

制造商应给出证明成套设备所选用的绝缘材料温度指标的依据。如果没有此数据，成套设备的绝缘材料应能承受至少持续 70 ℃的高温，应用试验来验证绝缘材料的耐热性。

5.1.4.3 绝缘材料耐受非正常发热和着火的性能

由于内部电效应，用来作为固定载流部件的绝缘材料需要承受热应力，其损坏会影响成套设备的安全性能，这类绝缘材料部件不应遭受非正常发热和着火的有害的影响。

制造商可以提供有关绝缘材料适合性的数据以证明符合其要求。如果没有此数据，对成套设备的绝缘材料承受的灼热丝顶部的温度应如下：

——用于固定载流部件的部件：(960±15)℃；

——用于固定在嵌入墙内的部件：(850±15)℃；

——其他部件，包括保护导体和嵌入阻燃墙内的部分：(650±10)℃。

注：(PE)保护导体不作为载流部件考虑。

5.1.5 部件的机械强度

所有的壳体和隔板包括门的闭锁装置和铰链，应具有足够的机械强度以能够承受正常使用时和短路条件下所遇到的应力。

可移动部件的机械操作，包括所有的插入互锁，在成套设备安装好之后，应保证操作机构的良好性能。

5.1.6 起吊装置

如果需要，成套设备的壳体上应装配支撑最大允许负载所需的部件，配备合适的起吊装置，以保证成套设备的运输安全。

5.2 防护等级

5.2.1 对机械冲击的防护

成套设备的壳体应提供防止机械撞击的防护等级，如果需要，应按 GB/T 20138—2006 的规定执行。

5.2.2 防止触及带电部件以及外来固体的侵入和液体的进入

成套设备的IP代码通常是指防护外部尘埃或颗粒以及潮湿的气体进入内部或防护空间，而不会造成任何有害的影响。当成套设备在其正常使用条件下，应不会造成成套设备操作人员接触到任何危险的带电体。

由成套设备提供的防护等级，应按照GB 4208用IP代码表示。

对于户内使用的成套设备，如果没有防水的要求，下列IP值为优选值：

IP00，IP2X，IP3X，IP4X，IP5X。

封闭式成套设备在按照制造商的说明安装好后，其防护等级至少应为IP2X，成套设备正面的防护等级至少应为IPXXB。

对于无附加防护设施的户外成套设备，第二位特征数字应至少为3。

注：对于户外成套设备，附加的防护设施可以是防护棚或类似设施。

如果没有其他规定，在按照制造商的说明书进行安装时，制造商给出的防护等级应适用于整个成套设备。

成套设备某个部分的防护等级与主体部分的防护等级不同时，制造商则应单独标出该部位的防护等级。

例如：操作面IP20，其他部位IP00。

成套设备的IP等级应由试验验证来确定，只有在进行了适当的试验或使用预装式外壳的情况下才能给出，对没有进行过验证的成套设备，不应给出IP值。

户外和户内安装的封闭式成套设备，打算用于高湿度或温度变化范围很大的场所时，应采取适当的措施(通风和/或内部加热、设置排水孔等)以防止在成套设备内产生有害的凝露。成套设备在任何时候，都应保持规定的防护等级。

尽管本部分把电击防护的要求作为一个独立的项目，但是对电击的防护也涉及在防护等级的要求中。

5.2.3 可移式部件的防护等级

成套设备所给出的防护等级一般适用于可移式部件的连接位置。

如果在可移式部件或抽出式部件移出以后，成套设备不应保持原来的防护等级，制造商与用户应达成采用某种措施以保证足够防护的协议。制造商给出的资料可以代替这种协议。

5.2.4 内部隔室的防护等级

IP代码的另一个作用就是标定出成套设备内部隔室的防护等级，这包括人身防护，并可以防止成套设备内的物体从一个隔室转移到另一个隔室。成套设备用挡板或隔板进行隔离的典型形式见GB 7251.1—2005中7.7的规定，内部隔离形式的典型示例见GB 7251.1—2005的附录D。

5.3 电气间隙和爬电距离

5.3.1 一般要求

电气间隙和爬电距离按GB/T 16935.1—2008的规定，用来提供成套设备内的绝缘配合。

成套设备内部安装的器件，在正常使用条件下也应保持规定的电气间隙和爬电距离。作为成套设备的组成部分的装置的电气间隙和爬电距离，应符合相关的产品标准的要求。

考虑到壳体或内部屏障可能出现的变形，同时也包括短路所导致的变形，如有必要，应采用测量的方式验证电气间隙和爬电距离。

根据GB 7251.1—2005中表14和表16的规定，成套设备的电气间隙是依据额定冲击耐受电压确定，爬电距离依据额定绝缘电压确定。其值在确定选取时，应采用最高电压的额定值来确定单独电路的电气间隙和爬电距离。

电气间隙和爬电距离适用于相对相、相对中性线,如果中性导体直接连接在大地上则为相对地及不同电路的导体之间。

对于裸带电导体和端子(例如:与电器元件和电缆接头连接的母线)其电气间隙和爬电距离至少应符合与其直接相连的电器元件的有关规定。

短路电流不大于成套设备标称的额定值时,母线间、连接线间及母线与连接线间的电气间隙和爬电距离不应永久性减小至成套设备的规定值以下。由于短路导致的壳体或隔板、挡板、屏障的变形,不应永久地使电气间隙和爬电距离减小到规定值以下。

如果成套设备包含有抽出式部件,则有必要验证它在试验位置和分离位置时是否符合电气间隙和爬电距离的规定值。

5.3.2 电气间隙

电气间隙应足以达到能承受电路中标称的额定冲击耐受电压(U_{imp})。电气间隙的最小值应为 GB 7251.1—2005 中表 14 的规定值,进行过冲击耐受电压试验的情况除外。

测量电气间隙的方法见 GB 7251.1—2005 的附录 F。

5.3.3 爬电距离

成套设备爬电距离的最小值应为 GB 7251.1—2005 中表 16 的规定值。

制造商依据成套设备的额定绝缘电压(U_i)来确定爬电距离。给出的额定绝缘电压不应小于额定工作电压。爬电距离还应符合成套设备规定的污染等级及在额定绝缘电压下的相应的材料组别。爬电距离是以预期污染等级为依据的。如果用户无异议,制造商可以假定为污染等级 3(例如,存在导电性污染,或者由于凝露使干燥的非导电性污染变成了导电性污染)。同时,爬电距离是污染等级和所使用的绝缘材料(材料组别)的相比电痕化指数的函数。

在任何情况下,爬电距离都不应小于相应的最小电气间隙。

测量爬电距离的方法在 GB 7251.1—2005 的附录 F 中给出。

注:对于无机绝缘材料,例如玻璃或陶瓷,不产生漏电起痕,其爬电距离不需要大于其相关的电气间隙。但建议考虑击穿放电危险。

由于加强筋对污染物的影响以及其较好的干燥效果,因此可以明显地减少泄漏电流的形成。如果使用最小高度 2 mm 的加强筋,在不考虑加强筋数量的情况下,可以减小爬电距离,但应不小于规定值的 0.8 倍,而且不应小于相关的电气间隙。应根据机械要求来确定加强筋的最小底宽。

5.4 电击防护

5.4.1 一般要求

成套设备中的器件和电路的布置应便于操作和维修,同时要保证必要的安全等级。

当成套设备安装在一个符合 GB 16895.21 的系统中时,下述要求用来确保所需的防护措施。

注:普遍可接受的防护措施可依据 GB/T 17045—2008 和 GB 16895.21—2004 的规定。

那些对于成套设备特别重要的防护措施在 5.4.2～5.4.3 中给出。

5.4.2 基本防护

5.4.2.1 一般要求

基本防护是防止直接接触危险带电部件的一种防护。

基本防护可利用成套设备本身适宜的结构措施,也可利用在安装过程中采取的附加措施来获得对直接接触的防护。可要求成套设备制造商给出相关资料。

例如:安装了无附加防护设施的开启式成套设备的场地,只有经过批准的人才允许进入。

基本防护措施可以选择 5.4.2.2 和 5.4.2.3 中的一种或多种防护措施。如果相关标准没有规定,则应由成套设备的制造商选择适宜的防护措施。

5.4.2.2 使用绝缘材料提供基本绝缘

危险带电部件完全被绝缘材料包覆，绝缘材料只有在被破坏后才能去掉。

绝缘材料应采用能够承受使用中可能遇到的机械、电和热应力的材料制成。

注：例如用绝缘材料将带电部件包覆。

通常单独的漆层、搪瓷或类似物品的绝缘强度不应满足基本绝缘的要求。

5.4.2.3 挡板或壳体

靠空气绝缘的带电部件应安置在能够提供至少有IPXXB(也可按IP2X)防护等级的壳体内或挡板的后面，以防止触及危险的带电部件。

对不高于地面1.6 m范围内的可触及壳体的水平顶部表面的防护等级至少应为IPXXD。

考虑到外部影响，正常工作条件时，挡板和壳体均应可靠地固定在其位置上，使它们有足够的稳固性和耐久性以维持要求的防护等级并适当的与带电部件隔离。可导电的挡板或壳体与被保护的带电部件的距离应不小于5.3规定的电气间隙与爬电距离的值。

在有必要移动挡板、打开或拆卸壳体的部件(门、覆板和同类物)时，应满足下述条件之一：

a) 使用钥匙或工具，也就是说只有靠器械的帮助才能打开门、盖板和联锁装置；

b) 在由挡板或壳体提供基本防护的情况下，只有在挡板和壳体复位后才可以开始供电。在TN-C系统中，PEN导体不应被隔离或断开。TN-S和TN-C-S系统中，中性导体不需要隔离或断开。

   例如：用隔离器对门进行内部联锁，仅在隔离器断开时，门才能被打开，而且当门打开时，不使用工具不可能闭合隔离器。

c) 中间挡板提供的防止接触带电部件的防护等级至少为IPXXB，此挡板仅在使用钥匙或工具时才能移动。

5.4.3 故障防护

5.4.3.1 安装要求

成套设备应依据GB 16895.21—2004进行设计安装并采取相应的防护措施。对于一些特殊用途的安装场合(如铁路、船舶等)，防护措施应由成套设备制造商与用户协商而定。

5.4.3.2 自动断电保护

5.4.3.2.1 一般要求

每台成套设备应有保护导体，便于电源能自动断开，以提供如下保护：

a) 防止成套设备内部电路故障引起的后果(例如：基本绝缘损坏)；

b) 防止通过成套设备供电的外部电路故障引起的后果(例如：基本绝缘损坏)。

保护导体的具体要求见5.4.3.2.2和5.4.3.2.3。

保护导体(PE、PEN)的鉴别要求见GB 7251.1—2005中的7.6.5.2和本部分的表2。

5.4.3.2.2 防止成套设备内部电路故障对保护导体的要求

成套设备所有的裸露导电部件应连接在一起，并连接至供电保护导体上，或通过接地导体与接地装置连接。这种连接可以用金属螺钉、焊接或其他导体实现，或通过单独的保护导体实现。GB 7251.1—2005表3适用于采用单独保护导体的情况。

注：需要对成套设备的金属部件进行预处理，尤其是用耐磨涂覆层，如采用粉末喷涂处理。

应按照GB 7251.1—2005的8.2.4.1验证成套设备的裸露导电部件与保护电路接地的连续性。

为保证其保护电路连接的连续性，应满足如下要求：

a) 当把成套设备的一部分取出时，如例行维修，成套设备的其余部分的保护电路接地连续性不应中断。

如果采用的措施能够保证保护电路有持久良好的导电能力，而且载流容量足以承受成套设备中流过的接地故障电流，那么，组装成套设备的各种金属部件则被认为能够有效地保证保护电路的连续性。

注：除非是为特殊用途设计，否则软金属管不可以作为保护导体。

b) 在盖板、门、遮板和类似部件上面，如果没有安装超过特低电压(ELV)的电气装置，通常的金属螺钉连接和金属铰链连接则被认为足以能够保证电的连续性。

如果在盖板、门、遮板等部件上装有电压值超过特低电压限值的器件时，应采取附加措施，以保证接地连续性。这些部件应按照GB 7251.1—2005中表3A配备保护导体(PE、PEN)，此保护导体的截面积取决于电器元件工作时的额定电流 I_n。如果器件的额定电流不大于16 A，则为此用途而设计的等效的电连接方式(如滑动接触，防腐蚀铰链)也认为是满足要求的。

不能用装置的固定安装方式与保护电路连接的，应采用符合GB 7251.1—2005中表3A规定的导体连接到成套设备的保护电路上。

成套设备的裸导电部件在下述情况下不会构成危险，则不需与保护电路连接：

——不可能大面积接触或用手抓住；

——或由于裸露导电部件尺寸很小(大约50 mm×50 mm)，或被固定在其位置上，不可能与带电部件接触。

这适用于螺钉、铆钉和铭牌，也适用于接触器、继电器的衔铁、变压器的铁芯(除非它们带有连接保护电路的端子)、脱扣器的某些部件等，不论其尺寸大小。

如果可移式和/或抽出式部件配备有金属支撑表面，而且它们对支撑表面上有足够的接触力，则认为这些支撑面能充分保证保护电路的接地连续性。

5.4.3.2.3 防止成套设备的外部电路故障对保护导体的要求

成套设备内部保护导体的设计应使它们能够承受在成套设备的安装场地可能遇到的由于外电路故障引起的最大热应力和电动应力，导体结构部件可以作为保护导体或其中的一部分。

原则上，除了以下所提到的情况外，成套设备内的保护电路不应包含分断器件(开关、隔离器等)：

——只有经过批准的人才可以借助工具来拆卸保护导体的连接片(这些连接片可能是为了满足某些试验的需要)；

——当利用连接器或插头、插座切断保护电路连续性时，只有当带电体已经不带电了，保护电路才可以断开，在带电体重新通电之前必须保证恢复保护电路的连续性。

如果成套设备中的结构部件、框架、外壳等是由导电材料制成的，则保护导体不须与这些部件绝缘。对某些保护器件的导体包括连接到单独接地极的导体应绝缘。这适用于如电压操作故障的检测装置并也适用于变压器中性线的接地连接。

与外部导体连接的成套设备内的保护导体(PE、PEN)的截面积应不小于GB 7251.1—2005附录B中的计算公式规定求得的值。所应考虑的最大的故障电流、故障持续时间以及相关带电导体的短路保护器件(SCPDs)的限值见GB 7251.1—2005中8.2.3.2.4。

对于PEN导体，下述补充要求应适用：

——最小截面积应为铜10 mm^2 或铝16 mm^2；

——PEN导体的截面积不应小于所要求的中性导体截面积；

——结构部件不应用作PEN导体，但铜或铝制安装轨道可用做PEN导体。

——在某些应用场合，例如大的荧光照明装置，PEN导体的电流可能达到较高值，可以根据成套设备制造商与用户之间的专门协议，配备其载流量等于或高于相导体的PEN导体。

外部保护导体端子的详细要求见GB 7251.1—2005的7.1.3。

5.4.3.3 电气隔离

成套设备电路的电气隔离是用来防止因电路的基本绝缘损坏而触及带电的裸露导电部件时出现电

击电流。

这种类型的保护见附录D。

5.4.3.4 用全绝缘进行防护

采用“全绝缘”防护的成套设备称为Ⅱ类设备。

采用全绝缘防护必须满足以下要求：

a) 元器件应用双重或加强的绝缘材料完全封闭。壳体上应标有从外部易见的符号“回”。

b) 壳体上应不存在因导电部件穿过而可能将故障电压引出壳体外的部位。

这就是说，对金属部件，例如由于结构上的原因必须引出壳体的操作机构的轴，应按成套设备中所有电路的最大的额定绝缘电压和额定冲击耐受电压与带电部件绝缘。

如果操作机构是用金属做的(不管是否用绝缘材料覆盖)，应按成套设备中所有电路的最大额定绝缘电压和最大额定冲击耐受电压提供绝缘等级。

如果操作机构主要是用绝缘材料做的，若它的任何金属部件在绝缘故障时变得易于接触，也应按成套设备中所有电路的最大额定绝缘电压和最大额定冲击耐受电压与带电部件绝缘。

c) 成套设备准备投入运行并接上电源时，壳体应将所有的带电部件、裸露导电部件和附属于保护电路的部件封闭起来，以使它们不被触及。壳体提供的防护等级至少应为IP2XC(见GB 4208)。

如果保护导体需要与成套设备外的负载连接，则该成套设备应配备连接外部保护导体的端子，并用适当的标记加以区别。

在壳体内部，保护导体及其端子应与带电部件绝缘，并且裸露的导电部件应采用与带电部件相同的方式进行绝缘。

d) 成套设备内部的裸露导电部件不应连接在保护电路上，也就是说裸露导电部件不包括在保护电路的防护措施中，这同时也适用于内装电器元件，即使它们具有用于连接保护导体的端子。

e) 如果成套设备的门或覆板不使用钥匙或工具就能够打开，则应配备用绝缘材料制成的挡板，它不仅提供非故意触及可接近带电部件的防护，而且也可防止非故意地触及在打开覆板后接近裸露导电部件。因而，无论如何此挡板不使用工具应不能拆卸。

5.4.4 稳态接触电流和电荷的限制

如果成套设备内部含有断电后还存有稳态接触电流和电荷的装置(如电容器)，则要求装有警示牌。

用于灭弧和继电器延时动作等的小电容器，不应认为是有危险的器件。

注：如果在切断电源后的5 s之内，由静电产生的电压降至直流60 V以下时，非故意的接触不认为是有危险的。

5.4.5 对经过允许的人员接近运行中的成套设备的要求

根据成套设备制造商与用户的协议，经过允许的人员接近运行中的成套设备必须满足GB 7251.1—2005中7.4.6.1～7.4.6.3中的一项或几项要求。这些要求应作为5.4电击防护措施的补充。当经过允许的人员获准接近运行中的成套设备时，可借助工具或用解除联锁的方法打开柜门进行工作。当柜门重新闭合时，所有联锁应自动恢复。

6 成套设备的性能

6.1 温升

成套设备的温升是最能确定成套设备的可靠性和长期工作能力的验证项目之一。因为过高的温度会导致部件及绝缘的早期老化和最终故障。同时，接触热的盖板或操作器件所带来的安全问题也同样很重要。

成套设备的设计应考虑影响成套设备满足本部分中温升极限的诸多因素，对于成套设备各个部件的限值见表 4。

表 4 温升限值

成套设备的部件	温升/K
内装元器件[a]	根据元器件的相关产品标准要求，或(如有的话)根据元器件制造商的说明书[f]，考虑成套设备内的温度
用于连接外部绝缘导线的端子	70[b]
母线和导体，连接到母线上的可移式部件和抽出式部件的插接式触点	受下述条件限制[f]： ——导电材料的机械强度[g]； ——对相邻设备的可能影响； ——与导体接触的绝缘材料的允许温度极限； ——导体温度对与其相连的电器元件的影响； ——对于接插式触点，接触材料的性质和表面的加工处理
操作手柄 ——金属的； ——绝缘材料的	 15[c] 25[c]
可接近的外壳和覆板 ——金属表面； ——绝缘表面	 30[d] 40[d]
分散排列的插头与插座	由组成设备的元器件的温升极限而定[e]

a “内装元器件”一词指：
——常用开关设备和控制设备；
——电子部件(例如：整流桥、印制电路)；
——设备的部件(例如：调节器、稳压电源、运算放大器)。

b 温升极限为 70 K 是根据 GB 7251.1—2005 中 8.2.1 的常规试验而定的数值。在安装条件下使用或试验的成套设备，由于接线、端子类型、种类、布置与试验所用的不尽相同，因此端子的温升会不同，这是允许的。如果内装元件的端子同时也是外部绝缘导体的端子，则可采用较低的温升限值。

c 那些只有在成套设备打开后才能接触到的操作手柄，例如：事故操作手柄、抽出式手柄等，由于不经常操作，故其温升限值可提高 25 K。

d 除非另有规定，那些可以接触，但在正常使用条件下不需触及的壳体和覆板，允许其温升提高 10 K。距离成套设备基座 2 m 以上的外表面和部件可认为是不可触及的。

e 就某些装置(如电子器件)而言，它们的温升限值不同于那些通常的开关设备和控制设备，因此有一定程度的伸缩性。

f 对按照 GB 7251.1—2005 中规定的温升试验，需要由成套设备制造商来确定其温升限值。

g 如果满足了其他列出条件，裸铜母线和导体的最大温升为 105 K，它是考虑当高于此温度时，铜很容易熄火。其他材料应该有不同的温升限值，成套设备的温升试验不应超过此值。

从表 4 可清楚地看出，温升限值是为外部接口如电缆端子、盖板和操作手柄而设定的。在操作手柄和盖板中，由于所用材料的不同使其最终的效果有一定的差别。例如塑料盖板的温升限值是 40 K (加上日平均温度 35 ℃)，则塑料盖板的最高允许温度为 75 ℃。在此温度以下的情况，被认为是可接受的。

对成套设备内的其他部件，在温度限值内是不会产生有害的影响。这意味着如果不限制温度，势必会对成套设备的操作使用造成安全的隐患。制造商必须保证成套设备的温度不超过部件、材料特别是绝缘材料的承受能力。

事实上，成套设备的电器部件在给定负载下的不同环境温度中工作，每个部件在不同的温度下会有不同的容量。由于密集的接线，一个元件可能会把热量传到另一个元件上。同时，相邻的电路也会产生一定的热效应。为此，应采取合适的通风措施。

另外，由于壳体防护等级的提高，过热的可能性也随之增加，为了克服上述问题，部件可能需要降容。

如果需要确认性能，可以采用计算或试验的方法来验证成套设备在规定负载条件下的温升。应按照 GB/T 24276—2009 或 GB 7251.1—2005 中 8.2.1 来验证成套设备的温升是不可避免的。

进行温升试验时，成套设备内的所有的电器元件应像正常工作那样闭合，控制电路应施加额定电压，试验电流加在进线电路上，由出线电路分配电流。每个电路施加的负载电流等于其额定电流乘以实际的分散系数，如果没有提供其他信息，可用 GB 7251.1—2005 中表 1 提供的额定分散系数。

温升试验是时间的积累，试验持续的时间应足以使温度上升到稳定为止(时间一般不超过 8 h)。通常采用热电偶对温升试验的最后几小时的温度予以监视，温度测量的部位是可接近的壳体和覆板、操作手柄、母线及连接处、绝缘子、电缆端子、电器和/或内部空气温度等。

为了说明在成套设备内的潜在功耗，表 5 列出了一些有关功耗的典型试验结果。

表 5 典型的功率损耗

1 000 A 水平母线（每单元）	114 W
15 kW 电动机(采用直接起动—熔断器保护)	32 W
315 A 刀熔开关	130 W
2 000 A 万能式断路器	365 W

由表 5 可见，一个典型的抽出式电动机控制柜可以散发约 400 W 的热量，由于各种因素的影响，可能会超出以上数据。如果所装的电路会产生大量的热或由于较高的环境温度造成柜架散热能力减小，问题是相当严重的。所以，如果柜架单元的自然通风不充足，则应采取适当的措施，例如：强迫通风。

温度会直接影响成套设备的使用寿命，较低的温升是保证延长成套设备寿命和可靠性的关键。

6.2 短路保护与短路耐受强度

6.2.1 可免除短路耐受强度验证的成套设备的电路

以下情况不要求进行短路耐受强度验证：

a) 额定短时耐受电流或额定限制短路电流不超过 10 kA 的成套设备；

b) 采用限流器件保护的成套设备，该器件在成套设备的进线电路端最大允许预期短路电流时的截断电流不超过 17 kA；

c) 与变压器相连接的成套设备中的辅助电路，该变压器二次侧额定电压不小于 110 V 时，其额定容量不超过 10 kVA。或二次侧额定电压小于 110 V 时，其额定容量不超过 1.6 kVA，而且其短路阻抗不小于 4%。

除上述情况(不包括保护电路)外，所有的其他电路都应通过短路耐受强度的验证。

6.2.2 一般要求

成套设备应具有耐受不超过额定值的短路电流所产生的热应力和电动应力。制造商给出的短路耐受强度除采用试验验证外，还可以通过设计规则、计算来验证。

6.2.3 用设计规则进行验证

用设计规则进行验证是将需要验证的成套设备的情况与一个已经通过验证的成套设备作核查对比，其核查对比内容见表 6。

表 6 用设计规则进行短路验证的核查表

序号	核查内容	是	否
1	评估成套设备每条电路的短路耐受等级是否小于或等于基准设计?		
2	评估成套设备每条电路的母排及连接件的截面尺寸是否大于或等于基准设计?		
3	评估成套设备每条电路的母排和连接件的间距是否大于或等于基准设计?		
4	评估成套设备每条电路导体的材料及材料特性是否与基准设计相同?		
5	评估成套设备每条电路的短路保护器件看其制造和系列[a]与器件制造商给出的限制特性(I^2t,I_{pk})相同或更好?看其是否有同基准设计相同的排列和布置?		
6	评估成套设备内每条无短路保护器件保护的带电导体的长度(依据 GB 7251.1—2005 中 7.5.5.3 的规定)是否小于或等于基准设计?		
7	如果被评估的成套设备包括壳体,基准设计在用试验验证时是否包括壳体?		
8	评估成套设备壳体的设计和型式,是否与基准设计的相同?其尺寸是否至少与基准设计相同?		
9	评估成套设备每条电路的隔室,其机械设计是否同基准设计相同?隔室的尺寸是否至少和基准设计的最大尺寸相同?		
注:所有要求为"是"——不需做进一步验证。 任何一个要求为"否"—— 要求进一步验证的规定见本部分 6.2.4 和 6.2.5。			
[a] 对制造商生产的不同系列的短路保护器件与其声明的性能特性,在所有相关方面与用于验证的系列器件相比相同或更好,例如:分断能力和限制特性(I^2t,I_{pk})及临界距离。			

如果确定的验证与核查表的要求不一致,可使用 6.2.4 和 6.2.5 的方法之一进行验证。

6.2.4 与基准设计进行比较的评估验证

通过计算和应用设计规则,对成套设备及其电路的额定短路耐受电流进行评估时,应将此成套设备与已经经过验证的成套设备或成套设备组件相比较。评估应依据 GB/T 24277—2009。此外进行评估的成套设备的每一电路应满足表 6 中序列号为 6、8、9 和 10 的要求。

记录所使用的数据、曾经做过的计算和对比。

如果上列的任何一个或多个条款不满足要求,则成套设备及其电路应依据 6.2.5 进行试验验证。

6.2.5 用试验进行验证

6.2.5.1 试验要求

应按照 GB 7251.1—2005 中 8.2.3 的要求对成套设备进行试验验证,以考核成套设备耐受不超过额定值的短路电流所产生的热应力和电动应力。试验应在专门为此试验提供的成套设备上进行,不必在所生产的每台成套设备上重复进行。为了对成套设备进行完整的试验,有必要对电路和母线系统的每种设计选择一个类型进行试验。

典型的试验包括下述内容:

a) 出线电路

每个基本类型的出线电路,它包含事先未做过试验的部件(连接件可视为一种部件)应依次通以故障电流(短路耐受电流)。

用于试验的电路应闭合,并且应在出线端子上进行短路连接。试验电源应具有输送规定的短路电流的能力,此电源加在成套设备的进线端上。试验电压应维持不应少于 10 个周波的时间,直至被短路保护器件(熔丝或断路器)切断以消除故障。

b) 进线电路及主母线

通常进线电路和主母线(加上带有母线的柜架单元)要一同试验。试验电源连接至进线端上,在所确定的母线系统的远端进行短路连接。

如果进线电路包含有短路保护器件,如同上述出线电路那样,故障电流(短路耐受电流)可以在一个较短的时间内被分断。另外,对于大容量的成套设备,其故障电流应持续一个确定的时间。如果成套设备内包含有不同的母线设计(平行的和垂直的),应逐一进行试验。

c) 成套设备的主母线和出线功能单元电源侧的连接导体带有短路保护器件的,每种类型的电路都要进行附加的试验。

将导体连接到单独出线单元的母线上,用螺栓连接实现短路时,短路点应尽量靠近出线单元母线侧的端子。短路电流值应与主母线相同。

d) 如果电路中包含中性母线,要考虑在中性母线及最靠近中性母线的相线上进行一次试验,其预期故障电流应是三相值的60%。

如果中性母线与相母线的形状和截面积相同,而且:

——中性母线与相母线的支撑方式相同,沿母线长度的支撑距离不大于相母线的支撑距离;

——中性母线与最近的相母线的距离不小于相母线间的距离;

——中性母线与接地母线的距离不小于与相母线的距离。

则可不必对中性母线进行试验。

e) 对保护电路的短路试验要求见本部分6.3.3的规定,6.2.1的规定对本条不适用。

6.2.5.2 试验结果

短路试验后,只要电气间隙和爬电距离仍符合5.3的规定,母线和导体的变形是允许的。如对电气间隙和爬电距离有疑问,则应进行测量。

绝缘材料性能应能保证设备的机械和介电性能满足相关规定的要求。母线绝缘件或支撑件或电缆固定件不应分为两段或多段。此外,支撑件不应出现裂纹和破裂,包括表面的裂纹、支撑件的变形等。在对成套设备的绝缘性能有疑问的情况下,应依据GB 7251.1—2005的8.2.2以2倍U_i加最少1 000 V的电压下进行附加的工频试验。

导体的连接部件不应松动,而且,导线不应从端子上脱落。

母线或成套设备结构的任何影响其正常使用的变形,可移式部件的插入或移动的任何变形,应视为故障。

由于短路引起的壳体或内部隔板、挡板和屏障的变形是允许的,只要其防护等级没被破坏,电气间隙和爬电距离值没有减少到规定值以下。

另外,短路耐受强度试验后,被试成套设备应能承受6.4的介电试验。试验电压值见相关标准的规定。试验部位如下:

a) 在成套设备所有带电部件和成套设备的裸露导电部件之间;

b) 在每个极和为此试验被连接到成套设备裸露导电部件的所有其他极之间。

如进行上述a)和b)项试验,则应更换熔断器并闭合开关器件。

应检查成套设备的内装元件是否符合有关的规定。检测器件不应显示出有故障电流。

6.3 保护电路的有效性

6.3.1 一般要求

成套设备内适宜的保护电路是必不可少的。其主要功能是当非载流部件一旦意外地变为带电时,对人身进行保护。

一般情况,成套设备的金属结构构成其基础保护电路。对于多柜架单元,一般不要求必须具备金属结构,可以配置一个贯穿成套设备整个长度的保护导体(接地排)。

6.3.2 成套设备的裸露导电部件与保护电路之间的有效连接由以下两部分完成保护电路(接地排)的功能:

6.3.2.1 成套设备的结构是否能使保护电路的有效性得到满足:

a) 大于50 mm×50 mm可以被触及的所有裸露导电部件应有效地连接到保护电路上;

b) 操作手柄等被有效地连接到保护电路上或进行适宜的绝缘;

c) 一个部件从成套设备上移出而不切断其他部件的保护电路；

d) 门和盖板不应被密封垫完全绝缘；

e) 保护电路的尺寸是按照标准确定的，而且能够承受预期保护电流。

6.3.2.2 要求裸露导电部件和进线保护导体端子之间的电阻要足够低，此值不应超过 0.1 Ω。如有疑问应进行测量验证。

6.3.3 成套设备保护电路的短路强度

成套设备外壳及其保护电路(接地系统)应能够耐受额定短路电流所造成的热和电动应力。

确定成套设备保护系统的电器元件的额定值是很重要的。一般需要考虑以下因素：

——接地母线的短路额定值；

——出线保护导体端子和接地母线之间的连接。

实际上，除对一相和保护接地电路之间的短路试验外，成套设备保护电路的短路试验还包括对中性保护电路短路试验的重复进行。而且，如果没有其他要求，用于预期短路电流值应是成套设备三相短路耐受试验的预期短路电流值的 60%。

6.4 介电性能

6.4.1 一般要求

成套设备的每个电路都应能承受：

——暂时过电压；

——瞬态过电压。

成套设备用施加工频耐受电压的方法验证成套设备的暂时过电压的能力及固体绝缘的完整性；用施加冲击耐受电压的方法验证成套设备绝缘配合所选取的电气间隙能否承受规定的瞬态过电压的能力。本部分给出了介电性能试验的选择。

6.4.2 冲击耐受电压

如果制造商已标明了成套设备的冲击耐受能力，则要进行冲击耐受电压试验。GB 7251.1—2005 附录 G 中的表 G.1 给出了系统中规定电压和部位的适当值。

采用加强绝缘的成套设备应比对应于基本绝缘确定的额定冲击耐受电压高一级的值来确定，如果基本绝缘要求的冲击耐受电压不是优选值，则加强绝缘应按能承受基本绝缘要求的冲击耐受电压的 160%来确定。

对具有双重绝缘的成套设备，在基本绝缘和附加绝缘不能分开进行试验时，则该绝缘系统可考虑如同加强绝缘。

6.4.3 工频耐受电压

对成套设备实施工频介电试验，即通常的“工频耐压试验”，它包括在所有的带电部件之间和带电部件与成套设备的裸露导电部件之间施加规定的试验电压。

GB 7251.1—2005 的 8.2.2.4.1 和 8.2.2.4.2 中给出了规定的试验电压值。例如，对于主电路，当成套设备的额定绝缘电压在 300 V～690 V 时，介电试验电压应为交流 2 500 V。辅助电路施加的试验电压最小为 1 500 V。要求试验电压具有正弦波形，且频率在 45 Hz 和 62 Hz 之间。

施加试验电压时，开始施加时的试验电压不应超过上面给出值的 50%。然后在几秒钟之内将试验电压平稳地增加至上述规定值并维持 5 s，出厂试验的试验电压持续时间是 1 s。应该注意，不管出现任何漏电流，交流电源都应保证能够维持试验电压。

6.4.4 试验结果

如果没出现击穿或闪络现象，则认为通过了试验。

6.5 安全操作

6.5.1 操作的可靠性

电路接通和分断的控制，应保证有最大限度的安全性，必须防止造成误接通、误分断。对于手动控制器件，要保证操作器件运动的作用清楚明了，必要时辅以容易理解的图形符号和文字说明。对自动或部分自动开关的控制过程，必须排除由于过程重叠或交叉可能造成的危险，为此要有相应的联锁或限位装置。

如果在成套设备上装有控制装置和作为特殊安全技术措施的联锁机构，这些机构必须具有强制性的作用。在下列情况之一时，此要求应能得到满足：

a) 特殊安全技术措施要与成套设备的工作过程和运行过程的开始同时起作用；

b) 特殊安全技术措施作用之后，工作过程和运行过程才有可能开始；

c) 在工作人员接近危险区域时，先强制性地停止工作过程和运行过程。

6.5.2 紧急切断

如遇下列情况时，成套设备必须装设紧急开关：

a) 在可能发生危险的区域内，工作人员不能快速地操纵正常操作开关去消除出现的危险；

b) 有几个可能造成的危险部分存在，工作人员不能快速地操纵一个共用的操作开关来终止出现的危险；

c) 由于切断某个部分，可能引起危险；

d) 在控制台处不能看到所控制的全套设备。

无论是被接通还是被分断电源的成套设备，都不允许由于起动紧急开关而造成事故。紧急开关应用醒目的红色标记，并应采用手动复位。

6.5.3 防止误起动措施

对于在安装、维护、检验时，需要察看危险区域或人体部分(例如手或臂)需要伸进危险区域的设备，必须防止误起动。可通过下列措施来满足此项要求：

a) 先强制分断成套设备的电源输入；

b) 在“断开”位置用多重闭锁的总开关；

c) 控制或联锁元件位于危险区域，并只能在此处闭锁或起动；

d) 具有可拔出的开关钥匙。

6.5.4 手控操作器件的操作方向

规定手控操作器件的操作方向，可提高操作人员的安全性。成套设备的制造商在元件和器件的安装方案中，应采用GB/T 4205—2003关于操作方向的规定。常用的操作方向见表7。

表7 手控操作器件的操作方向与最终效应对照表

序号	最终效应	手控操作器件的操作方向			
		垂直运动	水平运动	转 动	揿—拉(按钮)
1	开(投入运行)	向上	向右、向前	顺时针	提拉
2	关(退出运行)	向下	向左、向后	逆时针	按压
3	向右		向右	顺时针	
4	向左		向左	逆时针	
5	向上、升	向上	向前		
6	向下、降	向下	向后		
7	关闭(闭合电路)	向上	向前	顺时针	提拉
8	打开(分断电路)	向下	向后	逆时针	按压
9	增加	向上	向右、向前	顺时针	
10	减小	向下	向左、向后	逆时针	

表 7（续）

序号	最终效应	手控操作器件的操作方向			
		垂直运动	水平运动	转 动	揿一拉(按钮)
11	前进(向前)	向上	向右		
12	后退(向后)	向下	向左		
13	开动(起动)	向上	向右、向前	顺时针	
14	刹住(停止)	向下	向左、向后	逆时针	

6.6 电气连接

6.6.1 成套设备必须装设能与外部电路可靠连接的装置。

6.6.2 所需要的连接手段，如接插件、连接线、接线端子等，必须能承受所规定的电(电压、电流和功率)、热(内部和外部受热)和机械(拉、压、弯、扭等)负载。特别容易造成危害的部位必须通过位置排列、结构设计和附加装置来保护。

6.6.3 母线和导电或带电的连接件，按规定使用时，不应发生过热、松动或造成危险的位移。

6.6.4 两个连接器件之间的导线不应有中间接头或焊接点，应尽可能在固定的端子上进行接线。

6.6.5 绝缘导线不应支靠在不同电位的裸带电部件和带有尖角的边缘上，应采用适当的方法固定、绝缘。

6.6.6 为保证成套设备内无短路保护器件保护的带电体(见 GB 7251.1—2005 中 7.5.5.1.2 和 7.5.5.2)在按规定使用时不产生相与相或相与地之间内部短路，电缆、导线的选择与敷设应符合 GB 7251.1—2005 中表 5 的规定。

6.6.7 如果是电子成套设备，有必要把控制电路与电源电路进行隔离或屏蔽。

6.7 电磁兼容性(EMC)

6.7.1 电磁兼容环境

在没有专门协议的情况下，对属于本部分范围内的成套设备，要考虑下面的两种环境条件：

a) 环境 A；

b) 环境 B。

环境 A：主要与低压非公共电网或工业电网有关，包括强骚扰源。

注 1：环境 A 符合 GB 4824—2004 中的 A 类设备。

注 2：工业环境表现为以下特征条件的一种或几种：

——工业、科研和医疗设备，例如：存在着工作机械；

——频繁切换的大感性或容性负载；

——大电流并伴随着高磁场。

环境 B：主要与低压公共电网有关，例如：在居民区，商业区和轻工业场所安装使用。本环境不包括强骚扰源，如：弧焊机。

注 3：环境 B 符合 GB 4824—2004 中的 B 类设备。

注 4：下列内容给出了环境 B 包含的场所：

——居民区，例如：住宅、公寓；

——零售业，例如：商店、超市；

——商业建筑，例如：办公室、银行；

——公共娱乐场所，例如：电影院、公共酒吧、舞厅；

——户外场所，例如：加油站、停车场、体育中心；

——轻工业场所，例如：车间、实验室、服务中心。

成套设备适合环境 A 和/或环境 B 应由成套设备制造商规定。

6.7.2 性能要求

在正常运行条件下，不装有电子电路的成套设备不受电磁骚扰，因此不需进行电磁兼容性试验。对装有电子电路的成套设备，如果满足了下述条件，则不要求在最终的成套设备上进行电磁兼容性试验：

a) 按 6.7.1 中规定的环境进行设计的组合器件和元件符合相关的产品标准或通用的 EMC 标准；

b) 内部安装及布线是按照元器件制造商的说明书进行的（关于互相影响，电缆的屏蔽和接地等）。

注：全部使用无源元件（例如：二极管，电阻，压敏电阻，电容，浪涌抑制器，电感器等）的电子电路装置不需要进行试验。

其他情况应按 6.7.2.1 和 6.7.2.2 的要求进行 EMC 验证。

6.7.2.1 抗扰度

安装在成套设备内的电子装置应符合相关产品标准或通用 EMC 标准的抗扰度要求，并按成套设备制造商的规定用于合适的 EMC 环境中。

用于环境 A 的成套设备应满足表 8 的要求，用于环境 B 的成套设备应满足表 9 的要求，试验结果的验收准则含义见表 10，制造商可以在产品标准中对表 10 的内容给出更加确切的解释。

表 8 用于环境 A 的成套设备的抗扰度要求

试验项目	试验等级	验收等级[b]
静电放电抗扰度试验 GB/T 17626.2	±8 kV/空气放电 或±4 kV/接触放电	B
射频电磁场辐射抗扰度试验 GB/T 17626.3 从 80 MHz～1 000 MHz 和 从 1 400 MHz～2 000 MHz	在壳体端口 10 V/m	A
电快速瞬变脉冲群抗扰度试验 GB/T 17626.4	电源端口±2 kV； 信号端口包括辅助电路和功能接地±1 kV	B
1.2/50 μs 和 8/20 μs 浪涌抗扰度试验 GB/T 17626.5[a]	电源端口（线对地）±2 kV； 电源端口（线对线）±1 kV； 信号端口（线对地）±1 kV	B
射频传导抗扰度试验 GB/T 17626.6 从 150 kHz～80 MHz	电源端口，信号端口和功能接地 10 V	A
工频磁场抗扰度试验 GB/T 17626.8	30 A/m[c] 在机壳端口	A
电压暂降和短时中断抗扰度试验 GB/T 17626.11[d]	0.5 个周期下降 30%； 5 和 50 个周期下降 60%； 250 个周期下降大于 95%	B C C
电源谐波抗扰度试验 GB/T 17626.13	要求待制定	

[a] 对于额定电压直流 24 V 及以下的成套设备不适用。

[b] 验收等级与环境无关，见表 10。

[c] 仅适用于成套设备中包含易受工频磁场影响的设备。

[d] 仅适用于电源输入端口。

表 9　用于环境 B 的成套设备的抗扰度要求

试验项目	试验等级	验收等级[b]
静电放电抗扰度试验 GB/T 17626.2	±8 kV/空气放电 或±4 kV/接触放电	B
射频电磁场辐射抗扰度试验 GB/T 17626.3 从 80 MHz 到 1 000 MHz 和从 1 400 MHz 到 2 000 MHz	壳体端口 3 V/m	A
电快速瞬变脉冲群抗扰度试验 GB/T 17626.4	电源端口±1 kV； 信号端口包括辅助电路和功能接地±0.5 kV	B
1.2/50 μs 和 8/20 μs 浪涌抗扰度试验 GB/T 17626.5[a]	±0.5 kV(线对地)用于信号和电源端口，除主电源外，输入端口应用 ±1 kV (线对地) ±0.5 kV(线对线)	B
工频磁场抗扰度试验 GB/T 17626.8	3 A/m[c] 在机壳端口	A
电压波动和中断抗扰性试验 GB/T 17626.11[d]	0.5 个周期下降 30%； 5 个周期下降 60%； 250 个周期下降大于 95%	B C C
电源谐波抗扰性试验 GB/T 17626.13	要求待制定	

[a] 对于额定电压直流 24 V 及以下的成套设备不适用。

[b] 验收等级与环境无关，见表 10。

[c] 仅适用于成套设备中包含易受工频磁场影响的成套设备。

[d] 仅适用于电源输入端口。

表 10　验收准则

项目	验收等级		
	A	B	C
一般性能	工作特性无明显变化 理想的运行	可自恢复的性能 暂时降低或丧失	性能暂时降低或丧失，需要操作者干预或系统复位[a]
电源和辅助电路的运行	无不正确的运行	可自恢复的性能 暂时降低或丧失[a]	性能暂时降低或丧失，需要操作者干预或系统复位[a]
显示和控制面板的运行	显示信息无变化。 仅发光二极管有轻微的亮度变化或轻微的字符移动	短暂的可视变化或信息丢失。 发光二极管非正常发光	停机。 信息持久丢失或显示错误信息。非法操作模式。不能自行恢复
信息处理和检测功能	与外部设备的通讯和数据交换未受影响	暂时的通讯故障，可能造成内部和外部设备出错	错误的处理信息。 数据和/或信息丢失。 通讯出错。不能自行恢复

[a] 明确的要求应在产品标准中详细的给出。

6.7.2.2　**发射**

不装有电子电路的成套设备只是在偶然的通断操作过程中可能产生电磁骚扰，其持续时间为

ms 级。这些发射的频率、等级及影响被视为低压设施正常电磁环境的一部分,因此可以认为满足了电磁发射的要求,不需要进行试验验证。

装有电子电路的成套设备应符合相关的产品标准或通用的 EMC 标准的发射要求,并适用于由成套设备制造商规定的 EMC 环境中。

6.7.2.2.1　**9 kHz 或更高频率**

装有电子电路的成套设备(例如:开关电源、包含有高频时钟的微处理器的电路)可能出现持续的电磁骚扰。

此类产品的发射要求不应超过相关产品标准规定的限值或表 11 或表 12 的要求。

用于环境 A 的成套设备的发射限值见表 11;用于环境 B 的成套设备的辐射限值见表 12。如果成套设备包含通信端口,则相关端口及环境的选择应依据 GB 9254。

6.7.2.2.2　**频率低于 9 kHz**

此要求适用于在交流电源上产生低频谐波的成套开关设备的电子电路,见 GB 17625.1 的要求。

表 11　环境 A 发射限值

试验项目	频率范围 MHz[a]	限　值	参考标准
辐射性发射	30～230	在 30 m[b] 处准峰值 30 dB(μV/m)	GB 4824—2004, A 类设备,1 组
	230～1 000	在 30 m[b] 处准峰值 37 dB(μV/m)	
传导性发射	0.15～0.5	准峰值 79 dB(μV); 平均值 66 dB(μV)	
	0.5～5	准峰值 73 dB(μV); 平均值 60 dB(μV)	
	5～30	准峰值 73 dB(μV); 平均值 60 dB(μV)	

[a] 在转换频率处可以有较低的限值。

[b] 在 10 m 处测量则限值增加 10 dB,在 3 m 处测量限值增加 20 dB。

表 12　环境 B 发射限值

试验项目	频率范围 MHz[a]	限　值	参考标准
辐射性发射	30～230	在 10 m[b] 处准峰值 30 dB(μV/m)	GB 4824—2004, B 类设备,1 组
	230～1 000	在 10 m[b] 处准峰值 37 dB(μV/m)	
传导性发射	0.15～0.5 限值随频率的对数而线性减小	准峰值 66 dB(μV)～56 dB(μV); 平均值 56 dB(μV)～46 dB(μV)	
	0.5～5	准峰值 56 dB(μV); 平均值 46 dB(μV)	
	5～30	准峰值 60 dB(μV); 平均值 50 dB(μV)	

[a] 在转换频率处可以有较低的限值。

[b] 在 3 m 处测量则限值增加 10 dB。

附 录 A
（资料性附录）
验证项目表

表 A.1 验证项目表

序号	验证特性	条款	验证选项		
			试验验证	计算验证	设计规则验证
1	材料和部件的强度：	5.1			
	耐腐蚀	5.1.2	是	否	否
	耐紫外线辐射	5.1.3	是	否	否
	绝缘材料的耐热和耐着火性能：	5.1.4			
	耐热性能	5.1.4.2	是	否	否
	耐非正常热和着火的性能	5.1.4.3	是	否	否
	机械强度	5.1.5	是	否	否
	起吊装置	5.1.6	是	否	否
	标志	4.2	是	否	否
2	防护等级	5.2			
	机械冲击防护	5.2.1	是	否	否
	防止外来固体和液体的进入	5.2.2;5.2.3;5.2.4	是	否	是
3	电气间隙和爬电距离	5.3	是	是	是
4	电击防护	5.4			
	基本防护	5.4.2	是	否	否
	保护电路完整性	5.4.3.2.2	是	是	否
	成套设备外部故障的影响	5.4.3.2.3	是	是	是
5	外接导体端子	5.4.3.2.3	否	否	是
6	温升极限	6.1	是	是	是
7	短路保护和短路耐受能力	6.2;6.3.3	是	是	是
8	介电性能：	6.4			
	冲击耐受电压	6.4.2	是	否	是
	工频耐受电压	6.4.3	是	否	否
9	机械操作	6.5	是	否	否
10	内部电气回路和接线	6.6	否	否	是
11	电磁兼容性(EMC)	6.7	是	否	是

附 录 B
（资料性附录）
额定分散系数

B.1 总则

成套设备内的所有电路能够单独地连续承载其额定电流，但是任一电路的电流承载能力可能受到相邻电路的影响。由于电路热效应互相作用的结果，可能会导致邻近电路的发热。对温度大大超过周围温度的电路可以采取风冷降温。

实际上，一般不要求成套设备内的所有电路能够连续并同时承载额定电流。在成套设备的使用中，由于负载的形式和性能的明显不同，有些电路将担负起动电流和断续电流或短时的负载电流。一些电路重载，而其他电路则为轻载或断开。因此，成套设备不需要所有电路都在额定电流下连续运行。分散系数为1.0，对材料和能源的使用效率不良的情况作为例外。本部分通过对给出的额定分散系数的配置来说明成套设备的实际要求。

通过给出的额定分散系数，成套设备制造商规定了所设计的成套设备平均负载条件。额定分散系数确定成套设备内所有出线电路或一组出线电路的每个单元能够连续并同时承载的额定电流值。成套设备中，如果在额定分散系数下运行的出线电路的额定电流总和超过进线电路容量时，额定分散系数适用于分配进线电流到任一组合的出线电路。

B.2 成套设备的额定分散系数

成套设备的额定分散系数见4.2.3.3中的规定。典型的成套设备功能单元额定电流示例在图B.1中示出，表B.1和图B.2～B.5给出了分散系数为0.8的多个负载安排示例。

B.3 一组出线电路的额定分散系数

为了规定成套设备的额定分散系数，成套设备制造商可以为成套设备内一组相关电路规定不同的分散系数。

表B.2和表B.3给出了分散系数为0.9的典型成套设备（在图B.1中示出）内一个柜架单元和一组功能单元的负载安排示例。

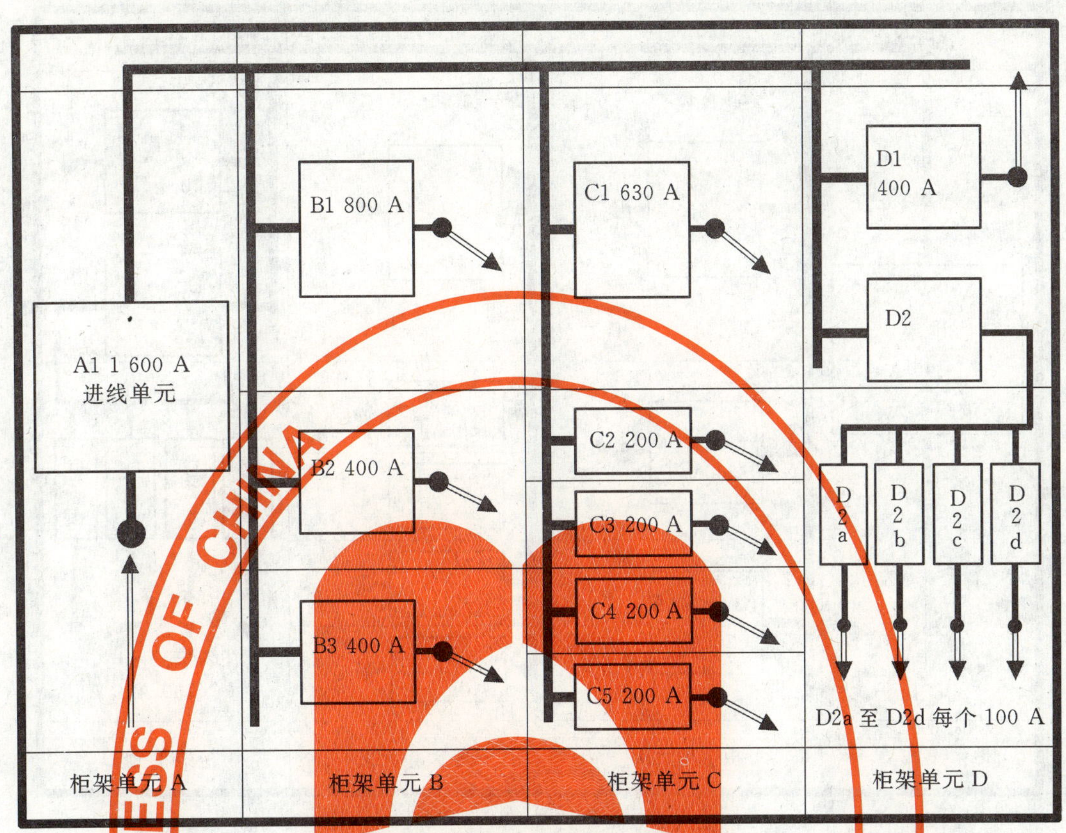

注：成套设备内功能单元的额定电流可以小于装置或器件的额定电流。

图 B.1　成套设备功能单元额定电流(I_n)的典型示例

表 B.1　额定分散系数为 0.8 的成套设备负载实例

功能单元		A1	B1	B2	B3	C1	C2	C3	C4	C5	D1	D2a	D2b	D2c	D2d
		电流/A													
功能单元额定电流 I_n[b]（见图 B.1）		1 600	800	400	400	630	200	200	200	200	400	100	100	100	100
额定分散系数 0.8 的成套设备的功能单元负载	例 1 图 B.2	1 600	640	320	320	0	160	160	0	0	0	0	0	0	0
	例 2 图 B.3	1 600	640	0	0	504	136[a]	0	0	0	320	0	0	0	0
	例 3 图 B.4	1 600	456[a]	0	0	504	160	160	160	160	0	0	0	0	0
	例 4 图 B.5	1 600	0	0	0	504	160	160	136[a]	0	320	80	80	80	80

[a] 平衡电流加载到进线电路至其额定电流为止。

[b] 成套设备内功能单元(电路)的额定电流可以小于装置或器件的额定电流。

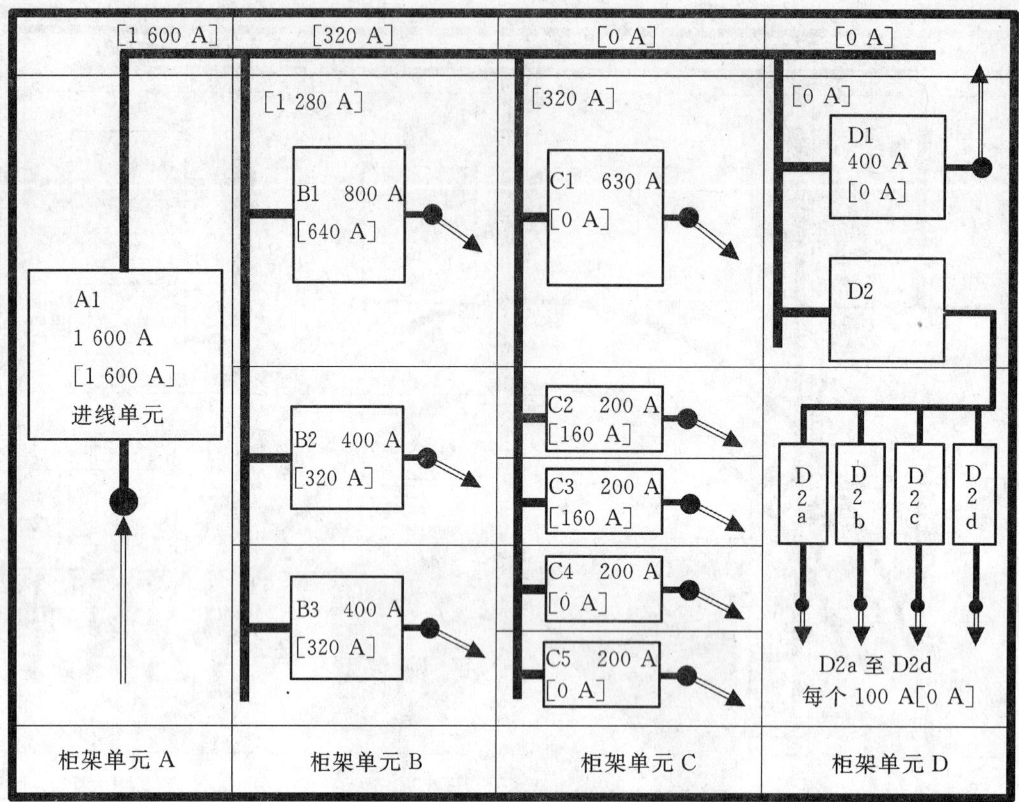

注：实际负载由图中括弧指出，例如[640A]。

图 B.2 例 1：表 B.1 额定分散系数为 0.8 的成套设备功能单元负载

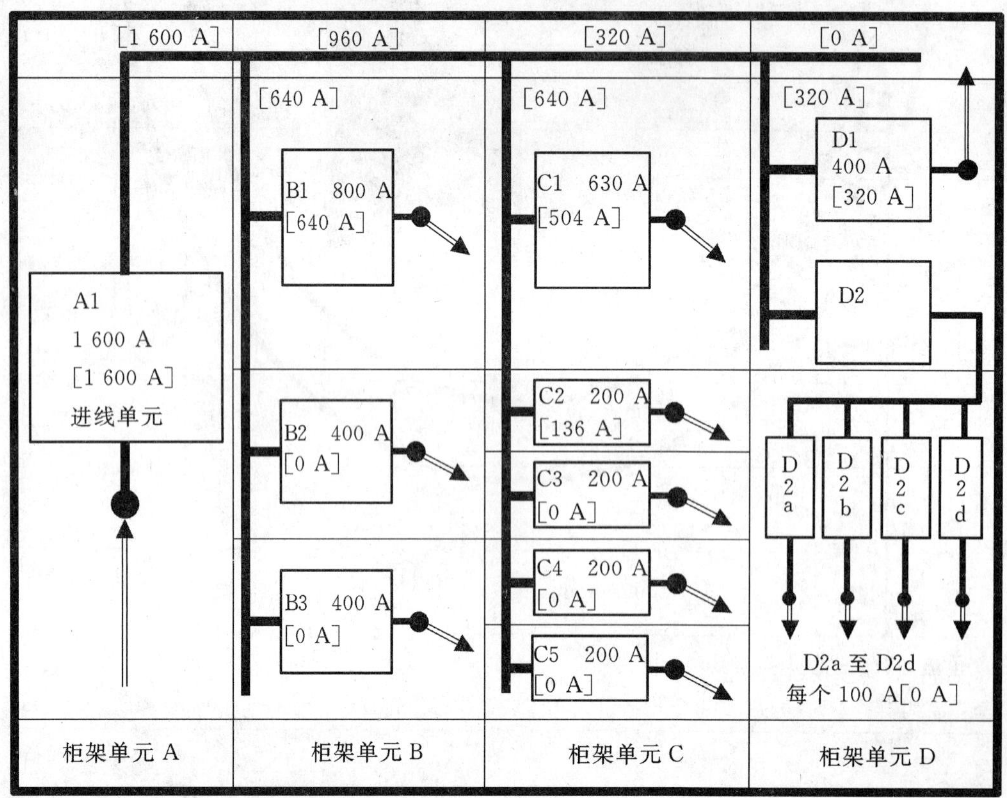

注：实际负载由图中括弧指出，例如[640A]。

图 B.3 例 2：表 B.1 额定分散系数为 0.8 的成套设备功能单元负载

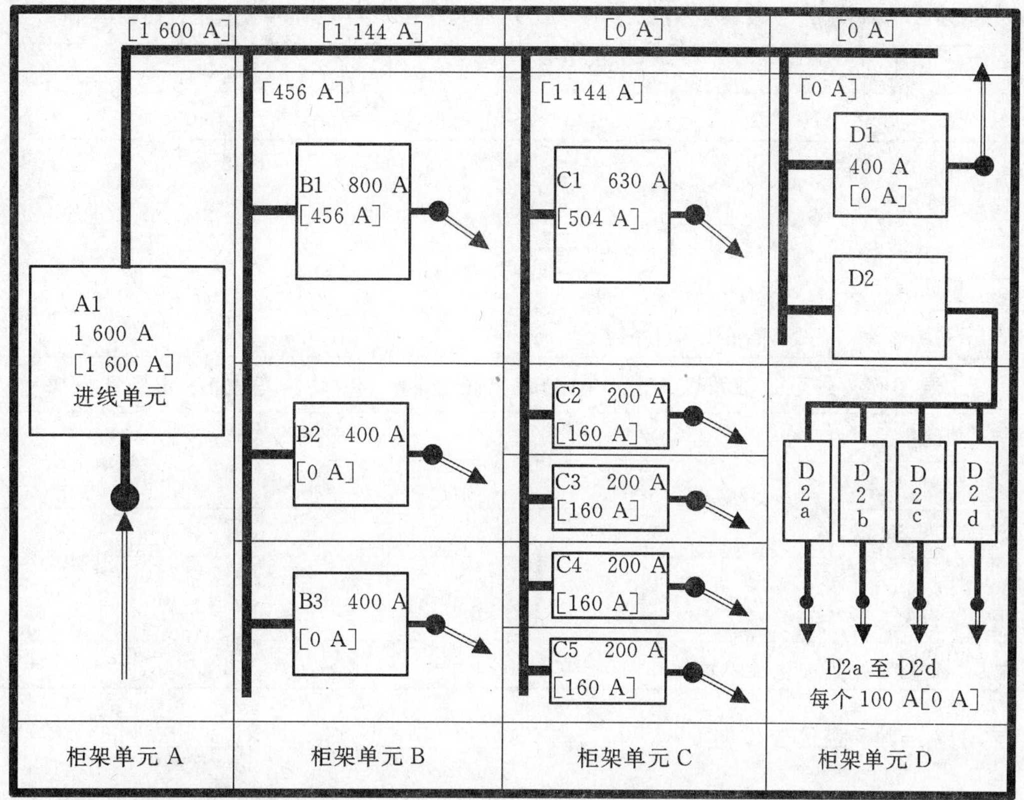

注：实际负载由图中括弧指出，例如[456A] 。

图 B.4 例 3：表 B.1 额定分散系数为 0.8 的成套设备功能单元负载

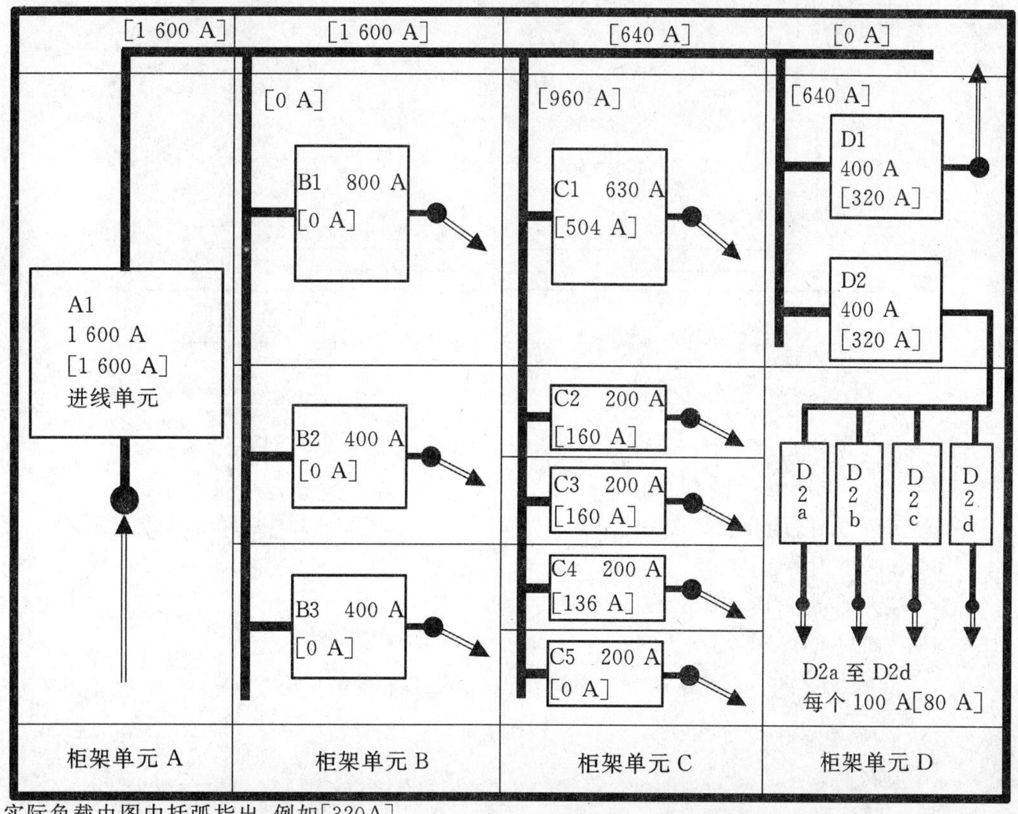

注：实际负载由图中括弧指出，例如[320A]。

图 B.5 例 4：表 B.1 额定分散系数为 0.8 的成套设备功能单元负载

表 B.2 额定分散系数为 0.9 的一组电路(图 B.1 中柜架单元 B)的负载实例

功能单元	柜架单元 B	B1	B2	B3
	电流/A			
功能单元 额定电流 I_n	1 440[a]	800	400	400
负载电流 (电路组的额定分散系数为 0.9)	1 440	720	360	360

[a] 额定分散系数为 0.9 的功能单元的最小额定电流。

表 B.3 额定分散系数为 0.9 的一组电路(图 B.1 中功能单元)的负载实例

功能单元	D2	D2a	D2b	D2c	D2d
	电流/A				
功能单元的额定电流 I_n	360[a]	100	100	100	100
负载电流 (电路组的额定分散系数 0.9)	360	90	90	90	90

[a] 额定分散系数为 0.9 的功能单元的最小额定电流。

B.4 额定分散系数和断续工作制

电路中器件的耗散热量产生的焦耳损失与实际电流的有效值是成比例的。描述实际断续电流热效应的电流有效值的计算实例见图 B.6 中给出的公式计算。假设确定了断续工作制,就可能得出热等效的实际电流有效值(I_{rms})。给定额定分散系数允许的负载曲线图见图 B.7 和图 B.8。应特别注意通电时间大于 30 min 的情况,因为小的装置此时已达到热平衡。

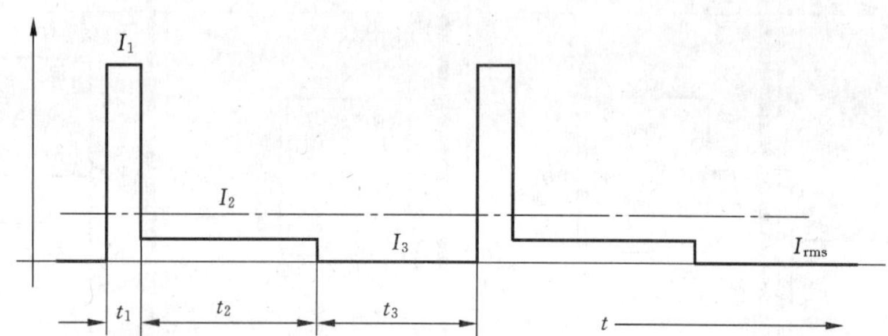

$$I_{rms} = [(I_1^2 \times t_1 + I_2^2 \times t_2 + I_3^2 \times t_3)/(t_1 + t_2 + t_3)]^{1/2}$$

式中:

t_1——在电流为 I_1 时的起动时间;

t_2——在电流为 I_2 时的起动时间;

t_3——在电流为 $I_3=0$ 时的间隔时间;

$t_1+t_2+t_3$——周期时间。

图 B.6 平均热效应的计算实例

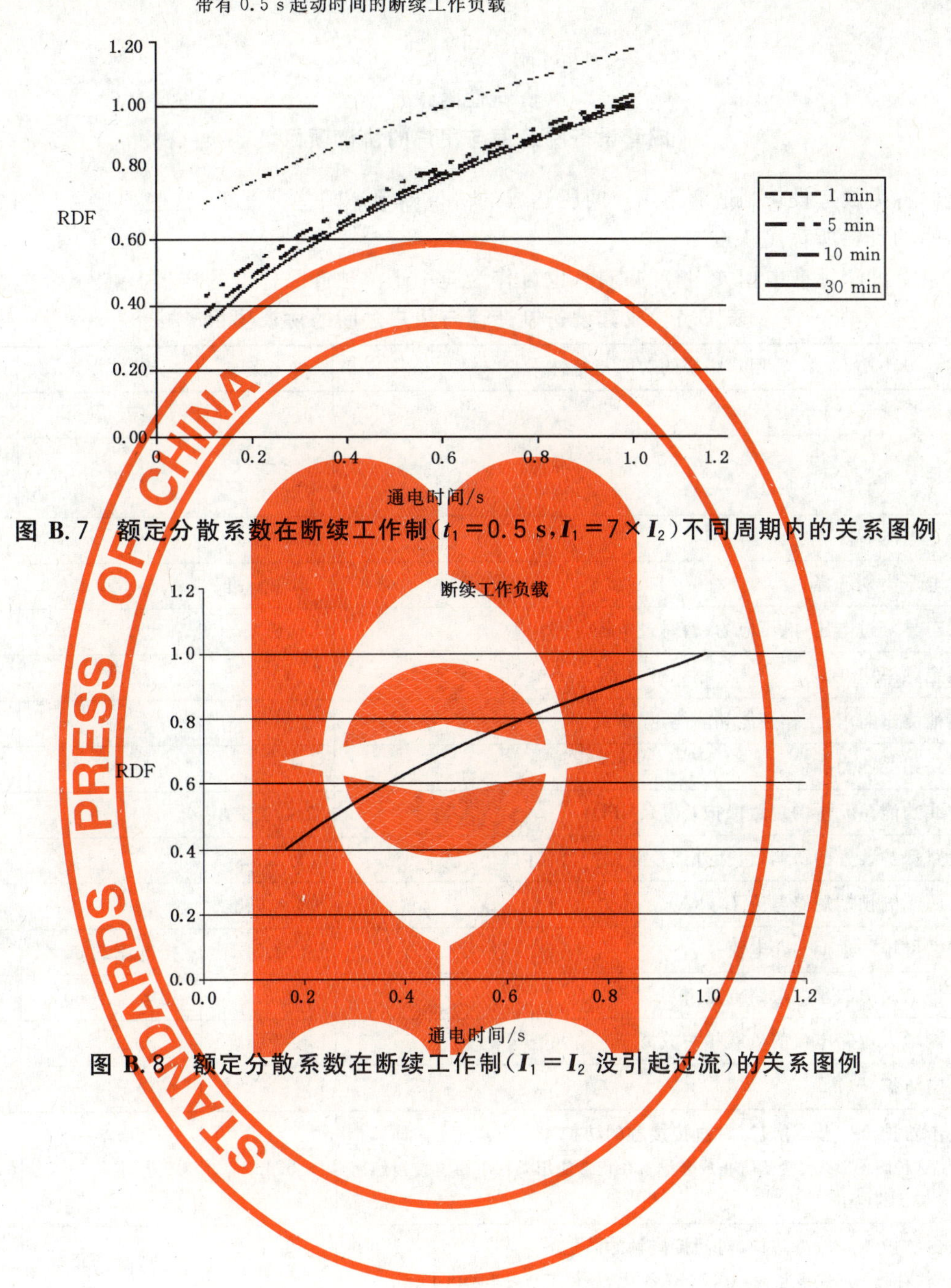

图 B.7 额定分散系数在断续工作制($t_1=0.5$ s,$I_1=7\times I_2$)不同周期内的关系图例

图 B.8 额定分散系数在断续工作制($I_1=I_2$ 没引起过流)的关系图例

附 录 C
（资料性附录）
成套设备制造商与用户的协议项目

下述内容为成套设备制造商与用户间所达成的协议款项。某些情况下，这些款项可以由成套设备制造商声明的资料所替代。

本附录有助于标准中相关内容的查找，也可作为应用于单独产品标准的样板。

表 C.1 成套设备制造商与用户之间的协议项目

序号	用户指定的功能与特性	参考条款	标准规定	用户需求[a]
1	电气系统			
	接地系统	4.2.5； 5.4.3.2.3		
	额定电压 U_n(V)	4.2.2		
	过电压类别选择	参考标准		
	瞬态异常过电压；电压应力；暂时过电压	6.4	否	
	额定频率 f_n(Hz)	4.2.4		
	其他测试需求：工作性能和功能；如布线	6.5；6.6		
2	短路耐受能力			
	进线功能单元中的短路保护装置(SCPD)	5.4.3.2.3		
	短路保护装置的协调，包括外部短路保护器在内	4.2.3.6		
	电源端的预期短路电流 I_{cp}(kA)	参考标准		
	中性母排的预期短路电流	6.2.5.1	相电流的 60%	
	保护电路中的预期短路电流	6.3.3	相电流的 60%	
	可能增大短路电流的负载相关数据	参考标准		
3	电击防护			
	电击防护——基本防护(对直接接触的防护) 注：这种防护形式是为了防止成套设备在正常使用条件下由直接接触而引起的电击。	5.4.2	基本防护	
	电击防护——故障防护(对间接接触的防护) 注：这种防护形式是为了防止成套设备故障条件下所发生的电击。	5.4.3	故障防护	
4	安装环境			
	场所类型	参考标准		
	防止外来固体的侵入和液体的进入 注：对户外成套设备，第二位特征数字应至少为 3。	4.2.5； 5.2.2； 5.2.3		
	外部机械冲击(IK)	5.1.5；5.2.1		
	耐紫外线辐射(使用于非特殊用途的户外设备)	5.1.3	标准	
	耐腐蚀	5.1.2	标准	

表 C.1（续）

序号	用户指定的功能与特性	参考条款	标准规定	用户需求[a]
	周围空气温度——下限	参考标准	室内：−5 ℃ 室外：−25 ℃	
	周围空气温度——上限	参考标准	40 ℃	
	周围空气温度——日平均温度最大值	参考标准	35 ℃	
	最大相对湿度	参考标准	室内：50% 40 ℃ 室外：100% 25 ℃	
	污染等级	参考标准	工业用途：3	
	海拔	参考标准	≤2 000 m	
	EMC 环境	6.7		
	特殊使用条件（如：振动，异常凝露，严重污染，腐蚀性环境，强电场或强磁场，霉菌，微生物，爆炸性危险，强烈振动和冲击，地震）	参考标准		
5	安装方式			
	类型	4.2.5		
	可移动性	参考标准		
	最大外形尺寸和质量	4.3.2		
	外部连接	参考标准		
	外接导体类型	参考标准		
	外接导体端子	5.4.3.2.3		
	外接导体材料	参考标准		
	外接相导体、截面积、端子	参考标准	标准	
	外接 PE、N、PEN 导体截面积，端子	参考标准	标准	
	特殊端子标识要求	4.5.5		
6	贮存和装卸			
	运输单元最大尺寸和质量	4.3.2		
	运输方式（如叉车、起重机）	4.4		
	不同于正常使用条件的环境条件	参考标准		
	包装事项	参考标准		
7	操作要求			
	可手动操作装置	6.5.1；6.5.4		
	成套设备部件完好的机械操作	6.5		
8	维护和升级能力			
	经过允许的人员在维修时接近的要求；在带电情况下对成套设备进行扩展或维护时的要求	参考标准	否	
	在检查和类似操作时接近的要求	参考标准	否	

表 C.1(续)

序号	用户指定的功能与特性	参考条款	标准规定	用户需求[a]
	经过允许的人员在维修时接近的要求	参考标准	否	
	功能单元的连接方式 注:这里指功能单元的移出和插入功能。	参考标准		
	在维护或升级时对直接接触内装危险带电部件的防护(如功能单元,主母线,配电母线)	参考标准	否	
9	载流能力			
	成套设备的额定电流 I_{nA}(A)	4.2.3.1		
	电路的额定电流 I_n(A)	4.2.3.2		
	额定分散系数	4.2.3.3; 附录 B	参照产品标准	
	中性导体与相导体的截面积比值: 相导体不超过 16 mm^2 注:由于负载中的大量谐波、相电流不平衡或其他状态,中性导体中的电流可能会受到影响,从而需要更大截面的导体。	参考标准	100%	
	中性导体与相导体的截面积比值: 相导体超过 16 mm^2 注:在标准值下,假定中性电流不会超过50%相电流。 中性导体中的电流可能会受到负载中大量谐波、不平衡电流或其他状态的影响,从而需要更大截面的导体。	参考标准	50% (最小 16 mm^2)	
10	防止着火危险、爆炸、燃烧			
	耐受非正常发热和着火	5.1.4	标准	

[a] 对于特别复杂的要求,用户需要在协议中做详细说明。

附 录 D
（规范性附录）
电气隔离防护

D.1 总则

电气隔离是一种防护措施，包括：

——通过电路中危险带电部件与裸露导电部件之间的基本绝缘而实现的基本防护（对直接接触的防护）；和

——故障防护（对间接接触的防护），通过：

a) 被隔离的电路与其他电路及地之间的简单隔离；以及

b) 在接有一个以上装置的隔离电路中，能使隔离电路中裸露的装置部件相互采用不接地的等电位联结。

不允许有意地将裸露导电部件与保护导体或接地导体连接。

D.2 电气隔离

通过电气隔离的防护应确保符合 D.2.1～D.2.4 的所有要求。

D.2.1 电源

电路应由一个能提供隔离的电源供电，也就是：

——隔离变压器；或者

——和上述隔离变压器具有相同安全等级的电源，例如具有可提供相同绝缘性能的绕组的发电机。

注：采用较高耐受试验电压检验以确保所需的绝缘等级。

选择移动式电源与供电系统连接时，应参照 D.3（Ⅱ类设备或等效绝缘）。

固定式电源应：

——符合 D.3 要求；或

——采取满足 D.3 条件的绝缘应确保成套设备输出与输入之间以及与外壳之间的隔离；如果电源是为成套设备中的多个装置供电，则该成套设备的裸露导电部件不应与电源的金属外壳相连。

D.2.2 电源的选择和安装

D.2.2.1 电压

电气隔离电路的电压不应超过 500 V。

D.2.2.2 安装

隔离电路中的带电部件不应连接到其他电路的任何点或与地相连。

为了避免对地故障风险，应特别注意这些部件与地之间的绝缘，尤其是软电缆线。

安装应确保电气隔离不小于隔离变压器输入和输出之间的隔离距离。

注：应特别注意电气装置中带电部件与其他电路间的电气隔离，比如继电器，接触器，辅助开关和另一电路的任何部件。

软电缆线中易受机械损伤的任何部分应是可见的。

对于隔离电路最好采用分开的布线系统。如果隔离电路与其他电路的导体不可避免地处在同一个布线系统中，则应使用不带金属护套的多芯电缆，或在绝缘导管、电缆管道或走线槽中使用绝缘导体。它们的额定电压应不低于可能出现的最高电压，并且每个电路都应有过流保护。

D.2.3 单一电器设备的供电

在对单一电器设备进行供电时，单独电路中裸露导电部件既不应与保护导体连接，也不应与其他电路的裸露导电部件连接。

注：如果隔离电路中的裸露导电部件可能有意或无意地接触到其他电路的裸露导电部件，则电击防护不再单靠电气隔离的防护，而要采取适用于其他电路的裸露导电部件的保护措施。

D.2.4 多台电器设备的供电

如果采用了防止隔离电路发生损坏和绝缘故障的预防措施，那么遵照 D.2.1 的一个电源可以用来为一个以上的电器设备供电，并应满足以下要求：

a) 应用绝缘的不接地的等电位连接导体将隔离电路中的裸露导电部件连接在一起。这种导体不应与其他电路的保护导体或裸露导电部件连接，也不应连接到任何外部导电部件；

注：见 D.2.3 的注。

b) 所有插座都应带有保护触头，它应连接到 a)中设置的等电位联结系统；

c) 除为Ⅱ类设备供电外，所有软电缆应含有作为等电位联结导体的保护导体；

d) 当有两个裸露导电部件发生故障，并且这两个故障是由两个不同极性的导体引起的，那么应确保保护装置在符合表 D.1 规定的分断时间内切断电源。

表 D.1 TN 系统的最大分断时间

对地标称交流电压有效值[a]/V	分断时间/s
120	0.8
230(220)	0.4
277	0.4
400(380)	0.2
>400(380)	0.1

[a] 基于 GB/T 156 的值，括号内的数值为我国目前的标称电压值。

在 GB/T 156 中规定的电压下的分断时间按相应标称电压值选用。

对于中间电压值，应使用上表中相邻高一级的值。

D.3 Ⅱ类设备或等效绝缘

应利用以下类型的电气装置进行防护：

——带有双层绝缘或加强绝缘的电气装置（Ⅱ类设备）；

——带有全绝缘的成套设备。

这些成套设备用符号“回”标识。

注：这种措施是用来避免成套设备的基本绝缘故障时，在可触及部件上产生危险电压。

参 考 文 献

GB/T 2900.1—2008 电工术语 基本术语

GB 4824—2004 工业、科学和医疗(ISM)射频设备 电磁骚扰特性 限值和测量方法(IEC/CISPR 11:2003,IDT)

GB 7947—2006 人机界面标志标识的基本和安全规则 导体的颜色或数字标识(IEC 60446:1999,IDT)

GB/T 17045—2008 电击防护 装置和设备的通用部分(IEC 61140:2001,IDT)

ICS 29.080.10
K 48

中华人民共和国国家标准

GB/T 24622—2009/IEC/TS 62073:2003

绝缘子表面湿润性测量导则

Guidance on the measurement of wettability of insulator surfaces

(IEC/TS 62073:2003,IDT)

2009-11-30 发布　　2010-04-01 实施

中华人民共和国国家质量监督检验检疫总局
中国国家标准化管理委员会　发布

前 言

本标准等同采用 IEC/TS 62073:2003《绝缘子表面湿润性的测量导则》(英文版)。

为了便于使用,本标准做了下列编辑性修改:

a) “本技术规范”一词改为“本标准”;

b) 用小数点“.”代替作为小数点的逗号“,”;

c) 删除 IEC 技术规范的前言。

本标准的附录 A、附录 B、附录 C、附录 D 是规范性附录。

本标准由中国电器工业协会提出。

本标准由全国绝缘子标准化技术委员会(SAC/TC 80)归口。

本标准起草单位:西安高压电器研究院有限责任公司西安电瓷研究所、清华大学、国家绝缘子避雷器质量监督检验中心、新东北电气(沈阳)高压开关有限公司、南京泰龙特种陶瓷有限责任公司。

本标准主要起草人:赵卉、姚君瑞、梁曦东、胡文岐、张姝、周宝山。

引　言

表面的水湿润特性通常由术语憎水(或憎水性)和亲水(或亲水性)来描述。憎水的表面是斥水的,而容易被水湿润的表面是亲水的。

表面湿润现象复杂且受许多不同参数的影响。一些重要参数包括:绝缘子材料类型、表面粗糙度、表面的不均匀性、化学成分(例如:由于老化)以及污秽的存在。一些绝缘子常用材料由于受周围条件的影响,其湿润性能会随时间而变化。这种变化可以是可逆的或是不可逆的。因此,湿润性的测量结果可能会受到周围条件和高压电晕,以及绝缘子上先前已有的电弧引起的干带影响。不同绝缘子材料的动态湿润性状或多或少有所不同。

绝缘子的材料因其化学组成不同呈现不同的动态湿润特性。不同的过程,例如:氧化、水解、低分子量化合物的迁移、诸如硅氧烷和水之间络合物的形成、挠性聚合物链的旋转,分子之间和内部重新排列、微生物的生长、污染物的沉积、污染物颗粒的附着和包覆等,会以不同速率出现,并取决于材料和周围条件。由于日光照射、落雨、电晕放电、污染物沉积等暴露条件不同,绝缘子上各个位置的湿润性会存在差异。因此,绝缘子湿润性测量应在绝缘子各不同区域进行。

试验室用专门制备的试样测量表面湿润性,这些试样表面应均匀、光滑、平整,便于测量。而对实际绝缘子,通常要求此测量不能破坏绝缘子(一般不希望切割材料样品)。这种测量条件不完备,因而高精确度测量是一个难题。特别是对安装在架空线路、变电站,甚至在试验室高压试验设备上的绝缘子进行测量,则更为困难。

绝缘子表面湿润性测量导则

1 范围

本标准描述的方法适用于架空线路、变电站和电气设备用的复合绝缘子的伞和伞套材料湿润性的测量，也适用于覆盖或不覆盖涂层的瓷绝缘子湿润性的测量。测得的值代表其测量时刻的湿润性。

本标准的目的是描述可用于测定绝缘子湿润性的3种方法。水湿润绝缘子表面的能力的测定可用来评价在用绝缘子表面的状态，或作为实验室中绝缘子试验的一部分。

2 术语和定义

下列术语和定义适用于本标准。

2.1

湿润性 wettability

表面被液体(例如水)湿润的能力。

2.2

憎水性和亲水性 hydrophobicity and hydrophilicity

2.2.1

憎水性 hydrophobicity

表面被水湿润程度低。憎水表面的表面张力小，因而对水有排斥性。

2.2.2

亲水性 hydrophilicity

表面被水湿润程度高。亲水表面的表面张力大，因而被水湿润(形成水膜)。

2.3

表面张力 surface tension

界面张力 interface tension

在一定厚度(一般小于0.1 μm)的层内，从本相到另一物相其结构和能量呈连续变化。界面区的压力(力场)梯度垂直于界面分界线。物质从本相转移到界面区形成界面需要一个净能量。形成单位界面(表面)所需的可逆功即为表面张力，其热力学定义如下：

$$\gamma = \left[\frac{\partial G}{\partial A}\right]_{T \cdot P \cdot N}$$

式中：

γ——表面(界面)张力或表面能；

G——系统总吉布斯(Gibbs)自由能；

A——表面(界面)积；

T——温度；

P——压力；

N——系统中物质的摩尔数。

表面张力(γ)通常用mN/m表示，1 mN/m=1 dyn/cm。

2.4

静态接触角 static contact angle

当一液滴静止在一固体表面上，且气体与两者接触时，作用于界面上的力必然保持平衡。这些力由于表面张力而作用在相应表面的特定方向上。从图 1 中可以看出：

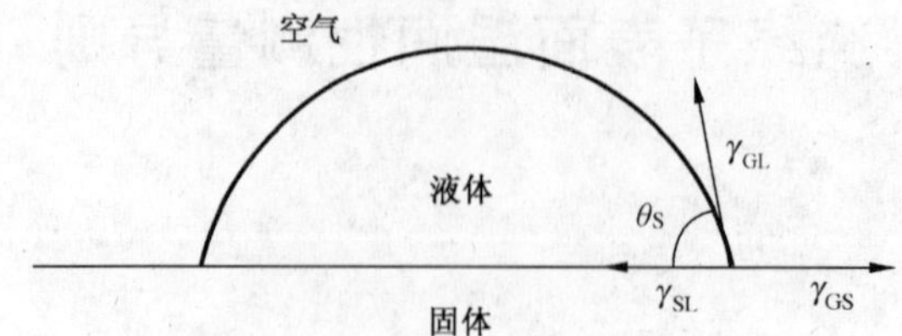

图 1　静态接触角定义

$$\gamma_{GL}\cos\theta_S = \gamma_{GS} - \gamma_{SL}$$

式中：

θ_S——液滴边缘与固体表面的静态接触角；

γ_{GL}——气体—液体界面的表面张力；

γ_{GS}——气体—固体界面的表面张力；

γ_{SL}——固体—液体界面的表面张力。

注：上式(杨氏公式)仅对理想和光滑的表面有效。

上面等式的右端(气体—固体界面的表面张力与固体—液体界面的表面张力间之差)定义为固体表面的表面张力。该表面张力不是该表面的基本特性，但与固体和特定环境之间的相互作用有关。

当液体外的气体达到其饱和蒸汽压时，γ_{GL} 即是该液体的表面张力。如果接触角是 0°，可认为液体刚好湿润了固体表面，且在此特定的情况下(由于 $\cos\theta_S=1$)，固体表面张力等于液体的表面张力。

2.5

前接触角和后接触角　advancing and receding contact angle

在倾斜的固体表面上液滴呈现两个不同的角。前接触角(θ_a)是在倾斜表面上液滴较低部位固体表面和液体表面之间液滴的内侧夹角(见图 2)。

后接触角(θ_r)是倾斜表面上液滴的尾部(在倾斜表面的最高部位)固体表面与液滴表面间液滴的内侧夹角。如果后接触角为零，由于液滴沿着倾斜的固体表面运动(见图 2)，会呈完全湿润状态。

通常前接触角和后接触角以及在 2.4 中定义的静态接触角之间的关系是：$\theta_r \leqslant \theta_S \leqslant \theta_a$。

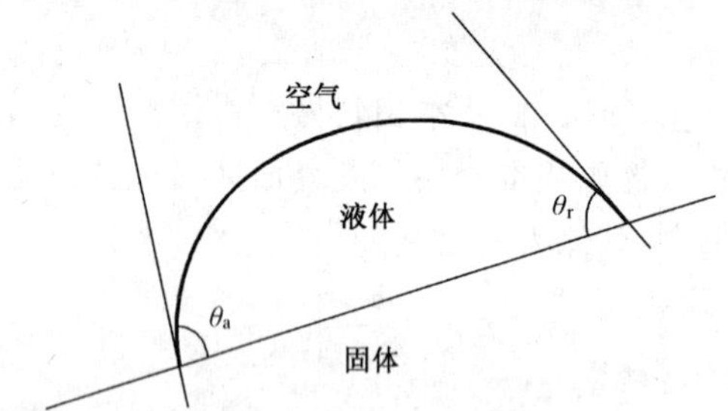

图 2　倾斜固体表面上静止液滴内侧前接触角和后接触角的定义

2.6

湿润性等级(WC)　wettability class(WC)

憎水性等级　hydrophobicity class

喷雾法(方法 C)中使用的特定量度等级。

注：规定了 WC1～WC7 七个等级，WC1 对应于最憎水的表面，WC7 对应于最亲水的表面。

3　湿润特性测量方法

本标准提出的 3 种测量精度、简便程度、被测面积大小及适用性不同的湿润性测量方法如下：

a)　接触角法；

b） 表面张力法；

c） 喷雾法。

有关这 3 种方法的应用导则见附录 A。

4 方法 A——接触角法

4.1 总则

接触角法测量包含单一水滴边缘与固体材料表面之间形成的接触角评估。如果在水平表面上测量，可以用在水滴中添加或抽取水的方法来测量前接触角和后接触角。

接触角受表面的粗糙度影响极大，并且在污秽表面测得的接触角与在光滑、洁净、平坦表面测得的接触角显著不同。

4.2 设备

市场销售有不同的接触角测量设备。简单测量可以使用固定在框架上的带有刻度线（测角器）的放大器件，该框架上有用来给试样滴注液滴的注射器。另一种方法是使用光投影器（在液滴后面）放大液滴，将液滴图像投影到带有刻度的背景上。一些设备还装有摄像机、显示器和计算机，以便测量分析。

4.3 测量程序

4.3.1 一般推荐

一般推荐包括：

a） 后接触角（θ_r）比前接触角（θ_a）和静态接触角（θ_S）更能反映绝缘子的湿润特性。

b） 经常需要从绝缘子试品上切取试样。选取的试样应尽可能平坦，其尺寸应允许至少 3 个液滴彼此邻近但又互相分离地存在于表面上。测量应尽快进行，测量完成前，应仔细保存试样，不应触摸被测表面。

c） 使用的水不应含有影响水的表面张力的杂质（如表面活性剂、溶剂或残留油等）。应使用去离子水。

d） 对水滴中水的体积的要求不很严格，可以掌握在 5 μL～50 μL 范围内，推荐值为 50 μL。对于粗糙表面，可能需要较大水滴。当比较不同的试样时，为了能够限制水滴体积大小的影响，水滴体积应尽可能保持不变。

e） 水滴滴注到表面后，应尽快测量接触角（在 1 min 之内）。当环境温度较高且相对湿度较低时，这一点特别重要，因为此时水滴蒸发速度加快。如果在保持饱和蒸汽的室内测量，可以避免蒸发的影响。

注：小水滴有其接触角受重力影响较小的优点。另一方面，对于粗糙表面以及大前接触角和小后接触角的其他表面，水滴太小会使动态接触角测量非常困难。小水滴对蒸发也更敏感，这可能会影响测量。因此水滴的最佳大小可能要根据表面类型及环境温度和湿度确定。

4.3.2 静态接触角测量

静态接触角（θ_S）的测量可以用带有刻度的吸管或注射器滴注水滴到试样的水平表面上进行。

4.3.3 动态接触角测量

后接触角（θ_r）可以在水平面上测量，此时使用一个带有刻度的注射器从水滴中抽水（见图 3）。

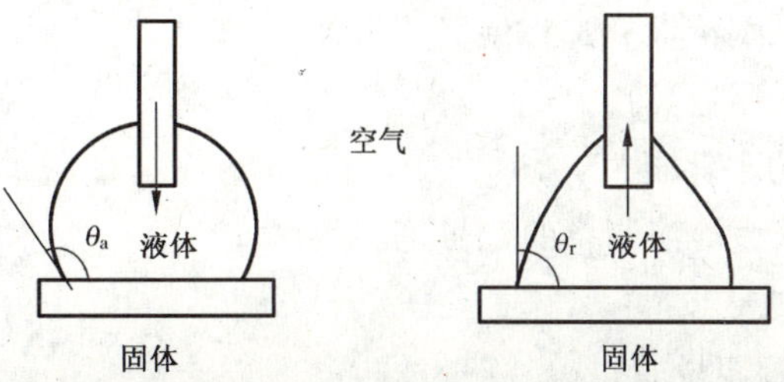

图 3 对水滴添加或抽出水测量前接触角（$\boldsymbol{\theta}_a$）和后接触角（$\boldsymbol{\theta}_r$）

θ_r 是液体的前部减退瞬间的角度。应测量液滴投影面两侧的 θ_r，至少测量相邻区域上的 3 个液滴，此时共给出 6 个测量值。

推荐在整个测量期间保持注射器的毛细吸液管浸入水滴，以避免水滴振动和变形，否则会影响测量结果。

也有测量动态接触角的其他方法，这些方法的示例在附录 B 中给出。

注：在测量 θ_r 之前，把水添加到水滴中可测量前接触角(θ_a)。θ_a 是水滴的前部在表面开始前进瞬间的角度。

4.4 评定

为了更好地反映整个绝缘子的湿润性，应在沿绝缘子纵向及绕绝缘子周向的不同区域测量接触角。所有测量中后接触角很小或为零表示该绝缘子易被湿润，尤其是如果前接触角也很小或为零时更是这样。反之，后(和前)接触角大表示该绝缘子是憎水的。若仅在绝缘子表面的某一点测量，则测量结果仅对该点有效，不足以对整个绝缘子的湿润性得出结论。

为了更好地反映整个绝缘子的湿润性，应沿着和围绕绝缘子在其不同区域测量接触角。所有被测区域上的后接触角很小或为零，表明绝缘子易被湿润。

5 方法 B——表面张力法

5.1 总则

绝缘子表面的表面张力测定基于这样的现象，即一系列有机液体混合物液滴，随着其表面张力逐渐增加，对绝缘子表面呈现不同的湿润能力。液体试剂中或被测表面上任何微量表面活性杂质都可能影响测量结果。因此，保持被测表面不被触摸或磨擦、所有设备洁净，并且仔细地控制试剂纯度等非常重要。

该方法是 IEC 60674-2:1988[1] 应用的扩展，原本用来测定聚乙烯和聚丙烯薄膜的表面张力。特别是因亲水绝缘子和憎水绝缘子都要测量，涵盖的表面张力范围宽泛，采用此方法意味着要使用很多种液体。对污秽绝缘子表面，使用此方法可能会受到限制(见附录 A)。

5.2 安全措施

作为试剂用的有机液体，如果使用不当会影响身体健康。甲酰胺($HCONH_2$)会刺激皮肤，与眼睛直接接触特别危险。乙醇-乙醚($CH_3OCH_2CH_2OH$)或乙基溶纤剂是高度易燃溶剂。甲酰胺和乙基溶纤剂均有毒。应采用适当的安全防护措施，例如，使用这些液体测量时应戴安全护目镜，并保持良好通风。

5.3 设备和试剂

5.3.1 试剂制备

按照附录 C 中的表 C.1、表 C.2 和表 C.3 制备所需要的混合物。若要求表面张力 30 mN/m～56 mN/m 范围以外时，参照附录 C 中的表 C.2 和表 C.3 制备。市售的用不同表面张力溶液制备的记号笔可以替代自制混合物。

5.3.2 设备

可以用三种不同器具把试剂溶液施加在绝缘子表面。

a) 端头用棉花包裹的木制器具；

b) 固定在试剂瓶盖上的小软刷；

c) 市售的用不同表面张力溶液制备的记号笔。

对器具 a)和 b)，另有下列要求：

——两个带刻度的 50 mL 容量瓶；

---

1 IEC 60674-2:1988 电气用塑料薄膜规范 第 2 部分：试验方法

——有瓶盖及标签的100 mL瓶子一个。该瓶子应用硫酸铬清洁,并用蒸馏水漂洗。

注1:如有需要,可在每种不同的试剂混合物中添加染料(例如,维多利亚纯蓝BO,最大浓度为0.03%)。所使用的染料颜色应使液滴在所考查的有机材料表面上清晰可见。此外,染料的化学成份不致对液体混合物的湿润张力有可见影响。

注2:推荐每周校核一次液体混合物的表面张力。实验室可使用任一表面张力法。即使表明液体混合物是相对稳定的,也应避免暴露在温度在30 ℃以上,相对湿度超过70%的环境下。

5.4 测量程序

用试剂混合物中的一种浸湿器具端头的棉花(如果使用器具a),或取下试剂瓶盖上的软刷。施加的液体量应最少,因为试剂过量时可能影响测量结果。

3种器具使用的测量程序相同。

在选取位置的绝缘子表面大约5 cm^2(直径25 mm)范围处轻轻施加液体。记录表面上形成的液体连续覆盖层破裂为液滴所需要的时间。如果该液体连续覆盖层保持超过2 s,则继续换用较高表面张力的混合物,但若该液体连续覆盖层破裂为液滴的时间小于2 s,则继续换用较低表面张力的混合物。每次施加新试剂混合物时应选择邻近的新表面,以避免先前施加试剂的污染。如果要求在相同表面测量并且要求尽可能排除干扰,则可以用干布(不使用任何清洁剂)轻轻擦除表面上先前施加的残留试剂。如果不进行清洁,推荐开始用较低表面张力混合物,逐渐递增到使用较高表面张力混合物,以使由于先前施加试剂混合物的污染导致的结果误差减至最小。当使用器具a时,每次应使用清洁的新器具,以避免溶液的污染。如果使用器具b,将软刷重新插入试剂瓶前可用少量的试剂清洁。

在按以上指出的方向继续重复所述步骤,直到选出5.5评定中的混合物为止。

5.5 评定

若液体保持连续覆盖表面至少2 s,则认为该混合物湿润了绝缘子表面。液体连续覆盖层周边的收缩不表明湿润不足。若在2 s内破裂为小液滴,表明湿润不足。表面上施加液体太多可能引起严重的周边收缩。若施加液体混合物的覆盖层在最接近2 s时间内保持完整,则该混合物的表面张力(为mN/m)即被认为是被测量绝缘子表面的表面张力。

6 方法C——喷雾法

6.1 总则

喷雾法是基于绝缘子表面暴露于细水雾中持续一短时间后的湿润响应,用以评定绝缘子表面暴露在这种雾后的湿润性。

6.2 设备

所需设备是能产生细雾的装置,如普通喷雾瓶。喷雾瓶内装满水,水中不应含有任何能够影响水的表面张力的杂质,如洗涤剂、溶剂等。

注1:为便于测量,可以使用包括放大镜(便于水滴形状判定)和灯在内的附加设备。

注2:高质量的自来水通常不含有能明显影响水的表面张力的杂质,因而可以用于测量。如果水质有任何疑问,应使用去离子水或蒸馏水。

6.3 测量程序

测量范围最好约为50 cm^2~100 cm^2,长和宽之间的比值应不大于1∶3。如果此要求不能满足,应在测试报告中注明。喷雾距离25 cm±10 cm,持续时间20 s~30 s,在此时间内典型喷水量10 mL~30 mL。在喷射结束后的10 s内应完成湿润性测量。

测量方式应能保证沿绝缘子轴向和周向都能得到清晰的湿润性变化图像。

注1:对于长绝缘子,仅从绝缘子上部、中部和下部选取一些伞进行检查。

注2:强风下可能很难进行此测量。如果出现这种情况,有必要缩短喷雾距离(比25 cm±10 cm更短)。这一点应在测试报告中注明,同时还应注明与推荐不一致的任何其他偏差,如试验面积较小等。

6.4 评定

喷雾后绝缘子表面的状态对应于7个湿润性(憎水性)等级(WC)中的一个,即为1和7之间的一个值。表1给出了不同的湿润性等级的准则,附录D中给出了具有不同湿润性等级表面的典型照片。

WC值为1的表面是最憎水的表面,而WC值为7的表面是最亲水的表面。

WC值判断基于两点观察:

a) 水滴的形状;

b) 被湿润表面的百分率。

注:目测评定的不确定度一般不大于±1湿润性等级。

表1 确定湿润性等级(WC)的准则

WC	描　述
1	水滴呈离散状态。若垂直于其表面观察,水滴形状几乎呈圆形。水滴的$\theta_r=80°$或更大些。
2	水滴呈离散状态,表面大部分被水滴覆盖。若垂直于其表面观察,水滴仍旧保持规则,但偏离圆形。 多数水滴:$50°<\theta_r<80°$。
3	水滴呈离散状态,表面大部分被呈不规则状的水滴覆盖。 多数水滴:$20°<\theta_r<50°$。
4	水滴呈离散状态,并有被水流或水膜湿润的痕迹(即某些水滴的$\theta_r=0°$)。 被水流或水膜覆盖的面积小于10%。
5	水滴呈离散状态,并有被水流或水膜湿润的痕迹(即某些水滴的$\theta_r=0°$)。 被水流或水膜覆盖的面积大于10%,但小于90%。
6	被水流或水膜覆盖的面积大于90%,但小于100%(即仍能看到小块、小点、小痕迹未湿润)。
7	在整个观察面上形成了连续水膜。

7 测量报告编制

测量报告应包括下列信息:

a) 一般信息

1) 测量场所、电站、线路或试验室条件;

2) 使用的方法(A、B或C);

3) 测量日期和时间,取样日期,方法A的液滴量;

4) 气象条件(温度、风、降雨);

5) 试验人员。

b) 试品

6) 绝缘子或设备的型式;

7) 绝缘子材料和伞形;

8) 标识(编号、变电所位置或杆塔号);

9) 电压等级、电弧距离、爬电距离;

10) 安装或涂层(涂层类型)的日期;

11) 安装位置(垂直、水平、角度);

12) 绝缘子污秽状态的信息。

c) 试验结果

应记录不同位置的测量结果,例如,沿绝缘子(按伞编号),一组伞中各部位的表面(上部、下部、大伞、小伞、主体等),并记录围绕绝缘子四周的差异(如果有的话)。

附　录　A
（规范性附录）
本标准所列各种方法的适用性指南和局限性评价

A.1　总则

每种方法的适宜性及其适用性不仅取决于与之相关的程序，而且也取决于要评定的特定情况。这3种方法均适宜于湿润性试验室测量。在现场，采用方法A可能会有困难，采用方法B困难可能不会太大，而采用方法C容易操作。每种方法的一些考虑概括如下：

a）　方法A：接触角测量
——能给出被测范围湿润性的准确值；
——试验室测量比现场测量更为准确；
——在平坦表面上易于测量；
——如果老化影响了表面形态，比如存在裂纹、填料裂口，可能会对测量有负面影响；
——如果要求全面评价绝缘子表面，需要许多处测量。

b）　方法B：表面张力测量
——如果湿润性变量与测量要求的范围一致，能给出该范围湿润性的准确值；
——操作相当方便；
——需要采取一定的安全措施；
——如果表面覆盖有松散附着的污秽层，可能难于采用；
——可能会受某些类型表面污秽和测量试剂间相互作用的影响；
——如果要求全面评价绝缘子表面，需要许多处测量。

c）　方法C：喷雾法
——给出绝缘子表面湿润性以及它沿着和围绕绝缘子变化的总体评价；
——所需设备简单，易于操作；
——取决于表面主观目测；
——可用来评价裸露、污秽表面；
——可能会受表面某些类型污秽与雾水间相互作用的影响，如试验室污秽试验时表面污染物等值附盐密度（ESDD）水平的变化。

A.2　用3种方法获得的典型结果

用3种方法获得的典型结果如下：

a）　憎水表面（不亲水）
——后接触角的值大（＞80°）；
——表面张力的值低（＜30 mN/m）；
——WC值低（WC＝1或WC＝2）。

b）　中等表面（半亲水）
——后接触角值居中（10°～80°）；
——表面张力值居中（30 mN/m～60 mN/m）；
——WC值居中（WC＝3～5）。

c）　亲水表面（不憎水）

——后接触角的值小(<10°);

——表面张力的值高(>60 mN/m);

——WC 值高(WC=6 或 WC=7)。

附 录 B
（规范性附录）
方法 A——接触角法

有几种不同的测量动态接触角方法。图 B.1 示意说明了控制起泡的技术。在该技术中，试样被浸入到水中。在浸入试样的下侧注入空气（或与水不溶合的液体）形成一个气泡（或液体泡）。2.4 中给出的杨氏等式也适用于这种情况。

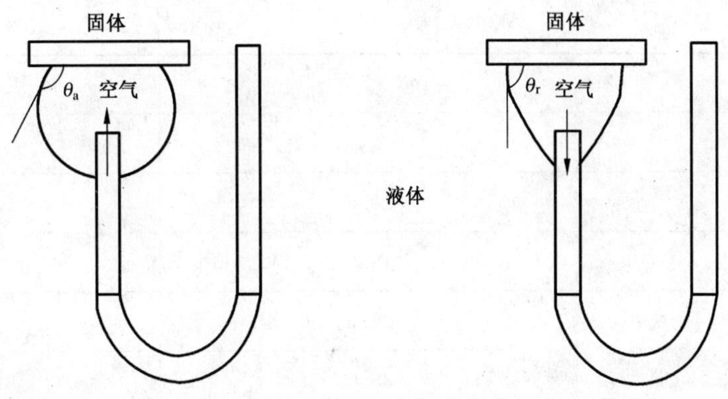

图 B.1 采用控制起泡技术测量前接触角（θ_a）和后接触角（θ_r）

在倾斜表面上也可以测量前接触角和后接触角（θ_a 和 θ_r）。这种方法也称斜面技术法，将水滴置于待测表面上，逐渐抬高角度使该表面倾斜至水滴即将开始运动，此时测量前接触角和后接触角。此斜面技术法也示意于图 2 中。

附 录 C
（规范性附录）
方法 B——表面张力法

用于绝缘子表面张力测量的混合物配比见表 C.1、表 C.2 和表 C.3。

表 C.1 用于绝缘子表面张力(30 mN/m～56 mN/m)测量的乙醇-乙醚(乙基溶纤剂)和甲酰胺混合物的浓度(T=20 ℃)

表面张力 mN/m	甲酰胺体积 %	乙基溶纤剂体积 %
30	0	100.0
31	2.5	97.5
32	10.5	89.5
33	19.0	81.0
34	26.5	73.5
35	35.0	65.0
36	42.5	57.5
37	48.5	51.5
38	54.0	46.0
39	59.0	41.0
40	63.5	36.5
41	67.5	32.5
42	71.5	28.5
43	74.7	25.3
44	78.0	22.0
45	80.3	19.7
46	83.0	17.0
48	87.0	13.0
50	90.7	9.3
52	93.7	6.3
54	96.3	3.7
56	99.0	1.0
注：液体的表面张力随温度呈线性变化。常温下小分子液体的表面张力降低 0.1 mN/m 每摄氏度。		

表 C.2 用于绝缘子表面张力(58 mN/m～73 mN/m)测量的蒸馏水和甲酰胺混合物的浓度(*T*=20 ℃)

表面张力 mN/m	蒸馏水体积 %	甲酰胺体积 %
58	0.0	100.0
59	9.5	90.5
60	21.3	78.7
61	34.0	66.0
62	41.5	58.5
63	50.0	50.0
64	57.4	42.6
65	64.4	35.6
66	71.3	28.7
67	77.3	22.7
68	82.0	18.0
69	86.2	13.8
70	89.5	10.5
71	93.7	6.3
72	97.5	2.5
73	100	0.0

表 C.3 用于绝缘子表面张力(73 mN/m～82 mN/m)测量的蒸馏水和氯化钠混合物的浓度(*T*=20℃)

表面张力 mN/m	NaCl %	蒸馏水 %
73	0.0	100.0
74	4.0	96.0
75	7.2	92.8
76	10.1	89.9
77	12.9	87.1
78	15.6	84.4
79	18.2	81.8
80	20.6	79.4
81	22.8	77.2
82	24.9	75.1

附 录 D
(规范性附录)
方法 C——喷雾法

湿润性等级(WC1～WC6)的表面典型示例如图 D.1。WC7 是完全被水湿润的表面,没有可见干点。

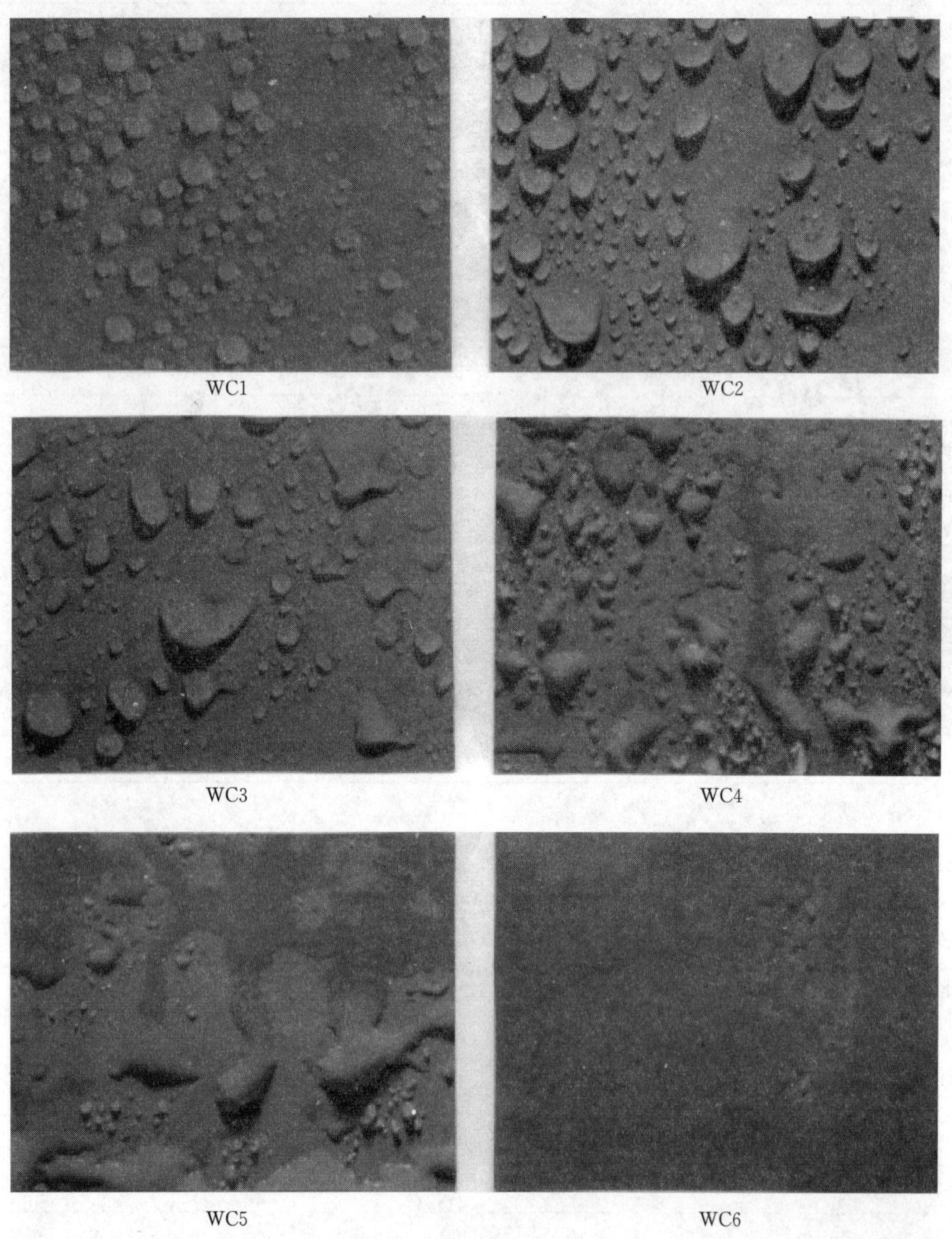

WC1 WC2 WC3 WC4 WC5 WC6

图 D.1

ICS 29.080.10
K 48

中华人民共和国国家标准

GB/T 24623—2009

高压绝缘子无线电干扰试验

Radio interference test on high-voltage insulators

(IEC 60437:1997,MOD)

2009-11-30 发布　　2010-04-01 实施

中华人民共和国国家质量监督检验检疫总局
中国国家标准化管理委员会　发布

前　言

本标准修改采用 IEC 60437:1997《高压绝缘子无线电干扰试验》(英文版)。

本标准和 IEC 60437:1997 相比,做了以下修改,修改之处用垂直单线(|)在它们所涉及的章条的页边空白处标识:

——因为本标准本身即为国家标准,删除了第 4 章中有关世界各国绝缘子无线电干扰试验测量频率说明的注;

——为了方便使用,把 CISPR 18-2:1986 的试验回路,以及试验回路检查和校准程序纳入本标准,技术内容保持不变。因而在第 7 章中增加了图 1～图 4,在 13.1 下分列了 13.1.1 和13.1.2 二条;

——引用了采用国际标准的我国标准。

为方便使用,本标准还做了下列编辑性修改:

a) 用小数点"."代替作为小数点的逗号",";

b) "本国际标准"一词改为"本标准";

c) 删除 IEC 60437:1997 的前言。

除在 13.1 下增列了 13.1.1 和 13.1.2 二条外,本标准和 IEC 60437:1997 的章条编号完全相同。

本标准由中国电器工业协会提出。

本标准由全国绝缘子标准化技术委员会(SAC/TC 80)归口。

本标准起草单位:国家绝缘子避雷器质量监督检验中心、西安高压电器研究院有限责任公司、国网武汉高压研究院、中国电力科学研究院、新东北电气(沈阳)高压开关有限公司、陕西省电力公司。

本标准主要起草人:危鹏、姚君瑞、张锐、李庆峰、刘志强、张姝、云涛。

高压绝缘子无线电干扰试验

1 范围

本标准规定了在清洁干燥绝缘子上进行的试验室无线电干扰(RI)试验程序,测量频率为0.5 MHz或1 MHz,或是0.5 MHz~2 MHz范围内的某一频率。

运行中,绝缘子的无线电干扰特性可能由于环境条件,特别是降雨和其他潮气以及污秽状况不同而变化。考虑到为模拟环境条件的变化范围而规定可再现的试验条件并不可行,因此,本标准仅规定了在清洁干燥的绝缘子上的试验。

注:包括污秽状态在内的绝缘子表面状态的影响在CISPR 18-2修改件1中给出。

2 规范性引用文件

下列文件中的条款通过本标准的引用而成为本标准的条款。凡是注日期的引用文件,其随后所有的修改单(不包括勘误的内容)或修订版均不适用于本标准,然而,鼓励根据本标准达成协议的各方研究是否可使用这些文件的最新版本。凡是不注日期的引用文件,其最新版本适用于本标准。

GB/T 1001.1—2003　标称电压高于1 000 V的架空线路绝缘子　第1部分:交流系统用瓷或玻璃绝缘子元件定义、试验方法和判定准则(IEC 60383-1:1993,MOD)

GB/T 2900.8　电工术语　绝缘子(GB/T 2900.8—2009,IEC 60050-471:2007,IDT)

GB/T 4109—2008　交流电压高于1 000 V的绝缘套管(IEC 60137:2008,MOD)

GB/T 6113.101—2008　无线电骚扰和抗扰度测量设备和测量方法规范　第1-1部分:无线电骚扰和抗扰度测量设备　测量设备(CISPR 16-1-1:2006,IDT)

GB/T 8287.1—2008　标称电压高于1 000 V系统用户内和户外支柱绝缘子　第1部分:瓷或玻璃绝缘子的试验(IEC 60168:2001,MOD)

GB/T 16927.1—1997　高电压试验技术　第一部分:一般试验要求(eqv IEC 60060-1:1989)

IEC 60383-2:1993　标称电压高于1 000 V的架空线路绝缘子　第2部分:交流系统用绝缘子串和绝缘子串组定义、试验方法和判定准则

CISPR 18-2:1986　架空电力线路和高压设备的无线电干扰特性　第2部分:限值确定的测量方法和程序(修改件1,1993)

3 术语和定义

GB/T 2900.8和GB/T 1001.1—2003确立的术语和定义适用于本标准。

4 测量频率

无线电干扰(RI)特性应在(0.5±0.05)MHz或(1±0.1)MHz频率下测量,或经供需双方协商在0.5 MHz~2 MHz范围内的某一频率下测量。

优先选用的频率为0.5 MHz或1 MHz,因为通常这段频谱的无线电噪声水平较高,能够反映实际情况,同时,还因为0.5 MHz处于低频和中频无线电广播波段之间。

绝缘子的RI特性通常不影响电视播放。

5 无线电噪声限值和试验电压

本标准不规定绝缘子的无线电干扰特性限值或试验电压。当要求进行无线电干扰试验时,相关数

值应在产品规范或国家法规基础上，经供需双方协议。

注：限值确定导则见 CISPR 18-2:1986 修改件 1(1993)。

6 测量仪器

6.1 标准 CISPR 测量仪

除非另有协议，绝缘子无线电干扰特性测量均应使用 GB/T 6113.101—2008 规定的标准 CISPR 测量仪。

6.2 其他测量仪器

经供需双方协议，只要能够把测量值转换为准峰值，可以使用不同于 CISPR 标准测量仪的测量仪器。

7 测量回路

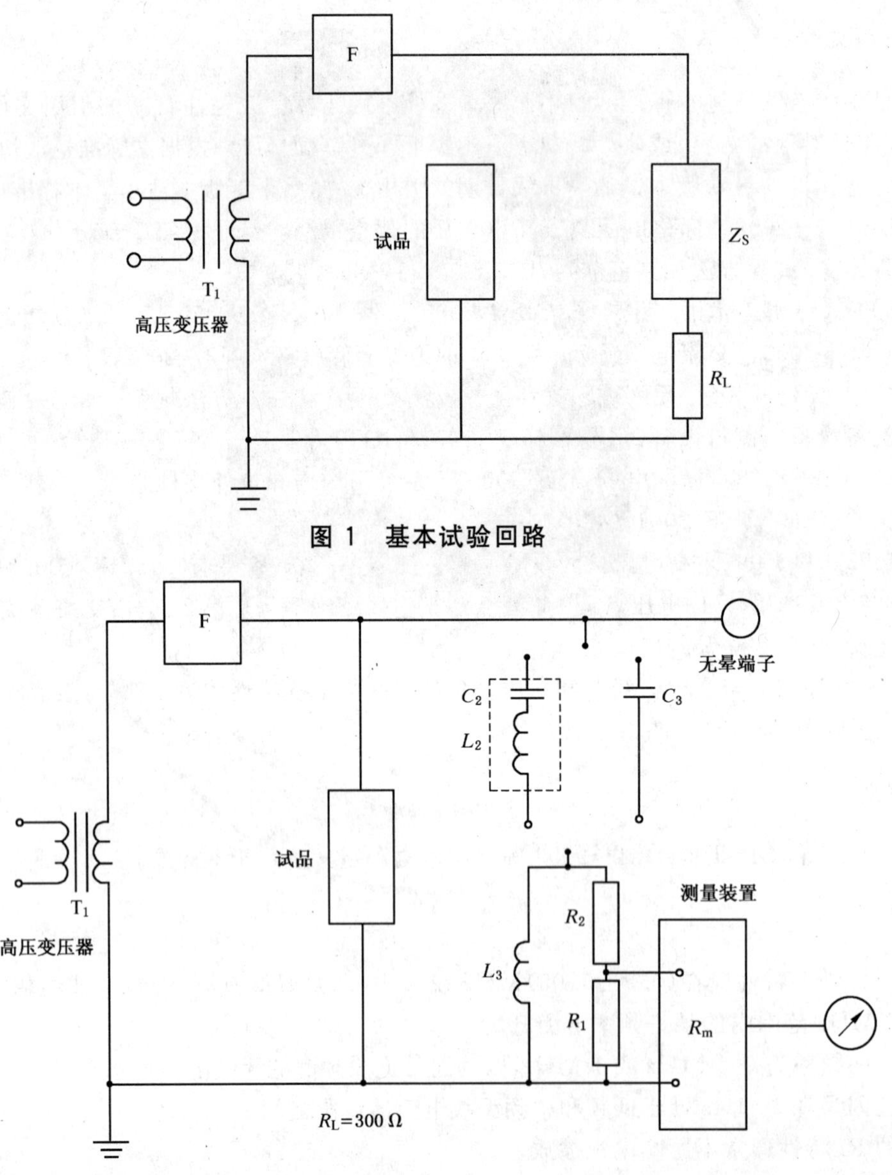

图 1 基本试验回路

注：滤波器 F 可以是非调谐的，由 L_1 与 C_1 并联组成。

图 2 标准试验回路

试验室测量无线电噪音应通过测量传导量,即电流或电压进行。

基本试验回路示意于图1,实际标准试验回路示意于图2。根据测量装置和试验回路之间的距离,图3或图4所示的布置可以并入图2的试验回路中。

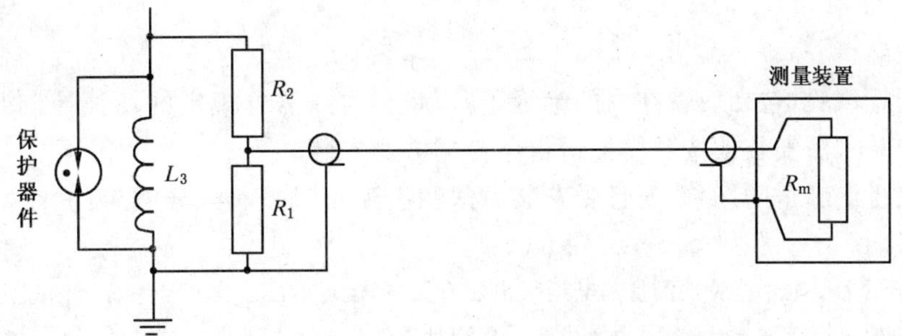

图3 同轴电缆连接的测量装置

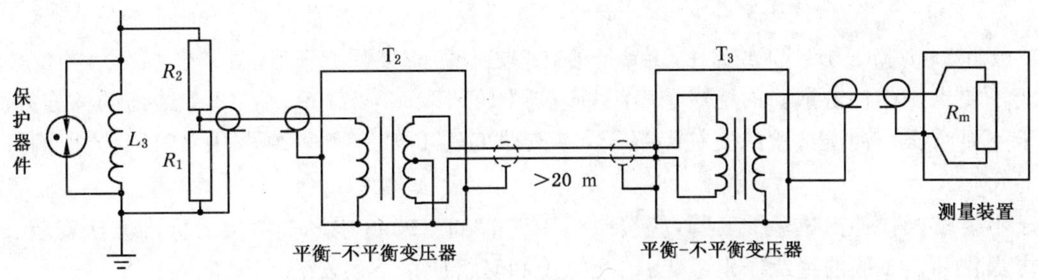

图4 平衡电缆连接的测量装置

8 试验电压要求

无线电干扰测量时应对试品施加一工频电压。试验电压及测量方法应符合GB/T 16927.1—1997。变压器和绝缘子间连接部件的无线电噪音水平与在试验电压下从试品上测得的噪音水平相比应小到可以忽略。

9 大气条件

GB/T 16927.1—1997规定的标准参考大气条件不适用于无线电干扰试验。

按照本标准所做的试验应在符合下列要求的大气条件下进行:

——温度10 ℃~35 ℃;

——气压87 kPa~107 kPa(870 mbar~1 070 mbar);

——相对湿度45%~75%。

注1:绝对湿度和大气压力会影响试验结果。

注2:经供需双方协议,例如模拟运行条件,试验可以在其他大气条件下进行,诸如:温度5 ℃~40 ℃,相对湿度20%~80%。

标准大气条件校正对试验电压和无线电干扰测量均不适用。

应记录大气条件。

10 试验场所

小绝缘子或绝缘子串组试验优先在屏蔽室内进行,屏蔽室应大到足以避免墙壁和地面对试品表面电场分布产生明显影响。屏蔽试验场所的引入电路(例如电源和照明)应充分过滤,以免引入一般环境中存在的无线电噪音。

对大绝缘子或绝缘子串组，若没有适宜的屏蔽试验室，试验可以在任何场所进行，只是要求其背景噪音水平与被测噪音水平相比足够低。

11 试验绝缘子的布置

11.1 绝缘子的安装

对于无线电干扰试验，包括套管在内的绝缘子，应带供方或需方规定的场强控制装置和附件，按照电气试验的标准安装方法安装或按照模拟运行条件的方式安装。

试验结果不仅受绝缘子的影响，而且受安装方法和引弧角、均压环、导线束的存在以及它们相对于绝缘子的位置的影响。

注1：尽管绝缘子的无线电干扰特性测量与其运行电压有关，但运行电压通常不是绝缘子的规定特性。标准安装方法涉及是否要求操作冲击试验，因为无线电干扰测量通常是在为其他电气试验而安装的绝缘子和绝缘子串组上进行的。

针式绝缘子和线路柱式绝缘子应按照GB/T 1001.1—2003第30章和第32章给出的标准方法安装。

注2：应注意确保高压与针式和线路柱式绝缘子的瓷或玻璃件可靠接触，保证不存在某个部位的集中放电。

对于不要求操作冲击试验的绝缘子串组，应按照IEC 60383-2:1993中12.1给出的标准方法安装。

对于不要求操作冲击试验的支柱绝缘子，应按照GB/T 8287.1—2008中4.4.1给出的标准方法安装。

对于不要求操作冲击试验的套管，应按照GB/T 4109—2008中8.3给出的标准方法安装。

要求操作冲击试验的绝缘子串组、支柱绝缘子和套管应按下述安装：

——按照IEC 60383-2:1993、GB/T 8287.1—2008或GB/T 4109—2008相关条款；

——或以模拟运行条件方式。此时，如果适用，可采用IEC 60383-2:1993中12.3或GB/T 8287.1—2008中4.4.3。

两种安装方法下都应注意避免来自高压导体组件的放电。

导体组件端部应用适宜的无晕终端防护。

11.2 试验前绝缘子的状况

无线电干扰试验前，应使绝缘子和周围试验场所达到热平衡，以避免表面冷凝。被试绝缘子应保持清洁、干燥，可以用干布擦拭，去除可能影响其表面状况的灰尘和纤维质。

12 型式试验用绝缘子

12.1 绝缘子数量

除非供需双方另有协议，无线电干扰试验用绝缘子数量（绝缘子串元件除外）应与相关国家标准规定的电气型式试验用绝缘子数量相同，汇总如下：

——套管	1
——复合绝缘子	1
——线路柱式绝缘子（$H \leqslant 600$ mm）	3
——线路柱式绝缘子（$H > 600$ mm）	1
——针式绝缘子	3
——绝缘子串组	1
——支柱绝缘子（$H \leqslant 600$ mm）	3
——支柱绝缘子（$H > 600$ mm）	1

H为绝缘子高度。

注：当被试品为相同设计的三只绝缘子时，其无线电干扰特性以规定试验电压下三个试验结果的平均值给出。

12.2 绝缘子串元件

本标准没有规定把绝缘子串元件(单片元件或标准短串)试验做为型式试验。本标准的目的是规定一种方法,能够评估带有完整附件的绝缘子串组的无线电干扰性能,以便获得最有代表性的测量结果。

然而,经供需双方协议,可以对单只绝缘子串元件样品(特别是盘形悬式)进行无线电干扰试验,以获得单元件特性信息。

13 型式试验程序

13.1 试验回路检查和校准

如果必要,无线电干扰试验前应检查和校准试验回路。

13.1.1 试验回路检查

应调整试验回路使其能够精确测量被试绝缘子产生的无线电噪音水平。任何来自试验回路外部,包括电源或电路的其他部分的干扰均应处于低水平,最好至少低于被试绝缘子规定值 10 dB。

规定试验电压施加于回路时,背景噪音水平至少应比被试绝缘子的最低噪音水平低 6 dB。这可以用类似的无噪音试品替代被试绝缘子的方法检查。

若试验场所未经屏蔽,特别是附近有工厂时,背景噪音水平可能相对偏高。假如高背景噪音水平持续时间短,无噪音时间足以可靠测量,并且测量中背景干扰的峰值特性能够用诸如示波器或扬声器与被试绝缘子产生的噪音清晰识别,则这种试验条件也可以接受。

广播电台也可能干扰测量,这种干扰可以通过选择无干扰且具有规定偏差的测量频率克服。使用如带除滤波器 F 那样的谐振电路 L_1C_1 并适当调谐,经常能够最有效地降低背景噪音。

13.1.2 试验回路校准

测量装置的读数应用修正因数修正,为了获取该修正因数,应将图 2 所示试验回路与图 3 或图 4 所示回路一起校准。该因数是回路衰减和阻抗网络因数之和,后二者均用分贝(dB)值表示。若试验装置首次使用或重新装配,或被试绝缘子的变化之一是电容量显著不同,则要求进行回路校准。校准时应断开连接高压变压器的电源。

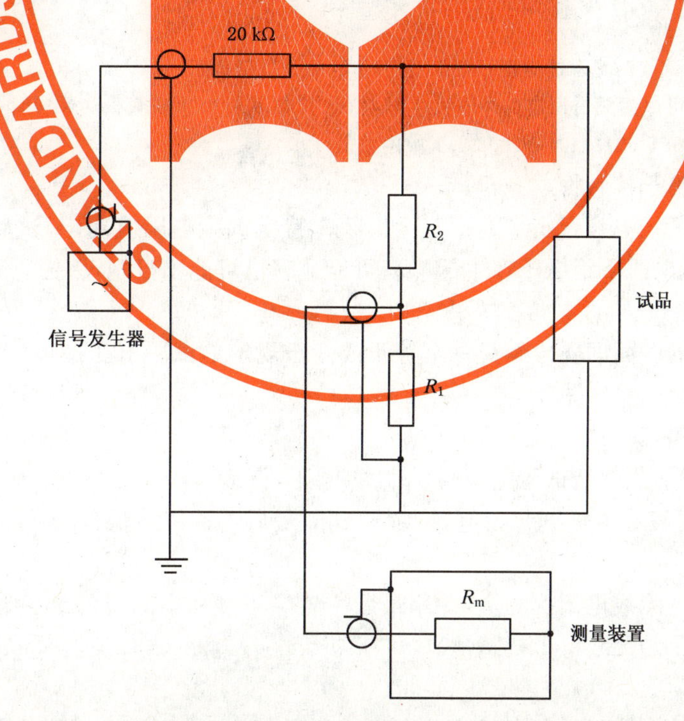

图 5 标准试验回路校准布置

a) 电路衰减 A

开始校准前,如果适用,应将带除滤波器 F 调谐到特定的测量频率。应将输出阻抗至少为 20 kΩ 的信号发生器(将 20 kΩ 的电阻和标准信号发生器的输出串联容易组成这样的发生器)与被试绝缘子并联连接,组成完整回路,如连同图 3 或图 4 的图 2 回路所示。应将发生器调定到在测量频率下输出 1V 正弦波电压,并能向试验回路输入大约 50 μA 电流。该电流能够保证在使用 CISPR 测量装置时其读数超过背景噪音水平。应记录该测量装置的分贝值读数。

在发生器无变化的情况下,将被试绝缘子与试验回路的高压部分断开,如图 5 所示连接。再次记录测量装置的分贝值读数。两个读数之差即为电路衰减 A(dB)。

注 1:为避免校准过程中从试验回路上拆除 R_1 和 R_2,可能要使用其他相同阻值的高稳定性无感电阻。

注 2:如果已知电容量,图 5 中被试绝缘子可以用等值电容替代。

b) 阻抗网络因数 R

本条中考察设备产生的无线电噪音水平通常以相对于 300 Ω 电阻上 1 μV 的分贝值表示。

因而,如果 $R_1=R_m$,则网络因数 R(dB)为:

$$R = 20\ \lg\frac{600}{R_1}$$

被试绝缘子的无线电噪音水平由下式给出:

$$V(\mathrm{dB}/1\ \mu\mathrm{V}/300\ \Omega) = V_m + A + R$$

V_m 为测量装置显示并对应于其输出的电压,以相对于 1 μV 的分贝值表示。

注 1:如果使用已经校准过的正弦波电流发生器,则能够用不太复杂的替代方法通过简单操作综合校准试验回路。这一方法包括精确测量信号发生器的输出电压 V_0 和与发生器输出串联的 20 kΩ 电阻 R_r 的阻值。然后,当串联有 20 kΩ 电阻的信号发生器与被试绝缘子并联连接时,试验装置上显示读数 V_1(μV),该数值对应于电路的输入电流 i_1(μA):

$$i_1 = \frac{V_0}{R_r}$$

此时,被试设备的无线电噪音水平由下式直接给出:

$$V(\mathrm{dB}/\mu\mathrm{V}/300\ \Omega) = V_m + 20\ \lg 300\,\frac{i_1}{V_1}$$

式中:V_m 是测量装置在试验时显示的电压,以相对于 1 μV 的分贝值表示。

注:正弦波信号发生器可以用频谱恒定的冲击发生器替代,其频率至少达到测量频率。冲击信号和正弦信号幅值的一致性应满足 GB/T 6113.101—2008 2.1 中的数值。

13.2 施加电压和无线电干扰特性

试验绝缘子产生的无线电噪音水平并不完全由某一特定试验电压值确定,试验中经常出现滞后效应。因而,在给定的试验电压下绝缘子产生的噪音可能显现也可能不显现,因为它取决于电压升降过程中是否达到该电压值。

试验绝缘子在规定的时间间隔内经受一个等于或高于规定的试验电压的电压预处理,也会影响无线电噪音的测量水平。

应采用下列标准程序:

试验时,对绝缘子施加比规定试验电压高 10%的电压,持续至少 5 min。然后,该电压逐级降低到规定试验电压的 30%,再逐级升高到起始值,持续 1 min,最后再逐级降低到 30%值。每级电压约为规定试验电压的 10%。

每级电压下都应进行无线电干扰测量,并用最后一轮降压过程中测得的结果和对应的施加电压作图。所得曲线即为绝缘子的无线电干扰特性。

13.3 接收准则

若从无线电干扰特性上读得的规定试验电压下的无线电干扰水平不超过规定值或供需双方事先的协议值,则绝缘子通过本试验。

14 抽样试验程序

14.1 抽样试验用绝缘子

经供需双方协议,对某些结构绝缘子,特别象盘形悬式绝缘子串元件,无线电干扰试验可以在从提交验收的每批中随机抽取的样品上进行。

此时,试验电压和无线电干扰接受水平应经协议,并采用下列程序。

14.2 样品数量

试验用样品数量为 GB/T 1001.1—2003 中 8.2 定义的 E_1 和 E_2 之和。

14.3 安装布置

安装布置应经供需双方协议。

注:对于盘形悬式绝缘子串元件,一种适宜的安装布置方式是将其悬挂在刚性高压导体之下,铁帽接地,并保证电气连接良好。

14.4 试验程序

试验程序按照 13.1 和 13.2。

14.5 接收准则

如果在规定试验电压下所有试品上的无线电干扰水平均不超过供需双方事先协议值,则绝缘子通过本试验。如果有一只或多只试品的无线电干扰水平高于规定值,则应执行 GB/T 1001.1—2003 中 8.3 规定的重复试验程序。

15 试验报告

试验报告应包括下列内容:

a) 制造商名称;

b) 被试绝缘子的型号名称或说明;

c) 包括尺寸在内的试验安装布置细节;

d) 试验中的主要大气条件(温度、气压和相对湿度);

e) 被试绝缘子的无线电干扰特性。

ICS 29.080.10
K 48

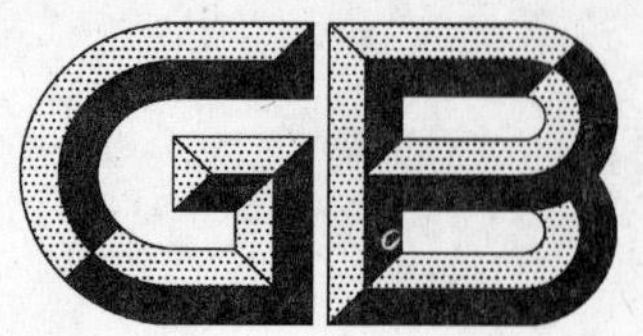

中华人民共和国国家标准

GB/T 24624—2009

绝缘套管　油为主绝缘(通常为纸)浸渍介质套管中溶解气体分析(DGA)的判断导则

Insulated bushings—Guide for the interpretation of dissolved gas analysis (DGA) in bushings where oil is the impregnating medium of the main insulation (generally paper)

(IEC 61464:1998,MOD)

2009-11-30 发布　　2010-04-01 实施

中华人民共和国国家质量监督检验检疫总局
中国国家标准化管理委员会　发布

前　言

本标准修改采用 IEC 61464:1998《绝缘套管　油为主绝缘(通常为纸)浸渍介质套管中溶解气体分析(DGA)的判断导则》及其修改件 1(2003)(英文版)。

修改件的内容已编入正文中并在它们所涉及条款的页边空白处用双垂线(‖)标识。

本标准和 IEC 61464:1998 相比,做了以下修改,修改之处用垂直单线(|)在它们所涉及的章条的页边空白处标识:

——根据国内对变压器油的检验实践,在表 1 中增加了注:变压器油在存放、运输过程中,或在某些特殊条件下也可能会产生极微量乙炔,不属于特征故障所致。

——引用了采用国际标准的国家标准。

为便于使用,本标准做了下列编辑性修改:

a) 用小数点“.”代替作为小数点的逗号“,”;

b) “本技术报告”一词改为“本标准”;

c) 删除 IEC 61464:1998 的前言。

本标准的章条编号和 IEC 61464:1998 完全一致。

本标准的附录 A 为资料性附录。

本标准由中国电器工业协会提出。

本标准由全国绝缘子标准化技术委员会(SAC/TC 80)归口。

本标准起草单位:西安高压电器研究院有限责任公司西安电瓷研究所、南京电气(集团)有限公司、国家绝缘子避雷器质量监督检验中心、南京泰龙特种陶瓷有限责任公司、浙江省电力试验研究院。

本标准主要起草人:姚君瑞、赵卉、何平、危鹏、周宝山、叶自强。

引　言

在充油套管和油浸纸套管中，气体会因以下原因产生：

——制造工艺；

——正常老化；

——绝大多数情况下，热和(或)电过应力会导致缺陷发展。

潜在故障早期检测的价值在于预防套管及与之相连的设备发生严重损坏。

缺陷不严重时，产生的气体通常溶于油中，而其中一小部分最终从油相中扩散出来，并在液面上形成各自的气相。从油样中抽取溶解气体，并确定气体的成分和数量是检测这类缺陷的一种手段，而任一缺陷的型式和严重程度往往能够从气体的成分及其产生的速率来推断。

溶解气体分析(DGA)是一项检测充油设备中某些型式缺陷的技术，而这些缺陷用传统方法可能不易检测。这有时可能成为与设备或系统运行异常有关的有价值信息的来源。

倘若存在：

——局部过热；

——局部放电和(或)；

——电弧放电。

则会形成油和固体绝缘的气态分解物，这些分解物具有其特征性的成分。气体成分基本取决于所包含的材料，以及达到的温度和用于分解这些材料的能量。

电力变压器和其他充油电器设备的 DGA 判断规则见 IEC 60599:1999。

浸油套管中因油和纸的比率不同于变压器，因而不能直接应用 IEC 60599:1999。

DGA 技术对套管的重要性是制定本标准的动因。

除 DGA 结果判断外，由于特定的要求，还给出了从充油和油浸纸套管中抽取油样的程序，如附录 A 所述。

本标准叙述了如何用溶解气体含量来诊断套管的状况，是 IEC 对运行达 35 年以上的 500 多只套管统计分析的结果。这些套管属于 8 个不同制造商，且没有任何理由怀疑其在运行中存在异常。

除气体含量外，某些气体含量的比值可用于诊断套管的状况。推荐的比值来源于模拟局部放电和热斑的实验室模型试验结果。

DGA 的作用是在早期检测油浸纸套管的潜在故障，以避免套管损坏。DGA 能够检测某些类型的潜在故障和用电性能试验不易检测到的故障。溶解气体分析是一种评价套管状况的方法，进一步的信息应用电性能试验检测，如电容量、tgδ、局部放电量测量，作为这种诊断的支持。

从油样中抽取气体和色谱分析的试验室技术在 IEC 60567:1992 中给出。

绝缘套管 油为主绝缘(通常为纸)浸渍介质套管中溶解气体分析(DGA)的判断导则

1 范围

本标准规定了溶解气体分析(DGA)判断的导则,专门针对在用套管,这些套管的主绝缘(通常为纸)用符合 IEC 60296:2003 的矿物绝缘油浸渍。

本标准适用于在用的充油和油浸纸套管。

在取得进一步经验之前,本方法用于符合 GB/T 21221—2007 的其他材料时应慎重,如以十二烷基苯为基础的合成碳氢化合物。

从套管中抽取油样进行溶解气体分析的判断结果应视为指导性的信息,随之采取的任何措施均应在适当的工程评价后进行。

2 规范性引用文件

下列文件中的条款通过本标准的引用而成为本标准的条款。凡是注日期的引用文件,其随后所有的修改单(不包括勘误的内容)或修订版均不适用于本标准,然而,鼓励根据本标准达成协议的各方研究是否可使用这些文件的最新版本。凡是不注日期的引用文件,其最新版本适用于本标准。

GB/T 4109—2008 交流电压高于 1 000 V 的绝缘套管(IEC 60137:2008,MOD)

GB/T 21221—2007 绝缘液体 以合成芳烃为基的未使用过的绝缘液体(IEC 60867:1993,MOD)

IEC 60296:2003 电气绝缘用液体 变压器和开关设备用未使用过的矿物绝缘油

IEC 60567:1992 充油电器设备气体和油样抽取及游离和溶解气体分析导则

IEC 60599:1999 运行中的浸矿物油电器设备 溶解和游离气体分析的判断导则

3 浸油套管溶解气体分析(DGA)的结果判断

3.1 油和纸分解产生的气体

正常运行中,导体损耗和电应力使油和纸分解产生气体,即使温度不太高,油和纸热分解也会产生气体。正常运行条件下油分解产生的气体是氢气(H_2)、甲烷(CH_4)、乙烷(C_2H_6)和乙烯(C_2H_4),而纤维质材料分解产生的气体为一氧化碳(CO)和二氧化碳(CO_2)。

运行中套管内产生异常气体的主要原因是热和电故障。

在故障状态下,上述气体的含量高于正常运行状态,而且会有乙炔(C_2H_2)气体产生。

随着故障发展,不饱和碳氢化合物(主要为 C_2H_4 和 C_2H_2)的含量增大。

纤维质材料中,故障产生的关键气体是一氧化碳(CO)和二氧化碳(CO_2),随着热故障发展,CO 和 CO_2 的含量增大。

套管状态诊断的依据是在正常老化和各种故障条件下,油和纸分解产生的气体类型和含量,以及这些气体含量的比值。

产生的能够表示其特性的气体定义为关键气体,将其与套管中出现的故障汇总归类列于表 1。

表 1 中列出的碳氢化合物是溶解气体分析中最常用的。三碳和四碳碳氢化合物也有形成,但未列入本标准。

3.2 关键气体、气体含量及比率

油中溶解气体分析技术应符合 IEC 60567:1992 的要求。

溶解气体分析结果用于说明取样时套管的状况。

溶解气体分析结果应包含下列信息:

——关键气体含量,至少应有 H_2、CH_4、C_2H_6、C_2H_4、C_2H_2、CO、CO_2 的含量。

——气体含量有效比值,本标准中 DGA 结果判断所涉及的有效比值有 C_2H_2/C_2H_4、C_2H_4/C_2H_6、H_2/CH_4、CO_2/CO、C_2H_2/H_2。

表 1 套管的典型故障

编号	产生的关键气体	典 型 示 例	特征故障
1	H_2,CH_4	油浸渍不完全或高湿度引起的气穴放电	局部放电
2	C_2H_4,C_2H_2	不同电位间接触不良在油中产生的连续火花放电	高能放电
3	H_2,C_2H_2	由悬浮电位或暂态放电引起的间歇性火花放电	低能放电
4	C_2H_4,C_2H_6	油中导体过热	油中热故障
5	CO,CO_2	与纸接触的导体过热,以及介质损耗引起的过热	纸中热故障
注:变压器油在存放、运输过程中,或在某些特殊条件下也可能会产生极微量乙炔,不属于特征故障所致。			

3.2.1 关键气体的正常含量

油浸纸套管中出现气体的原因有:

——制造工艺;

——套管材料老化;

——潜在故障。

如果气体含量超出表 2 给出的数值,则认为应值得关注。

表 2 气体正常含量

气体名称	含量 μL(气体)/L(油)
氢气(H_2)	140
甲烷(CH_4)	40
乙烯(C_2H_4)	30
乙烷(C_2H_6)	70
乙炔(C_2H_2)	2
一氧化碳(CO)	1 000
二氧化碳(CO_2)	3 400

气体正常含量按照引言中所述用于 DGA 评估的气体含量累积分布值的 95%确定。

对用于连接充 SF_6 气体设备的套管,SF_6 气体泄漏进入套管会使氢气含量指示出现错误。如有疑问,应仔细区分这两种气体。

3.2.2 气体含量有效比值

一般认为 DGA 结果判断中,表 3 所列气体含量比值可以显示套管的状况。

表 3 气体含量有效比值

气　体	比值	对应于表 1 的特征故障
H_2/CH_4	>13	局部放电，编号 1
C_2H_6/C_2H_4	>1	油中热故障，编号 4
C_2H_2/C_2H_4	>1	放电，编号 2 和编号 3
CO_2/CO	>20 或<1	纸中热故障，编号 5
注 1：C_2H_2/H_2 值大于 1 可能用来表明有高能放电(电弧，编号 2)。 注 2：$H_2/\sum C_nH_m$ ($n=1,2$；$m=2,4,6$) 大于 30 可能表明因材料原因产生氢气，而不是电气故障。		

表 3 给出的比值源自本标准引言中所述的统计评估。在进一步取得故障套管 DGA 对比分析经验之前，使用这些比值时应慎重。

3.3 溶解气体分析结果的判断方法

表 4 的流程图概括列出了抽取油样后要开展的活动及其步骤。推荐气体分析判断遵循表 4 描述的步骤。

从在用套管中取样分析后，首先要将关键气体的含量与表 2 给出的数值进行比较。

其后的活动步骤如下；

——若各种气体含量都不超出正常值，则 DGA 表明不存在潜在故障，并将这些数据与已有的数据一起保存，包括套管及安装套管的设备。

——若一种或多种气体含量超出表 2 给出的正常值，则应计算表 3 列出的有效比值。然而，仅对至少包含一种气体含量超过表 2 限值的比值进行评价。进一步的措施取决于乙炔(C_2H_2)的含量。

乙炔含量小于 2 μL/L 时：

——若显示存在局部放电故障(表 1 编号 1)，则应增加抽样检测频次，并与制造商联系。

——若显示有热故障(表 1 编号 4 和编号 5)，应增加抽样检测频次。如果气体含量大于表 2 给定的值，并且仍在增加，则应与制造商联系。如果气体含量保持稳定，则再次降低抽样检测频次。

——若显示既无局部放电，也无热故障，则继续常规抽样检测。如果气体含量保持稳定，则无须进一步采取措施。如果气体含量增加，则应与制造商联系。

乙炔含量大于 2 μL/L 时(表 1 编号 2 和编号 3)：

——无论任何情况下，若乙炔含量超过 2 μL/L，则本分析说明存在损伤性放电。因而应与制造商联系，建议立即采取措施。

——若气体含量迅速增大，应立即取样检测并通知制造商。气体含量迅速增大表示有更为严重的故障。

从套管中抽取油样进行溶解气体分析的判断结果应视为指导性的信息，随之采取的任何措施均应在适当的工程评价和按照 GB/T 4109—2008 的电气试验后进行。

4 结果报告

报告应包含描述套管、安装套管的设备以及试验的信息，其内容如下：

——套管

- 制造商；
- 型号；
- 套管编号；
- 额定电压和额定电流；

- 相位；
- 油的类型。

——设备

- 制造商及制造年份；
- 型号；
- 设备编号。

——试样(另见附录 A 的 A.5)

- 取样日期；
- 取样原因；
- 取样点；
- 分析日期。

表 4 流程图

例行样品
气体分析并与表2对比
气体含量低于表2给出水平
一种或多种气体超过表2给定水平
计算表3比值
$C_2H_2<2$ μL/L
与以前的抽样分析结果比较
与表3比较
$C_2H_2>2$ μL/L
与以前的抽样分析结果比较
与表3比较
取得检验试样
保持周期取样检测
以前的试样未显示出现编号4和编号5(表1)
气体含量报警
确定抽样频率
以前的试样未显示出现编号1(表1)
气体含量报警
确定抽样频率
含量增加
气体含量报警
确定抽样频率
含量迅速增加
状况严重
取得检测试样
与制造商联系
显示状况2或状况3(表1)
状况严重
进一步采取措施
与制造商联系
考虑其他试验
与制造商联系
进行其他试验
检查维修
存储数据

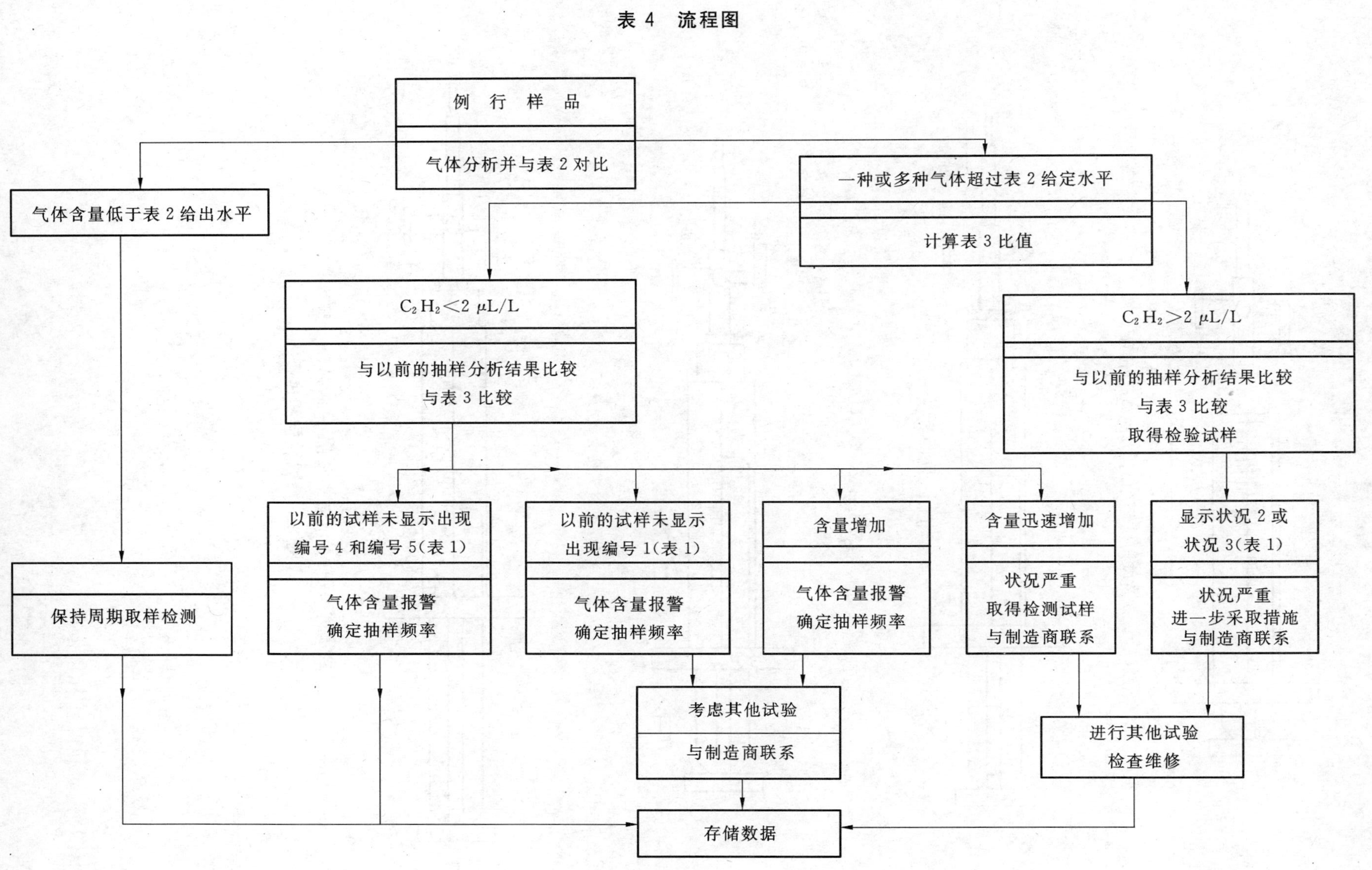

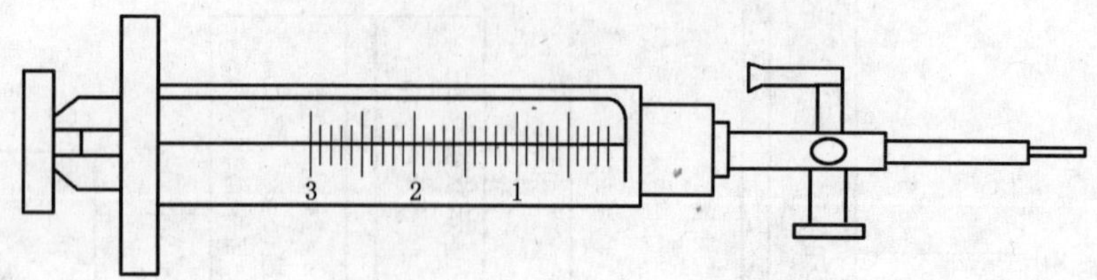

a) 旋塞阀处于关闭位置的唧筒(位置 1)

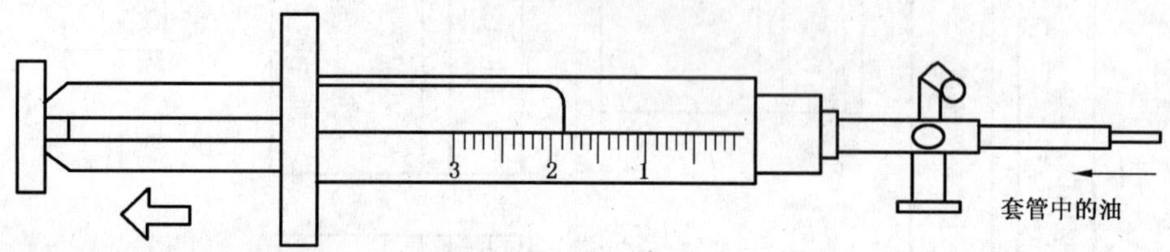

b) 清洗用油吸入唧筒(位置 2)

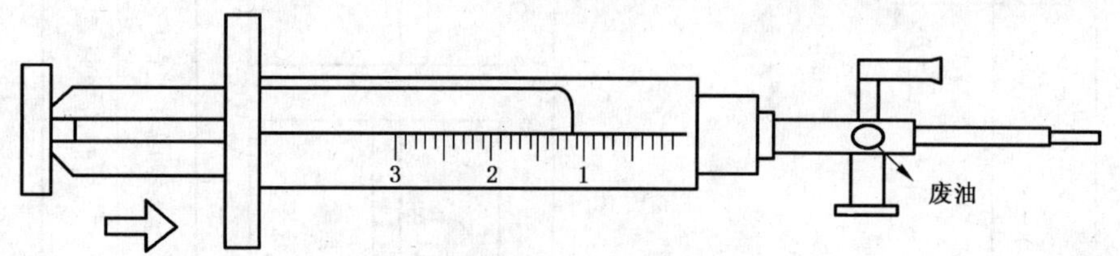

c) 放掉清洗废油(位置 3)

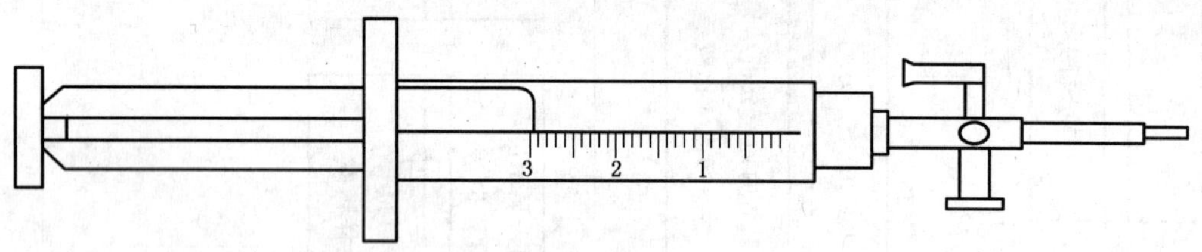

d) 旋塞阀处于关闭位置(位置 4) 油样密封于唧筒中

图 1　抽取油样程序

附　录　A
（资料性附录）
油样抽取方法

A.1　概述

警示：抽取油样前均应参阅制造商的说明书。

不遵循制造商的说明书操作会有严重危险，并导致套管损坏。应在套管断电状态下抽取油样。取样时应采取措施防止油突然释放。

对于油量少的套管，必须确保抽取油样的总量不会危及套管运行。

A.2　抽取油样

抽取油样使用的装置和方法应符合 IEC 60567：1992 的要求。推荐抽样人员应经过 IEC 60567：1992 操作培训，并取得相应资格。抽取油样优先采用唧筒，而不必考虑运输方式，但也可以使用其他取样装置。

应仔细选择取样点。

通常，取样点应能保证抽取的油样能够代表套管中油的总体状况。

油样抽取应在设备处于正常位置且卸载时进行，这对套管状况评价相当重要。

油样暴露于阳光下会使油样中溶解的部分氧气因氧化而消耗。这种反应可以用遮光的方式（如取样后用不透明材料缠绕唧筒）延缓，但无论如何，分析应在取样后尽快进行。

A.3　取样装置

a）　样品容器：带有刻度并可盛足够油样的气密性唧筒（20 mL～250 mL）最为适宜。
　　分析用油样的数量按照试验室要求。
b）　三通旋塞阀：将三通旋塞阀连接到唧筒上。
c）　管道：用不渗漏的耐油塑料（如透明 PVC）管将设备和唧筒连接，管道应尽量短。
d）　不起毛的抹布。
e）　废油容器。
f）　运送包装：包装的设计应能使唧筒在运送中保持稳固，在其内有移动的间隙，并能保持油样避光。

A.4　取样程序

管道与套管的连接取决于套管的结构，应参照制造商提供的说明书。

要求的样品数量取决于样品的气体含量、分析技术和要求的精确度。

为保持唧筒清洁干燥，旋塞阀任何时候均应保留在唧筒上，并总是处于关闭状态（见图 1）。

在取样前后及取样期间，管道应保持清洁。

取样方法如下：

a）　安装法兰处设置取样点的套管
　　1）　取下取样点的保护盖，用不起毛的抹布清除管口所有可见脏污。
　　2）　确保取样装置的所有部件清洁干燥。
　　3）　把管道连接到取样点。
　　4）　首先转动旋塞阀到位置 2[图 1b)]，将油充入唧筒，清洗管道和唧筒；然后转动旋塞阀到位置 3[图 1c)],将废油排入废油容器。

5) 转动旋塞阀到位置 2[图 1b)],再次将要求数量的油充入唧筒,作为分析用油样。转动旋塞阀到位置 4[图 1d)],将油样密封于唧筒中。

上述操作次序示于图 1。

最后,从旋塞阀上断开取样管,将样品尽快放入运输包装。

b) 安装法兰处未设置取样点的套管

这种情况下,可能可以从套管顶部取样。应参照制造说明书确定适宜的取样位置。将取样管的一端从套管顶部插入套管,另一端与唧筒上的三通旋塞阀相连,连接件采用塑料材料。其后的程序与前述 a)相同。

注:上述方法不适用于环境温度下承受内压力的套管,此时应参照设备制造商的说明书。

A.5 样品标识

油样在送往试验室前应适当标识。

标识中有必要提供下列信息:

——用户或站内设备(包括相序);

——制造商名称;

——套管中的油量;

——取样原因;

——取样日期和时间;

——取样时的油温;

——取样点;

——保护方式(充氮或气囊);

——退出运行的时间;

——油的牌号;

——储藏方式。

油样放置应凉爽避光,最好在取样后一周内完成分析。储藏期间唧筒中的任何气泡均不应排出。

注:补油:如果从套管中抽取的油样总量超过套管总油量的 1%,则应当给套管补油。补油用油应和套管中原来使用的油一致,且清洁、干燥,经过脱气处理。

强烈建议与制造商协商。

对于大型套管,如果取样后不需马上补油,则应记录抽取油的数量,以便在以后取样或维修时补油。

ICS 29.160.30
K 21

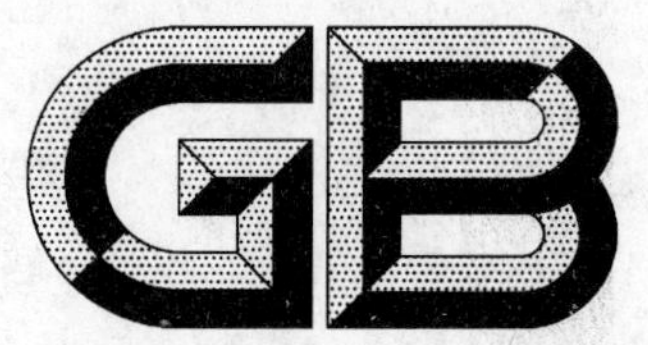

中华人民共和国国家标准

GB/T 24625—2009

变频器供电同步电动机设计与应用指南

Guide for the design and application of synchronous motors for converter supply

2009-11-30 发布　　　　2010-04-01 实施

中华人民共和国国家质量监督检验检疫总局
中国国家标准化管理委员会　发布

前　言

本标准由中国电器工业协会提出。

本标准由全国旋转电机标准化技术委员会发电机分技术委员会(SAC/TC 26/SC 2)归口。

本标准负责起草单位:哈尔滨电机厂交直流电机有限责任公司。

本标准参加起草单位:哈尔滨电机厂有限责任公司、东方电气集团东方电机有限公司、上海电机厂有限责任公司。

本标准主要起草人:陈润年、郑时刚、付长虹、彭江川、金炫。

变频器供电同步电动机
设计与应用指南

1 范围

本标准规定了变频器供电的三相或多相同步电动机定额,结构型式,性能要求,冷却方式,试验方法及验收规则,同时包含对变频器的要求。

本标准适用于变频电源驱动的同步电动机。本标准未规定者,均应符合 GB 755 中的有关规定。

2 规范性引用文件

下列文件中的条款通过本标准的引用而成为本标准的条款。凡是注日期的引用文件,其随后所有的修改单(不包括勘误的内容)或修订版均不适用本标准,然而,鼓励根据本标准达成协议的各方研究是否可使用这些文件的最新版本。凡是不注日期的引用文件,其最新版本适用于本标准。

GB 755 旋转电机 定额和性能(GB 755—2008,IEC 60034-1:2004,IDT)

GB/T 997 旋转电机结构型式、安装型式及接线盒位置的分类(IM 代码)(GB/T 997—2008,IEC 60034-7:2001,IDT)

GB/T 1993 旋转电机冷却方法 (idt GB/T 1993—1993,IEC 60034-6:1991)

GB 1971 旋转电机 线端标志与旋转方向(GB/T 1971—2006,IEC 60034-8:2002,IDT)

GB/T 4942.1 旋转电机整体结构的防护等级(IP 代码) 分级(GB/T 4942.1—2006,IEC 60034-5:2000,IDT)

GB 10068 轴中心高为 56 mm 及以上电机的机械振动 振动的测量、评定及限值(GB 10068—2008,IEC 60034-14:2007,IDT)

GB 10069.3 旋转电机噪声测定方法及限值 第 3 部分:噪声限值(GB 10069.3—2008,IEC 60034-9:2007,IDT)

GB/T 1029 三相同步电机试验方法

IEC 60034-2 旋转电机 第 2 部分:旋转电机损耗和效率的试验测定方法(不包括牵引车辆用电机)

IEC 60034-18-42 电压型变频器驱动的电机的电气绝缘系统的验收条件及试验

3 定义

3.1 额定值的基准

除有特殊说明外电动机应以连续工作制(S1)为额定值基准。其额定值为额定转速和额定电压下,电动机输出的轴功率。基准额定值的定义是通过规定电动机在图 1,点 3 的电压、速度、功率或转矩,使其符合该点的情况。

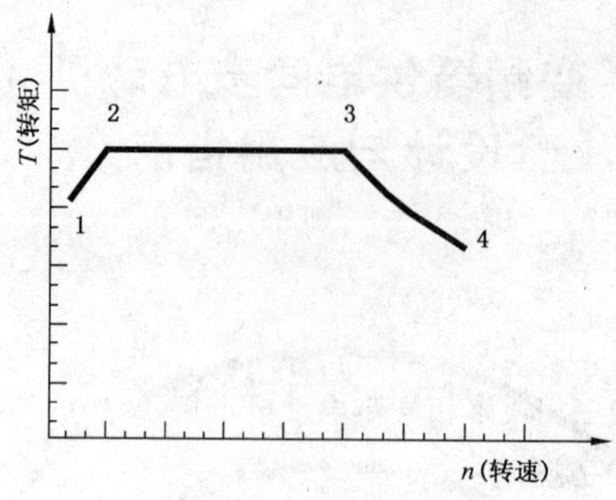

1 基于温升因素和电压升高因素的最小转速下的转矩;
2 基于温升因素的恒转矩范围内的最低转速;
3 恒转矩区高端的基准额定点;
4 依据恒功率和转速极限而设定的最高运转速度。

图1 基准额定值

3.2 短时过载能力

偶尔使用的短时过载能力是指很少发生或紧急事故时,电动机在规定的时间内,连续承受超过额定负载的能力。

频繁使用的短时过载能力是指电动机反复承受超额定负载的能力,这种过载作为某种规律性工作周期的一部分。

短时过载运行以后电机必须轻载运行,以确保电机在整个负载周期内的负载均方根值不超过连续额定值。同时短时过载运行时间应限制在不超过额定温升的某一个区间内,以确保绝缘寿命。

3.3 变频器供电同步电动机的基本运行性能

变频器供电电动机的电压或电流中相应的谐波含量与在正弦电源下运行时的不同,分析由谐波引起的转矩降低及振荡转矩对传动的基本运行性能的影响是很重要的。只有了解变频器输出电流和/或电压的频谱,电动机制造厂才能计算有关电机工作期间产生的附加转矩(尤其是振荡转矩)和损耗的详细情况以及谐波对绕组温升的影响。这同在 GB 755 范围内电动机的有效部分的设计区别很大,以至于各个降低因素均必须在选型前来决定。当采用断续、周期、变载工作制时,时间定额应为连续定额,并以接近在实际使用中遇到的热效应为基础。

3.4 多相变频同步电动机

应用多相变频电源且其电动势的频率与电机转速之比为恒定值的交流电机。常用相数为 6、12、15 相等。

3.5 变频器分类

作为电源,变频器可分为电压源型与电流源型两类。对于交-直-交变频器而言,如其中间直流环节并联滤波电容则属电压源型;如其中间直流环节串联滤波电感则属于电流源型。交-交变频器并无明显的直流中间环节,但它也有电压源型与电流源型之分,以适应负载的需要。通常交-交变频器的内阻极小,多属电压源型。

3.6 换相电抗 X_C

换相阻抗的无功分量。有效地阻止一个或一批换相组的变流电路元件之间进行电流转移的电抗。对变频器供电的凸极同步电动机:

$$X_C = \frac{X''_d + X''_q}{2}$$

式中 X''_d 与 X''_q 分别是对应于额定电压、额定电流及额定频率的每相直轴与横轴超瞬变电抗(不饱和值)。

4 电动机与变频器的匹配

4.1 变频电源

在选用变频电源时,应考虑以下因素,电源的容量应留有一定的裕度。

a) 变频电源一般按连续负载电流容量,短时负载电流容量及峰值电流容量来配置。在选用中应适当地控制规格的大小、电流的峰值和瞬时值以及电动机电流均方根值和系统的运行方式。

b) 当电动机及其控制系统用于转矩或频率可能发生突然变化的负载时,电流大小的选择应考虑突然变化导致的最大瞬态电流峰值。

c) 当要求电动机的运行速度发生变化时,如果电源频率变化比电动机转速变化的比率大,控制系统输出的有效电流或峰值电流可能会超过稳定状态的要求。

d) 在电动机低速或过载运行中,因电机损耗增大,效率下降,故电源必须确保电机的运行要求。

e) 变频器输出电源的 du/dt 不大于 3 kV/μs。

4.2 变频器供电同步电动机

在设计和选用变频电动机时,应考虑以下因素。

a) 电动机的绝缘一般按 2 倍额定电压设计,电机应能承受由于变频电源带来的 du/dt 为 3 kV/μs 电压梯度冲击。对于脉宽调制(PWM)控制的电机绝缘应符合 IEC 60034-18-42 的要求。

b) 电动机应根据负载状况、电源的影响等综合因素进行选择。

c) 选择电动机时应通过平均损耗法或等效法(等效电流、等效转矩、等效功率)的计算校验,以保证电机能够满足传动的要求。

d) 电动机在低于额定转速下运行时,应确保负载转矩不大于额定转矩,以避免电动机过热。

e) 因为某些类型变频电源在一定的谐波频率下,有相当数量的谐波峰值和瞬时电流存在于输入电动机的电流的均方根值中。因此在满载下,电动机电流总的均方根值比对应在正弦波电源下运行的电流大。

4.3 变频器供电同步电动机的噪声及振动

电动机和被驱动设备在径向、轴向及不同扭转模式均存在自然谐振频率,当对电动机施以调频控制时,系统会因逆变器发出的电磁谐波被激励,从而影响噪声水平、振动水平和传动系统的扭转响应。系统设计应考虑这些影响以保证传动系统的正常运行。

电机的噪声及振动与下列因素有关:

a) 电磁设计;

b) 逆变器类型;

c) 电动机机座结构、转动部件的谐振以及油膜刚度;

d) 质量大小、设备的完整性和基础的结构;

e) 负载与轴的连接方式;

f) 风路或外加冷却装置噪声。

4.3.1 影响变频器供电同步电动机噪声与振动的因素

电机制造厂在设计此类电动机时,应进行优化设计,力争降低噪声和振动。但涉及到电机以外的因素,应综合考虑。

4.3.2 变频器供电同步电动机噪声与振动的考核

电机的噪声不超过 GB 10069.3 规定的最大允许值。

电机的允许振动值按下列规定:

a) 转速在 600 r/min 及以上者应不超过 GB 10068 规定的最大允许值。

b) 转速在 600 r/min 以下者双幅振动值不超过 0.075 mm。

4.4 换相电抗 X_C 限值

换相电抗 X_C 与气隙转矩、定子电流波动、附加损耗以及振动与噪声密切相关，并决定了电机的动态响应。

对电压源型变频器 X_C(p.u.)=0.15～0.20

对电流源型变频器 0.08≤X_C(p.u.)≤0.1

5 变频器供电同步电动机的分类

5.1 普通工业用变频同步电动机

此类电机用于通过调整电机的机械转速，进行负载的调节，达到节能的效果。主要用于风机、水泵等负载，一般为 S1 工作制。

5.2 提升机等负载用变频同步电动机

此类电机为负载-转速相应变化的连续周期 S8 工作制。

5.3 金属轧机用同步电动机

5.3.1 金属精轧机用同步电动机

此类电机一般为单向运转，如有需要也可设计为双向运转。这类轧机用电动机，一般有如下特殊要求：

a) 额定负载下温升留有足够的裕度：在额定工况 100%额定负荷情况下，电机温升按 130(B)级绝缘考核；

b) 连续过载能力：在额定工况 115%额定负荷情况下，电机能够连续运行，此时电机温升按 155(F)级绝缘考核；

c) 有较高的短时过载能力：除特殊规定外，电动机过载要求见表 1；

d) 闭环速度控制：采用测速装置进行闭环速度控制。

表 1 电动机过载要求

	额定负荷的百分数	施加时间/s
经常使用	150	180
偶尔使用	200	20
保护切断	225	

5.3.2 金属粗轧机或部分辅传动轧机用同步电动机

电动机多用来传动金属可逆热轧机，为可逆运转。通常有如下特殊要求：

a) 额定负载下温升留有足够的裕度：在额定工况 100%额定负荷情况下，电机温升按 130(B)级绝缘考核；

b) 连续过载能力：在额定工况 115%额定负荷情况下，电机能够连续运行，此时电机温升按 155(F)级绝缘考核；

c) 较强机械结构、满足迅速逆转要求，并能承受突加的重负荷冲击；

d) 电动机运行在负载与转速做非周期变化的 S9 工作制下；

e) 有高的短时过载能力：除特殊规定外电机过载要求见表 2。

表 2 电动机过载要求

	额定负荷的百分数	施加时间/s
经常使用	225	60
偶尔使用	250	20
保护切断	275	

6 电机结构型式、防护等级、冷却方式及润滑形式

6.1 电机结构及安装型式：按 GB/T 997，多为卧式或立式安装，采用滑动轴承或滚动轴承。

6.2 防护等级：按 GB/T 4942.1，一般有 IP23，IP44 或 IP54 等。

6.3 冷却方式：按 GB/T 1993，一般有 IC86W，或 IC37。

6.4 润滑形式：滑动轴承多采用静压油润滑，滚动轴承采用油润滑或脂润滑。

7 电动机的技术要求

7.1 绝缘等级为 155(F)级。

7.2 定额是以 S1 工作制为基准的连续定额。

7.3 正常的运行条件：

7.3.1 海拔不超过 1 000 m。

7.3.2 环境温度应在 0 ℃～40 ℃，冷却空气中不含酸、碱、盐有害气体，空气含尘量不应超过 0.15 mg/m^3。

7.3.3 额定电压：

常用额定电压等级为：600 V，690 V，1 200 V，1 650 V，3 300 V，6 600 V，10 000 V。

7.3.4 电机的过速：无特殊要求的电机一般按最高转速的 1.2 倍转速持续 1 min 进行考核。

7.3.5 轴电流：为避免轴电流的产生，应采取相应措施。由于变频电机的轴电压较普通工频的大，因此在电机上应有轴电流接地装置。

7.3.6 电机的线端标志及旋转方向：按 GB 1971 执行。

8 变频器供电同步电动机试验方法

8.1 试验按 GB/T 1029 或 IEC 60034-2 执行。

8.2 振动测定按 GB 10068 执行。

8.3 噪声测定按 GB 10069.3 执行。

9 随机文件、备件及保证期

9.1 变频电机随机提供如下文件各三份

a) 装箱单；

b) 产品合格证；

c) 使用维护说明书；

d) 技术条件；

e) 电气开关数据；

f) 电机外形图；

g) 总装配图。

9.2 每台电机可供如下备件(应在合同中注明)

a) 电刷一台份；

b) 刷盒 1/4 台份；

c) 每规格轴瓦一副。

9.3 适合本技术条件的变频同步电动机，在用户按照制造厂的使用维护说明书规定的正确使用和存放电机的情况下，制造厂应保证电机在使用一年内，但自制造厂起运日起不超过二年的时间内，能良好运行。在此规定的时间内，如电机因制造不良而发生损坏或不能正常工作时，制造厂应无偿为用户修理或更换零件或电机。

ICS 29.260.20
K 35

中华人民共和国国家标准

GB/T 24626—2009

耐爆炸设备

Explosion resistant equipment

2009-11-15 发布 2010-04-01 实施

中华人民共和国国家质量监督检验检疫总局
中国国家标准化管理委员会 发布

前　言

本标准是参照 EN 14460:2006《耐爆炸设备》(英文版)制定的,在技术内容上等同采用该标准。

本标准的附录 A 为规范性附录,附录 B 为资料性附录。

本标准由中国电器工业协会提出。

本标准由全国防爆电气设备标准化技术委员会(SAC/TC 9)归口并解释。

本标准主要起草单位:南阳防爆电气研究所、国家防爆电气产品质量监督检验中心、煤炭科学研究总院上海分院、创正防爆电器有限公司。

本标准主要起草人:张刚、马秋菊、刘姮云、张显力、李斌、李书朝、刘思敬。

引 言

完整的爆炸安全原理包括下列各点及制造商所必须采取的措施：

a) 防止形成爆炸性环境；

b) 防止点燃爆炸性环境；和

c) 如果仍然发生爆炸，立即阻止和/或把爆炸火焰以及爆炸压力的范围限制在足够安全的等级。

如果设备的点燃危险评定表明，不能满足设备规定用途需要的级别的要求（例如，采用按照《爆炸性环境用非电气设备》系列标准定义的点燃保护类型预防点燃源），则需要采取上述 c)的方法。本标准规定了对耐爆炸设备的要求。耐爆炸是应用于外壳结构的术语，说明其能承受预期爆炸压力而不破裂。设备具有这种特性，则能把爆炸火焰以及爆炸压力的范围限制在足够安全的等级。

这种“耐爆炸”特性可用于设备、保护系统和元件。

耐 爆 炸 设 备

1 范围

本标准规定了对耐爆炸压力和耐爆炸压力冲击设备的要求。

本标准适用于工艺过程中的耐爆炸设备和系统。不适用于设备的单个部分如电动机、变速箱等，这些部分可设计成符合爆炸性环境用非电气设备隔爆外壳型“d”要求的结构，能承受内部爆炸。

本标准适用的环境条件为：大气压力范围为0.08 MPa～0.11 MPa，温度范围为－20 ℃～＋60 ℃。本标准对上述有效范围之外的环境使用的设备的设计、制造、检验和标志也有帮助，前提是对这样的设备没有具体的标准要求。

本标准适用于可能发生爆燃的设备和设备组合，不适用于可能发生爆轰的设备和设备组合。本标准不能用于海上设施。

注：本标准仅适用于由金属材料制成的设备。

2 规范性引用文件

下列文件中的条款通过本标准的引用而成为本标准的条款。凡是注日期的引用文件，其随后所有的修改单(不包括勘误的内容)或修订版均不适用于本标准，然而，鼓励根据本标准达成协议的各方研究是否可使用这些文件的最新版本。凡是不注日期的引用文件，其最新版本适用于本标准。

GB/T 228　金属材料室内拉伸试验方法(GB/T 228—2002，eqv ISO 6892：1998)

GB/T 2900.35　电工术语　爆炸性环境用电气设备(GB/T 2900.35—2008，IEC 60050-426：2008，IDT)

GB/T 19001　质量管理体系　要求(GB/T 19001—2008，ISO 9001：2008，IDT)

EN 1092-1　法兰及其连接件、管件、阀门、异形件和附件用圆形法兰　第1部分：用PN标注的钢制法兰

EN 10204　金属产品　检查文件的类型

EN 13445-1　非直接接触火焰压力容器　第1部分：概述

EN 13445-2　非直接接触火焰压力容器　第2部分：材料

EN 13445-3　非直接接触火焰压力容器　第3部分：设计

EN 13445-4　非直接接触火焰压力容器　第4部分：制造

EN 13980　潜在爆炸性环境　质量体系的应用

3 术语和定义

GB/T 2900.35确立的以及下列术语和定义适用于本标准。

3.1

爆燃　deflagration

以亚音速传播的爆炸。

3.2

爆轰　detonation

以超音速传播并具有冲击波特性的爆炸。

3.3

爆炸　explosion

导致温度升高和/或压力增大的剧烈氧化反应或分解反应。

3.4

耐爆炸 explosion resistant

容器和设备设计能够耐爆炸压力和耐爆炸压力冲击的特性。

3.5

耐爆炸压力 explosion-pressure-resistant

容器和设备设计能够承受预期的爆炸压力且不会发生永久变形的特性。

3.6

耐爆炸压力冲击 explosion-pressure-shock resistant

容器和设备设计的能够承受预期的爆炸压力且无破裂、但允许有永久变形的特性。

3.7

最大爆炸压力 maximum explosion pressure

p_{max}

在规定的试验条件下,密闭容器内特定爆炸性环境爆炸过程中产生的最大压力。

3.8

最大允许爆炸压力 maximum allowable explosion pressure

p_{exmax}

计算得出的、设备能够承受的最大爆炸压力。

3.9

减压的爆炸压力 reduced explosion pressure

p_{red}

采用泄爆或抑爆方法保护的容器内爆炸性环境爆炸产生的压力。

4 耐爆炸设备要求

4.1 通则

耐爆炸设备的结构应能使其承受内部爆炸而不破裂。

通常,要区分以下设计:

——针对承受最高爆炸压力的设计;

——结合泄爆或抑爆措施针对减压的爆炸压力的设计。

系统的部件可以采用耐爆炸压力设计,也可采用耐爆炸压力冲击设计(见图1)。

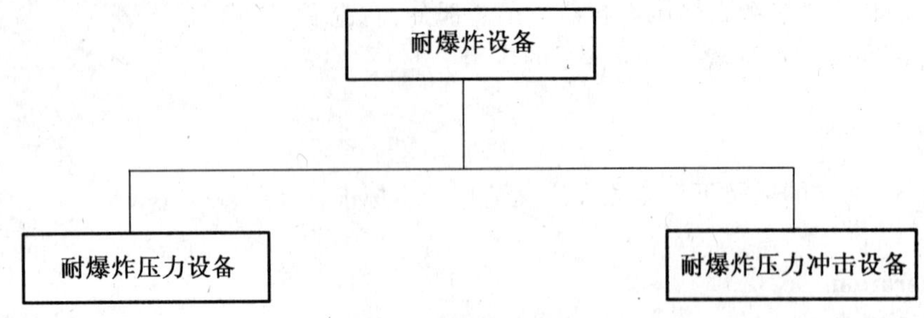

图1 耐爆炸设备

4.2 设计压力

在承受爆炸或减压的爆炸条件下,设计压力应不小于设备内部产生的最大测量压力(表压)。设计压力应作为计算压力使用,详见EN 13445-3标准。

注1:如果设备内部分为几个部分(如:由管道连接的容器、存在隔板或防冲板),则在其中一部分发生的爆炸会引起设备其他部分内的压力增大。因而,这些部分发生的爆炸初始压力就很高。随后,出现的压力峰值比预期在大气条件下产生的峰值高。对这种结构要采取适当措施:采取阻隔爆炸技术、或者采用通过有代表性的爆炸

试验验证的耐爆炸设计。

注 2：无其他说明时，引用的压力是测量压力（表压）。

推导设计压力的指南参看附录 A。

4.3 设计温度

如果容器外壁的温度受气候影响、或者容器装料的温度低于 －10 ℃，对材料的要求参见 EN 13445-2。

爆炸时仅容器壁边缘受热，因此初始压力下的预期运行温度可作为设计温度使用。

4.4 附加负载

由通风装置驱动、由产品负载和/或流体静力负载造成的附加负载应予以考虑。另外，在爆炸的同时可能产生的任何其他负载，如由风、雪引起的附加负载，应按照 EN 13445-3 的要求考虑。

如果抗压力冲击装置和部件采用脆性材料，在安装过程应注意避免应力过大或不均。

4.5 壁厚容差

如果客户要求有腐蚀和/或侵蚀容差，则应在进行设计计算之前，考虑相应容差后计算（见第 8 章）。

5 耐爆炸压力设计

耐爆炸压力设备应能承受最大爆炸压力或减压的爆炸压力，且不会产生永久变形。这些设备在选定尺寸和生产时应符合 EN 13445-3 对无火压力容器的设计和计算要求。计算压力时，应以最大爆炸压力或减压的爆炸压力作为基础。耐爆炸压力的设计满足耐爆炸压力冲击的设计要求。

6 耐爆炸压力冲击设计

6.1 通则

耐爆炸压力冲击设备应能承受最大爆炸压力或减压的爆炸压力且不破裂，但可允许有永久变形（见 8.2g））。符合第 5 章要求的耐爆炸压力设备，如果满足 6.2.1 的要求，认为可以承受比测量压力高 50％的压力。

耐爆炸压力冲击设备应按照以下条件设计或试验：

a） 每台装置都要按照 6.2 设计、按照 6.3.3 表 1 的 A 栏进行压力试验；

b） 压力试验作为型式试验要依据 6.3.3 表 1 的 B 栏（有永久性变形），所有装置的压力试验要依据 6.3.3 表 1 的 A 栏；或者

c） 爆炸试验作为型式试验要依据 6.3.3 表 1 的 C 栏，所有装置的压力试验要依据 6.3.3 表 1 的 A 栏。

如果由于技术和/或安全原因，所有装置依据 6.3.3 进行压力试验不可能时，制造商必须通过下列措施证明所有装置的质量：

1） 材料符合 EN 10204 的合格要求；

2） 非破坏性焊接检查，至少为超声波检查；

3） 与设计图纸比较核对测量数据。

6.2 依据 EN 13445 系列修订的设计标准进行设计制造

6.2.1 通则

无火压力容器的系列标准 EN 13445，使用时应作如下改动：

如果材料具有足够韧性，按照 EN 13445-3 定义的设计条件下的额定设计应力可乘以 1.5。这些材料有：

1） 钢，铸钢，球状石墨铸件，具有

——延伸率 $A_5 \geqslant 14\%$，试验温度 20 ℃；和

——缺口冲击能量≥27 J，试验温度应不高于最低规定运行温度，应不超过 20 ℃。

2) 铝,具有

——断裂伸度 $A_5 \geqslant 20\%$,试验温度 20 ℃;和

——缺口冲击能量没有确定。

6.2.2 材料

仅应使用 EN 13445-2 允许的材料,这些材料满足设备的设计和运行的机械、热和化学要求。

6.2.3 设计和制造

制造应符合 EN 13445-4 的要求。

应避免可能导致裂缝的具体设计特征。因此要求限制应力集中(实例见附录 B)。

6.2.4 开口

应增加喷嘴壁厚至最大值 $S_s \leqslant 1.5S_e$(见图 2)以更好加固开口。

有助于补偿薄弱环节的喷嘴壁厚应该加长,其长度 l 至少为:

$$l \geqslant \sqrt{(d_i + S_s - c_1 - c_2)(S_s - c_1 - c_2)} \qquad (1)$$

式中:

l——厚度为 S_s 的喷嘴需加长的长度,单位为 mm;

d_i——喷嘴内径,单位 mm。

如果可能,应尽量避免圆弧板加固件;但是如果采用,则圆弧的宽度 b 和厚度 h 应符合下列要求:

$$b \geqslant \sqrt{(D_i + S_A - c_1 - c_2)(S_A - c_1 - c_2)} \qquad (2)$$

$$h = S_A - S_e \leqslant S_e \qquad (3)$$

式中:

S_s——喷嘴壁厚,单位为 mm;

S_e——容器实际壁厚,单位为 mm;

b——圆盘形加固件的宽度,单位为 mm;

D_i——缸体或球状碟状成形封头的内径,单位为 mm;

S_A——开口需要的厚度,单位为 mm;

c_1——实际厚度与公称厚度的差量(如果存在),单位为 mm;

c_2——磨损和锈蚀容差,单位为 mm;

h——圆盘形加固件的厚度,单位为 mm。

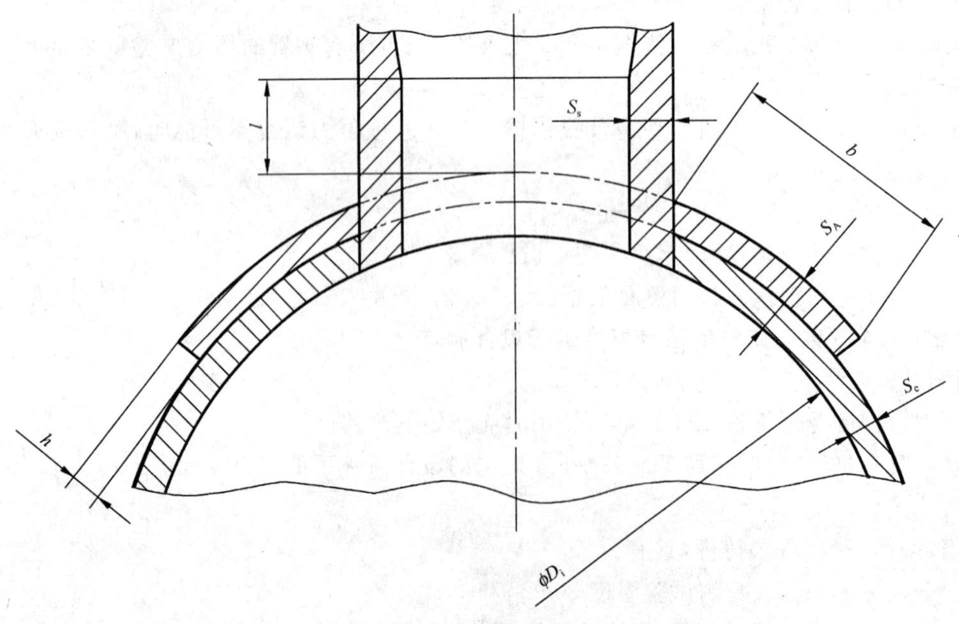

图 2 开口尺寸

6.2.5 焊接有效系数及试验

根据拟定的焊缝系数进行试验：

——焊缝系数 1.0：所有焊接要经受非破坏性试验，并尽可能对两个面都进行目视检查。

——焊接效率因数 0.85：尽可能面对所有焊接的两面进行目视检查。焊接总长度不小于所有焊接长度总量 10%的所有焊接面，进行非破坏性试验。

——焊缝系数 0.7 以下：所有焊接进行目视检查。

6.2.6 螺栓

用于气体和蒸汽的衬垫，应采用用于液体的衬垫系数。

螺栓应按照 EN 13445-3 进行设计。用于设计压力的安全因数可乘以 0.7，用于安装的压力系数乘以 0.85。

对于 C 形夹紧装置容许负载可增至 1.5 倍。

6.2.7 法兰

应该对装配（密封垫的初始形变）和对爆炸压力产生的负载进行计算。

管道法兰要按照 EN 1092-1 制造，如果不检查，标准中允许的压力定额可乘以 1.5。

与 C 形夹紧装置一起使用的法兰，其设计不能有 6.2 允许的降低安全系数。

6.3 试验

6.3.1 通则

可以进行液压或气压试验，或者用爆炸试验代替。

设备应按公式(4)确定的压力进行试验，F 可选用表 1 中的任一值。

试验压力由下式确定：

$$p_t = F \times \frac{R_{p0.2}(20\ ℃)}{R_{p0.2}(\theta)} \times p \qquad \cdots\cdots\cdots\cdots (4)$$

式中：

θ——设计温度，单位为℃；

F——后边条款中确定的系数；

$R_{p0.2}$——符合 GB/T 228 的最低保证抗屈强度，单位为 N/mm^2；

p——设计压力，单位为 hPa。

如果试验温度和设计温度的差值，除非对于钢超过 100 K，对于铝超过 50 K，否则 $R_{p0.2}(20\ ℃)$与 $R_{p0.2}(\theta)$的比率可认为是 1。

如果采用爆炸试验，则达到的爆炸压力应至少等于规定的试验压力。

6.3.2 压力试验

对耐爆炸压力冲击设备的压力试验，应按 6.3.3 表 1 的 A 栏或 B 栏确定的试验压力，根据选择的试验程序，至少进行 3 min。采用 A 栏确定的压力进行试验时，设备不能出现永久变形，采用 B 栏确定的压力进行试验时，设备允许出现永久形变，但不能出现破裂。试验报告中应给出试验温度和试验压力。

6.3.3 爆炸试验

应用设备拟使用的爆炸性环境、或具有类似安全特性（最大爆炸压力、爆炸压力最大上升速率）的试验环境进行爆炸试验。应使用安装在设备上的压力记录系统（限定频率≥100 kHz）记录爆炸压力。产生的最大爆炸压力应至少达到表 1 的 C 栏确定的值。测试结果可出现永久变形，但不允许爆裂。报告中应给出使用的试验混合物、试验温度、压力记录及最大爆炸压力。

表 1 符合公式四的因数值 *F*

	A 压力试验 （例行试验） 不允许有永久形变	B 压力试验 （型式试验） 允许有永久形变	C 爆炸试验 （代替压力试验） （型式试验）
材料依据 6.2.1	0.9	1.1	1.1 （允许形变）
脆性材料/片状石墨/铸铝 G-AI Mg 5 和 G-AI Si Mg wa	2.0	不适用	2.0 （不允许形变）
铸钢和铸铁 GGG 35.3 和 40.3	1.3	不适用	1.3 （不允许形变）
注：应在试验压力下，检查圆盘形端部在连接部位的弯曲变形。			

7 耐爆炸设备的质量文件

7.1 压力容器

符合 EN 13445 要求的设备，认为耐爆炸压力能达到相同的测量压力，耐爆炸压力冲击能力比测量压力高 50%，可使用同样的文件。

7.2 材料

按照第 5 章或 6.2.1 要求制造的设备，其主要部件的材料应符合 EN 13445-2 的规定。

7.3 焊接

应提供文件化证据，证明焊接程序和焊接人员的资质符合采用的设计方法的要求（见 EN 13980、GB/T 19001）。

7.4 报告

进行的任何非破坏性试验和/或压力试验或爆炸试验都应提供试验报告。

8 使用信息

8.1 标志

所有耐爆炸设备都应在主要部分的可视位置上加贴标志。标志要清晰、持久，耐化学腐蚀。

标志应包括：

a） 制造商的名称和地址；

b） 防爆标志；

c） 防爆合格证编号；

d） 型号规格；

e） 生产年份；

f） 序列号；

g） 最大运行压力和温度。

8.2 随机文件

制造商至少应提供下列书面操作说明：

a） 上标记的信息；

b） 所有具体的操作要求；

c) 对磨损和腐蚀容差的要求；

d) 6.3 规定的试验的文件及最大爆炸压力；

e) 符合第 7 章的文件；

f) 对安装和维护程序及定期检查的详细说明。仅在设备可能发生磨损或腐蚀情况下需要定期检查；

g) 爆炸后采取的程序的详细描述。

附 录 A
（规范性附录）
设计压力的计算

根据预期的最大爆炸压力计算容器或设备的设计压力 p。

p_{max} 或减压的爆炸压力 p_{red}

$$p = p_{max} - 1\ 000\text{hPa} \qquad \text{(A.1)}$$

或

$$p = p_{red} - 1\ 000\text{hPa} \qquad \text{(A.2)}$$

在决定设计压力 p 时，如果初始压力 p_v 绝对小于 900 hPa 或大于 1 100 hPa，应予以考虑。

$$p = \frac{p_{max0} \times p_v}{p_0} - 1\ 000\ \text{hPa} \qquad \text{(A.3)}$$

$$p = \frac{p_{red0} \times p_v}{p_0} - 1\ 000\ \text{hPa} \qquad \text{(A.4)}$$

式中：

p_0——相当于大气压力，通常 $p_0 = 1\ 000$ hPa 绝对值；

p_{max0}——当初始压力为 1 000 hPa 绝对值，p_{max0} 相当于 p_{max}；

p_{red0}——在绝对初始压力 1 000 hPa 时，p_{red0} 相当于 p_{red}；

p_v——引燃源被激活时存在的初始绝对压力。

p_{max}，p_{red}，p_{max0}，p_{red0}，p_0 及 p_v 都为绝对压力。设计压力 p 为测量压力。

附　录　B
（资料性附录）
限制应力集中的例子

限制应力集中的例子：

——壁厚突然改变（见图 B.1）；

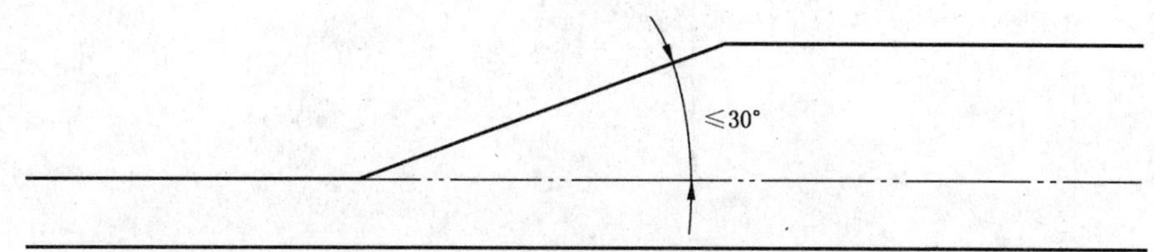

图 B.1　壁厚突然改变

——焊接部位的厚度应不大于壳体厚度。加固盘和加固部件要切成圆角（见图 B.2）；

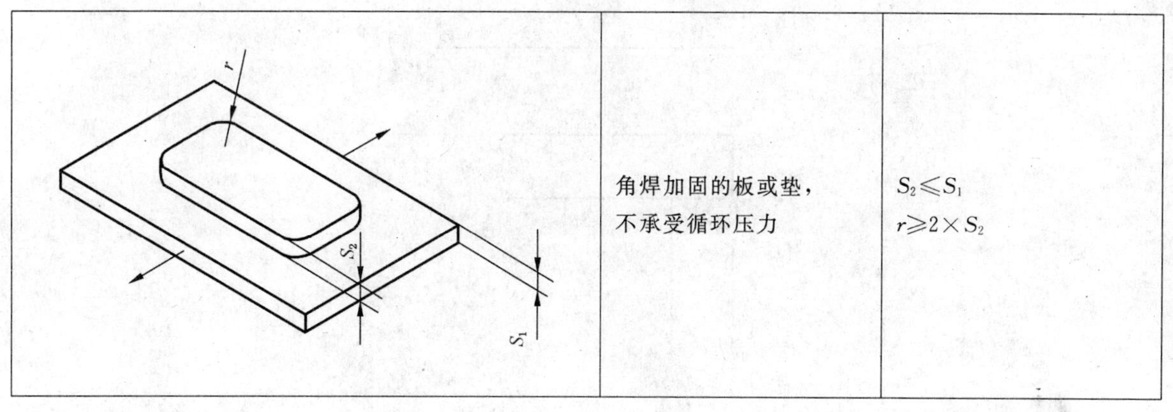	角焊加固的板或垫， 不承受循环压力	$S_2 \leqslant S_1$ $r \geqslant 2 \times S_2$

图 B.2　角焊加固的板或垫不承受循环压力

——避免产生局部严重约束的细节；

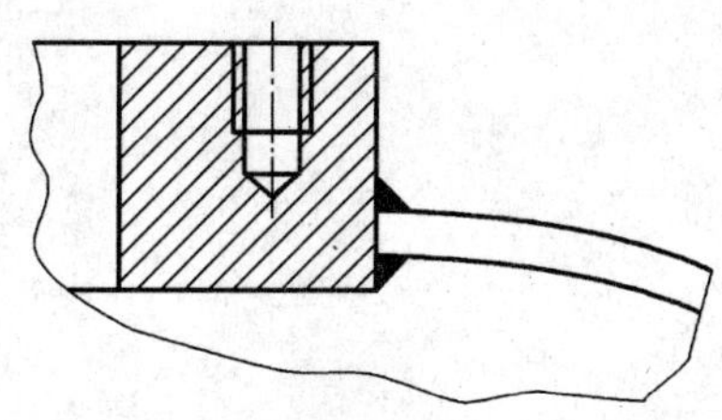

图 B.3　避免产生局部严重约束的细节

——应避免单面焊接。如果实现不了，在弯曲的情况下可允许正常的拉伸应力（薄膜应力）和综合压力。如果弯曲时焊接基部出现拉伸应力，有必要把 6.2 中的安全系数提高 50%。示例见图 B.4a）及图 B.4b）。

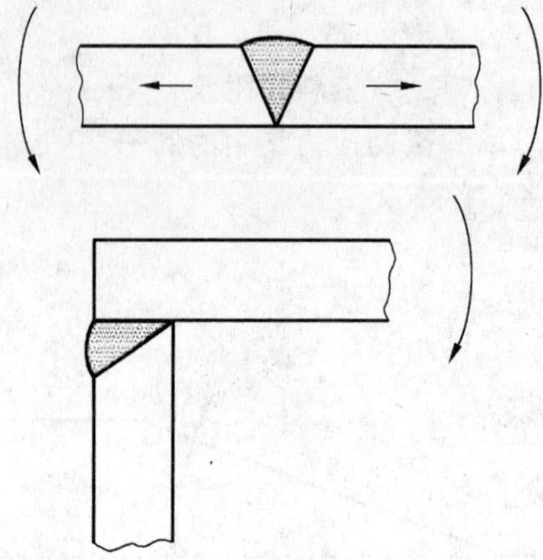

图 B.4a）允许的例子

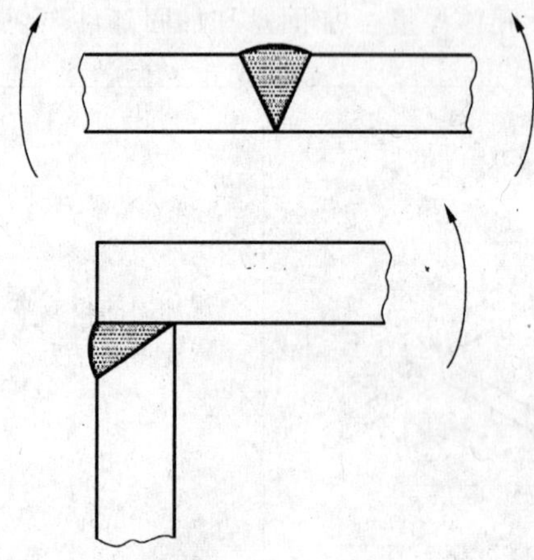

图 B.4b）不允许的例子（或在 6.2 规定安全系数提高 50%的情况下允许）

ICS 11.040.30
C 36

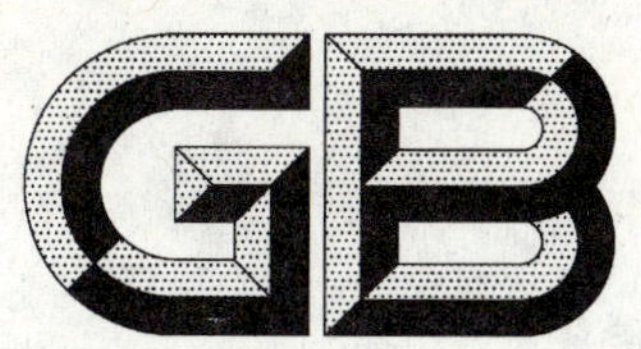

中华人民共和国国家标准

GB 24627—2009

医疗器械和外科植入物用镍-钛形状记忆合金加工材

Standard specification for wrought Nickel-Titanium shape memory alloys for medical devices and surgical implants

2009-11-15 发布 2010-12-01 实施

中华人民共和国国家质量监督检验检疫总局
中国国家标准化管理委员会 发布

前　言

本标准的全部技术内容为强制性。

本标准等同采用ASTM F 2063-05《医疗器械和外科植入物用镍-钛形状记忆合金加工材》。

本标准与ASTM F 2063-05的主要差异为：

a) 将规范性引用文件中已转化为国家标准或行业标准的ASTM标准，用国家标准或行业标准代替；

b) 将规范性引用文件中的美国质量协会(ASQ)标准用行业标准代替；

c) 将国家标准推荐的力学和化学分析方法增加为附录C(资料性附录)。

本标准的附录A、附录B和附录C为资料性附录。

本标准由国家食品药品监督管理局提出。

本标准由全国外科植入物和矫形器械标准化技术委员会(SAC/TC 110)归口。

本标准起草单位：有研亿金新材料股份有限公司、国家食品药品监督管理局天津医疗器械质量监督检验中心。

本标准主要起草人：冯景苏、缪卫东、王江波、冯昭伟、杨华、樊铂、孙惠丽、宋铎。

医疗器械和外科植入物用镍-钛形状记忆合金加工材

1 范围

1.1 本标准规定了用于制造医疗器械和外科植入物，名义成分（质量分数）为54.5%～57.0%镍的镍-钛记忆合金棒材、板材和管材的化学、物理、机械和冶金要求。

1.2 对于直径或厚度为6 mm～130 mm的轧制产品，本标准是指退火条件下的要求。

1.3 本标准中的数据采用国际单位制（SI）。

2 规范性引用文件

下列文件中的条款通过本标准的引用而成为本标准的条款。凡是注日期的引用文件，其随后所有的修改单（不包括勘误的内容）或修订版均不适用于本标准，然而，鼓励根据本标准达成协议的各方研究是否可使用这些文件的最新版本。凡是不注日期的引用文件，其最新版本适用于本标准。

GB/T 6394 金属平均晶粒度测定方法

YY/T 0287 医疗器械 质量管理体系 用于法规的要求（YY/T 0287—2003，ISO 13485：2003，IDT）

YY/T 0641 热分析法测量NiTi合金相变温度的标准方法

ASTM E 4 试验机负荷检验的标准实施规程

ASTM E 8 金属材料拉伸试验的试验方法

ASTM E 1019 钢和铁、镍、钴合金中碳、硫、氮和氧含量测定的试验方法

ASTM E 1097 直流等离子发射光谱分析指南

ASTM E 1172 波长色散X射线光谱仪的描述与规定的标准规程

ASTM E 1245 自动图像分析法测定金属的夹杂物或第二相要素含量的标准操作规程

ASTM E 1409 惰性气体熔融技术测定钛及钛合金中氧和氮含量的试验方法

ASTM E 1447 惰性气体熔融热传导法测定钛及钛合金中氢含量的试验方法

ASTM E 1479 电感耦合等离子发射光谱仪的描述与规定的标准规程

ASTM E 1941 难熔和活性金属及其合金中碳含量测定的试验方法

ASTM F 1710 用高分辨率辉光放电质谱法分析电子级钛中的痕量金属杂质的试验方法

ASTM F 2005 镍-钛形状记忆合金术语

ASTM F 2082 用弯曲和自由回复试验测定镍-钛形状记忆合金相变温度的试验方法

3 术语

3.1 描述合金物理和热性能的术语见ASTM F 2005。

3.2 还可参见ASTM E 4：一般术语。

4 产品分类

4.1 棒材：圆棒或其他截面（尺寸或形状特殊定制）的棒材。

4.2 板材：宽度≥5倍厚度的任何产品。

4.3 管材：空心圆柱形产品。

5 订货信息

按本标准询价或订货应包括以下信息：

a) 数量：重量、长度或件数；

b) 合金成分：以相变温度表示(见第8章)；

c) 形状：棒、板或管(见第4章)；

d) 状态(见6.3和10.1)；

e) 机械性能：如果特殊条件下适用(见第10章)；

f) 表面状态(见6.4)；

g) 适用的尺寸：包括直径、厚度、宽度和长度(精确长度、任意长度或给定长度的整数倍)或标识号；

h) 特殊检验：如终轧产品的化学分析；

i) 特殊要求(见第11章)。

6 制造

6.1 材料应由含镍和钛，无其他添加元素的铸锭制成。

6.2 材料应在真空或惰性气体中熔炼，以便控制冶金纯度和合金化学成分。

6.3 棒、板和管材产品，应按订货单的要求，以热加工或冷加工、退火或其他热处理状态交货。

6.4 表面状态可以是有氧化层、去氧化皮、酸洗、喷砂、机加工、打磨、机械抛光或电解抛光等处理过的。

7 化学成分

7.1 合金化学成分应符合表1的要求。除氢元素之外，表1中的元素均可从铸锭取样分析。氢元素应从终轧产品取样分析(见第4章)，或以供应商和用户一致同意的方式取样分析。化学成分超出了表1给出的范围界限，供应商不应发货。

合金主成分和杂质元素含量要求见表1。表1中未列出的元素，本标准未做要求，可不分析。

表1 化学成分

元　素	质量分数 %
镍(Ni)	54.5～57.0
碳(C)	≤0.050
钴(Co)	≤0.050
铜(Cu)	≤0.010
铬(Cr)	≤0.010
氢(H)	≤0.005
铁(Fe)	≤0.050
铌(Nb)	≤0.025
氮＋氧(N＋O)	≤0.050
钛(Ti)	余量

7.2 分析方法——主成分应按ASTM E 1097规定的直流等离子光谱法，ASTM E 1479规定的原子吸收电感耦合等离子光谱法，ASTM E 1172规定的X射线光谱法、ASTM F 1710规定的辉光放电质谱法或等效的方法分析；碳含量按ASTM E 1019或ASTM E 1941规定的方法测定；氢含量按ASTM E 1447

规定的惰性气体熔融法或真空提取法测定;氮和氧含量按 ASTM E 1409 规定的惰性气体熔融法测定。

注:主成分也可按照 YS/T 252.1 的方法分析。

7.3 合金的钛含量用求差法确定,不需分析。

7.4 产品的最大分析允许差见表2。产品的分析允许差并未放宽成分分析要求的尺度,但可以涵盖各实验室在化学成分测量上的差别。超出了表1中成分含量范围的材料,供应商不应发货。

表2 产品分析允许差[a]

元 素	允许差 %(质量分数)[b]
碳(C)	0.002
钴(Co)	0.001
铜(Cu)	0.001
铬(Cr)	0.001
氢(H)	0.000 5
铁(Fe)	0.01
镍(Ni)	±0.2
铌(Nb)	0.004
氮(N)	0.004
氧(O)	0.004

[a] 产品分析允许差的确定以该种成分已被证实的分析能力为依据。

[b] 对于不适于给出最小允许差的元素,只给出最大百分比。

8 相变温度

8.1 由于镍-钛形状记忆合金的镍、钛含量测量的精确度不能达到保证形状记忆或超弹性能的要求,必须使用热分析法或等效的热机械试验法测量合金的相变温度,根据相变温度保证合金成分。

8.2 合金成分应以订货单要求的相变温度参数来规定。相变温度参数应是下列参数之一:M_f、M_p、M_s、A_s、A_p、A_f,其定义见 ASTM F 2005,并按 YY/T 0641、ASTM F 2082 或其他适用的热机械试验方法来检测。

8.3 用 YY/T 0641 规定的热分析法测量相变温度时,A_s 点的测量值应在所购产品加工温度的±10 ℃内,或是在供货商和用户协商确定的范围内。

8.4 相变温度参数一般在加工产品的退火态下测定(正如 ASTM F 2005 中定义)。合金在其他状态下的相变温度的检测可视为特殊要求。

9 冶金结构

9.1 显微结构

根据 GB/T 6394 的试验方法进行检验,产品的平均晶粒度(G)应不粗于4级。

9.2 显微清洁度

对于所有轧制产品,疏松和非金属夹杂(如 $Ti_4Ni_2O_x$ 和 TiC)颗粒的最大允许尺寸为 39.0 μm。放大400倍~500倍观察,在任何视野内,疏松和非金属夹杂应在2.8%以下(面积百分比)。疏松和非金属夹杂的评价应在轧制产品直径、厚度、宽度、高度、壁厚等方向上的 6.3 mm~94.0 mm 截面上进行。检验应采用 ASTM E 1245 的方法,或其他等效方法,使用平行于加工方向的轴向样品进行。供货商和买方应就样品数量、取样位置、样品制备、观察视野的数量和检验技术进行协商确定。

10 机械性能要求

10.1 取自成品的样品，经退火即材料经过不低于800 ℃、不少于15 min加热，然后用水淬、气体淬火或空气冷却的快速冷却方式处理，其机械性能应符合表3的要求。

表3 退火态机械性能

直径或两平行表面间距 mm	抗拉强度，R_m MPa	延伸率，A，测量长度50 mm或4D %
≤50	≥551	≥15
>50	≥551	≥10
注：试验环境20.0 ℃～24.0 ℃。4D指直径的4倍。		

10.2 为使产品具有供货商和买方一致认可的较高的极限抗拉强度和较低的延伸率，或其他物理和机械性能，材料可以按冷加工态或热处理态订货。

10.3 对于直径或厚度大于50 mm的产品，可将其轧制成板材或带材后再取样。对于直径或厚度小于或等于50 mm的产品，应从产品上取样。

10.4 拉伸性能检验应在与样品最终加工方向一致的轴向上进行，宽板产品的横向拉伸性能应按用户与供货商协商的方法检验。

10.5 拉伸试验应按ASTM E 8的规定进行，使用适合于被测产品尺寸的标准长度样品，拉伸性能应满足表3的要求。

10.6 其他特殊机械性能试验应在订货单中规定。

11 特殊要求

11.1 尺寸公差和椭圆度公差应在订货单中规定。

11.2 根据产品形状、取样位置或热处理而提出的特殊相变温度的要求应在订货单中规定。

11.3 表面粗糙度应在订货单中规定。

12 证书

供货商在发货时应提供材料按照本标准制造和检验的证书。证书应包括用户与供货商商定的化学成分、相变温度、冶金结构、冶金结构分析的说明和机械性能的试验结果汇总（见第7章、第8章、第9章和第10章）。

13 质量控制程序

供货商应保持一定的质量控制程序，例如符合YY/T 0287的要求。

14 关键词

心脏器械；金属；NiTi；TiNi；镍钛记忆合金；镍-钛合金；钛-镍合金；正畸医疗器械；血管器械；形状记忆合金；支架；超弹性合金，外科植入物。

附 录 A
（资料性附录）
原理阐述

A.1 本标准涉及用于制造医疗器械和外科植入物，名义成分（质量分数）54.5%～57.0%镍的镍-钛合金加工材的化学、物理、热机械和冶金特性。

A.2 用户根据医疗器械的设计和使用要求选择形状记忆合金的相变温度和机械性能。

A.3 热-机械加工过程（尤其是冷加工和热处理）影响镍-钛形状记忆合金的相变温度和其他物理、机械性能。8.4 和 10.1 中规定的退火状态仅指试验样品，成品通常以冷加工态或冷加工加热处理态交货。

A.4 热-机械处理和化学处理能够影响铸锭的化学分析结果。例如，酸洗会导致氢含量增加。因此，规定在终轧产品上取样分析氢含量（见 7.2）。

A.5 本标准涉及的镍-钛合金，通常被称为镍钛记忆合金。它不是一种单一的合金，而是一族用相变温度标示的合金，相变温度是在规定的热-机械处理过程之后，在控制条件下测量的。

A.6 相变温度一致性是指某一实验室按照 YY/T 0641 的试验方法对某一成分合金测得的 A_s 范围。

A.7 元素碳、钴、铜、氢、铁、铌和氧是合金中的残留元素（见表 1）。为了确保形状记忆合金具有好的物理和机械性能，这些残留元素被控制在规定的范围内。产品的分析允许差范围是依据已证明的对这些元素含量的分析能力确定的。

附 录 B
（资料性附录）
生物相容性

本标准涉及的材料成分从1972年以来已经成功地应用于人体植入物，并显示了自身良好的生物学反应特性水平。参考文献如下：

［1］ Castleman, L. S., et al., "Biocompatibility of Nitinol Alloy as an Implant Material," *J. Biomedical Materials Research*, Vol 10, 1976, pp. 695-731.

［2］ Ryhanen, J., et al., "Biocompatability of Nickel Titanium Shape Memory Metal and its Corrosion Behavior in Human Cell Cultures," *J. Biomedical Matericals Research*, Vol. 35, 1997, pp. 451-457.

［3］ Trigwell, S. and Selvaduray, G., "Effects of Surface Finish on the Corrosion of NiTi Alloy for Biomedical Applications," *SMST-97 Proceedings of the Second International Conference on Shape Memory and Superelastic Technologies*, Pelton, A etal., (eds.), SMST, Santa Clara, CA, 1997, pp. 383-388.

［4］ Wever, D. J., et al., "Cytotoxic, Allergic and Genotoxic Activity of a Nickel-Titanium Alloy," *Biomateials*, Vol. 18, No. 16, 1997, pp. 1115-1120.

［5］ Trepanier, C. et al., "Effect of the Modification of the Oxide Layer on NiTi Stent Corrosion Resistance," *J. Biomedical Materials Research*, Vol. 43, 1998, pp. 433-440.

［6］ Ryhanen, J., "Biocompatibility of Nitinol," *Minimally Invasive Therapy and Allied Technology*, Vol. 9, No. 2, 2000, pp. 99-105.

［7］ Venugopalan, R. and Trepanier, C., "Assessing the Corrosion Behavior of Nitinol for Minimally Invasive Device Design," *Minimally Invasive Therapy and Allied Technology, Vol. 9, No. 2*, 2000, pp. 67-73.

［8］ Thierry, B., et al., "Nitinol versus Stainless Steel Stents: Acute Thrombogenicity Study in an Ex-Vivo Porcine Model," *Biomaterials*, Vol. 23, 2002, pp. 2997-3005.

［9］ Zhu, L., et al., "Oxidation of Nitinol and its Effect on Corrosion Resistance," S. Shrivastava, Proceedings from the Materials & Processes for Medical Devices Conference, 8-10 Sept. 2003, Anaheim, CA, ASM International, 2004, pp. 156-161.

目前已知的外科植入材料中还没有一种被证明对人体完全无毒副作用。但是本标准所涉及的材料在长期临床应用中表明，如果应用适当，其预期的生物学反应水平是可接受的。

附 录 C
（资料性附录）
国家标准推荐的力学和化学分析方法

GB/T 228 金属材料 室温拉伸试验方法

GB/T 4698.7 海绵钛、钛及钛合金化学分析方法 蒸馏分离-奈斯勒试剂分光光度法测定氮量

GB/T 4698.14 海绵钛、钛和钛合金化学分析方法 库仑法测定碳量

GB/T 4698.15 海绵钛、钛和钛合金化学分析方法 真空加热气相色谱法测定氢量

GB/T 4698.16 海绵钛、钛和钛合金化学分析方法 惰气熔融库仑法测定氧量

ICS 11.080.01
C 47

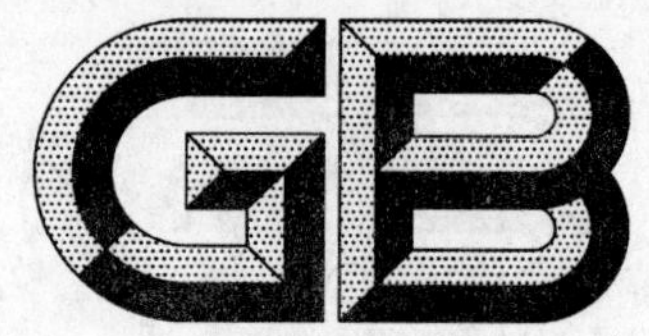

中华人民共和国国家标准

GB/T 24628—2009/ISO 18472:2006

医疗保健产品灭菌 生物与化学指示物 测试设备

Sterilization of health care products—Biological and chemical indicators—Test equipment

(ISO 18472:2006,IDT)

2009-11-15 发布 2010-05-01 实施

中华人民共和国国家质量监督检验检疫总局
中国国家标准化管理委员会 发布

前　言

本标准等同采用国际标准 ISO 18472:2006《医疗保健产品灭菌　生物与化学指示物　测试设备》。

ISO 18472:2006 部分替代 ISO 11140-2:1998《医疗保健产品灭菌　化学指示物　第 2 部分:测试设备与方法》。ISO 11140-2:1998 是关于化学指示物系列标准的第 2 部分,是对测试设备和方法的要求。ISO/TC 198 医疗保健产品灭菌技术委员会于 2006 年发布 ISO 18472:2006 标准,包括对生物和化学指示物测试设备的要求,部分替代了 ISO 11140-2:1998。

本标准的附录 A、附录 B、附录 C、附录 D 为资料性附录。

本标准由国家食品药品监督管理局提出。

本标准由全国消毒技术与设备标准化技术委员会(SAC/TC 200)归口。

本标准起草单位:国家食品药品监督管理局广州医疗器械质量监督检验中心、北京麦迪锦诚医疗器械有限责任公司、山东新华医疗器械股份有限公司。

本标准主要起草人:伍倚明、陈嘉晔、张扬、吕连生。

引　言

为测试化学与生物指示物性能，需要指定的测试设备，本标准规定了用于确立化学与生物指示物与关键过程变量的响应测试设备的性能要求。本标准不适用于辐射指示物或低温蒸汽与甲醛指示物的测试设备。

抗力仪组成了被设计用于建立精确的、可复现的灭菌环境的测试设备，以评价灭菌过程对生物灭活动力学、化学反应、材料老化和产品生物负载的影响。抗力仪允许环境条件精确和周期顺序的精确改变，为产生可控的物理条件。当与 GB 18281 对生物指示物和 GB 18282 对化学指示物所界定的测试方法，工艺研究的结果可以证实生物指示物和化学指示物符合相应标准的要求。

抗力仪不同于常规灭菌器。对于抗力仪所用仪表的选择和控制的要求基于数学模型，该模型通过评估响应时间、测量精度和对过程控制要求，量化测试设备所控制的变量而产生的效果。变化对准确测量、精确控制及快速变化速率的要求，已经接近商用过程控制和校准仪器准确度的极限。使用常规热力或化学灭菌系统所采用的程序的抗力仪，测量和控制要求经常无法通过验证确认。抗力仪被认为是测试设备，而非灭菌器；因此，了解仪表和工艺设计至关重要，以明确对抗力仪精确度和准确度的要求。可行设计必须考虑如下内容：

——所能取得的测量和控制；

——测试结果中设备造成的差异是否可接受；

——经济的设计(仅在要求时利用密封工艺控制)；

——与预期用途相关的测试方法；

——适用于测试程序的知识积累和对在微环境中物理现象的理解；

——当准确的数量测定超过物理测量或控制限值时，可用另外的测试和分析方法。

医疗保健产品灭菌
生物与化学指示物　测试设备

1　范围

1.1　本标准规定了测试设备的要求，该设备用于测试蒸汽、环氧乙烷、干热和汽化过氧化氢灭菌过程的化学与生物指示物是否符合 GB 18282.1 对化学指示物或 GB 18281 系列对生物指示物的要求。本标准还提供资料性方法信息，有助于确定生物与化学指示物用于预期用途的性能特征，也可以用于指示物的常规质量控制测试。

GB 18281.2、GB 18281.3、ISO 11138-4 及 GB 18282.1 均要求使用本标准规定的抗力仪，这些抗力仪的使用应与 GB 18281 和 GB 18282 中相关部分的规定测试方法一并使用。

注 1：甲醛指示物的抗力仪不包括在本标准中。使用实验室仪器的蒸汽-甲醛的测试方法包含在 GB 18281.5、GB 18282.3和 GB 18282.4 中。

1.2　本标准未提及证明化学或生物指示物符合 GB 18281 和 GB 18282 所采用的方法，因为这些方法已包括在上述标准的相关部分中。用于复合过程，如清洗消毒器所用的指示物，未包括在本标准中。

注 2：为 GB 18282.3、GB 18282.4 或 ISO 11140-5 所必须的测试设备和方法已在各自标准中规定。

1.3　本标准未提及测试设备的安全方面内容包括在相应标准中。

2　规范性引用文件

下列文件中的条款通过本标准的引用而成为本标准的条款。凡是注日期的引用文件，其随后所有的修改单(不包括勘误的内容)或修订版均不适用于本标准，然而，鼓励根据本标准达成协议的各方研究是否可使用这些文件的最新版本。凡是不注日期的引用文件，其最新版本适用于本标准。

GB 18281.2　医疗保健产品灭菌　生物指示物　第 2 部分：环氧乙烷灭菌用生物指示物(GB 18281.2—2000，idt ISO 11138-2:1994)

GB 18281.3　医疗保健产品灭菌　生物指示物　第 3 部分：湿热灭菌用生物指示物(GB 18281.3—2000，idt ISO 11138-3:1995)

GB 18282.1　医疗保健产品灭菌　化学指示物　第 1 部分：通则(GB 18282.1—2000，idt ISO 11140-1:1995)

GB 18282.4　医疗保健产品灭菌　化学指示物　第 4 部分：用于替代性 BD 类蒸汽渗透测试的二类指示物(GB 18282.4—2009，ISO 11140-4:2007，IDT)

ISO 11138-4　医疗保健产品灭菌　生物指示物　第 4 部分：干热灭菌用生物指示物

ISO 17665-1　医疗保健产品灭菌　湿热灭菌　第 1 部分：医疗器械灭菌过程的设定、确认和常规控制要求

IEC 60584(所有部分)　热电偶

IEC 60751:2008　工业铂电阻传感器

3　术语和定义

GB 18281.1 和 GB 18282.1 确立的以及下列术语和定义适用于本标准。

3.1

生物指示物　biological indicator

含有活微生物，对特定灭菌过程提供特定的抗力的测试系统。

3.2

校准 calibration

在规定条件下，为确定计量仪器或测量系统所指示的量值、或实物量具、或标准物质所代表的量值，及其由标准方法所实现的对应量值之间关系的一系列操作。

3.3

化学指示物 chemical indicator

非生物指示物 non-biological indicator

展示基于暴露于某一灭菌过程而导致的物理或化学变化所引起的一个或多个预定过程变量的变化系统。

3.4

上升期 come-up period

从引入灭菌剂起，到获得规定的最低限度的暴露条件时止的时间。

3.5

下降期 come-down period

从暴露期结束时起，到确立零效反应点时止的时间。

3.6

暴露期 exposure period

从开始获得规定的最低限度暴露条件起，到暴露期结束的时间。

注：此周期阶段包括灭菌条件稳定化期和稳态期。

3.7

测量准确度 measurement accuracy

测量结果与测量真值之间的接近程度。

注 1：“准确度 accuracy”是定性概念。

注 2：术语“精确度 precision”不宜被用于“准确度 accuracy”。

3.8

零效反应点 null reaction point

由文件规定、或者已经确立和证实，对指示物无显著影响的终止系列条件。

3.9

精确度 precision

测量的可重复性程度。

3.10

参考标准 reference standard

在某一指定场所或指定机构，可获得的通常具有最高计量质量的溯源测量标准。

3.11

抗力仪 resistometer

设计用于在灭菌过程产生物理和/或化学变量组合的测试设备。

注：抗力仪指的是生物指示物评价抗力仪(BIER)测试系统或化学指示物评价抗力仪(CIER)测试系统。

3.12

响应时间 response time

当暴露于被测量的变量逐步改变时，传感器输出 90% 变化的信号所需要的时间。

注：有可能需要采用更快的数据采样速率确定传感器响应时间，而非本标准规定的设备最低限值。传感器制造商提供的标明的响应时间的证明文件，也可以同等接受为合乎标准的证据。

3.13

饱和蒸汽　saturated steam

处于冷凝和汽化之间平衡状态的水蒸气。

3.14

稳定化期　stabilization period

从获得最低限度的规定暴露条件时起，到达到稳定状态条件的规定时间止的时间。

3.15

稳态期　steady state period

从稳定化期结束之后开始，到暴露期结束的时间，其间所有的控制参数均在规定限值内暴露期的部分。

4　抗力仪性能要求

4.1　预定用途

抗力仪用于在规定测试条件下暴露测试样品，应能产生规定测试方法所需的循环顺序。依照 GB 18281.2、GB 18281.3、ISO 11138-4 和 GB 18282.1 所规定的测试方法，所用抗力仪仅需检验该化学或与生物指示物的特性所必需的限值。

注：下述指标规定了放置样品的抗力仪腔体内应具有的条件，但未提及控制这些条件的措施。

4.2　测量与控制能力

下述性能要求规定了蒸汽、环氧乙烷、干热及汽化过氧化氢灭菌抗力仪的测量和控制能力。

4.3　测试方法

本标准规定的设备应按照 GB 18281 和 GB 18282 相关部分所给出的详细测试方法使用。

注：化学与生物指示物标注的性能公差是基于特定的暴露条件，不是测试设备的运行允差。

4.4　泄漏测试

4.4.1　温度稳定和抗力仪腔体排空（除固定的层架和必需的监测传感器以外）后，开始测试周期。当腔体内压力接近或低于测试周期的空气排除阶段规定的最低真空数值时，关闭所有连接腔体内的阀门，停止真空泵。观测并记录时间 t_1 和绝对压力 p_1。让腔体内的冷凝物蒸发维持 300 s±10 s 时间，再观察并记录腔体内绝对压力 p_2 和时间 t_2。在此之后的 600 s±10 s 时间后，再次观察并记录绝对压力 p_3 和时间 t_3。

抗力仪也可以自带空气泄漏测试周期，它能自动执行程序，并以 kPa/min(mbar/min)为单位显示空气泄漏测试结果。

4.4.2　测试结束时计算 600 s 的压力增加率。

注 1：若(p_2-p_1)值大于 2 kPa(20 mbar)，则可能由于灭菌器腔体内刚开始工作时存在的过度冷凝。

注 2：在 4 kPa 压力的密闭腔体内，每改变 10 ℃，压力的变化大约是 0.1 kPa(1 mbar)；超过 20 ℃～140 ℃，在7 kPa (70 mbar)压力的密闭腔体内，压力的变化大约是 0.2 kPa(2 mbar)。当腔体的压力被监测时，若腔体内温度的变化大于 10 ℃，则试验被视为失败。

4.5　蒸汽灭菌抗力仪的性能要求

4.5.1　测量准确度

传感器用于测量蒸汽抗力仪内的温度、真空和压力，应具有表 1 中的规定响应时间。系统用于记录来自蒸汽抗力仪内的时间、温度、真空度和压力，应能按表 1 中规定量程的刻度和准确度运行。

所用测量系统可以超出规定量程运行，只要限定值处于表 1 的规定量程内。

该要求应适用于整个测量装置，包括传感器和数据处理系统。

表 1　蒸汽抗力仪仪表性能要求

测量项目	单位	量程	分辨率	准确度(+/-)[a]	传感器响应时间 ms
时间	HH：MM：SS	可选	00：00：01	00：00：01	—
温度	℃	110～145	0.1	0.5	≤500
真空	kPa	0～100	0.1	1.0	≤30
压力值	kPa	100～420	0.1	3.5	≤30

[a] 测试条件范围内(见 4.1)的准确度。

4.5.2　记录间隔

对表 1 中规定的每一测量，测量系统的记录间隔应不低于每秒一个数据点。该数据点可用电子方式存档，打印间隔可由用户设定。

4.5.3　过程控制

蒸汽抗力仪的过程控制系统应能够产生表 2 给出的条件。

表 2　蒸汽抗力仪机械设计/控制参数

参数	单位	量程	允差(+/-)
时间	HH：MM：SS	可选	00：00：01
温度	℃	110～145	0.5[a]
压力	kPa	100～420	3.5[a]
真空	kPa	3～100	1.0
达到真空设定点时间	HH：MM：SS	≤00：02：00[b]	—
上升期	HH：MM：SS	≤00：00：10	—
下降期	HH：MM：SS	≤00：00：10	—
稳定化期	HH：MM：SS	≤00：00：10	1.0 ℃

[a] 在稳态期中(见图 1)。

[b] 某些指示物可因长时间暴露于干热和真空而受不利影响。宜使用排气的最小实际设定值。所用时间宜尽可能恒定，以使发生变化的可能性降到最低(如干燥作用可能发生)。

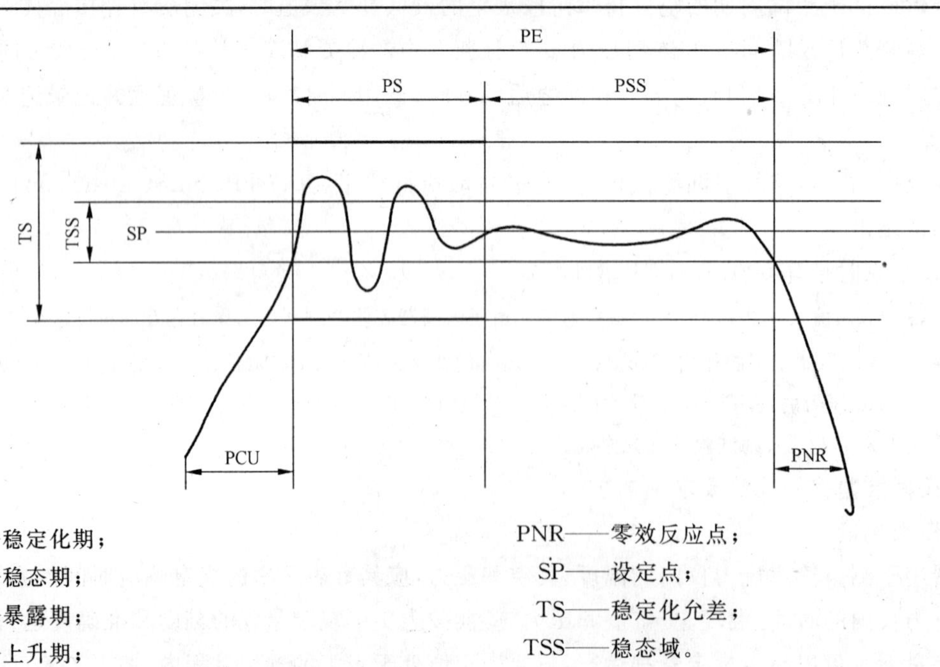

PS——稳定化期；
PSS——稳态期；
PE——暴露期；
PCU——上升期；
PNR——零效反应点；
SP——设定点；
TS——稳定化允差；
TSS——稳态域。

图 1　蒸汽抗力仪温度的稳定化时间

4.5.4 蒸汽抗力仪的通用要求

4.5.4.1 应从外部向抗力仪腔体供应饱和蒸汽。蒸汽供应应符合 GB 18282.4 的要求。应采取措施确保被测物品不被蒸汽含有的水滴打湿。

4.5.4.2 在周期结束时进入的空气应经过滤器过滤,其应能除去不低于 99.5%的 0.5 μm 微粒。

4.5.4.3 样品装载架宜能使指示物暴露在指示物制造商规定的测试条件中。

不同类型的指示物可能要求特制的装载架。为测试性能上的差别,装载架在结构上可能需要制成可以在垂直和水平不同方向上装载测试样品。在校验指示物标称性能时,咨询制造商的指导意见。

4.5.5 空气泄漏测试

采用 4.4 给出的方法测定时,空气泄漏率应不大于 0.13 kPa/min×(54.8/V_c),其中 V_c 是腔体容积,单位为升。

4.5.6 蒸汽抗力仪的操作

4.5.6.1 腔体的设计应使运行的周期的任意阶段中形成的冷凝不影响所需测试条件。为避免在周期运行中形成过度冷凝,可能需要对抗力仪的内表面提供恒温控制,使之能维持规定的温度(如暴露阶段温度)。

4.5.6.2 开始测试周期之前,腔体内表面应被加热到测试温度。

4.5.6.3 设备应具有措施,使腔体排空到真空设定点,使空气在蒸汽进入腔体之前得到应有的排除。

注:蒸汽进入腔体应不影响空气排除效果。

4.5.6.4 应监测、记录和检验温度和绝对压力值,是否在表 2 所述限值之内,选定的暴露条件见 GB 18281.3或 GB 18282.1(见 4.1)给出的。

4.6 环氧乙烷灭菌抗力仪性能要求

4.6.1 测量准确度

环氧乙烷抗力仪应在表 3 所列限值范围之内对变量作测量。

表 3 环氧乙烷抗力仪仪表要求(测量与记录)

测量项目	单位	量程	分辨率	准确度(+/-)[a]	响应时间 ms
时间常数	HH:MM:SS	可选	00:00:01	00:00:01	—
温度	℃	25~80	0.1	0.5	≤500
真空	kPa	0~100	0.1	1.0	≤30
压力	kPa	100~200	0.1	3.5	≤30
相对湿度[b]	%	20~90	1	5	15 000
灭菌剂浓度	mg/L	25~1 200	—	指标浓度的 5%	—

[a] 测试条件范围内的准确度(见 4.1)。

[b] 若相对湿度不由分压确定。

4.6.2 记录间隔

对表 3 中规定的每一测量项目,测量系统的记录间隔应不小于每 10 s 一个数据点。

应使用适宜的传感器,直接测量相对湿度和灭菌剂浓度,或在运行周期的稳态阶段由压力测量得出。

4.6.3 过程控制

对环氧乙烷抗力仪的过程控制应能够产生表 4 给出的条件。

表 4 环氧乙烷抗力仪机械设计/控制参数

参数	单位	量程	允差(+/−)
时间	HH∶MM∶SS	可选	00∶00∶01
压力	kPa	100～200	3.5
灭菌剂浓度	mg/L	200～1 200	目标的 5%
温度	℃	29～65	±1[a]
相对湿度	%	30～80	10
真空	kPa	4～100	1.0
达到真空设定点时间	HH∶MM∶SS	≤00∶01∶00	—
上升期	HH∶MM∶SS	≤00∶01∶00	—
下降期	HH∶MM∶SS	≤00∶01∶00	—
稳定化期	HH∶MM∶SS	≤00∶02∶00	3.0 ℃

[a] 在稳态期(见图 2)。

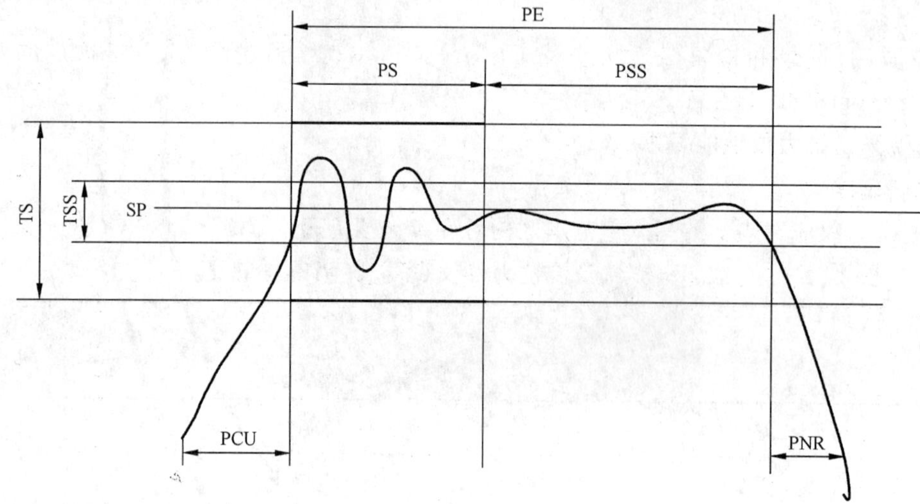

PS——稳定化期；
PSS——稳态期；
PE——暴露期；
PCU——上升期；
PNR——零效反应点；
SP——设定点；
TS——稳定化允差；
TSS——稳态域。

图 2 环氧乙烷抗力仪的温度稳定化时间

4.6.4 环氧乙烷抗力仪的通用要求

4.6.4.1 应采取措施确保测试样品不接触进入腔体内的液态环氧乙烷或聚合物微粒。因为可能会分层,可以使用混合器来达到均匀。

4.6.4.2 包括腔体和门的测试系统,应采取措施来维持内表面温度高于测试温度和相对湿度的露点。腔体环境在灭菌周期开始之前应达到热平衡条件。

4.6.4.3 在周期结束时进入的空气应经过滤器过滤，其应能除去不低于99.5%的0.5 μm微粒。

4.6.4.4 样品装载架宜能使指示物暴露在指示物制造商规定的测试条件中。

不同类型的指示物可能要求特制的装载架。为测试性能上的差别，装载架在结构上可能需要制成可以在垂直和水平不同方向上装载测试样品。在校验指示物标称性能时，咨询制造商的指导意见。

4.6.5 空气泄漏测试

采用4.4给出的方法测定时，空气泄漏率应不大于0.13 kPa/min×(54.8/V_c)，其中V_c是腔体容积，单位为升。

4.6.6 环氧乙烷抗力仪的操作

4.6.6.1 设备应具有措施，使得腔体排空到低于真空设定点，使空气在水蒸气和环氧乙烷进入腔体之前得到应有的排除。

4.6.6.2 开始测试周期之前，腔体内表面应被加热到测试温度。

4.6.6.3 应监测、记录和检验温度和绝对压力值，是否在表4所述限值之内，选定的暴露条件见GB 18281.3或GB 18282.1(见4.1)给出的。

4.7 干热(加热空气)抗力仪性能要求

4.7.1 测量准确度

干热抗力仪应能在表5中给出限度内测量时间和温度。

表5 干热抗力仪仪表性能要求(测量与记录)

测量项目	单位	量程	分辨率	准确度(+/-)[a]	响应时间 ms
时间	HH:MM:SS	可选	00:00:01	00:00:01	—
温度	℃	120～200	0.1	0.5	≤500

[a] 测试条件范围内的准确度(见4.1)。

4.7.2 记录间隔

对表5中规定的每一测量项目，测量系统的记录间隔应不小于每10 s一个数据点。

4.7.3 过程控制

对干热抗力仪的过程控制应能够产生表6给出的条件。

表6 干热抗力仪机械设计/控制系统规格

参数	单位	量程	允差(+/-)
时间	HH:MM:SS	可选	00:00:02
温度	℃	120～200	2.5[a]
上升期	HH:MM:SS	≤00:01:00	—
下降期	HH:MM:SS	≤00:01:00	—
稳定化期	HH:MM:SS	≤00:02:00	4.0 ℃

[a] 在2 min稳定化时间之后(见图3)。

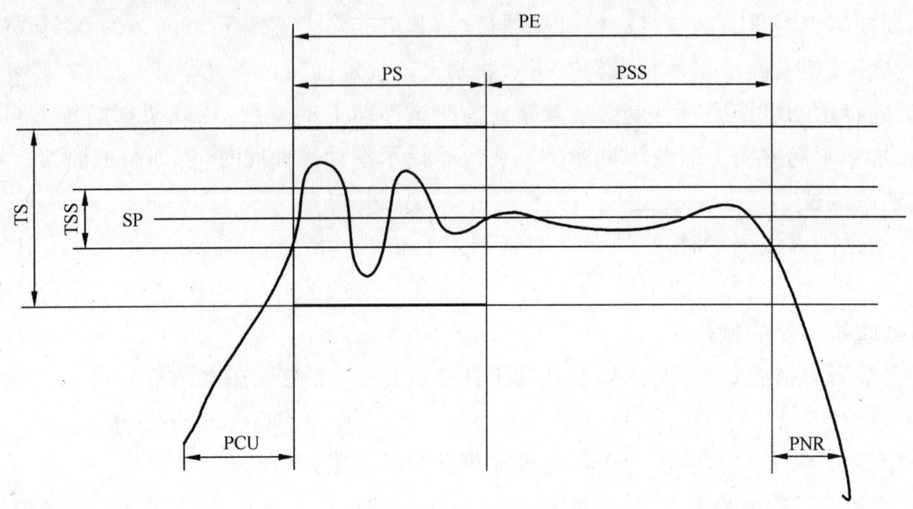

PS——稳定化期；
PSS——稳态期；
PE——暴露期；
PCU——上升期；
PNR——零效反应点；
SP——设定点；
TS——稳定化允差；
TSS——稳态域。

图 3 干热抗力仪温度允差的稳定化时间

4.7.4 干热(加热空气)抗力仪的通用要求

4.7.4.1 样品应置于适当样品夹上。样品架应对指示物性能不产生负面影响。

4.7.4.2 测试气体应符合指示物的预期用途(通常为空气)。

4.7.5 干热(加热空气)抗力仪的操作

4.7.5.1 开始测试周期之前,腔体内表面应被加热到测试温度。

这要求对腔体内表面和/或门按选定运行温度进行恒温控制。

4.7.5.2 应监测、记录和检验温度和绝对压力值,是否在表 6 所述限值之内,选定的暴露条件见 GB 18281.3或 GB 18282.1(见 4.1)给出的。

4.8 汽化过氧化氢灭菌抗力仪的性能要求

4.8.1 测量准确度

过氧化氢(H_2O_2)抗力仪应在表 7 所列限值范围之内对变量作测量。

表 7 汽化过氧化氢抗力仪仪表性能要求(测量与记录)

测量项目	单位	量程	分辨率	准确度(+/—)	响应时间 ms
时间	HH:MM:SS	可选	00:00:01	00:00:01	—
温度	℃	20～60	0.1	1.0	≤500
压力	kPa	0～102	0.01	0.25%	≤30
过氧化氢	mg/L	1～10	0.1	0.3	—

4.8.2 记录间隔

对表 7 中规定的每一测量项目,测量系统的记录间隔应不小于每秒一个数据点。

应使用适宜的传感器，直接测量灭菌剂浓度，或在运行周期的稳态阶段从压力测量得出。

4.8.3 过程控制

过氧化氢蒸汽抗力仪应能够产生表8给出的条件。

表8 汽化过氧化氢抗力仪机械设计/控制参数

测量项目	单位	限度	刻度	准确度(+/-)
时间	HH:MM:SSS	可选	00:00:01	00:00:00.5
温度	℃	20~60	0.1	1.0
压力	kPa	0~102	0.01	0.25%
过氧化氢	mg/L	1~5	0.1	0.3

4.8.4 汽化过氧化氢抗力仪的通用要求

4.8.4.1 在周期结束时进入的空气应经过滤器过滤，其应能除去不低于99.5%的0.5 μm颗粒。

4.8.4.2 样品装载架宜能使指示物暴露在指示物制造商规定的测试条件中。

不同类型的指示物可能要求特制的装载架。为测试性能上的差别，装载架在结构上可能需要制成可以在垂直和水平不同方向上装载测试样品。在校验指示物标称性能时，咨询制造商的指导意见。

4.8.4.3 包括腔体和门的测试系统，应采取措施来维持内表面温度高于测试温度和相对湿度的露点。腔体环境在灭菌周期开始之前应达到热平衡条件。

4.8.4.4 腔体和样品架的接触表面，应用不影响灭菌剂浓度的材料制成。

4.8.5 空气泄漏测试

采用4.4给出的方法测定时，空气泄漏速率应不大于0.5×10^{-2} kPa/min(0.05 mbar/min)。

4.8.6 汽化过氧化氢抗力仪的操作

4.8.6.1 设备应具有措施，使腔体排空到低于真空设定点，使空气和灭菌剂得到应有的排除。

4.8.6.2 开始测试周期之前，腔体内表面应被加热到测试温度。

4.8.6.3 应监测、记录和检验温度、灭菌剂浓度和绝对压力，是否符合GB 18281.3或GB 18282.1(见4.1)限值。

5 记录系统

5.1 测量系统

温度传感器应为符合IEC 60751:2008的A级的铂电阻、或符合IEC 60584标准的热电偶、或具有同等性能的其他传感器系统。

5.2 校准

校准应使用可追溯到现行有效或参考的国家标准或基准。

6 文件

6.1 概述

测试周期由一序列的阶段和步骤组成。这可以经由所需测试周期相关的时间、一个或多个变量坐标绘制图解描述。阶段为一个周期的组成部分，可作唯一性描述(例如，预真空、预处理、蒸汽充入、暴露、后真空、空气排放等)。步骤为一个阶段的组成部分，也具有唯一性描述功能，这些功能可在一个阶段内重复进行，选定的次数 n 次(比如，1[蒸汽-脉冲、真空]、2[蒸汽-脉冲、真空]、…n[蒸汽-脉冲、真空])。测试周期的文件用于记录组成已发生的一个测试周期的所有事件。阶段和步骤持续时间表明阶段和步骤分别所用时间。周期持续时间表明运行一个测试周期所需的整个时间。

6.2 至少应提供的信息

对于运行的每个测试周期，至少应记录下列信息：

a） 阶段/步骤名称和相应设定点；

b） 周期开始的日期和时间；

c） 周期次数和抗力仪识别号码；

d） 抗力仪仪表记录的数据；

e） 操作员。

注：附件 D 给出了典型文献格式。

附 录 A
（资料性附录）
附加性能要求——蒸汽

A.1 概述

用于评估各种类型蒸汽灭菌过程的生物与化学指示物，其性能可以受许多因素影响。按GB 18281.2和GB 18282.1所述，进行日常测试，以确定指示物性能。除了这些规范性测试以外，也可使用其他测试来验证指示物是否适用于其预定用途。

若腔体内温度高于饱和蒸汽相对应的压力，就会出现蒸汽过热状态。

蒸汽过热是蒸汽灭菌中公认的故障状态。可以在抗力仪中人为地制造蒸汽过热，以评估化学和生物指示物检测这种状况的能力。

图A.1描述了蒸汽抗力仪用于饱和蒸汽灭菌暴露过程的典型顺序。

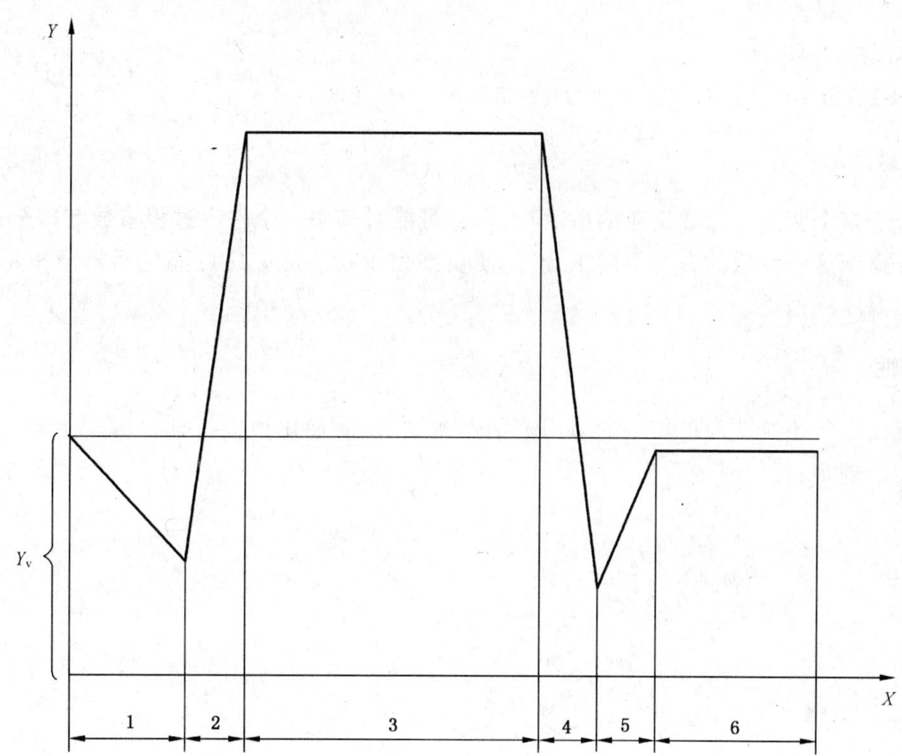

X——时间；

Y——蒸汽压力；

Y_v——真空；

1——空气去除：通过排空阶段，从测试腔体中去除空气，达到选定的真空水平；

2——上升：蒸汽被注入测试腔体内，达到选定的测试温度；

3——暴露时间：测试腔体在选定的暴露时间内，维持在选定的测试温度上；

4——下降：测试腔体排气到所选定水平；

注：当腔体内压力下降到大气压力或更低时，腔体温度下降到低于指示物反应的水平。在后真空阶段冷却样品。

5——空气导入：测试腔体导入空气直至大气压力；

6——周期结束：从腔体内手动移出测试样品。

图A.1 蒸汽测试顺序

A.2 腔体空气去除

指示物的性能因测试设备或指示物装置中的残留空气而有显而易见的区别。改变腔体空气去除水平，对使用各种不同真空水平与空气去除类型的过程的指示物而言，在上升到的选定的灭菌温度之前，可提供其所应具有的性能中的相关变化信息。如果采用该范围的测试，则应测试一系列真空深度，以描述产品性能特征。

A.3 抽真空或增压速率

可利用抽真空或增压速率的变化，来评估装置损害和导致的性能变化，速率变化与灭菌过程的压力变化率相关联。在抗力仪测试中，压力改变速率比常规应用中预期快得多。若抗力仪能够缓慢改变压力，则指示物的测试可使用缓慢增压和缓慢抽真空阶段进行。观察指示物性能的变化的报告可以包括：

a) 显示通过毛细作用的化学物质迁移而不是沿着预期通道带走；

b) 因不稳定增强灭活特性(空气/蒸汽混合物)而导致的原始内包装膨胀；

c) 分层化；

d) 脱水/干燥与升华；

e) 化学反应速率。

注：观察视窗或摄像有助于目视观察可能会影响指示物的物理变化。

A.4 特定变量反应

设计为对于多个变量或参数反应的指示物，它们可能对其中一个临界过程参数有部分或全部反应。指示物可以暴露于这些变量的各种不同组合，以便观察指示物反应。这可能包括暴露指示物于稍稍超出规定数值的温度或条件。

A.5 范围特性

指示物可以在超出制造商的规定的应用范围作测试，以便量化性能特征。对于指定类型的测试一般由所用的标准规定；任何时候若指示物设计或制造工艺发生变化，就可以进行这种类型的测试。

附 录 B
（资料性附录）
附加性能要求——环氧乙烷

B.1 综述

用于评估各种类型环氧乙烷灭菌过程的生物与化学指示物，其性能可以受许多因素影响。按GB 18281.2和GB 18282.1所述，进行日常测试，以确定指示物性能。除了这些规范性测试以外，也可使用其他测试来验证指示物是否适用于其预定用途。

图B.1描述了环氧乙烷抗力仪用于环氧乙烷灭菌暴露过程的典型顺序。

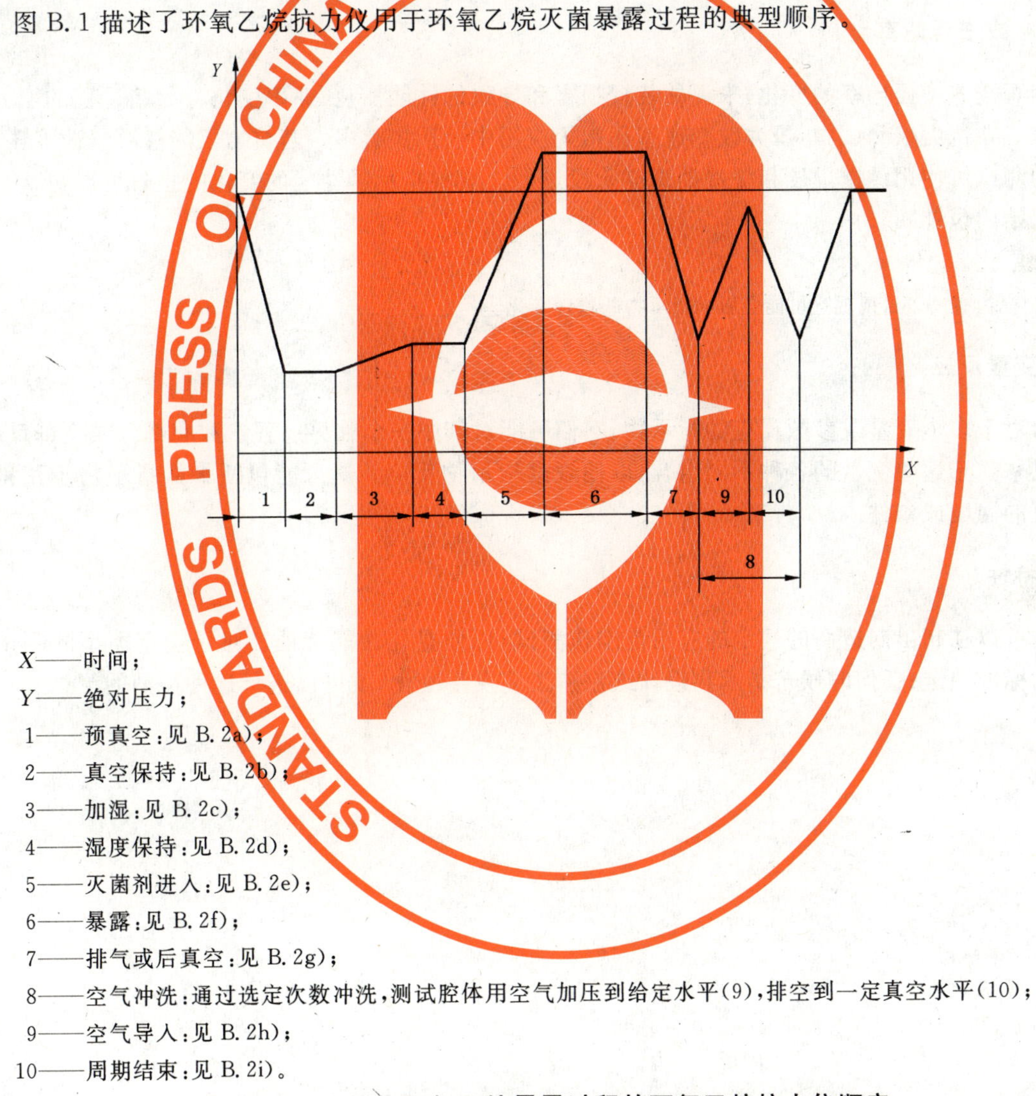

X——时间；
Y——绝对压力；
1——预真空：见B.2a)；
2——真空保持：见B.2b)；
3——加湿：见B.2c)；
4——湿度保持：见B.2d)；
5——灭菌剂进入：见B.2e)；
6——暴露：见B.2f)；
7——排气或后真空：见B.2g)；
8——空气冲洗：通过选定次数冲洗，测试腔体用空气加压到给定水平(9)，排空到一定真空水平(10)；
9——空气导入：见B.2h)；
10——周期结束：见B.2i)。

图B.1 用于环氧乙烷暴露过程的环氧乙烷抗力仪顺序

B.2 腔体空气去除

测试系统/指示物装置中的残留空气可导致指示物性能的明显差异。腔体空气去除测试，可以提供在环氧乙烷进入腔体之前，使用各种不同真空水平与机械式空气去除技术过程的指示物，应具有的性能中的相关变化信息。由此得出的结果比对指示物应有的相关性能要求：

a) 空气去除：空气从测试腔体内去除，达到选定真空水平；

b) 真空保持:灭菌腔体在选定时间保持预真空水平,以使环境温度回复到腔体设定温度,环境温度的下降为预真空冷却的结果;
c) 加湿:低压蒸汽注入测试腔体内,直到获得选定测试湿度;
d) 湿度保持:测试腔体保持选定时间的选定湿度水平,让测试样品与环境测试湿度平衡;
e) 上升:测试腔体内用气态环氧乙烷(灭菌剂)加压,直到获得选定灭菌剂分压压力(灭菌剂浓度);
f) 暴露时间:选定的温度、湿度和环氧乙烷(灭菌剂)浓度所维持的选定的时间;
g) 下降:测试腔体内排空到选定真空水平,以除去大部分灭菌剂;
h) 空气导入:测试腔体导入空气直至大气压力;
i) 周期结束:从测试腔体手动移除测试物品。

B.3 抽真空或增压速率

可利用真空或增压比率的变化,来评估装置损害和导致的性能变化,速率变化与灭菌过程的压力变化率相关联。在抗力仪测试中,压力改变速率比常规应用中预期快得多。若抗力仪能够缓慢改变压力,则指示物的测试可使用缓慢增压和缓慢抽真空阶段进行。观察指示物性能的变化的报告可以包括:

——原始内包装膨胀;

——分层化。

注:观测视窗有助于目视观察可能会影响指示物的物理变化。

B.4 规定变量反应

设计为对于多个变量或参数反应的指示物,它们可能对其中一个临界过程参数有部分或全部反应。指示物可以暴露于这些变量的各种不同组合,以便观察指示物反应。这可能包括暴露指示物于稍稍超出规定数值的温度或条件。

B.5 范围特性

指示物可以在超出制造商的规定的应用范围作测试,以便量化性能特征。对于指定类型的测试一般由所用的标准规定;任何时候若指示物设计或制造工艺发生变化,就可以进行这种类型的测试。

附 录 C
（资料性附录）
附加性能要求——干热

C.1 综述

用于评估各种类型的干热灭菌过程的生物与化学指示物，其性能可以受许多因素影响。按GB 18281.2和GB 18282.1所述，进行日常测试，以确定指示物性能。除了这些规范性测试以外，也可使用其他测试来验证指示物是否适用于其预定用途。

图C.1描述了干热抗力仪用于干热灭菌暴露过程的典型顺序。

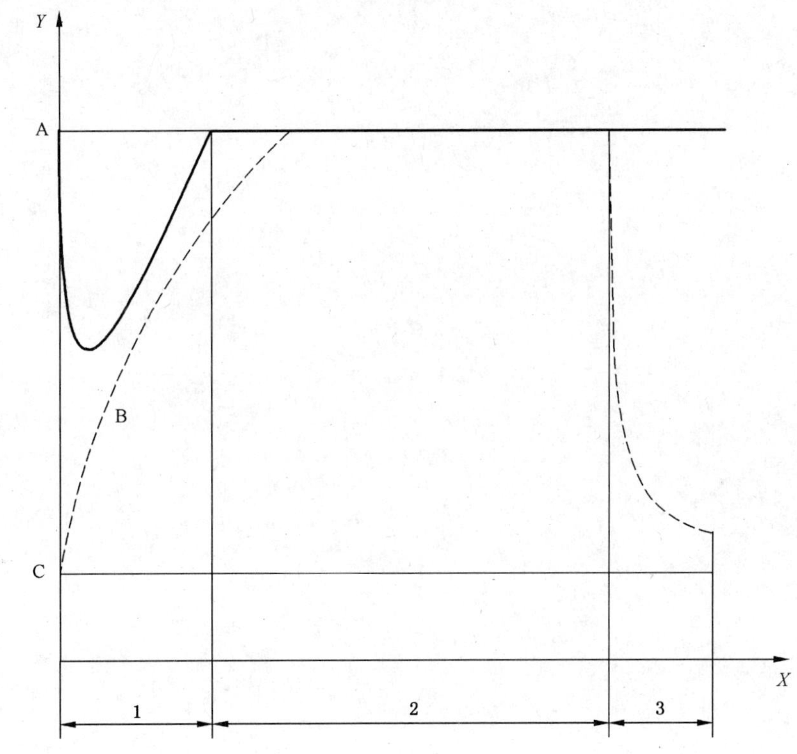

X——时间；
Y——温度；
A——暴露温度；
B——样品温度；
C——局部温度；
1——样品放置：测试样品放置于预热测试环境中，后者设计为在参照标准中的规定时间内复原选定的测试温度；
2——暴露时间：测试腔体按选定暴露时间保持选定测试温度；
3——周期完成：测试样品手动从测试环境中移除。

注：观察视窗或摄像有助于目视观察可能会影响指示物的物理变化。

图C.1 用于干热暴露过程的干热抗力仪顺序

C.2 规定变量反应

设计为对于多个变量或参数反应的指示物，它们可能对其中一个临界过程参数有部分或全部反应。

指示物可以暴露于这些变量的各种不同组合,以便观察指示物反应。这可能包括暴露指示物于稍稍超出规定数值的温度或条件。

C.3 范围特性

指示物可以在超出制造商的规定的应用范围作测试,以便量化性能特征。对于指定类型的测试一般由所用的标准规定;任何时候若指示物设计或制造工艺发生变化,就可以进行这种类型的测试。

附 录 D
（资料性附录）
抗力仪文件与抗力计算

D.1 概述

抗力仪存档文献提供每个运行周期的周期信息。这些数据可以用数字或图形表示，只要它们满足第6章的要求。

图D.1给出一种抗力仪暴露周期实例。

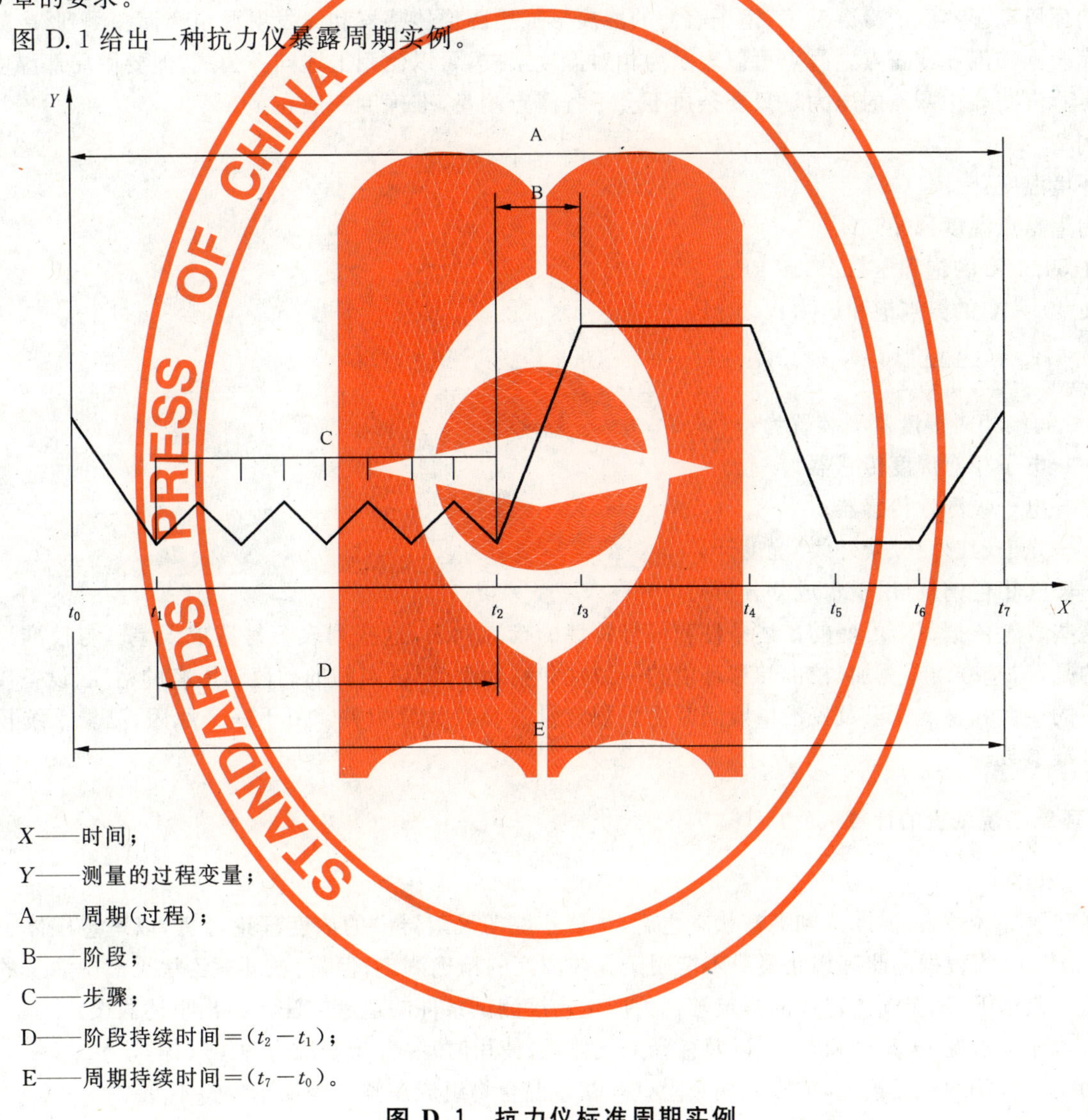

X——时间；

Y——测量的过程变量；

A——周期(过程)；

B——阶段；

C——步骤；

D——阶段持续时间＝(t_2-t_1)；

E——周期持续时间＝(t_7-t_0)。

图D.1 抗力仪标准周期实例

D.2 相对湿度计算

D.2.1 相对湿度是环境中总体或局部分压力相对于饱和环境能够在给定温度上保持的总体或局部压力的比率数值。这种比率常表述为百分比相对湿度(%)乘以100的比率。相对湿度的典型测量方式是通过水蒸气在封闭环境中的局部分压测量所确定。可获得精度为±5%的结果。其数学表述如式(D.1)：

$$RH=\frac{\text{水蒸气(在测试温度)的实际分压}}{\text{水(在测试温度)的饱和蒸汽压力}}\times 100\% \quad \cdots\cdots\cdots\cdots\cdots\cdots(\text{D.1})$$

例 1

测试温度:54.4 ℃

在 54.4 ℃的饱和压力(蒸汽表):15.3 kPa

测量分压(加上湿度):8 kPa

$$RH=\frac{8\ \text{kPa}}{15.3\ \text{kPa}}\times 100\%=52.3\%$$

D.2.2 相对湿度的原始测量最好采用直接测量的物理方法,使用容易校准并保持准确度的仪表,例如温度与压力测量装置。典型的直接测量湿度的方法是通过测量上述温度的局部压力,或依靠露点测量。

露点典型地用于环境监测,因为测量或响应时间通常慢于快速进程控制。露点测量使用镜子,镜子冷却到环境潮湿蒸汽的冷凝温度,镜子表面的冷凝形成用图像传感器和光发射源组合而探测到,冷凝温度就代表饱和温度或露点。露点可以表示为相对湿度形式,可以使用上述同一公式,但要用局部湿度分压替换蒸汽图表中露点的压力。只要杂质不会干扰露点测量,准确度一般在 1.5%。

例 2

环境温度:54.4 ℃

测量露点温度:40.5 ℃

在 54.4 ℃的饱和压力:15.3 kPa

在 40.5 ℃的露点饱和压力:7.6 kPa

$$RH=\frac{7.6\ \text{kPa}}{15.3\ \text{kPa}}\times 100\%=49.7\%$$

D.2.3 间接相对湿度监测装置为:

——电子相对湿度传感器;

——电子吸湿性传感器;

——光谱(红外线/紫外线)湿度计;

——气相色谱仪(用于水成分分析)。

这些装置依据每个可变的描述条件和信号特性的校准列表,这些列表容易造成误差。与校准误差有关的是,与基准误差叠加、校准转移环境的一致性和精确度、测试点间的插值和原有的精度、设备校准状态下的线性和稳定性以及校准中疑问时提供规定量的参数数量相关。由于这个原因,测量系统较少依赖校准参数。

D.3 环氧乙烷浓度的计算

D.3.1 介绍

在初次气体注入,温度达到平衡状态之后,环氧乙烷在灭菌器中的浓度理论计算,以理想气体定律($pV=nRT$)[1)]为根据。此理想化关系不能用于气体浓度的精确测定;但是,在环氧乙烷灭菌中涉及的温度和压力范围下,理想气体定律的测定被视为产生连续测试条件的适宜方法。给出下述假设:

a) 环氧乙烷、水蒸气和空气(以及稀释剂气体,当使用时)混合物表现为理想气体;

b) 混合物组成无损失,如吸收或吸附,即,初始混合物组成在整个周期中保持不变;

c) 装气体容器的标称信息正确,气体混合物重量百分比在进入灭菌器中保持恒定;

d) 压力读数为绝对单位。

D.3.2 计算

环氧乙烷浓度计算源自总压差,该总压力源于添加环氧乙烷加上载体或稀释剂气体以及灭菌器腔体内温度所形成。

由于添加环氧乙烷和稀释剂而致的总压差可以用式(D.2)表示:

1) p 表示压力;V 表示体积;n 表示摩尔量;R 表示气体常数;T 表示温度。

$$pV = nRT \qquad (D.2)$$

整理上式气体定律，得出环氧乙烷浓度计算，使用式(D.3)：

$$c = \frac{Kp}{RT} \qquad (D.3)$$

式中：

c——环氧乙烷浓度，单位为毫克每升(mg/L)；

K——给定稀释剂常数[见式(D.4)]；

p——环氧乙烷和稀释剂的总压差；

R——气体常数(见表 D.3)；

T——给定压力 p 的环氧乙烷和稀释剂气体混合物绝对温度。

$$K = \frac{4.4 \times 10^4 Mw}{Mw + 44(100 - w)} \qquad (D.4)$$

式中：

M——稀释剂气体(多成分稀释剂气体)或稀释剂气体(单一成分稀释剂气体)平均分子量；

w——环氧乙烷在稀释剂混合物中的质量分数。

表 D.1 和表 D.2 列出一些常见环氧乙烷/稀释剂公式的常数和分子量。

表 D.1 环氧乙烷/稀释剂常数，K

环氧乙烷/稀释剂	稀释剂分子量 平均分子量	K[a] mg/g mol[a]
8.5%EO/91.5%CO_2	44	3.74×10^3
10% EO/63% HCFC-124/27% HCFC-22	121.49	9.989×10^3
8.6% EO/91.4% HCFC-124	136.5	9.942×10^3
20% EO/80% CO_2	44	8.80×10^3
100% EO	不适用	4.40×10^4
[a] 当计算 mg/L 时使用式(D.3)。		
注：贮气瓶含有二氧化碳和环氧乙烷的混合物，以用于多次周期气体充气，每次充气都不会提供同样浓度的环氧乙烷。因此，压力测量不能正确指示环氧乙烷气体浓度，必须用一些其他方法来确定此参数。		

表 D.2 分子量

气体	分子量
环氧乙烷(EO)	44.0
HCFC-124	136.5
HCFC-22	86.47
70% HCFC-124+30% HCFC-22	121.49
CO_2	44.0

D.3.3 计算、确定环氧乙烷浓度示例

例 3

假设使用 10%环氧乙烷和 90% HCFC-124/HCFC-22 作灭菌。气体注入之后压力提升为 155.74 kPa。若温度在气体注入结束时是 55 ℃，则：

p=155.74 kPa

T=55 ℃=328 K

$R=8.314\times\frac{\text{J}}{\text{mol}\cdot\text{K}}$

见表 D.3 的气体常数。

$K=9.989\times10^3$ mg/g mol

使用式(D.3),环氧乙烷浓度为:

$$c=\frac{Kp}{RT}=\frac{9.889\times10^3\times155.74}{8.314\times328}=570.5\ \text{mg/L}$$

例 4

假设使用 10%环氧乙烷作灭菌。气体注入之后压力上升到 29.43 kPa。若温度在气体注入结束时是 55 ℃,则:

$p=29.43$ kPa

$T=55$ ℃$=328$°K

$R=8.314\times\frac{\text{J}}{\text{mol}\cdot\text{K}}$

见表 D.3 的气体常数。

$K=4.40\times10^4$ mg/g mol

使用式(D.3),环氧乙烷浓度为:

$$c=\frac{Kp}{RT}=\frac{4.40\times10^4\times29.43}{8.314\times328}=474.9\ \text{mg/L}$$

D.3.4 式(D.4)的衍生

因为大多数操作是记录环氧乙烷气体注入时的压力改变,式(D.4)计算环氧乙烷浓度,由环氧乙烷气体注入所导致的压力上升而得出,该气体包含或不包含单一稀释剂气体如二氧化碳或 HCFC-124。此公式提供计算环氧乙烷浓度的简单快捷方法,适用于灭菌器产品以及实验装置。

压力上升表达为:

$p=p_{\text{暴露}}-p_{\text{增湿}}$

见式(D.1)由增湿导致的压力上升。$p_{\text{增湿}}$是发生增湿时的绝对压力,是由于增湿加上获得最后预真空压力(以绝对单位表达,如 psi,kPa,或 mbar)所导致的压力上升。

用此值求压力,为得出任一气体混合物的环氧乙烷浓度 mg/L,式(D.3)被式(D.4)取代,使此混合物中环氧乙烷和稀释剂气体的分子量和质量分率也包括在内:

$$c=\frac{4.4\times10^4 Mwp}{[Mw+44(100-w)]RT}$$

式中:

M——稀释剂平均分子量;

w——混合物中环氧乙烷的质量分数。

要计算 M,用下述表达式求平均分子量:

$$M=\sum_i M_i w_i$$

式中:

M_i——稀释剂气体组成 i 的分子量;

w_i——稀释剂(非环氧乙烷混合物)中稀释剂组成 i 的质量分数。

用下列公式求浓度:

$$c=\frac{4.4\times10^4\,wp\sum_i M_i w_i}{E\sum_i[M_i w_i+44(100-w)]RT}$$

表 D.3 气体常数，*R*

压力	体积	温度	*R*
atm	cm^3	K	82.057
atm	L	K	0.082 05
bar	L	K	0.083 14
kg/m^2	L	K	847.80
kg/cm^2	L	K	0.084 78
kPa	L	K	8.312
kPa	m^3	K	0.008 312

注：

1 atm=760 mmHg=29.92 inHg=14.70 psi=1.013 bar=1.033 kg/cm^2=101.3 kPa(kN/m^2)；

1 L=1 000 cm^3=0.035 32 ft^3；

1 m^3=1 000 L；

K=℃+273.15。

参 考 文 献

[1] ISO 10013:1995 质量手册编写导则

[2] ISO 11138-5 医疗保健产品灭菌 生物指示物 第5部分:低温蒸汽和甲醛灭菌过程生物指示物

[3] ISO 11140-3 医疗保健产品灭菌 化学指示物 第3部分:B-D蒸汽穿透测试用2类指示系统

[4] ISO 11140-5 医疗保健产品灭菌 化学指示物 第5部分:B-D空气去除测试纸和测试包

ICS 11.040.40
C 35

中华人民共和国国家标准

GB/T 24629—2009/ISO 8828:1988

外科植入物　矫形外科植入物维护和操作指南

Implants for surgery—Guidance on care and handling of orthopaedic implants

(ISO 8828:1988,IDT)

2009-11-15 发布　　2010-05-01 实施

中华人民共和国国家质量监督检验检疫总局
中国国家标准化管理委员会　发布

前　言

本标准等同采用ISO 8828:1988《外科植入物　矫形外科植入物维护和操作指南》。

本标准提出的“不适用于植入物制造商”是指植入物产品交付给购方后，对植入物的维护和操作指南不适用于制造商。制造商应按本标准的要求，在标签、说明书等诸方面对植入物产品交付后的维护和操作提供足够的信息。

本标准由国家食品药品监督管理局提出。

本标准由全国外科植入物和矫形器械标准化技术委员会(SAC/TC 110)归口。

本标准起草单位：国家食品药品监督管理局天津医疗器械质量监督检验中心、中国医疗器械行业协会外科植入物专业委员会、中国药品生物制品检定所医疗器械检验中心。

本标准主要起草人：姚志修、冯晓明、范成相、奚廷斐、孙惠丽、宋铎、齐宝芬。

引 言

本标准给出了矫形外科植入物交付给购方后的维护与操作指南，旨在帮助确保植入物在植入患者体内以前免受污染或损害。本标准中给出了植入物的接收、贮存、运输、操作、清洁和灭菌程序；同时也概述了使用植入物前做准备工作时必须注意的事项。本标准面向所有涉及接收和操作植入物的人员。上述人员应熟悉推荐的程序，以减少植入物损害的风险及损害的发生。

外科植入物 矫形外科植入物维护和操作指南

1 范围

本标准给出了对矫形外科植入物(例如目前使用的金属、陶瓷或聚合物植入物,还包括丙烯酸树脂及其他骨水泥)从医院接收到被植入或弃用期间进行规范操作的指导性程序。

注:本标准不适用于植入物制造商。

2 术语和定义

下列术语和定义适用于本标准。

2.1

矫形外科植入物 orthopaedic implant

依靠外科手段全部或部分地植入体内的器械,用于暂时或永久地修复骨和/或相关组织,或暂时或永久地取代这些组织。

注1:本标准中,术语"植入物"是指"矫形外科植入物"。

注2:用以固定某些器械的丙烯酸树脂被认为是一种"植入物"。

3 通用指南

3.1 接收

3.1.1 概述

已包装的植入物送达时的状态可能为:

a) 预先灭菌过的(见3.1.2),或

b) 未灭菌的(见3.1.3)。

3.1.2 已灭菌植入物

预先灭菌的植入物其包装在使用之前应保持完好。应检查包装是否受损,若发现已损坏,则植入物应被视为未灭菌。此时,植入物应退回供货方重新处理,或在条件允许时,在操作区内进行重新包装和灭菌。

3.1.3 未灭菌植入物

某些未灭菌植入物可能在接收时封装在特殊的可灭菌包装中,该包装不应被拆除。不用这种包装的未灭菌植入物,只有在灭菌处理前才能开包,以便保持表面精度和外形不受影响,同时应尽可能少加搬动。

3.1.4 植入物可用性

任何掉落在地或经不恰当处理的植入物,若怀疑已受损,则不得使用,应退回供货方。然而,总应由使用植入物的外科医师做出植入物是否可用的最终决断。

3.2 运输

植入物的运输应避免对植入物及其包装接收到时的状态产生任何损害或改变。

3.3 库存记录

3.3.1 概述

库存记录应便于库存盘点、存货周转、制造商追溯,某些情况下还应有转移给患者病历的记录。

3.3.2 唯一性编码

一些植入物的表面标刻有一组唯一性编码,批次号或序列号,这些编码也出现在包装上。这组编码通常会被记录到患者病历中。

3.3.3 需要编写的记录

应记录以下信息:

a) 植入物类型;

b) 植入物规格;

c) 植入物的唯一性编码,或批次号/序列号;

d) 植入物材料;

e) 一个包装单元中植入物的数量;

f) 生产日期或接收日期。

3.4 贮存

3.4.1 概述

在所有的贮存区域,植入物在使用前的贮存应保持植入物外形和表面精度,并且不可损坏其包装。植入物与手术器械应分开贮存。

3.4.2 贮存条件

如果制造商提供了贮存说明书,应遵照说明书贮存。如果未提供说明书,则植入物应在干燥的环境下贮存,避免阳光直射、电离辐射、极端温度或颗粒物污染。

3.5 存货周转

推荐遵循"先进先出"原则。存货周转规则应适用于所有贮存区域内的所有已灭菌的和未灭菌的植入物。

3.6 非灭菌植入物的清洁与灭菌

3.6.1 如果制造商的包装在灭菌前一刻才被去除,则未灭菌植入物可能不需预先清洁就可直接进行灭菌。

3.6.2 每一外科手术步骤结束后,所有可能需要重新灭菌的植入物应彻底仔细清洁。只要操作得当,超声清洁、机洗或手工擦洗都是可行的方法。但要注意,使用这些方法时应避免植入物碰撞、擦刮、弯曲或与影响其表面和外形的其他材料作表面接触。

3.6.3 应严格遵守制造商推荐的清洁方法。手工擦洗时,应用软刷,并避免使用苛性化学介质或清洁溶液。

3.6.4 植入物清洁后应进行漂洗,直到完全去除所有残留物、肥皂、洗涤剂和其他清洁液。漂洗完毕,植入物应彻底干燥。应特别注意植入物的凹隐部位,该处极易存留化学物质和漂洗用水。

3.6.5 应用蒸汽高压釜或其他方法对植入物灭菌,灭菌法应确保植入物的完好性。

3.6.6 所有的植入物应按制造商推荐的方法灭菌。

3.6.7 植入物灭菌时不应与手术器械或用其他材料制成的植入物相接触;金属氧化物及其他污染物可通过接触转移到植入物,导致植入后发生不可接受的状况。

注:不适用于带线锚钉等。

3.7 外观

表面或外形有损坏迹象的植入物应予以废弃。

3.8 植入物塑形和改制

3.8.1 植入物的性能特征可能会通过植入物塑形和改制而发生变化。

3.8.2 临床上经常需要对植入物进行塑形和夹持,外科医生操作时应尽可能少地改变植入物的性能。对金属植入物而言,建议不要作过度弯曲、重复弯曲、或以螺孔为支点进行成角弯折,避免刻痕或刮划。

3.8.3 不应使用已经损坏或失效的器械对植入物进行塑形或改制。

3.9 重复使用

曾植入人体的植入物不应再次使用。

4 关于聚合物植入物和材料的补充指南

4.1 灭菌

采用制造商推荐的方法对多数聚合植入物和材料灭菌时应格外小心,操作不慎将会引起降解和其他不良影响。在允许再次灭菌的情况下,应严格遵循制造商推荐的方法。超高分子量聚乙烯、丙烯酸骨水泥和可降解材料均属于需特别注意的聚合物。硅橡胶弹性体可用蒸汽高压釜重复灭菌。

4.2 丙烯酸骨水泥

丙烯酸骨水泥的液态和固态组分一般包装在瓶、袋或其他直接容器中。手术结束后,若其双层封装的外包装已经打开,骨水泥应予以废弃。

4.3 硅橡胶植入物

硅橡胶植入物若被灰尘、植物纤维、滑石粉、皮肤油脂和其他表面污染物所污染,植入后人体组织中会产生继发性液体和纤维组织的累积。操作硅橡胶植入物时应始终采用严格的无菌技术,并且优先使用钝性金属手术器械。

5 关于陶瓷部件的补充指南

5.1 灭菌及操作

陶瓷部件,例如髋关节假体的球头和臼杯部件,可以灭菌或未灭菌的状态供货。灭菌时,将部件以单件而非组装形式分开放置很重要,这对陶瓷-金属组合尤其重要。陶瓷部件在蒸汽灭菌后应缓慢冷却至室温,不应投入水中淬冷。对陶瓷部件及股骨假体颈部表面,只能使用具有塑料保护层的器械操作。

5.2 陶瓷部件滑落掉地

如果陶瓷部件不慎滑落掉地,即使表面并无损坏痕迹也应予以废弃。

5.3 制造商说明

应严格遵守制造商的说明,装配陶瓷部件和在股骨假体柄上安装或取下陶瓷球头。

6 关于具有粗糙表面或内孔表面的植入物或植入物部件的补充指南

6.1 已灭菌植入物

制造商以灭菌状态供应的植入物应保持在无菌的包装中。若包装发生破损和不再完好,则应将植入物退回制造商处置。

6.2 植入物的手术后清洁

对于从包装中取出并安装在患者手术部位的植入物,最终没有植入人体或者没有受到其他外源性污染,其取出后的彻底清洁难于保证,应予以废弃。

6.3 未灭菌植入物

对于以未灭菌态供应的植入物,应按照制造商提出的特别注意要求,防止污染和进行术前的清洁和灭菌。若植入物已安装在患者手术部位,但最终没有植入人体或者没有受到其他外源性污染,其取出后的彻底清洁难于保证,应予以废弃。

参 考 文 献

[1] ISO 6018 外科植入物 标记、包装及标签的通用要求
[2] ASTM F 565 矫形外科植入物及器械维护和操作标准规程

ICS 17.040.01
J 04

中华人民共和国国家标准

GB/T 24630.1—2009/ISO/TS 12781-1:2003

产品几何技术规范(GPS) 平面度 第1部分:词汇和参数

Geometrical Product Specifications (GPS)—Flatness— Part 1:Vocabulary and parameters of flatness

(ISO/TS 12781-1:2003,IDT)

2009-11-15 发布　　2010-04-01 实施

中华人民共和国国家质量监督检验检疫总局
中国国家标准化管理委员会　发布

前　言

GB/T 24630《产品几何技术规范(GPS)　平面度》分为两部分：

第1部分：词汇和参数；

第2部分：规范操作集。

本部分为GB/T 24630的第1部分。

本部分等同采用ISO/TS 12781-1:2003《产品几何技术规范(GPS)　平面度　第1部分：词汇和参数》(英文版)。

本部分等同翻译ISO/TS 12781-1:2003。

为了便于使用，本部分做了如下编辑性修改：

——“国际标准本部分”一词改为“本部分”；

——删除国际标准的前言和引言。

——将标准名称中的“平面度词汇和参数”简化为“词汇和参数”；

本部分的附录A、附录B和附录C为资料性附录。

本部分由全国产品尺寸和几何技术规范标准化技术委员会提出并归口。

本部分起草单位：中机生产力促进中心、中原工学院、西安交通大学、中国航空综合技术研究所、郑州大学。

本部分主要起草人：王欣玲、陈月祥、赵则祥、赵卓贤、王喜力、张琳娜、乔雪涛、陈秀娟。

产品几何技术规范(GPS) 平面度 第1部分:词汇和参数

1 范围

GB/T 24630 的本部分规定了有关单一组成要素的平面度的术语和概念。

本部分适用于整个平面度轮廓。

2 规范性引用文件

下列文件中的条款通过 GB/T 24630 的本部分的引用而成为本部分的条款。凡是注日期的引用文件,其随后所有的修改单(不包括勘误的内容)或修订版均不适用于本部分,然而,鼓励根据本部分达成协议的各方研究是否可使用这些文件的最新版本。凡是不注日期的引用文件,其最新版本适用于本部分。

GB/T 18780.1—2002 产品几何量技术规范(GPS) 几何要素 第1部分:基本术语和定义(ISO 14660-1:1999,IDT)

GB/T 18780.2 产品几何量技术规范(GPS) 几何要素 第2部分:圆柱面和圆锥面的提取中心线、平行平面的提取中心面、提取要素的局部尺寸(GB/T 18780.2—2003,ISO 14660-2:1999,IDT)

GB/T 24630.2 产品几何技术规范(GPS) 平面度 第2部分:规范操作集(GB/T 24630.2—2009,ISO/TS 12781-2:2003,IDT)

GB/Z 24637.1 产品几何技术规范(GPS) 通用概念 第1部分:几何规范和验证的模式(GB/Z 24637.1—2009,ISO/TS 17450-1:2005,IDT)

3 术语和定义

GB/T 18780.1—2002、GB/T 18780.2 和 GB/Z 24637.1 确立的以及下列术语和定义适用于本部分。

3.1 基本术语

3.1.1

平面度 flatness

平面的特性。

3.1.2

公称平面 nominal plane

设计规定的、由数学定义的平面。

3.2 与表面有关的术语

3.2.1

工件实际表面 real surface of a workpiece

实际存在并将整个工件与周围介质分隔的一组要素。

[GB/T 18780.1—2002 定义 2.4]

3.2.2

提取表面 extracted surface

〈平面度〉用数字表示的实际表面(见图1)。

注:平面度的提取规则在 GB/T 24630.2(ISO/TS 12781-2)中给出,该提取表面就是 GB/T 18780.1—2002 定义的提取组成要素。

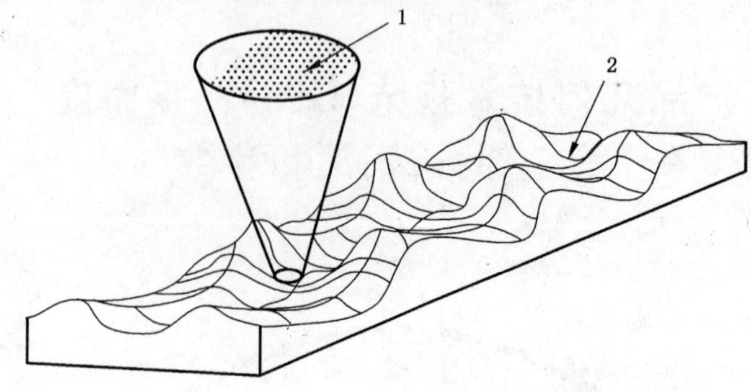

1——提取表面；

2——实际表面。

图 1 提取表面

3.2.3

平面度表面 flatness surface

由滤波器特意修正过的提取表面(平面类)。

注 1：本部分的概念和参数适用于该表面；

注 2：区域高斯滤波器是两个正交轮廓高斯滤波器的卷积。

3.2.4

局部平面度偏差 local flatness deviation

LFD

平面度表面上某一点与评定基面的垂直距离，见图 2。

注 1：如果点的位置相对于评定基面偏向实体内，则该偏差为负局部平面度偏差；

注 2：评定基面见 3.3.1。

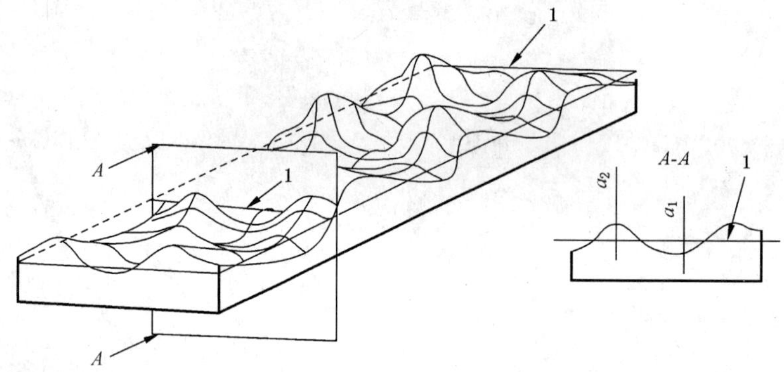

a_1——负局部平面度偏差；

a_2——正局部平面度偏差；

1——评定基面。

图 2 局部平面度偏差

3.2.5

直线度轮廓

由滤波器特意修正过的提取线。

[GB/T 24631.1—2009(ISO/TS 12780-1:2003)定义 3.2.3]

3.3 与评定基面有关的术语和定义

3.3.1

评定基面 reference plane

按规定的方法得到的平面度表面的拟合平面，它是平面度偏差和平面度参数的评定基准。

3.3.1.1

最小区域评定基面　minimum zone reference planes

MZPL

包容平面度表面且距离为最小的两平行平面，见图 3。

3.3.1.1.1

外最小区域评定基面　outer minimum zone reference plane

实体外的最小区域评定基面，见图 3。

3.3.1.1.2

内最小区域评定基面　inner minimum zone reference plane

实体内的最小区域评定基面，见图 3。

3.3.1.1.3

平均最小区域评定基面　mean minimum zone reference plane

两个最小区域评定基面的算术平均面，见图 3。

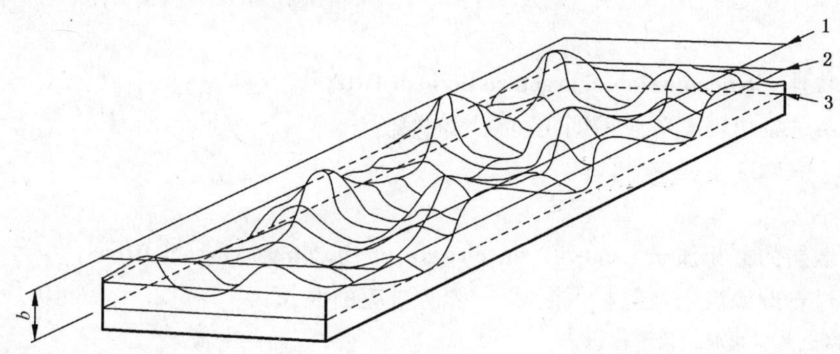

b——最小距离；

1——外最小区域评定基面；

2——平均最小区域评定基面；

3——内最小区域评定基面。

图 3　最小区域评定基面

3.3.1.2

最小二乘评定基面　least squares reference plane

LSPL

使各局部平面度偏差的平方和为最小的平面，见图 4。

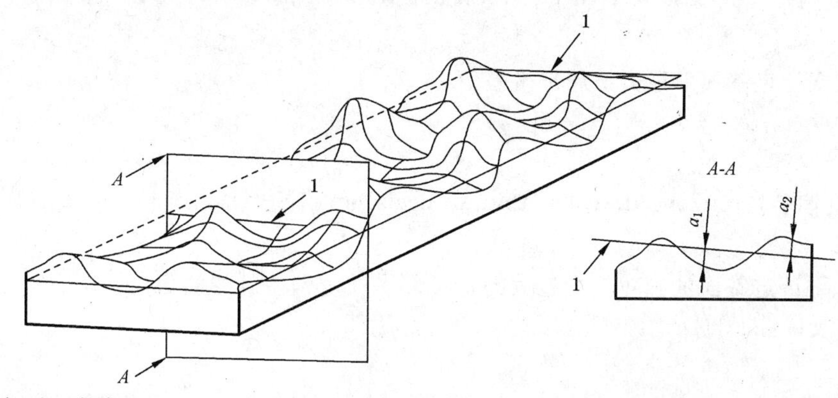

a_1——负局部平面度偏差；

a_2——正局部平面度偏差；

1——最小二乘评定基面。

图 4　最小二乘评定基面

3.4 与滤波器功能有关的术语

3.4.1 概述

除非另有规定，滤波器特性详见 GB/T 24631.2(ISO/TS 12780-2)。

注：目前仅定义了相位修正滤波器中线(见 GB/T 18777—2009 定义 2.2)。因此，3.4 中的术语仅与这种滤波器有关。其他滤波方法目前正在研究中，本部分以后的版本将引入其他滤波器类型。

3.4.2

轮廓滤波器 profile filter

滤波器用于非闭合轮廓时，传输一定波动范围的正弦波，对于传输范围内的波形，其输出和输入幅值之比是确定的，而位于传输范围之外的任一端或两端的波形，其输出和输入幅值之比是衰减(即减少)的。

[**GB/T** 24631.1—2009(**ISO/TS** 12780-1:2003)定义 3.4.2]

注 1：区域高斯滤波器是两个正交轮廓高斯滤波器的卷积。

注 2：其他滤波方法正在由 ISO 进行研究，可以预料，本部分的未来版本中，将引入这些新型的滤波器。有些新型滤波器不是两个正交轮廓滤波器的卷积，因此，在必要时将增加相应的区域滤波器的术语。

3.4.3

滤波器传输特性 transmission characteristic of a filter

表明正弦轮廓的幅值随其波长的变化而衰减的特性。

[**GB/T** 18777—2009 定义 2.3]

3.4.4

相位修正滤波器的截止波长 cut-off wavelength of the phase correct filter

正弦轮廓通过轮廓滤波器对其幅值衰减 50%所对应的波长。

注：轮廓滤波器由其截止波长值来标识。

[**GB/T** 18777—2009 定义 2.5]

3.5 参数

3.5.1

峰-谷平面度误差 peak-to-valley flatness deviation (MZPL、LSPL)

FLT_t

局部平面度最大正偏差与绝对值最大的负偏差的绝对值之和。

注：峰-谷平面度误差的评定基线有 MZPL 或 LSPL。

3.5.2

峰-基平面度偏差 peak-to-reference flatness deviation (LSPL)

FLT_p

偏离最小二乘评定基面的最大正局部偏差值。

注：峰-基平面度偏差仅对最小二乘评定基面定义。

3.5.3

基-谷平面度偏差 reference-to-valley flatness deviation (LSPL)

FLT_v

偏离最小二乘评定基面的绝对值为最大的负局部平面度偏差的绝对值。

注：基-谷平面度偏差仅对最小二乘评定基面定义。

3.5.4

均方根平面度误差 root mean square flatness deviation (LSPL)

FLT_q

偏离最小二乘评定基面的各局部平面度偏差平方和的平方根值。

注：均方根平面度偏差仅对最小二乘评定基面定义。

$$FLT_q = \sqrt{\frac{1}{A}\int_A \mathrm{LFD}^2 \mathrm{d}A}$$

式中：

LFD——局部平面度偏差；

A——平面度要素的表面面积。

4 直线度偏差

平面度要素轮廓的局部直线度偏差由 GB/T 24631（ISO/TS 12780）规定。

附 录 A
(资料性附录)
公称组成要素平面度公差的数学定义

公称组成要素平面度公差带(见图 A.1)由满足下列条件的一组点 $\vec{P}_i$ 构成：

$\vec{L},\hat{N}$	在一任意原点和方向的坐标系中，评定基面由点 $\vec{L}$ 和单位向量 $\hat{N}$ 定义。
$d_i=\hat{N}\times(\vec{P}_i-\vec{L})$	点 $\vec{P}_i$ 距评定基面的法向距离为 d_i，d_i 是带正负号的值。
$b\leqslant d_i\leqslant a$	点 $\vec{P}_i$ 被限制在与评定基面平行且相距为平面度公差 t 的两平面之间。
$t=a-b, t>0$	注：这两个平面不需要与评定基面等距布置。

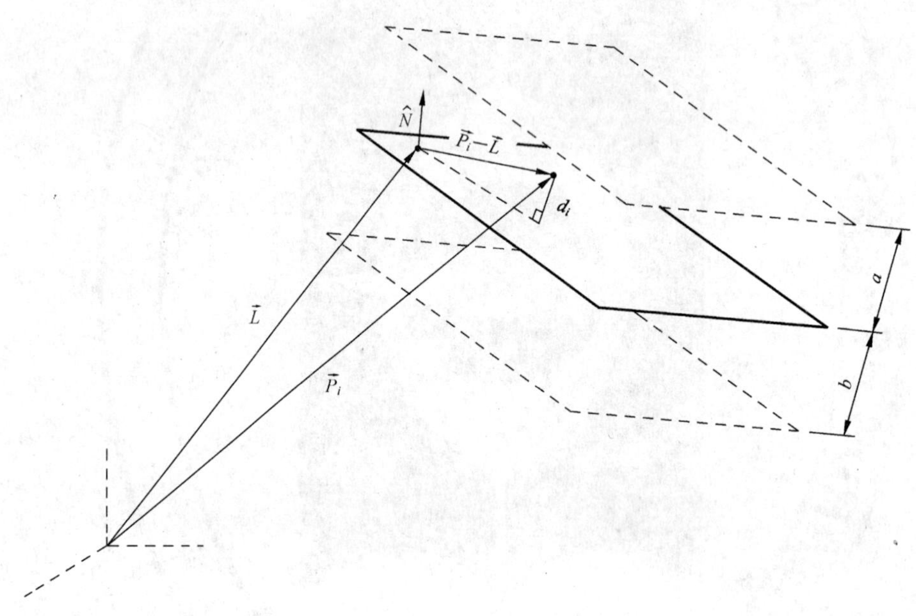

图 A.1　公称组成要素的平面度公差带

附 录 B

（资料性附录）

术语、缩略语和参数对照表

表 B.1 术语和缩略语

缩略语	术 语	依 据
LSCI	最小二乘评定基圆	GB/T 24632.1—2009,3.3.1.2 ISO/TS 12181-1:2003,3.3.1.2
LSCY	最小二乘评定基圆柱	GB/T 24633.1—2009,3.3.1.2 ISO/TS 12180-1:2003,3.3.1.2
LSLI	最小二乘评定基线	GB/T 24631.1—2009,3.3.1.2 ISO/TS 12780-1:2003,3.3.1.2
LSPL	最小二乘评定基面	GB/T 24630.1—2009,3.3.1.2 ISO/TS 12781-1:2003,3.3.1.2
LCD	局部圆柱度偏差	GB/T 24633.1—2009,3.2.4 ISO/TS 12180-1:2003,3.2.4
LFD	局部平面度偏差	GB/T 24630.1—2009,3.2.4 ISO/TS 12781-1:2003,3.2.4
LRD	局部圆度偏差	GB/T 24632.1—2009,3.2.4 ISO/TS 12181-1:2003,3.2.4
LSD	局部直线度偏差	GB/T 24631.1—2009,3.2.4 ISO/TS 12780-1:2003,3.2.4
MICI	最大内切评定基圆	GB/T 24632.1—2009,3.3.1.4 ISO/TS 12181-1:2003,3.3.1.4
MICY	最大内切评定基圆柱	GB/T 24633.1—2009,3.3.1.4 ISO/TS 12180-1:2003,3.3.1.4
MCCI	最小外接评定基圆	GB/T 24632.1—2009,3.3.1.3 ISO/TS 12181-1:2003,3.3.1.3
MCCY	最小外接评定基圆柱	GB/T 24633.1—2009,3.3.1.3 ISO/TS 12180-1:2003,3.3.1.3
MZCI	最小区域评定基圆	GB/T 24632.1—2009,3.3.1.1 ISO/TS 12181-1:2003,3.3.1.1
MZCY	最小区域评定基圆柱	GB/T 24633.1—2009,3.3.1.1 ISO/TS 12180-1:2003,3.3.1.1
MZLI	最小区域评定基线	GB/T 24631.1—2009,3.3.1.1 ISO/TS 12780-1:2003,3.3.1.1
MZPL	最小区域评定基面	GB/T 24630.1—2009,3.3.1.1 ISO/TS 12781-1:2003,3.3.1.1
UPR	每转波数	GB/T 24632.1—2009,3.4.1 ISO/TS 12181-1:2003,3.4.1

表 B.2 术语和参数

参数	术 语	定义所在条款
CYL_{rr}	圆柱半径峰-谷值	GB/T 24633.1—2009,3.6.2.7 ISO/TS 12180-1:2003,3.6.2.7
$CYLt_{tt}$	圆柱锥度(LSCY)	GB/T 24633.1—2009,3.6.2.5 ISO/TS 12180-1:2003,3.6.2.5
CYL_{at}	圆柱锥角	GB/T 24633.1—2009,3.6.2.8 ISO/TS 12180-1:2003,3.6.2.8
STR_{sg}	素线直线度偏差	GB/T 24633.1—2009,3.6.2.3 ISO/TS 12180-1:2003,3.6.2.3
$STRL_{c}$	局部素线的直线度偏差	GB/T 24633.1—2009,3.6.2.2 ISO/TS 12180-1:2003,3.6.2.2
CYL_{p}	峰-基圆柱度偏差(LSCY)	GB/T 24633.1—2009,3.6.1.2 ISO/TS 12180-1:2003,3.6.1.2
FLT_{p}	峰-基平面度偏差(LSPL)	GB/T 24630.1—2009,3.5.2 ISO/TS 12781-1:2003,3.5.2
RON_{p}	峰-基圆度偏差(LSCI)	GB/T 24632.1—2009,3.6.1.2 ISO/TS 12181-1:2003,3.6.1.2
STR_{p}	峰-基直线度偏差(LSLI)	GB/T 24631.1—2009,3.5.2 ISO/TS 12780-1:2003,3.5.2
CYL_{t}	峰-谷圆柱度误差(MZCY、LSCY、MICY、MCCY)	GB/T 24633.1—2009,3.6.1.1 ISO/TS 12180-1:2003,3.6.1.1
FLT_{t}	峰-谷平面度误差(MZPL)、(LSPL)	GB/T 24630.1—2009,3.5.1 ISO/TS 12781-1:2003,3.5.1
RON_{t}	峰-谷圆度误差(MZCI、LSCI、MCCI、MICI)	GB/T 24632.1—2009,3.6.1.1 ISO/TS 12181-1:2003,3.6.1.1
STR_{t}	峰-谷直线度误差(MZLI、LSLI)	GB/T 24631.1—2009,3.5.1 ISO/TS 12780-1:2003,3.5.1
CYL_{v}	基-谷圆柱度偏差(LSCY)	GB/T 24633.1—2009,3.6.1.3 ISO/TS 12180-1:2003,3.6.1.3
FLT_{v}	基-谷平面度偏差(LSPL)	GB/T 24630.1—2009,3.5.3 ISO/TS 12781-1:2003,3.5.3
RON_{v}	基-谷圆度偏差(LSCI)	GB/T 24632.1—2009,3.6.1.3 ISO/TS 12181-1:2003,3.6.1.3
STR_{v}	基-谷直线度偏差(LSLI)	GB/T 24631.1—2009,3.5.3 ISO/TS 12780-1:2003,3.5.3
CYL_{q}	均方根圆柱度误差(LSCY)	GB/T 24633.1—2009,3.6.1.4 ISO/TS 12180-1:2003,3.6.1.4

表 B.2（续）

参数	术　　语	定义所在条款
FLT_q	均方根平面度误差(LSPL)	GB/T 24630.1—2009,3.5.4 ISO/TS 12781-1:2003,3.5.4
RON_q	均方根圆度误差(LSCI)	GB/T 24632.1—2009,3.6.1.4 ISO/TS 12181-1:2003,3.6.1.4
STR_q	均方根直线度误差(LSLI)	GB/T 24631.1—2009,3.5.4 ISO/TS 12780-1:2003,3.5.4
STR_{sa}	提取中线的直线度误差	GB/T 24633.1—2009,3.6.2.1 ISO/TS 12180-1:2003,3.6.2.1

附　录　C
（资料性附录）
在 GPS 矩阵模型中的位置

GPS 矩阵模型参见 GB/Z 20308—2006。

C.1　本部分的信息及其应用

本部分根据 ISO/TS 17450-2 定义组成要素平面度的规范操作所需要的术语和概念。

C.2　本部分在 GPS 矩阵模型中的位置

本部分是 GPS 通用标准，它影响 GPS 通用标准矩阵中与基准无关的面形状标准链的链环 2，如图 C.1 所示。

GPS 综合标准

GPS 基础标准	GPS 通用标准						
	链环号	1	2	3	4	5	6
	尺寸						
	距离						
	半径						
	角度						
	与基准无关的线形状						
	与基准相关的线形状						
	与基准无关的面形状						
	与基准相关的面形状						
	方向						
	位置						
	圆跳动						
	全跳动						
	基准						
	粗糙度轮廓						
	波纹度轮廓						
	原始轮廓						
	表面缺陷						
	棱边						

图 C.1

C.3　相关的标准

相关的标准为图 C.1 所示标准链涉及的标准。

参 考 文 献

[1] GB/T 1182—2008 产品几何技术规范(GPS) 几何公差 形状、方向、位置和跳动公差标注.

[2] GB/T 18777—2009 产品几何技术规范(GPS) 表面结构 轮廓法 相位修正滤波器的计量特性.

[3] GB/Z 20308—2006 产品几何技术规范(GPS) 总体规划.

[4] GB/T 24630.2—2009(ISO/TS 12781-2:2003) 产品几何技术规范(GPS) 平面度 第2部分:规范操作集.

[5] GB/T 24631.1—2009(ISO/TS 12780-1:2003) 产品几何技术规范(GPS) 直线度 第1部分:词汇和参数.

[6] GB/T 24632.1—2009(ISO/TS 12181-1:2003) 产品几何技术规范(GPS) 圆度 第1部分:词汇和参数.

[7] GB/T 24633.1—2009(ISO/TS 12180-1:2003) 产品几何技术规范(GPS) 圆柱度 第1部分:词汇和参数.

[8] GB/Z 24637.2—2009(ISO/TS 17450-2:2002) 产品几何技术规范(GPS) 通用概念 第2部分:基本原则、规范、操作集和不确定度.

ICS 17.040.01
J 04

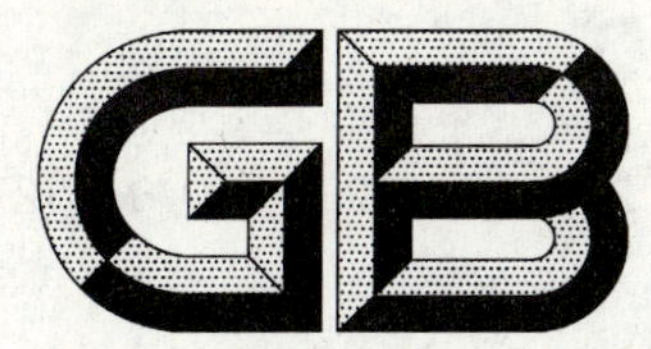

中华人民共和国国家标准

GB/T 24630.2—2009/ISO/TS 12781-2:2003

产品几何技术规范(GPS) 平面度 第2部分:规范操作集

Geometrical Product Specifications (GPS)—Flatness— Part 2:Specification operators

(ISO/TS 12781-2:2003,IDT)

2009-11-15 发布 2010-04-01 实施

中华人民共和国国家质量监督检验检疫总局
中国国家标准化管理委员会 发布

前　言

GB/T 24630《产品几何技术规范(GPS)　平面度》分为两部分:

第1部分:词汇和参数;

第2部分:规范操作集。

本部分为GB/T 24630的第2部分。

本部分等同采用ISO/TS 12781-2:2003《产品几何技术规范(GPS)　平面度　第2部分:规范操作集》(英文版)。

本部分等同翻译ISO/TS 12781-2:2003。

为了便于使用,本部分做了如下编辑性修改:

——“国际标准本部分”一词改为“本部分”;

——删除国际标准的前言和引言。

本部分的附录A、附录B和附录C为资料性附录。

本部分由全国产品尺寸和几何技术规范标准化技术委员会提出并归口。

本部分起草单位:中机生产力促进中心、中原工学院、西安交通大学、北京理工大学、郑州大学、北京市计量检测研究院。

本部分主要起草人:王欣玲、陈月祥、赵则祥、赵卓贤、刘巽尔、赵凤霞、陈景玉、吴迅。

产品几何技术规范(GPS) 平面度 第2部分:规范操作集

1 范围

GB/T 24630的本部分规定了组成要素平面度的完整的规范操作集,即平面形各要素的几何特性。

本部分仅适用于所有组成要素的平面度轮廓。

2 规范性引用文件

下列文件中的条款通过GB/T 24630的本部分的引用而成为本部分的条款。凡是注日期的引用文件,其随后所有的修改单(不包括勘误的内容)或修订版均不适用于本部分,然而,鼓励根据本部分达成协议的各方研究是否可使用这些文件的最新版本。凡是不注日期的引用文件,其最新版本适用于本部分。

GB/T 18779.1 产品几何量技术规范(GPS) 工件与测量设备的测量检验 第1部分:按规范检验合格或不合格的判定规则(GB/T 18779.1—2002,eqv ISO 14253-1:1998)

GB/T 24630.1 产品几何技术规范(GPS) 平面度 第1部分:词汇和参数(GB/T 24630.1—2009,ISO/TS 12781-1:2003,IDT)

GB/Z 24637.2 产品几何技术规范(GPS) 通用概念 第2部分:基本原则、规范、操作集和不确定度(GB/Z 24637.2—2009,ISO/TS 17450-2:2002,IDT)

3 术语和定义

GB/T 24630.1和GB/Z 24637.2确立的术语和定义适用于本部分。

4 完整的规范操作集

4.1 概述

完整的规范操作集(见GB/Z 24637.2)是有序的和完整的一组具有明确定义的规范操作。本部分规定了平面度表面的传输带以及相应触针针尖的几何形状等。

注:实际上,由于利用当前的技术在可接受的时间范围内以理论最小测点密度(见附录B)获得平面要素的全方位信息是不现实的,因此,采用了有限测量点提取方案,只给出与平面形状偏差有关的特征信息,而不是全部信息。

4.2 探测系统

4.2.1 探测方法

在4.2.2中规定的触针针尖的接触式探测系统,是规范操作集的一部分。

4.2.2 触针针尖几何形状

触针针尖的理论正确几何形状为球形等。

4.2.3 测量力

测量力为0 N。

5 与规范的一致性

按GB/T 18779.1规范进行合格或不合格的判定。

附　录　A
（资料性附录）
公称平面工件的谐波成分和提取方法

A.1　谐波成分

一个有限长的信号可以分解为一系列被称为傅立叶级数的正弦分量。傅立叶级数由波长为信号长度的基波和一些波长为整数分之一基波波长的谐波分量组成。基波称为信号的一次谐波，波长为二分之一基波波长的正弦波称为二次谐波，波长为三分之一基波波长的正弦波称为三次谐波，以此类推（见图 A.1），n 次谐波就是波长为 n 分之一基波波长的正弦波。

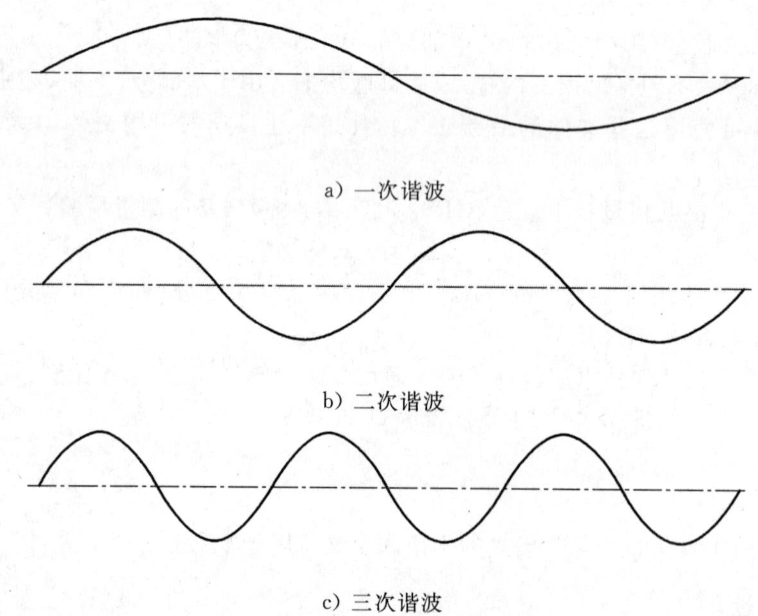

a）一次谐波

b）二次谐波

c）三次谐波

图 A.1　信号前三个谐波分量

上面所有分解为傅立叶级数的信号均为轮廓，而平面表面则是一个区域。一个区域可以认为是两个轮廓的组合，这两个轮廓的方向可以用来建立该区域的坐标系。对于一平面两个轮廓在该平面内相互正交，该平面上的任何位置分别由在两个轮廓方向上距原点成相应距离的坐标定位。

类似地，一个区域可以分解为两个傅立叶级数的组合。实际上，在由正交轮廓确定的两个方向的每一个方向中，这个区域都为一个有限长度。该分解的每个单一分量应有两个谐波数，第一个谐波数对应于第一个轮廓方向上的谐波数，第二个谐波数对应于第二个轮廓方向上的谐波数。单一分量是两个特定谐波分量的组合。

例如，(6,4)谐波的含义是指由第一个轮廓的 6 次谐波（即第一个轮廓长度上有 6 个波）和另一个轮廓的 4 次谐波（即另一个轮廓长度上有 4 个波）的组合。当评定中规定适当的采样方案时，重要的是考虑这些分量的哪些分量呈现在平面度要素上。

A.2　波形混淆和奈奎斯特（Nyquist）定理

从离散数字记录信号，需要进行采样，必须恰当选取采样点（采样间距），以便使离散数字信号能够代表原始信。

如果原始信号为有限带宽，则信号中存在一最短波长（最高次谐波），那么奈奎斯特定理对可能的最大采样间距给以限制。奈奎斯特定理表述为：

如果已知一个无限长信号不包含比指定波长短的波长，那么这个信号可由等间距离散采样值重构，其前提是采用间距小于二分之一的指定波长。

严格地讲，奈奎斯特定理只适用于无限长的信号。实际上，即使信号长度有限，采样间隔小于二分之一最短波长时，奈奎斯特采样定理仍然是有用的。

如果采样间距比奈奎斯特定理规定的更大，数字信号将会出现混淆失真。混淆现象是当一个短波长的正弦波由于采样间距太大而无法定义信号的真实形状而呈现为一个较长波长的正弦波（见图 A.2）。因此，如果采样间距选得太大，较高次的谐波分量呈现为较低次的谐波分量从而使后续分析失真。

平面表面是一个区域，因此，需要规定两个确定的正交方向的采样间距。同样，根据每个方向所呈现的最高次谐波，可用奈奎斯特定理确定该两个方向的采样间距。

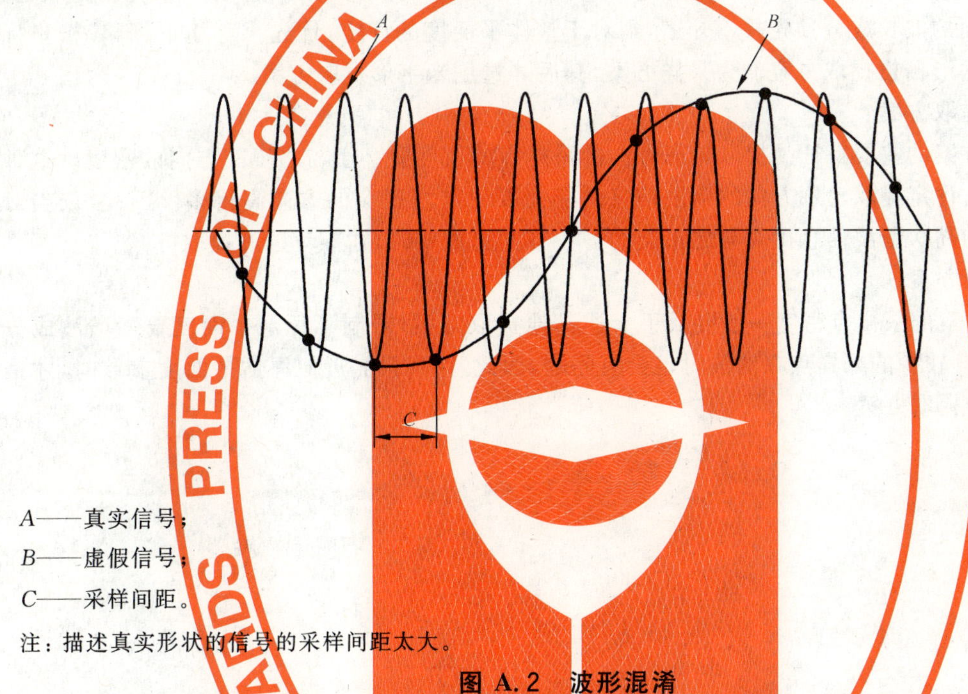

A——真实信号；

B——虚假信号；

C——采样间距。

注：描述真实形状的信号的采样间距太大。

图 A.2 波形混淆

实际上，许多测量仪器将一人为波带限施加给信号以克服混淆的问题。有许多方法可以实现这种人为波带限。三种常用的方法是：探头的“自然”波带限、模拟滤波器和数字滤波器，或上述方法的任意组合。通常采用上述三种方法的组合。一旦信号具有一波带限，就可用奈奎斯特定理确定一个如下的理论最大采样间距。

假设所有小于高斯滤波器传输曲线的 0.02% 点的波长可以忽略，通过使用奈奎斯特定理，这就意味着每个截止波长要求至少 7 个采样点，它代表了每个截止波长的理论最少采样点数。

A.3 平面度要素的谐波成分

布点提取方案的评定能力综述：

a) 矩形栅格提取方案

该提取方案的主要特征是沿两个正交轮廓的采样点密度高。这种提取方案尽管并非是对平面度要素的全部高密度覆盖，然而它仍然能够去评定与形状有关的两个方向上的谐波成分。因此，该提取方案推荐作为评定整个平面度要素的采样方案。

b) 极坐标栅格提取方案

该提取方案的主要特征是沿径向轮廓和圆环轮廓的采样点密度高。这种提取方案尽管并非是对平面度要素的全部高密度覆盖，然而它仍然能够去评定与形状有关的两个方向上的谐波成分。因此,该提取方案推荐作为评定圆盘形零件整个平面度要素的采样方案。

c) 特定栅格提取方案——三角形栅格提取方案

该提取方案的主要特征就是沿"三角形栅格"轮廓的采样点密度高。这种提取方案尽管并非是对平面度要素的全部高密度覆盖,然而它的确给出了能够在有关形状成分的三角形栅格方向上谐波成分。因此,该提取方案推荐替代矩形栅格和极坐标栅格提取方案作为评定整个平面要素的采样方案。

d) 特定栅格提取方案——米字形提取方案

该提取方案虽然不能对平面度要素全部高密度覆盖,但它仍然能够去评定与形状有关的两个方向上的谐波成分。该提取方案受所用的少量轮廓和大的区域没被采样所限制,因此,只有当平面度要素的较长波长成分可忽略时,才能使用这种提取方案。这是一种快速提取方案。如果表面的波长成分预先并不知道,则对于整体平面度的评定,优先推荐矩形栅格、极坐标栅格和三角形栅格提取方案作为采样方案,其后才选用米字形提取方案。

e) 平行线提取方案

该提取方案的主要特征是提取轮廓方向的采样点的密度要高于与之正交方向的密度。这种提取方案对评定提取轮廓方向的谐波信息的能力要比与之正交的方向高得多。因此,仅当对一个方向的高次谐波信息比对与之正交的另一方向更重要时,才推荐这种提取方案。

f) 布点提取方案

该提取方案的采样点密度一般要低于上述其他提取方案,限制了评定平面度要素谐波成分的能力,而且较少的采样点在滤波时也会有问题,因此,仅当只需近似评估平面度参数时,才推荐使用这种提取方案。

附　录　B
（资料性附录）
提取方案

B.1　概述

为了获得平面形状的可靠评价，在工件上获得一组代表性采样点的合适的提取方案是必要的。在合适的方案确定中，最重要的是工件的谐波成分，这将决定覆盖工件的理论最少采样点密度。

实际上，通常很难用给定的理论最小采样点密度对平面要素进行完全覆盖。在这种情况下，将使用有关平面形状的特定信息而不是一般信息的具有较多限制的提取方案。这些提取方案包括：

——矩形栅格提取方案；

——极坐标栅格提取方案；

——特定栅格提取方案，即三角形栅格提取方案和米字形提取方案；

——平行线提取方案；

——布点提取方案。

当采用上述任何一种方案提取时，仅仅考虑了平面度要素的少量采样点。出于这个原因和由于不同的仪器设计以及不同方案的具体实施，使测量结果可能会有差异，除非精心选择一组足以代表平面度要素的、满足特定评定目的的采样点。A.3 描述了每一采样方案的谐波成分以及考虑到有关可能获得谐波成分的一些建议。

B.2　矩形栅格提取方案

该提取方案由两个相互正交方向的等距直线度轮廓组成，形成一个栅格（见图 B.1）。

B.3　极坐标栅格提取方案

该提取方案由绕规定中心的等距同心圆环轮廓和通过该中心的等角径向直线度轮廓组成，形成一个极栅格（见图 B.2）。

B.4　特定栅格——三角形栅格提取方案

该提取方案由三个方向互成 60°的等距直线度轮廓组成，形成一个三角形栅格（见图 B.3）。

B.5　特定栅格——米字形提取方案

该提取方案由在每个方向上由一系列具有三个直线度轮廓的栅格和通过其主对角线的两条直线度轮廓组成，形成一个米字形（见图 B.4）。

注：该方法由于对大表面其采样点不足可能导致争议。

B.6　平行线提取方案

该提取方案由在一指定方向上由多条等间距的直线度轮廓组成，形成一系列平行线轮廓（见图 B.5）。

B.7　布点提取方案

该提取方案由在平面度轮廓上以随机或按一定图案形式获得的采样点组成（见图 B.6）。

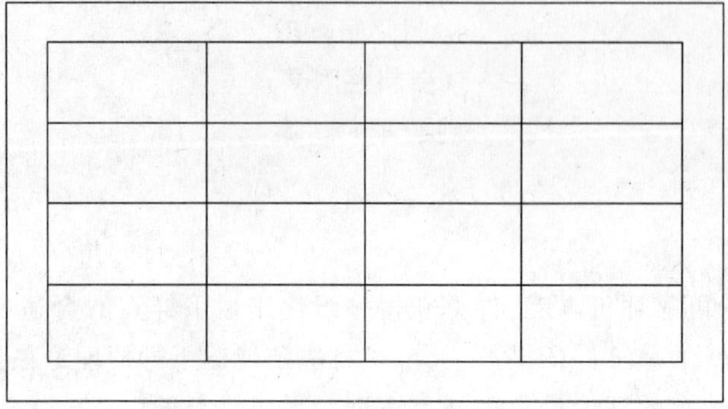

图 B.1 矩形栅格提取方案

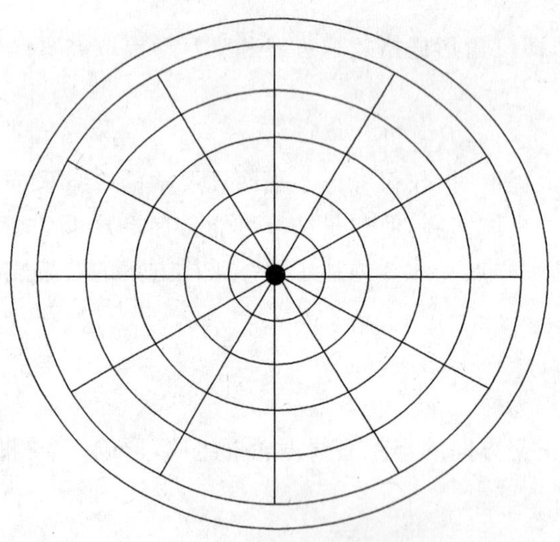

图 B.2 极坐标栅格提取方案

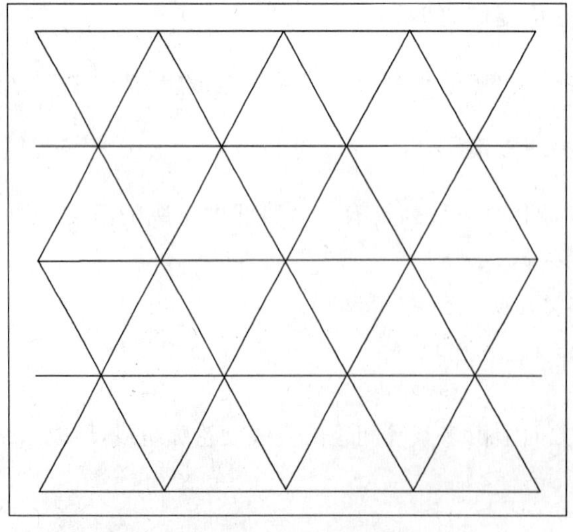

图 B.3 三角形栅格提取方案

图 B.4　米字形提取方案

图 B.5　平行线提取方案

图 B.6　布点提取方案

附　录　C
（资料性附录）
在 GPS 矩阵模型中的位置

GPS 矩阵模型参见 GB/Z 20308—2006。

C.1　本部分的信息及其应用

本部分规定了平面度的完整的规范操作集，即平面形要素的几何特征的完整规范操作集。

C.2　本部分在 GPS 矩阵模型中的位置

本部分是 GPS 通用标准，它影响 GPS 通用标准矩阵中与基准无关的面的形状标准链的链环 3，如图 C.1 所示。

<table>
<tr><td rowspan="20">GPS
基础标准</td><td colspan="7">GPS 综合标准</td></tr>
<tr><td colspan="7">GPS 通用标准</td></tr>
<tr><td>链环号</td><td>1</td><td>2</td><td>3</td><td>4</td><td>5</td><td>6</td></tr>
<tr><td>尺寸</td><td></td><td></td><td></td><td></td><td></td><td></td></tr>
<tr><td>距离</td><td></td><td></td><td></td><td></td><td></td><td></td></tr>
<tr><td>半径</td><td></td><td></td><td></td><td></td><td></td><td></td></tr>
<tr><td>角度</td><td></td><td></td><td></td><td></td><td></td><td></td></tr>
<tr><td>与基准无关的线形状</td><td></td><td></td><td></td><td></td><td></td><td></td></tr>
<tr><td>与基准相关的线形状</td><td></td><td></td><td></td><td></td><td></td><td></td></tr>
<tr><td>与基准无关的面形状</td><td></td><td></td><td></td><td></td><td></td><td></td></tr>
<tr><td>与基准相关的面形状</td><td></td><td></td><td></td><td></td><td></td><td></td></tr>
<tr><td>方向</td><td></td><td></td><td></td><td></td><td></td><td></td></tr>
<tr><td>位置</td><td></td><td></td><td></td><td></td><td></td><td></td></tr>
<tr><td>圆跳动</td><td></td><td></td><td></td><td></td><td></td><td></td></tr>
<tr><td>全跳动</td><td></td><td></td><td></td><td></td><td></td><td></td></tr>
<tr><td>基准</td><td></td><td></td><td></td><td></td><td></td><td></td></tr>
<tr><td>粗糙度轮廓</td><td></td><td></td><td></td><td></td><td></td><td></td></tr>
<tr><td>波纹度轮廓</td><td></td><td></td><td></td><td></td><td></td><td></td></tr>
<tr><td>原始轮廓</td><td></td><td></td><td></td><td></td><td></td><td></td></tr>
<tr><td>表面缺陷</td><td></td><td></td><td></td><td></td><td></td><td></td></tr>
<tr><td></td><td>棱边</td><td></td><td></td><td></td><td></td><td></td><td></td></tr>
</table>

图 C.1

C.3　相关的标准

相关的标准为图 C.1 所示标准链涉及的标准。

参 考 文 献

[1] GB/Z 20308—2006 产品几何技术规范(GPS) 总体规划.

[2] GB/T 24631.1—2009(ISO/TS 12780-1:2003) 产品几何技术规范(GPS) 直线度 第1部分:词汇和参数.

[3] GB/T 24631.2—2009(ISO/TS 12780-2:2003) 产品几何技术规范(GPS) 直线度 第2部分:规范操作集.

ICS 17.040.01
J 04

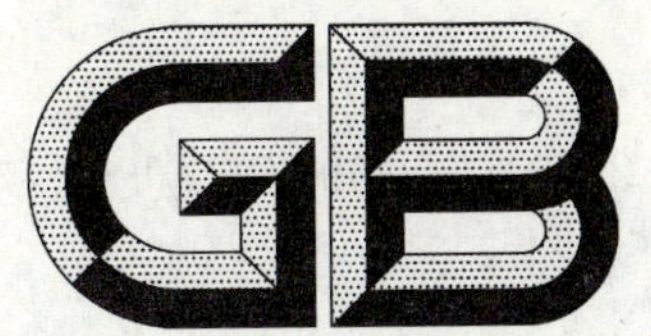

中华人民共和国国家标准

GB/T 24631.1—2009/ISO/TS 12780-1:2003

产品几何技术规范(GPS)　直线度 第1部分:词汇和参数

Geometrical product specifications (GPS)—Straightness—Part 1:Vocabulary and parameters of straightness

(ISO/TS 12780-1:2003,IDT)

2009-11-15 发布　　　　2010-04-01 实施

中华人民共和国国家质量监督检验检疫总局
中国国家标准化管理委员会　发布

前　言

GB/T 24631《产品几何技术规范(GPS)　直线度》分为两部分：

第1部分：词汇和参数；

第2部分：规范操作集。

本部分为GB/T 24631的第1部分。

本部分等同采用ISO/TS 12780-1:2003《产品几何技术规范(GPS)　直线度　第1部分：词汇和参数》(英文版)。

本部分等同翻译ISO/TS 12780-1:2003。

为了便于使用，本部分做了如下编辑性修改：

——"国际标准本部分"一词改为"本部分"；

——删除国际标准的前言和引言；

——将标准名称中的"直线度词汇和参数"简化为"词汇和参数"。

本部分的附录A、附录B和附录C为资料性附录。

本部分由全国产品尺寸和几何技术规范标准化技术委员会提出并归口。

本部分起草单位：中机生产力促进中心、中国航空综合技术研究所、中原工学院、西安交通大学、青云仪器厂、上海大学。

本部分主要起草人：王欣玲、陈月祥、王喜力、赵则祥、赵卓贤、崔瑞志、李明、陈景玉。

产品几何技术规范(GPS) 直线度 第1部分:词汇和参数

1 范围

GB/T 24631 的本部分规定了有关单一组成要素的直线度的术语和概念。

本部分仅适用于所有组成要素的直线度。

注:圆柱面的提取导出轴线的直线度由 GB/T 24633.1(ISO/TS 12180-1)和 GB/T 24633.2(ISO/TS 12180-2)定义。

2 规范性引用文件

下列文件中的条款通过 GB/T 24631 的本部分的引用而成为本部分的条款。凡是注日期的引用文件,其随后所有的修改单(不包括勘误的内容)或修订版均不适用于本部分,然而,鼓励根据本部分达成协议的各方研究是否可使用这些文件的最新版本。凡是不注日期的引用文件,其最新版本适用于本部分。

GB/T 18780.1—2002 产品几何量技术规范(GPS) 几何要素 第1部分:基本术语和定义(ISO 14660-1:1999,IDT)

GB/T 18780.2 产品几何量技术规范(GPS) 几何要素 第2部分:圆柱面和圆锥面的提取中心线、平行平面的提取中心面、提取要素的局部尺寸(GB/T 18780.2—2003,ISO 14660-2:1999,IDT)

GB/T 24631.2 产品几何技术规范(GPS) 直线度 第2部分:规范操作集(GB/T24631.2—2009,ISO/TS 12780-2:2003,IDT)

GB/Z 24637.1 产品几何技术规范(GPS) 通用概念 第1部分:几何规范和验证的模式(GB/Z 24637.1—2009,ISO/TS 17450-1:2005,IDT)

3 术语和定义

GB/T 18780.1—2002、GB/T 18780.2、GB/Z 24637.1 确立的以及下列术语和定义适用于本部分。

3.1 基本术语

3.1.1

直线度 straightness

直线的特性。

3.1.2

表面的法线 normal of the surface

拟合组成要素的法线。

3.1.3

直线度平面 straightness plane

由表面的法线与公称直线所在的方向所建立的平面,见图1。

3.2 与轮廓有关的术语

3.2.1

工件实际表面 real surface of a workpiece

实际存在并将整个工件与周围介质分隔的一组要素。

[GB/T 18780.1—2002 定义 2.4]

3.2.2

提取线 extracted line

〈直线度〉用数字表示的实际表面与直线度平面的交线，见图1。

注：直线度的提取规则由GB/T 24631.2(ISO/TS 12780-2)规定，提取线就是GB/T 18780.1—2002中定义的提取组成要素。

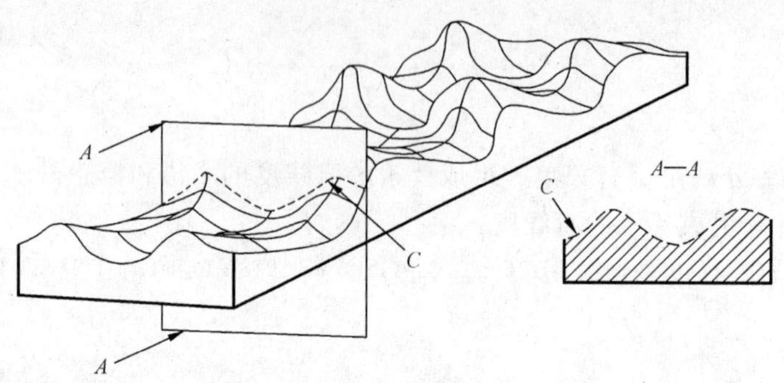

A——直线度平面；

C——提取线。

图1 直线度平面和提取线

3.2.3

直线度轮廓 straightness profile

由滤波器特意修正过的提取线。

注：本部分的概念和参数适用于该轮廓。

3.2.4

局部直线度偏差 local straightness deviation

LSD

直线度轮廓上的某一点到评定基线之间的垂直距离，见图2。

注1：如果点的位置相对于评定基线偏向实体方向，则该偏差为负局部直线度偏差。

注2：评定基线见3.3.1。

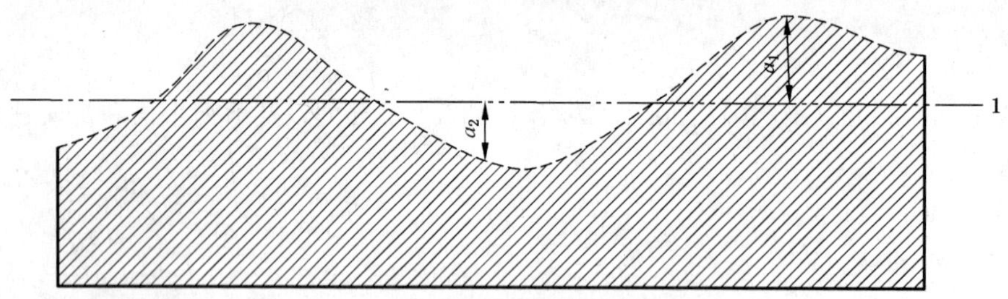

a_1——正局部直线度偏差；

a_2——负局部直线度偏差；

1——评定基线。

图2 局部直线度偏差

3.3 与评定基线有关的术语

3.3.1

评定基线 reference line

按规定的方法得到的直线度轮廓的拟合直线，它是直线度偏差和直线度参数的评定基准。

3.3.1.1

最小区域评定基线 minimum zone reference lines

MZLI

包容直线度轮廓且距离为最小的直线度平面上的两平行直线，见图3。

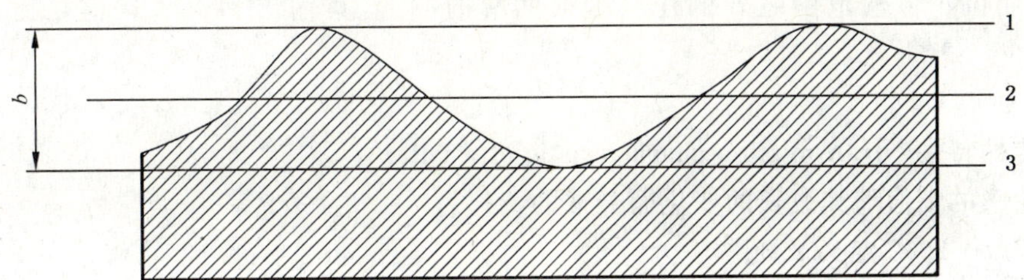

b——最小距离；

1——外最小区域评定基线；

2——平均最小区域评定基线；

3——内最小区域评定基线。

图 3 最小区域评定基线

3.3.1.1.1

外最小区域评定基线 outer minimum zone reference line

实体之外的最小区域评定基线，见图 3。

3.3.1.1.2

内最小区域评定基线 inner minimum zone reference line

实体之内的最小区域评定基线，见图 3。

3.3.1.1.3

平均最小区域评定基线 mean minimum zone reference line

最小区域评定基线的算术平均线，见图 3。

3.3.1.2

最小二乘评定基线 least squares reference line

LSLI

使各局部直线度偏差平方和为最小的直线，见图 4。

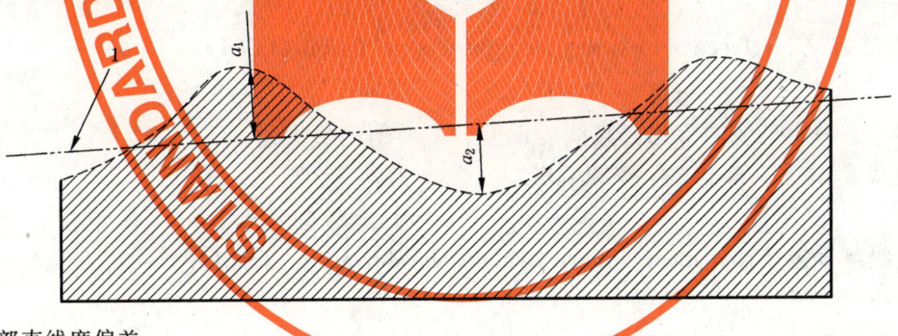

a_1——正局部直线度偏差；

a_2——负局部直线度偏差；

1——最小二乘评定基线。

图 4 最小二乘评定基线

3.4 与滤波器功能有关的术语

3.4.1 概述

除非另有规定，滤波器特性详见 GB/T 24631.2(ISO/TS 12780-2)。

注：目前仅定义了相位修正滤波器中线(见 GB/T 18777—2009，定义 2.2)。因此，3.4 中的术语仅与这种滤波器有关。其他滤波方法目前正在研究中，本部分以后的版本将引入其他滤波器类型。

3.4.2

轮廓滤波器 profile filter

滤波器用于非闭合轮廓时，传输一定波动范围的正弦波，对于传输范围内的波形，其输出输入幅值之比是确定的，而位于传输范围之外的任一端或两端的波形，其输出和输入幅值之比是衰减(即减少)的。

3.4.3

滤波器的传输特性　transmission characteristic of a filter

表明正弦轮廓的幅值随其波长的变化而衰减的特性。

[GB/T 18777—2009 定义 2.3]

3.4.4

截止波长　cut-off wavelength

用于提取线的滤波器的截止波长。

3.4.5

直线度轮廓的传输带　transmission band for straightness profiles

滤波器传输率大于规定百分率的正弦轮廓信号的波带，它由上下两端截止波长的值定义。

注：规定的百分率通常为50%。

3.5　参数

3.5.1

峰-谷直线度误差　peak-to-valley straightness deviation (MZLI、LSLI)

STR_t

局部直线度最大正偏差与绝对值最大的负偏差的绝对值之和。

注：峰-谷直线度误差的评定基线有 MZLI 或 LSLI。

3.5.2

峰-基直线度偏差　peak-to-reference straightness deviation (LSLI)

STR_p

偏离最小二乘评定基线的最大正局部直线度偏差值。

注：峰-基直线度偏差仅由最小二乘评定基准线定义。

3.5.3

基-谷直线度偏差　reference-to-valley straightness deviation (LSLI)

STR_v

偏离最小二乘评定基线的负局部直线度偏差的绝对值的最大值。

注：基-谷直线度偏差仅对最小二乘评定基线定义。

3.5.4

均方根直线度误差　root mean square straightness deviation (LSLI)

STR_q

偏离最小二乘评定基线的各局部直线度偏差平方和的平方根值。

注：均方根直线度误差仅对最小二乘评定基线定义。

$$STR_q = \sqrt{\frac{1}{L}\int_0^L \mathrm{LSD}^2\,\mathrm{d}X}$$

式中：

LSD——局部直线度偏差；

X——直线度轮廓上的瞬时位置；

L——评定基线的长度。

附 录 A
（资料性附录）
公称组成要素直线度公差的数学定义

公称组成要素表面线的直线度公差带(见图 A.1)由满足下列条件的一组点构成：

$\hat{K}\times(\vec{F}-\vec{P}_i)=0$　　在一任意原点和方向的坐标系中，含有该表面线的直线度平面由一点 $\vec{F}$ 和单位表面法线 $\hat{K}$ 定义。

注：对于平面表面，直线度平面与应用直线度公差的平面平行。对于圆柱面或圆锥面，直线度平面应通过圆柱面/锥面的轴线。

点 $\vec{P}_i$ 被限制在该直线度平面上。

$\hat{K}\times(\vec{F}-\vec{L})=0$　　直线度平面上的评定基线由点 $\vec{L}$ 和单位向量 $\vec{N}$ 确定。

$\hat{N}\times\hat{K}=0$

$d_i=(\hat{K}\times\hat{N})\times(\vec{P}_i-\vec{L})$　　点 $\vec{P}_i$ 距评定基线的法向距离为 d_i，d_i 是带正负号的值。

$b\leqslant d_i\leqslant a$　　诸点 $\vec{P}_i$ 被限制在直线度平面上的两条线之间，两条线平行于基线且相距为直线度公差 t。

$t=a-b,t>0$

注：这两条线不必与评定基线等距布置。

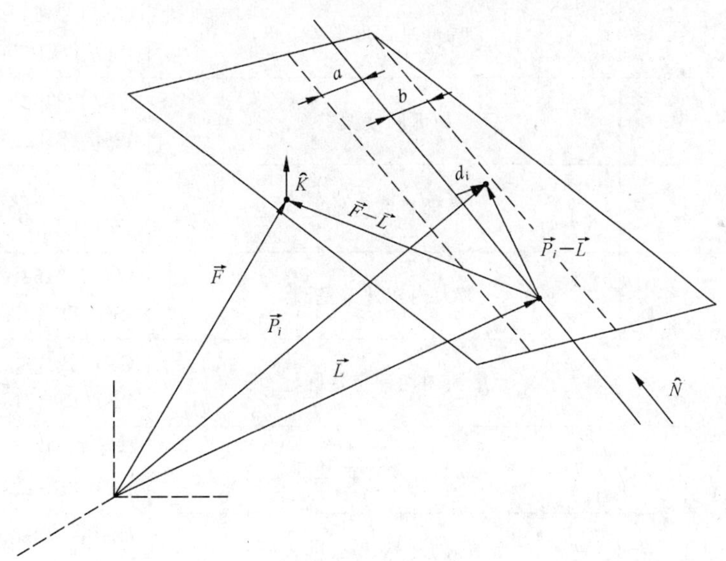

图 A.1　公称组成要素直线度的公差带

附 录 B
（资料性附录）
术语、参数和缩略语对照表

表 B.1 术语和缩略语

缩略语	术 语	依 据
LSCI	最小二乘评定基圆	GB/T 24632.1—2009,3.3.1.2 ISO/TS 12181-1:2003,3.3.1.2
LSCY	最小二乘评定基圆柱	GB/T 24633.1—2009,3.3.1.2 ISO/TS 12180-1:2003,3.3.1.2
LSLI	最小二乘评定基线	GB/T 24631.1—2009,3.3.1.2 ISO/TS 12780-1:2003,3.3.1.2
LSPL	最小二乘评定基面	GB/T 24630.1—2009,3.3.1.2 ISO/TS 12781-1:2003,3.3.1.2
LCD	局部圆柱度偏差	GB/T 24633.1—2009,3.2.4 ISO/TS 12180-1:2003,3.2.4
LFD	局部平面度偏差	GB/T 24630.1—2009,3.2.4 ISO/TS 12781-1:2003,3.2.4
LRD	局部圆度偏差	GB/T 24632.1—2009,3.2.4 ISO/TS 12181-1:2003,3.2.4
LSD	局部直线度偏差	GB/T 24631.1—2009,3.2.4 ISO/TS 12780-1:2003,3.2.4
MICI	最大内切评定基圆	GB/T 24632.1—2009,3.3.1.4 ISO/TS 12181-1:2003,3.3.1.4
MICY	最大内切评定基圆柱	GB/T 24633.1—2009,3.3.1.4 ISO/TS 12180-1:2003,3.3.1.4
MCCI	最小外接评定基圆	GB/T 24632.1—2009,3.3.1.3 ISO/TS 12181-1:2003,3.3.1.3
MCCY	最小外接评定基圆柱	GB/T 24633.1—2009,3.3.1.3 ISO/TS 12180-1:2003,3.3.1.3
MZCI	最小区域评定基圆	GB/T 24632.1—2009,3.3.1.1 ISO/TS 12181-1:2003,3.3.1.1
MZCY	最小区域评定基圆柱	GB/T 24633.1—2009,3.3.1.1 ISO/TS 12180-1:2003,3.3.1.1
MZLI	最小区域评定基线	GB/T 24631.1—2009,3.3.1.1 ISO/TS 12780-1:2003,3.3.1.1
MZPL	最小区域评定基面	GB/T 24630.1—2009,3.3.1.1 ISO/TS 12781-1:2003,3.3.1.1
UPR	每转波数	GB/T 24632.1—2009,3.4.1 ISO/TS 12181-1:2003,3.4.1

表 B.2 术语和参数

参数	术 语	定义所在条款
CYL_{rr}	圆柱半径峰-谷值	GB/T 24633.1—2009,3.6.2.7 ISO/TS 12180-1:2003,3.6.2.7
CYL_{tt}	圆柱锥度(LSCY)	GB/T 24633.1—2009,3.6.2.5 ISO/TS 12180-1:2003,3.6.2.5
CYL_{at}	圆柱锥角	GB/T 24633.1—2009,3.6.2.8 ISO/TS 12180-1:2003,3.6.2.8
STR_{sg}	素线直线度偏差	GB/T 24633.1—2009,3.6.2.3 ISO/TS 12180-1:2003,3.6.2.3
$STRL_{c}$	局部素线的直线度偏差	GB/T 24633.1—2009,3.6.2.2 ISO/TS 12180-1:2003,3.6.2.2
CYL_{p}	峰-基圆柱度偏差(LSCY)	GB/T 24633.1—2009,3.6.1.2 ISO/TS 12180-1:2003,3.6.1.2
FLT_{p}	峰-基平面度偏差(LSPL)	GB/T 24630.1—2009,3.5.2 ISO/TS 12781-1:2003,3.5.2
RON_{p}	峰-基圆度偏差(LSCI)	GB/T 24632.1—2009,3.6.1.2 ISO/TS 12181-1:2003,3.6.1.2
STR_{p}	峰-基直线度偏差(LSLI)	GB/T 24631.1—2009,3.5.2 ISO/TS 12780-1:2003,3.5.2
CYL_{t}	峰-谷圆柱度误差(MZCY、LSCY、MICY、MCCY)	GB/T 24633.1—2009,3.6.1.1 ISO/TS 12180-1:2003,3.6.1.1
FLT_{t}	峰-谷平面度误差(MZPL、LSPL)	GB/T 24630.1—2009,3.5.1 ISO/TS 12781-1:2003,3.5.1
RON_{t}	峰-谷圆度误差(MZCI、LSCI、MCCI、MICI)	GB/T 24632.1—2009,3.6.1.1 ISO/TS 12181-1:2003,3.6.1.1
STR_{t}	峰-谷直线度误差(MZLI、LSLI)	GB/T 24631.1—2009,3.5.1 ISO/TS 12780-1:2003,3.5.1
CYL_{v}	基-谷圆柱度偏差(LSCY)	GB/T 24633.1—2009,3.6.1.3 ISO/TS 12180-1:2003,3.6.1.3
FLT_{v}	基-谷平面度偏差(LSPL)	GB/T 24630.1—2009,3.5.3 ISO/TS 12781-1:2003,3.5.3
RON_{v}	基-谷圆度偏差(LSCI)	GB/T 24632.1—2009,3.6.1.3 ISO/TS 12181-1:2003,3.6.1.3
STR_{v}	基-谷直线度偏差(LSLI)	GB/T 24631.1—2009,3.5.3 ISO/TS 12780-1:2003,3.5.3
CYL_{q}	均方根圆柱度误差(LSCY)	GB/T 24633.1—2009,3.6.1.4 ISO/TS 12180-1:2003,3.6.1.4

表 B.2（续）

参数	术　语	定义所在条款
FLT_q	均方根平面度误差(LSPL)	GB/T 24630.1—2009,3.5.4 ISO/TS 12781-1:2003,3.5.4
RON_q	均方根圆度误差(LSCI)	GB/T 24632.1—2009,3.6.1.4 ISO/TS 12181-1:2003,3.6.1.4
STR_q	均方根直线度误差(LSLI)	GB/T 24631.1—2009,3.5.4 ISO/TS 12780-1:2003,3.5.4
STR_{sa}	提取中线的直线度误差	GB/T 24633.1—2009,3.6.2.1 ISO/TS 12180-1:2003,3.6.2.1

附　录　C
（资料性附录）
在 GPS 矩阵模型中的位置

GPS 矩阵模型参见 GB/Z 20308—2006。

C.1　本部分的信息及其应用

本部分根据 ISO/TS 17450-2 定义组成要素直线度的规范操作所需要的术语和概念。

C.2　本部分在 GPS 矩阵模型中的位置

本部分是 GPS 通用标准，它影响 GPS 通用标准矩阵中与基准无关的线形状标准链的链环 2，如图 C.1 所示。

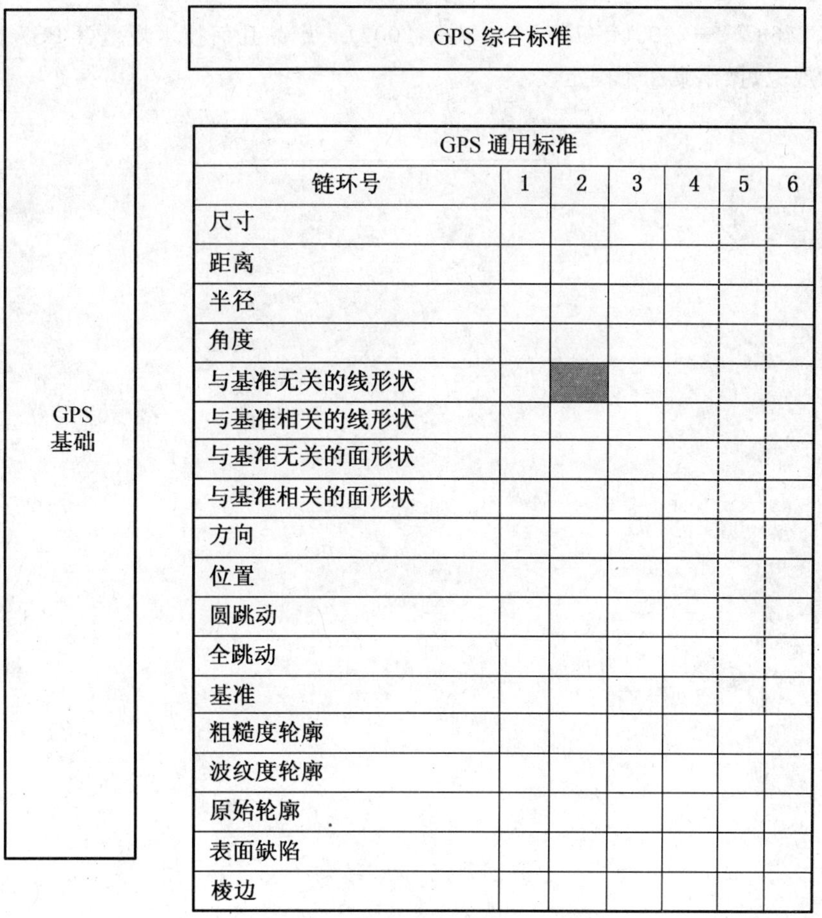

GPS 综合标准

GPS 基础

GPS 通用标准						
链环号	1	2	3	4	5	6
尺寸						
距离						
半径						
角度						
与基准无关的线形状						
与基准相关的线形状						
与基准无关的面形状						
与基准相关的面形状						
方向						
位置						
圆跳动						
全跳动						
基准						
粗糙度轮廓						
波纹度轮廓						
原始轮廓						
表面缺陷						
棱边						

图 C.1

C.3　相关的标准

相关的标准为图 C.1 所示标准链涉及的标准。

参 考 文 献

[1] GB/T 1182—2008 产品几何技术规范(GPS) 几何公差 形状、方向、位置和跳动公差标注.

[2] GB/T 18777—2009 产品几何技术规范(GPS) 表面结构 轮廓法 相位修正滤波器的计量特性.

[3] GB/Z 20308—2006 产品几何技术规范(GPS) 总体规划.

[4] GB/T 24630.1—2009(ISO/TS 12781-1:2003) 产品几何技术规范(GPS) 平面度 第1部分:词汇和参数.

[5] GB/T 24632.1—2009(ISO/TS 12181-1:2003) 产品几何技术规范(GPS) 圆度 第1部分:词汇和参数.

[6] GB/T 24633.1—2009(ISO/TS 12180-1:2003) 产品几何技术规范(GPS) 圆柱度 第1部分:词汇和参数.

[7] GB/Z 24637.2—2009(ISO/TS 17450-2:2002) 产品几何技术规范(GPS) 通用概念 第2部分:基本原则、规范、操作集和不确定度.

ICS 17.040.01
J 04

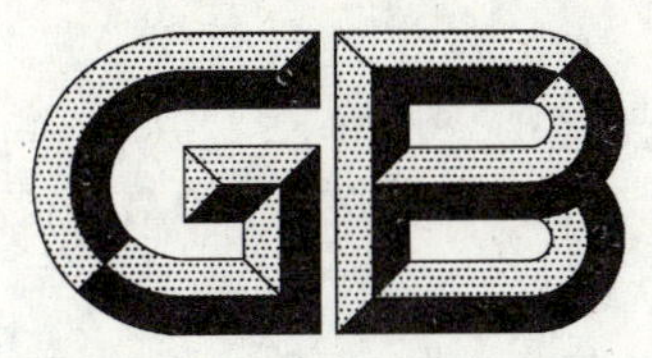

中华人民共和国国家标准

GB/T 24631.2—2009/ISO/TS 12780-2:2003

产品几何技术规范(GPS) 直线度 第2部分:规范操作集

Geometrical product specifications (GPS)—Straightness—Part 2:Specification operators

(ISO/TS 12780-2:2003,IDT)

2009-11-15 发布 2010-04-01 实施

中华人民共和国国家质量监督检验检疫总局
中国国家标准化管理委员会 发布

前　言

GB/T 24631《产品几何技术规范(GPS)　直线度》分为两部分：

第1部分：词汇和参数；

第2部分：规范操作集。

本部分为GB/T 24631的第2部分。

本部分等同采用ISO/TS 12780-2:2003《产品几何技术规范(GPS)　直线度　第2部分：规范操作集》(英文版)。

本部分等同翻译ISO/TS 12780-2:2003。

为了便于使用，本部分做了如下编辑性修改：

——“国际标准本部分”一词改为“本部分”；

——删除国际标准的前言和引言。

本部分的附录A和附录B为资料性附录。

本部分由全国产品尺寸和几何技术规范标准化技术委员会提出并归口。

本部分起草单位：中机生产力促进中心、北京理工大学、中原工学院、西安交通大学、中国计量学院。

本部分主要起草人：王欣玲、陈月祥、刘巽尔、赵则祥、赵卓贤、赵军、乔雪涛、邓高见。

产品几何技术规范(GPS) 直线度 第2部分:规范操作集

1 范围

GB/T 24631的本部分规定了组成要素直线度的完整的规范操作集,即直线形各要素的几何特性。

本部分仅适用于所有组成要素的直线度轮廓。

注:圆柱面提取轴线的直线度在GB/T 24633.1(ISO/TS 12180-1)和GB/T 24633.2(ISO/TS 12180-2)中进行规定。

2 规范性引用文件

下列文件中的条款通过GB/T 24631的本部分的引用而成为本部分的条款。凡是注日期的引用文件,其随后所有的修改单(不包括勘误的内容)或修订版均不适用于本部分,然而,鼓励根据本部分达成协议的各方研究是否可使用这些文件的最新版本。凡是不注日期的引用文件,其最新版本适用于本部分。

GB/T 18777 产品几何技术规范(GPS) 表面结构 轮廓法 相位修正滤波器的计量特性(GB/T 18777—2009,ISO 11562:1996,IDT)

GB/T 18779.1 产品几何量技术规范(GPS) 工件和测量设备的测量检验 第1部分:按规范检验合格或不合格的判定规则(GB/T 18779.1—2002,eqv ISO 14253-1:1998)

GB/T 24631.1 产品几何技术规范(GPS) 直线度 第1部分:词汇和参数(GB/T 24631.1—2009,ISO/TS 12780-1:2003,IDT)

GB/Z 24637.2 产品几何技术规范(GPS) 通用概念 第2部分:基本原则、规范、操作集和不确定度(GB/Z 24637.2—2009,ISO/TS 17450-2:2002,IDT)

3 术语和定义

GB/T 24631.1和GB/Z 24637.2确立的术语和定义适用于本部分。

4 完整的规范操作集

4.1 概述

完整的规范操作集(见GB/Z 24637.2)是有序的和完整的一组具有明确定义的规范操作。本部分规定了直线度轮廓的传输带以及相应触针针尖的几何形状等。

4.2 传输带

4.2.1 长波通滤波器

长波通滤波器是一个相位修正滤波器(根据GB/T 18777),其传输波长为无限长的波,处于截止波长附近的波形逐渐衰减,见图1。

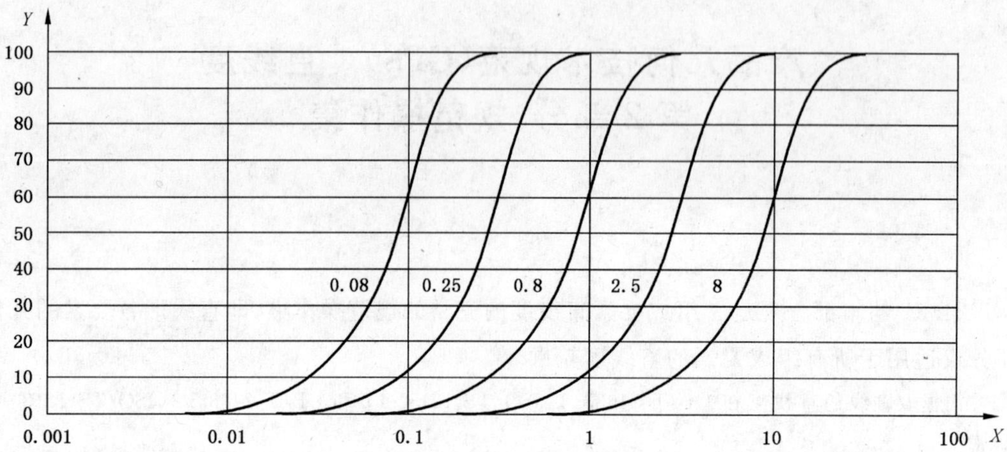

X——波长(mm)；

Y——传输率(%)。

注：如应用需要，可采用图1中未示出的滤波器的值。

图1 截止波长为 λ_c=0.08 mm、0.25 mm、0.8 mm 2.5 mm、8 mm的长波通滤波器的传输特性

衰减函数为：

$$\frac{a_1}{a_0}=e^{-\pi\left(\frac{\alpha\times\lambda_c}{\lambda}\right)^2}$$

式中：

$\alpha=\sqrt{\frac{\ln(2)}{\pi}}=0.469\ 7$；

a_0——滤波前的正弦波的幅值；

a_1——滤波后的正弦波的幅值；

λ_c——长波通滤波器的截止波长；

λ——正弦波的波长。

4.2.2 截止波长

轮廓滤波器决定了直线度评定中所包含要素的周期正弦波的范围。表1给出了传输范围。提取线的最大采样点间距以及为避免因触针针尖影响而造成直线度轮廓失真所需要的触针针尖的半径。

注：所需采样点数应满足在每一截止波长上有7个采样点，其为评定的最小点数。

表1 截止值

单位为毫米

长波通滤波器		
滤波器传输从无限波长至	最大采样点间距	最大触针针尖半径[a] R
8	1.14	5
2.5	0.357	1.5
0.8	0.114	0.5
0.25	0.035 7	0.15
0.08	0.011 4	0.05

[a] 当最大触针针尖半径要求得到满足时，触针针尖半径与轮廓滤波器传输的最短波长的尺寸相近。这与表面结构测量仪器对触针针尖半径的要求相同(见GB/T 6062)。

4.3 探测系统

4.3.1 探测方法

在4.3.2中规定的触针针尖的接触式探测系统,是规范操作集的一部分。

4.3.2 触针针尖几何形状

触针针尖的理论几何形状为球形。

4.3.3 测量力

测量力为0 N。

5 与规范的一致性

按GB/T 18779.1规范进行合格或不合格的判定。

附 录 A
（资料性附录）
公称直线形工件的谐波成分

A.1 谐波成分

一个有限长的信号可以分解为一系列被称为傅立叶级数的正弦分量。傅立叶级数由波长为信号长度的基波和一些波长为整数分之一基波波长的谐波分量组成。基波称为信号的一次谐波，波长为二分之一基波波长的正弦波称为二次谐波，波长为三分之一基波波长的正弦波称为三次谐波，以此类推（见图 A.1），n 次谐波就是波长为 n 分之一基波波长的正弦波。用此方法可分解出直线度轮廓谐波分量。

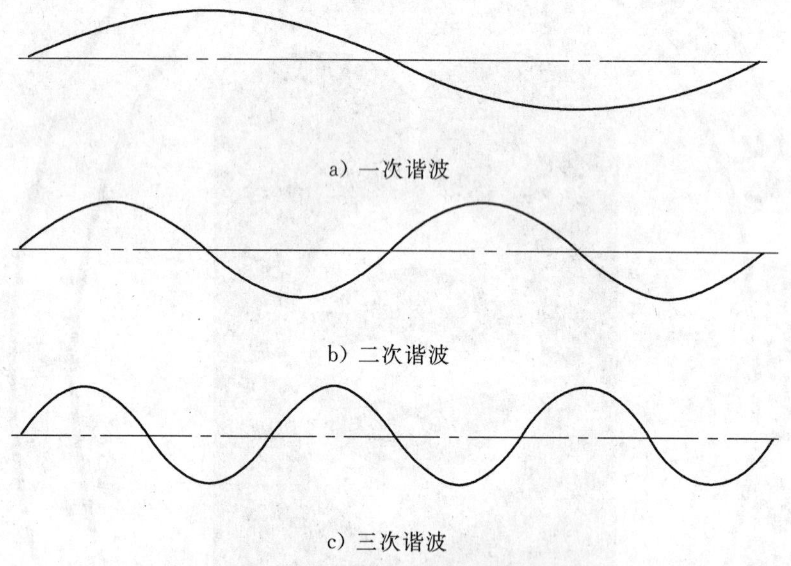

a）一次谐波

b）二次谐波

c）三次谐波

图 A.1 信号的前三次谐波分量

A.2 波形混淆和奈奎斯特（Nyquist）定理

记录数字数据需要对原始信号进行采样。应适当选取采样点的分布（采样间距）以便使分析的数字信号真实反映原始信号。

如果原始信号为有限带宽，则信号中存在一最短波长（最高次谐波），那么奈奎斯特定理对可能的最大采样间距给以限制。奈奎斯特定理表述为：

如果已知一个无限长信号不包含比指定波长短的波长，那么这个信号可由等间距离散采样值重构，其前提是采用间距小于二分之一的指定波长。

严格地讲，奈奎斯特定理只适用于无限长的信号。实际上，即使信号长度有限，采样间隔小于二分之一最短波长时，奈奎斯特采样定理仍然是有用的。

如果采样间距比奈奎斯特定理规定的更大，数字信号将会出现混淆失真。混淆现象是当一个短波长的正弦波由于采样间距太大而无法定义信号的真实形状而呈现为一个较长波长的正弦波（见图 A.2）。因此，如果采样间距选得太大，较高次的谐波分量呈现为较低次的谐波分量从而使后续分析失真。

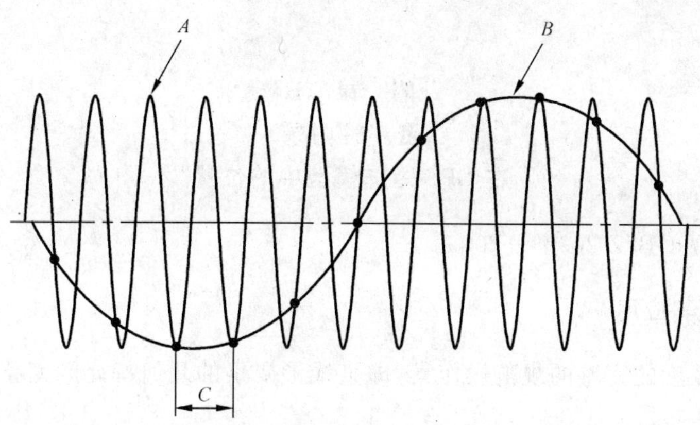

A——真实信号；

B——混淆信号；

C——采样间距。

注：描述真实形状的信号的采样间距太大。

图 A.2 波形混淆

实际上，许多测量仪器将一人为波带限施加给信号以克服混淆的问题。有许多方法可以实现这种人为波带限。三种常用的方法是：测头的“自然”波带限、模拟滤波器和数字滤波器，或上述方法的任意组合。通常采用上述三种方法的组合。一旦信号具有一波带限，就可用奈奎斯特定理确定一个如下的理论最大采样间距。

假设所有小于高斯滤波器传输曲线的 0.02% 点的波长可以忽略，通过使用奈奎斯特定理，这就意味着每个截止波长要求至少 7 个采样点，它代表了每个截止波长的理论最少采样点数。

附　录　B
（资料性附录）
在 GPS 矩阵模型中的位置

GPS 矩阵模型参见 GB/Z 20308—2006。

B.1　本部分的信息及其应用

本部分规定了直线度的完整的规范操作集，即直线形要素的几何特征的完整规范操作集。

B.2　本部分在 GPS 矩阵模型中的位置

本部分是 GPS 通用标准，它影响 GPS 通用标准矩阵中与基准无关的线的形状标准链的链环 3，如图 B.1 所述。

GPS 基础标准

GPS 综合标准

GPS 通用标准						
链环号	1	2	3	4	5	6
尺寸						
距离						
半径						
角度						
与基准无关的线形状						
与基准相关的线形状						
与基准无关的面形状						
与基准相关的面形状						
方向						
位置						
圆跳动						
全跳动						
基准						
粗糙度轮廓						
波纹度轮廓						
原始轮廓						
表面缺陷						
棱边						

图 B.1

B.3　相关的标准

相关的标准为图 B.1 所示标准链涉及的标准。

参 考 文 献

[1] GB/T 6062—2009 产品几何技术规范(GPS) 表面结构 轮廓法 接触(触针)式仪器的标称特性.

[2] GB/T 7220—2004 产品几何技术规范(GPS) 表面结构 轮廓法 表面粗糙度 术语 参数测量.

[3] GB/T 10610—2009 产品几何技术规范(GPS) 表面结构 轮廓法 评定表面结构的规则和方法.

[4] GB/T 16857.1—2002 产品几何量技术规范(GPS) 坐标测量机的验收检测和复检检测 第1部分:词汇.

[5] GB/T 18780.1—2002 产品几何技术规范(GPS) 几何要素 第1部分:基本术语和定义.

[6] GB/Z 20308—2006 产品几何技术规范(GPS) 总体规划.

[7] GB/T 24633.1—2009(ISO/TS 12180-1:2003) 产品几何技术规范(GPS) 圆柱度 第1部分:词汇和参数.

[8] GB/T 24633.2—2009(ISO/TS 12180-2:2003) 产品几何技术规范(GPS) 圆柱度 第2部分:规范操作集.